高等学校电气名师大讲堂推荐教材

电子技术

主　编　吴建强　杨　威
副主编　刘桂花　刘晓芳
主　审　侯世英

中国教育出版传媒集团
高等教育出版社 · 北京

内容简介

本书是“中国大学 MOOC”网站已上线的哈尔滨工业大学“电子技术”课程配套教材，各章节内容按知识点划分，既注意保持知识点的相对独立性和完整性，又兼顾知识点之间的连贯性，有助于学习者构建完备的知识体系。本书共 10 章，主要内容包括：常用半导体器件、基本放大电路、集成运算放大器、信号的发生与变换、数字电路基础知识、门电路和组合逻辑电路、时序逻辑电路、可编程逻辑器件、数模转换电路、电力电子技术基础等。

本书为新形态教材，全书一体化设计，配有数字资源网站。资源包括：课程重点内容授课视频、拓展阅读材料、部分习题答案、电子课件、章节测试及解析，适应读者在自主学习模式下的学习需求。

本书适合作为普通高等院校“电子技术”课程的教材和参考书，也可供科研与工程技术人员参考。

图书在版编目(CIP)数据

电子技术/吴建强，杨威主编；刘桂花，刘晓芳副主编.--北京：高等教育出版社，2024.7

ISBN 978-7-04-062097-9

Ⅰ.①电… Ⅱ.①吴… ②杨… ③刘… ④刘… Ⅲ.①电子技术-高等学校-教材 Ⅳ.①TN

中国国家版本馆 CIP 数据核字(2024)第 083225 号

DIANZI JISHU

策划编辑 杨 晨　责任编辑 杨 晨　封面设计 李树龙　版式设计 李彩丽
责任绘图 邓 超　责任校对 刘娟娟　责任印制 耿 轩

出版发行 高等教育出版社
社 址 北京市西城区德外大街 4 号
邮政编码 100120
印 刷 山东临沂新华印刷物流集团有限责任公司
开 本 787mm×1092mm 1/16
印 张 25.25
字 数 550 千字
购书热线 010-58581118
咨询电话 400-810-0598
网 址 http://www.hep.edu.cn
http://www.hep.com.cn
网上订购 http://www.hepmall.com.cn
http://www.hepmall.com
http://www.hepmall.cn
版 次 2024年 7 月第 1 版
印 次 2024年 7 月第 1 次印刷
定 价 53.00 元

本书如有缺页、倒页、脱页等质量问题，请到所购图书销售部门联系调换

物 料 号 62097-00

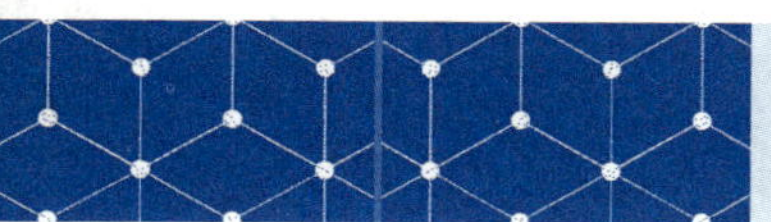

新形态教材网使用说明

电子技术

主　编　吴建强　杨　威
副主编　刘桂花　刘晓芳
主　审　侯世英

1 计算机访问https://abooks.hep.com.cn/62097或手机微信扫描下方二维码进入新形态教材网。

2 注册并登录后，计算机端进入"个人中心"，点击"绑定防伪码"，输入图书封底防伪码（20位密码，刮开涂层可见），完成课程绑定；或手机端点击"扫码"按钮，使用"扫码绑图书"功能，完成课程绑定。

3 在"个人中心"→"我的学习"或"我的图书"中选择本书，开始学习。

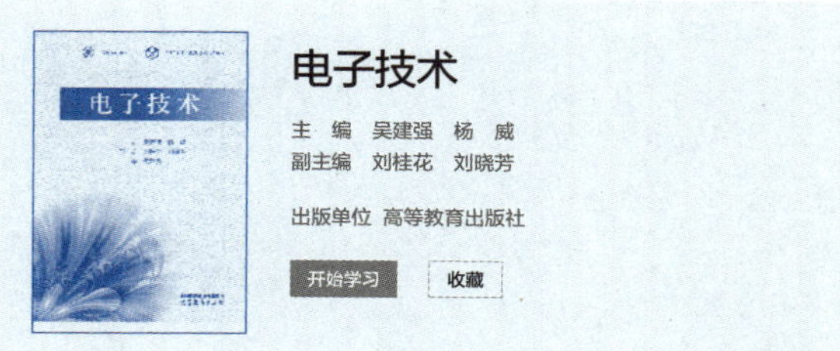

绑定成功后，课程使用有效期为一年。受硬件限制，部分内容可能无法在手机端显示，请按照提示通过计算机访问学习。

如有使用问题，请直接在页面点击答疑图标进行咨询。

https://abooks.hep.com.cn/62097

前言

近年来，MOOC(massive open online courses，大规模在线开放课程)的发展和普及有目共睹，MOOC教学形式、教学内容、课程资源的多样性和开放性，以及MOOC学习的灵活性、自主性和个性化，对增强教学吸引力、激发学习者积极性进而提升学习效果起到了重要的促进作用。

与传统课堂教学模式相比，MOOC教学更好地体现了鼓励学生自主学习、以学生为中心的现代教育理念，但另一方面MOOC教学也存在学习内容碎片化、学习内容系统性较差、缺乏互动和实时反馈等问题，因而将MOOC与课堂教学相结合的混合式教学成为教学改革的重要方向。

为了适应MOOC以及混合式教学，就需要建设能针对MOOC特点、和MOOC结合较为紧密的教材，一方面要更为全面地介绍和讲解知识内容，体现知识内容的系统性和连贯性，另一方面在教材中突出醒目地体现MOOC中讲授的各知识点在书中的位置，通过与MOOC的相互补充、相互支撑使读者更好地把握重点和难点。

哈尔滨工业大学电工学教研室为此编写了这部适应MOOC教学模式的《电子技术》教材。该教材有如下特点：

1. 教材满足教育部高等学校电工电子基础课程教学指导分委员会对“电工学”课程中关于“电子技术”部分的教学基本要求。因此该教材不但适用于结合MOOC的混合式教学，对于采用传统教学方法授课的线下课程也同样适用。

2. 本书的内容以知识点划分，各章节内容编排既保持知识点的相对独立性和完整性，又兼顾知识点之间的连贯性，有助于各知识点相互联系、贯通，构建完备的知识体系，与已经上线的电子技术MOOC有很好的对应关系，非常适合读者自学。读者通过扫描二维码可以方便地观看课程重点内容授课视频、讲义和阅读材料。同时，本书配有数字资源网站，内容包括：课程重点内容授课视频、拓展阅读材料、电子课件、章节测试及解析。

3. 作为非电类专业的技术基础课，电子技术课程涵盖内容广泛，主要包括半导体器件、模拟电子电路、数字电子电路和电力电子基础等。本教材有助于实现两个方面的课程教学目标：一个方面的目标是介绍电子技术的基本理论知识与基本分析方法，使学生具备分析模拟电子电路、数字电子电路和电力电子电路的能力；另一方面的目标是介绍电子技术在工程中的应用，使学习者能够学以致用，培养解决工程实际问题的能力。

4. 本书力图把内容的重点放在培养分析问题和解决问题的能力上。教材中配有丰富的例题和习题，加深读者对课程内容的理解，习题难度由浅入深，循序渐进，有利于促进学生深入思考。

哈尔滨工业大学电工学教研室吴建强和杨威为本书主编，并负责全书的策划和统稿；本书的第 1 章由刘晓芳编写，第 2 章由杨世彦编写，第 3、第 4 章由刘桂花编写，第 5、第 6、第 7 章由杨威编写，第 8 章由吴建强编写，第 9 章由郑学梅编写，第 10 章由张继红编写。

读者可以登录“中国大学 MOOC”网站或“爱课程”网站，自主学习哈尔滨工业大学开设的“电子技术”课程。

中国高等学校电工学研究会理事长、重庆大学侯世英教授审阅了全部书稿，并提出宝贵意见，在此致以衷心的感谢！

由于编者水平有限，疏漏和错误在所难免，敬请读者不吝赐教，非常感谢！编者邮箱 yangv@ hit. edu. cn。

编者

2024 年 1 月

目录

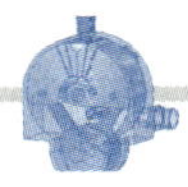

第1章 常用半导体器件

本章学习目标

学习完本章内容后，你将能够：

- 理解半导体材料的导电特性；
- 理解 PN 结的形成及其单向导电性；
- 掌握二极管及稳压二极管的工作特性；
- 掌握二极管应用电路的分析方法；
- 掌握双极型晶体管的工作特性及其小信号模型；
- 掌握场效应晶体管的工作特性及其小信号模型；
- 了解常见光电半导体器件的原理及应用。

讲义：
半导体材料的导电特性

1.1 半导体材料的导电特性

绝大多数的电子器件都是由半导体材料制成的。半导体的导电能力介于导体和绝缘体之间，如硅、锗、硒以及大多数金属氧化物和硫化物都是半导体。半导体材料的导电能力受工作环境影响显著，表现出明显的热敏特性和光敏特性，即半导体的导电能力对温度和光照变化敏感。利用这些特性，制成各种半导体热敏元件和光敏元件。此外，若在纯净的半导体中加入微量杂质，其电阻率会发生很大变化，导电能力可增加几十万乃至几百万倍。例如在纯硅中掺入百万分之一的硼后，硅的电阻率会从 $2.1\times10^{3}\ \Omega\cdot m$ 降到 $4\times10^{-3}\ \Omega\cdot m$ 左右。这一特性称为半导体的掺杂特性，利用该特性可制成半导体二极管、晶体管、场效应晶体管及晶闸管等各种不同用途的半导体器件。

视频：
半导体材料的导电特性

半导体的这些不同于其他物质的特性源于其内部的原子结构。

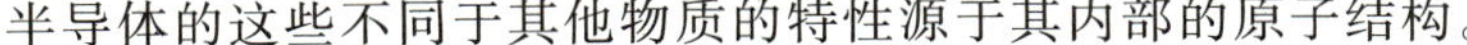

1.1.1 本征半导体的导电机理

本征半导体是指纯净的、具有晶体结构的半导体，其原子在空间内排列成规则的晶格。在现代电子电路中，用得最多的半导体是锗和硅，它们都是四价元素。最外层有 4 个价电子，为了简化描述，常采用带有+4 价电荷的正离子以及它周围的 4 个价电子的简化模型表示，如图 1.1.1 所示。

阅读材料：
半导体产业的发展

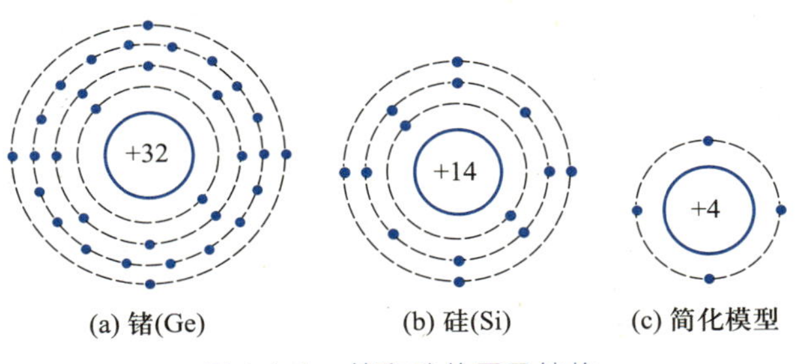

(a) 锗(Ge)　(b) 硅(Si)　(c) 简化模型

图 1.1.1　锗和硅的原子结构

将锗和硅材料提纯并形成单晶体后，锗和硅原子排列为四角形晶格，即每个原子处于正四面体中心，而有四个其他原子位于四面体的顶点，如图 1.1.2 所示。两个原子之间形成共价键结构，图 1.1.3 是硅晶体中共价键结构的平面示意图。

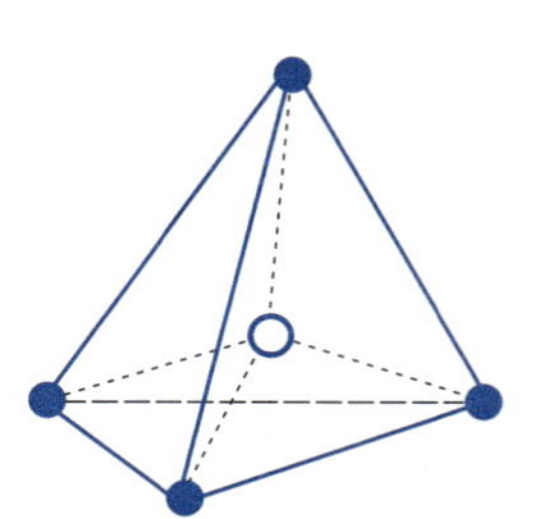

图 1.1.2 硅晶体中原子的排列方式

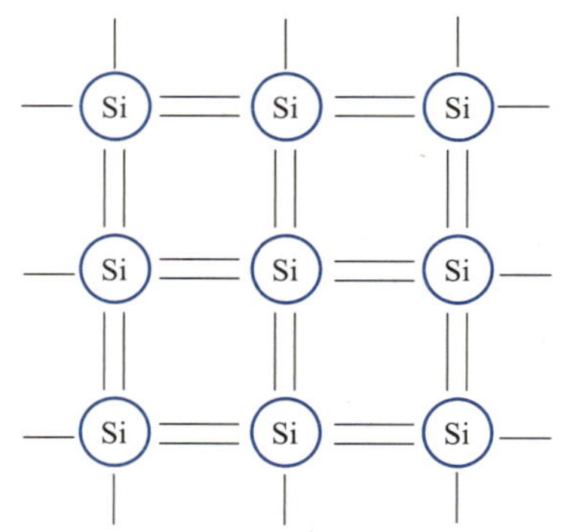

图 1.1.3 硅晶体中共价键结构的平面示意图

本征半导体共价键结构中的电子受到两个原子核的吸引力作用而被束缚。它们不像导体中的价电子那么自由，但也不像绝缘体中的电子被束缚得那么紧。如果受到外部能量激发，会使一些价电子获得足够的能量而挣脱共价键的束缚成为自由电子。这种现象称为本征激发。当电子脱离其共价键成为自由电子后，共价键中就出现一个空位，称作空穴。在本征激发中，自由电子和空穴总成对出现，称其为电子-空穴对，如图 1.1.4 所示。挣脱共价键束缚的电子类似于导体中的自由电子，在电场的作用下逆电场方向运动形成电流。失去价电子的原子成为带正电的正离子，因此可以把空穴看成是带正电的粒子，它能够吸引邻近共价键中的价电子来填补这个空穴。这时失去了价电子的邻近共价键中出现的空穴又可以吸引其邻近的价电子来递补，从而在新位置上出现空穴。如此进行下去，就相当于空穴在移动。空穴是带正电的，价电子填充空穴的移动相当于带正电荷的粒子（空穴）的移动，也会形成电流。

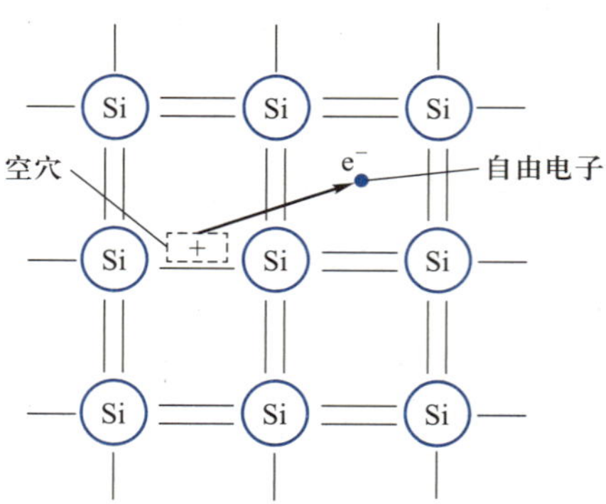

图 1.1.4 本征半导体中的本征激发

综上，在外加电场作用下，半导体中会出现两部分电流，即自由电子做定向移动而形成的电子电流和价电子递补空穴而形成的空穴电流。因此，自由电子和空穴都称为载流子。两种载流子同时参与导电是半导体导电方式的最大特点，也是半导体和金属在导电原理上的本质区别。

自由电子填补空穴的过程称为复合。在一定的温度下，本征半导体中的电子和空穴不断产生，同时不断复合，处于一种动态平衡状态，电子空穴对的数目保持一定。一般用载流子浓度来描述自由电子或空穴的浓度，这也是决定半导体导电性的主要因素。在本征半导体中，载流子浓度对温度十分敏感。温度越高，载流子浓度越高，

导电能力也越强。所以，温度是影响半导体导电性能的重要因素。

1.1.2 杂质半导体

本征半导体中掺入微量的杂质（某种元素），就成为杂质半导体。掺杂后的半导体的导电能力显著增强，并且可以通过控制掺杂浓度而控制半导体的导电能力。因所掺入的杂质不同，杂质半导体可分为N型和P型两大类。

1. N型半导体

若在4价的硅或锗晶体中掺入微量5价元素，如磷、锑、砷等，不会破坏晶体结构，只是杂质原子会占据晶格中某些硅原子原来的位置，如图1.1.5所示。杂质原子中的5个价电子只有4个能够和相邻的硅原子组成共价键结构，余下的一个电子因不受共价键的束缚，容易挣脱原子核的吸引而成为自由电子。于是自由电子数目大量增加，自由电子导电成为这种半导体的主要导电方式，故称其为电子型半导体或N型半导体。N型半导体中，由于自由电子数远大于空穴数，因此自由电子是多数载流子（简称多子），空穴是少数载流子（简称少子）。由于杂质原子是施放电子的，故称为施主杂质。

2. P型半导体

在4价的硅或锗晶体中掺入微量3价元素，如硼、镓、铟等，由于杂质原子只有3个价电子，因而在组成共价键结构时，因缺少一个价电子而多出一个空穴，如图1.1.6所示。于是半导体中空穴数目大量增加，空穴导电成为这种半导体的主要导电方式，故称它为空穴型半导体或P型半导体。由于杂质原子是接受电子的，故称为受主杂质。在P型半导体中，空穴为多子，自由电子为少子。

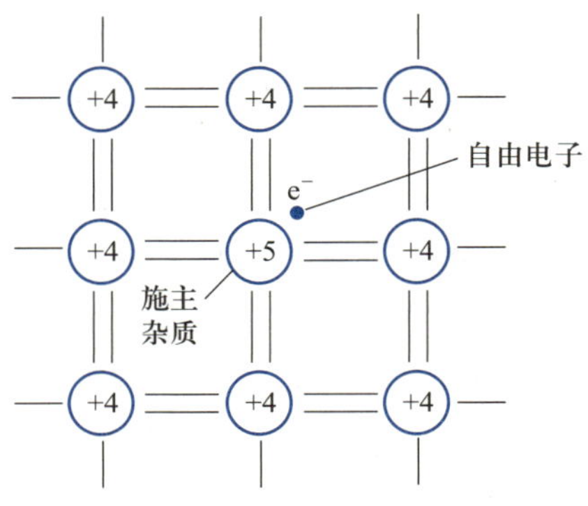

图1.1.5 N型半导体晶体结构的平面表示

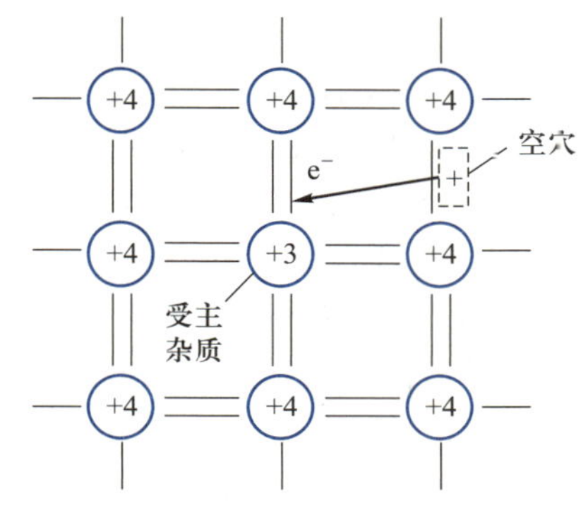

图1.1.6 P型半导体晶体结构的平面表示

不论是N型半导体还是P型半导体，尽管都有一种载流子占多数，但是整个晶体仍是电中性的。

讲义：PN结及其单向导电性

1.2 PN结及其单向导电性

视频：PN结及其单向导电性

虽然利用掺杂工艺制成的杂质半导体可以显著地增强其导电性，但半导体器件并不是利用单一类型的半导体材料制成的。通常采用一定的掺杂工艺，在一块晶片的两边掺入不同的杂质，分别形成P型半导体和N型半导体，在它们的交界面处就会形成PN结，是构成各种半导体器件的基本单元。

1.2.1 PN 结的形成

图 1.2.1 是 PN 结的简化结构，其中，P 型半导体表示为由不可移动的带负电荷的离子和带正电荷的空穴组成，N 型半导体表示为由不可移动的带正电荷的离子和带负电荷的自由电子组成。由于交界面一侧的 P 区内空穴很多而自由电子很少，另一侧的 N 区内自由电子很多而空穴很少，所以多数载流子因浓度的差异而产生扩散运动。空穴要从浓度高的 P 区向 N 区扩散，并与 N 区的自由电子复合；自由电子要从浓度高的 N 区向 P 区扩散，并与 P 区的空穴复合。扩散使得 P 区和 N 区分别因失去空穴和自由电子而在交界面两侧留下带负电和正电的离子，形成了一个空间电荷区。

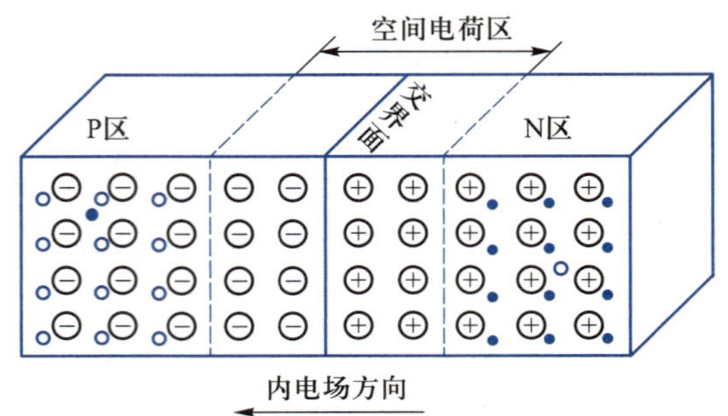

图 1.2.1 PN 结的简化结构

空间电荷区的正、负离子虽然带有电荷，但它们不能移动，因而不能参与导电。在这个区域内，多数载流子已扩散到对方并被复合掉了，或者说消耗尽了，所以空间电荷区也称为耗尽层，它的电阻率很高。

空间电荷区的正负离子形成一个电场，称为内电场。由于内电场的方向与扩散运动的方向相反，即对多数载流子（P 区的空穴和 N 区的自由电子）的扩散起阻挡作用，所以空间电荷区又称为阻挡层。

虽然内电场阻碍多数载流子的扩散运动，但对少数载流子（P 区的自由电子和 N 区的空穴）越过空间电荷区进入对方区域起着推动作用。这种少数载流子在电场作用下有规则的运动称为漂移运动。漂移运动的作用与扩散运动相反，使交界面两侧 P 区和 N 区由于扩散运动而失去的空穴和自由电子得到一些补充。

由此可见，PN 结的形成过程中存在着两种运动：一种是多数载流子因浓度差而产生的扩散运动，另一种是少数载流子在内电场作用下产生的漂移运动。这两种运动相互制约，最终，从 P 区扩散到 N 区的空穴数与从 N 区漂移到 P 区的空穴数相等，从 N 区扩散到 P 区的自由电子数与从 P 区漂移 N 区的自由电子数相等，在一定条件下达到动态平衡，使 PN 结处于相对稳定状态。

1.2.2 PN 结的单向导电性

PN 结在没有外加电压时，其中的扩散运动和漂移运动处于动态平衡，PN 结内无电流通过。在 PN 结两端加上外部电压后，将破坏 PN 结原有的平衡状态，改变载流子的运动状态，根据外加电压的极性不同，获得不同的特性。

（1）PN 结外加正向电压

将 PN 结的 P 区接电源正极，N 区接电源负极，称为 PN 结外加正向电压，又叫正

向偏置，如图1.2.2所示。PN结正向偏置时，外电场与内电场方向相反，从而削弱了内电场，破坏了PN结原有的动态平衡，使得空间电荷区的宽度减小，多数载流子的扩散运动显著增强，形成较大的扩散电流，而少数载流子的漂移运动减弱。所以在外加正向电压的PN结中，扩散电流占主导地位，PN结呈现的电阻很低，在外电路中形成较大的流入P区的正向电流 I_F。

（2）PN结加反向电压

将PN结N区接电源正极，P区接电源负极，称为PN结外加反向电压，又叫反向偏置，如图1.2.3所示。PN结反向偏置时，外电场与内电场方向相同，同样也破坏了PN结原有的动态平衡。外电场驱使空间电荷区两侧的空穴和自由电子移走，使得空间电荷增加，空间电荷区变宽，内电场增强，使多数载流子的扩散运动难以进行，扩散电流趋近于零。同时，内电场的增强也加强了少数载流子的漂移运动，但由于少数载流子数量很少，因此反向电流 I_R 很小，PN结呈现很高的反向电阻。又因为少数载流子是由于价电子获得能量挣脱共价键的束缚而产生的，且环境温度越高，少数载流子的数量越多。所以，温度对反向电流的影响很大。由于一定温度下，少数载流子的数目是一定的，当电压超过某数值后，全部少数载流子都参与导电，此时反向电流几乎与外加电压的大小无关，故称为反向饱和电流。

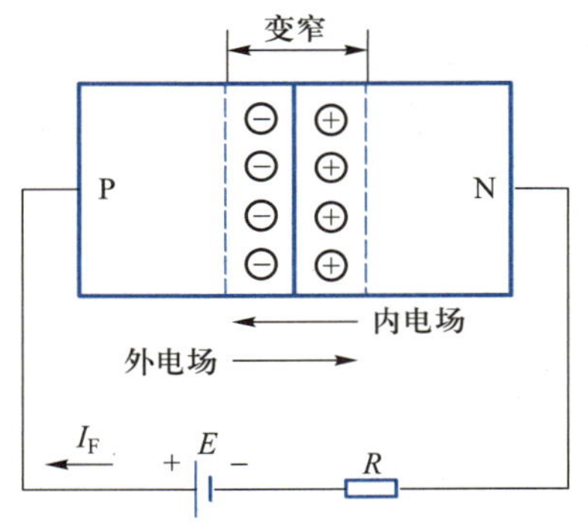

图1.2.2 PN结正向偏置

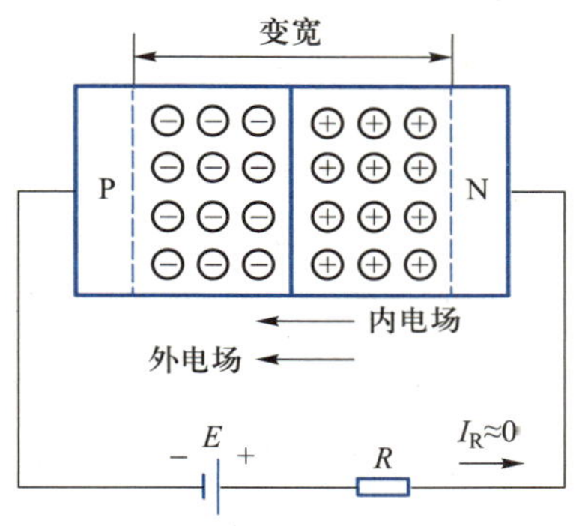

图1.2.3 PN结反向偏置

总之，外加正向电压时，结电阻很低，正向电流很大，PN结处于导通状态；外加反向电压时，结电阻很高，反向电流很小，PN结处于截止状态。这就是PN结的单向导电性。

讲义：
二极管的伏安特性

练习与思考

1.2.1 为什么说扩散运动是多数载流子的运动，漂移运动是少数载流子的运动？

1.2.2 空间电荷区既然是由带电的正、负离子形成的，为什么它的电阻率很高？

1.3 半导体二极管

视频：
二极管的伏安特性

1.3.1 二极管的基本结构

将一个PN结进行适当封装并加上电极引出线就构成半导体二极管，P区一侧引出的电极称为阳极，N区一侧引出的电极称为阴极，其电路符号如图1.3.1(a)所示。半导体二极管有很多类型。按材料的不同，常用的二极管可分为硅管和锗管两种；按

PN 结结构形式的不同，又可分为点接触型、面接触型和平面型等，如图 1.3.1(b)(c)(d)所示。点接触型二极管的结面积很小，因而结电容小，适用于高频（可达几百兆赫）电路，但不能通过较大的电流，也不能承受高的反向电压，主要用于高频检波和开关电路。面接触型二极管的结面积大，能通过较大的电流（可达几千安培），但结电容也大，适用于频率较低的整流电路。平面型二极管是采用先进的集成电路制造工艺制成的，结构灵活，当结面积较大时，能通过较大的电流，适用于大功率整流电路；结面积较小时，结电容较小，工作频率较高，适用于开关电路。

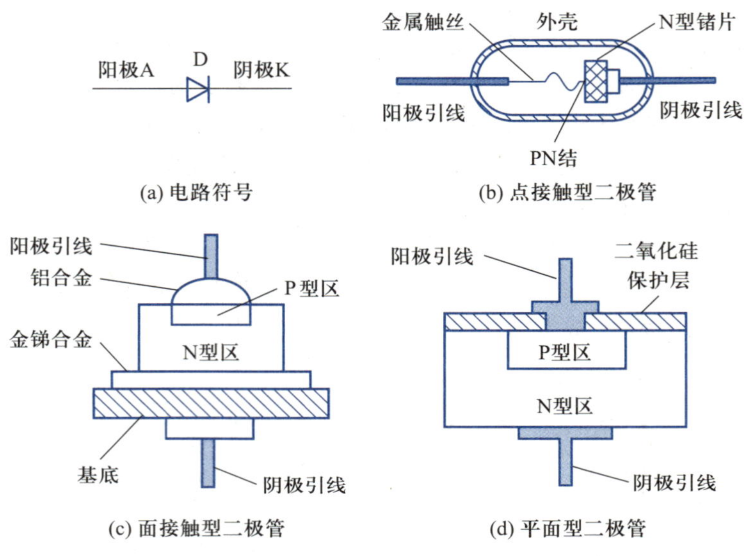

图 1.3.1　半导体二极管的电路符号及结构分类

按封装形式，半导体二极管可分为塑封管、金封管和玻璃封装等。其封装外形主要分为贴片式、直插式、螺栓式和平板式。图 1.3.2 所示为几种典型封装的半导体二极管的实物图例。

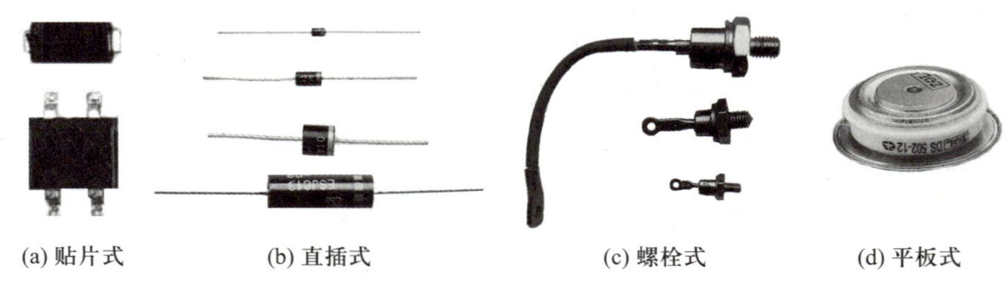

图 1.3.2　几种典型封装的半导体二极管的实物图例

1.3.2　二极管的伏安特性

描述电压与电流之间关系的特性称为伏安特性。二极管的伏安特性可用伏安特性曲线和伏安特性方程两种形式来表示。

1. 二极管的伏安特性曲线

伏安特性曲线可以直观地反映出二极管的单向导电性。不同类型的二极管，其

参数不尽相同，但其伏安特性曲线的形状大致相同，如图 1.3.3 所示。由曲线形状可知，二极管是非线性元件，其伏安特性分为正向特性、反向特性和反向击穿特性三部分。

（1）正向特性

当外加正向电压较低时，由于外电场还不足以克服 PN 结内电场对多数载流子扩散运动的阻力，因此，这时的正向电流近似为零，呈现较大的电阻。这一段（OA 段）曲线称为二极管的死区。当正向电压超过一定值时，内电场被大大削弱，二极管的电阻变得很小，正向电流开始增加，这时的二极管才真正导通，对应的电压称为开启电压，其数值与材料及环境温度有关，硅管的开启电压约为 0.5 V，锗管约为 0.2 V。

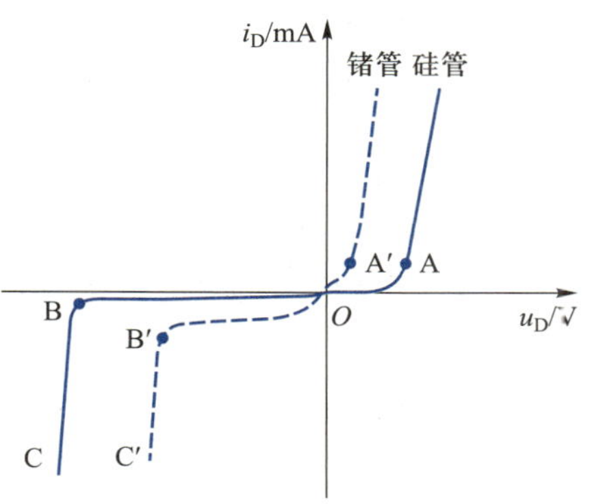

图 1.3.3　二极管的伏安特性曲线

二极管工作在正常导通状态时，正向电压变化很小，特性曲线很陡。硅二极管的正向导通压降为 0.6~0.7 V，锗二极管为 0.2~0.3 V，当电流较小时取下限值，当电流较大时取上限值。

（2）反向特性

当二极管上加反向电压时，多数载流子的扩散运动受到内电场和外电场的叠加阻碍作用，少数载流子的漂移运动形成很小的反向电流（OB 段）。反向电流有两个特点：一是具有正温度特性，即随温度的升高而增大；二是在反向电压不超过某一范围时，反向电流的大小基本恒定，故称为反向饱和电流。一般硅管的反向饱和电流比锗管小，前者在几微安以下，而后者可达数百微安。

（3）反向击穿特性

当外加反向电压过高时（BC 段），反向电流突然增大，二极管失去单向导电性，这种现象叫作 PN 结的反向击穿（电击穿）。产生击穿时的反向电压称为反向击穿电压。发生击穿的原因是外加电场过强，强制性地把原子的外层价电子拉出来，使载流子数目急剧上升。而处于强电场中的载流子又因获得强电场所供给的能量，而将其他价电子撞击出来，如此形成连锁反应，反向电流越来越大，最后使得二极管反向击穿。

一般来讲，二极管的电击穿是可以恢复的，只要外加电压减小即可恢复常态。但普通二极管发生电击穿后，反向电流很大，且反向电压很高，因而消耗在二极管 PN 结上的功率很大，致使 PN 结温度升高。而结温升高会使反向电流继续增大，形成恶性循环，最终造成 PN 结因过热而烧毁（称作热击穿）。二极管热击穿后便会失去单向导电性造成永久损坏。

在正常工作范围内，当电源电压远大于二极管正向导通压降时，实际工作中可将二极管近似看成理想二极管，其伏安特性曲线如图 1.3.4 所示。二极管正向导通

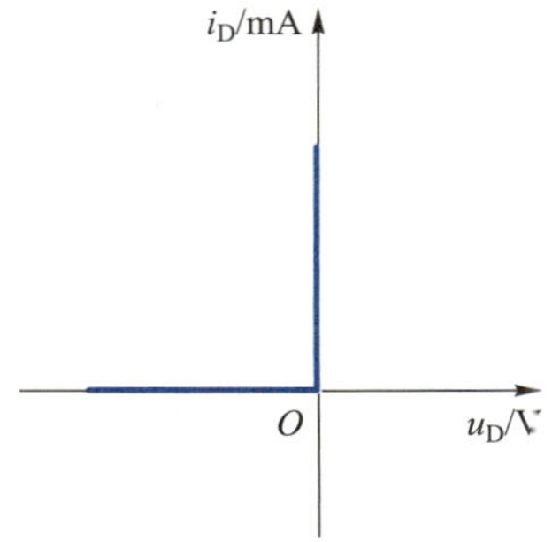

图 1.3.4　理想二极管的伏安特性曲线

时，忽略正向导通压降和电阻，二极管相当于短路；二极管反向截止时，忽略反向饱和电流，反向电阻无穷大，二极管相当于开路。

2. 二极管的伏安特性方程

二极管的电流 i_D 和两端的电压 u_D 间的函数关系可近似用式(1.3.1)表示。

$$i_D = I_S(e^{u_D/U_T}-1) \tag{1.3.1}$$

式中，I_S 为反向饱和电流；U_T 为温度的电压当量，常温($T=300$ K)时，$U_T=26$ mV；u_D 和 U_T 在式中采用同一单位。

式(1.3.1)称作半导体二极管的伏安特性方程。当二极管外加正向电压，且 $u_D \gg U_T$ 时，式中的 $e^{u_D/U_T} \gg 1$，故 1 可略去，即正向电压与电流近似为指数关系；当二极管外加反向电压时，u_D 为负，若 $|u_D| \gg U_T$，指数项接近于零，故 $i_D \approx -I_S$，即二极管的反向电流基本上与电压无关。

二极管除了具有单向导电性外，还具有一定的电容效应，用 PN 结的结电容来表示。这是因为在二极管两极之间的电压变化时，PN 结上储存的电荷量会发生变化，类似电容的作用。PN 结的结电容是影响电子电路频率特性的重要参量。二极管的结电容通常为几皮法至几十皮法，有些截面积较大的二极管结电容可达几百皮法。

1.3.3 二极管的主要参数

二极管的参数简要标明了二极管的性能和使用条件，是正确选择和使用二极管的依据。下面介绍几个主要参数。

(1) 最大整流电流 I_F

最大整流电流又称额定正向平均电流，是指二极管长时间使用时，允许流过的最大正向平均电流。它由 PN 结的面积和散热条件决定，大功率二极管在使用时，应加装规定尺寸的散热片。当实际电流超过该值时，二极管将因 PN 结过热而损坏。

(2) 最高反向工作电压 U_{RM}

最高反向工作电压指保证二极管不被击穿所允许施加的最高反向电压，一般规定为反向击穿电压的一半或三分之二。

(3) 最大反向电流 I_{RM}

最大反向电流指二极管加上最高反向工作电压时的反向电流值。反向电流越小，则二极管的单向导电性越好，并且受温度的影响也越小。

讲义：
二极管的应用及电路分析

其他参数，如二极管的最高工作频率、最大整流电流下的正向压降、结电容等，可在需要时查阅产品手册，但要注意给出参数的测试条件和产品制造过程中难以避免的分散性。

1.3.4 二极管的应用及电路分析

视频：
二极管的应用及电路分析

二极管的应用范围很广，利用它的单向导电性可以组成各种应用电路。下面介绍几种简单的应用电路。

(1) 整流电路

利用二极管的单向导电性可以将交流电变为脉动的直流电，这种变换称为整流。图 1.3.5 是简单的整流电路，加在电阻 R 上的电压为正半波电压。

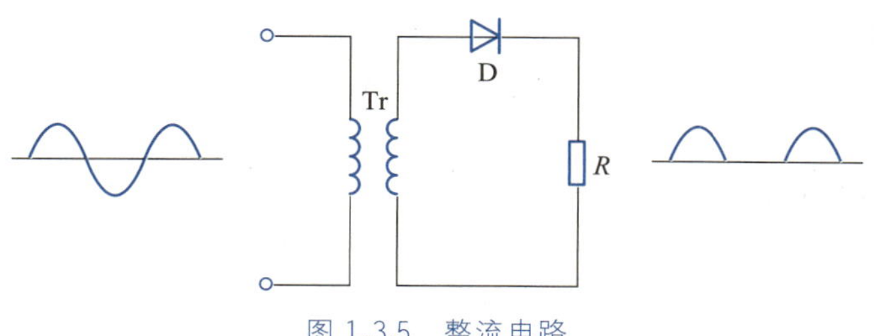

图 1.3.5　整流电路

(2) 钳位电路

二极管的钳位作用是指利用二极管正向导通压降相对稳定，且数值较小(有时可近似为零)的特点，来限制电路中某点的电位。例如图 1.3.6 中，二极管的钳位作用使 V_C 被限制在 0~6 V 范围内。当开关 S 断开时，由于二极管正向偏置，若忽略其正向导通压降，阳极电位 V_O 被钳制在 6 V；当开关 S 闭合时，二极管截止，V_O 为 0 V。

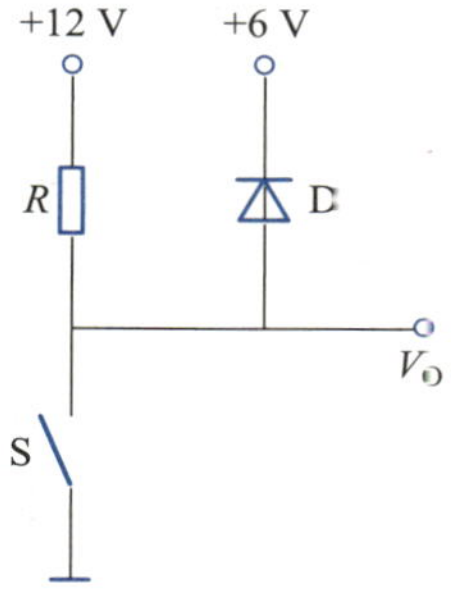

图 1.3.6　二极管钳位电路

利用二极管与电容组合可以构成钳位电路，使信号电压平移一个直流电平。在稳态时，输出波形是输入波形的复制，只是加入一个确定的直流位移。如图 1.3.7(a)所示为一个钳位电路。假设输入信号为图 1.3.7(b)所示的正弦信号，电容初始储能为零。在信号输入的第 1 个 $T/4$ 时段内，电容两端电压跟随输入信号逐渐升高，直至达到正的最大值(将二极管视为理想二极管)。此后 u_i 开始下降，二极管变成反向偏置，二极管支路关断，理想情况下，电容无法放电，保持其上电压不变，即 $u_C=U_m$。由基尔霍夫电压定律可得

$$u_O=-u_C+u_i=-U_m+U_m\sin\omega t$$

即

$$u_O=U_m(\sin\omega t-1)$$

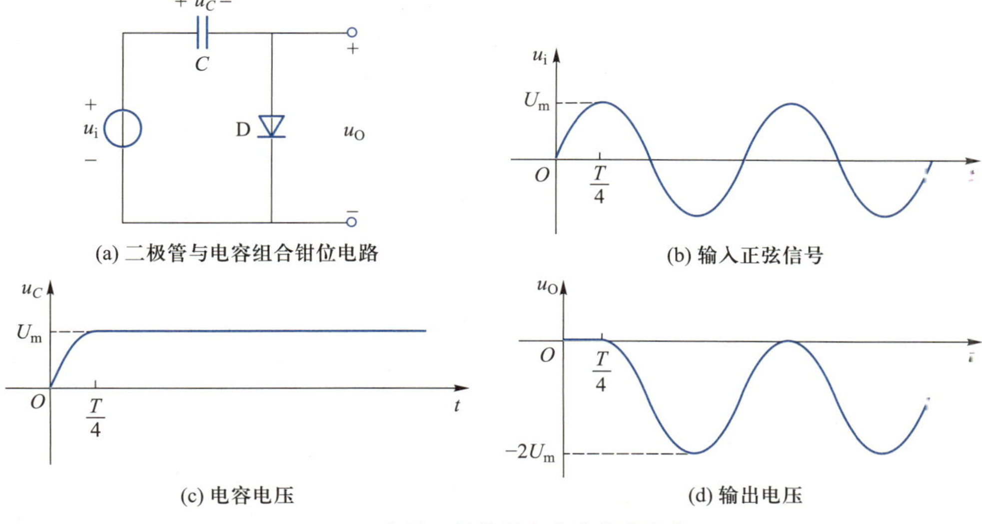

(a) 二极管与电容组合钳位电路　(b) 输入正弦信号

(c) 电容电压　(d) 输出电压

图 1.3.7　典型二极管钳位电路的移位作用

电容电压和输出电压波形如图 1.3.7(c)和 1.3.7(d)所示，可以看出，输出电压被钳制在 0 V 以下。波形上输出电压与输入电压一致，只是平移了一个直流偏置电位。

(3) 二极管逻辑运算电路

二极管与其他电路元件配合可以实现特定功能的逻辑运算电路，例如图 1.3.8 所示为**与**运算电路。当输入 $V_A=0$ 时，二极管 D_1 导通，使 $V_O=0$，这时若 $V_B=+3$ V，则 D_2 截止，V_B 的电位对输出 V_O 没有影响，D_2 起到了将输出与输入 B 隔离的作用，即利用二极管截止时，通过的电流近似为零，两极之间相当于断路的特点，来隔断电路或信号的联系。表 1.3.1 所示为输入端输入不同电平信号对应的输出电位(各二极管均视为理想二极管)，可以看出该电路实现**与**逻辑。

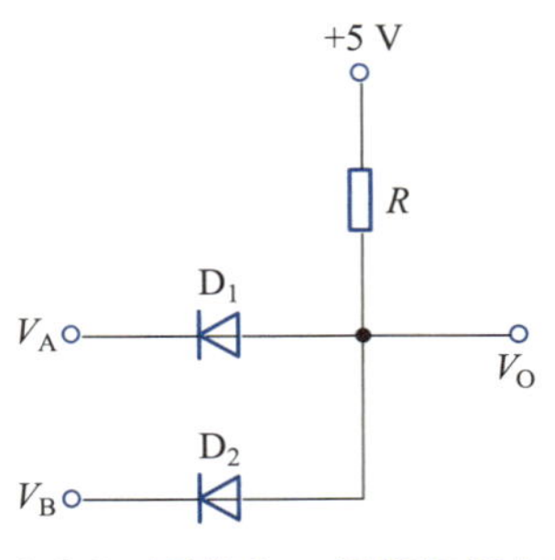

图 1.3.8 两输入二极管**与**门电路

表 1.3.1 两输入二极管**与**门电路的响应

V_A/V	V_B/V	V_O/V
0	0	0
0	5	0
5	0	0
5	5	5

(4) 限幅电路

图 1.3.9(a)为二极管双向限幅电路，用来限制输出电压的幅度。输入、输出波形如图 1.3.9(b)所示。

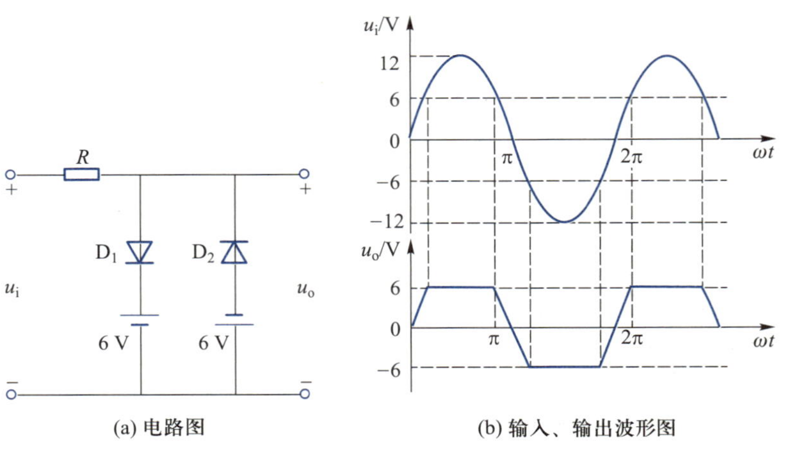

图 1.3.9 二极管双向限幅电路

在 u_i 的正半周，当 $u_i<6$ V 时，D_1、D_2 均截止，输出 $u_o=u_i$；当 $u_i>6$ V 时，D_1 导通，D_2 截止，输出 $u_o=6$ V。

在 u_i 的负半周，当 $u_i>-6$ V 时，D_1、D_2 均截止，输出 $u_o=u_i$；当 $u_i<-6$ V 时，D_2 导通，

D_1截止，输出 $u_o=-6\ V$。

（5）二极管保护电路

由电感元件的伏安特性可知，当流过电感的电流突然切断时，电感两端会瞬间产生高电压以维持电感电流，如果这一过程发生在电子电路中，该高电压很容易造成电子器件损坏。一种有效的解决方案是在感性负载两端反向并联二极管 D，如图 1.3.10 所示。当开关 S 闭合时，二极管 D 反向偏置，相当于断路，没有分流；当开关 S 断开时，二极管导通，完成续流，直至电流衰减为零。导通瞬间二极管流过的电流即为开关闭合时负载流过的稳态电流，负载两端电压为二极管的正向导通压降。如果需要提高电流的衰减速度，可以采用适当阻值的电阻代替二极管。

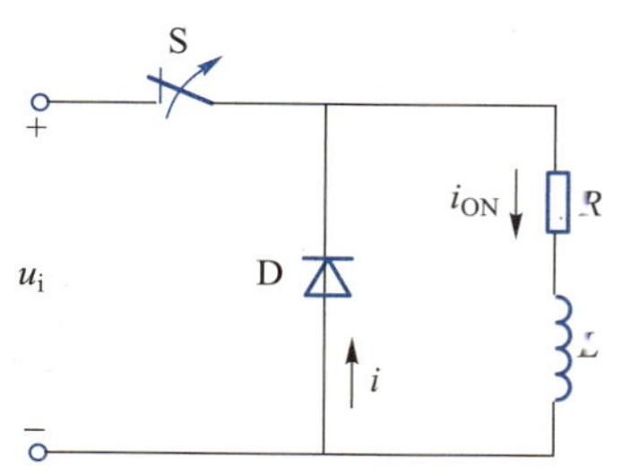

图 1.3.10　二极管续流电路

除了以上应用外，工程中也常利用二极管的非线性伏安特性以及二极管的温度敏感性来实现变换和控制作用，比如利用二极管正向导通时电压与电流的近似对数关系实现对数变换器，利用二极管伏安特性随温度变化的特性实现信号发生器中的稳幅等，将在后面的章节中介绍。

【例 1.3.1】 如图 1.3.11 所示二极管应用电路，试确定各二极管流过的电流 I_{D1}、I_{D2}、I_{D3}以及电位 V_A、V_B的值。设二极管的正向导通压降均为 0.6 V。

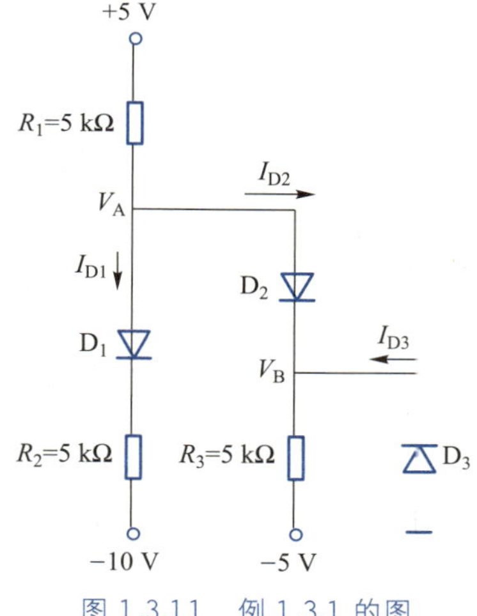

图 1.3.11　例 1.3.1 的图

【解】 首先假设所有二极管均截止，确定该假设条件下各二极管两端加载的正向电压，可得：D_1两端所加正向电压为 15 V，D_2两端所加正向电压为 10 V，D_3两端所加正向电压为 5 V，D_1承受最大正向电压，假设其优先导通。

若 D_1导通，可得

$$V_A=-10\ V+0.6\ V+\frac{5-0.6-(-10)}{5+5}\times5\ V=-2.2\ V$$

重复上述过程，可以判断此时 D_2和 D_3中，D_3优先导通，可得

$$V_B=-0.6\ V$$

可知 D_2处于反向偏置状态，截止。即 D_1和 D_3导通，D_2截止。

计算各二极管的电流

$$I_{D1}=\frac{5-0.6-(-10)}{5+5}\ mA=1.44\ mA$$

$$I_{D2}=0$$

$$I_{D3}=\frac{0-0.6-(-5)}{5}\ mA=0.88\ mA$$

验证各二极管的偏置状态及电流关系以及电路满足基尔霍夫定律约束，可得以上假设及分析成立。

练习与思考

1.3.1　如何使用万用表的电阻挡判断二极管的好坏与极性？

1.3.2　把一节 1.5 V 的电池直接接到（正向接法）二极管的两端，会不会发生问题？

1.3.3　为什么二极管的反向饱和电流与外加反向电压基本无关，而当温度升高时会明显增大？

1.4　稳压二极管

讲义：稳压二极管及其应用分析

视频：稳压二极管及其应用分析

稳压二极管简称稳压管，又称齐纳二极管，是一种用特殊工艺制造的面接触型半导体二极管。它在电路中与适当阻值的电阻配合能起稳定电压的作用。其电路符号及伏安特性曲线如图 1.4.1 所示。

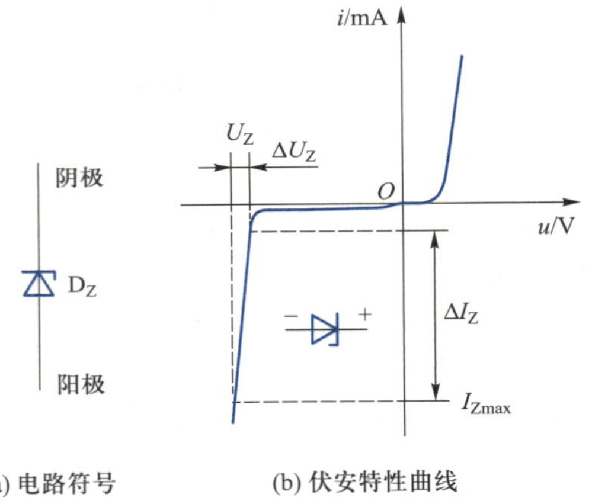

图 1.4.1　稳压二极管的电路符号和伏安特性曲线

稳压管的伏安特性曲线形状与普通二极管的类似，只是稳压管的反向击穿特性曲线比普通二极管的更陡一些。反向击穿后，电流在很大范围内变化，管子两端的电压变化很小，因此可以稳压。与普通二极管不同，稳压管工作在反向击穿区，它的反向击穿是可逆的，当去掉反向电压后，击穿可以恢复。

稳压管的主要参数有如下几个。

（1）稳定电压 U_Z

稳定电压是稳压管反向击穿后在正常工作状态下稳压管两端的电压。一般手册中所给出的都是在一定工作电流及温度等条件下的数值。由于工艺方面的原因，即使同一型号的稳压管，其稳定电压也有一定的离散性，例如 2CW14 稳压管的稳定电压为 6~7.5 V。

（2）稳定电流 I_Z和最大稳定电流 I_{Zmax}

稳定电流是指工作电压等于稳定电压时的反向电流。最大稳定电流是指稳压管允许通过的最大反向电流。使用稳压管时，工作电流不能超 I_{Zmax}值，否则稳压管将会发生热击穿而烧毁。所以，应注意采取适当的限流措施。

（3）最大耗散功率 P_{ZM}

最大耗散功率是指稳压管不发生热击穿的最大功率损耗。$P_{ZM}=U_Z I_{Zmax}$，已知 U_Z和 P_{ZM}就可以求出 I_{Zmax}。

（4）动态电阻 r_Z

动态电阻是稳压管在反向击穿区稳定工作时，端电压的变化量与相应电流变化量的比值，即

$$r_Z=\frac{\Delta U_Z}{\Delta I_Z} \tag{1.4.1}$$

它是衡量稳压管稳压性能好坏的指标。r_Z越小，则由 ΔI_Z引起的 U_Z变化量 ΔU_Z越小，稳压性能越好。

（5）电压温度系数 α_U

电压温度系数就是当温度变化 1 ℃时，U_Z变化的百分比数，用以表示稳压管的温度稳定性。一般来说，稳定电压低于 6 V 的稳压管，它的电压温度系数是负的；高于 6 V 的稳压管，电压温度系数是正的；而 6 V 左右的稳压管，稳定电压受温度的影响就比较小。

如果温度变化范围比较大，又要求稳压管的温度稳定性好，可选择具有温度补偿的稳压二极管。如 2DW 系列的稳压管就是由两个同型号的稳压管反向串接起来的，如图 1.4.2 所示。工作时一个稳压管正向导通（作温度补偿管），具有负电压温度系数；另一个稳压管反向击穿（作稳压管），具有正电压温度系数。两者相互补偿，使得整体的温度稳定性大大增强，即 1、2 端的电压基本不受温度影响。也可利用 3 端单独使用两边的稳压管。

利用稳压管组成的简单稳压电路如图 1.4.3 所示。R 为限流电阻，用来限制流过稳压管的电流。当稳压管 D_Z处于反向击穿状态时，稳定电压 U_Z基本不变，故负载电阻 R_L两端的电压 U_O基本稳定，在一定范围内不受 U_I和 R_L变化的影响。

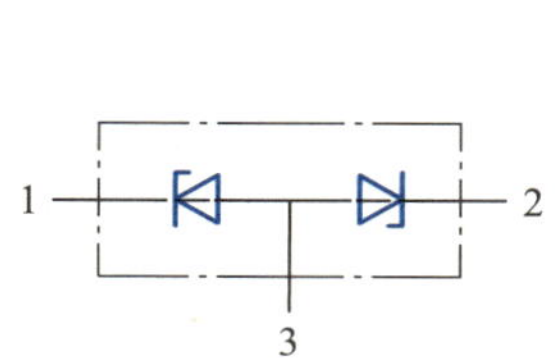

图 1.4.2 具有温度补偿的稳压二极管

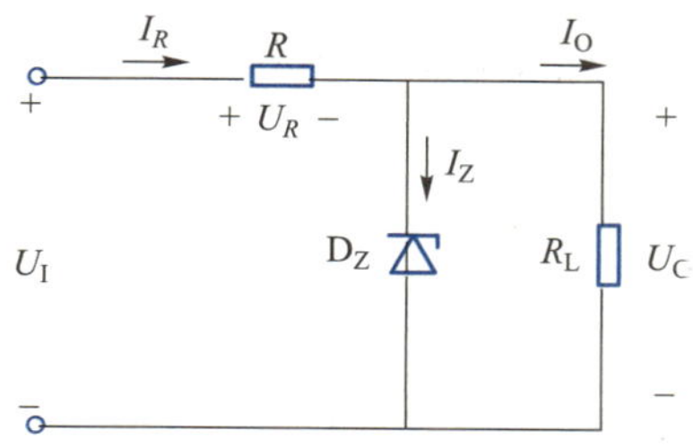

图 1.4.3 稳压管稳压电路

当负载阻值增大，稳压管的稳压过程为 $R_L\uparrow\rightarrow U_O\uparrow\rightarrow I_Z\uparrow\rightarrow I_R\uparrow\rightarrow U_R\uparrow\rightarrow U_O\downarrow$；当电源电压波动时，稳压过程为 $U_I\uparrow\rightarrow U_O\uparrow\rightarrow I_Z\uparrow\rightarrow I_R\uparrow\rightarrow U_R\uparrow\rightarrow U_O\downarrow$。

稳压管实现的是降压稳压，即输出的稳定电压低于输入电压，其差值为限流电阻上的电压。限流电阻 R 是一个非常重要的元件，保证稳压管正常工作的同时完成电路中的调节作用，因此其取值需要满足一定的要求：保证电源电压和负载阻值变化区间内稳压管均处于正常稳压工作状态，即稳压管流过的工作电流 I_Z 要大于其最小稳定电流 I_{Zmin}，同时小于其最大稳定电流 I_{Zmax}。稳压管的工作电流为

$$I_Z=\frac{U_I-U_Z}{R}-I_O=\frac{U_I-U_Z}{R}-\frac{U_Z}{R_L} \tag{1.4.2}$$

假设输入电压在 $[U_{Imin},U_{Imax}]$ 区间内变化，负载阻值在 $[R_{Lmin},R_{Lmax}]$ 区间内变化。当电源电压和负载阻值同时达到最大值时，稳压管工作电流达到最大值；当电源电压和负载阻值同时达到最小值时，稳压管工作电流达到最小值。若保证稳压管始终工作于稳压状态，则须满足

$$I_{Zmin}\leqslant I_Z\leqslant I_{Zmax} \tag{1.4.3}$$

即

$$\frac{U_{Imax}-U_Z}{I_{Zmax}R_{Lmax}+U_Z}R_{Lmax}\leqslant R\leqslant\frac{U_{Imin}-U_Z}{I_{Zmin}R_{Lmin}+U_Z}R_{Lmin} \tag{1.4.4}$$

【例 1.4.1】 电路如图 1.4.4 所示，已知稳压二极管 1N751A 的稳定电压标称值为 $U_Z=5.1\ \text{V}$，稳定电流最大值为 $I_{Zmax}=70\ \text{mA}$，稳定电流的最小值为 $I_{Zmin}=5\ \text{mA}$，试估算在输入电压 $U_I=10\ \text{V}$，负载电阻 $R_L=500\ \Omega$ 的条件下，限流电阻 R 的取值范围。

【解】 输出电压由稳压管稳定，$U_O=U_Z$，负载中流过的电流

$$I_L=\frac{U_Z}{R_L}=\frac{5.1\ \text{V}}{500\ \Omega}=10.2\ \text{mA}$$

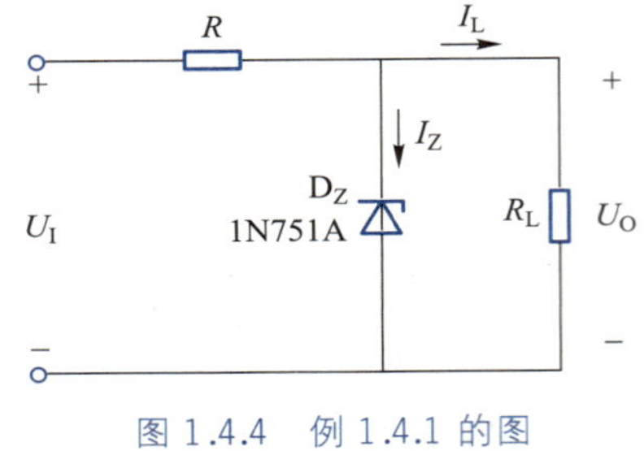

图 1.4.4　例 1.4.1 的图

当稳压管中流过最小电流时，对应限流电阻最大取值

$$\frac{U_I-U_Z}{R}-I_L\geqslant I_{Zmin}$$

可得

$$R\leqslant\frac{U_I-U_Z}{I_{Zmin}+I_L}=322.4\ \Omega$$

当稳压管中流过最大电流时，对应限流电阻最小取值

$$\frac{U_I-U_Z}{R}-I_L\leqslant I_{Zmax}$$

可得

$$R\geqslant\frac{U_I-U_Z}{I_{Zmax}+I_L}=61.1\ \Omega$$

则 R_1 的取值范围为 $61.1\ \Omega\leqslant R\leqslant 322.4\ \Omega$。

【例 1.4.2】 基于图 1.4.4 所示电路设计电压调节器，实现汽车蓄电池为车载音响供电。蓄电池的电压 U_I 的变化范围为 11 V～13.6 V，车载音响的工作电压为 9 V，电流在 0（关断）～100 mA（全音量）范围内变化。确定限流电阻 R 的取值、稳压

二极管的最大稳定电流、稳压二极管的最大耗散功率以及电阻 R 的最大耗散功率。

【解】 电压调节器等效电路如图 1.4.5 所示。

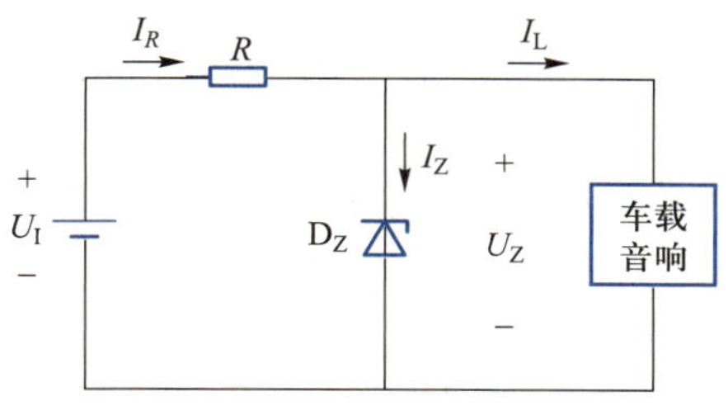

图 1.4.5　电压调节器等效电路

当蓄电池电压最低同时负载电流最大时，稳压管流过最小稳定电流 I_{Zmin}，此时满足

$$R=\frac{U_{Imin}-U_Z}{I_{Zmin}+I_{Lmax}} \tag{1.4.5}$$

当蓄电池电压最高同时负载电流最小时，稳压管流过最大稳定电流 I_{Zmax}，此时满足

$$R=\frac{U_{Imax}-U_Z}{I_{Zmax}+I_{Lmin}} \tag{1.4.6}$$

联合式(1.4.5)和式(1.4.6)可得

$$(U_{Imin}-U_Z)(I_{Zmax}+I_{Lmin})=(U_{Imax}-U_Z)(I_{Zmin}+I_{Lmax})$$

通常设计要求稳压管最小稳定电流是最大稳定电流的十分之一(对于较严格的设计要求，可能要求最小稳定电流是最大稳定电流的 20%~30%)，则有

$$I_{Zmax}=\frac{I_{Lmax}(U_{Imax}-U_Z)-I_{Lmin}(U_{Imin}-U_Z)}{U_{Imin}-0.9U_Z-0.1U_{Imax}}$$

代入参数可得

$$I_{Zmax}\approx 300\ \text{mA}$$

限流电阻

$$R=\frac{13.6-9}{0.3+0}\ \Omega=15.3\ \Omega$$

稳压管最大耗散功率为

$$P_{Zmax}=I_{Zmax}\cdot U_Z=0.3\times 9\ \text{W}=2.7\ \text{W}$$

限流电阻 R 的最大耗散功率

$$P_{Rmax}=\frac{(U_{Omax}-U_Z)^2}{R}=\frac{(13.6-9)^2}{15.3}\ \text{W}=1.4\ \text{W}$$

练习与思考

1.4.1　为什么稳压管的动态电阻越小，则稳压效果越好？

1.4.2 在图 1.4.3 中，$R_L=100\ \Omega$，电压 U_I 随时间在 9～12 V 范围内波动，要求电压 U_O 稳定为 6 V。试确定稳压管 D_Z 和电阻 R 的参数。

1.4.3 设计稳压管稳压电路时，需要注意哪些主要的约束条件？

讲义：双极型晶体管及其电流放大作用

视频：双极型晶体管及其电流放大作用

1.5 双极型晶体管

半导体晶体管分为双极型晶体管和场效应晶体管两大类。由于双极型晶体管的发明和应用较场效应晶体管早得多，因而习惯上把双极型晶体管简称为晶体管。双极型晶体管（bipolar junction transistor，BJT）由两个背对背的 PN 结构成，在工作过程中两种载流子（电子和空穴）都参与导电，故有“双极型”之称，以区别于一种载流子导电的场效应晶体管。

1.5.1 双极型晶体管的结构

双极型晶体管有 NPN 和 PNP 两种类型，图 1.5.1(a) 和 (b) 分别为其结构示意图和电路符号。双极型晶体管的实际结构差别很大，以满足各种应用对工作特性和制造工艺的具体要求。

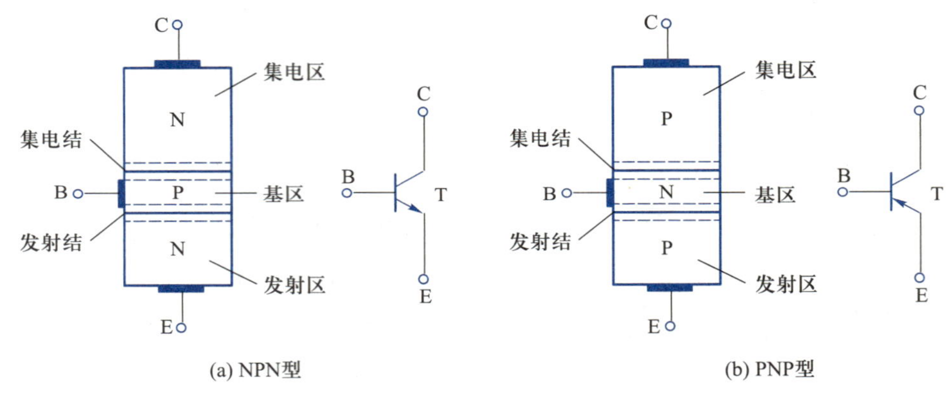

图 1.5.1 双极型晶体管的结构示意图和电路符号

NPN 型和 PNP 型 BJT 都含有三个掺杂区（发射区、基区、集电区）和两个 PN 结。发射区与基区间的 PN 结称为发射结，集电区与基区间的 PN 结称为集电结。由发射区、基区、集电区各引出一个电极，对应称为发射极 E、基极 B、集电极 C。为了具有电流放大作用，BJT 按如下工艺制作：

(1) 基区很薄且掺杂浓度很低。

(2) 发射区掺杂浓度很高，与基区相差很大。

(3) 发射区的掺杂浓度比集电区高，而集电区尺寸比发射区大。发射区与集电区虽是同型半导体，但两者并不对称，使用时发射极与集电极两极不能互换。

NPN 型和 PNP 型晶体管的工作原理类似，只是在使用时电源极性连接不同，下面以 NPN 型晶体管为例来分析讨论。

1.5.2 双极型晶体管的电流放大作用

BJT 的电流放大作用有其内部条件和外部条件。内部条件是基区很薄且掺杂浓度远低于发射区，由制造工艺实现；外部条件是发射结正向偏置，集电结反向偏置，由

外部电路提供。

在图 1.5.2 中,基极电阻 R_B 与基极电源 U_B 组成基极电路,使发射结正向偏置;集电极电阻 R_C 与集电极电源 U_{CC} 组成集电极电路,使集电结反向偏置。由于发射极是基极电路和集电极电路的公共端,故称这种电路为共发射极电路。

在发射结正向偏置电压的作用下,发射区的电子不断通过发射结扩散到基区,由于基区很薄且空穴浓度很低,发射区进入基区的电子只有一小部分与基区的空穴复合,而绝大部分继续扩散到集电结的边缘。当然,基区的空穴也会扩散到发射区,但因为基区的掺杂浓度很低,故形成的电流(图中未画出)很小,可以忽略。

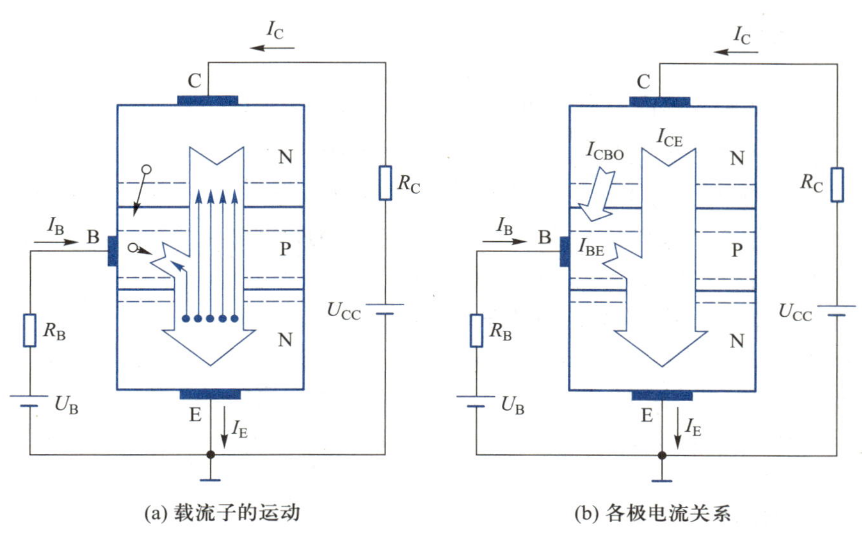

图 1.5.2 共发射极电路中载流子的运动和电流关系

由于集电结处于反向偏置,其空间电荷区中的电场很强,因此,扩散到集电结边缘的电子在电场作用下以漂移的方式越过集电结,被集电区收集。另外,电场的作用也会使集电区的空穴(少数载流子)向基区漂移,形成由集电区流向基区的反向饱和电流,其大小取决于少数载流子的浓度,相对较小。

由图 1.5.2(b)可见,集电极电流 I_C 由两部分构成,即

$$I_C = I_{CE} + I_{CBO} \tag{1.5.1}$$

基极电流 I_B 也由两部分构成,即

$$I_B = I_{BE} - I_{CBO} \tag{1.5.2}$$

通常将 I_{CE} 与 I_{BE} 的比定义为共射极直流电流放大系数,用 $\overline{\beta}$ 表示,即

$$\overline{\beta} = \frac{I_{CE}}{I_{BE}} \tag{1.5.3}$$

则有

$$\overline{\beta} = \frac{I_{CE}}{I_{BE}} = \frac{I_C - I_{CBO}}{I_B + I_{CBO}} \tag{1.5.4}$$

对上式整理可得

$$I_C = \overline{\beta} I_B + (1+\overline{\beta}) I_{CBO} \tag{1.5.5}$$

上式中最后一项常用 I_{CEO} 表示，称为穿透电流，即

$$I_{CEO}=(1+\bar{\beta})I_{CBO} \tag{1.5.6}$$

由于 I_{CBO} 由少数载流子形成，其值很小，因此有

$$\bar{\beta}\approx\frac{I_C}{I_B} \text{或} I_C\approx\bar{\beta}I_B \tag{1.5.7}$$

发射极电流包括两部分，即

$$I_E=I_{CE}+I_{BE} \tag{1.5.8}$$

将式(1.5.1)和式(1.5.2)代入上式，可得发射极电流 I_E、基极电流 I_B 和集电极电流 I_C 之间的关系为

$$I_E=I_C+I_B \tag{1.5.9}$$

由于 BJT 制成后其内部尺寸和掺杂浓度是确定的，所以在一定条件下，发射区所发射的电子在基区复合的比例以及被集电区收集的比例也是基本确定的，即 $\bar{\beta}$ 一定，由此形成 I_E、I_B 和 I_C 之间的比例关系，且在数值上 I_C 接近于 I_E 而远大于 I_B。这样，当 I_B 发生微小变化时，I_C 会响应较大的变化。这就是 BJT 的电流放大作用，也就是通常所说的基极电流对集电极电流的控制作用。

讲义：双极型晶体管的伏安特性及其小信号模型

1.5.3 双极型晶体管的特性曲线

BJT 的特性曲线能直观地描述各极电压与电流之间的关系，是 BJT 内部载流子运动的外部表现。由于 BJT 是三端元件，其特性描述不像二极管那样简单，而且与电路连接形式有关，最常用的是共发射极接法时的输入特性曲线和输出特性曲线。这些特性曲线可用特性图示仪直观地显示出来，也可以通过如图 1.5.3 所示的电路进行测试。电路中使用的是 NPN 型硅管 3DG6。

视频：双极型晶体管的伏安特性及其小信号模型

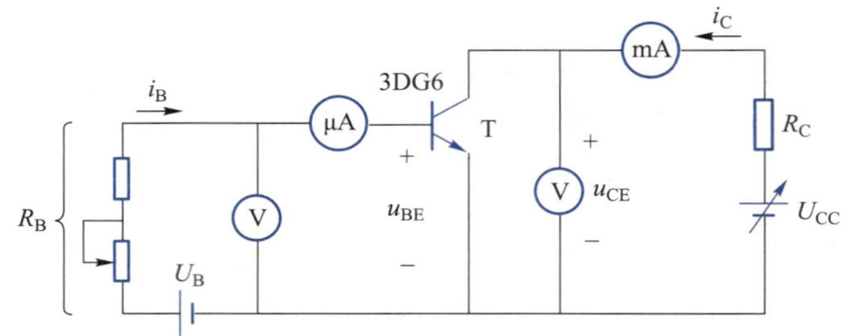

图 1.5.3 BJT 特性测试电路

1. 输入特性曲线

在共发射极电路中，输入信号接入基极电路，故基极与发射极组成的回路称为输入回路。输入特性是指当集-射极电压 u_{CE} 为常数时，输入回路中基极电流 i_B 与基-射极电压 u_{BE} 之间的关系，即

$$i_B=f(u_{BE})\Big|_{u_{CE}=\text{常数}} \tag{1.5.10}$$

输入特性通常用输入特性曲线来描述，如图 1.5.4 所示。严格地讲，对于不同的 u_{CE}，输入特性不是一条而是一组曲线。但是对硅管而言，当 $u_{CE}>1$ V 时，集电结已反向偏置，并且内电场足够大，可以把从发射区扩散到基区的绝大部分电子拉入集电

区。如果此时再增大 u_{CE}，只要 u_{BE} 保持不变，从发射区发射到基区的电子数就一定，i_B 也就基本不变。就是说，$u_{CE}>1$ V 后输入特性曲线基本上是重合的。所以，通常只画出 $u_{CE}=1$ V 这一条输入特性曲线。

由图 1.5.4 可见，和二极管的伏安特性一样，BJT 输入特性也有一段死区。只有在发射结外加电压大于开启电压时，i_B 才会出现。硅管的开启电压约为 0.5 V，锗管的开启电压不超过 0.2 V。在正常工作情况下，NPN 型硅管的发射结压降为 0.6～0.7 V，PNP 型锗管的发射结压降为 0.2～0.3 V。

2. 输出特性曲线

在共发射极电路中，输出信号从集电极取出，因此把集电极、发射极和电源 U_{CC} 组成的回路称为输出回路。输出特性是指当基极电流 i_B 为常数时，输出回路中集电极电流 i_C 与集-射极电压 u_{CE} 之间的关系，即

$$i_C = f(u_{CE})\big|_{i_B=\text{常数}} \tag{1.5.11}$$

对于不同的 i_B，可得出不同的曲线，所以 BJT 的输出特性曲线是一组曲线，如图 1.5.5 所示。

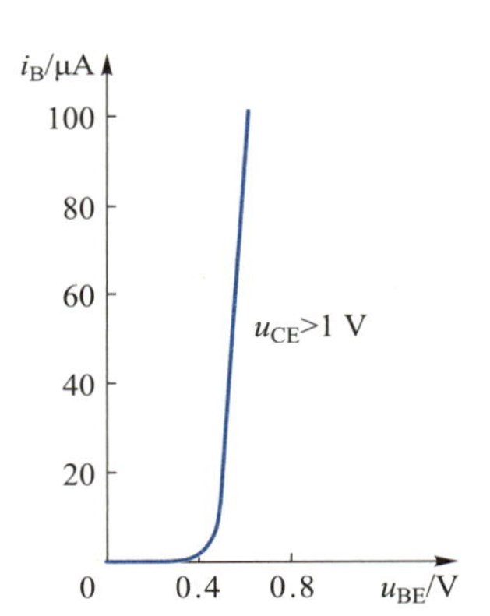

图 1.5.4　BJT 的输入特性曲线

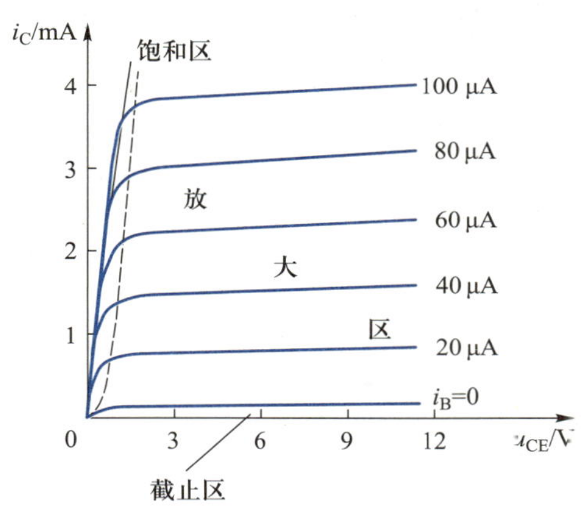

图 1.5.5　BJT 的输出特性曲线

当 i_B 一定时，从发射区扩散到基区的电子数大致是一定的。在 u_{CE} 超过一定数值（约 1 V）以后，绝大部分电子被拉入集电区而形成 i_C，以至于当 u_{CE} 继续增高时，i_C 不再有明显的增加，形成恒流特性。

当 i_B 增大时，相应的 i_C 也增大，而且在一定范围内近似成正比例，这就是 BJT 电流放大作用的表现。

通常把 BJT 的输出特性曲线分为三个工作区（见图 1.5.5）。

（1）放大区

输出特性曲线上接近于水平的部分是放大区。在放大区，i_C 与 i_B 近似成正比，故放大区也称为线性区。如前所述，BJT 工作在放大状态时，发射结处于正向偏置，集电结处于反向偏置。

（2）截止区

$i_B=0$ 对应的输出特性曲线以下的区域称为截止区。$i_B=0$ 时集电极电流用 I_{CEO} 表示，其值很小，若忽略不计，则 BJT 集电极与发射极之间相当于开路，即相当于一个

断开的电子开关。对于 NPN 型硅管，当 $u_{BE}<0.5$ V 时，即已开始截止，但是为了截止可靠，常使 $u_{BE}\leqslant 0$。截止时集电结处于反向偏置。

（3）饱和区

当 $u_{CE}<u_{BE}$时，集电极电位低于基极，集电结与发射结均处于正向偏置，BJT 工作在饱和状态。在饱和区，i_B的变化对 i_C 的影响较小，两者不成正比。集电极与发射极之间的电压 U_{CES}称为 BJT 的饱和压降，其值很小，通常硅管约为 0.3 V，锗管约为 0.1 V，若忽略不计，则 BJT 集电极与发射极之间相当于短路，即相当于一个闭合的电子开关。

讲义：
双极型晶体管的主要参数

在放大电路中，BJT 主要工作于放大区；而在开关电路或脉冲数字电路中，BJT 主要工作于饱和区和截止区。

1.5.4 双极型晶体管的主要参数

BJT 的参数用来表征其性能和适用范围，是选择元件、设计电路的依据。BJT 的参数很多，主要参数有下面几个。

视频：
双极型晶体管的主要参数

1. 电流放大系数

晶体管的电流放大系数是表征管子放大作用的主要参数。

（1）直流电流（静态）放大系数$\overline{\beta}$

当 BJT 接成共发射极电路时，静态（无输入信号）情况下，集电极电流 I_C与基极电流 I_B的比值称为共发射极直流电流（静态）放大系数

$$\overline{\beta}=\frac{I_C}{I_B} \tag{1.5.12}$$

（2）交流电流（动态）放大系数 β

当 BJT 工作在动态（有输入信号）时，集电极电流变化量 Δi_C 与对应基极电流变化量 Δi_B的比值称为交流电流（动态）放大系数

$$\beta=\frac{\Delta i_C}{\Delta i_B} \tag{1.5.13}$$

两者的含义虽然不同，但在输出特性曲线近似于等间距（I_B等差变化）水平且 I_{CEO}很小的情况下，两者较为接近，因此实际应用中一般不做严格区分。常用的小功率 BJT 的 β 值为 20~150。β 值随温度升高而增大，在输出特性曲线反映为曲线上移且曲线的间距增大。

2. 反向饱和电流

（1）集-基极反向饱和电流 I_{CBO}　集-基极反向饱和电流是当发射极开路时的集电极电流。I_{CBO}是由少数载流子的漂移运动造成的，受温度的影响大。在室温下，小功率锗管的 I_{CBO}为几微安到几十微安，小功率硅管的在 1 μA 以下，且硅管温度稳定性优于锗管。

（2）集-射极反向饱和电流 I_{CEO}　集-射极反向饱和电流是当基极开路时的集电极电流。因为它很像是从集电极直接穿透 BJT 而到达发射极的，所以又称为穿透电流。I_{CEO}受温度的影响很大，其数值约为 I_{CBO}的 β 倍，I_{CBO}越大，β 越高，BJT 的温度稳定性越差。一般硅管的 I_{CEO}比锗管的小 2~3 个数量级。

3. 极限参数

（1）集电极最大允许电流 I_{CM}

集电极电流 i_C 超过一定值时，BJT 的 β 值要下降。β 值下降到正常值的三分之二时的集电极电流，称为集电极最大允许电流 I_{CM}。因此，在使用 BJT 时，i_C 超过 I_{CM} 并不一定会使 BJT 损坏，但会以降低 β 值为代价。

（2）极间反向击穿电压

集-射极反向击穿电压 $U_{(BR)CEO}$ 定义为基极开路时，加在集电极和发射之间的最大允许电压。当 BJT 的集-射极电压 $u_{CE} > U_{(BR)CEO}$ 时，集电结将被反向击穿，I_{CEO} 会突然大幅度上升。

集-基极反向击穿电压 $U_{(BR)CBO}$ 定义为发射极开路时，加在集电极和基极之间的最大允许电压。当 BJT 的集-基极电压 $u_{CB} > U_{(BR)CBO}$ 时，集电结将被反向击穿，I_{CBO} 会突然大幅度上升。

需要注意的是，相关手册中给出的极间反向击穿电压一般是常温（25 ℃）下的值，温度升高后，其数值要降低。

（3）集电极最大允许耗散功率 P_{CM}

BJT 工作时集电极的功率损耗 $p_C = i_C u_{CE}$。p_C 的存在使集电结的结温升高，$p_C > P_{CM}$ 将会导致 BJT 过热损坏。由此而限定的 p_C 称为集电极最大允许耗散功率 P_{CM}。P_{CM} 主要受结温限制，一般来说，锗管允许结温为 70～90 ℃，硅管约为 150 ℃。

根据 BJT 的 P_{CM} 值，可在 BJT 输出特性曲线上作出 P_{CM} 曲线，它是一条双曲线。由 I_{CM}、$U_{(BR)CEO}$、P_{CM} 三个极限参数共同界定了 BJT 的安全工作区，如图 1.5.6 所示。

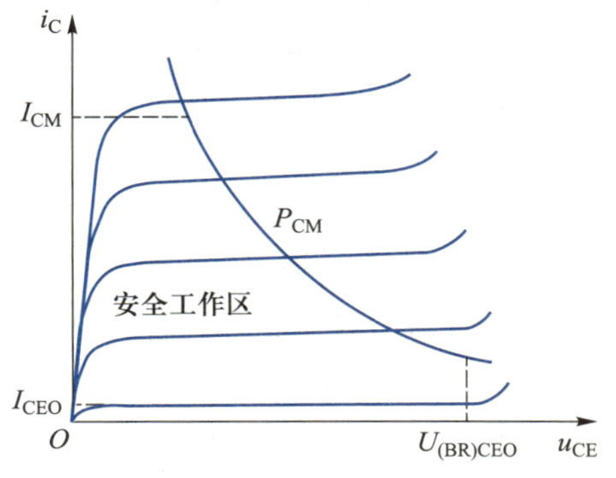

图 1.5.6　BJT 的安全工作区

1.5.5　双极型晶体管简化的小信号模型

从 BJT 的特性曲线可以看到，它的输入特性曲线和输出特性曲线都是非线性的，因此 BJT 是一个非线性元件。但是，如果 BJT 工作在特性曲线近似于直线的部分，而且工作信号是变化范围很小的小信号，那么在这小范围内，局部的特性曲线就可以近似看成是一小段直线。如此进行线性化处理后，在这种工作条件下的 BJT 就可以用一个线性电路等效模型来描述，使电路的分析和计算得以简化。这样的线性电路模型称为 BJT 的小信号模型，其建立的过程如图 1.5.7 所示。其中，图 1.5.7（a）为共发射极电路的局部。

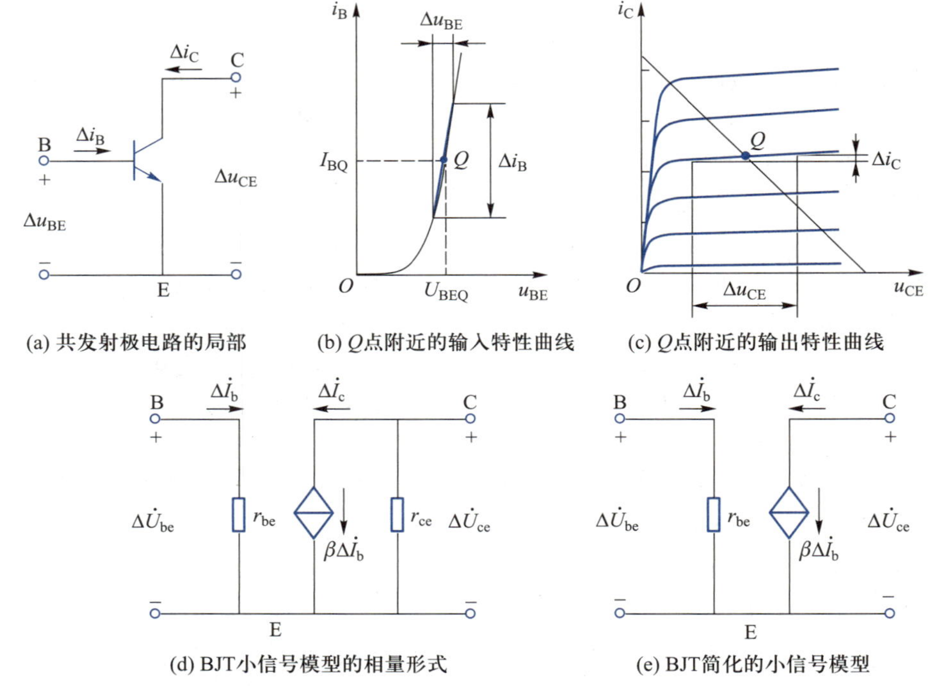

(a) 共发射极电路的局部　(b) Q点附近的输入特性曲线　(c) Q点附近的输出特性曲线

(d) BJT小信号模型的相量形式　(e) BJT简化的小信号模型

图 1.5.7　BJT 小信号模型的建立

在共发射极电路中，设 BJT 工作在放大区的 Q 点处，基极电路对应的电压和电流分别为 U_{BEQ}和 I_{BQ}。当基-射极电压在 U_{BEQ}的基础上出现一个小的变化量 Δu_{BE}时，基极电流也会产生一个对应的变化量 Δi_B。如图 1.5.7(b)所示，由于变化量 Δu_{BE}和 Δi_B比较小，Q 点附近的输入特性曲线可以近似看成是直线，则 Δu_{BE}和 Δi_B之间的关系可以用动态电阻来反映，即

$$r_{be}=\frac{\Delta u_{BE}}{\Delta i_B} \tag{1.5.14}$$

r_{be}称为 BJT 的输入电阻，一般为几百欧到几千欧。低频小功率 BJT 的 r_{be}常用下面数值公式估算

$$r_{be}\approx r_{bb}+(\beta+1)\frac{26\ \text{mV}}{I_{EQ}} \tag{1.5.15}$$

式中，I_{EQ}为 Q 点对应的发射极电流，单位为毫安；r_{bb}为基区电阻，当 $I_{EQ}<5$ mA 时，其值约为 200 Ω。

由于工作在放大区，BJT 的集电极电流 i_C受 i_B的控制，变化量 Δi_B也会使集电极电流产生变化量 Δi_C。如图 1.5.7(c)所示，若将输出特性近似为一组以 i_B为参变量的平行的直线，集电极与发射极之间可以用一个 $\Delta i_C=\beta\Delta i_B$的电流控制电流源(CCCS)来等效。

考虑集电极电流 i_C受集-射极电压 u_{CE}影响的特性，采用小信号输出电阻 r_{ce}来反映影响关系，定义

$$r_{ce}=\left.\frac{\Delta u_{CE}}{\Delta i_C}\right|_{i_B=\text{常数}} \tag{1.5.16}$$

该电阻可以认为是一个等效的诺顿电阻，与受控电流源并联。如图 1.5.7(d) 所示为 BJT 小信号模型的相量形式。

由于集电极电流 i_C 受集-射极电压 u_{CE} 的影响很小，即小信号输出电阻 r_{ce} 很大，多数情况下，r_{ce} 的值要远大于 R_C，因此忽略 u_{CE} 对 i_B 和 i_C 的影响，故称为简化的小信号模型，如图 1.5.7(e) 所示。在简化的小信号模型中，Δi_C 只受 Δi_B 的控制，而与 u_{CE} 无关。

【例 1.5.1】 电路如图 1.5.8 所示，试判断当 (1) $R_B = 220\ \text{k}\Omega$，(2) $R_B = 20\ \text{k}\Omega$ 时，晶体管分别工作在何种工作状态（饱和、放大、截止），如果工作在放大区，建立其小信号模型。已知晶体管的 $U_{BE} = 0.7\ \text{V}$，$\beta = 100$，$r_{bb} = 200\ \Omega$。

【解】 由图示电路可得基极电流

$$I_B = \frac{U_B - U_{BE}}{R_B}$$

(1) 当 $R_B = 220\ \text{k}\Omega$ 时

$$I_B = \frac{4-0.7}{220}\ \text{A} = 15\ \mu\text{A}$$

假设晶体管工作在线性放大区，则有

$$I_C = \beta I_B = 100\times 15\ \mu\text{A} = 1.5\ \text{mA}$$

集-射极电压

$$U_{CE} = U_{CC} - I_C R_C = (10 - 1.5\times 3)\ \text{V} = 5.5\ \text{V}$$

由各极电位可知，此时晶体管工作在放大区，假设成立。

发射极电流

$$I_E = (1+\beta) I_B = 101\times 15\ \mu\text{A} = 1.515\ \text{mA}$$

计算晶体管输入电阻

$$r_{be} \approx 200\ \Omega + (100+1)\frac{26\ \text{mV}}{1.515\ \text{mA}} = 1.93\ \text{k}\Omega$$

晶体管的小信号模型如图 1.5.9 所示。

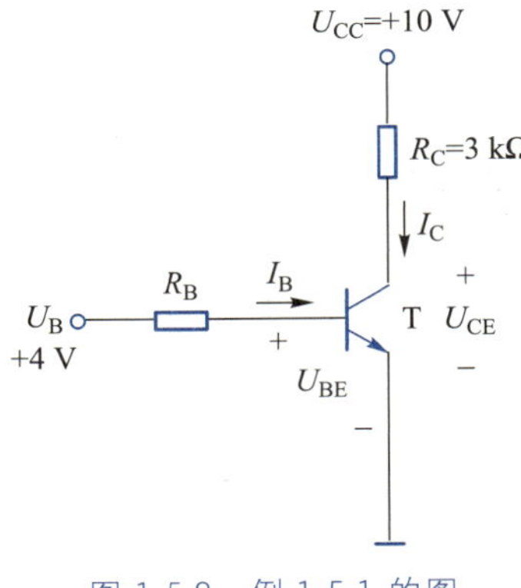

图 1.5.8　例 1.5.1 的图

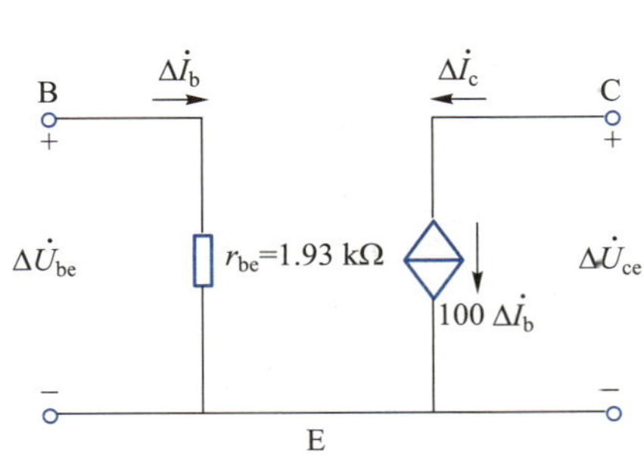

图 1.5.9　晶体管的小信号模型

(2) 当 $R_B = 20\ \text{k}\Omega$ 时

$$I_B = \frac{4-0.7}{20}\ \text{A} = 165\ \mu\text{A}$$

假设晶体管工作在线性放大区，则有

$$I_C=\beta I_B=100\times165\ \mu A=16.5\ mA$$

集-射极电压

$$U_{CE}=U_{CC}-I_CR_C=(10-16.5\times3)\ V=-39.5\ V$$

可得集电结正偏，与假设不符，假设不成立，此时晶体管工作在饱和区。

【例 1.5.2】 图 1.5.10(a)所示电路中，晶体管作为开关控制发光器件 LED 点亮或者熄灭。若使 LED 点亮，需要 $i_C=15$ mA。已知 $R_B=15\ k\Omega$，晶体管放大倍数 $\beta=100$，$U_{BE}=0.7$ V，$U_{CE(sat)}=0.3$ V，LED 的导通电压 U_T 为 1.5 V，输入信号 u_I 的波形如图 1.5.10(b)所示。试计算电阻 R_C 的阻值以及晶体管上消耗的功率。

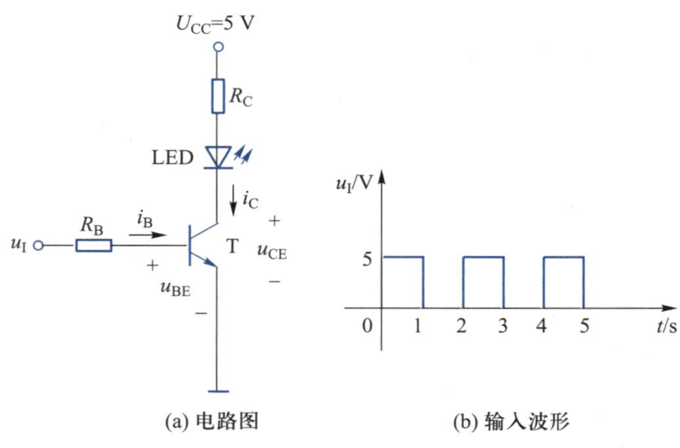

图 1.5.10 例 1.5.2 的图

【解】 当 $U_I=0$ V 时，晶体管处于截止状态，I_C 为零，LED 熄灭。

当 $U_I=5$ V 时，需要使晶体管工作在饱和状态，产生集电极电流 $I_C=15$ mA。则有

$$R_C=\frac{U_{CC}-U_{CE(sat)}-U_T}{I_C}=\frac{5-0.3-1.5}{15}\ k\Omega=213\ \Omega$$

由电路可得

$$I_B=\frac{U_I-U_{BE}}{R_B}=\frac{5-0.7}{15}\ mA=0.29\ mA$$

晶体管导通时耗散的功率为

$$P_1=I_BU_{BE}+I_CU_{CE(sat)}=(0.29\times0.7+15\times0.3)\ mW=4.7\ mW$$

晶体管的平均功率为

$$P=\frac{1}{2}P_1=2.35\ mW$$

练习与思考

1.5.1 BJT 在结构和工艺上有何特点，由同种类型的半导体材料构成的发射极和集电极是否可以调换使用，为什么？

1.5.2 BJT 实现电流放大作用的内部条件和外部条件各是什么？

1.5.3 如何用万用表判断一只双极型晶体管的类型并区分三个电极？

1.5.4 根据图 1.5.11 所示各 BJT 三个电极的电位，判断它们分别处于何种工作状态。

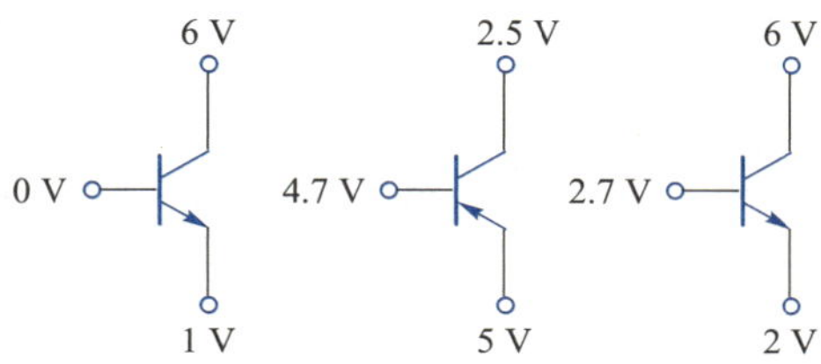

图 1.5.11 练习与思考 1.5.4 的图

1.5.5 在使用 BJT 时，只要出现下述情况中的任何一种，BJT 就必然损坏：① 集电极电流超过 I_{CM} 值；② 耗散功率超过 P_{CM} 值；③ 集-射极电压超过 $U_{(BR)CEO}$ 值。以上说法是否正确，为什么？

1.5.6 半导体器件的伏安特性受温度影响较大，主要体现在哪些参数上，当温度升高时，这些参数如何变化？

讲义：场效应晶体管及其电流放大作用

1.6 绝缘栅型场效应晶体管

场效应晶体管（field effect transistor，FET）是利用外加电压产生的电场强度来控制其导电能力的一种半导体器件。按其结构可分为结型场效应晶体管和绝缘栅型场效应晶体管两大类。这里仅介绍应用更为广泛的绝缘栅型场效应晶体管（insulated gate FET，IGFET）。

视频：场效应晶体管及其电流放大作用

1.6.1 绝缘栅型场效应晶体管的基本结构和工作原理

绝缘栅型场效应晶体管按其导电类型的不同，分为 N 沟道和 P 沟道两类，每一类又分为增强型和耗尽型两种。

N 沟道绝缘栅型场效应晶体管的结构如图 1.6.1 所示。它以一块掺杂浓度较低的 P 型硅片作为衬底，在其中扩散两个掺杂浓度很高的 N^+ 型区，并引出两个电极，分别称为源极 S 和漏极 D。P 型硅片表面覆盖一层极薄的二氧化硅绝缘层，在两个 N^+ 型区之间的绝缘层上制作一个金属电极称为栅极 G。因栅极与其他电极及硅片之间是绝缘的，故有绝缘栅型之称；或者按其金属-氧化物-半导体的材料构成，称其为 MOSFET（metal oxide semiconductor FET）。

如图 1.6.1（a）所示，在制造 N 沟道 MOSFET 时，如果在二氧化硅绝缘层中掺入大量正离子，就会在两个 N^+ 型区之间的衬底表面形成足够强的电场，这个电场将会排斥 P 型衬底中的空穴，并把衬底中的电子吸引到表面，形成一个 N 型薄层，将两个 N^+ 型区即漏极和源极连通。这个 N 型薄层称为 N 型导电沟道（简称 N 沟道），又因是 P 型衬底中的 N 型层而称为反型层。这种 MOSFET 在制造时导电沟道已经形成，称为耗尽型 MOSFET。

如图 1.6.1（b）所示，如果导电沟道不是预先在制造时形成的，而是利用外加栅-源极电压形成电场产生的，则此类称为增强型 MOSFET。

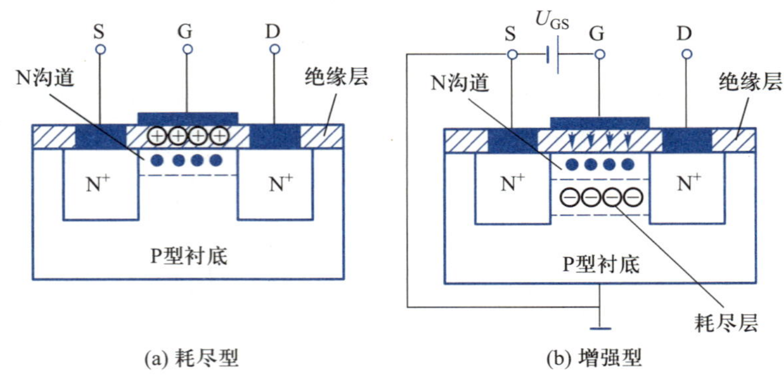

图 1.6.1　N 沟道绝缘栅型场效应晶体管的结构示意图

P 沟道 MOSFET 因在 N 型衬底中生成 P 型反型层而得名。其结构和工作原理与 N 沟道 MOSFET 相似，只是使用的栅-源极和漏-源极电压的极性与 N 沟道 MOSFET 的相反。各类型 MOSFET 的电路符号如图 1.6.2 所示。在增强型 MOSFET 的符号中，源极 S 和漏极 D 间的连线是断开的，表示 $U_{GS}=0$ 时导电沟道尚未形成。

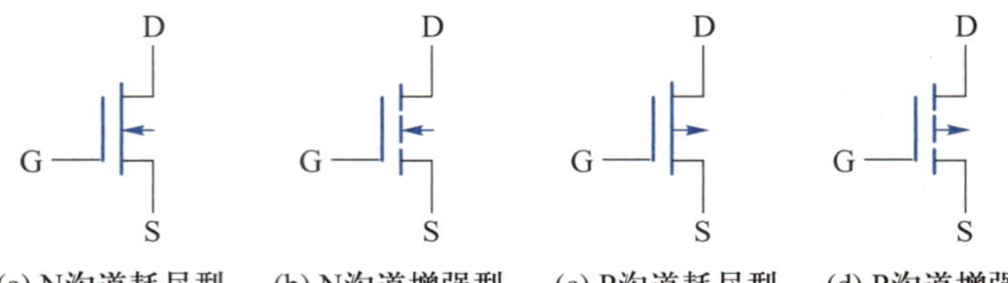

图 1.6.2　MOSFET 的电路符号

由于 MOSFET 工作时只有一种极性的载流子（N 沟道是电子，P 沟道是空穴）参与导电，故亦称为单极型晶体管。与双极型晶体管的共发射极接法类似，MOSFET 常采用共源极接法，如图 1.6.3 所示。

当栅-源极电压 U_{GS} 为某一数值时，增强型 MOSFET 的漏-源极之间形成 N 型导电沟道，在正电源 U_{DD} 的作用下，沟道中的电子从源极侧向漏极侧运动，形成漏极电流 I_D。如果栅-源极电压增加，则垂直于衬底的表面电场强度加强，从而使导电沟道加宽，引起漏极电流 I_D 增大。因此，MOSFET 是利用电场效应改变导电沟道来控制漏极电流 I_D 的，或者说，是利用电压 U_{GS} 来控制漏极电流 I_D 的。

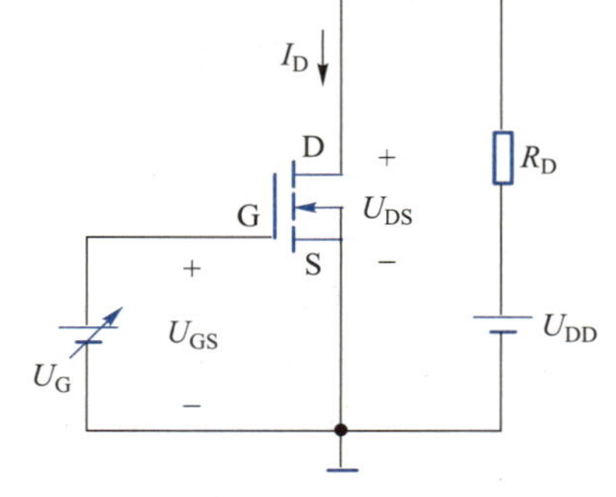

图 1.6.3　共源极电路

MOSFET 与 BJT 都是半导体晶体管，MOSFET 的源极、漏极、栅极分别相当于 BJT 的发射极、集电极、基极。BJT 的集电极电流 I_C 受基极电流 I_B 控制，是一种电流控制元件；而 MOSFET 的漏极电流 I_D 受栅-源极电压 U_{GS} 控制，是一种电压控制元件。但与 BJT 相比，MOSFET 具有输入电阻大、耗电少、噪声低、热稳定性好、抗辐射能力强等优点，常用于低噪声放大器的前级或环境条件变化较大的场合。另外，MOSFET 的制造工艺比较简单，占用芯片面积小，特别适用于制造大规模集成电路。

与 BJT 类似，MOSFET 不仅可以通过 U_{GS} 对 I_D 的控制实现信号放大，而且也可以作为开关元件，通过 U_{GS} 控制其导通或关断，广泛应用于开关电路和脉冲数字电路中。当然，因应用领域和特性要求不同，其结构、工艺及名称也有很大差异。

讲义：
场效应晶体管的伏安特性及参数

1.6.2　绝缘栅型场效应晶体管的特性曲线

由于 MOSFET 的栅极是绝缘的，栅极电流 $i_G \approx 0$，因此不研究 i_G 和 u_{GS} 之间的关系。i_D 和 u_{DS}、u_{GS} 之间的关系可用输出特性和转移特性来表示。所谓输出特性是以 u_{GS} 为参变量的 i_D 和 u_{DS} 之间的关系 $i_D = f(u_{DS})$；所谓转移特性是以 u_{DS} 为参变量的 i_D 和 u_{GS} 之间的关系 $i_D = f(u_{GS})$。图 1.6.4 所示为 N 沟道增强型 MOSFET 的转移特性曲线和输出特性曲线。

视频：
场效应晶体管的伏安特性及参数

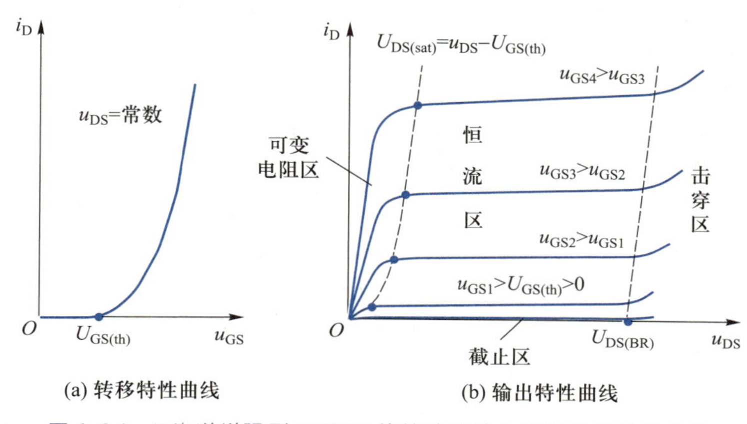

图 1.6.4　N 沟道增强型 MOSFET 的转移特性曲线和输出特性曲线

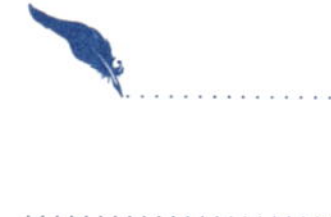

N 沟道增强型 MOSFET 不具有原始导电沟道，漏、源极两个 N^+ 型区之间被 P 型衬底隔开，相当于两个背靠背的 PN 结。当 $0<u_{GS}<U_{GS(th)}$ 时，导电沟道尚未连通，不管漏-源极电压 u_{DS} 的极性如何，总有一个 PN 结是反向偏置的，所以漏极电流 $i_D \approx 0$。只有当 $u_{GS}>U_{GS(th)}$ 时，才会有漏极电流 i_D 出现。在一定的漏-源极电压 u_{DS} 作用下，使 MOSFET 由不导通变为导通的临界栅-源极电压称为开启电压 $U_{GS(th)}$。如图 1.6.4(a) 所示，转移特性反映着 u_{GS} 对 i_D 的控制特性。场效应晶体管工作在饱和区，即 $u_{GS}>U_{GS(th)}$ 时的理想转移特性可近似表示为

$$i_D = K_n(u_{GS}-U_{GS(th)})^2 \quad (u_{GS}>U_{GS(th)}) \tag{1.6.1}$$

式中 K_n 为 N 沟道器件的跨导参数，或称为传导参数，是电气参数和几何参数的函数，由器件的材料、制作工艺和几何结构等决定。对于特定的制造工艺，可以通过改变场效应晶体管的尺寸来调整 K_n。特别需要注意的是，不要把该参数与后面介绍的小信号低频跨导参数混淆。

MOSFET 的输出特性曲线亦称漏极特性曲线，如图 1.6.4(b) 所示。在一定的 u_{GS} 作用下，当 u_{DS} 较小时，i_D 几乎随 u_{DS} 的增大而线性增大，i_D 增长的斜率取决于 u_{GS} 的大小。在这个区域内，漏极和源极之间可看作一个受 u_{GS} 控制的可变电阻，故称为可变电阻区。随着 u_{DS} 逐渐增大，栅-漏极电压逐渐减小，这意味着漏极附近的反型电荷密度减小，靠近漏极的沟道动态电导减小，特性曲线的斜率减小。当 u_{DS} 达到一定值，靠

近漏极的u_{GS}的压降等于$U_{GS(th)}$时，导电沟道处于预夹断状态，靠近漏极的沟道动态电导近似为零，特性曲线的斜率近似为零。此时对应的漏-源极电压记为$U_{DS(sat)}$，有

$$U_{DS(sat)}=u_{DS}-U_{GS(th)} \tag{1.6.2}$$

需要注意的是，电压$U_{DS(sat)}$在每条曲线上都有对应的一个点。当$u_{DS}>U_{DS(sat)}$时，预夹断点向源极方向移动。此时增大的u_{DS}都用以抵消夹断区耗尽层的阻碍作用，因此理想情况下，i_D几乎不再随u_{DS}的增大而变化，故这个区域称为恒流区或饱和区。场效应晶体管用于放大时就工作在这个区域，利用i_D随u_{GS}的增加而增长的特性。

如果漏-源极电压过大，当其超过最大漏-源极击穿电压$U_{DS(BR)}$时，将会使漏区与衬底间的PN结反向击穿，进入击穿区使MOSFET损坏。

P沟道增强型MOSFET漏极电源、栅极电源的极性均与N沟道增强型MOSFET相反，故其转移特性曲线在第三象限。也就是说，P沟道增强型MOSFET漏极和源极间应加负极性电源，栅极电位比源极电位低$|U_{GS(th)}|$时MOSFET才能导通。

耗尽型MOSFET由于具有原始导电沟道，所以$u_{GS}=0$时漏极电流已经存在，用I_{DSS}表示，称为饱和漏极电流。N沟道耗尽型MOSFET的转移特性曲线和输出特性曲线如图1.6.5所示。

当u_{GS}减小（即向负值方向增大）到某一数值时，N型沟道消失，$i_D\approx0$，耗尽型MOSFET处于夹断状态（即截止），此时的栅-源极电压称为夹断电压$U_{GS(off)}$，如图1.6.5(a)所示。可见，耗尽型MOSFET不论栅-源极电压u_{GS}是正是负或是零，都能控制漏极电流i_D，这个特点使其应用具有更大的灵活性。

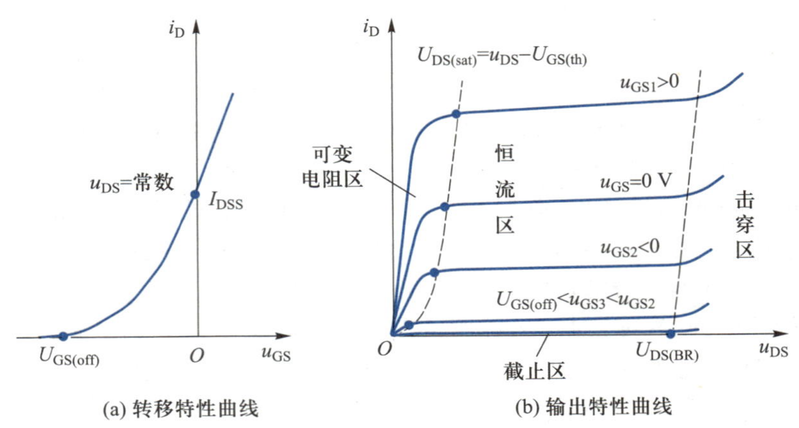

图 1.6.5 N沟道耗尽型MOSFET的转移特性曲线和输出特性曲线图

实验表明，在图1.6.5(b)所示输出特性曲线的恒流区内，N沟道耗尽型MOSFET的i_D可近似表示为

$$i_D=I_{DSS}\left(1-\frac{u_{GS}}{U_{GS(off)}}\right)^2 \quad (u_{GS}>U_{GS(off)}) \tag{1.6.3}$$

与增强型MOSFET一样，耗尽型也有N沟道和P沟道之分。无论哪种类型的MOSFET，使用时必须注意所加电压的极性。

增强型和耗尽型绝缘栅场效应晶体管的主要区别就在于是否有原始导电沟道。所以,如果要判别一个没有型号的 MOSFET 是增强型还是耗尽型,只要检查它在零栅压下,在漏、源极间加电压时是否能导通,就可做出判别。

1.6.3　绝缘栅型场效应晶体管的主要参数

增强型 MOSFET 的开启电压 $U_{GS(th)}$、耗尽型 MOSFET 的夹断电压 $U_{GS(off)}$、饱和漏极电流 I_{DSS} 以及共同的最大漏-源极击穿电压 $U_{GS(BR)}$ 等参数已经在上文中介绍,此外的主要参数有下面几个。

(1) 栅-源极直流输入电阻 R_{GS}　栅-源极直流输入电阻是栅-源极直流电压与栅极直流电流的比值。由于 MOSFET 是电压控制元件,所以 R_{GS} 很大,一般大于 10^9 Ω,这是 MOSFET 的优点之一。

(2) 栅-源极击穿电压 $U_{GS(BR)}$　栅-源极击穿电压是在增大 MOSFET 的 u_{GS} 过程中,绝缘层击穿使 i_G 迅速增大时的 u_{GS} 值。

(3) 最大漏极电流 I_{DM} 和最大耗散功率 P_{DM}　I_{DM} 和 P_{DM} 都是 MOSFET 的极限参数。I_{DM} 是 MOSFET 工作时允许流过的最大漏极电流。P_{DM} 是 MOSFET 正常工作时,其漏极允许的耗散功率($p_D = i_D u_{DS}$)最大值,受 MOSFET 最高工作温度的限制。

(4) 低频跨导 g_m　低频跨导是在 u_{DS} 为某一固定值时,漏极电流的微小变化 Δi_D 和对应的输入电压变化量 Δu_{GS} 之比,即

$$g_m = \left.\frac{\Delta i_D}{\Delta u_{GS}}\right|_{u_{DS}=\text{常数}} \tag{1.6.4}$$

其单位常采用 μS 和 mS(S 即西[门子],是电导的单位)。它的大小是转移特性曲线在工作点处的斜率,工作点的位置不同,值也不同。g_m 表征栅-源极电压对漏极电流控制作用的大小,是衡量 MOSFET 放大能力的参数。

1.6.4　绝缘栅型场效应晶体管简化的小信号模型

和 BJT 一样,当 MOSFET 在低频小信号状态下工作时,可以用线性的小信号模型电路来代替。

MOSFET 的输出特性曲线在恒流区内比较平坦,可以近似看成是一组平行的直线,故 i_D 仅受 u_{GS} 控制,与 u_{DS} 无关。由式(1.6.4)可知,$\Delta i_D = g_m u_{GS}$,因此可用一个电压控制电流源(VCCS)来建立 MOSFET 小信号模型,图 1.6.6(a)所示为小信号模型的相量形式。受控电流源 $g_m \Delta u_{GS}$ 受电压 Δu_{GS} 的控制。由于 MOSFET 的栅-源极输入电阻很大,故可认为栅、源极间是开路的。

参考前面的定义,MOSFET 小信号模型的输出电阻为

$$r_o = \left.\frac{\Delta i_D}{\Delta u_{DS}}\right|_{u_{GS}=\text{常数}} \tag{1.6.5}$$

该电阻也可以看作诺顿等效电阻,与受控电流源并联。由 MOSFET 的输出特性可知,工作在恒流区时,漏极电流 i_D 受漏-源极电压 u_{DS} 的影响很小,曲线近似与横轴平行,意味着输出电阻很大,通常情况下远大于漏极电阻 R_D,故可以省略,于是得到 MOSFET 简化的小信号模型如图 1.6.6(b)所示。

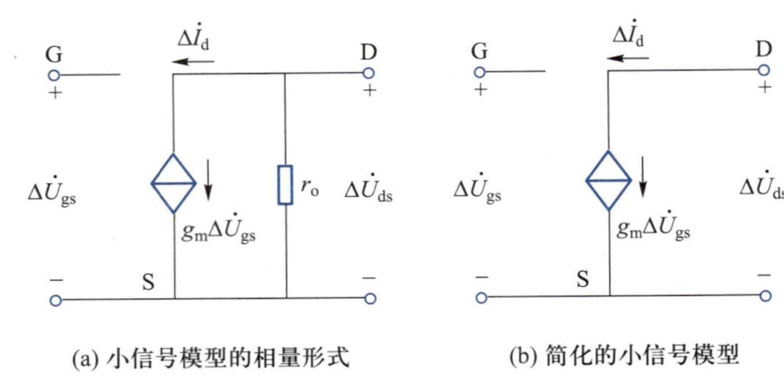

图 1.6.6　MOSFET 小信号模型

练习与思考

1.6.1　说明增强型绝缘栅场效应晶体管的工作原理，它和双极型晶体管的工作原理有何不同？各自的特点是什么？

1.6.2　N 沟道增强型和耗尽型 MOSFET 有何区别？$U_{GS(th)}$ 和 $U_{GS(off)}$ 的物理意义是什么？

1.6.3　N 沟道和 P 沟道 MOSFET 在正常工作时，其外接电源极性有何区别？

1.7　半导体光电器件

讲义：几种常用半导体器件

视频：几种常用半导体器件

光和电是不同形式的能量，相互的转换是可逆的。半导体器件可以作为光、电能量转化的媒体。在光照作用下，照射光中的光子能够破坏半导体晶体的共价键，释放出电子；在电场作用下，电子与空穴复合发出的能量也能以一定波长的光的形式辐射。采用不同材料、工艺、结构制造的，用于光、电能量或信号转换的半导体电子器件统称为半导体光电器件。这类器件种类繁多，如发光二极管、激光二极管、光电池、光敏电阻、光电二极管、光电晶体管、光电耦合器等。因其具有响应速度快、传输损耗小、抗干扰能力强等突出优点，适用于能量转化、信息传输与显示、信号传感与隔离，因而在现代电子技术中应用日趋广泛。本节仅介绍几种常用半导体光电器件。

1.7.1　发光二极管

发光二极管是一种将电能直接转换成光能的固体器件，简称 LED（light-emitting diode），其电路符号如图 1.7.1(a)所示。

和普通二极管相似，LED 也是由一个 PN 结构成的，PN 结封装在透明管壳内，且同样具有单向导电的特性。LED 之所以能发光，是由于它在结构、材料等方面与普通二极管有所不同。它的 PN 结面做得比较宽，半导体材料的掺杂浓度也比普通二极管高得多。在正向导通时，P 区的空穴注入 N 区，N 区的电子注入 P 区，相互注入的大量电子和空穴相遇而复合，复合所释放出的能量大部分以光的形式输出。光的波长由制造 LED 所使用的材料和杂质掺杂浓度而定，波长不同，光的颜色也不一样。砷化镓 LED 发红外光，磷化镓 LED 发绿光，磷砷化镓发红光或黄光。

发光二极管的工作电压一般在 2 V 以下,工作电流为几至十几毫安。用于发光指示的简单应用电路如图 1.7.1(b)所示。其中 R 为限流电阻,在一定的范围内,电流越大,发光越强。图 1.7.2 所示为发光二极管常见封装方式的实物图。

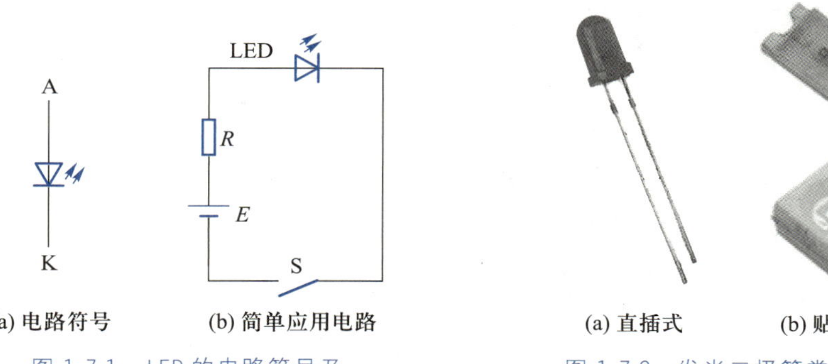

图 1.7.1　LED 的电路符号及简单应用电路

图 1.7.2　发光二极管常见封装方式的实物图

由于 LED 具有抗振动、抗冲击、体积小、可靠性高、耗电省和寿命长等优点,广泛用于信号指示和传输。作为显示器件,LED 的外形有方形、矩形和圆形等。除单个使用外,也常作为七段式数码显示器或矩阵式显示器使用,用于显示数字和字符。

七段式数码显示器简称数码管,其结构如图 1.7.3(a)所示。COM 为公共端,两个 COM 引脚于数码管内部连接。数码管每个字段对应一个 LED,选择不同字段发光,可显示不同的字形。数码管中共有八个 LED,其中七个用于字段,一个用于小数点,数码管制造时有共阴极和共阳极两种接法,分别如图 1.7.3(b)和(c)所示。相对于公共端来说,前者,某一字段接高电位时发光;后者,接低电位时发光。图 1.7.3(d)为一位数码管实物图例。

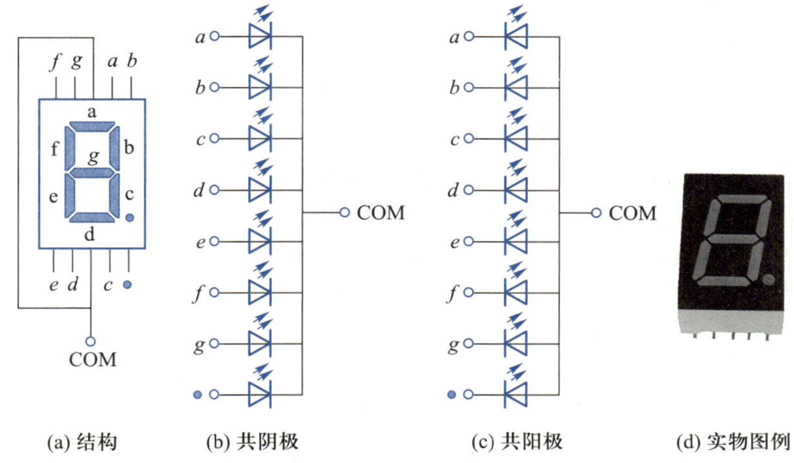

图 1.7.3　七段式数码显示器

1.7.2　光电二极管

使用光电二极管时,应反向接入电路,即应将阳极接低电位,阴极接高电位。光电二极管的管壳上有透明聚光窗，由于 PN 结的光敏特性，当有光线照射时，光电二极管在一定的反向偏置电压范围内，其反向电流将随光照强度的增加而线性增加。无光照时，光电二极管的伏安特性与普通二极管一样。光电二极管的符号、伏安特性曲线和实物图例如图 1.7.4 所示。

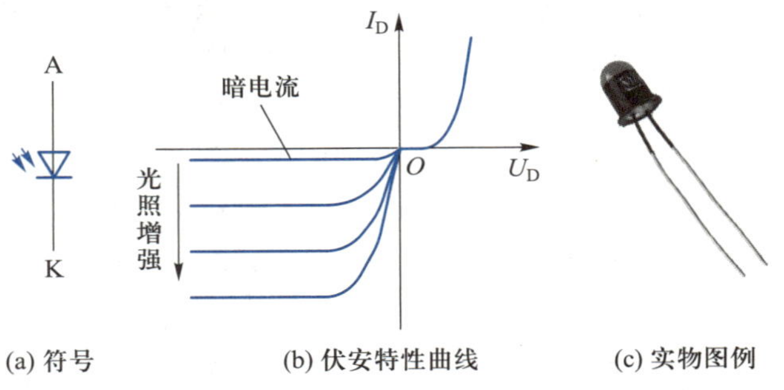

图 1.7.4　光电二极管的符号、伏安特性曲线和实物图例

光电二极管的主要参数如下。

(1) 暗电流　无光照时的反向饱和电流。一般小于 1 μA 。

(2) 光电流　额定光照强度下的反向电流，一般为几十毫安。

(3) 灵敏度　给定波长（如 0.9 μm）的单位光功率下，光电二极管产生的光电流。一般大于等于 0.5 μA/μW。

(4) 峰值波长　使光电二极管具有最大响应灵敏度（光电流最大）的光波长。一般光电二极管峰值波长在可见光和红外线范围内。

(5) 响应时间　加定量光照后，光电流达到稳定值的 63% 所需的时间，一般为 10^{-7} s。

需要注意的是，光电二极管的暗电流随温度的变化而变化，因此，对于稳定性要求较高的电路，需要考虑温度补偿。

1.7.3　双极型光电晶体管

双极型光电晶体管俗称光电晶体管，其结构与普通 BJT 相似，而且也分 NPN 型和 PNP 型两类。光电晶体管的引脚有三个的，也有两个的。三引脚结构中，基极可以接偏置电路，用于预调工作点；两引脚结构中，聚光窗口即为基极，只能由光照进行控制。它们的电路符号及实物图例如图 1.7.5 所示。

光电管的光电转换是在基极-集电极耗尽层内进行的，与光电二极管相同。在光激发下产生许多电子-空穴对（即光生载流子），其电子流向集电区被集电极所收集，空穴流向基区作为基极电流被放大 β 倍，其放大原理与普通 BJT 相同。根据工作原理，可以把光电管看成在一个普通 BJT 的基极和集电极之间接一个反向偏置的光电二极管，如图 1.7.6 所示。

在光敏面积相同的条件下，光电流的放大作用使得光电晶体管比光电二极管的灵敏度要高出约 β 倍。因此，光电晶体管的光敏面积可以做得很小，更适用于封装密度要求较高的场合。

光电晶体管的特征参数和极限参数与光电二极管和普通 BJT 相似。

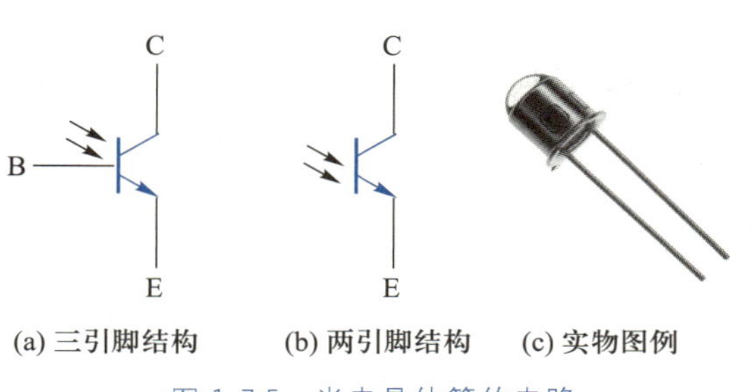

图 1.7.5 光电晶体管的电路符号及实物图例

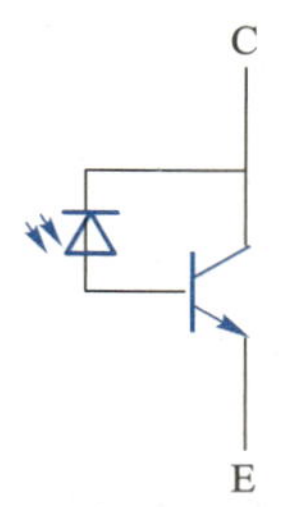

图 1.7.6 光电晶体管工作原理示意图

1.7.4 光电耦合器

光电耦合器简称光耦，是发光器件和光电器件的组合体，图 1.7.7 为其原理示意图及其典型封装实物图例。使用时将电信号送入光电耦合器输入侧的发光器件，发光器件将电信号转换成光信号，由输出侧的光电器件接收并再转换成电信号。由于输入与输出之间没有直接电气联系，信号传输是通过光耦合的，所以也称其为光隔离器。

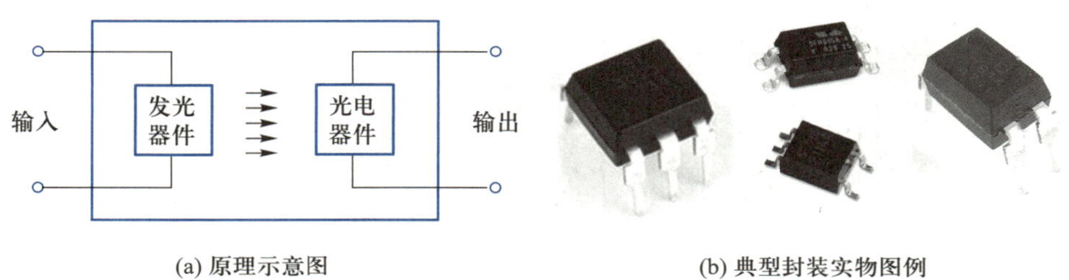

图 1.7.7 光电耦合器的原理示意图及典型封装实物图例

发光器件常用发光二极管。光电器件则根据输出电路的不同要求，有光电二极管型、光电晶体管型、光电复合晶体管型、光电晶闸管型和光电集成电路型等。图 1.7.8 为几种常用光电耦合器的符号。

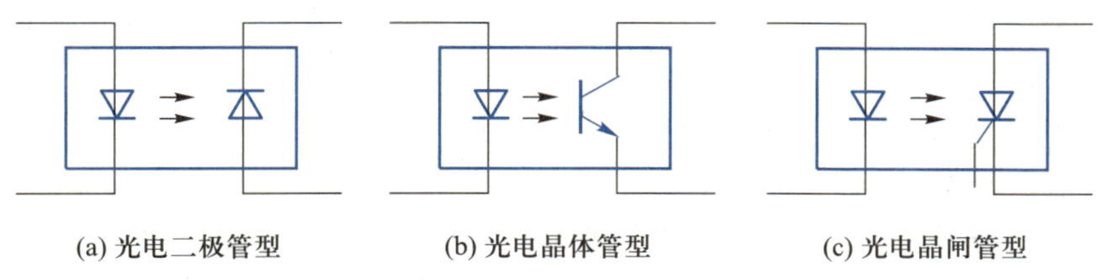

图 1.7.8 几种常用光电耦合器的符号

光电耦合器具有如下特点：

（1）光电耦合器的发光器件与受光器件互不接触，绝缘电阻很高，一般可达 10^{10} Ω，并能承受 2 000 V 以上的高压，因此经常用来隔离强电和弱电系统。

（2）光电耦合器的发光二极管是电流驱动器件，输入电阻很小，而干扰源一般内阻较大，且能量很小，很难使发光二极管误动作，所以光耦合器有极强的抗干扰能力。

（3）光电耦合器具有较高的信号传递速度，响应时间一般为数微秒，高速型光电耦合器的响应时间可以小于 100 ns。

光电耦合器的用途很广，常用于信号隔离转换，脉冲系统的电平匹配，微机控制系统的输入、输出接口等。

本章知识点小结

本章是围绕如下知识点展开论述的。

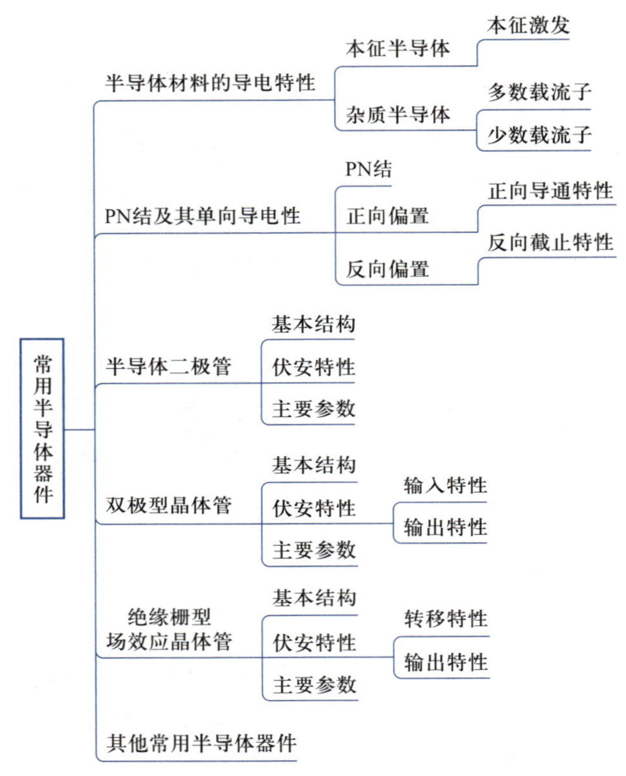

1. 本征半导体：纯净的呈晶体结构的半导体，一般认为其导电能力主要由材料的本征激发决定。

2. 本征激发：在纯净半导体材料中，当受到外部能量激发时，晶体共价键结构中的价电子挣脱束缚，形成自由电子和空穴。

3. 杂质半导体：在本征半导体中掺入特定的微量杂质元素后制成杂质半导体，使半导体材料的导电能力大幅度增强。掺入五价元素制成 N 型半导体，自由电子是多数载流子，空穴是少数载流子；掺入三价元素制成 P 型半导体，空穴是多数载流子，自由电子是少数载流子。

4. PN 结：在 P 型半导体和 N 型半导体的交界面，由于载流子的运动而形成一个特殊的薄层，由带电荷的离子形成一个空间电荷区，从而形成一个内电场，能够阻碍多数载流子的扩散运动，促进少数载流子的漂移运动。

5. PN 结的单向导电性：PN 结在外加正向电压（P 区电位高于 N 区电位）时，PN

结呈现低电阻，处于导通状态；PN 结在外加反向电压（P 区电位低于 N 区电位）时，PN 结呈现高电阻，处于截止状态。

6. 二极管的伏安特性：二极管流过的电流 i_D 与二极管两端所加的电压 u_D 之间的关系为 $i_D=f(u_D)$，具有典型的非线性特征，通常用伏安特性曲线来描述。

7. 稳压二极管：一种特殊的二极管，与普通二极管相比反向击穿特性曲线更陡（$\Delta u/\Delta i$ 更小），通常工作在反向击穿区，当电流变化很大时，电压变化很小，据此实现电路稳压。

8. 双极型晶体管：双极型晶体管是重要的半导体器件之一，基本结构为三个区（基区、集电区、发射区）、两个结（发射结、集电结），在保证发射结正偏、集电结反偏的条件下能够实现电流放大功能，即通过较小的基极电流控制较大的集电极电流。

9. 双极型晶体管的伏安特性：双极型晶体管的伏安特性包括输入特性和输出特性。输入特性为当集、射极之间的电压 u_{CE} 保持一定时，基极电流 i_B 与基-射极偏置电压 u_{BE} 的关系；输出特性为当基极电流 i_B 保持一定时，集电极电流 i_C 与集-射极偏置电压 u_{CE} 之间的关系。

10. 场效应晶体管：场效应晶体管是利用外加电压产生的电场强度来控制其导电能力的一种半导体器件，按其结构可以分为结型场效应晶体管和绝缘栅型场效应晶体管。由于工作时只有一种极性的载流子参与导电，故亦称单极型晶体管。

11. 绝缘栅型场效应晶体管的伏安特性：绝缘栅型场效应晶体管的伏安特性是指在一定条件下，漏极电流、栅-源极电压和漏-源极电压之间的关系，以漏-源极电压 u_{DS} 为参变量的漏极电流 i_D 和栅-源极电压 u_{GS} 之间的关系称为转移特性；以栅-源极电压 u_{GS} 为参变量的漏极电流 i_D 和漏-源极电压 u_{GS} 之间的关系称为输出特性。

习　　题

1.3.1　二极管应用电路如图 1.01 所示，假设二极管的正向导通压降 U_D 为 0.7 V，计算二极管流过的电流 I_D。

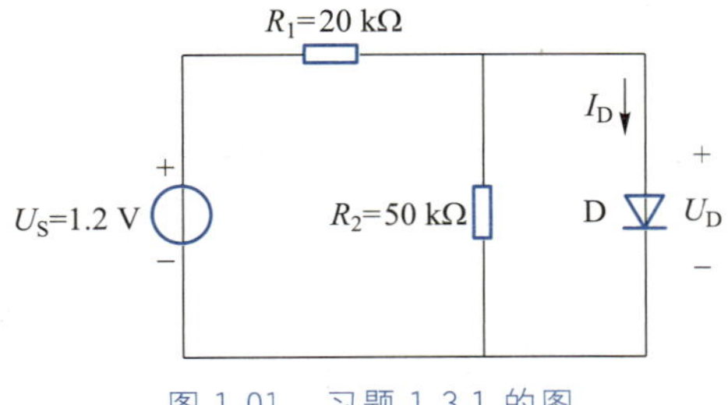

图 1.01　习题 1.3.1 的图

1.3.2　二极管应用电路如图 1.02 所示，当输入电压 $u_i=10\sin\omega t$ V，画出各输出电压 u_O 的波形，假设图中为理想二极管。

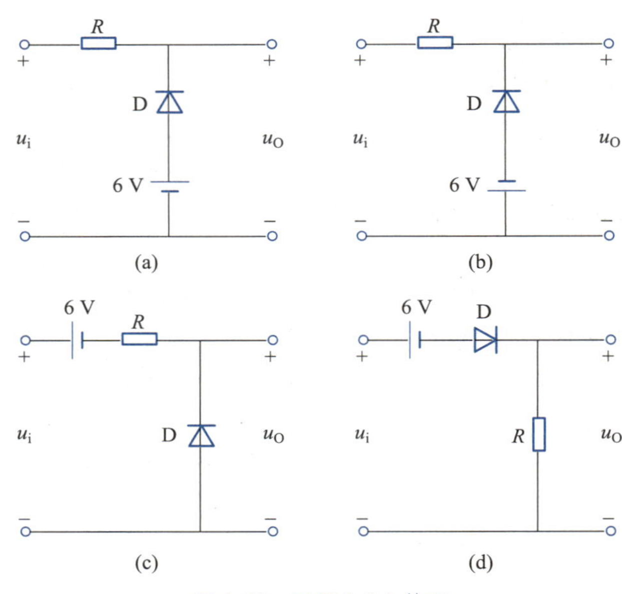

图 1.02　习题 1.3.2 的图

1.3.3　二极管应用电路如图 1.03 所示，试画出当 u_i 在 0～10 V 范围内变化时，u_o 随 u_i 变化的电压传输特性曲线。假设电路中的二极管为理想二极管。

1.3.4　图 1.04 所示电路，已知二极管的正向导通压降 U_D 为 0.7 V，反向饱和电流可忽略。计算二极管流过的电流 I_D。

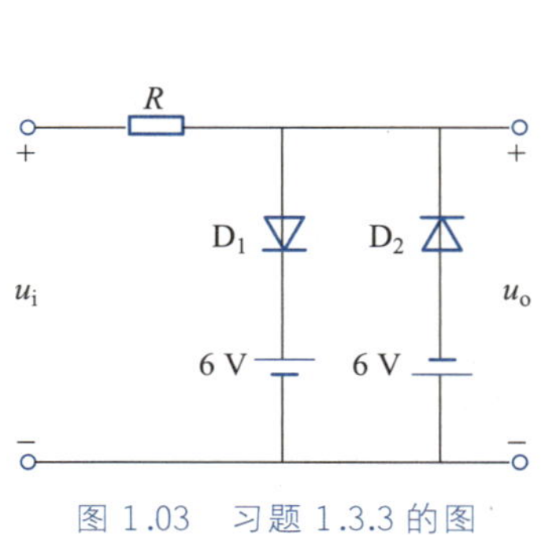

图 1.03　习题 1.3.3 的图

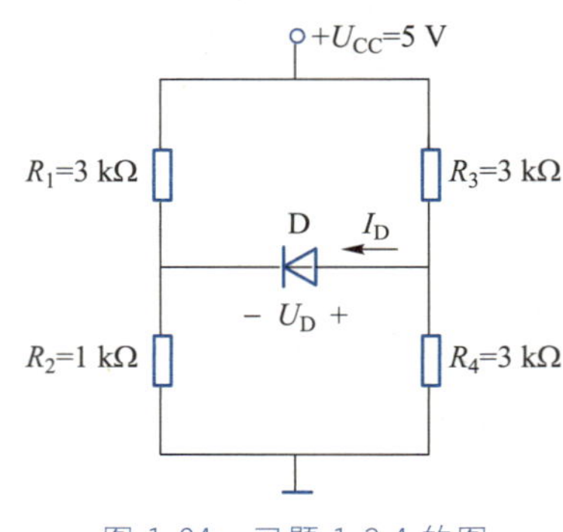

图 1.04　习题 1.3.4 的图

1.3.5　二极管应用电路如图 1.05 所示，二极管的正向导通压降为 0.7 V，试求：（1）当 $R_1=5\ \text{k}\Omega$、$R_2=10\ \text{k}\Omega$ 时，I_{D1} 和 U_O；（2）当 $R_1=10\ \text{k}\Omega$，$R_2=10\ \text{k}\Omega$ 时，I_{D1} 和 U_O。

1.3.6　图 1.06 所示电路中，$R_2=100\ \Omega$，二极管的正向导通压降 U_D 为 0.7 V，最小导通电流为 $I_{Dmin}=2$ mA，最大允许耗散功率为 10 mW。试确定在保证二极管正常导通的前提下，当电源电压 U_S 在 5～10 V 范围内波动时，R_1 的取值范围。

1.3.7　二极管电路如图 1.07 所示，求电流 I_1、I_2、I_3、I。

1.3.8　图 1.08 所示二极管钳位电路中，u_i 为频率 1 kHz、幅值 10 V 的正弦交流电。试画出电路稳定工作时输出电压 u_O 的波形，假设二极管为理想二极管。

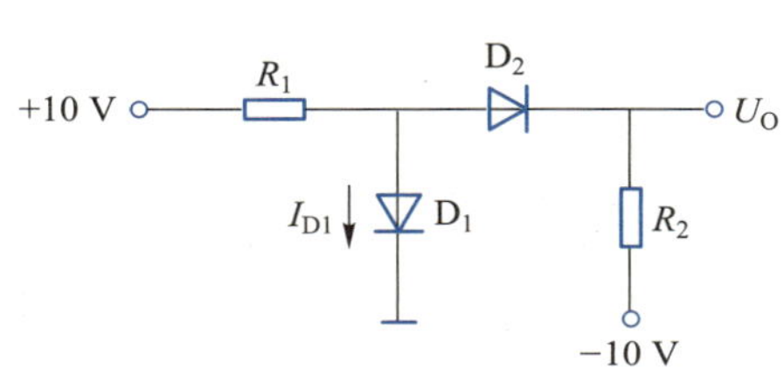

图 1.05　习题 1.3.5 的图

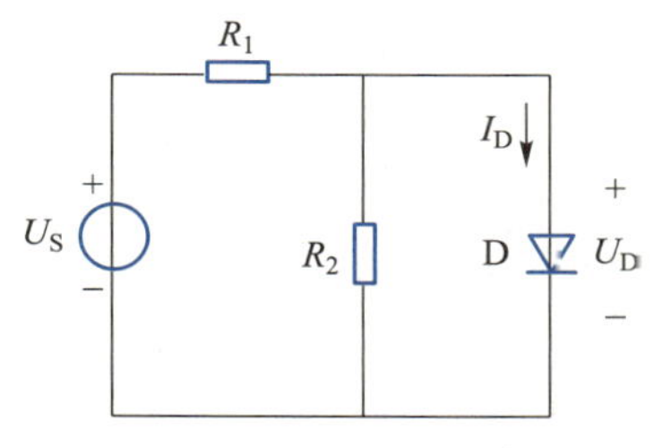

图 1.06　习题 1.3.6 的图

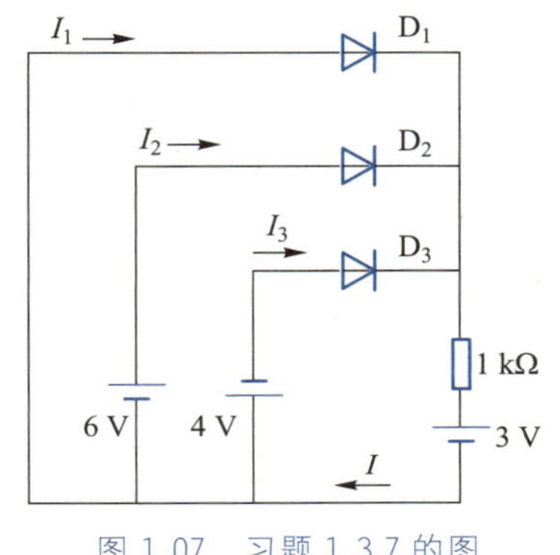

图 1.07　习题 1.3.7 的图

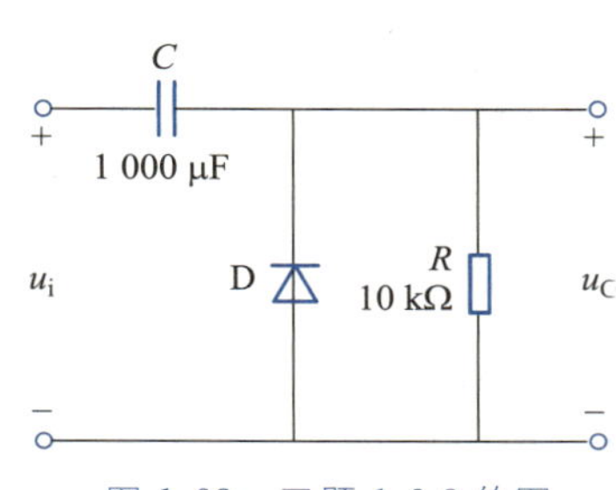

图 1.08　习题 1.3.8 的图

1.4.1　稳压二极管稳压电路如图 1.09 所示，稳压管稳定电压 $U_Z=3.9$ V，(1) 试求稳压管稳定电流 I_Z、负载电流 I_L和稳压管消耗的功率。(2) 如果 4 kΩ 电阻断开，求此时稳压管稳定电流 I_Z和稳压管消耗的功率。

1.4.2　稳压二极管稳压电路如图 1.10 所示，当输入电压在 10～14 V 之间变化，负载 R_L在 30～100 Ω 内变化，稳压管稳定电压为 5.6 V，限流电阻 R 的阻值为 20 Ω，试确定稳压管流过的最大和最小电流。

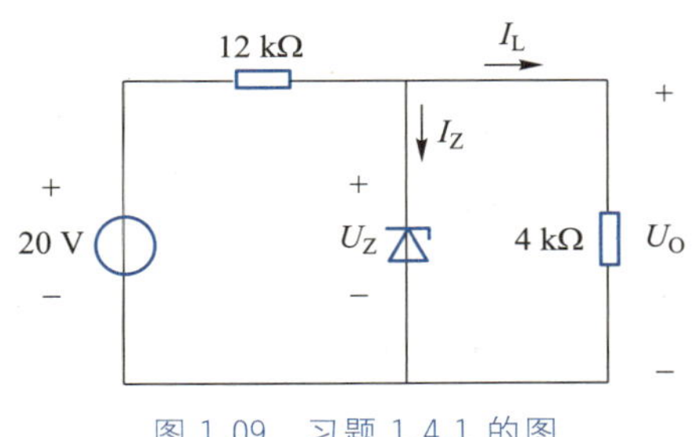

图 1.09　习题 1.4.1 的图

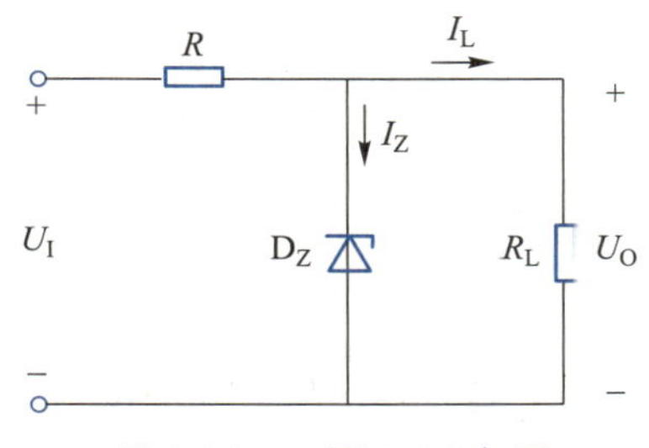

图 1.10　习题 1.4.2 的图

1.4.3　对上题中的稳压电路，当输入电压在 10～14 V 之间变化，负载 R_L在 30～100 Ω 内变化，稳压管稳定电压为 5.6 V，假设稳压管最小稳定电流 $I_{Zmin}=0.1I_{Zmax}$，试确定限流电阻 R_1的阻值以及稳压管最大耗散功率。

1.5.1　实验测得电路中晶体管的部分工作参数如图 1.11 所示，试判断各晶体管工作在何种工作状态(饱和、放大、截止)，如果工作在放大区，建立其小信号模型。已知晶体管的 $\beta=50$。

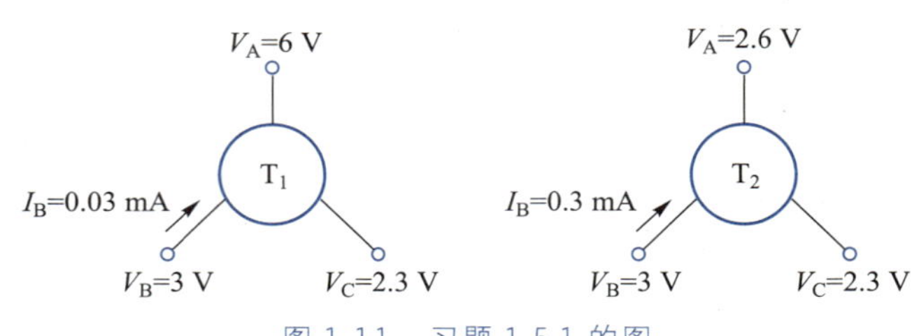

图 1.11　习题 1.5.1 的图

1.5.2　图 1.12 所示各电路中已知晶体管放大系数 $\beta=50$，已测得的物理量如图中所示，求图中标示的电压、电流和电阻。

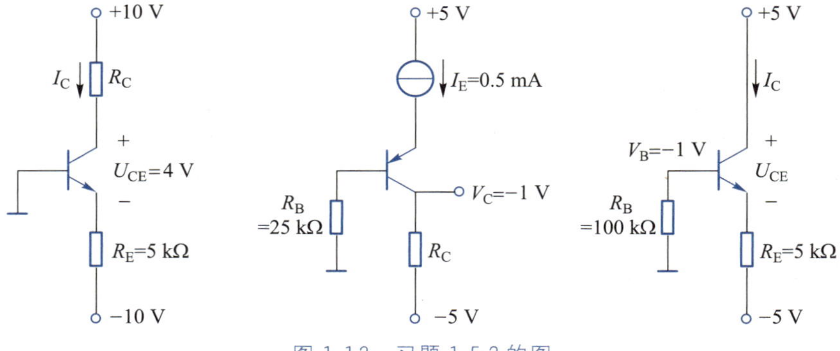

图 1.12　习题 1.5.2 的图

1.5.3　在图 1.13 所示电路中，如果 BJT 工作在饱和状态（$U_{CES}=0.3$ V），R_{B1} 的阻值最大应为多少？

1.5.4　在图 1.14 所示晶体管开关电路中，负载元件的额定电压为 10 V，额定电流为 0.1 A。已知 BJT 的 $\beta=100$，$U_{BE}=0.7$ V，$U_{CES}=0.1$ V，求 R_{B1} 的最大阻值以及晶体管的功耗。

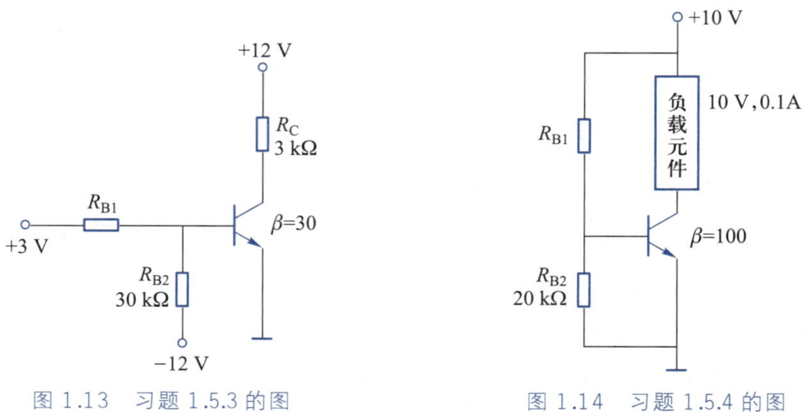

图 1.13　习题 1.5.3 的图　　图 1.14　习题 1.5.4 的图

1.6.1　图 1.15 为某一绝缘栅型场效应晶体管的输出特性曲线，试由此图判断：（1）此属于哪一种类型；（2）其夹断电压 $U_{GS(off)}$ 大约是多少；（3）饱和漏极电流 I_{DSS} 大约是多少。

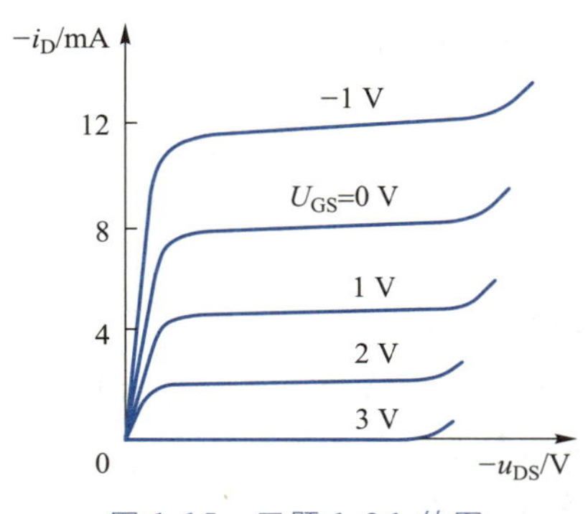

图 1.15　习题 1.6.1 的图

1.6.2　已知 N 沟道增强型 MOSFET 的参数 $K_n = 1.40\ \text{mA/V}^2$，$U_{GS(th)} = 0.4\ \text{V}$。当 $u_{GS} = 0.8\ \text{V}$ 和 $u_{GS} = 1.6\ \text{V}$ 时，求场效应晶体管工作在饱和区的电流。

第2章　基本放大电路

本章学习目标

学习完本章内容后，你将能够：

- 理解放大的概念以及放大电路的主要技术指标；
- 掌握单管放大电路的静态分析方法；
- 掌握单管放大电路的动态分析方法；
- 理解多级放大电路的耦合方式及其特点；
- 掌握多级放大电路的分析方法；
- 理解差分放大电路的工作原理及性能特点，掌握差分放大电路的分析方法；
- 理解功率放大电路的工作原理及性能特点。

讲义：
放大的概念及放大电路的主要性能指标

2.1　基本放大电路概述

2.1.1　放大的概念

放大是电子技术中对模拟信号最基本的处理功能，其目的是在保证输出信号与输入信号波形相同或基本相同的前提下，将微弱的输入信号增强到需要的量级。如在自动控制中，需要将传感器测量获得的被控量的微弱变化放大，然后控制较大功率的执行机构。放大电路又称放大器，是模拟电路的基本单元，在模拟信号的产生、变换和传递中广泛应用。它的主要功能是通过电子元器件的控制作用，将微弱的输入信号（电流、电压或功率）转换成一定强度并随输入信号变化的输出信号。

视频：
放大的概念及放大电路的主要性能指标

图 2.1.1 所示为音频放大器的示意图，图中 U_{CC} 为供电电源，“⊥”为电路的“接地”端。麦克风（传感器）将声音转换为微弱的电信号，经放大电路放大成足够强的电信号后，驱动扬声器（执行机构），使其发出较原来强得多的声音。由此可见，放大电路放大的本质是能量的控制和转换，是利用能量较小的输入信号（电流、电压或功率）通过电子元器件（如晶体管和场效应晶体管等）的控制作用控制供电电源，使输出端的负载上获得能量较大的并随输入信号变化的输出信号。

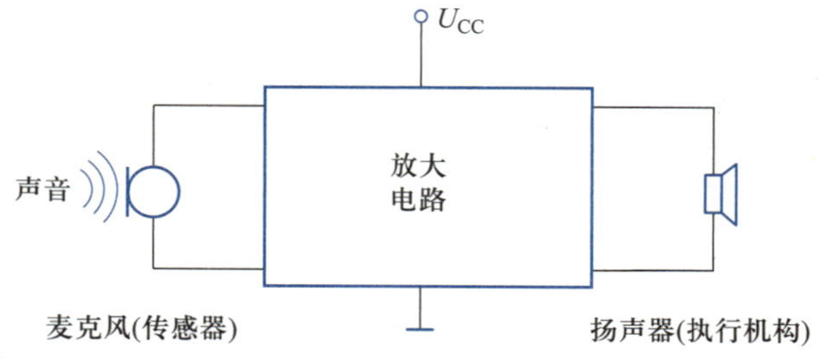

图 2.1.1　音频放大电路示意图

工程中对放大电路的性能有诸多要求。首先放大的前提是不失真，所以必须保

证放大电路的核心元件晶体管和场效应晶体管工作在线性区(晶体管工作在放大区,场效应晶体管工作在恒流区);放大电路需要具有足够的放大倍数,能够将信号放大至需要的幅度;放大电路要有足够宽的通频带,能够适应信号频率的变化。这些因素决定了放大电路对信号的放大性能,可以用一系列技术指标定量地描述。下面扼要介绍放大电路的主要技术指标。

2.1.2　放大电路的主要技术指标

放大电路有多种类型,其用途和特性也有所区别。如图 2.1.2 所示为放大电路的一般形式,放大电路的输入端连接信号源,输出端连接负载或者下一级放大电路。由于工程中待放大的信号通常为交流信号,因此电路中的电压和电流采用相量表示。$\dot{U}_s$ 为正弦信号源电压相量,R_S为信号源的内阻,$\dot{U}_i$和$\dot{I}_i$分别是输入电压和输入电流相量,$\dot{U}_o$和$\dot{I}_o$分别是输出电压和输出电流相量,R_L为负载电阻。

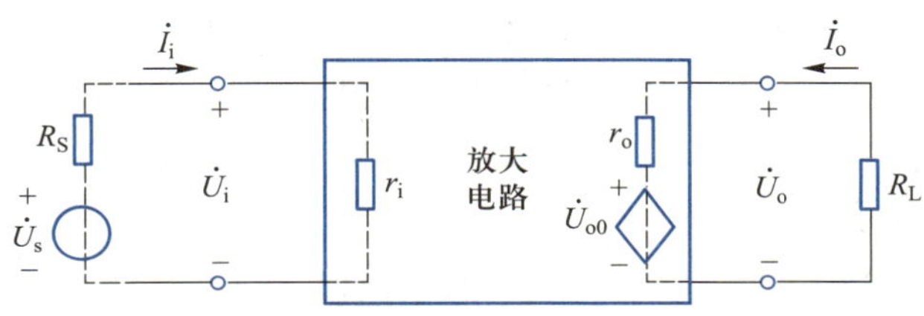

图 2.1.2　放大电路的一般形式

(1) 放大倍数

放大倍数又称为增益,是衡量放大电路放大能力的指标。对于电压放大电路,定义输出电压与输入电压的相量之比为电压放大倍数,用 A_u表示。即

$$A_u=\frac{\dot{U}_o}{\dot{U}_i} \tag{2.1.1}$$

定义输出电压与信号源电压的相量之比为源电压放大倍数,用 A_{us}表示。即

$$A_{us}=\frac{\dot{U}_o}{\dot{U}_S} \tag{2.1.2}$$

(2) 输入电阻 r_i

如图 2.1.2 所示,对信号源而言,放大电路相当于它的负载。其等效的负载电阻称为放大电路的输入电阻 r_i,定义为

$$r_i=\frac{\dot{U}_i}{\dot{I}_i} \tag{2.1.3}$$

式中的$\dot{U}_i$和$\dot{I}_i$为信号源输出电压和电流,即放大电路的输入电压和电流。$\dot{U}_i$、$\dot{I}_i$和信号源的电压$\dot{U}_s$、内阻 R_S与输入电阻 r_i的数值关系为

$$\begin{aligned}\dot{U}_i&=\frac{r_i}{R_S+r_i}\dot{U}_s\\ \dot{I}_i&=\frac{1}{R_S+r_i}\dot{U}_s\end{aligned} \tag{2.1.4}$$

在$\dot{U}_s$和R_S一定的情况下，r_i越大，则放大电路从信号源索取的电流越小，且输入电压$\dot{U}_i$越接近信号源电压$\dot{U}_s$。因此，为减小信号损失，一般要求放大电路的输入电阻大一些。

(3) 输出电阻r_o

对于负载而言，放大电路相当于一个电压源，当负载变化时，放大电路的输出电压$\dot{U}_o$随之变化，相当于该电源具有内阻，其等效的内阻即为放大电路的输出电阻r_o，如图2.1.2所示。图中$\dot{U}_{o0}$为空载时的输出电压。$\dot{U}_o$与$\dot{U}_{o0}$之间的关系为

$$\dot{U}_o=\frac{R_L}{r_o+R_L}\dot{U}_{o0} \tag{2.1.5}$$

上式说明，由于r_o的存在，在有负载时，$U_o<U_{o0}$，U_o下降的程度与r_o的大小有关。设有两个电路，其空载输出电压U_{o0}相同，但r_o不相等，当这两个放大电路的输出电流I_o相同时，r_o小的放大电路输出电压U_o下降较少。换言之，在输出电压U_o相等的条件下，r_o小的放大电路可以输出更大的电流I_o，即可以带更大的负载，因此，r_o小的放大电路带负载能力强。

输出电阻r_o的求取可以采用外加激励法。如图2.1.3所示，将输入信号短路，即令$\dot{U}_s=0$，但保留信号源内阻。在输出端将负载开路（$R_L=\infty$），外加一个交流电压$\dot{U}$，它在输出端产生电流$\dot{I}$。由此可知输出电阻为

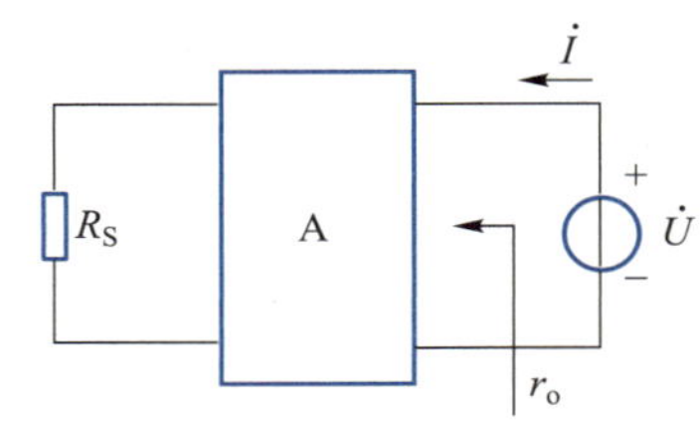

图2.1.3 求输出电阻的等效电路

$$r_o=\left.\frac{\dot{U}}{\dot{I}}\right|_{\substack{\dot{U}_s=0\\R_L=\infty}} \tag{2.1.6}$$

(4) 通频带

由于放大器件本身存在的极间电容，还有一些放大电路中接有电抗性元件，使放大电路的放大性能随信号频率的变化而变化。放大电路的放大倍数随频率变化的函数称为放大电路的频率特性。一般情况下，当频率升高或者降低时，放大倍数都将减小，而在中间一段频率范围内，放大倍数基本不变。通常将放大倍数在高频段和低频段下降至中频段放大倍数的$1/\sqrt{2}$时对应的频率定义为截止频率，截止频率之间的范围定义为放大电路的通频带。

(5) 非线性失真系数

放大器件均具有非线性特性，他们的线性放大范围有一定的限制，当信号超过一定幅度时，输出会产生非线性失真。非线性失真系数D定义为输出波形中的谐波成分总量与基波成分之比。设基波幅值为A_1，谐波幅值为A_2、A_3，…，则

$$D=\sqrt{\left(\frac{A_2}{A_1}\right)^2+\left(\frac{A_3}{A_1}\right)^2+\cdots} \tag{2.1.7}$$

此外，放大电路还有最大输出幅度、最大输出功率和效率等指标参数，在工程中可根据实际需求有所侧重。

练习与思考

2.1.1　电子放大电路中必须存在有源元件(如晶体管和场效应晶体管等),它为信号提供能量使输出信号的能量大于输入信号。以上说法是否正确?为什么?

2.1.2　用于放大电压型信号源所提供信号的放大电路的输入电阻应大一些好还是小一些好?为什么?

2.1.3　电压放大电路的输出电阻越大越好还是越小越好?电流放大电路的输出电阻越大越好还是越小越好?

讲义:
共射极放大电路的组成及放大原理

视频:
共射极放大电路的组成及放大原理

2.2　共射极放大电路

电流放大作用是 BJT 的重要特性,利用这一特性可以组成各种放大电路,其中,最基本的是共射极放大电路。

2.2.1　共射极放大电路的组成

最基本的 BJT 单管共射极放大电路如图 2.2.1 所示。

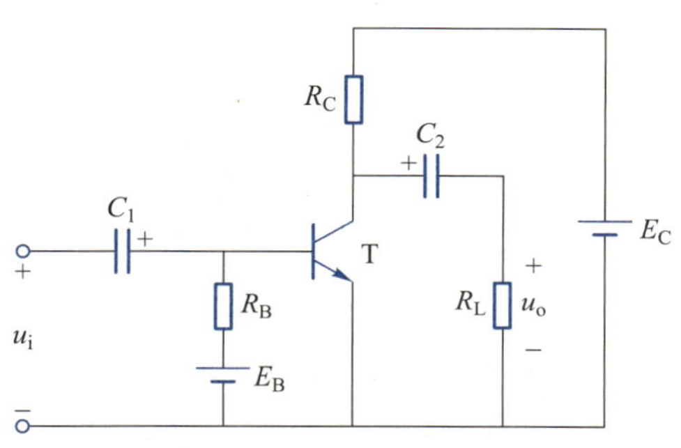

图 2.2.1　最基本的 BJT 单管共射极放大电路

图中,BJT 担负着放大作用,是整个电路的核心。E_B为基极回路的偏置电源,E_C为集电极回路电源,一般为几到几十伏。E_B、E_C的作用是为 BJT 提供工作于放大区的偏置条件,即令发射结正向偏置,集电结反向偏置。若改用 PNP 型 BJT,则 E_B和 E_C的极性应与图中相反。

R_B为基极回路电阻,它和电源 E_B一起,为 BJT 提供一个合适的基极电流 I_E,这个电流常称为偏置电流,简称偏流。R_B称偏流电阻,其阻值一般为几十千欧到几百千欧。

电容 C_1、C_2称为耦合电容,在容量取得足够大的情况下,其输入信号频率范围内的容抗很小,近似为短路,可以通畅地传递交流信号。而对于直流偏置量,容抗为无穷大,相当于开路,可以避免信号源与放大电路、放大电路与负载之间的直流量相互影响,因此 C_1、C_2又称为隔直电容。C_1、C_2的容量一般取为几微法到几十微法,由于容量较大,故通常采用电解电容器,但电解电容器具有正、负极性,在电路中不能接反。

R_C为集电极电阻,一般取值为几千欧姆至几十千欧姆,它可将集电极电流的变化转变成电压的变化,以实现电压放大。

在图 2.2.1 所示的电路中，使用了两个直流电源，实际应用中可以将 E_B 省去，改接 R_B 至 E_C 的正极，发射结仍为正偏，调整 R_B 的数值，同样可以产生合适的基极电流 I_B，如图 2.2.2 所示。

在放大电路中，通常把公共端接“地”，设其电位为零，作为电路中其他各点电位的参考点。同时为了简化电路的画法，习惯上不画电源 E_C 的符号，而只在连接其正极的一端标出它对地的电压值 U_{CC} 和极性，如图 2.2.3 所示。如忽略电源 E_C 的内阻，则 $U_{CC}=E_C$。

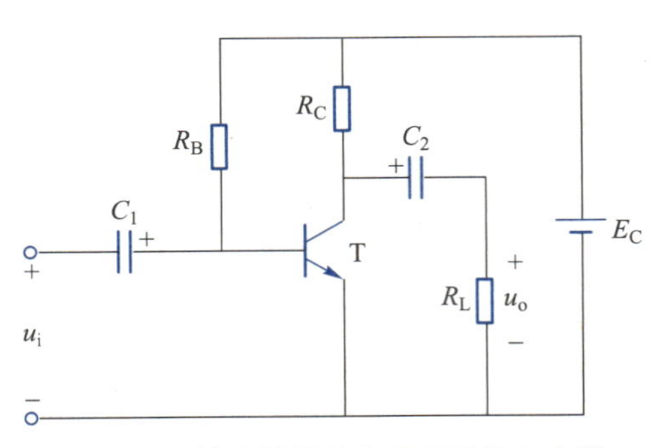

图 2.2.2 单电源的基本共射极放大电路

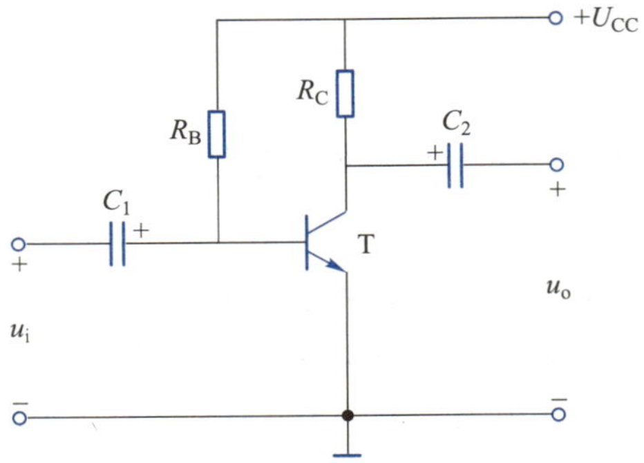

图 2.2.3 基本共射极放大电路的习惯画法

2.2.2 共射极放大电路的工作原理

在放大电路中，既有直流电源形成的直流分量，又有交流信号源输入而产生的交流分量，交、直流分量叠加又形成合成量。为便于区分，列表 2.2.1 约定放大电路中电压和电流的符号。

表 2.2.1 放大电路中电压和电流的符号

名称	直流分量	交流分量		合成量
		瞬时值	有效值	
基极电流	I_B	i_b	I_b	i_B
集电极电流	I_C	i_c	I_c	i_C
发射极电流	I_E	i_e	I_e	i_E
集-射极电压	U_{CE}	u_{ce}	U_{ce}	u_{CE}
基-射极电压	U_{BE}	u_{be}	U_{be}	u_{BE}

(1) 静态工作点的设置

放大电路在未加入交流输入信号之前，或加入的输入信号为零时，电路中只有直流电源形成的直流分量。由于 BJT 各极的电压和电流对应于 BJT 特性曲线上一个确定的点，故称该点为静态工作点，用 Q 表示。此时，放大电路所处的状态称为静态，对应的直流分量也称为 BJT 的静态值。

由于电容 C_1、C_2 的隔直作用，直流分量仅存在于 C_1、C_2 之间的部分电路，这部分电路称为放大电路的直流通路，如图 2.2.4 所示。

静态工作点 Q 对应着三个静态值 I_B、I_C 和 U_{CE}，这三个静态值可以由直流通路计算得出。首先可求得基极电流为

$$I_B = \frac{U_{CC} - U_{BE}}{R_B} \approx \frac{U_{CC}}{R_B} \tag{2.2.1}$$

式中，U_{BE}（硅管约为 0.7 V）若比 U_{CC} 小得多，可忽略不计。

由 I_B 可得出静态时的集电极电流 I_C 和集-射极电压 U_{CE}

$$I_C = \beta I_B \tag{2.2.2}$$

$$U_{CE} = U_{CC} - I_C R_C \tag{2.2.3}$$

式(2.2.3)中，U_{CE} 与 I_C 的函数关系是线性的，反映在 BJT 输出特性曲线上为一条直线，其斜率为 $-1/R_C$，通常将这条直线称为直流负载线。如图 2.2.5 所示，直流负载线上有三个特殊的点 M、N 和 Q：M 点是直流负载线与横轴的交点，对应 $I_C = 0$，$U_{CE} = U_{CC}$；N 点是直流负载线与纵轴的交点，对应 $U_{CE} = 0$，$I_C = U_{CC}/R_C$；Q 点是直流负载线与 I_B 所对应的输出特性曲线的交点，Q 点的横坐标就是静态值 U_{CE}，纵坐标就是静态值 I_C。

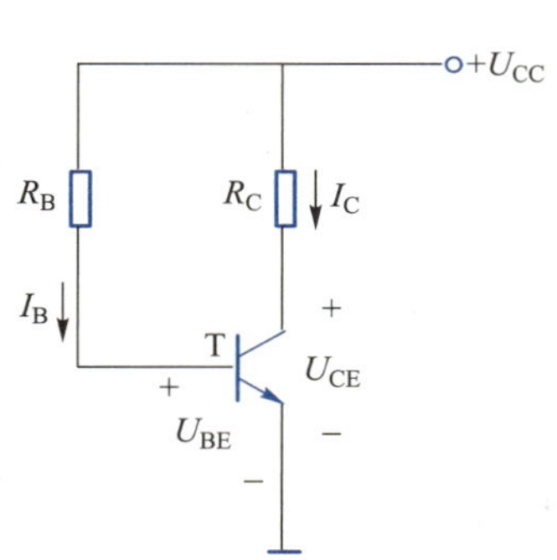

图 2.2.4 放大电路的直流通路

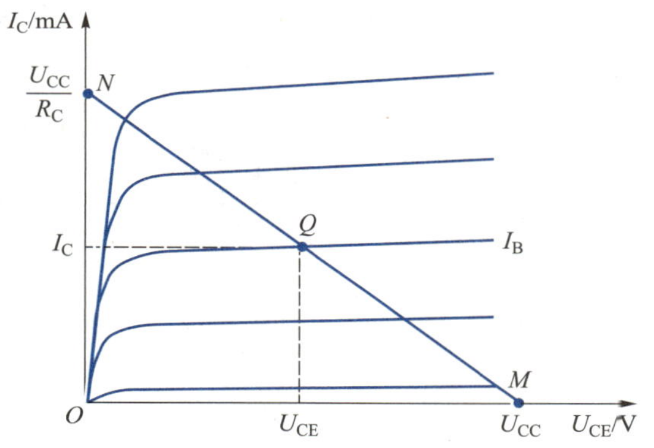

图 2.2.5 直流负载线和静态工作点

（2）交流信号的放大过程

静态时直流通路仅存在直流分量，静态工作点 Q 在输出特性曲线上的位置不随时间而变动。当放大电路有信号输入时，原直流通路中各处的电压、电流都处于变动的工作状态，简称动态，此时，工作点的位置也会相应发生变动，使输入信号得以放大。由于 BJT 是一个非线性元件，由它组成的放大电路也是一个非线性电路，因此信号的放大过程宜用图解的方法来进行分析。

当图 2.2.6 的电路输入幅值为 U_{im} 的正弦信号 u_i 后，由于 C_1 的耦合作用，使 BJT 基-射极电压 u_{BE} 在原静态值 U_{BE} 的基础上发生变化，如图 2.2.7 所示，此时的 u_{BE} 为

$$u_{BE} = U_{BE} + U_{im} \sin \omega t \tag{2.2.4}$$

由于 BJT 基-射极电压 u_{BE} 具有控制基极电流 i_B 的作用，基极电流 i_B 也将随 u_{BE} 在 I_{B1} 与 I_{B2} 之间变化。由于输入特性是非线性的，因此只有在动态范围较小且静态值 U_{BE} 适当时，才可认为 i_b 随 u_i 按正弦规律变化。

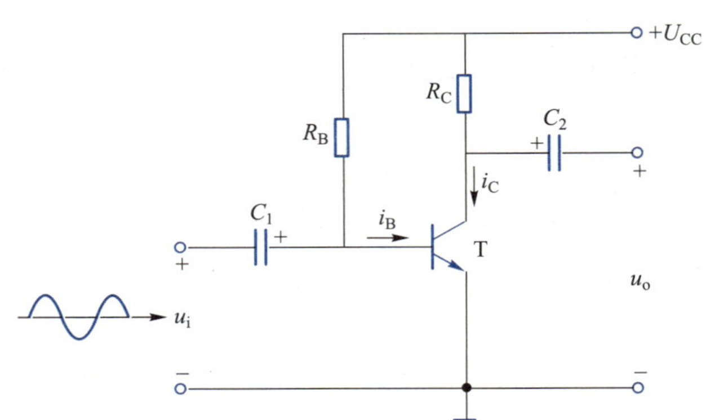

图 2.2.6 基本共射极放大电路

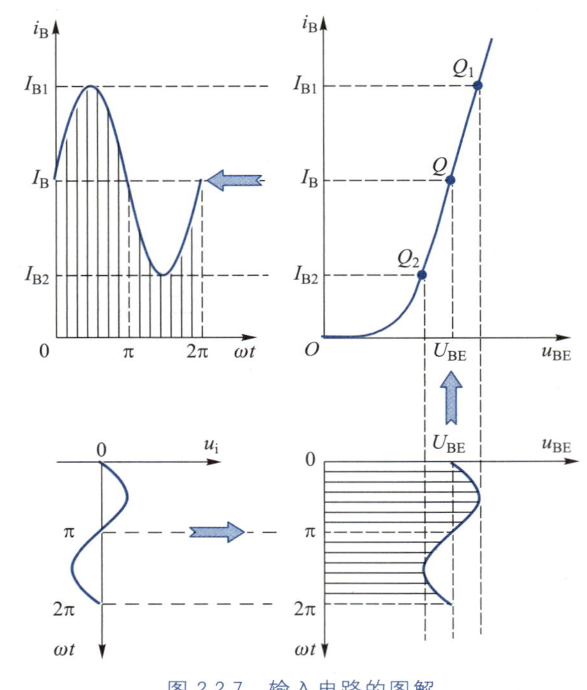

图 2.2.7 输入电路的图解

由图 2.2.6 可见，动态时，集-射极电压 u_{CE} 与集电极电流 i_C 之间的关系仍然是线性的，即

$$u_{CE}=U_{CC}-i_C R_C \tag{2.2.5}$$

虽然由该式在输出特性曲线上画出的直线与直流负载线重合，但通常称其为**交流负载线**。

当 i_B 在 I_{B1} 与 I_{B2} 之间变化时，交流负载线与输出特性曲线的交点 Q 也会在 Q_1 与 Q_2 之间沿着交流负载线变动，相应的 i_C 和 u_{CE} 的变化规律如图 2.2.8 所示。

由图可见，集电极电流 i_C 和集-射极电压 u_{CE} 也都包含直流分量和交流分量两部分，即

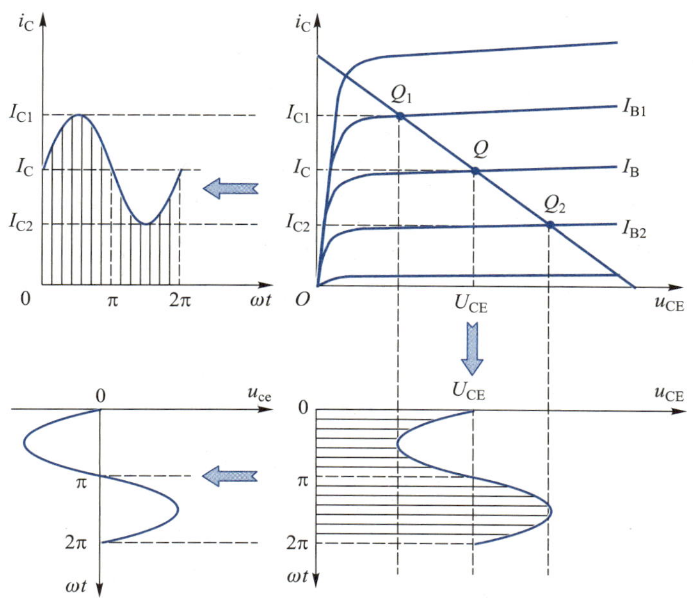

图 2.2.8　输出电路的图解

$$i_C=I_C+i_c \tag{2.2.6}$$

$$u_{CE}=U_{CE}+u_{ce} \tag{2.2.7}$$

电容 C_2的存在，使 u_{CE}中的直流分量受到隔离，而交流分量被耦合到放大电路的输出端，故输出电压

$$u_o=u_{CE}-U_{CE}=u_{ce} \tag{2.2.8}$$

如果忽略电容 C_1、C_2对交流分量的容抗和直流电源 U_{CC}的内阻，即认为 C_1、C_2和直流电源对交流信号不产生压降，可视为短路，就可以画出只考虑交流分量的传输电路，即放大电路的交流通路，如图 2.2.9 所示。由图中可见，BJT 集-射极电压的交流分量为

$$u_{ce}=-i_cR_C \tag{2.2.9}$$

从交流通路可以看出，发射极是交流信号输入、输出回路的公共端，故有"共发射极放大电路"之称。

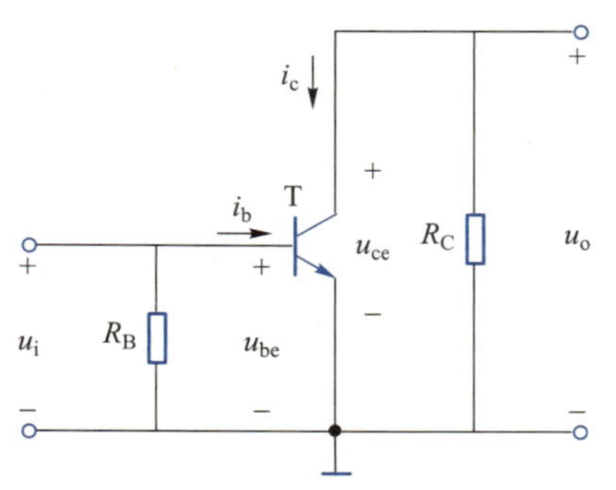

图 2.2.9　放大电路的交流通路

综上所述，可总结出如下几点。

① 无输入信号时，BJT 的电流、电压都是直流量。当放大电路输入电压信号后，i_B、i_C、u_{CE}都在原来静态值的基础上叠加了一个交流量。虽然 i_B、i_C、u_{CE}的瞬时值是变化的，但它们的极性始终是不变的。

② 输出电压 u_o为与 u_i同频率的正弦波，且输出电压 u_o幅度比输入电压 u_i的幅度大得多。

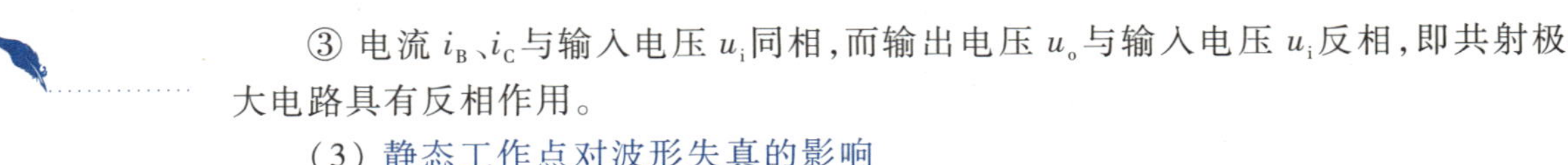

③ 电流 i_B、i_C与输入电压 u_i同相，而输出电压 u_o与输入电压 u_i反相，即共射极放大电路具有反相作用。

(3) 静态工作点对波形失真的影响

对一个放大电路来说，其放大作用的前提是要保证输出波形能正确反映输入信号的变化，也就是要求输出波形不失真，否则就失去了放大的意义。但是，由于 BJT 是非线性的元件，而且是放大电路的核心，因此信号在放大过程中不可避免地存在着失真。例如，输入信号 u_i是正弦电压，但由于 BJT 输入特性的非线性，基极电流的交流分量 i_b并不是严格的正弦信号。这种失真称为非线性失真，但并不严重，在一定条件下可以忽略。

在放大电路中，静态工作点是放大过程中信号动态变化的核心，如果静态工作点选择不当，就可能使动态工作范围进入非线性区而产生严重的非线性失真，如图 2.2.10 所示。

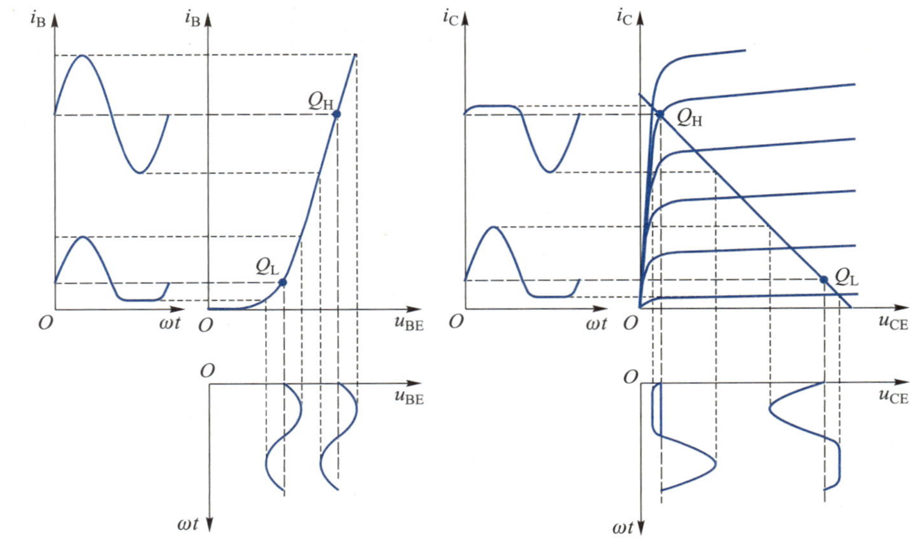

图 2.2.10 静态工作点与非线性失真

讲义：放大电路的静态分析方法

若静态工作点选得过低，如图中的 Q_L点，则在输入信号的负半周，BJT 进入截止区工作，i_b、i_c、u_{ce}的波形都会出现严重失真，这种失真称为截止失真；若静态工作点选得过高，如图中的 Q_H点，则在输入信号的正半周，BJT 进入饱和区工作，这时 i_b虽然失真很小，但 i_c、u_{ce}的波形都会出现严重失真，这种失真称为饱和失真。

因此，若要放大电路不产生严重失真，必须要有一个合适的静态工作点 Q，Q 点应大致设置在交流负载线的中点，以使其动态范围尽可能大。即便如此，若输入信号 u_i的幅值太大，以致放大电路工作的动态范围超出特性曲线的线性范围，也将引起更为严重的失真，这种失真既包含截止失真，也包含饱和失真。

视频：放大电路的静态分析方法

采用以上图解方法，有助于我们直观地理解放大电路的工作原理和信号放大的过程，但是这种方法不便于对放大电路进行定量的分析和计算。

2.2.3 共射极放大电路的静态分析

在放大电路中，既有为信号放大提供基本偏置条件的直流分量，存在于直流通

路；也有被放大信号在放大过程中形成的交流分量，传输于交流通路。由于两种分量及其对应的电路不同，在对放大电路进行整体分析的过程中，需要分别进行直流分量的静态分析和交流分量的动态分析。

静态分析就是对静态工作点 $Q(I_B、I_C、U_{CE})$ 的分析，包括电路参数、结构对 Q 点静态值及其稳定性的影响。

(1) 静态工作点的计算

静态工作点的位置取决于放大电路的结构和参数。对于基本共射极放大电路，在应用图解法分析放大原理的过程中，已经根据放大电路的直流通路得出了静态工作点 $Q(I_B、I_C、U_{CE})$ 的计算式，见式(2.2.1)、式(2.2.2)和式(2.2.3)。

【例 2.2.1】 有一基本共射极放大电路如图 2.2.11 所示，取 $U_{BE}=0.7$ V，试求放大电路的静态工作点 $Q(I_B、I_C、U_{CE})$。

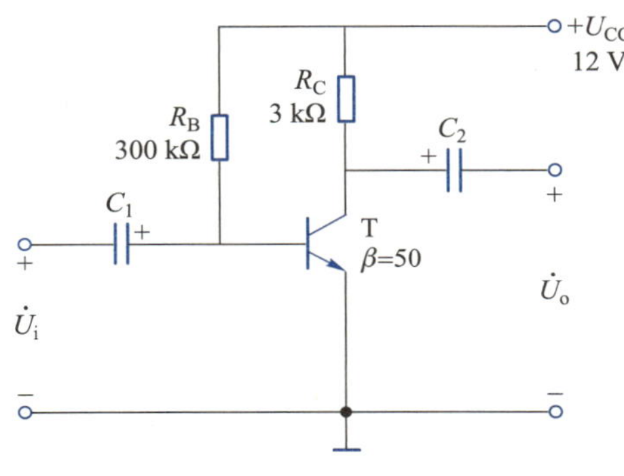

图 2.2.11 例 2.2.1 的图

【解】 根据图 2.2.4 所示的直流通路可得

$$I_B=\frac{U_{CC}-U_{BE}}{R_B}=\frac{12-0.7}{300\times10^3}\ \text{A}=0.038\ \text{mA}$$

$$I_C=\beta I_B=50\times0.038\ \text{mA}=1.9\ \text{mA}$$

$$U_{CE}=U_{CC}-I_CR_C=12\ \text{V}-1.9\times10^{-3}\times3\times10^3\ \text{V}=6.3\ \text{V}$$

(2) 静态工作点的稳定

讲义：静态工作点的稳定(1)

环境温度的变化、电源电压的波动、元件老化形成的参数变化等影响因素，会使静态工作点偏移原本合适的位置，致使放大电路性能不稳定，甚至无法正常工作。环境温度的变化较为普遍，也不易克服，而且由于 BJT 是对温度十分敏感的元件，因此在诸多影响因素中，以温度的影响最大。

视频：静态工作点的稳定(1)

温度对 BJT 参数的影响主要体现在以下三方面：

① 从输入特性看，温度升高时 U_{BE} 将减小。在基本共射极放大电路中，由于 $I_B=(U_{CC}-U_{BE})/R_B$，因此 I_B 将增大。但如果 $U_{CC}\gg U_{BE}$，I_B 的增加不明显。

② 温度升高会使得 BJT 的电流放大倍数 β 增加。在取值不变的条件下，输出特性曲线之间的间距加大。

③ 当温度升高时 BJT 的反向饱和电流 I_{CBO} 将急剧增加。这是因为反向饱和电流是由少数载流子形成的，因此受温度影响比较大。

综上所述，在基本共射极放大电路中，温度升高对 BJT 各种参数的影响集中表现为集电极电流 I_C 增大，导致静态工作点 Q 上移而接近饱和区，容易产生饱和失真。因此稳定静态工作点的关键就在于稳定集电极电流 I_C。

当温度变化时，要使 I_C 维持近似不变，通常采用图 2.2.12 所示的分压式偏置共射极放大电路。为了便于区分，通常将原来的基本共射极放大电路称为固定式偏置共射极放大电路。

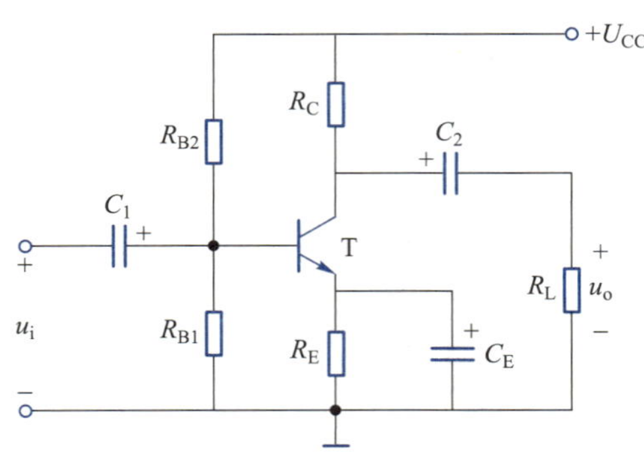

图 2.2.12　分压式偏置共射极放大电路

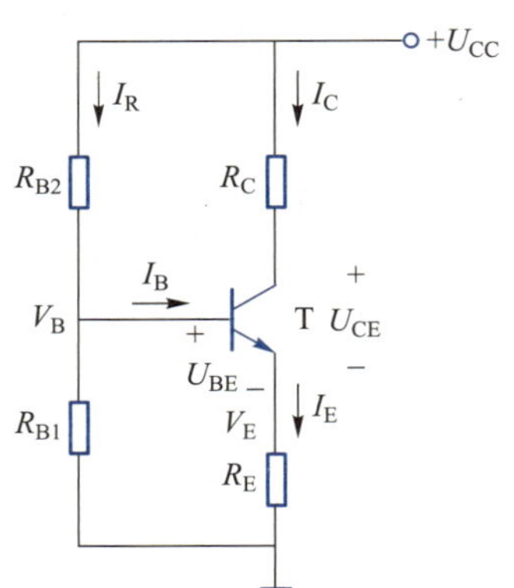

图 2.2.13　分压式偏置共射极放大电路的直流通路

分压式偏置共射极放大电路的直流通路如图 2.2.13 所示，R_{B1}、R_{B2} 构成了一个分压电路，设置它们的参数使 $I_R \gg I_B$。这样做的目的在于，可以忽略微安级的 I_B，使基极电位 V_B 不受温度的影响而基本稳定，即

$$V_B \approx \frac{R_{B1}}{R_{B1}+R_{B2}}U_{CC} \tag{2.2.10}$$

引入发射极串联电阻 R_E 后，由直流通路可以列出

$$U_{BE}=V_B-V_E=V_B-R_EI_E \tag{2.2.11}$$

若使 $V_B \gg U_{BE}$，则

$$I_C \approx I_E=\frac{V_B-U_{BE}}{R_E}\approx\frac{V_B}{R_E} \tag{2.2.12}$$

可以近似认为 I_C 也不受温度影响，即静态工作点 Q 基本稳定。

由上述分析可见，静态工作点 Q 基本稳定有两个近似条件：V_B 基本不变、$V_B \gg U_{BE}$。为了保证 V_B 基本不变，希望 I_R 越大越好，亦即 R_{B1}、R_{B2} 越小越好，但从减小电源消耗的角度来看，I_R 不宜太大，通常选取 $I_R=(5\sim10)I_B$；为了使 $V_B \gg U_{BE}$，V_B 应尽可能高，但 V_E 也随之增高，使 U_{CE} 减小，即减小了输出电压的动态范围，因此通常选取 $V_B=(5\sim10)U_{BE}$ 或 $U_{CE}=(1/3\sim1/2)U_{CC}$。

稳定静态工作点的过程可以表示如下

$$T(℃)\uparrow \rightarrow I_C\uparrow \rightarrow V_E\uparrow \rightarrow U_{BE}\downarrow \rightarrow I_B\downarrow \rightarrow I_C\downarrow$$

当 I_C 因温度的升高而增加时，I_E 随之增大，发射极电阻 R_E 上的压降即发射极电位 V_E 也将随之升高。由于 V_B 基本不变，使 V_E 与 V_B 的差值即发射结电压 U_{BE} 减小，于是受 U_{BE} 的控制 I_B 也将减小，进而抑制了 I_C 的变化，使得 I_C 随温度增加的大部分被 I_B 的减小所抵消。这一过程实质上是一个反馈调节过程，也就是由发射极电阻 R_E 反映出被控制量 I_C 的变化，而后再通过控制量 I_B 来抑制 I_C 的变化的过程。

从稳定静态工作点的角度来说，R_E 越大，调节作用越强，稳定性也越好。但如果 R_E 过大，会使得 V_E 过高，U_{CE} 过小，导致静态工作点偏高。此外，如果 R_E 的两端没有并联电容 C_E，则 R_E 在稳定直流分量 I_C 的同时，也会"稳定"交流分量 i_c，即抑制 i_c 变化的强度，也就是使得 i_c 的幅度降低，最终导致与 i_c 成正比的输出电压 u_o 幅度降低，即电路的电压放大能力减弱。由此可见，在 R_E 两端并联电容 C_E 的目的，就是要区别对待直流分量和交流分量，使 R_E 只对直流分量 I_C 有稳定作用，而由 C_E 为交流分量 i_c 提供一条阻抗近似为零的通路。因此称 C_E 为旁路电容。

分析分压式偏置共射极放大电路的静态工作点时，应先从基极 V_B 的计算入手，逐次求解 V_E、I_E、I_C、I_B 和 U_{CE}，并注意电路参数能否满足近似条件。

【例 2.2.2】 有一分压式偏置共射极放大电路及其参数如图 2.2.14 所示，取 $U_{BE}=0.6\ \text{V}$，试求放大电路的静态工作点 $Q(I_B、I_C、U_{CE})$。

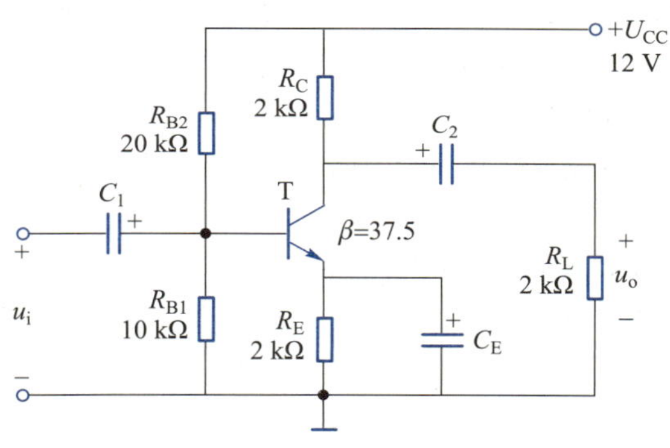

图 2.2.14　例 2.2.2 的图

【解】 根据图 2.2.13 所示的直流通路，由式(2.2.10)可得

$$V_B \approx \frac{R_{B1}}{R_{B1}+R_{B2}}U_{CC}=\frac{10\times10^3}{(10+20)\times10^3}\times12\ \text{V}=4\ \text{V}$$

满足 $V_B=(5\sim10)U_{BE}$ 的近似条件，由式(2.2.12)可得

$$I_C \approx I_E=\frac{V_B-U_{BE}}{R_E}=\frac{4-0.6}{2\times10^3}\ \text{A}=1.7\times10^{-3}\ \text{A}=1.7\ \text{mA}$$

基极电流为

$$I_B=\frac{I_C}{\beta}=\frac{1.7}{37.5}\ \text{mA}=0.045\ \text{mA}$$

根据直流通路，集-射极电压为

$$U_{CE}=U_{CC}-I_CR_C-I_ER_E\approx U_{CC}-(R_C+R_E)I_C=12\ \text{V}-(2+2)\times10^3\times1.7\times10^{-3}\ \text{V}=5.2\ \text{V}$$

由例 2.2.2 可见，I_C 的大小基本上与 BJT 参数无关，即使 BJT 的特性不一样，I_C 值

讲义：
放大电路的动态分析方法

视频：
放大电路的动态分析方法

也不会有大的改变。这在电子产品批量生产中，有利于克服 BJT 元件的参数分散性，或在需要电路维修时提高元件的互换性。

2.2.4 共射极放大电路的动态分析

对于电压放大电路来说，静态工作点的设置是为放大提供必要的偏置条件，在不失真的前提下增大信号幅度才是放大的目的。动态分析就是对放大电路放大变化输入信号的效果的分析，也就是对放大电路的主要性能指标的分析。放大电路的动态分析法有图解法和等效电路法。在实际测出的放大器件的输入、输出特性和已确定放大电路中其他各元件参数的条件下，利用作图对放大电路进行分析的方法为图解法。图解法能够直观形象地反映电路的工作状态，但是必须实测所用晶体管的特性曲线，而且定量分析时误差较大。

晶体管放大电路具有典型的非线性特征，分析复杂，工程中通常将其做线性化等效，即在一定条件下用线性模型来描述其特征，从而可以用线性电路的分析方法来分析晶体管电路。在不同的应用场合和不同的分析需求下，同一只晶体管有不同的模型，这里介绍晶体管用于低频小信号时的等效电路分析法。

在放大电路输入信号较小，且静态工作点选择合适的情况下，BJT 的工作状态接近于线性，因此，可以以 BJT 线性的小信号模型为基础，把非线性的放大电路等效为一个线性电路来分析，这个线性电路就称为放大电路的微变等效电路。

微变等效电路是基于交流分量的分析提出来的。要得到一个放大电路的微变等效电路，首先要画出放大电路的交流通路，然后再将 BJT 用它的小信号模型来替代。

现以固定式偏置共射极放大电路为例，利用微变等效电路对放大电路的主要性能指标逐一进行分析。

如图 2.2.15 所示的考虑信号源内阻的固定式偏置共射极放大电路，输入、输出端分别接有电压信号源和负载电阻。放大电路的交流通路和微变等效电路分别如图 2.2.16(a)和(b)所示。

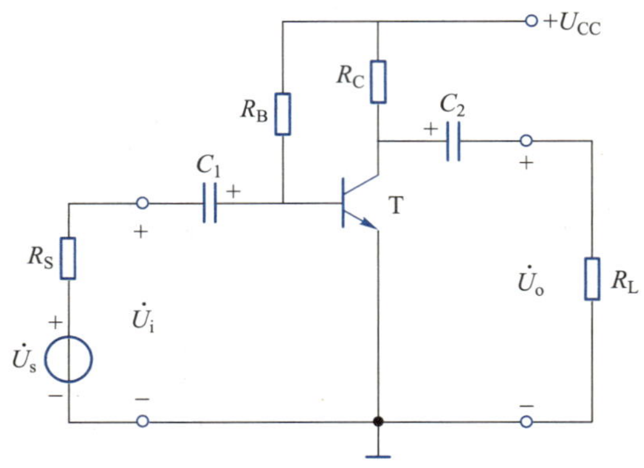

图 2.2.15 考虑信号源内阻的固定式偏置共射极放大电路

(1) 放大倍数的计算

由图 2.2.16(b)所示的微变等效电路可得

$$\dot{U}_i = \dot{I}_b r_{be}$$

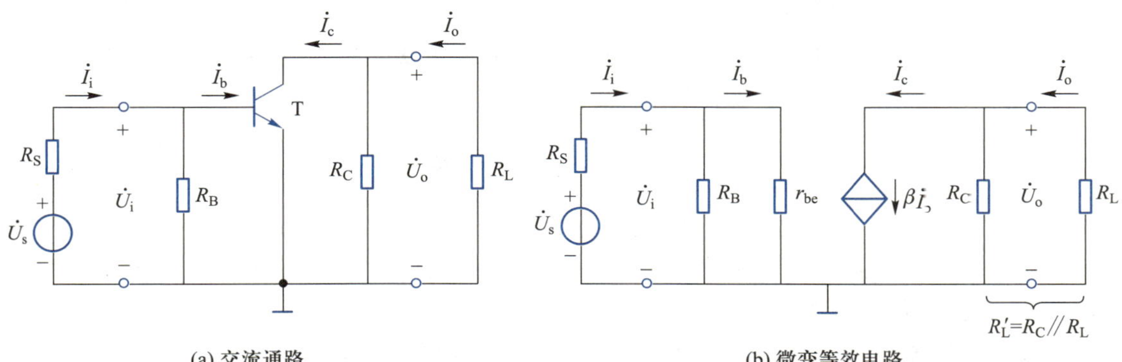

图 2.2.16 固定式偏置共射极放大电路的交流通路和微变等效电路

$$\dot{U}_o=-\dot{I}_cR_L'=-\beta\dot{I}_bR_L' \quad (R_L'=R_C // R_L)$$

式中，R_L'称为等效负载电阻，其值为

$$R_L'=R_C // R_L=\frac{R_CR_L}{R_C+R_L}$$

由电压放大倍数的定义得

$$A_u=\frac{\dot{U}_o}{\dot{U}_i}=-\beta\frac{R_L'}{r_{be}} \tag{2.2.13}$$

式中的负号表明输出电压与输入电压极性反相。A_u除了与 BJT 的参数有关外，还与外接负载电阻有关，R_L越小（也称负载越重），$|A_u|$下降得越严重。

放大电路对信号源电压$\dot{U}_s$的电压放大能力，可以直接用源电压放大倍数 A_{us}来衡量。根据输入电压$\dot{U}_i$对信号源电压$\dot{U}_s$的分压关系

$$\dot{U}_i=\dot{U}_s\frac{r_i}{r_i+R_S} \tag{2.2.14}$$

由源电压放大倍数的定义得

$$A_{us}=\frac{\dot{U}_o}{\dot{U}_s}=\frac{\dot{U}_i}{\dot{U}_s}\cdot\frac{\dot{U}_o}{\dot{U}_i}=\frac{r_i}{r_i+R_S}A_u \tag{2.2.15}$$

由上式可见，与输入电阻 r_i相比，信号源内阻 R_S越大，$\dot{U}_s$的分压$\dot{U}_i$越小，源电压放大倍数的损失越大。因此，为了增强放大电路整体的电压放大作用，对于电压源型的信号源，希望其内阻尽可能小，而放大电路的输入电阻 r_i应尽可能大。

（2）输入电阻的计算

由图 2.2.16(b)所示的微变等效电路可得

$$r_i=\frac{\dot{U}_i}{\dot{I}_i}=R_B // r_{be} \tag{2.2.16}$$

通常由于 $R_B \gg r_{be}$，所以放大电路的输入电阻 r_i主要由 BJT 的输入电阻 r_{be}决定。

(3) 输出电阻的计算

根据输出电阻的定义,计算 r_o 时应设信号源电压为零,则 $\dot{I}_c=0$,相当于受控源开路,参考图 2.1.3,放大电路的输出电阻为

$$r_o=\left.\frac{\dot{U}}{\dot{I}}\right|_{\dot{U}_s=0}=R_C \tag{2.2.17}$$

【例 2.2.3】 放大电路如图 2.2.15 所示。$R_B=300\ \text{k}\Omega$,$R_C=3\ \text{k}\Omega$,$\beta=50$,$U_{CC}=12\ \text{V}$。试计算下列三种情况下的 A_u、A_{us}、r_i 和 r_o:(1) $R_S=0$,$R_L=\infty$;(2) $R_S=0$,$R_L=3\ \text{k}\Omega$;(3) $R_S=0.9\ \text{k}\Omega$,$R_L=3\ \text{k}\Omega$。

【解】 直流通路的参数和静态工作点与例题 2.2.1 相同。由 r_{be} 的数值计算公式可得

$$r_{be}=200\ \Omega+(1+\beta)\frac{26\ \text{mV}}{I_E}\approx200\ \Omega+51\times\frac{26}{1.9}\ \Omega=0.9\ \text{k}\Omega$$

输入电阻、输出电阻与信号源内阻、负载电阻无关。由式(2.2.16)和式(2.2.17)有

$$r_i=R_B\,/\!/\,r_{be}\approx r_{be}=0.9\ \text{k}\Omega$$
$$r_o=R_C=3\ \text{k}\Omega$$

(1) $R_S=0$,$R_L=\infty$ 时,$R_L'=R_C=3\ \text{k}\Omega$,由式(2.2.15)得 $A_{us}=A_u$

$$A_u=-\beta\frac{R_L'}{r_{be}}=-50\times\frac{3}{0.9}=-166.7$$

(2) $R_S=0$,$R_L=3\ \text{k}\Omega$ 时,仍有 $A_{us}=A_u$

$$R_L'=R_C\,/\!/\,R_L=\frac{3\times3}{3+3}\ \text{k}\Omega=1.5\ \text{k}\Omega$$

$$A_u=-\beta\frac{R_L'}{r_{be}}=-50\times\frac{1.5}{0.9}=-83.3$$

(3) $R_S=0.9\ \text{k}\Omega$,$R_L=3\ \text{k}\Omega$ 时,$R_L'=R_C\,/\!/\,R_L=1.5\ \text{k}\Omega$

$$A_u=-\beta\frac{R_L'}{r_{be}}=-50\times\frac{1.5}{0.9}=-83.3$$

$$A_{us}=\frac{r_i}{r_i+R_S}A_u=\frac{0.9}{0.9+0.9}A_u=\frac{1}{2}A_u=-41.7$$

讲义:
静态工作点的稳定(2)

从上例中可以看出,如果信号源电压一定,信号源内阻 R_S 和负载电阻 R_L 的存在都会使输出电压降低。在 $R_S=0$,$R_L\to\infty$ 时,放大电路的电压放大倍数和源电压放大倍数都是最大的。

图 2.2.12 所示分压式偏置共射极放大电路的交流通路和微变等效电路如图 2.2.17 所示。与图 2.2.16 比较可以看出,若将分压式偏置放大电路中的 R_{B1}、R_{B2} 并联,等效成 R_B,则无论是交流通路,还是微变等效电路,均与固定式偏置放大电路的完全相同。因此,微变等效电路分析的方法、过程和结论也是完全相同的。唯一需要注意的是,在计算放大电路输入电阻时,R_B 有所不同。

视频:
静态工作点的稳定(2)

$$r_i=R_B\,/\!/\,r_{be}=R_{B1}\,/\!/\,R_{B2}\,/\!/\,r_{be} \tag{2.2.18}$$

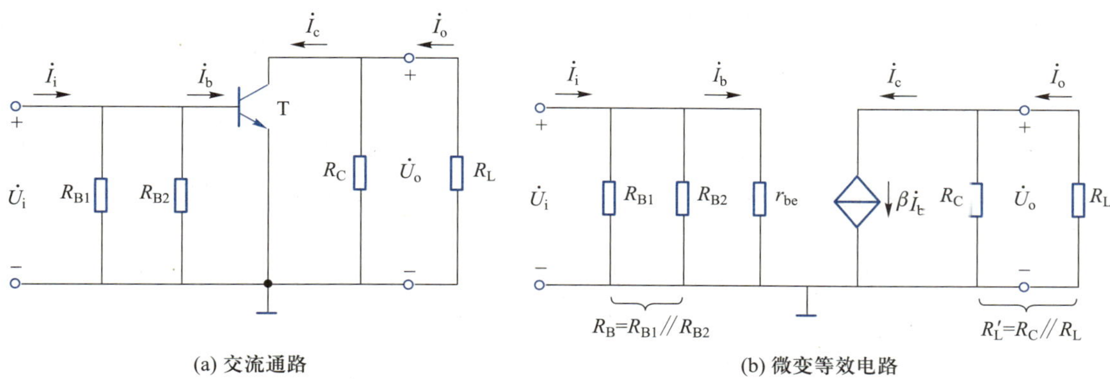

图 2.2.17　分压式偏置共射极放大电路的交流通路和微变等效电路

如果去除发射极电容 C_E，使发射极电阻 R_E 保留在交流通路中，交流通路和微变等效电路如图 2.2.18 所示。

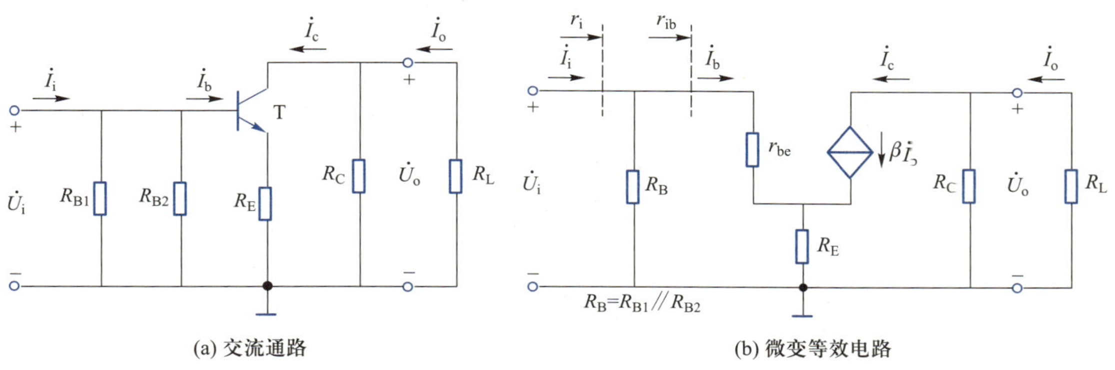

图 2.2.18　带发射极电阻的交流通路及其微变等效电路

由图 2.2.18(b)所示的微变等效电路可得

$$\dot{U}_i=\dot{I}_b r_{be}+\dot{I}_e R_E=\dot{I}_b r_{be}+(1+\beta)\dot{I}_b R_E$$

$$\dot{U}_o=-\dot{I}_c R'_L=-\beta\dot{I}_b R'_L\quad(R'_L=R_C//R_L)$$

由电压放大倍数的定义得

$$A_u=\frac{\dot{U}_o}{\dot{U}_i}=-\beta\frac{R'_L}{r_{be}+(1+\beta)R_E}\tag{2.2.19}$$

求该电路的输入电阻可以分两步，如图 2.2.18(b)所示，首先求从晶体管基极看进去的等效电阻

$$r_{ib}=\frac{\dot{U}_i}{\dot{I}_b}=r_{be}+(1+\beta)R_E\tag{2.2.20}$$

放大电路总的输入电阻为

$$r_i=R_{B1}//R_{B2}//r_{ib}\tag{2.2.21}$$

根据输出电阻的定义，放大电路的输出电阻为

$$r_o = R_C \tag{2.2.22}$$

由以上分析可以发现，如果去除发射极电容 C_E，R_E存在于交流通路中，电路的电压放大倍数会降低，输入电阻会增大。有时为了改善电路的放大性能，可以将发射极电阻分为两部分，将其中一部分两端并联旁路电容，而另一部分不并联旁路电容，使之保留在交流通路中，以期获得较好的综合性能。

【例 2.2.4】 如图 2.2.19 所示分压式偏置共射极放大电路，已知 $U_{CC}=12\ \text{V}$，$R_{B1}=10\ \text{k}\Omega$，$R_{B2}=20\ \text{k}\Omega$，$R_{E1}=300\ \Omega$，$R_{E2}=1.7\ \text{k}\Omega$，$R_C=3\ \text{k}\Omega$，$\beta=50$，$R_L=3\ \text{k}\Omega$，取 $U_{BE}=0.6\ \text{V}$。（1）试求放大电路的静态工作点 $Q(I_B、I_C、U_{CE})$；（2）画出放大电路的微变等效电路，并求 A_u、r_i和 r_o。

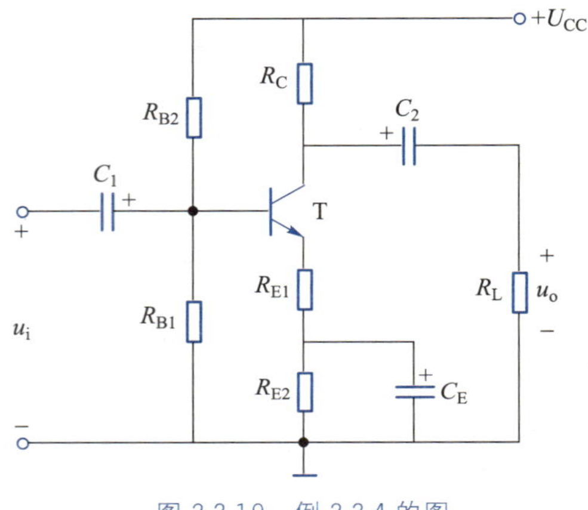

图 2.2.19　例 2.2.4 的图

【解】 （1）根据图 2.2.20 所示的直流通路，由式（2.2.10）可得

$$V_B \approx \frac{R_{B1}}{R_{B1}+R_{B2}}U_{CC} = \frac{10\times10^3}{(10+20)\times10^3}\times12\ \text{V} = 4\ \text{V}$$

满足 $V_B=(5\sim10)U_{BE}$ 的近似条件，由式（2.2.12）可得

$$I_C \approx I_E = \frac{V_B-U_{BE}}{R_{E1}+R_{E2}} = \frac{4-0.6}{2\times10^3}\ \text{mA} = 1.7\ \text{mA}$$

基极电流为

$$I_B = \frac{I_C}{\beta} = \frac{1.7}{50}\ \text{mA} = 0.034\ \text{mA}$$

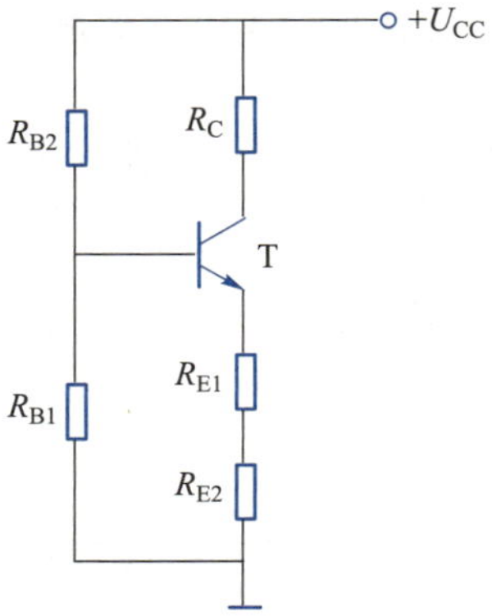

图 2.2.20　图 2.2.19 的直流通路

根据直流通路，集-射极电压为

$$\begin{aligned} U_{CE} &= U_{CC}-I_CR_C-I_E(R_{E1}+R_{E2}) \approx U_{CC}-(R_C+R_{E1}+R_{E2})I_C \\ &= (12-4\times10^3\times1.7\times10^{-3})\ \text{V} = 5.2\ \text{V} \end{aligned}$$

（2）画出放大电路的微变等效电路如图 2.2.21 所示。

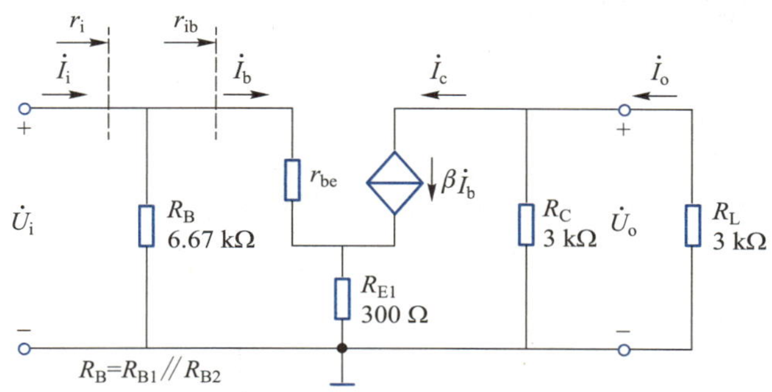

图 2.2.21　图 2.2.19 的微变等效电路

由 r_{be} 的数值计算公式可得

$$r_{be}=200\ \Omega+(1+\beta)\frac{26\ \text{mV}}{I_E}=200\ \Omega+51\times\frac{26}{1.7}\ \Omega=0.98\ \text{k}\Omega$$

根据式(2.2.19),电压放大倍数

$$A_u=\frac{\dot{U}_o}{\dot{U}_i}=-\beta\frac{R_L'}{r_{be}+(1+\beta)R_{E1}}=-50\times\frac{1.5}{0.98+51\times0.3}\approx-4.61$$

首先计算从晶体管基极看进去的等效电阻 r_{ib},有

$$r_{ib}=r_{be}+(1+\beta)R_{E1}=16.28\ \text{k}\Omega$$

计算放大电路的输入电阻

$$r_i=R_{B1}//R_{B2}//r_{ib}=4.73\ \text{k}\Omega$$

输出电阻

$$r_o=R_C=3\ \text{k}\Omega$$

练习与思考

2.2.1　固定式偏置共射极放大电路中,各元件的作用是什么?

2.2.2　区别交流放大电路的静态与动态、直流通路与交流通路、直流分量与交流分量、直流负载线与交流负载线。

2.2.3　放大电路的负载电阻 $R_L\neq\infty$ 时,直流负载线和交流负载线是否会因 R_L 发生变化?

2.2.4　什么是放大电路的静态工作点?放大电路静态工作点不稳定的原因是什么?静态工作点不稳定对放大电路的工作有何影响?

2.2.5　什么是放大电路的非线性失真?非线性失真有哪几种形式,原因是什么?

2.2.6　源电压放大倍数与哪些电路参数有关?

2.3　共集电极和共基极放大电路

根据输入与输出回路公共端的不同,单管放大电路有三种基本组态。除了上节讨论的共射极组态外,还有共集电极和共基极组态。这三种组态在电路结构和性能

讲义：
共集电极放大电路

视频：
共集电极放大电路

上有各自的特点，但基本分析方法一样。

2.3.1 共集电极放大电路

共集电极放大电路的电路原理图如图 2.3.1(a)所示，信号由基极输入，由发射极输出，故又称为射极输出器。射极输出器的直流通路、交流通路和微变等效电路分别如图 2.3.1(b)(c)和(d)所示。从射极输出器的交流通路可以看出，集电极是交流信号输入、输出回路的公共端，故射极输出器为共集电极放大电路。

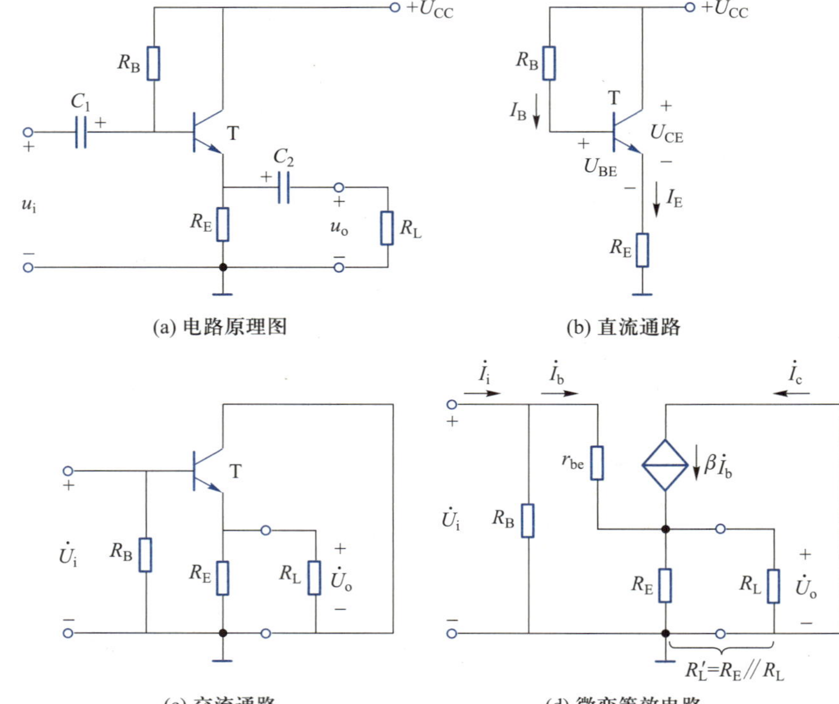

图 2.3.1 共集电极放大电路(射极输出器)

1. 静态分析

根据图 2.3.1(b)所示的射极输出器的直流通路可得

$$U_{CC}=I_BR_B+U_{BE}+V_E$$

式中，V_E表示发射极直流电位，为

$$V_E=I_ER_E=(1+\beta)I_BR_E$$

故

$$I_B=\frac{U_{CC}-U_{BE}}{R_B+(1+\beta)R_E} \tag{2.3.1}$$

$$I_E=(1+\beta)I_B \tag{2.3.2}$$

$$U_{CE}=U_{CC}-I_ER_E \tag{2.3.3}$$

2. 动态分析

(1) 电压放大倍数的计算

根据图 2.3.1(d)所示的射极输出器的微变等效电路可得

$$\dot{U}_i = \dot{I}_b r_{be} + (1+\beta)\dot{I}_b R'_L$$

式中，$R'_L = R_E // R_L$。

因为

$$\dot{U}_o = \dot{I}_e R'_L = (1+\beta)\dot{I}_b R'_L$$

故

$$A_u = \frac{\dot{U}_o}{\dot{U}_i} = \frac{(1+\beta)R'_L}{r_{be}+(1+\beta)R'_L} \tag{2.3.4}$$

上式表明：电压放大倍数小于1；$\dot{U}_o$与$\dot{U}_i$同相。

由于一般情况下$r_{be} \ll (1+\beta)R'_L$，因此$\dot{U}_o \approx \dot{U}_i$，但$U_o$略小于$U_i$。虽然射极输出器没有电压放大作用，但因射极电流是基极电流的$1+\beta$倍，故具有一定的电流放大作用和功率放大作用。

因其输入、输出电压近似相等且同相，即发射极电位跟随基极电位的变化，故射极输出器又称为电压跟随器。

（2）输入电阻的计算

根据微变等效电路和输入电阻的定义，若忽略R_B电阻的分流作用［见图2.3.1(d)］，$\dot{I}_i = \dot{I}_b$，则

$$\dot{U}_i = \dot{I}_b r_{be} + (1+\beta)\dot{I}_b R'_L = \dot{I}_i[r_{be}+(1+\beta)R'_L]$$

$$r_i = \frac{\dot{U}_i}{\dot{I}_i} = r_{be}+(1+\beta)R'_L$$

若考虑R_B的分流作用，则输入电阻为

$$r_i = R_B // [r_{be}+(1+\beta)R'_L] \tag{2.3.5}$$

式中，$(1+\beta)R'_L$可以理解为折算到基极电路的发射极电阻。

由上式可见，射极输出器的输入电阻比较大，可达几十千欧到几百千欧，通常比共射极放大电路的输入电阻大几十到几百倍。

（3）输出电阻的计算

根据输出电阻的定义，在输入端将信号源$\dot{U}_s$短路，但保留其内阻R_S；在输出端将R_L去除，加一交流电压$\dot{U}_o$，产生$\dot{I}_o$，如图2.3.2所示。

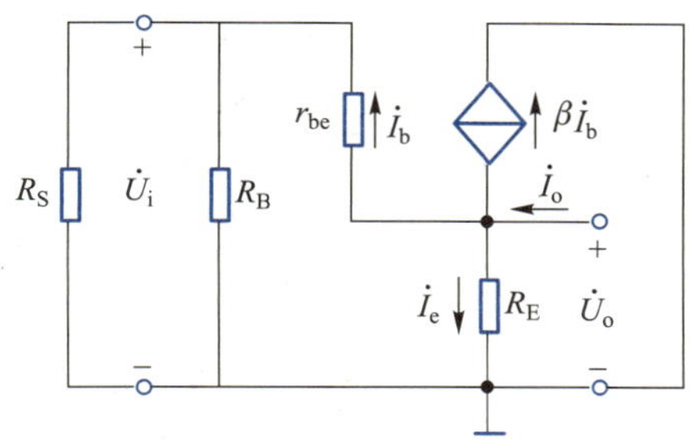

图2.3.2 计算射极输出器输出电阻的等效电路

根据图 2.3.2，$\dot{I}_o$为

$$\dot{I}_o=\dot{I}_b+\beta\dot{I}_b+\dot{I}_e=\frac{\dot{U}_o}{r_{be}+R'_S}+\beta\frac{\dot{U}_o}{r_{be}+R'_S}+\frac{\dot{U}_o}{R_E}$$

式中，$R'_S=R_S/\!/R_B$，输出电阻为

$$r_o=\frac{\dot{U}_o}{\dot{I}_o}=\frac{1}{\dfrac{1+\beta}{r_{be}+R'_S}+\dfrac{1}{R_E}}=\frac{R_E(r_{be}+R'_S)}{(1+\beta)R_E+r_{be}+R'_S} \tag{2.3.6}$$

通常$(1+\beta)R_E\gg(r_{be}+R'_S)$，且$\beta\gg1$，故

$$r_o\approx\frac{r_{be}+R'_S}{\beta} \tag{2.3.7}$$

可见射极输出器的输出电阻很小，一般为几十至几百欧，因此射极输出器的输出具有一定的恒压特性。

综上所述，射极输出器虽然没有电压放大作用，但有电流放大和功率放大作用，仍属放大电路之列。由于射极输出器具有输入电阻大和输出电阻小的特点，因此，在多级放大电路中，常用作输入级、输出级和缓冲级电路而得到广泛应用。用作输入级，可以减小信号源的负担；用作输出级，可以提高放大电路的带负载能力；用作缓冲级，可以隔离前、后级电路或信号、负载之间的相互影响，提高多级放大电路整体的工作性能。

【例 2.3.1】 在图 2.3.1(a)所示的射极输出器中，$U_{CC}=12\ \text{V}$，$\beta=60$，$R_B=200\ \text{k}\Omega$，$R_E=2\ \text{k}\Omega$，$R_L=2\ \text{k}\Omega$，信号源内阻 $R_S=100\ \Omega$，试求：(1) 静态值；(2) A_u、A_{us}、r_i和 r_o。

【解】 (1) 计算静态值

$$I_B=\frac{U_{CC}-U_{BE}}{R_B+(1+\beta)R_E}=\frac{12-0.6}{200+(1+60)\times2}\ \text{mA}=0.035\ \text{mA}$$

$$I_C\approx I_E=(1+\beta)I_B=(1+60)\times0.035\ \text{mA}=2.14\ \text{mA}$$

$$U_{CE}=U_{CC}-I_ER_E=(12-2.14\times10^{-3}\times2\times10^{3})\ \text{V}=7.72\ \text{V}$$

(2) 计算 A_u、A_{us}、r_i和 r_o

$$r_{be}=200\ \Omega+(1+\beta)\frac{26}{I_E}=200\ \Omega+61\times\frac{26}{2.14}\ \Omega=0.94\ \text{k}\Omega$$

$$R'_L=R_E/\!/R_L=1\ \text{k}\Omega$$

$$R'_S=R_S/\!/R_B\approx R_S=100\ \Omega$$

$$A_u=\frac{(1+\beta)R'_L}{r_{be}+(1+\beta)R'_L}=\frac{(1+60)\times1}{0.94+(1+60)\times1}=0.98$$

$$r_i=R_B/\!/[r_{be}+(1+\beta)R'_L]=\frac{200\times61.94}{200+61.94}\ \text{k}\Omega=47.3\ \text{k}\Omega$$

$$r_o\approx\frac{r_{be}+R'_S}{\beta}=\frac{940+100}{60}\ \Omega=17.3\ \Omega$$

$$A_{us}=\frac{r_i}{r_i+R_S}A_u=\frac{47.3}{47.3+0.1}\times0.98=0.98$$

2.3.2　共基极放大电路

共基极放大电路的电路原理图如图 2.3.3(a)所示。信号由发射极输入，由集电极输出。共基极放大电路的直流通路、交流通路和微变等效电路分别如图 2.3.3(b)(c)和(d)所示。由交流通路可以看出，基极是交流信号输入、输出回路的公共端，故有共基极放大电路之称。

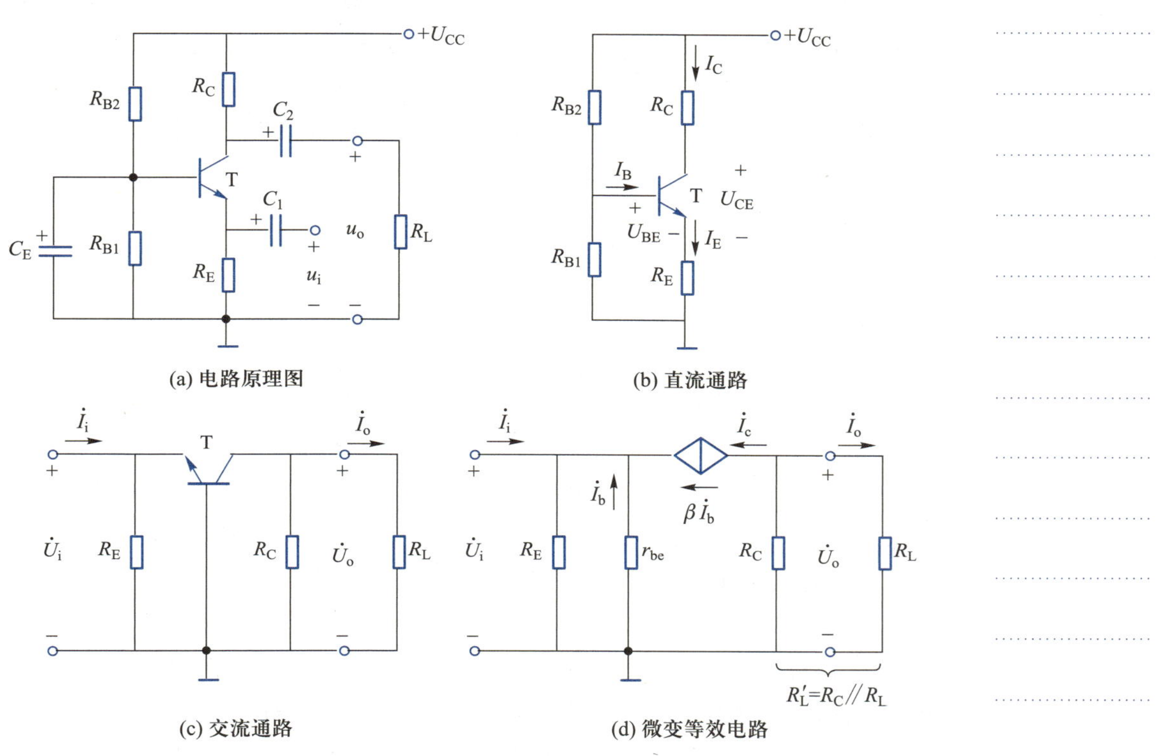

图 2.3.3　共基极放大电路

1. 静态分析

由图 2.3.3(b)可见，共基极放大电路的直流通路与分压式偏置共射极放大电路的直流通路完全相同，而且其参数设置也与共射极放大电路类似，因此静态分析的计算式也与共射极放大电路一样，即

$$V_B \approx \frac{R_{B1}}{R_{B1}+R_{B2}}U_{CC}$$

$$I_C \approx I_E = \frac{V_B - U_{BE}}{R_E}$$

$$I_B = \frac{I_C}{\beta}$$

$$U_{CE} \approx U_{CC} - (R_C + R_E)I_C$$

2. 动态分析

(1) 电压放大倍数的计算

由图 2.3.3(d)所示的共基极放大电路的微变等效电路可得

$$\dot{U}_{\mathrm{i}}=-\dot{I}_{\mathrm{b}}r_{\mathrm{be}}$$

$$\dot{U}_{\mathrm{o}}=-\beta\dot{I}_{\mathrm{b}}R'_{\mathrm{L}}\quad(R'_{\mathrm{L}}=R_{\mathrm{C}}/\!/R_{\mathrm{L}})$$

$$A_u=\beta\frac{R'_{\mathrm{L}}}{r_{\mathrm{be}}}\tag{2.3.8}$$

将上式与式(2.2.13)比较可知,共基极放大电路与共射极放大电路的电压放大倍数在数值上相等,只是相差一个负号,即共基极放大电路的$\dot{U}_{\mathrm{o}}$与$\dot{U}_{\mathrm{i}}$同相。

(2) 输入电阻、输出电阻的计算

根据微变等效电路和输入电阻的定义,若忽略 R_{E}电阻的分流作用,则

$$\dot{I}_{\mathrm{i}}=-(1+\beta)\dot{I}_{\mathrm{b}}$$

$$\dot{U}_{\mathrm{i}}=-\dot{I}_{\mathrm{b}}r_{\mathrm{be}}$$

$$r_{\mathrm{i}}=\frac{\dot{U}_{\mathrm{i}}}{\dot{I}_{\mathrm{i}}}=\frac{r_{\mathrm{be}}}{1+\beta}$$

若考虑 R_{E}的分流作用,则输入电阻为

$$r_{\mathrm{i}}=R_{\mathrm{E}}/\!/\frac{r_{\mathrm{be}}}{1+\beta}\tag{2.3.9}$$

可见,与共射极放大电路相比,共基极放大电路的输入电阻很小,一般为几欧至几十欧。

根据输出电阻的定义,当信号源电压为零时,则$\dot{I}_{\mathrm{c}}=0$,相当于受控源开路,共基极放大电路的输出电阻与共射极电路的相同,即

$$r_{\mathrm{o}}=R_{\mathrm{C}}\tag{2.3.10}$$

此外,共基极放大电路的电流放大倍数 $A_i=\dot{I}_{\mathrm{o}}/\dot{I}_{\mathrm{i}}$,在 $R_{\mathrm{C}}>>R_{\mathrm{L}}$时接近于 1,但小于 1,其输出具有良好的恒流输出特性,故共基极放大电路又称为电流跟随器。

综上所述,共基极放大电路没有电流放大作用,但具有较强的电压放大作用和一定的功率放大作用。这种放大电路的主要特点是通频带宽、稳定性好、具有恒流输出特性,适合用于高频、宽带放大或作理想电流源。

练习与思考

2.3.1 试分析图 2.3.3(a)所示共基极放大电路是否能稳定静态工作点。

2.3.2 射极输出器的主要特点是什么?

2.3.3 试推导出共基极放大电路的电流放大倍数 $A_i=\dot{I}_{\mathrm{o}}/\dot{I}_{\mathrm{i}}$。

2.3.4 试比较共射极、共集电极、共基极放大电路的特点,并将每种电路的直流通路、交流通路、微变等效电路以及静态分析、动态分析的计算式等列表进行对比。

2.4 场效应晶体管共源极放大电路

场效应晶体管放大电路也有三种基本组态,即共源极、共漏极、共栅极放大电路,分别与双极型晶体管(BJT)的共射极、共集电极、共基极组态相对应,其中共源极放大

电路应用较多。场效应晶体管放大电路的分析方法与双极型晶体管放大电路的一样，也包括静态分析和动态分析，只是放大元件的特性和电路模型不同而已。本节仅以绝缘栅型场效应晶体管（MOSFET）构成的共源极放大电路为例，来讨论场效应晶体管放大电路的分析过程。

2.4.1　共源极放大电路的静态分析

要使电路具有放大功能，MOSFET 应工作于其漏极特性曲线的恒流区，因此必须设置合适的静态工作点。BJT 是电流控制元件，放大电路依靠调整基极电流 I_B 来获得合适的静态工作点；MOSFET 是电压控制元件，放大电路的静态工作点由栅-源极电压 u_{GS} 决定。场效应晶体管放大电路的偏置形式较多，常用的有自给式偏置和分压式偏置两种。

（1）自给式偏置电路

图 2.4.1 为采用 N 沟道耗尽型 MOSFET 构成的自给式偏置共源极放大电路。由于在交流通路中 C_S 相当于短路，源极是输入、输出回路的公共端，故称为共源极放大电路。

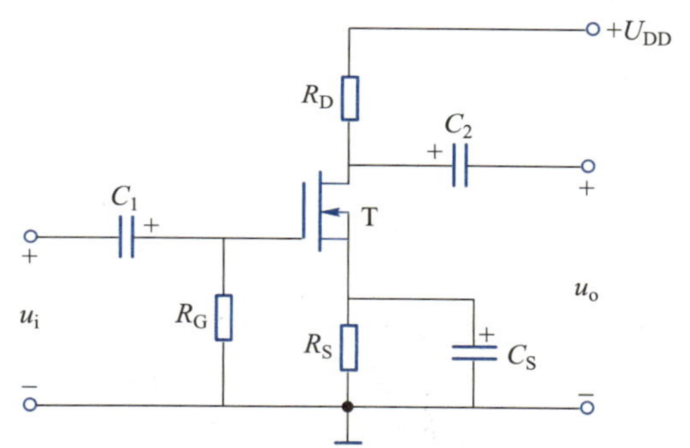

图 2.4.1　自给式偏置共源极放大电路

静态时，因栅极电流 $I_G \approx 0$，故栅极电位 $V_G \approx 0$。源极电流 I_S（等于漏极电流 I_D）在源极电阻 R_S 上的压降为 $U_S = R_S I_S$。此时，栅极偏置电压为

$$U_{GS} = -U_S = -R_S I_S = -R_S I_D \tag{2.4.1}$$

这种不需另接偏置电路的偏置方法叫作自给式偏置。

与 BJT 共射极放大电路同理，为了避免源极电阻 R_S 对交流信号的放大产生抑制作用而降低电压放大倍数，故与电阻 R_S 并联一个容量较大的旁路电容 C_S。由于 MOSFET 的输入电阻高，故耦合电容 C_1 的容量可取得小一些，为 0.01～0.047 μF，C_2 的容量视负载的情况而定。栅极电阻 R_G 用于构成栅、源极间的通路，其值不能太小，否则将降低放大电路的输入电阻，一般取 200 kΩ ～10 MΩ。源极电阻 R_S 决定静态偏压值，一般为几千欧，漏极电阻 R_D 影响放大电路的电压放大倍数，一般取几十千欧。

（2）分压式偏置电路

N 沟道增强型 MOSFET 由于没有原始导电沟道，工作时栅-源极电压 u_{GS} 为正，所以不能采用自给式偏置的方法构成共源极放大电路，而是采用分压式偏置。这种分压式偏置电路也可以用于 N 沟道耗尽型 MOSFET 的共源极放大电路，如图 2.4.2 所示。

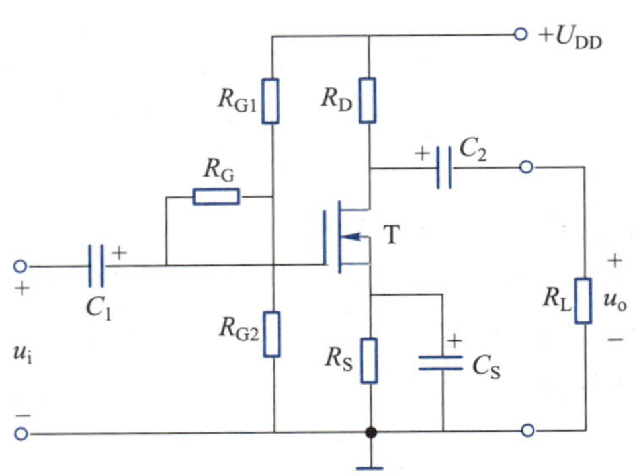

图 2.4.2　分压式偏置共源极放大电路

图中，R_{G1} 和 R_{G2} 是分压电阻，为了提高放大电路的输入电阻，在分压电路与 MOSFET 的栅极之间接入电阻 R_G，静态时 R_G 中基本无电流通过，故栅极电位为

$$V_G=\frac{R_{G2}}{R_{G1}+R_{G2}}U_{DD} \tag{2.4.2}$$

栅、源极间的偏置电压为

$$U_{GS}=V_G-V_S=\frac{R_{G2}}{R_{G1}+R_{G2}}U_{DD}-R_SI_D \tag{2.4.3}$$

式中，$V_S=R_SI_D$，是源极电位。对于 N 沟道耗尽型 MOSFET，$U_{GS}<0$，故要求 $R_SI_D>V_G$；对于 N 沟道增强型 MOSFET，$U_{GS}>0$，故要求 $R_SI_D<V_G$。

2.4.2　共源极放大电路的动态分析

场效应晶体管放大电路同样也可以通过微变等效电路进行动态分析，现以图 2.4.2 所示的分压式偏置共源极放大电路为例，其交流通路和微变等效电路如图 2.4.3 所示。

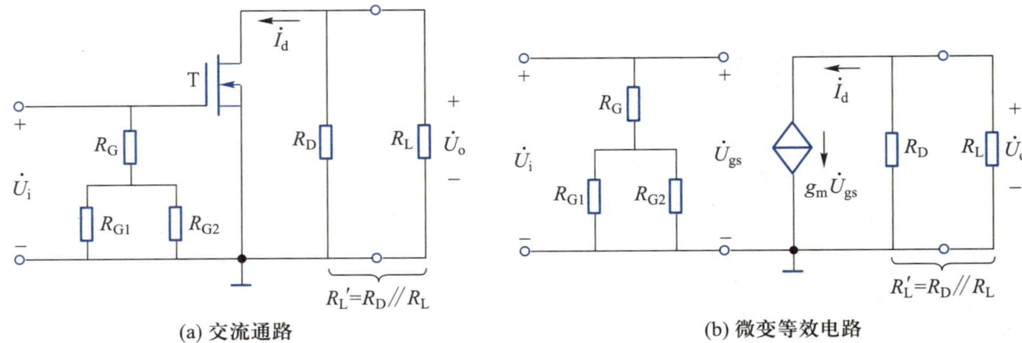

图 2.4.3　分压式偏置共源极放大电路的交流通路和微变等效电路

在图 2.4.3(a)所示的交流通路中，将 MOSFET 用其小信号模型替换，可画出放大电路的微变等效电路，如图 2.4.3(b)所示。

由微变等效电路，输出信号为

$$\dot{U}_o=-\dot{I}_dR_L'=-g_m\dot{U}_{gs}R_L' \tag{2.4.4}$$

式中，$R_L'=R_D//R_L$，是放大电路的等效负载电阻。

因输入信号$\dot{U}_i=\dot{U}_{gs}$，故电压放大倍数为

$$A_u=\frac{\dot{U}_o}{\dot{U}_i}=\frac{-g_m\dot{U}_{gs}R'_L}{\dot{U}_{gs}}=-g_mR'_L \tag{2.4.5}$$

式中的负号表示输入、输出电压反相。

由微变等效电路的输入回路，可得放大电路的输入电阻

$$r_i\approx R_G+R_{G1}/\!/R_{G2} \tag{2.4.6}$$

一般$R_G\gg R_{G1}/\!/R_{G2}$，故$r_i\approx R_G$。由此可见，在输入端接入电阻R_G，可以显著提高放大电路的输入电阻。

由微变等效电路的输出回路，可得放大电路的输出电阻

$$r_o=R_D \tag{2.4.7}$$

由于具有很高的输入电阻，MOSFET 放大电路适合作为多级放大电路的输入级，尤其对于具有高内阻的信号源，只有采用场效应晶体管放大电路才能有效地放大信号。

【例 2.4.1】 在图 2.4.2 所示的放大电路中，$U_{DD}=20\ \text{V}$，$R_D=10\ \text{k}\Omega$，$R_{G1}=200\ \text{k}\Omega$，$R_{G2}=51\ \text{k}\Omega$，$R_G=2\ \text{M}\Omega$，$R_S=10\ \text{k}\Omega$，$R_L=10\ \text{k}\Omega$，电压信号源内阻$R_{SS}=10\ \text{k}\Omega$，MOSFET 为 N 沟道耗尽型，饱和漏极电流$I_{DSS}=0.9\ \text{mA}$，夹断电压$U_{GS(off)}=-4\ \text{V}$，跨导$g_m=1.5\ \text{mS}$，试求：(1) 静态值；(2) A_u、A_{us}、r_i和r_o。

【解】 (1) 计算静态值

$$V_G=\frac{R_{G2}}{R_{G1}+R_{G2}}U_{DD}=\frac{51\times10^3}{(200+51)\times10^3}\times20\ \text{V}=4\ \text{V}$$

$$U_{GS}=V_G-R_SI_D=4\ \text{V}-10\times10^3I_D$$

将上式与 MOSFET 的转移特性计算公式

$$I_D=I_{DSS}\left(1-\frac{U_{GS}}{U_{GS(off)}}\right)^2=0.9\times10^{-3}\times\left(1-\frac{U_{GS}}{-4}\right)^2$$

联立解得

$$I_D=0.5\ \text{mA}$$

$$U_{GS}=-1\ \text{V}$$

由此可得

$$U_{DS}=U_{DD}-(R_D+R_S)I_D=20\ \text{V}-(10+10)\times10^3\times0.5\times10^{-3}\ \text{V}=10\ \text{V}$$

(2) 计算A_u、A_{us}、r_i和r_o

由微变等效电路

$$A_u=-g_mR'_L=-1.5\times\frac{10\times10}{10+10}=-7.5$$

$$r_i\approx R_G+R_{G1}/\!/R_{G2}\approx R_G=2\ \text{M}\Omega$$

$$r_o=R_D=10\ \text{k}\Omega$$

$$A_{us}=\frac{r_i}{r_i+R_{SS}}A_u=\frac{2\times10^3}{2\times10^3+10}\times(-7.5)=-7.5$$

练习与思考

讲义：
多级放大电路

2.4.1 在自给式偏置共源极放大电路和分压式偏置共源极放大电路中，电阻 R_G 所起的作用是什么？

2.4.2 比较 MOSFET 共源极放大电路和 BJT 共射极放大电路，两者在电路结构上有何相似之处？为什么前者的输入电阻较高？

2.5 多级放大与放大电路的频率响应

视频：
多级放大电路

单级放大电路的电压放大倍数一般只能达到几十倍，往往不能满足实际应用的要求，而且，也很难同时兼顾各项性能指标。为了获得足够高的放大倍数或考虑输入电阻、输出电阻的特殊要求，实用放大电路通常由多个单级放大电路级联构成，称为多级放大电路。

2.5.1 多级放大电路的耦合方式

多级放大电路内部各级之间的连接方式称为耦合方式。在分立元件电路中，常见的耦合方式有三种，即阻容耦合、变压器耦合、直接耦合。无论采用哪一种耦合方式，都必须保证：各级放大电路都有合适的静态工作点；前一级的输出信号能够顺利传输到后一级的输入端。

1. 阻容耦合

用电容来连接单级放大电路是一种简单且常用的耦合方式。以图 2.5.1 所示的两级阻容耦合放大电路为例，电容 C_1 与信号源连接，C_2 连接两级放大电路，C_3 连接负载 R_L。由于每个电容都与包括输入电阻和输出电阻在内的电阻连接，所以称这种连接方式为阻容耦合。

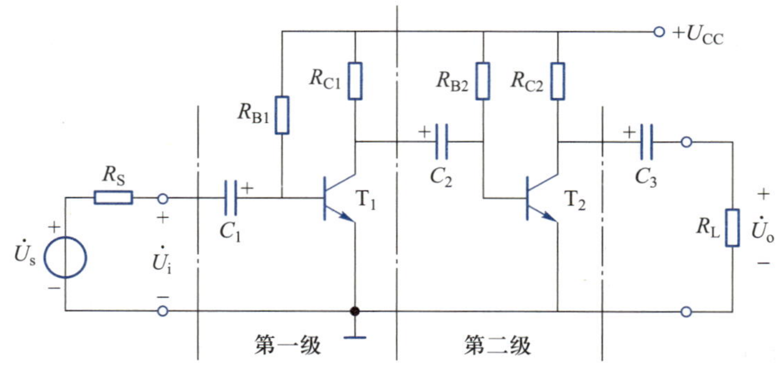

图 2.5.1 两级阻容耦合放大电路

阻容耦合方式充分利用了电容“隔直流、传交流”的作用。主要优点是各级的静态工作点都是相互独立的，便于静态值的分析、设计和调试；但缺点是不适于传输缓慢变化的信号，而且在集成电路中由于难以制造大容量电容器，因而受到很大限制。

2. 变压器耦合

变压器耦合是以变压器作为耦合元件，利用磁路耦合实现交流信号的传输。以图 2.5.2 所示电路为例，变压器 Tr_1 将第一级的输出信号电压变换成第二级的输入信

号电压,Tr_2将第二级的输出信号电压变换成负载所要求的输出电压。

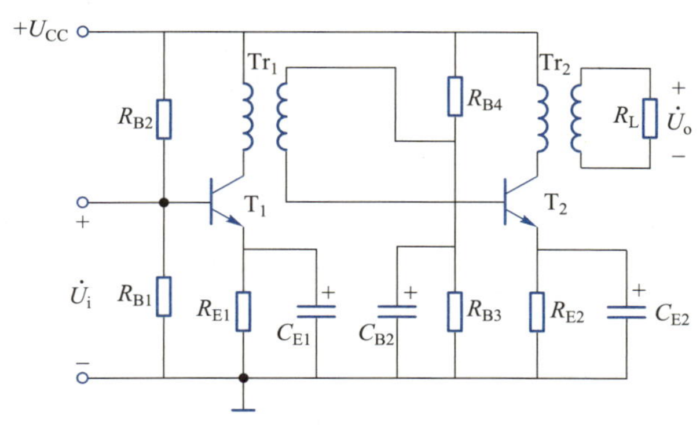

图 2.5.2 变压器耦合多级放大电路

除了隔离直流的优点以外,变压器耦合方式还可以在传递交流信号的同时实现阻抗变换。但由于变压器比较笨重,无法实现集成,而且也不能传输缓慢变化的信号,因此这种耦合方式目前已很少采用。

3. 直接耦合

为了避免耦合电容或变压器对缓慢变化信号带来的不良影响,可以把前一级的输出端直接接到下一级的输入端,如图 2.5.3 所示。这种连接方式称为直接耦合。

直接耦合方式的优点是既能放大交流信号,也能放大缓慢变化的信号和直流信号。更重要的是便于集成化,实际的集成线性放大电路一般都是采用直接耦合方式。但是直接耦合也引出了一些新的问题。

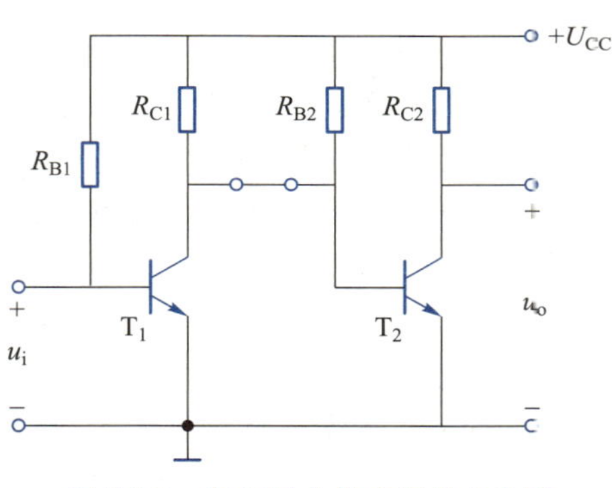

图 2.5.3 直接耦合的多级放大电路

(1) 各级工作点之间相互影响的问题

由于前、后级电路之间存在有直流通路,它们的静态工作点不是独立的,因此,直接耦合并不可以简单地将两级放大电路直接相连。例如,在图 2.5.3 所示的电路中,T_1的集-射极电压 u_{CE1}受到 T_2发射结正向电压的约束,只能为 0.7 V 左右,导致 T_1处于临界饱和状态。

为了使前、后级的静态工作点都较为合理,必须对电路的结构进行必要的改进。图 2.5.4(a)所示为一种简单改进的直接耦合多级放大电路。图中,T_2的发射极接有稳压管 D_Z,利用稳压管的直流压降 U_Z可以提高 T_1的集-射极电压($u_{CE1}=u_{BE2}+U_Z$)。而且,由于稳压管的动态电阻很小,故对第二级电路的电压放大倍数影响不大。但是随着级数增多,晶体管的集电极电位越来越高,会提高对电源电压的要求,降低可用的信号放大范围。以上问题可以采用 NPN 型和 PNP 型晶体管混合使用的方式解决,如图 2.5.4(b)所示,两种类型的晶体管偏置电压极性相反,可以避免晶体管集电极电压升高。

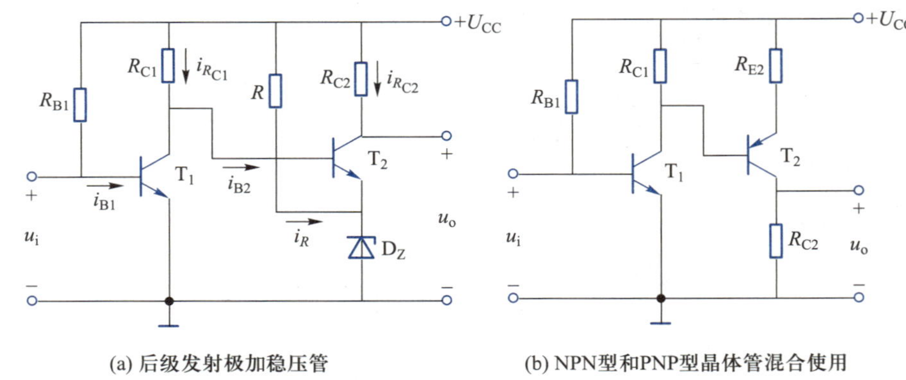

图 2.5.4 改进的直接耦合多级放大电路

（2）静态零输出问题

有些情况下，往往要求电路在输入信号为零时，输出电压亦为零，称为静态零输出。实现这种要求的电路如图 2.5.5 所示。图中增加了一个负电源，只要电路参数合理搭配，即可使 $u_i=0$ 时，$u_o=0$。

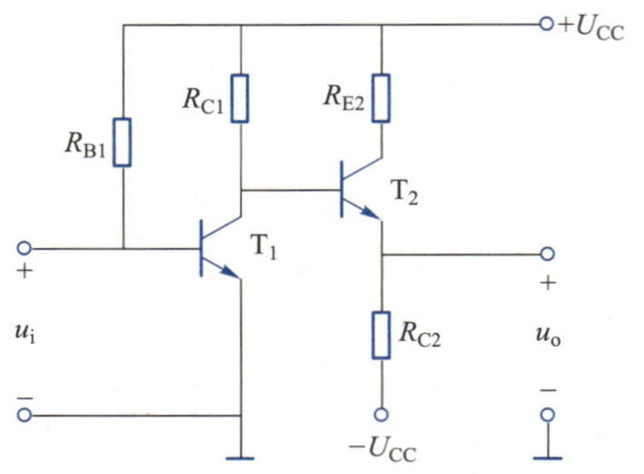

图 2.5.5 静态零输出的直接耦合电路

（3）零点漂移问题

如果将直接耦合放大电路的输入端短接或接固定的直流电压，其输出应有一固定的直流电压，即静态输出电压。但是，实际上输出电压会随时间变化而偏离初始值做缓慢的随机波动，这种现象称为零点漂移，简称零漂。

造成零漂的原因有很多，其中最主要的原因是，放大电路的静态工作点受温度影响而产生的波动。在直接耦合的多级放大电路中，即使第一级电路产生微小的波动，也会被后级电路当作信号逐级放大，导致末级输出端出现较大幅度的零漂。放大电路的级数越多，放大倍数越大，零漂的幅度就越大。严重时，会把真正的输出信号“淹没”，甚至使后级电路进入饱和或截止状态而无法正常工作。

抑制零漂简单而且有效的措施是采用差分放大电路，这种电路将在本章 2.6 节中详细介绍。

2.5.2 多级放大电路的分析

1. 静态分析

对于阻容耦合多级放大电路，由于电容的隔直作用，各级电路的静态工作点互不影响，因此可以分别计算各自的静态工作点，方法同单级放大电路一样。

直接耦合多级放大电路的静态分析较为复杂。由于前、后级之间存在直流通路，因此不能独立计算各级的静态工作点。在分析具体电路时，为了简化计算过程，常常首先找出最容易确定的环节，然后再计算其他各处的静态电压和电流。有时候，只能通过联立方程来求解。

【例 2.5.1】　在图 2.5.4(a)所示的两级直接耦合放大电路中，$U_{CC}=24\ V$，T_1、T_2的基-射极电压均取 0.7 V，电流放大倍数分别为 $\beta_1=45$、$\beta_2=40$，$R_{B1}=240\ k\Omega$，$R_{C1}=3.9\ k\Omega$，$R_{C2}=500\ \Omega$，稳压管 D_Z的工作电压 $U_Z=4\ V$。试计算各级的静态工作点。

【解】　T_1的集电极电位为

$$V_{C1}=U_{BE2}+U_Z=(0.7+4)\ V=4.7\ V$$

因此

$$I_{RC1}=\frac{U_{CC}-V_{C1}}{R_{C1}}=\frac{24-4.7}{3.9}\ mA=4.95\ mA$$

而

$$I_{B1}\approx\frac{U_{CC}}{R_{B1}}=\frac{24}{240}\ mA=0.1\ mA$$

$$I_{C1}=\beta_1 I_{B1}=45\times0.1\ mA=4.5\ mA$$

则

$$I_{B2}=I_{RC1}-I_{C1}=(4.95-4.5)\ mA=0.45\ mA$$

$$I_{C2}=\beta_2 I_{B2}=40\times0.45\ mA=18\ mA$$

故

$$U_O=V_{C2}=U_{CC}-I_{C2}R_{C2}=(24-18\times10^{-3}\times0.5\times10^3)\ V=15\ V$$

$$U_{CE2}=V_{C2}-V_{E2}=(15-4)\ V=11\ V$$

2. 多级放大电路的动态分析

(1) 电压放大倍数

在多级放大电路中，由于各级之间是串联的，上一级的输出就是下一级的输入，所以总的电压放大倍数为各级电压放大倍数的乘积，即

$$A_u=A_{u1}A_{u2}A_{u3}\cdots A_{un}=\prod_{k=1}^{n}A_{uk} \tag{2.5.1}$$

值得注意的是，在计算多级放大电路的每一级电压放大倍数时，必须考虑前、后级之间的影响。比较简单的方法是将后一级的输入电阻作为前一级的负载电阻来处理。

(2) 输入电阻和输出电阻

一般说来，多级放大电路的输入电阻就是输入级(第一级)的输入电阻，而输出电阻就是输出级(末级)的输出电阻。由于总的放大倍数等于各级放大倍数的乘积，所以在选择输入级、输出级电路形式和参数时，就可以使之主要服从对输入电阻和输出电阻的要求，而放大倍数由中间级来提供。

在具体计算输入电阻、输出电阻时，仍可利用已有的公式。不过，有时它们不仅和本级的参数有关，也和中间级的参数有关。例如，输入级为射极输出器时，它的输入电阻还与下一级的输入电阻有关，这一点需要特别注意。

【例 2.5.2】　在图 2.5.6 所示的两级阻容耦合放大电路中，$U_{CC}=24\ V$，T_1、T_2均为 3DG8D，电流放大倍数 $\beta_1=\beta_2=50$，$R_{B1}=1\ M\Omega$，$R_{B2}=43\ k\Omega$，$R_{B3}=82\ k\Omega$，$R_C=10\ k\Omega$，$R_{E1}=27\ k\Omega$，$R_{E2}=510\ \Omega$，$R_{E3}=7.5\ k\Omega$。试求两级放大电路的电压放大倍数、输入电阻和输出电阻。

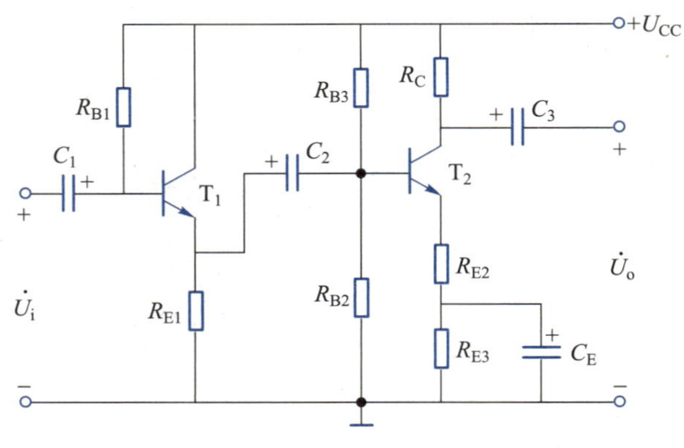

图 2.5.6　例 2.5.2 的图

【解】　(1) 先计算各级的静态工作点。设 $U_{BE1}=U_{BE2}=0.6\ \text{V}$,则

$$I_{B1}=\frac{U_{CC}-U_{BE1}}{R_{B1}+(1+\beta)R_{E1}}=\frac{24-0.6}{10^3+51\times 27}\ \text{mA}\approx 0.01\ \text{mA}$$

$$I_{C1}=\beta_1 I_{B1}=50\times 0.01\ \text{mA}=0.5\ \text{mA}$$

$$U_{CE1}=U_{CC}-I_{C1}R_{E1}=(24-0.5\times 10^{-3}\times 27\times 10^3)\ \text{V}=10.5\ \text{V}$$

$$V_{B2}=\frac{R_{B2}}{R_{B2}+R_{B3}}U_{CC}=\frac{43}{43+82}\times 24\ \text{V}=8.26\ \text{V}$$

$$I_{C2}\approx I_{E2}=\frac{V_{B2}-U_{BE2}}{R_{E2}+R_{E3}}=\frac{8.26-0.6}{0.51+7.5}\ \text{mA}=0.96\ \text{mA}$$

$$\begin{aligned}U_{CE2}&\approx U_{CC}-I_{C2}(R_{E2}+R_{E3}+R_C)\\&=[24-0.96\times 10^{-3}\times(0.51+7.5+10)\times 10^3]\ \text{V}\\&=6.7\ \text{V}\end{aligned}$$

(2) 画出图 2.5.6 所示电路的微变等效电路如图 2.5.7 所示。

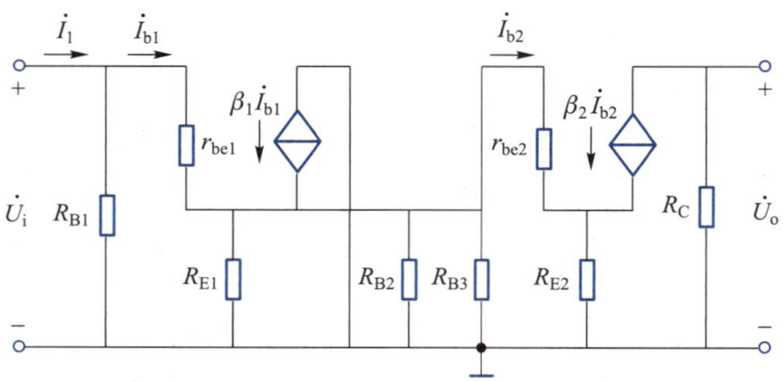

图 2.5.7　图 2.5.6 所示电路的微变等效电路

第一级为射极输出器,电压放大倍数为

$$A_{u1}=\frac{(1+\beta_1)R'_{L1}}{r_{be1}+(1+\beta_1)R'_{L1}}$$

其中

$$r_{be1}=200\ \Omega+(1+\beta_1)\frac{26\ \text{mV}}{I_{E1}}=200\ \Omega+51\times\frac{26}{0.5}\ \Omega=2\ 852\ \Omega$$

$$R'_{L1}=R_{E1}/\!/r_{i2}$$

而

$$r_{i2}=[r_{be2}+(1+\beta_2)R_{E2}]/\!/R_{B2}/\!/R_{B3}$$

由

$$r_{be2}=200\ \Omega+(1+\beta_2)\frac{26\ \text{mV}}{I_{E2}}=200\ \Omega+51\times\frac{26}{0.956}\ \Omega=1\ 587\ \Omega$$

得

$$r_{i2}=14\ \text{k}\Omega$$

所以

$$A_{u1}=\frac{51\times\dfrac{24\times14}{27+14}}{2.95+51\times\dfrac{27\times14}{27+14}}=0.994$$

第二级电压放大倍数为

$$A_{u2}=-\frac{\beta_2R_C}{r_{be2}+(1+\beta_2)R_{E2}}=-\frac{50\times10}{1.587+51\times0.51}=-18.1$$

所以

$$A_u=A_{u1}A_{u2}=0.994\times(-18.1)=-18$$

（3）输入电阻为

$$r_i=r_{i1}=[r_{be1}+(1+\beta_1)R_{E1}]/\!/R_{B1}=321\ \text{k}\Omega$$

（4）输出电阻为

$$r_o=r_{o2}=R_C=10\ \text{k}\Omega$$

2.5.3　阻容耦合放大电路的频率响应

讲义：
放大电路的频率响应

放大电路对不同频率正弦信号的稳态响应称为频率响应，是衡量放大电路对不同频率正弦信号的适应能力的性能指标。

1. 频率响应的一般概念

视频：
放大电路的频率响应

在实际应用中，放大电路的输入信号往往不是单一频率的正弦信号，而是含有许多频率成分、占有一定频率范围的复杂信号。例如，语音信号中就含有丰富的频率成分。如果放大电路对复杂信号中各个频率成分放大的程度不一样，就会造成输出波形的失真，称为频率失真。

由于放大电路中一般都有电抗元件，如耦合电容、旁路电容以及晶体管极间、电路接线之间寄生的分布电容等，它们对不同频率的信号所呈现的电抗值也是不同的。因此，对于不同频率的信号，放大电路在放大幅度和相位关系上都会有所不同。换句话说，放大倍数是频率的函数

$$\dot{A}_u=A_u(f)\underline{/\varphi(f)} \tag{2.5.2}$$

式中，$A_u(f)$ 表示电压放大倍数的模与频率的关系，称为幅频特性；$\varphi(f)$ 表示放大电路输出电压与输入电压之间的相位差 φ 与频率的关系，称为相频特性。

图 2.5.8 所示为单级阻容耦合共射极放大电路的幅频特性和相频特性。由图可见，在某一段频率范围内，电压放大倍数不随频率而变化，$A_u(f)=A_{um}$，输出相对于输入的相位差也保持为$-180°$。随着频率的升高或降低，电压放大倍数都要减小，相位差也要发生变化。当电压放大倍数下降到 $0.707A_{um}$（即 $A_{um}/\sqrt{2}$）时，对应的两个频率分别称为下限频率f_L和上限频率f_H。这两个频率之间的频率范围称为通频带，其宽度称为带宽，是放大电路的重要性能指标之一。对于放大电路来说，为了减小频率失真，希望通频带宽一些，以使复杂信号中的各个频率成分在幅度和相位上得到同样的放大效果，进而使输出信号尽可能地反映输入信号的原貌。

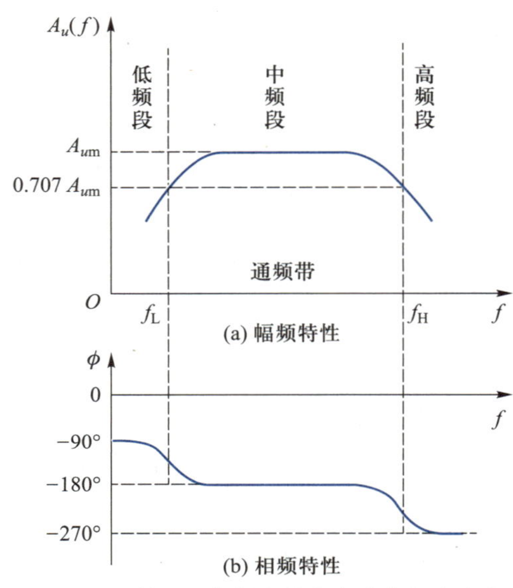

图 2.5.8　单级阻容耦合放大电路的频率响应

2. 单级阻容耦合放大电路的频率响应

BJT 内部的 PN 结具有电容效应。由于 PN 结耗尽层内只有不能移动的正负离子，相当于存储的电荷，所产生的效应如同一个平板电容器，所以这个电容称为势垒电容；在 PN 结外加变化的正向电压时，大量的空穴和电子分别扩散到 N 区和 P 区，且外部注入的载流子随电压变化而补充或泄放，相当于电容的充电和放电，等效的电容称为扩散电容。当 PN 结加正向电压时，主要考虑扩散电容的影响；加反向电压时，主要考虑势垒电容的影响。在高频放大工作状态下，可以近似认为 BJT 极间接有基、集极间分布电容 C_{bc}和基、射极间分布电容 C_{be}，如图 2.5.9 所示。

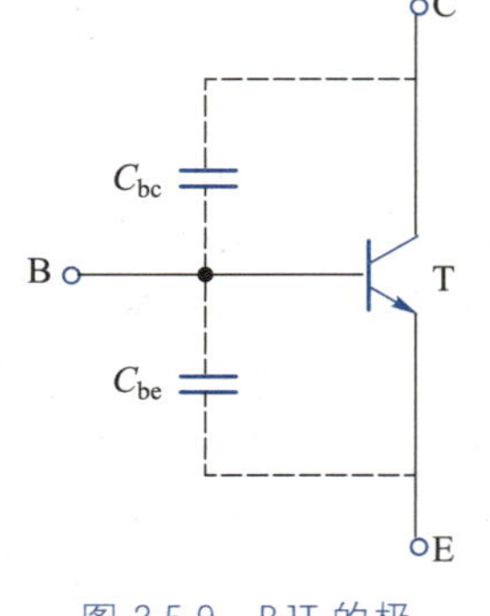

图 2.5.9　BJT 的极间分布电容

在考虑 BJT 极间分布电容、布线电容以及负载电容影响的情况下，单级阻容耦合分压式偏置共射极放大电路如图 2.5.10 所示。图中，为了简化分析，用 C_i表示 BJT 的 C_{be}、C_{bc}以及输入端分布电容等综合作用下的等效电容；用 C_o表示 C_{bc}、输出端分布电容等综合作用下的等效电容。C_i和 C_o均为几皮法至几百皮法的寄生电容。

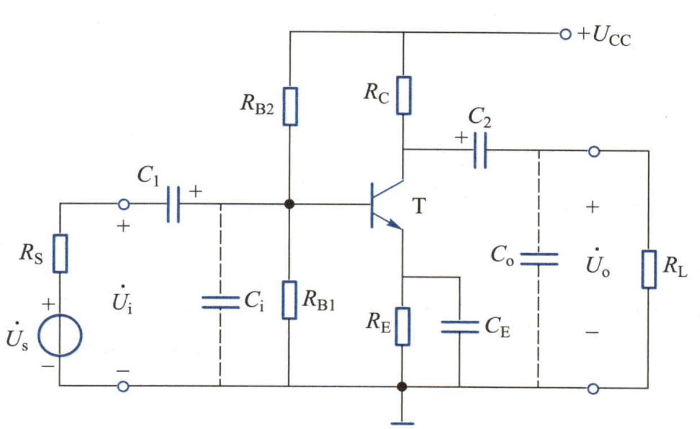

图 2.5.10　考虑寄生电容的单级阻容耦合分压式偏置共射极放大电路

为了定性分析上述放大电路的频率响应，现将频率响应分成低、中、高三个频段，分别加以讨论。

（1）中频段

由于耦合电容 C_1、C_2及旁路电容 C_E的容量比较大，对于中频段信号来说容抗很小，可视为短路。此外，由于电容 C_i和 C_o的容量很小，对中频段信号来说容抗很大，可视为开路。这样，放大电路中无电抗性元件，放大倍数与频率无关，且输出、输入电压之间的相位差维持在−180°，因此，中频段的幅频、相频特性曲线均较为平坦。前面几节对放大电路所做的分析中，信号的频率均在中频段内。

（2）低频段

在低频段，电容 C_i和 C_o的容抗比中频段更大，仍可视为开路。但耦合电容 C_1、C_2及旁路电容 C_E的容抗增大，其分压作用不可忽略，此时的微变等效电路如图 2.5.11 所示。

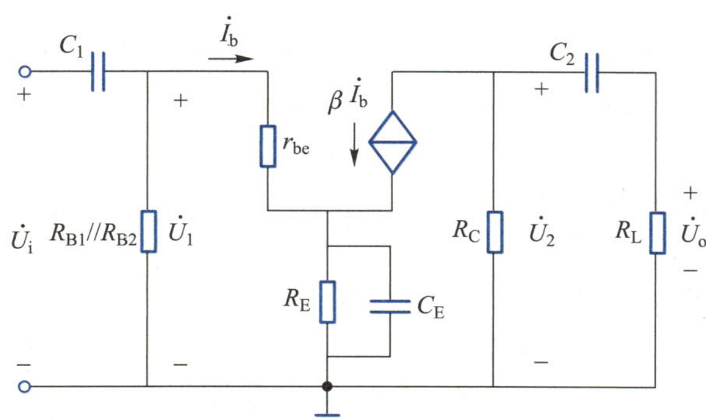

图 2.5.11　图 2.5.10 所示电路在低频段的微变等效电路

从输入回路看，C_1和 C_E上产生的压降都会使 BJT 基-射极电压 U_{be}比输入信号 U_i要小；从输出回路看，C_2上产生的压降会使 R_L上得到的输出电压 U_o减小。频率越低，C_1、C_2上产生的压降就越大，电压放大倍数也就越低。

在输入回路中，耦合电容 C_1与放大电路的输入电阻连接，在输出回路中，C_2与负

载电阻 R_L 连接，相当于在放大电路内构成了两个 RC 高通电路。C_1 的作用是使 $\dot{U}_1$ 超前于 $\dot{U}_i$，C_2 的作用是使 $\dot{U}_o$ 超前于 $\dot{U}_2$。频率越低，超前的角度越大。C_E 也有类似的作用，并与 C_1、C_2 共同作用，使得低频段输出电压的相位在中频段的基础上超前，超前的最大相移为 90°。超前的相移与放大电路自身在中频段的反相（滞后 180°）合并，最终在低频段相频特性上形成-90°的相移。

（3）高频段

在高频段，电容 C_1、C_2 和 C_E 的容抗比中频段更小，仍可视为短路。但电容 C_i 和 C_o 因频率升高而容抗减小，不能再视为开路，其分流作用不可忽略。放大电路此时的交流通路如图 2.5.12 所示。

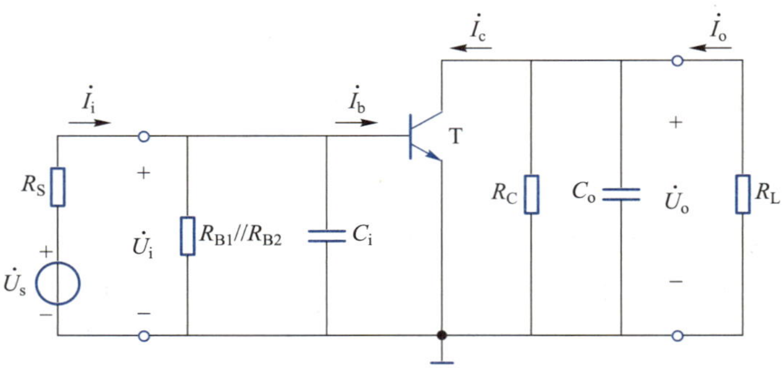

图 2.5.12　图 2.5.10 所示电路在高频段的交流通路

从输入回路看，由于 C_i 的分流作用，使得 BJT 基极电流 I_b 减小，从而导致集电极电流 I_c 和输出电压 U_o 减小；从输出回路看，由于 C_o 与 R_L、R_C 并联，使得输出端的等效负载阻抗减小，同样也会导致输出电压 U_o 减小；此外，BJT 的电流放大倍数 β 也会随着频率的升高而减小。这些都是导致电压放大倍数降低的原因，频率越高，放大倍数也就越低。

由于 C_i、C_o 的存在，放大电路内部会形成 RC 低通电路，使得信号电压在放大的过程中，以中频段为基础发生滞后。频率越高，滞后的角度越大，滞后的最大相移为 90°，最终反映为在高频段相频特性上形成-270°相移。

3. 多级放大电路的频率响应

多级放大电路的通频带要比其中任一单级的通频带窄。以两级阻容耦合放大电路为例，幅频特性如图 2.5.13 所示。由于两级放大电路总的放大倍数等于两个单级放大倍数的乘积，所以总的幅频特性也就是两个单级幅频特性相乘。假设两个单级幅频特性相同，如图 2.5.13（a）和（b）所示，则在单级上限频率（f_{H1}、f_{H2}）和下限频率（f_{L1}、f_{L2}）上的总放大倍数为

$$A_u(f)=\frac{1}{\sqrt{2}}A_{um1}\times\frac{1}{\sqrt{2}}A_{um2}=0.5A_{um}$$

由图 2.5.13（c）可见，与单级幅频特性相比，在总的幅频特性上，对应 $0.707A_{um}$ 的上限频率 f_H 降低了，下限频率 f_L 提高了，所以总的通频带变窄了。

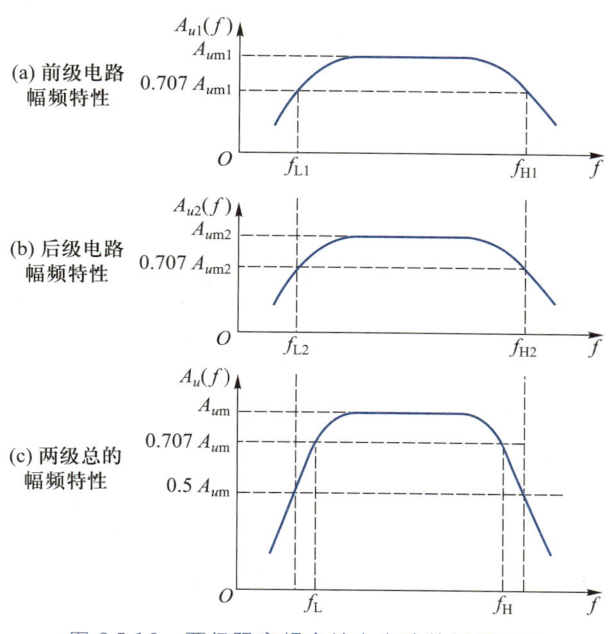

图 2.5.13 两级阻容耦合放大电路的幅频特性

练习与思考

2.5.1 与阻容耦合放大电路相比,直接耦合放大电路有哪些特殊问题?

2.5.2 多级放大电路的电压放大倍数、输入电阻、输出电阻与各级电路的电压放大倍数、输入电阻、输出电阻之间有什么关系?

2.5.3 如果把图 2.5.6 所示的两级阻容耦合放大电路前、后级电路互换,试计算放大电路的输入电阻和输出电阻,并与原电路进行比较。

2.5.4 定性说明共射极放大电路的电压放大倍数为什么在高频段和低频段下降。

2.5.5 定性画出直接耦合放大电路的幅频特性。

讲义:
差分放大电路

2.6 差分放大电路

在直接耦合放大电路中抑制零点漂移最有效的电路结构是差分放大电路。差分放大电路常作为多级放大电路的输入级,在模拟集成电路中应用最为广泛。

视频:
差分放大电路

2.6.1 差分放大电路的工作原理

基本的差分放大电路如图 2.6.1 所示。它由两个对称的单管共射极放大电路组成,T_1和 T_2是特性相同的两个 BJT,左、右两边的电阻 R_C阻值相等。信号分别从两个基极与地之间输入,从两个集电极输出。

静态时,$u_{I1}=u_{I2}=0$,两输入端与地之间可视为短路,负电源 U_{EE}通过 R_E为两个 BJT 提供偏置电流,以建立合适的静态工作点,因而不必另外设置基极偏置电阻。由于电路对称,两边的 I_B,I_C和 U_{CE}都是相等的。由图 2.6.1 可得

$$U_{BE}+2I_ER_E=U_{EE}$$

所以

$$I_E=\frac{U_{EE}-U_{BE}}{2R_E} \qquad (2.6.1)$$

$$I_B=\frac{I_E}{1+\beta}$$

$$I_C=\beta I_B$$

$$U_{CE}=U_{CC}+U_{EE}-R_CI_C-2R_EI_E \qquad (2.6.2)$$

由于 $U_{CE1}=U_{CE2}=U_{CE}$，所以输出电压 $U_O=U_{CE1}-U_{CE2}=0$。

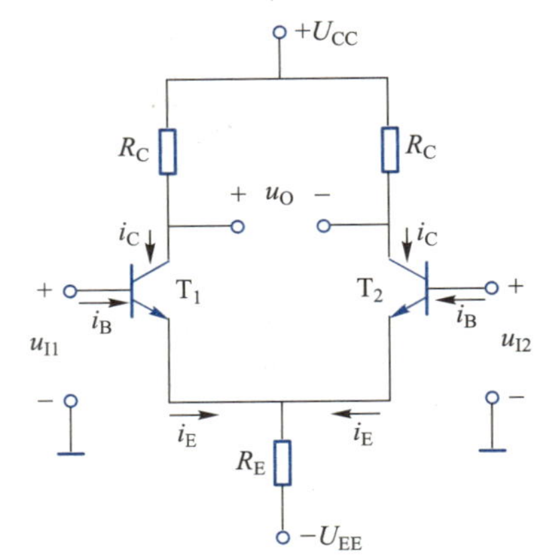

图 2.6.1 基本差分放大电路

动态时，分以下几种情况来分析。

(1) 共模输入

一对大小相等、相位相同的输入信号称为共模输入信号，即

$$u_{I1}=u_{I2} \qquad (2.6.3)$$

这对共模信号通过 U_{EE} 和 R_E 加到左、右两个 BJT 的发射结上，如果电路完全对称，则两个 BJT 集电极对地的电压 $u_{C1}=u_{C2}$，差分放大电路的输出电压

$$u_O=u_{C1}-u_{C2}=0$$

这说明差分放大电路对共模信号没有放大作用，即共模电压放大倍数 $A_c=0$。这一特点可以用来抑制零点漂移。因为由温度变化等原因在电路两边引起的漂移量是大小相等、极性相同的，与输入端加上一对共模信号的效果一样。因此，对称的两个单管放大电路因零点漂移引起的输出端电压的变化量虽然存在，但大小相等，相对的输出漂移电压等于零。由于实际的电路难以做到完全对称，因而完全依靠电路的对称性来抑制零点漂移，其抑制作用有限。为了进一步提高电路对零点漂移的抑制作用，可以在尽可能提高电路对称性的基础上，通过减少两个单管放大电路本身的零点漂移来抑制整个差分放大电路的零点漂移，图 2.6.1 所示电路中接入发射极公共电阻 R_E 正是出于这一目的。R_E 在两个单管放大电路中起着电流负反馈的作用，能够稳定电路的工作点，从而进一步减小零点漂移的范围。例如当温度升高时，R_E 的反馈作用过程如下

$$T(℃)\uparrow \rightarrow \begin{cases} i_{C1}\uparrow \\ i_{C2}\uparrow \end{cases} \rightarrow i_{R_E}\uparrow \rightarrow u_{R_E}\uparrow \rightarrow \begin{cases} u_{BE1}\downarrow \rightarrow i_{B1}\downarrow \rightarrow i_{C1}\downarrow \\ u_{BE2}\downarrow \rightarrow i_{B2}\downarrow \rightarrow i_{C2}\downarrow \end{cases}$$

显然，R_E 的阻值越大，抑制零点漂移的效果越好，但是由式(2.6.1)和式(2.6.2)可知，为了建立合适的静态工作点，U_{EE} 也必须增加。因此在集成电路中常用理想电流源来代替 R_E，电路如图 2.6.2 所示。由于理想电流源的静态电阻不大，其上的直流压降也就不大，因而不用增加 U_{EE}；而理想电流源的动态电阻很大，因而抑制零点漂移的效果很好。

（2）差模输入

一对大小相等、相位相反的输入信号称为差模输入信号，即

$$u_{I1}=-u_{I2} \tag{2.6.4}$$

在这对差模信号的作用下，由于电路对称，$v_{C1}=-v_{C2}$，因而差分放大电路的输出电压为

$$u_O=v_{C1}-v_{C2}=2v_{C1}$$

可见，差分放大电路对差模信号具有放大作用，即差模电压放大倍数 $A_d\neq0$。由于差模信号又称差分信号，故这种电路称为差分放大电路，也称差动放大电路。在实际应用中，只要将被放大信号 u_I 分成一对差模信号，即 $u_I=u_{I1}-u_{I2}=2u_{I1}$，分别从两个输入端输入便可以使信号放大。

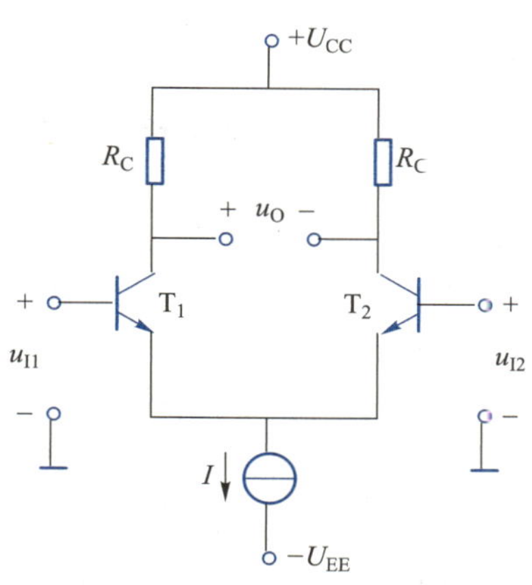

图 2.6.2 实用差分放大电路

（3）比较输入

既非共模，又非差模，大小和相对极性任意的两个输入信号称为比较信号，在实际应用中较常见。在比较信号的作用下，差分放大电路的输出电压为

$$u_O=A_{u1}u_{I1}-A_{u2}u_{I2}=A_u(u_{I1}-u_{I2}) \tag{2.6.5}$$

式中，两个单管放大电路电压放大倍数 $A_{u1}=A_{u2}=A_u$，对应图 2.6.1 所示的电路，A_u 为负值。

由式(2.6.5)可见，输出电压的数值和极性均与偏差值 $u_{I1}-u_{I2}$ 有关，但输出电压的数值不反映两个输入信号本身的大小。例如，在图 2.6.1 所示电路中，如果 u_{I1} 和 u_{I2} 极性相同，当 $u_{I1}>u_{I2}$ 时，则 $u_O<0$；当 $u_{I1}=u_{I2}$（共模）时，则 $u_O=0$；而当 $u_{I1}<u_{I2}$ 时，则 $u_O>0$，其极性改变。如果 u_{I1} 和 u_{I2} 极性相反，且 $u_{I1}=-u_{I2}$（差模）时，则 $u_O=2A_uu_{I1}$，其中 $2A_u$ 即为差模电压放大倍数 A_d。由此可以认为，差模信号和共模信号是两种特殊情况下的比较信号。

有时为了便于分析，可以将比较信号分解为共模分量和差模分量。例如，u_{I1} 和 u_{I2} 是同极性的信号，设 $u_{I1}=10$ mV，$u_{I2}=6$ mV。我们可以将 u_{I1} 分解成 8 mV 与 2 mV 之和，即 $u_{I1}=8$ mV+2 mV；而把 u_{I2} 分解成 8 mV 与 2 mV 之差，即 $u_{I2}=8$ mV−2 mV。这样就可以认为 8 mV 是输入信号中的共模分量；而+2 mV 和−2 mV 则是输入信号的差模分量。由此就可以对两种分量分别进行分析和处理了。

对差分放大电路而言，差模信号是需要放大的有用信号，故希望差模电压放大倍数 A_d 较大；而共模信号是需要抑制的无用信号，故希望共模电压放大倍数 A_c 越小越好。为了全面衡量差分放大电路放大差模信号和抑制共模信号的能力，通常以共模抑制比 K_{CMRR} 作为评价指标。其定义为差分放大电路的差模电压放大倍数 A_d 与共模电压放大倍数 A_c 的比值，即

$$K_{CMRR}=\left|\frac{A_d}{A_c}\right| \tag{2.6.6}$$

或用对数形式表示为

$$K_{CMR}=20\lg\left|\frac{A_d}{A_c}\right|$$

其单位为分贝（dB）。

显然，K_{CMRR}越大越好，在电路完全对称的情况下 $A_c=0$，$K_{CMRR}\to\infty$。但实际上，电路不可能完全对称，K_{CMRR}也不可能为无穷大。

2.6.2 差分放大电路的输入和输出方式

前述差分放大电路的输入和输出方式为双端输入和双端输出，根据使用情况的不同，也可以采用单端输入（一端对地输入）或单端输出（一端对地输出）。组合起来，差分放大电路的输入和输出方式共有四种，前面已经分析了双端输入-双端输出电路，只要再了解单端输入-单端输出电路，其余电路也就不难理解了。单端输入和单端输出的差分放大电路又有以下两种工作情况。

（1）反相输入

电路如图 2.6.3（a）所示，尽管信号 u_I 由单端输入，但 R_E的耦合作用会使得两个输入端同时取得信号。当输入信号电压 u_I 的极性如图中所示时，T_1的集电极电流增大，流过公共电阻 R_E的电流也增大，因而 T_1、T_2发射极的电位升高。V_E的升高会使基-射极电压减小（其值为正），同时也使 T_2基-射极电压增大（其值为负）。在电路对称且 R_E足够大的情况下，这种一增一减的变化，相当于把 u_I的一半加在 T_1的输入端，另一半加在 T_2的输入端，两者极性相反，即

$$u_{I1}\approx\frac{1}{2}u_I,\quad u_{I2}\approx-\frac{1}{2}u_I$$

可见，单端输入和双端输入的效果是一样的，两个输入端所取得的信号可以认为是一对差模信号。

在图 2.6.3（a）所示电路中，设 $u_I>0$，则

$$u_I>0\to u_{I1}>0\to i_{C1}>0\to u_O<0$$

由于输入电压和输出电压的相位相反，故称反相输入。

（2）同相输入

同理，同相输入时电路如图 2.6.3（b）所示。设 $u_I>0$，则

$$u_I>0\to u_{I1}<0\to i_{C1}<0\to u_O>0$$

由于输入电压和输出电压同相，故称同相输入。

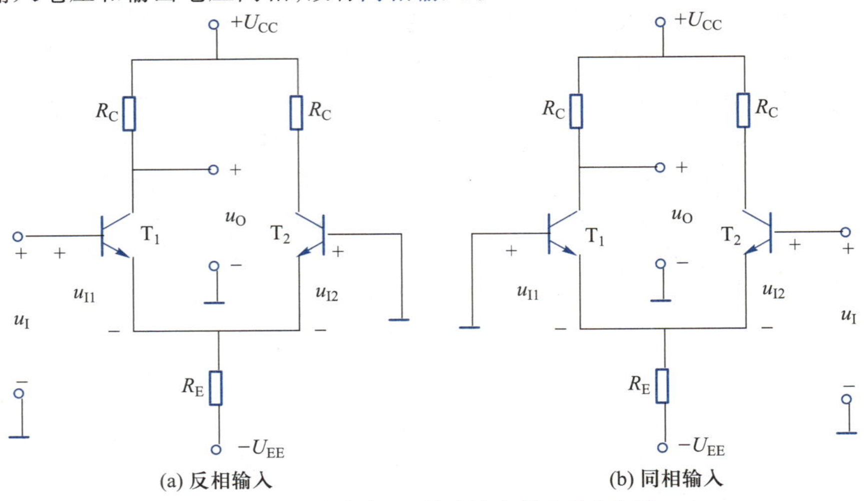

图 2.6.3 单端输入-单端输出差分放大电路

由于单端输出时，$u_O=u_{C1}$，而双端输出时，$u_{C1}=-u_{C2}$，$u_O=2u_{C1}$，故在 u_I 相同时，单端输出差分放大电路的电压放大倍数只有双端输出差分放大电路的一半。

练习与思考

2.6.1　差分放大电路在结构上有何特点？在图 2.6.1 所示差分放大电路中，采用了哪些抑制零点漂移的方法？

2.6.2　在图 2.6.1 所示差分放大电路中，发射极公共电阻 R_E 也称为共模反馈电阻，它对差模信号是否也具有电流负反馈作用，为什么？

2.6.3　图 2.6.3(a)所示的电路既然采用单端输入-单端输出方式，那么是否只有一半电路工作？还能够抑制零点漂移吗？

讲义：互补对称功率放大电路

2.7　功率放大电路

前面各节所讲述的放大电路均属于小信号放大电路，它们主要用于增强信号的幅度。实际应用中，许多电子设备都需要输出足够的功率来驱动负载（换能器），例如扬声器、电动机等，因此，放大电路的末级（输出级）一般采用能够输出足够功率的功率放大电路。

视频：互补对称功率放大电路

2.7.1　功率放大电路的功能和特点

实际应用的放大电路常常是由前置放大电路和功率放大电路组成的，如图 2.7.1 所示。

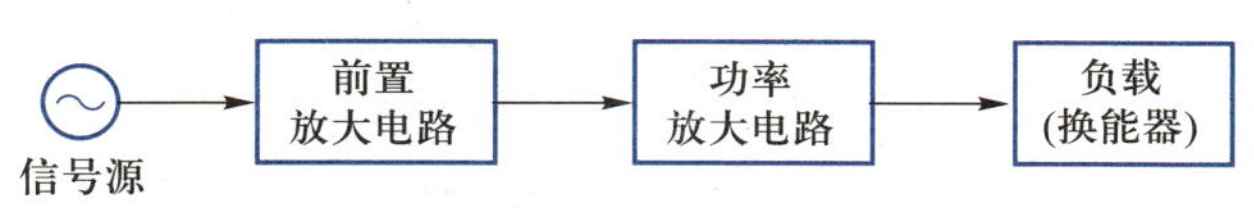

图 2.7.1　放大电路框图

前置放大电路由多级或单级放大电路组成，工作于小信号状态，其主要作用是输出幅度足够大的电压或电流信号；而功率放大电路的主要作用是输出足够大的功率，通常工作在大信号状态。由于工作状态和侧重的作用不同，与前置小信号放大电路相比，功率放大电路有其本身的特点。

(1) 输出功率足够大

为了获得足够大的功率输出，要求功放管的电压和电流都要有足够大的输出幅度，因此功放管往往在接近极限的状态下工作。

(2) 效率要高

功率放大电路的输出功率是由直流电源供给的直流能量转化得到的，这种转换的效率定义为负载上得到的交流信号功率与电源供给的直流功率之比，即

$$\eta=\frac{P_o}{P_S}=\frac{P_o}{P_o+P_T} \tag{2.7.1}$$

式中，P_T 为电路损耗功率，其中主要是消耗在功率管上的平均功率。

(3) 非线性失真较大

由于功率放大电路处于大信号工作状态，工作点的运动范围大，因而容易引起非

线性失真,尤其在接近或进入非线性区时。

(4) 采用图解法分析

在大信号情况下,线性的小信号模型已不再适用,应采用图解法分析功率放大电路。

按 BJT 静态工作点 Q 在特性曲线上的不同位置,放大电路可分为甲类、甲乙类、乙类三种工作状态,如图 2.7.2 所示。

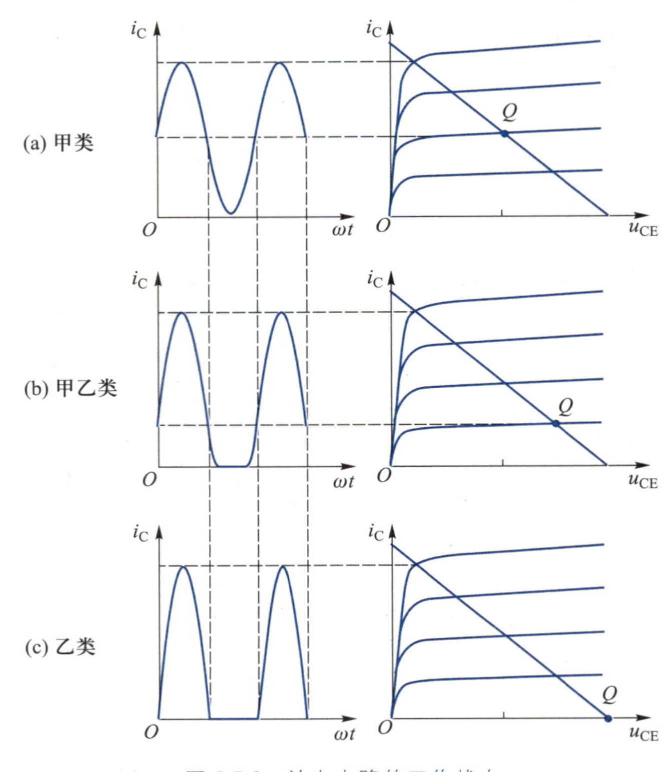

图 2.7.2　放大电路的工作状态

当 Q 点选在交流负载线的中点时,整个信号周期内都有静态电流流通,称这种工作状态为甲类,如图 2.7.2(a)所示。在这种状态下,无论有无放大信号,电源所供给的功率均为 $P_S = U_{CC}I_C$。没有信号输入时,P_S全部消耗在 BJT 和电阻上;有信号输入时,P_S的一部分转换为有用的输出功率 P_o,信号越大,输出功率也越大。可以证明,在理想情况下,甲类功率放大电路的最高效率也只能达到 50%。

由式(2.7.1)可见,为了提高功率放大电路的效率,必须在保证输出功率 P_o的同时,减小电源供给的功率 P_S,即降低功放管的损耗 P_T。有效的措施是将 Q 点沿交流负载线下移,使集电极静态电流 I_C值减小,如图 2.7.2(b)所示。这种工作状态称为甲乙类。若将 Q 点再向下移至 $I_C = 0$ 处,则静态的功放管损耗为最小,这种工作状态称为乙类,如图 2.7.2(c)所示。

功率放大电路的输出功率、效率和失真三者之间是相互影响的。由图 2.7.2(b)和图 2.7.2(c)可见,功率放大电路在甲乙类和乙类状态下工作时,虽然可以降低静态

功耗，提高效率，但却产生了严重的波形失真。因此，对于甲乙类和乙类功率放大，必须妥善解决效率和失真之间的矛盾，这就需要在电路结构上采取措施。

2.7.2 互补对称功率放大电路

一般说来，功率放大电路主要分为三类：单管功率放大电路、互补对称功率放大电路、变压器耦合功率放大电路。单管功率放大电路结构简单，但输出功率和效率很低。变压器耦合功率放大电路能够利用变压器调整功率管的交流负载线，达到充分利用功率管的目的。但是，由于变压器体积比较大，频率特性不好，自身还存在着能量消耗，所以，现在应用较多的是互补对称功率放大电路，而且这种电路适合于功率放大电路的集成。

（1）乙类互补对称放大电路

射极输出器是一种典型的单管功率放大电路，尽管它的电压放大倍数小于 1，但电流放大倍数却远大于 1，所以它同样具有功率放大作用。但是可以证明，工作在甲类状态下的射极输出器，即使在理想条件下，其效率也只能达到 25%。

如图 2.7.3(a)所示，为了提高效率，可以去除偏流电阻，使射极输出器工作于乙类状态。由图 2.7.2(c)可见，乙类放大的效率最高，输出信号幅度也最大，但波形失真严重，只能得到正半周的信号。若将 2.7.3(a)中的 NPN 型 BJT 换成 PNP 型，如图 2.7.3(b)所示，并且也设置在乙类状态，则其工作情形相反，输出波形只有负半波。由此可见，图 2.7.3(a)和(b)所示的两个电路是互补的，若将它们适当组合，则可以在负载上得到完整的输出波形。两个射极输出器构成的基本乙类互补对称放大电路如图 2.7.3(c)所示。

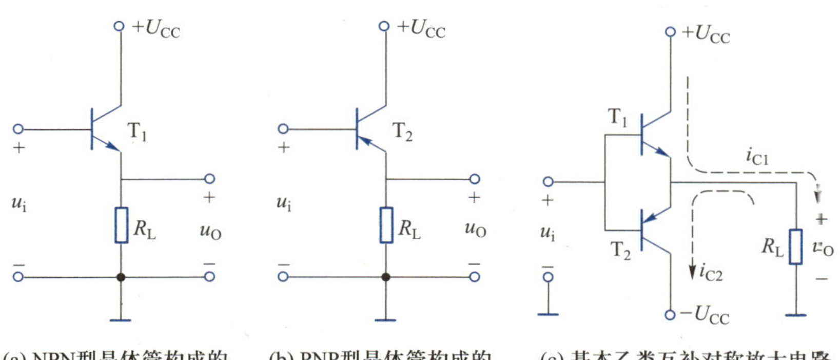

图 2.7.3 两个射极输出器构成的基本乙类互补对称放大电路

静态时，输入信号 $u_i=0$，NPN 型的 T_1 和 PNP 型的 T_2 均截止，输出电压 $u_o=0$。

动态时，在正弦输入信号 u_i 的正半周，T_2 截止，T_1 承担放大任务，负载 R_L 中通过电流 i_{C1}；在 u_i 的负半周，T_1 截止，T_2 承担放大任务，负载 R_L 中通过电流 i_{C2}。工作波形如图 2.7.4 所示。由于两个单管电路上、下对称，工作过程中 T_1、T_2 互补导通，所以称这种电路为互补对称电路，它是功率放大电路中广泛应用的基本单元电路。

但是从波形图中可以看出，在 T_1、T_2 交替工作的过程中，输入电压 u_i 必然要经过 T_1 和 T_2 的输入特性死区。在这段时间内，基极电流 i_{B1}、i_{B2} 约为零，对应的 i_{C1}、i_{C2} 也接近于零，使得负载 R_L 中的电流 $i_L=i_{C1}-i_{C2}$ 在正、负半周的交接处出现波形失真。这种失真称为交越失真。

要减小交越失真，就必须外加偏置电压，将静态工作点适当提高，以避开输入特性的死区，使得电路工作于甲乙类状态。

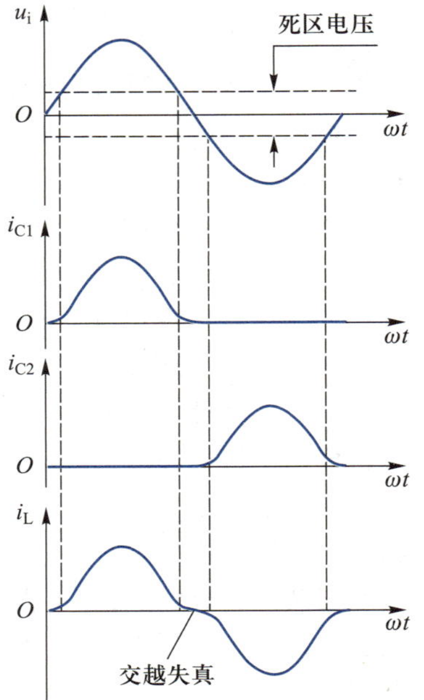

图 2.7.4 基本乙类互补对称放大电路的工作波形

（2）甲乙类互补对称放大电路

甲乙类互补对称放大电路如图 2.7.5 和图 2.7.6 所示，为了产生一定的偏置电压，在乙类互补对称放大电路的基础上增加了偏置电阻 R_{B1} 和 R_{B2}。由于二极管具有静态电阻稍大而动态电阻极小的特点，电路中加入了二极管 D_1 和 D_2。静态时，利用它们的导通压降为 T_1 和 T_2 的发射结提供偏置电压，使 T_1、T_2 处于微导通状态，以避开输入特性的死区；动态时，T_1 和 T_2 的基极近乎短路，使两个基极上所加的输入信号近似相等。

由于电路的输出端不经电容耦合，直接接至负载，故称这种电路为无输出电容的互补对称放大电路，简称 OCL（output capacitor-less）电路。

OCL 电路需要两个电源，在一些较简单的电路中，可以用一个大容量电容 C 代替负电源，电路如图 2.7.6 所示。

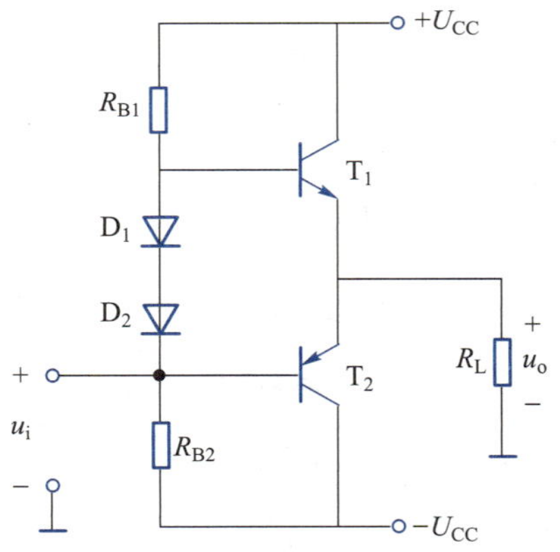

图 2.7.5 无输出电容的互补对称放大

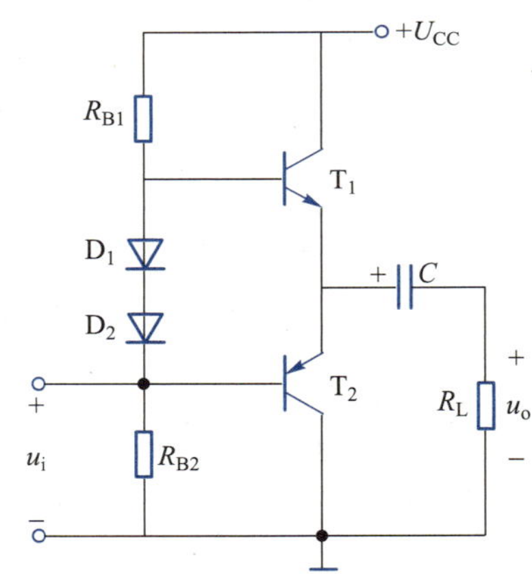

图 2.7.6 无输出变压器的互补对称放大电路

静态时，可按对称要求通过静态设置使得

$$|U_{CE1}|=|U_{CE2}|=\frac{1}{2}U_{CC}$$

则电容 C 上的电压就等于 $U_{CC}/2$。

动态时，在正弦输入信号 u_i 的正半周，T_1 导通，T_2 截止，U_{CC} 通过 T_1 对 C 充电，负载 R_L 中通过电流 i_{C1}；在 u_i 的负半周，T_1 截止，T_2 导通，C 充当电源，通过 T_2 向负载 R_L 放

电,R_L中通过电流 i_{C2}。这种电路的输出端与负载是通过电容耦合的,但不是采用传统的变压器耦合,故称为无输出变压器的互补对称放大电路,简称 OTL(output transformer-less)电路。

为了提高效率,在设置甲乙类互补对称放大电路的偏置时,应尽可能接近乙类,因此,甲乙类电路的参数估算或电路分析通常可以近似按乙类电路进行。

【例 2.7.1】 试分析图 2.7.6 所示 OTL 电路的最大效率。

【解】 设电路工作在乙类状态,且输出电压的最大值等于 $U_{CC}/2$,即

$$U_{om}=U_{cem}=\frac{1}{2}U_{CC}$$

在此理想情况下,最大输出功率为

$$P_{om}=\frac{U_{om}}{\sqrt{2}}\times\frac{I_{om}}{\sqrt{2}}=\frac{U_{om}}{\sqrt{2}}\times\frac{U_{om}}{\sqrt{2}R_L}=\frac{U_{om}^2}{2R_L}=\frac{U_{CC}^2}{8R_L}$$

式中

$$I_{om}=\frac{U_{om}}{R_L}=\frac{U_{CC}}{2R_L}$$

若忽略偏置电路的功率,则电源供给的功率为

$$P_S=U_{CC}I_{C(AV)}$$

式中,$I_{C(AV)}$为功率管 T_1集电极电流的平均值,由于 T_1仅在输入电压 u_i正半周导通,故 $I_{C(AV)}$为

$$I_{C(AV)}=\frac{1}{2\pi}\int_0^{\pi}I_{om}\sin\omega t\mathrm{d}(\omega t)=\frac{1}{2\pi}\int_0^{\pi}\frac{U_{CC}}{2R_L}\sin\omega t\mathrm{d}(\omega t)=\frac{U_{CC}}{2\pi R_L}$$

于是得出理想情况下 OTL 电路的最大效率为

$$\eta=\frac{P_{om}}{P_S}=\frac{U_{CC}^2/(8R_L)}{U_{CC}^2/(2\pi R_L)}=\frac{\pi}{4}=78.5\%$$

实际效率会低于这个数值。

(3) 复合管

互补对称放大电路要求有一对特性相同的功率管,在输出功率较小时,可以选配这对功率管,但在要求输出功率较大时,这对功率管就难以选配。因此常将两个(或多个)晶体管通过一定的方式连接成一个等效的晶体管,称为复合管或达林顿管。在图 2.7.7 中举出了两种类型的 BJT 复合管。

复合管的类型及其等效电极可根据其各电极电流方向及各极电流之间的关系与普通单管类比来确定。由图 2.7.7 可以看出,复合管 T 的类型与 T_1相同,而与 T_2无关。

设 T_1、T_2的电流放大系数分别为 β_1、β_2,以图 2.7.7(a)为例,可以推导出复合管 T 的电流放大系数。根据 T_1、T_2的连接关系

$$\begin{aligned}i_c&=i_{c1}+i_{c2}=\beta_1 i_{b1}+\beta_2 i_{b2}=\beta_1 i_{b1}+\beta_2 i_{e1}\\&=\beta_1 i_{b1}+\beta_2(1+\beta_1)i_{b1}=(\beta_1+\beta_2+\beta_1\beta_2)i_{b1}\\&\approx\beta_1\beta_2 i_{b1}\end{aligned}$$

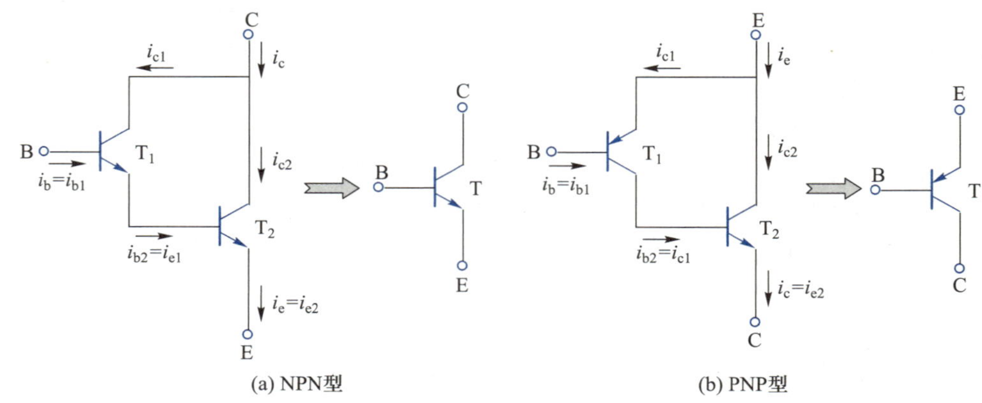

图 2.7.7　两种类型的 BJT 复合管

可见复合管的电流放大系数近似为两个单管电流放大系数的乘积,即

$$\beta=\frac{i_c}{i_b}\approx\beta_1\beta_2 \tag{2.7.2}$$

由复合管构成的 OTL 准互补对称放大电路如图 2.7.8 所示。之所以称为“准互补对称”是因为电路中的输出管 T_3、T_4 是同型管,而互补对称是由 T_1、T_2 来实现的。图中 T_1 发射极和 T_2 集电极所接的电阻 R_{E1} 和 R_{C2} 分别为 T_1 和 T_2 的穿透电流提供泄放通路,以避免穿透电流被输出管放大。

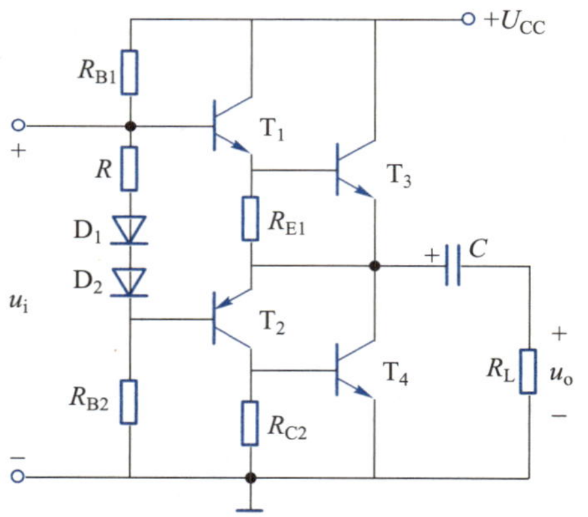

图 2.7.8　OTL 准互补对称放大电路

2.7.3　集成功率放大电路

随着线性集成电路的发展,集成功率放大电路的应用日益广泛,现以 SHM1150 Ⅱ型集成功率放大电路为例作一简单介绍。

SHM1150 Ⅱ型集成功率放大电路的内部电路原理如图 2.7.9(a)所示。输入级为差分放大电路,中间级为高放大倍数的电压放大电路,输出级为互补对称功率放大电路。

输入级为一个单端输入-双端输出的差分放大电路,由 T_1、T_2、R_6、R_7 以及理想电流源 I_{S1} 组成。差分输入级的两个集电极电位 v_{C1}、v_{C2} 相位相反,其中 v_{C2} 与输入电压 u_i

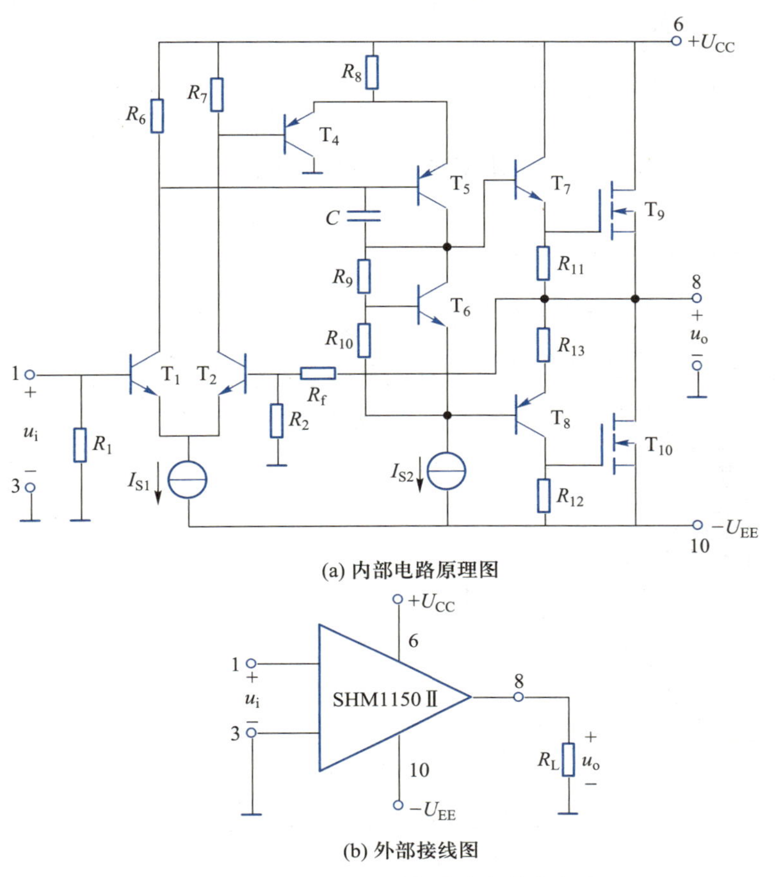

图 2.7.9　SHM1150Ⅱ型集成功率放大电路

同相。T_4、R_8组成电压跟随器，使 $v_{E4} \approx v_{E2}$，这样，加在 T_5发射结的电压信号 $u_{BE5} = V_{C1} - V_{E4} \approx V_{C1} - V_{C2}$，将输入级的双端输出信号 v_{C1}、v_{C2}转换为中间级电路的输入信号 u_{BE5}。T_5以电流源 I_{S2}作有源负载构成了高放大倍数的中间电压放大级。T_7、T_8为互补对称电路，用于驱动 MOS 功率管 T_9和 T_{10}。R_f为反馈电阻，用来稳定静态工作点和放大倍数。

为了减小交越失真，由 T_6、R_9和 R_{10}组成了一个 u_{BE}倍增电路。当 T_6工作于放大区时，其发射结电压 u_{BE6}近似为常数，因基极电流 i_{B6}远小于流过电阻 R_9和 R_{10}的电流，故有 $u_{CE6} = u_{BE6}(R_9 + R_{10}) / R_{10}$。由此可见，$u_{BE}$倍增电路的作用与 OCL 电路中的 D_1、D_2相同，用于为 T_7、T_8提供适当的直流偏置。

SHM1150Ⅱ型集成功率放大电路的应用十分方便，其外部接线如图 2.7.9(b)所示。工作时以双电源供电，电源电压为±12～±50 V，电路的最大输出功率可达 150 W。

练习与思考

2.7.1　与一般的电压放大电路相比，对功率放大电路有何特殊要求？

2.7.2　如何理解射极输出器的功率放大作用？试推导图 2.7.3(a)所示射极输出器在甲类工作状态下的最大效率。

2.7.3 在 OTL 电路中，电容 C 有什么作用？为什么要求它的容量必须足够大？

2.7.4 何谓交越失真？如何避免交越失真？

2.7.5 仿照图 2.7.7，试用 PNP 管作 T_2，画出 NPN 型和 PNP 型 BJT 复合管的连接图。

本章知识点小结

本章是围绕如下知识点展开论述的。

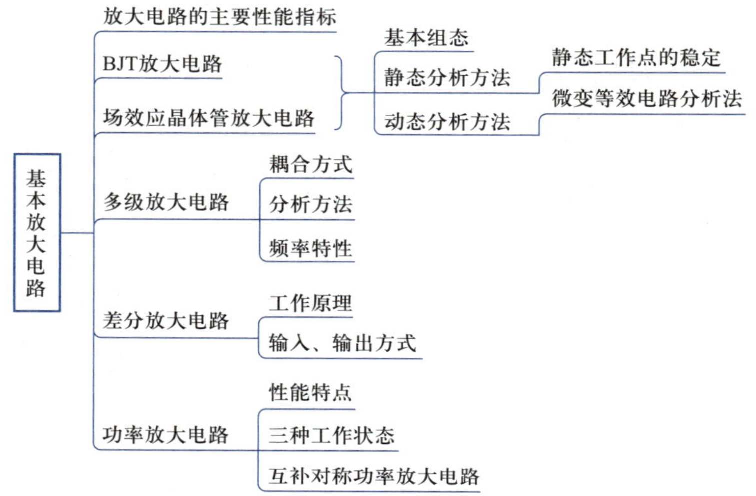

1. 放大的概念及放大电路的主要性能指标：放大是指通过对能量的控制和转换将微小信号放大到需要的幅度，同时保证误差在要求的范围之内。放大电路的主要性能参数包括放大倍数、输入电阻、输出电阻和通频带等。

2. 放大电路的基本组态：利用 BJT 的电流放大作用可以实现信号放大，只要保证被放大信号能够被顺利地传递，同时保证在信号的整个变化范围内晶体管都工作在放大区，即使电路的结构形式有所变化，仍然可以实现放大作用。根据输入与输出回路公共端的不同，单管放大电路有三种基本组态，即共射极放大电路、共集电极放大电路和共基极放大电路。

3. 静态工作点：静态是指放大电路的交流输入信号为零时的工作状态，此时放大电路中的各电压和电流为恒定值，由 I_B、I_C 和 U_{CE} 在晶体管的输出特性曲线上确定的工作点称为静态工作点。

4. 静态分析：依据放大电路的直流通路分析放大电路的直流工作状态，确定静态工作点，以保证放大电路在输入交流信号时获得所需要的放大性能。静态分析方法有图像法和估算法。

5. 动态分析：依据放大电路的交流通路分析放大电路的动态特性，确定放大电路在进行交流信号放大时的主要性能指标，包括放大倍数、输入电阻、输出电阻。动态分析方法有图像法和微变等效电路法。

6. 场效应晶体管放大电路及其基本组态：利用场效应晶体管的电流放大作用实现信号放大的电路，与 BJT 放大电路相比，具有输入电阻高、静态损耗小及温度稳定

性好等特点。场效应晶体管放大电路有三种基本组态，即共源极放大电路、共漏极放大电路和共栅极放大电路。

7. **多级放大电路**：为了获得足够高的放大倍数或考虑输入电阻、输出电阻的特殊要求，实用放大电路通常由多个单级放大电路级联构成，称为多级放大电路。内部各级之间的连接方式称为耦合方式。多级放大电路的电压放大倍数为各级放大倍数的乘积，输入电阻为输入级的等效输入电阻，输出电阻为输出级的等效输出电阻。

8. **放大电路的频率响应**：由于放大电路中耦合电容、旁路电容以及晶体管极间、电路接线之间寄生的分布电容等的影响，使放大电路对不同频率的交流信号的放大效果并不相同。电压放大倍数与频率的关系称为频率响应，也称频率特性，包括幅频特性和相频特性。

9. **差分放大电路**：利用对称的电路结构和较大的发射极电阻来实现抑制温度变化等引起的零点漂移的一种放大电路，通常用作直接耦合的多级放大电路的输入级，该结构的电路对共模信号形式的输入有很强的抑制作用，而对差模信号形式的输入有放大作用。

10. **功率放大电路**：实现信号功率放大的电路，通常为多级放大电路的输出级，要求具有较高的效率和较小的波形失真，常采用互补对称结构。

习　题

2.2.1　试说明图 2.01 中各电路能否放大交流信号，为什么？

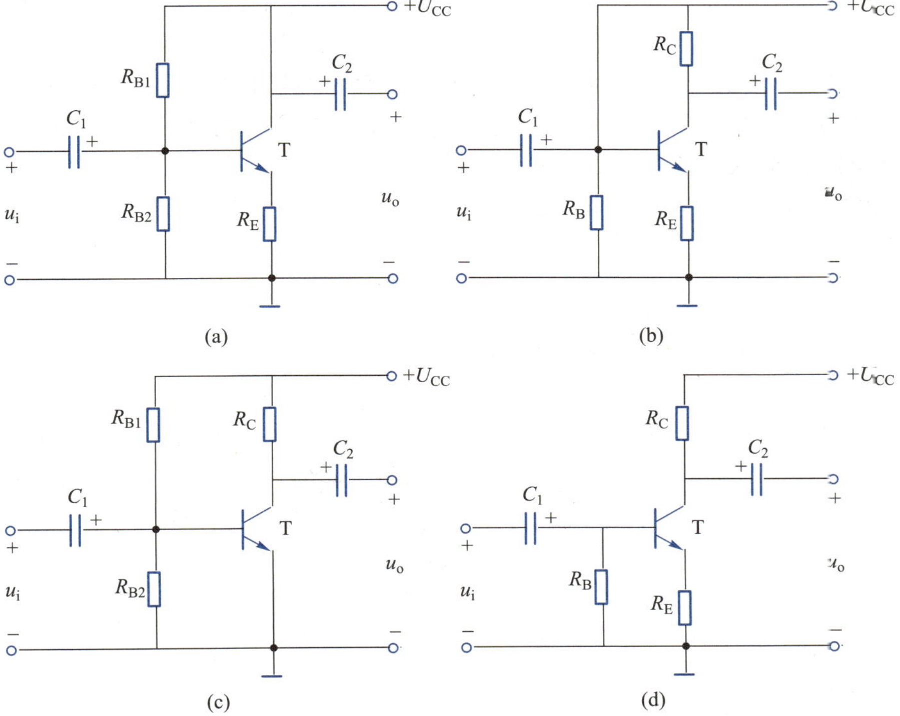

图 2.01　习题 2.2.1 的图

2.2.2 放大电路如图 2.02(a)所示,已知 $U_{CC}=12$ V,$R_B=240$ kΩ,$R_C=3$ kΩ,BJT 的输出特性如图 2.02(b)所示。(1) 试用直流通路估算静态值 I_B、I_C、U_{CE};(2) 试用图解法作出放大电路的静态工作点;(3) 在静态时($u_i=0$)C_1、C_2上的电压各为多少?并标出极性。

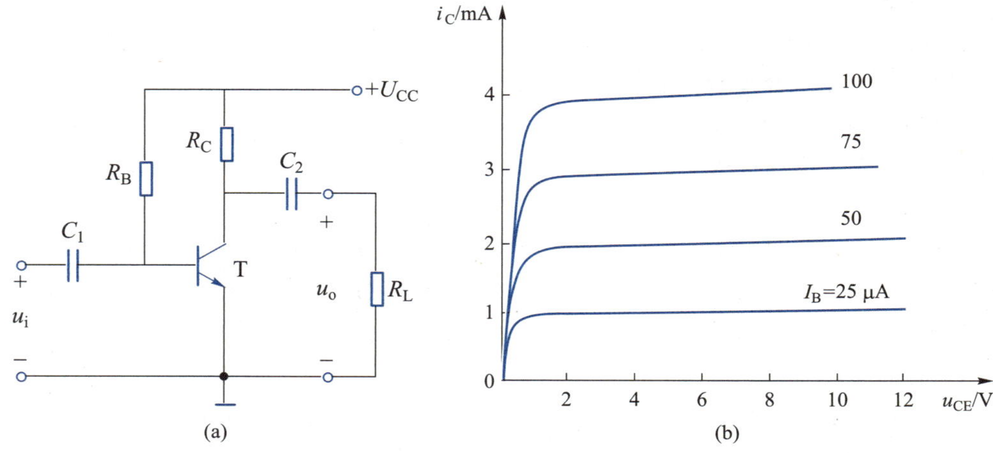

图 2.02 习题 2.2.2 的图

2.2.3 在上题中,若 $U_{CC}=10$ V,要求 $U_{CE}=5$ V,$I_C=2$ mA,试求 R_B和 R_C的阻值。

2.2.4 利用微变等效电路计算习题 2.2.2 中放大电路的电压放大倍数 A_u,并在图 2.02(b)中画出交流负载线。(1) 输出端开路;(2) $R_L=6$ kΩ。

2.2.5 有一放大电路如图 2.02(a)所示,已知 BJT 的输出特性以及放大电路的交、直流负载线如图 2.03 所示。试问:(1) R_B、R_C、R_L的阻值各为多少?(2) 不产生失真的最大输入电压 U_{im}为多少?(3) 若不断加大输入电压的幅值,该电路首先出现何种性质的失真?调节电路中哪个电阻能够消除失真?将阻值调大还是调小?(4) 将电阻 R_L调大,对交、直流负载线会产生什么影响?(5) 若电路的其他参数不变,只是换一个 β 值小一半的 BJT,这时 I_B、I_C、U_{CE}及 A_u将如何变化?

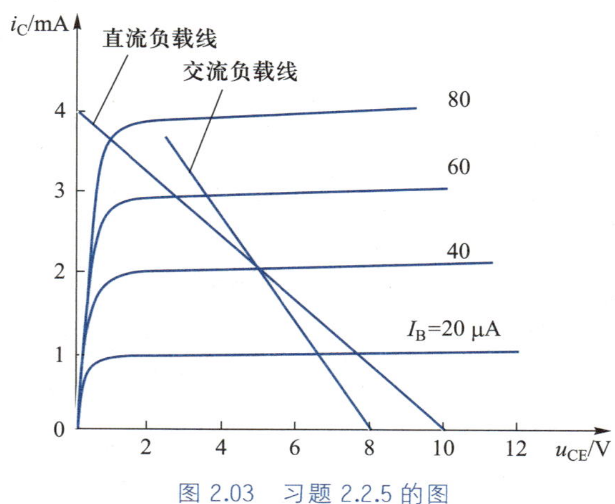

图 2.03 习题 2.2.5 的图

2.2.6　在图 2.04 所示的放大电路中，已知 $U_{CC}=24$ V，$R_C=3.3$ kΩ，$R_E=1.5$ kΩ，$R_{B1}=10$ kΩ，$R_{B2}=33$ kΩ，$R_L=5.1$ kΩ，$R_S=1$ kΩ，BJT 的电流放大系数 $\beta=66$。(1) 试求静态值 I_B、I_C、U_{CE}；(2) 画出微变等效电路；(3) 计算电压放大倍数 A_u 和 A_{us}；(4) 计算放大电路的输入电阻 r_i 和输出电阻 r_o。

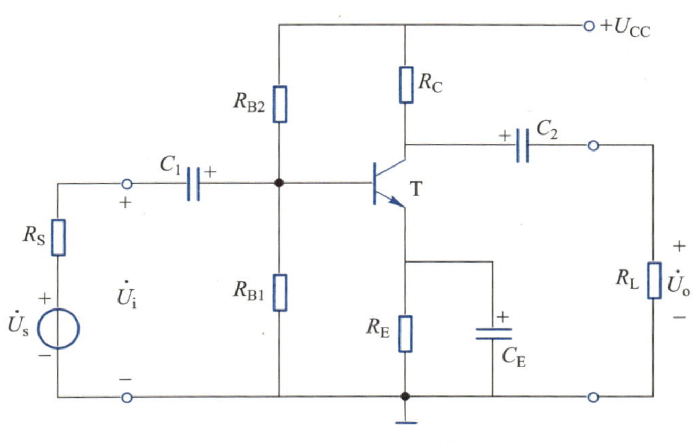

图 2.04　习题 2.2.6 的图

2.2.7　图 2.05 为集电极-基极偏置放大电路。(1) 试说明其稳定静态工作点的物理过程；(2) 设 $U_{CC}=20$ V，$R_C=10$ kΩ，$R_F=330$ kΩ，$\beta=50$，试求其静态值；(3) 画出微变等效电路。

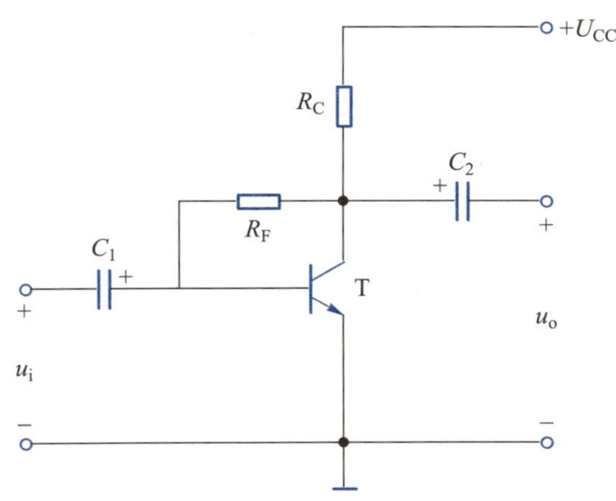

图 2.05　习题 2.2.7 的图

2.2.8　在图 2.06 所示的放大电路中，已知 $\beta=60$，$r_{be}=1.8$ kΩ，$U_s=15$ mV，其他参数已标在图中。(1) 试求静态值；(2) 画出微变等效电路；(3) 计算放大电路的输入电阻 r_i 和输出电阻 r_o；(4) 计算电压放大倍数 A_u、A_{us} 和输出电压 U_o；(5) 若 $R_F=0$，再计算 r_i、r_o、A_u、A_{us} 和 U_o，并与 $R_F=100$ Ω 时的计算结果进行比较。

2.2.9　单管放大电路如图 2.07 所示。(1) 画出直流通路；(2) 画出微变等效电路；(3) 写出电压放大倍数的表达式；(4) 写出输入电阻和输出电阻的表达式。

2.3.1　在图 2.08 所示的射极输出器中，$U_{CC}=12$ V，$\beta=60$，$R_{B1}=R_{B2}=50$ kΩ，$R_E=2$ kΩ，$R_L=2$ kΩ，信号源内阻 $R_S=100$ Ω，试求：(1) 静态值；(2) A_u、A_{us}、r_i 和 r_o。

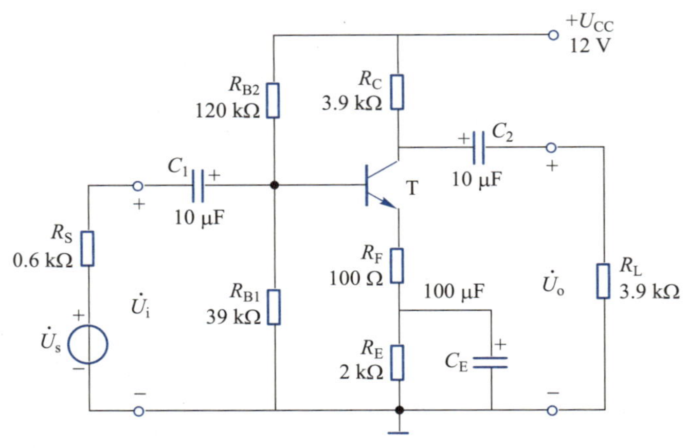

图 2.06　习题 2.2.8 的图

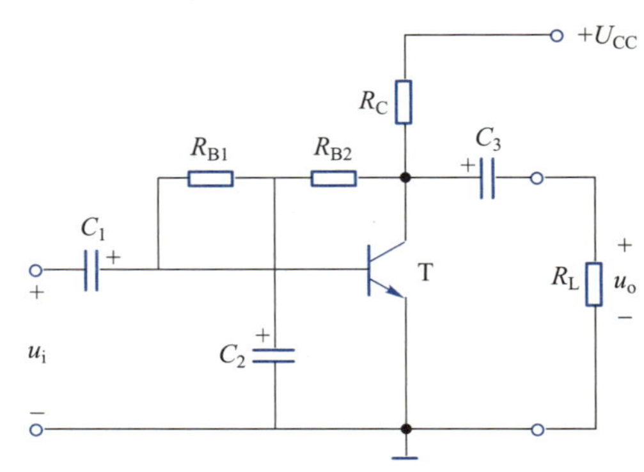

图 2.07　习题 2.2.9 的图

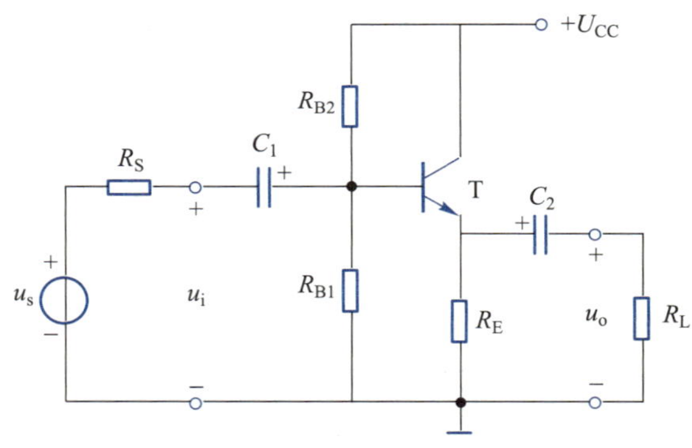

图 2.08　习题 2.3.1 的图

2.3.2　在图 2.09 所示的射极输出器中，$U_{CC}=12\ \text{V}$，$\beta=60$，$R_{B1}=56\ \text{k}\Omega$，$R_{B2}=100\ \text{k}\Omega$，$R_E=2\ \text{k}\Omega$，$R_C=2\ \text{k}\Omega$，信号源内阻 $R_S=100\ \Omega$，试求：(1) 静态值；(2) 负载开路时，电路以 u_{o1} 为输出时的 A_u、r_i 和 r_o；(3) 负载开路时，电路以 u_{o2} 为输出时的 A_u、r_i 和 r_o。

2.3.3　共基极放大电路如图 2.10 所示，已知 $\beta=100$，其他参数已标在图中。(1) 试求静态值；(2) 画出微变等效电路；(3) 计算放大电路的输入电阻 r_i、输出电阻 r_o 和电压放大倍数 A_u。

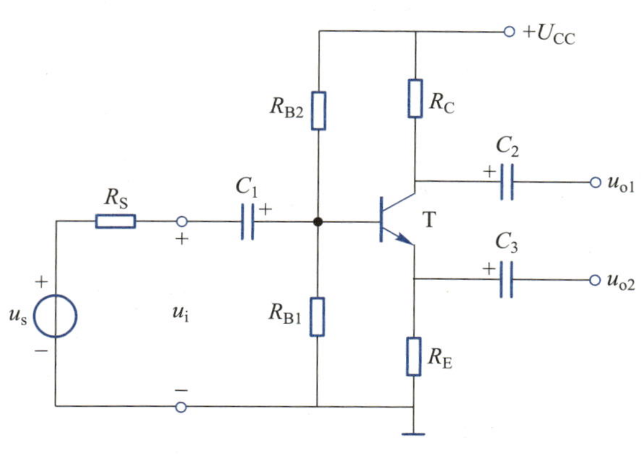

图 2.09　习题 2.3.2 的图

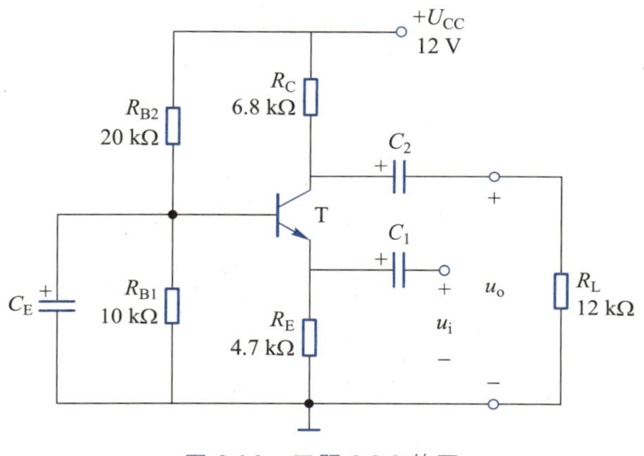

图 2.10　习题 2.3.3 的图

2.3.4　在图 2.11 的放大电路中，T_1、T_2构成复合管。已知 $\beta_1=50$，$\beta_2=10$，$U_{BE1}=U_{BE2}=0.6\ V$，$U_{CC}=12\ V$。（1）计算放大电路的静态值；（2）画出微变等效电路；（3）求输入电阻 r_i和电压放大倍数 A_u。

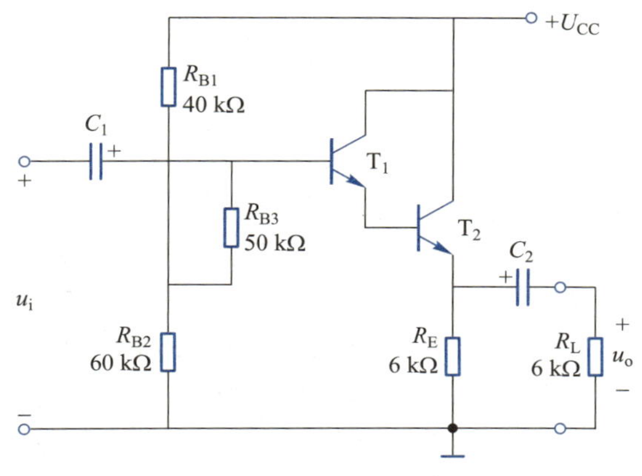

图 2.11　习题 2.3.4 的图

2.4.1　图 2.12 所示电路中，$U_{DD}=10\ V$，$R_G=47\ k\Omega$，$R_D=1.5\ k\Omega$，$R_S=1\ k\Omega$，场效应晶体管的参数为 $I_{DSS}=10\ mA$，夹断电压电压 $U_{GS(off)}=-5\ V$，试求静态值 I_D、U_{GS} 和 U_{DS}。

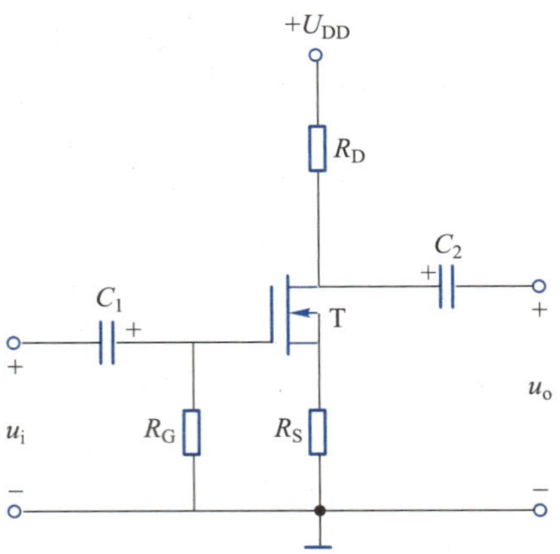

图 2.12　习题 2.4.1 的图

2.4.2　共源极放大电路如图 2.13 所示，场效应晶体管工作在饱和区，$R_D=10\ k\Omega$，$R_L=10\ k\Omega$，$g_m=0.59\ mS$，求电路的小信号电压增益。

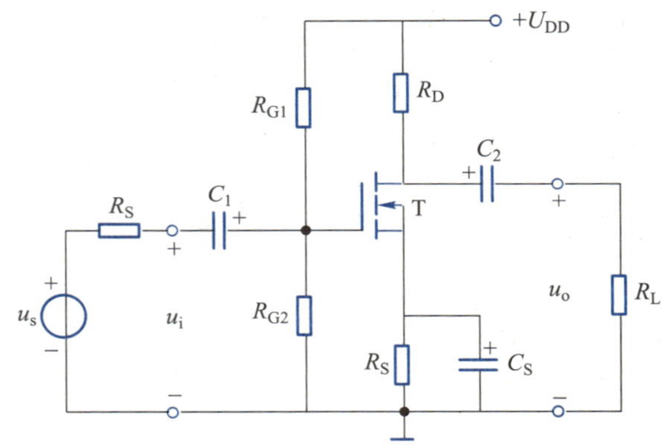

图 2.13　习题 2.4.2 的图

2.4.3　源极输出器如图 2.14 所示。已知 $U_{DD}=12\ V$，$R_S=12\ k\Omega$，$R_{G1}=1\ M\Omega$，$R_{G2}=500\ k\Omega$，$R_G=1\ M\Omega$，$g_m=0.9\ mS$。试求：(1) 静态值 I_D、U_{DS}（设 $U_G\approx U_S$）；(2) 电压放大倍数 A_u、输入电阻 r_i 和输出电阻 r_o。

2.5.1　为提高放大电路的负载能力，多级放大器的末级常采用射极输出器。共射、共集两级阻容耦合放大电路如图 2.15 所示。已知 $R_1=51\ k\Omega$，$R_2=11\ k\Omega$，$R_3=5.1\ k\Omega$，$R_4=51\ \Omega$，$R_5=1\ k\Omega$，$R_6=150\ k\Omega$，$R_7=3.3\ k\Omega$，$\beta_1=\beta_2=50$，$U_{BE}=0.7\ V$，$U_{CC}=12\ V$。(1) 求各级的静态工作点；(2) 求电路的输入电阻 r_i 和输出电阻 r_o；(3) 试分别计算 R_L 接在第一级输出端和第二级输出端时的电压放大倍数。

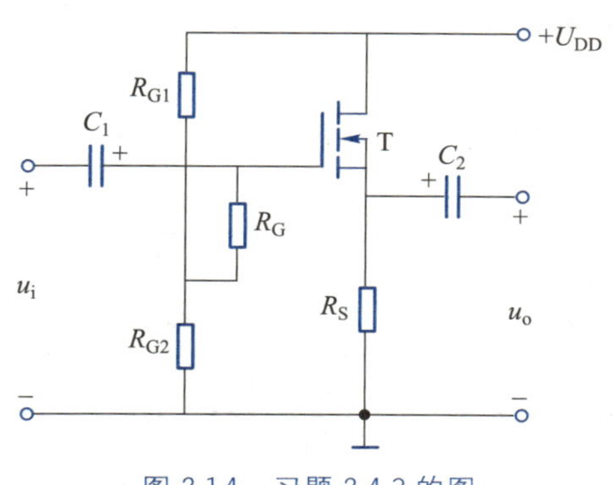

图 2.14　习题 2.4.3 的图

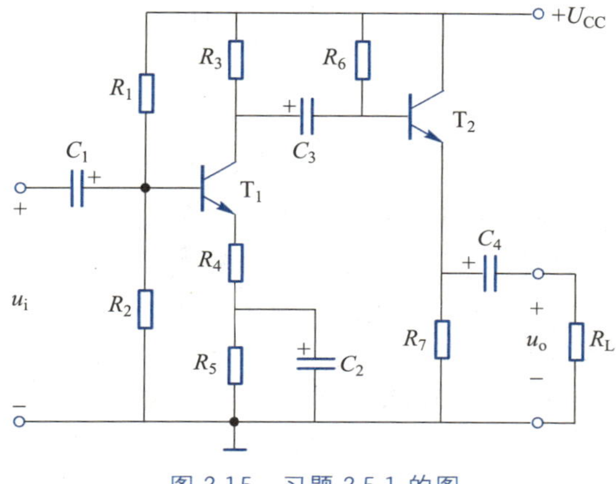

图 2.15　习题 2.5.1 的图

2.5.2　两级放大电路如图 2.16 所示。前级为场效应晶体管放大电路，后级为双极型晶体管放大电路。已知 $g_m=1.5\ \text{mS}$，$U_{BE}=0.6\ \text{V}$，$\beta=80$。试求：(1) 总的电压放大倍数；(2) 输入电阻和输出电阻。

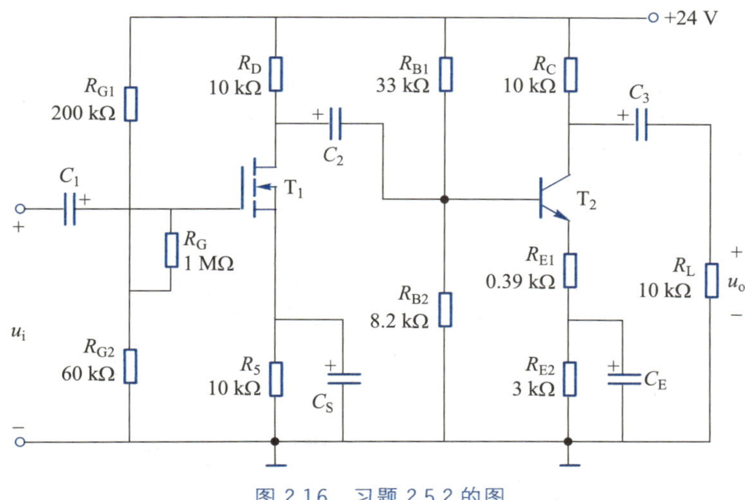

图 2.16　习题 2.5.2 的图

2.5.3 两级放大电路如图 2.17 所示。已知 $R_{B1}=13\ k\Omega$, $R_{B2}=12\ k\Omega$, $R_B=100\ k\Omega$, $R_{E1}=8\ k\Omega$, $R_{E2}=4.9\ k\Omega$, $R_{C2}=1.5\ k\Omega$, $R_L=6\ k\Omega$, $R_S=10\ k\Omega$。BJT 的 $\beta_1=\beta_2=100$, $r_{be1}=2.9\ k\Omega$, $r_{be2}=1.6\ k\Omega$。(1) 画出微变等效电路;(2) 求输入电阻 r_i 和输出电阻 r_o;(3) 求电压放大倍数 A_u 和 A_{us}。

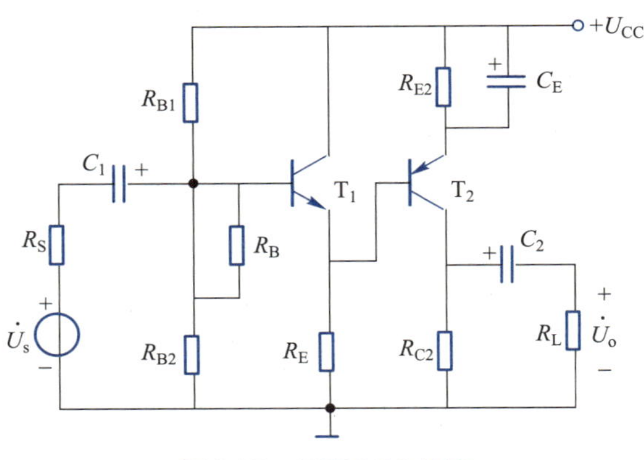

图 2.17 习题 2.5.3 的图

2.5.4 某放大电路的中频电压放大倍数为 100,用对数表示的电压增益为多少分贝?如果其下限截止频率 $f_L=10$ Hz,上限截止频率 $f_H=1$ MHz,试绘制幅频特性的伯德图。

2.5.5 在如图 2.2.11 所示的单级阻容耦合放大电路中,假设分别改变下列各项参数,试定性分析放大电路的中频段电压放大倍数、下限截止频率和上限截止频率将如何变化:(1) 增大耦合电容 C_1、C_2;(2) 增大集电极电阻 R_C;(3) 增大晶体管的电流放大系数 β;(4) 增大晶体管的级间电容。

2.6.1 图 2.18 所示电路中 T_1、T_2 为硅管。求 T_2 的静态工作点和放大电路的差模电压放大倍数。

2.6.2 如图 2.19 所示差分放大电路,已知 $I=1.5$ mA, $\beta_1=\beta_2=75$;试求:(1) T_1 的静态工作点;(2) 电路的差模电压增益 A_d、差模输入电阻 r_{id} 和输出电阻 r_o。

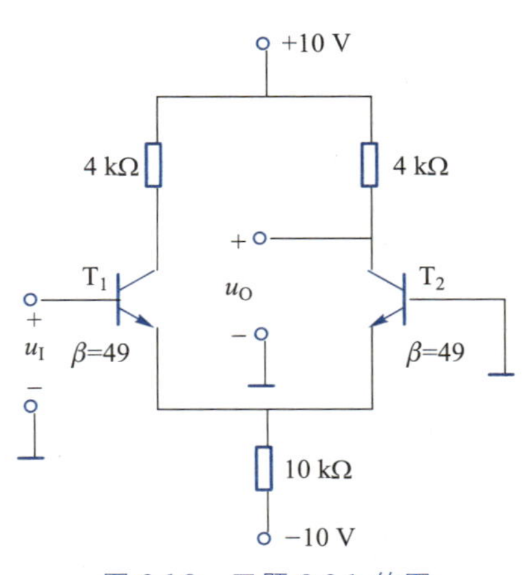

图 2.18 习题 2.6.1 的图

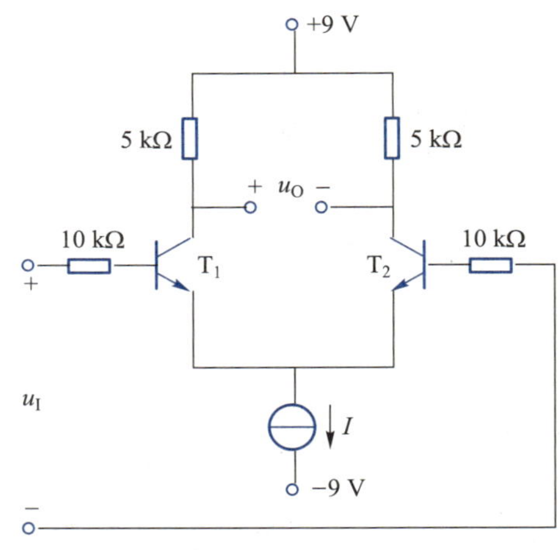

图 2.19 习题 2.6.2 的图

2.7.1　单管功率放大电路的两种电路如图 2.20(a)和(b)所示。两电路除在图 2.20(b)中采用了电压比 $N_1/N_2=7$ 的变压器耦合使负载($R_L=8\ \Omega$ 扬声器)匹配外,其余元件参数相同。BJT 极限参数 $I_{CM}=25$ mA,$U_{(BR)CEO}=10$ V,$P_{CM}=100$ mW,设输入信号电压可使集电极电流 i_C 由 0 变化到 24 mA。试计算并比较两种电路输出功率 P_o 和效率 η。

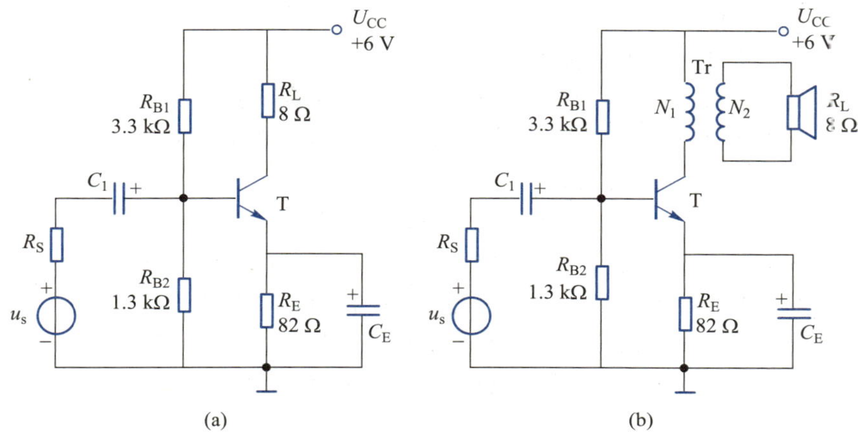

图 2.20　习题 2.7.1 的图

2.7.2　工作在乙类状态的 OCL 电路如图 2.21 所示,已知 $U_{CC}=12$ V,$R_L=8\ \Omega$,u_i 为正弦电压。(1) 求在集-射极饱和电压 $U_{CES}\approx 0$ 的情况下,电路的最大输出功率 P_{om}、效率 η 和功率管损耗 P_{T1}、P_{T2};(2) 求每个功率管的最大允许损耗功率 P_{CM};(3) 说明 OCL 电路中功率管的一般选择原则。

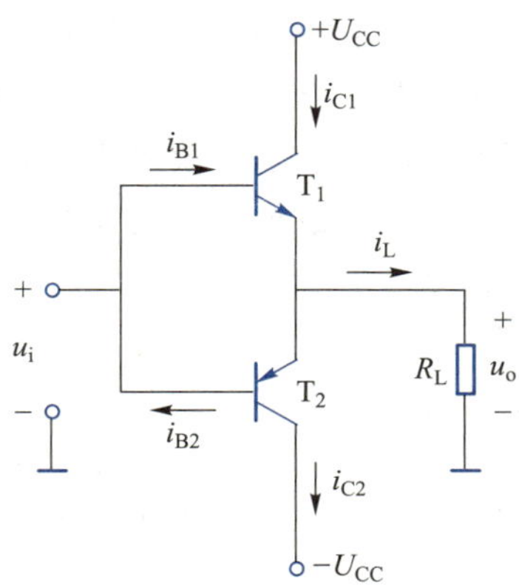

图 2.21　习题 2.7.2 的图

第3章 集成运算放大器

本章学习目标

学习完本章内容后，你将能够：

- 了解集成运算放大器的组成；
- 理解集成运算放大器的电压传输特性和主要参数；
- 掌握理想运算放大器在线性区和非线性区的电路分析依据；
- 了解反馈的概念、负反馈的类型与判断方法；
- 理解负反馈对放大电路性能的影响；
- 掌握由集成运算放大器构成的运算电路的工作原理和分析方法；
- 了解由集成运算放大器构成的有源滤波器的工作原理；
- 掌握电压比较器的常见类型和工作原理；
- 了解集成运算放大器的选择和使用注意事项。

讲义：
第 3 章引言

视频：
第 3 章引言

集成电路(integrated circuit，简称 IC)是把一定数量的晶体管、电阻、电容等常用电子元件以及这些元件之间的连线，通过半导体制造工艺集成在一起具有特定功能的电路。与传统的分立元件电路相比，集成电路具有体积小、重量轻、功耗低、可靠性高、价格便宜等特点。集成运算放大器简称集成运放，是一种具有很高放大倍数的集成电路，由于这种放大器早期多用于模拟计算机中实现模拟信号的数学运算，所以被称为运算放大器。随着集成电路技术的不断发展，集成运算放大器的性能逐步改善，种类越来越多，现在集成运算放大器的应用已经远远超出模拟信号运算的范围，在信号测量、信号处理、波形变换、自动控制等领域得到了十分广泛的应用。本章首先介绍集成运算放大器的组成和特性，然后重点介绍集成运算放大器在信号运算、信号处理方面的应用，最后简要介绍集成运算放大器的选择和使用。

讲义：
集成运算放大器概述

3.1 集成运算放大器概述

3.1.1 集成运算放大器的电路组成

集成运算放大器内部是一个具有很高电压放大倍数的多级直接耦合放大电路，其内部电路一般由四部分组成，包括输入级、中间级、输出级和偏置电路，图 3.1.1 是其内部结构框图，它有两个输入端和一个输出端。

视频：
集成运算放大器概述

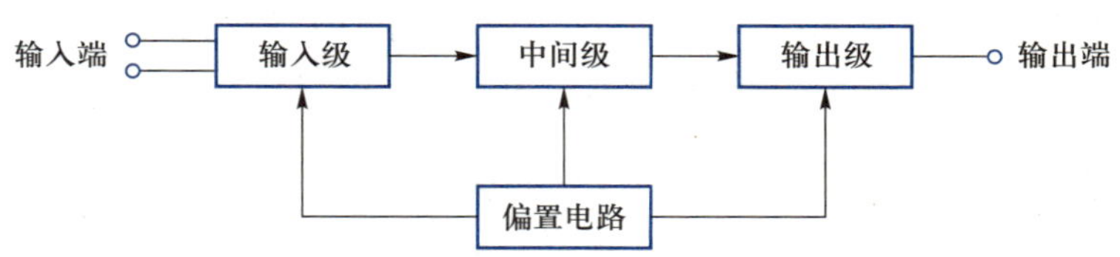

图 3.1.1 集成运算放大器内部结构框图

输入级是集成运算放大器内部电路的第一级，一般采用高性能差分放大电路，要求其具有很强的共模信号抑制能力，且差模放大倍数大，输入电阻高。

中间级主要对电压信号进行放大，电压放大倍数应尽量大，一般由若干级共发射极（或共源极）放大电路组成。为了提高电压放大倍数，经常采用复合管作放大管，用理想电流源作集电极负载。

输出级是集成运算放大器内部电路的最后一级，要求其电压输出范围大、输出电阻小、负载驱动能力强，因而多采用互补对称电路或射极输出器。

偏置电路的作用是为上述的各级放大电路设置合适的静态工作点，一般采用各种形式的电流源电路。

常用的集成运算放大器有双列直插封装结构和贴片封装结构，图 3.1.2 是几种集成运算放大器的实物图例，贴片封装的集成运算放大器体积小、重量轻，有利于提高电路的功率密度。

图 3.1.2　几种集成运算放大器的实物图例

3.1.2　集成运算放大器的电压传输特性

图 3.1.3 是集成运算放大器的电路符号，图中▷表示放大器，A_{uo}表示电压放大倍数，u_+、u_-、u_o表示各端对“地”的电压。图 3.1.3 中右侧为输出端，用 u_o表示；左侧“-”端为反相输入端，用 u_-表示；左侧“+”端为同相输入端，用 u_+表示。“同相”和“反相”是指输入电压与输出电压的相位关系，由同相输入端输入信号时输出信号和输入信号同相位（两者极性相同），由反相输入端输入信号时输出信号和输入信号反相位（两者极性相反）。

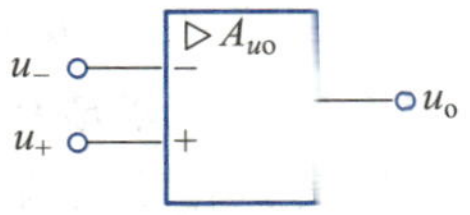

图 3.1.3　集成运算放大器的符号

集成运算放大器的两个输入端通常就是其内部输入级差分放大电路的两个输入端，因此从外部看，集成运算放大器可以等效看成是一个双端输入、单端输出、差模电压放大倍数很高、输入电阻很高、输出电阻很低、抑制共模信号能力很强的差分放大电路。

集成运算放大器的输出电压 u_o与两个输入端信号差值 u_+-u_-之间的关系曲线称为电压传输特性。对于由正、负电源供电可输出正、负电压的集成运算放大器，其电压传输特性如图 3.1.4 所示，从图中曲线可以看出，集成运算放大器有线性放大区（也称线性区）和饱和区（也称非线性区）两部分。

当集成运算放大器工作在线性区时，u_o与 u_+-u_-之间满足线性关系，即

$$u_o=A_{uo}(u_+-u_-) \tag{3.1.1}$$

电压传输特性曲线的斜率取决于 A_{uo}的大小，A_{uo}是集成运算放大器开环差模电压

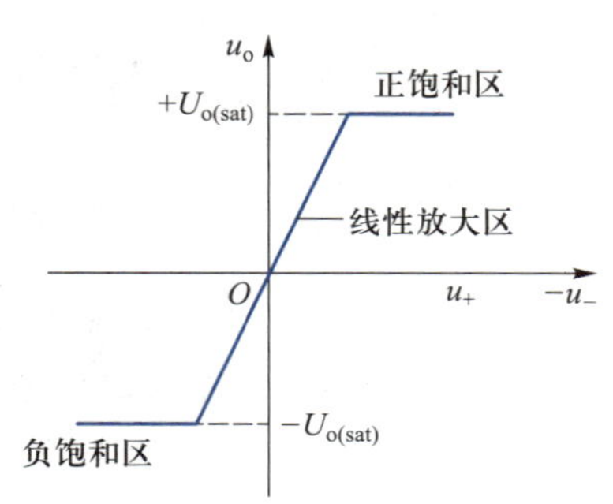

图 3.1.4　集成运算放大器电压传输特性

放大倍数。

电压传输特性的水平直线部分是集成运算放大器的非线性区。当集成运算放大器工作在非线性区时，输出电压为正、负饱和值（$\pm U_{o(sat)}$），一般略低于集成运算放大器工作时的正、负电源电压值。

正饱和区：$u_o=U_{o(sat)}$；

负饱和区：$u_o=-U_{o(sat)}$。

集成运算放大器在应用时，工作于线性区时称为线性应用，工作于饱和区时称为非线性应用。由于集成运算放大器的开环差模电压放大倍数非常大，因此线性工作区很窄，在开环情况下很容易进入非线性区。例如，一个集成运算放大器的输出电压正、负饱和值为±12 V，$A_{uo}=4\times10^5$，那么只有当输入信号 $|u_+-u_-|<30\ \mu V$ 时，集成运算放大器才工作在线性区。超过这一数值，集成运算放大器就要进入非线性区（饱和区）。因此要使集成运算放大器工作在线性区，通常需要通过外电路引入负反馈。

3.1.3　集成运算放大器的主要性能参数

集成运算放大器的性能是由其参数描述的，集成运算放大器的参数是正确选择和使用集成运放的重要依据。下面介绍集成运算放大器常用参数。

1. 开环差模电压放大倍数 A_{uo}

集成运算放大器的开环差模电压放大倍数 A_{uo} 是指集成运放没有外接反馈时的差模电压放大倍数。通常 A_{uo} 很高，A_{uo} 越高，所构成的运算电路越稳定，运算精度也越高。A_{uo} 一般为 $10^4\sim10^7$，用对数表示$\left(A_{uo}=20\lg\left|\dfrac{\dot{U}_o}{\dot{U}_d}\right|\text{dB}\right)$为 80～140 dB。通用型集成运算放大器的差模电压放大器通常在 10^5 左右，即开环增益为 100 dB 左右。

2. 共模抑制比 K_{CMR}

集成运算放大器的共模抑制比 K_{CMR} 的定义与差分放大电路相同。K_{CMR} 值越大，集成运算放大器抑制共模信号的能力越强。

3. 差模输入电阻 r_{id}

集成运算放大器的差模输入电阻 r_{id} 是指集成运放在输入端对差模信号呈现的动态电阻，一般为 $10^5\sim10^{11}\ \Omega$。r_{id} 值越大，集成运放从信号源获取的电流越小，可减轻信号源的负担。

4. 输出电阻 r_{od}

r_{od}是指集成运算放大器输出级呈现的动态电阻。r_{od}通常很小,一般为几十欧到几百欧。集成运放的输出电阻越小,带负载能力越强。

5. 最大输出电压 U_{OM}

能使输出电压和输入电压失真不超过允许值时的最大输出电压,称为集成运算放大器的最大输出电压。

6. 输入失调电压 U_{IO}

理想的集成运算放大器在输入电压为零时,输出电压也应为零。但实际的集成运算放大器由于输入级电路参数不对称等原因,输入电压为零时输出电压并不为零。输入失调电压 U_{IO}的数值等于为使输出电压为零在输入端所要加的补偿电压。U_{IO}反映了输出失调的程度,因而 U_{IO}的值越小越好。

7. 输入失调电流 I_{IO}

输入失调电流 I_{IO}的值等于集成运算放大器的输入级差分电路两个静态输入电流的差值,它反映了运放两个输入端静态输入电流的不对称程度。I_{IO}的存在会产生输出失调,因而 I_{IO}的值越小越好。

8. 最大共模输入电压 U_{Icmax}

集成运算放大器具有抑制共模信号的性能,但当共模输入电压超过一定极限电压 U_{Icmax}时,集成运放的共模抑制性能就会下降很多,甚至不能正常工作,造成器件损坏。这一极限共模输入电压值就是集成运算放大器的最大共模输入电压 U_{Icmax}。

9. 最大差模输入电压 U_{Idmax}

最大差模输入电压 U_{Idmax}是指集成运算放大器的两个输入端之间所能承受的最大电压值,超过这一数值,集成运算放大器的输入级差分放大电路对管中的一个管子将会发生反向击穿。

除上面介绍的参数外,集成运算放大器的参数还有输入偏置电流、带宽、输入失调电压温漂、输入失调电流温漂等。

3.1.4 理想运算放大器

为便于分析计算,通常将集成运算放大器看成是理想运算放大器。所谓的理想运算放大器就是将实际的集成运算放大器的性能指标理想化后得到的一种最简模型,理想化的性能指标为:

开环差模电压放大倍数 $A_{uo}\to\infty$;

差模输入电阻 $r_{id}\to\infty$;

输出电阻 $r_{od}\to 0$;

共模抑制比 $K_{CMR}\to\infty$,等等。

讲义:
理想运算放大器

视频:
理想运算放大器

理想运算放大器的符号和电压传输特性分别如图 3.1.5 和图 3.1.6 所示,图 3.1.5 中的"∞"表示理想运算放大器开环差模电压放大倍数为无穷大。由于实际集成运算放大器的性能指标与理想运算放大器的性能指标比较接近,所以用理想运算放大器代替实际运放引起的误差并不大,在工程计算中是允许的,这样可以简化集成运算放大器应用电路的分析。因此,若无特别说明,本书对集成运算放大器的分析,均认为集成运算放大器是理想的。

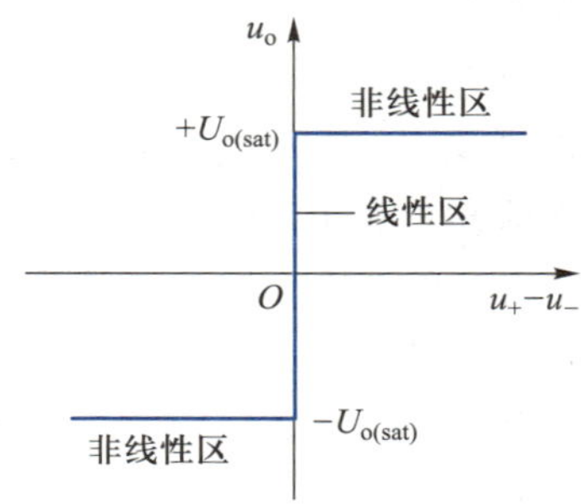

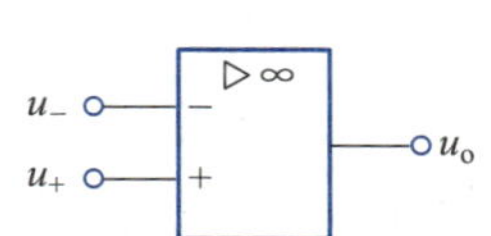

图 3.1.5　理想运算放大器符号

图 3.1.6　理想运算放大器电压传输特性

理想运算放大器电压传输特性(图 3.1.6)包括线性区和非线性区,在应用时,运算放大器既可以工作在线性区也可以工作在非线性区,但分析方法不同。

1. 理想运算放大器工作在线性区

理想运算放大器开环差模电压放大倍数 $A_{uo}\to\infty$,根据式(3.1.1),可得

$$u_o=A_{uo}(u_+-u_-)\to\infty\ (u_+-u_-)$$

由于输出电压 u_o是有限值,因而可以得出 $u_+-u_-\approx0$,即

$$u_+\approx u_- \tag{3.1.2}$$

可见,理想运算放大器的同相输入端和反相输入端电位相等,这等效于理想运放的两个输入端短路,但又不是真正的短路,所以称为“虚短”。

如果把理想运算放大器的同相输入端接地,即 $u_+=0$,那么根据式(3.1.2)可知 $u_-\approx u_+=0$,反相输入端的电位也为零,这等效于反相输入端也接地,但又不是真正的接地,所以称为“虚地”。

假设集成运算放大器的同相输入端和反相输入端的输入电流分别为 i_+和 i_-,由于理想运算放大器的差模输入电阻 $r_{id}\to\infty$,所以两个输入端的输入电流近似为零,即

$$i_+=i_-\approx0 \tag{3.1.3}$$

这等效于集成运算放大器的两个输入端之间断路,但又不是真正的断路,所以称为“虚断”。

理想运算放大器工作在线性区时,有两条重要分析依据:

① 同相输入端和反相输入端的电位相等($u_+=u_-$),虚短;

② 同相输入端和反相输入端的电流为零($i_+=i_-=0$),虚断。

虚短和虚断是分析理想运放线性应用电路的重要依据,要使理想运算放大器工作在线性区,必须引入负反馈,负反馈将在下一节详细介绍。

2. 理想运算放大器工作在非线性区

在集成运算放大器的应用电路中,如果集成运算放大器没有引入反馈(处于开环状态),或只引入了正反馈,那么运放就工作在非线性区。由图 3.1.6 电压传输特性曲线可以看出,理想运算放大器工作在非线性区时输出电压为:

当 $u_+>u_-$时,$u_o=+U_{o(sat)}$;

当 $u_+<u_-$时,$u_o=-U_{o(sat)}$。

因此,分析理想运放非线性应用电路时,判断运放输出为正饱值还是负饱和值的

主要依据是比较两个输入端 u_+ 和 u_- 的大小。另外，由于理想运算放大器的差模输入电阻为无穷大，因而当其工作在非线性区时两个输入端的输入电流也为零，即理想运算放大器工作在非线性区时也具有"虚断"的特点。

【例 3.1.1】 某集成运算放大器的供电电源为±15 V，开环电压放大倍数 $A_{uo}=2\times10^5$，输出饱和电压值为±13 V。现在其输入端分别加下列电压：(1) $u_+=22\ \mu V$，$u_-=-18\ \mu V$；(2) $u_+=-20\ \mu V$，$u_-=10\ \mu V$；(3) $u_+=2\ mV$，$u_-=-5\ mV$，(4) $u_+=-3\ mV$，$u_-=-2\ mV$。试求输出电压 u_O。

【解】 由式(3.1.1)可得

$$u_+-u_-=\frac{u_O}{A_{uo}}=\frac{\pm13}{2\times10^5}\ V=\pm65\ \mu V$$

可见，只要集成运算放大器两个输入端之间的电压差绝对值小于 65 μV，则运放工作在线性区，可按照式(3.1.1)计算输出电压；当两个输入端电压差的绝对值大于 65 μV 时，运放工作在非线性区，输出电压为正/负饱和值。

(1) $$u_O=2\times10^5\times(22+18)\times10^{-6}\ V=+8\ V$$

(2) $$u_O=2\times10^5\times(-20-10)\times10^{-6}\ V=-6\ V$$

(3) 两个输入端电压差绝对值大于 65 μV，且 $u_+>u_-$，此时 $u_O=+13\ V$。

(4) 两个输入端电压差绝对值大于 65 μV，且 $u_+<u_-$，此时 $u_O=-13\ V$。

练习与思考

3.1.1 理想运算放大器的主要性能指标有哪些？

3.1.2 怎样理解"虚短""虚地"和"虚断"？

3.1.3 理想运算放大器工作在线性区和非线性区时的主要分析依据是什么？

3.2 负反馈的概念及其作用

集成运算放大器需引入负反馈才能工作在线性区，因此在讨论集成运算放大器的应用之前，先介绍反馈的基本概念及其作用。反馈是改善放大电路性能的一种重要手段，在模拟电子电路中得到广泛应用。各种实用的仪器和电子设备的放大电路中几乎都引入了反馈。

讲义：负反馈的类型与判别

3.2.1 反馈的基本概念

反馈就是将放大电路输出信号(电压或电流)的一部分或全部通过反馈回路引回到输入端的过程，若引回的反馈信号削弱了放大电路的净输入信号称为负反馈；反之，若增强了净输入信号则称为正反馈。图 3.2.1(a)和(b)分别是无反馈放大电路和有反馈放大电路框图，有反馈放大电路包括两部分：无反馈放大电路 A，它可以是单级或多级的；反馈回路 F，它是联系输出电路和输入电路的环节，多数是由电阻、电容元件组成的。图中用 x 表示信号，它既可以表示电压信号，也可以表示电流信号；箭头表示信号传递方向；x_i、x_o 和 x_f 分别为输入信号、输出信号和反馈信号；"⊗"为比较环节符号；x_d 为净输入信号，它是 x_i 和 x_f 在输入端比较的结果。如图 3.2.1(b)所示"+""−"极性，净输入信号 $x_d=x_i-x_f$，若 x_i 和 x_f 极性相同，则 $x_d<x_i$，即反馈信号起到了

视频：负反馈的类型与判别

削弱净输入信号的作用，为负反馈。

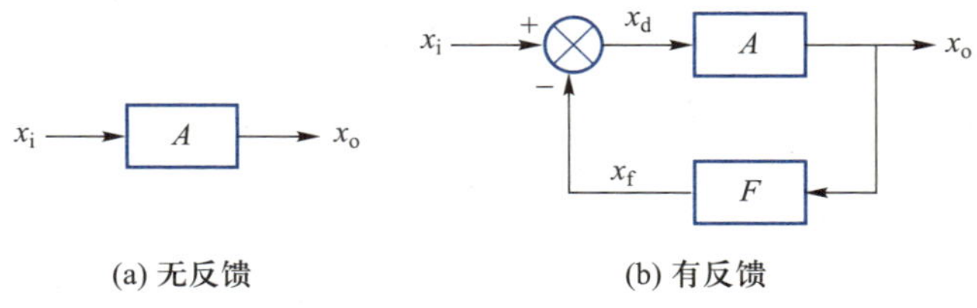

图 3.2.1　放大电路框图

如图 3.2.1(a)所示，无反馈时称放大电路处于开环状态，放大电路的电压放大倍数称为开环放大倍数，即

$$A=\frac{x_o}{x_i} \tag{3.2.1}$$

如图 3.2.1(b)所示，有反馈时称放大电路处于闭环状态，反馈信号与输出信号之比称为反馈系数，即

$$F=\frac{x_f}{x_o} \tag{3.2.2}$$

有反馈放大电路的电压放大倍数称为闭环放大倍数，即

$$A_f=\frac{x_o}{x_i}=\frac{Ax_d}{x_d+x_f}=\frac{Ax_d}{x_d+Fx_o}=\frac{Ax_d}{x_d(1+AF)}=\frac{A}{1+AF} \tag{3.2.3}$$

3.2.2　负反馈的类型与判断

当一个电路中存在反馈时，首先需要判断是正反馈还是负反馈。正、负反馈的判断通常采用瞬时极性法。这种方法的思路是：假设某一瞬间放大电路输入端信号的极性（信号极性的正、负一般用“⊕”“⊖”表示），按照信号的传输方向，依次判断出放大电路中相关点的瞬时极性，进而判断出反馈信号的极性，将反馈信号与输入信号相比较，比较后如果放大电路的净输入信号增大了，为正反馈，若净输入信号变小了，为负反馈。

反馈电路既与输入端相连，又与输出端相连。在负反馈电路中，根据反馈电路在输出端采样信号的不同分为电压负反馈和电流负反馈，如果反馈信号取自输出电压，称为电压负反馈；如果反馈信号取自输出电流，称为电流负反馈。根据反馈信号与输入信号在输入端连接方式的不同或比较形式的不同分为串联负反馈和并联负反馈，如果反馈信号以电压形式与输入信号进行比较，称为串联负反馈；如果反馈信号以电流形式与输入信号进行比较，称为并联负反馈。综上，放大电路中的负反馈可以归纳为四种类型：电压串联负反馈、电压并联负反馈、电流串联负反馈、电流并联负反馈。

1. 电压串联负反馈

图 3.2.2 是电压串联负反馈电路。输入电压 u_i 通过电阻 R_2 加到集成运算放大器的同相输入端。R_F 和 R_1 构成反馈回路，由于反馈回路与集成运放的反相输入端相

连,而输入信号与运放的同相输入端相连,反馈信号与输入信号进行比较的时候只能以电压的形式体现,所以电路的净输入信号 u_d 等于运放同相输入端与反相输入端的差值,反馈信号是电阻 R_1 两端的电压 u_f。

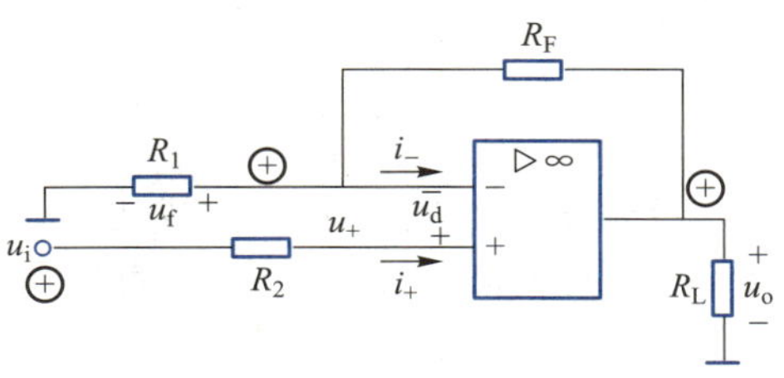

图 3.2.2　电压串联负反馈电路

首先判断电路存在正反馈还是负反馈。假设输入电压 u_i 瞬时极性为“⊕”,根据集成运放同相输入端与输出端的相位关系,可知输出电压 u_o 极性为“⊕”,因此反馈电压 u_f 极性也为“⊕”。u_f 和 u_i 极性相同,因此净输入电压 $u_d=u_i-u_f$,相比没有反馈,引入反馈后使净输入电压 u_d 减小了,因此为负反馈。

电路存在负反馈,集成运放工作在线性区,根据虚断 $i_-=0$,R_F 和 R_1 相当于串联,根据串联分压可得电阻 R_1 上的反馈电压 u_f 为

$$u_f=\frac{R_1}{R_1+R_F}u_o \tag{3.2.4}$$

由式(3.2.4)可知反馈电压取自输出电压,与输出电压成正比,所以为电压负反馈。从输入端来看,反馈信号以电压的形式与输入电压进行比较,为串联反馈,所以该电路为电压串联负反馈。引入电压负反馈可以稳定输出电压,假定由于负载 R_L 的变化使得输出电压 u_o 减小,根据式(3.2.4)可知,反馈电压 u_f 随之减小,因而净输入电压 u_d 增大,输出电压 u_o 随之增大,从而稳定输出电压。

2. 电压并联负反馈

图 3.2.3 为电压并联负反馈电路。输入电压 u_i 通过 R_1 加到集成运算放大器的反相输入端,电阻 R_F 使电路存在反馈。由于反馈回路与运放的反相输入端相连,输入信号也与运放的反相输入端相连,因此反馈信号与输入信号进行比较的时候只能以电流的形式体现,所以电路的净输入信号为 i_d。

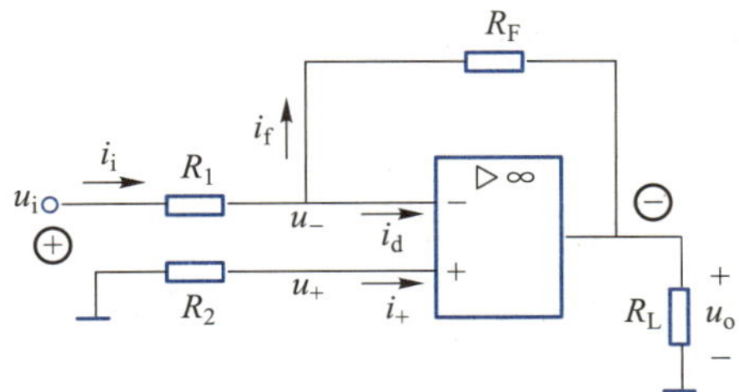

图 3.2.3　电压并联负反馈电路

首先判断电路存在正反馈还是负反馈。假设输入信号(u_i 和 i_i)的瞬时极性为“⊕”,根据集成运放反相输入端与输出端的相位关系,可知输出信号极性为“⊖”,反

馈电阻 R_F 左边极性为正，右边极性为负，因此反馈电流 i_f 的实际方向与参考方向相同，净输入信号 $i_d=i_i-i_f$，与没有反馈相比，引入反馈后使净输入信号 i_d 减小了，因此为负反馈。

电路存在负反馈，集成运放工作在线性区，根据虚短 $u_-=u_+=0$，因此反馈电流

$$i_f=-\frac{u_o}{R_F} \tag{3.2.5}$$

由式(3.2.5)可知可见，反馈电流与输出电压 u_o 成比例，为电压反馈。从输入端来看，反馈信号以电流的形式与输入信号进行比较，为并联反馈，所以该电路为电压并联负反馈。

3. 电流串联负反馈

图 3.2.4 为电流串联负反馈电路。输入电压 u_i 通过电阻 R_1 加到集成运算放大器的同相输入端，集成运放的反相输入端与输出端有电气上的联系，电阻 R_F 上的电压降被引回到反相输入端作为反馈电压 u_f，净输入信号 u_d 等于运放同相输入端与反相输入端的差值。

首先判断电路存在正反馈还是负反馈。假设输入电压 u_i 瞬时极性为“⊕”，根据集成运放同相输入端与输出端的相位关系，可知输出电压 u_o 和输出电流 i_o 极性为“⊕”，反馈电阻 R_F 中流过的电流极性为“⊕”，因此反馈电压 u_f 极性也为“⊕”。u_f 和 u_i 极性相同，因此净输入电压 $u_d=u_i-u_f$，相比没有反馈，引入反馈后使净输入电压 u_d 减小了，因此为负反馈。

电路存在负反馈，集成运放工作在线性区，根据虚断 $i_-=0$，反馈电压 u_f 为

$$u_f=i_oR_F \tag{3.2.6}$$

由式(3.2.6)可知反馈电压取自输出电流 i_o，正比于输出电流 i_o，为电流反馈。从输入端来看，反馈信号以电压的形式与输入电压进行比较，为串联反馈，所以该电路为电流串联负反馈。引入电流负反馈可以稳定输出电流。假定由于负载 R_L 的变化使得输出电流 i_o 减小，根据式(3.2.6)可知，反馈电压 u_f 随之减小，净输入电压 u_d 增大，输出电压 u_o 随之增大，输出电流 i_o 也因此增大，从而稳定输出电流 i_o。

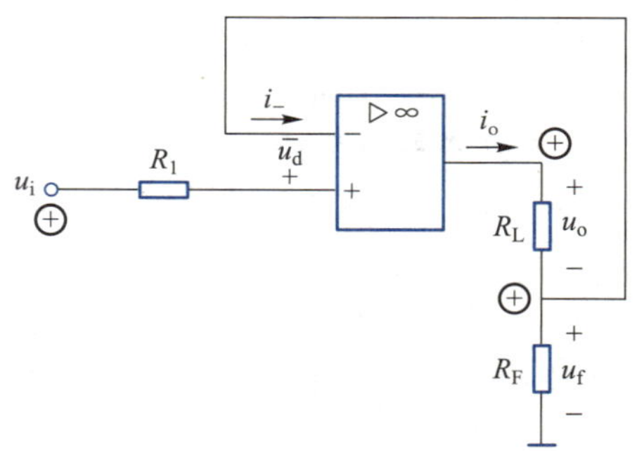

图 3.2.4　电流串联负反馈电路

4. 电流并联负反馈

图 3.2.5 为电流并联负反馈电路。输入电压 u_i 通过电阻 R_1 加到集成运算放大器的反相输入端，电阻 R_F 使电路存在反馈。由于反馈回路与运放的反相输入端相连，输入信号也与运放的反相输入端相连，因此反馈信号与输入信号进行比较的时候只能以电流的形式体现，所以电路的净输入信号为 i_d。

首先判断电路存在正反馈还是负反馈。假设输入信号(u_i 和 i_i)的瞬时极性为“⊕”，根据集成运放反相输入端与输出端的相位关系，可知输出信号(u_o 和 i_o)极性为“⊖”，反馈电流 i_f 的实际方向与参考方向相同，净输入信号 $i_d=i_i-i_f$，相比没有反馈，

引入反馈后使净输入信号 i_d 减小了，因此为负反馈。

电路存在负反馈，集成运放工作在线性区，根据虚短 $u_- = u_+ = 0$，R_F 和 R 相当于并联，因此

$$i_f = -\frac{R}{R+R_F} i_o \tag{3.2.7}$$

由式(3.2.7)可知反馈电流与输出电流 i_o 成比例，为电流反馈。从输入端来看，反馈信号以电流的形式与输入信号进行比较，为并联反馈，所以该电路为电流并联负反馈。该电流负反馈同样可以稳定输出电流。

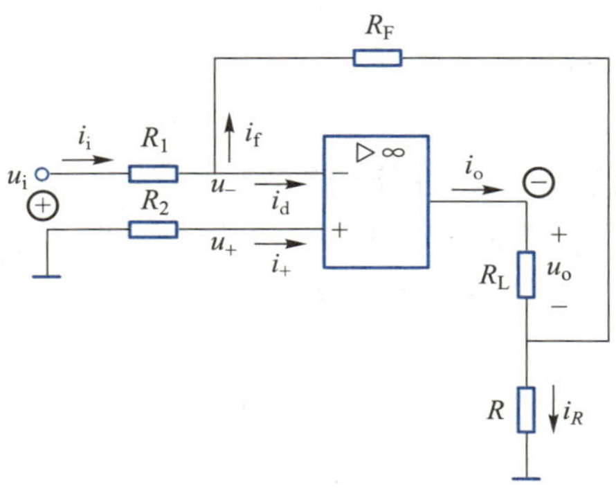

图 3.2.5　电流并联负反馈电路

对于反馈类型的判断，可遵循以下步骤：

① 找出反馈网络；

② 根据瞬时极性法，判别是正反馈还是负反馈；

③ 若为负反馈，判断是负反馈四种类型的哪一种。

对于放大电路输入端，输入信号和反馈信号分别加在运放两个输入端上时，以电压形式进行比较，是串联反馈；输入信号和反馈信号加在运放同一个输入端上时，以电流形式进行比较，是并联反馈。

对于放大电路输出端，如果反馈电路与电压输出端相连，反馈信号正比于输出电压，是电压反馈；如果反馈电路不与电压输出端相连，反馈信号正比于输出电流，是电流反馈。

【例 3.2.1】　由集成运算放大器构成的放大电路如图 3.2.6 所示，试指出反馈元件，分析电路中存在的反馈，并判断反馈类型。

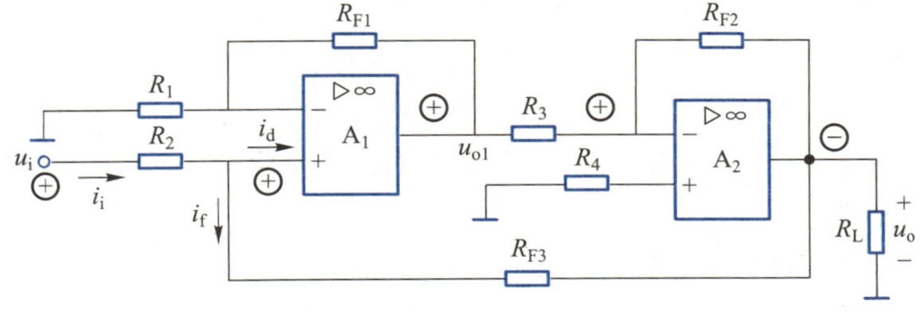

图 3.2.6　例 3.2.1 的图

【解】 该电路由两级集成运算放大器 A_1、A_2组成，第一级的反馈元件是 R_{F1}，第一级与图 3.2.2 一样，引入的是电压串联负反馈；第二级的反馈元件是 R_{F2}，第二级与图 3.2.3 一样，引入的是电压并联负反馈。反馈电阻 R_{F1} 和 R_{F2} 在本级引入的反馈称为本级反馈。

第一级和第二级之间存在反馈元件 R_{F3}，将整个电路输出量的一部分引回到输入回路中，这种反馈称为级间反馈。用瞬时极性法判断正、负反馈，假设输入电压 u_i 瞬时极性为"⊕"，则 A_1 输出电压 u_{o1} 瞬时极性为"⊕"，A_2 输出电压 u_o 瞬时极性为"⊖"，反馈电阻 R_{F3} 左边极性为正，右边极性为负，因此反馈电流 i_f 的实际方向与参考方向相同，净输入电流 $i_d=i_i-i_f$ 减小，所以为负反馈。反馈元件 R_{F3} 与输出端直接相连，为电压反馈；反馈信号以电流的形式与输入信号进行叠加，为并联反馈。所以级间反馈类型是电压并联负反馈。

3.2.3 负反馈对放大电路性能的影响

讲义：
负反馈对放大电路性能的影响

视频：
负反馈对放大电路性能的影响

在放大电路中引入负反馈可以改善放大电路的工作性能，如电压负反馈可以稳定输出电压，电流负反馈可以稳定输出电流。实际上负反馈的作用远不止于此，引入负反馈还可以改善放大电路其他方面的性能。值得注意的是，负反馈对放大电路性能的改善是以降低电压放大倍数为代价的，但放大倍数的下降容易弥补。

1. 降低放大倍数

由图 3.2.1(b)所示的有反馈放大电路框图，并根据式(3.2.3)可知，包括反馈电路在内的整个放大电路的闭环放大倍数为

$$A_f=\frac{A}{1+AF} \tag{3.2.8}$$

根据式(3.2.1)、式(3.2.2)可得

$$AF=\frac{x_o}{x_d}\times\frac{x_f}{x_o}=\frac{x_f}{x_d} \tag{3.2.9}$$

由本节 3.2.1 可知，对于负反馈放大电路，x_f 和 x_d 同是电压或电流，且同相，故 AF 为正实数，$1+AF>1$。因此，由式(3.2.8)可知 $|A_f|<|A|$，引入负反馈后，放大倍数降低了。

$|1+AF|$ 称为反馈深度，其值越大，负反馈作用越强，$|A_f|$ 也就越小。如果满足 $|1+AF|\gg 1$，称为深度负反馈，则式(3.2.8)可以简化为

$$A_f=\frac{A}{1+AF}\approx\frac{A}{AF}=\frac{1}{F} \tag{3.2.10}$$

式(3.2.10)说明，引入深度负反馈的放大电路，其放大倍数 A_f 几乎与开环放大倍数 A 无关，而仅取决于反馈系数 F，即取决于反馈电路的元件参数，反馈电路的元件均为非半导体器件，温度稳定性优于半导体器件。因此，在深度负反馈情况下，闭环放大倍数是非常稳定的。引入负反馈后，虽然放大倍数降低了，但在很多方面改善了放大电路的工作性能。

2. 提高放大倍数的稳定性

在放大电路中，由于温度的变化等因素会引起放大倍数的变化，放大倍数的不稳定会影响放大电路的准确性和可靠性。放大电路引入负反馈所产生的一个最明显、

最直接的效果，就是提高放大倍数的稳定性。这是因为在输入信号大小一定的条件下，如果某些因素的影响（例如环境温度变化、元件老化、元件参数变化、电源电压波动、负载变化等），引起输出信号的大小发生波动（即引起放大倍数的变化），则输出信号的这种变化将通过反馈电路被引回到放大电路的输入端，使净输入信号发生相反方向的变化，从而抑制输出信号的波动，提高放大倍数的稳定性。

下面比较放大电路有、无负反馈情况下的放大倍数的稳定性，放大倍数的稳定性通常用它的相对变化率来表示。无反馈（开环）时的放大倍数的变化率为$\frac{\mathrm{d}A}{A}$，有负反馈（闭环）时的放大倍数的变化率为$\frac{\mathrm{d}A_\mathrm{f}}{A_\mathrm{f}}$。

对式（3.2.8）求导，得

$$\frac{\mathrm{d}A_\mathrm{f}}{\mathrm{d}A}=\frac{1+AF-AF}{(1+AF)^2}=\frac{1}{(1+AF)^2}$$

将上式右边分子、分母同乘 A，可得

$$\frac{\mathrm{d}A_\mathrm{f}}{\mathrm{d}A}=\frac{A}{A}\frac{1}{(1+AF)^2}=\frac{A}{1+AF}\cdot\frac{1}{A(1+AF)}=\frac{A_\mathrm{f}}{A}\frac{1}{1+AF}$$

所以

$$\frac{\mathrm{d}A_\mathrm{f}}{A_\mathrm{f}}=\frac{1}{1+AF}\frac{\mathrm{d}A}{A} \tag{3.2.11}$$

式（3.2.11）说明，闭环放大倍数的相对变化率$\frac{\mathrm{d}A_\mathrm{f}}{A_\mathrm{f}}$是开环放大倍数的相对变化率$\frac{\mathrm{d}A}{A}$的$\frac{1}{1+AF}$倍。由于 AF 为正实数，所以引入负反馈后，放大倍数虽然降低了，但放大倍数的稳定性提高了。

【例 3.2.2】 在图 3.2.2 所示电压串联负反馈电路中，$R_1=10\ \mathrm{k\Omega}$，$R_\mathrm{F}=90\ \mathrm{k\Omega}$，开环电压放大倍数 $A=10^4$。（1）试求闭环电压放大倍数 A_f；（2）如 $\mathrm{d}A/A=10\%$，试求 $\mathrm{d}A_\mathrm{f}/A_\mathrm{f}$。

【解】 （1）

$$F=\frac{u_\mathrm{F}}{u_\mathrm{o}}=\frac{R_1}{R_1+R_\mathrm{F}}=\frac{10}{10+90}=0.1$$

$$A_\mathrm{f}=\frac{A}{1+AF}=\frac{10^4}{1+10^4\times0.1}=10$$

（2）

$$\frac{\mathrm{d}A_\mathrm{f}}{A_\mathrm{f}}=\frac{1}{1+AF}\times\frac{\mathrm{d}A}{A}=\frac{1}{1+10^4\times0.1}\times10\%=0.01\%$$

可见，当无负反馈时的电压放大倍数变化 10%时，引入反馈深度约为 10^3 的负反馈后，闭环电压放大倍数仅变化 0.01%，放大倍数的稳定性得到了有效提高。

3. 改善非线性失真

在第 2 章介绍过，由于静态工作点选择不合适，或者输入信号过大，都可能引起输出信号波形的失真。放大电路引入负反馈后，非线性失真将会得到明显改善。图 3.2.7 定性地说明了负反馈改善波形失真的情况。

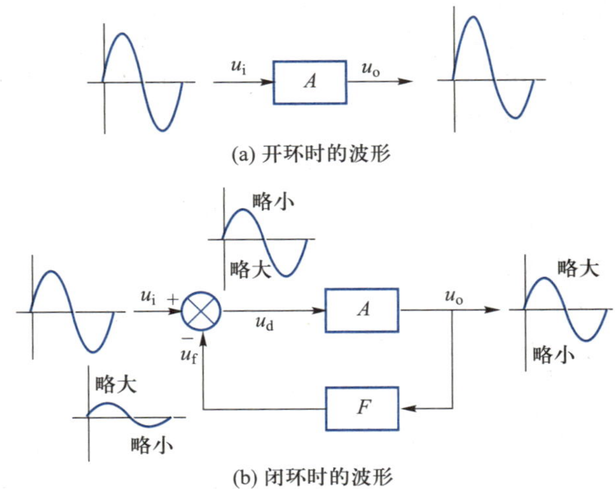

图 3.2.7　利用负反馈改善波形失真

设输入信号 u_i 为正弦波，假设不加负反馈时，由于非线性失真，使放大后得到的输出信号是正半周期较大、负半周期较小的波形，如图 3.2.7(a) 所示。引入负反馈后，如图 3.2.7(b) 所示，由于反馈电路是线性电路，反馈系数 F 为常数，反馈信号 u_f 与输出信号 u_o 成正比，故反馈信号 u_f 和输出信号 u_o 一样是正半周期较大、负半周期较小的失真波形；由于放大电路的净输入信号为外加输入信号与反馈信号之差，即 $u_d=u_i-u_f$，因此净输入信号 u_d 的波形将相反，成为正半周期较小、负半周期较大的失真波形；这样的净输入信号加到放大电路的输入端，经过放大将使输出波形正、负半周的不对称程度得到改善，从而减小非线性失真。综上所述，放大电路引入负反馈后，反馈信号可将输出端的失真信号引回到输入端，使净输入信号发生某种程度的相反失真，经过放大之后，即可使输出信号的失真得到一定程度的改善。从本质上说，负反馈是利用失真的波形来改善波形的失真，因此只能减小失真，不能完全消除失真。

4. 对放大电路输入电阻的影响

放大电路引入负反馈将改变放大电路的输入电阻。负反馈对输入电阻的影响取决于反馈电路与输入端的比较方式，即串联反馈还是并联反馈。

(1) 串联负反馈使输入电阻增大

在串联负反馈放大电路中，反馈信号与外加输入信号在输入回路中以电压的形式比较，而且反馈电压 u_f 将削弱输入电压 u_i 的作用，使净输入电压 u_d 减小，即 $u_d=u_i-u_f$。因此，在同样外加输入电压 u_i 的作用下，输入电流 i_i 将比无反馈时减小，因此输入电阻 r_{if} 增大。

由图 3.2.8(a) 可见，无反馈时放大电路的输入电压即为净输入信号，输入电阻 r_i 的计算公式如下

$$r_i=\frac{\dot{U}_i}{\dot{I}_i}=\frac{\dot{U}_d}{\dot{I}_i} \tag{3.2.12}$$

由图 3.2.8(b) 可见，引入串联负反馈后，放大电路的输入电阻 r_{if} 为

$$r_{if}=\frac{\dot{U}_i}{\dot{I}_i}=\frac{\dot{U}_d+\dot{U}_f}{\dot{I}_i} \tag{3.2.13}$$

式(3.2.13)中的反馈电压$\dot{U}_f$是净输入电压$\dot{U}_d$经放大电路和反馈电路后得到的，即

$$\dot{U}_f=AF\dot{U}_d \tag{3.2.14}$$

将式(3.2.14)代入式(3.2.13)，可得

$$r_{if}=\frac{\dot{U}_d+AF\dot{U}_d}{\dot{I}_i}=\frac{(1+AF)\dot{U}_d}{\dot{I}_i}=(1+AF)r_i \tag{3.2.15}$$

由式(3.2.15)可见，凡是串联负反馈，均将使输入电阻增大为无反馈时的 $1+AF$ 倍，与电压反馈还是电流反馈无关。

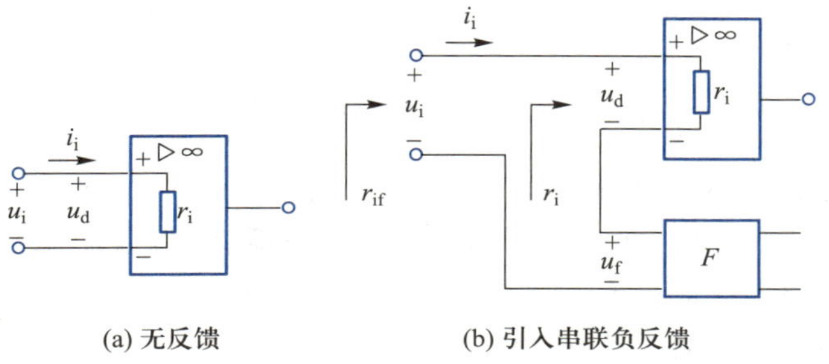

图 3.2.8 串联负反馈使输入电阻增大

(2) 并联负反馈使输入电阻减小

在并联负反馈放大电路中，反馈信号与外加输入信号在输入回路中以电流的形式比较，而且反馈电流 i_f 将削弱输入电流 i_i的作用，使净输入电流 i_d 减小，即 $i_d=i_i-i_f$。因此，在同样外加输入电压 u_i的作用下，输入电流 i_i将比无反馈时增大，于是输入电阻 r_{if} 减小。

由图 3.2.9(a)可见，无反馈时放大电路的输入电流即为净输入信号，输入电阻 r_i 的计算公式如下

$$r_i=\frac{\dot{U}_i}{\dot{I}_i}=\frac{\dot{U}_i}{\dot{I}_d} \tag{3.2.16}$$

由图 3.2.9(b)可见，引入并联负反馈后，放大电路的输入电阻 r_{if}为

$$r_{if}=\frac{\dot{U}_i}{\dot{I}_i}=\frac{\dot{U}_i}{\dot{I}_d+\dot{I}_f} \tag{3.2.17}$$

式(3.2.17)中的反馈电流$\dot{I}_f$是净输入电流$\dot{I}_d$经放大电路和反馈电路以后得到的，即

$$\dot{I}_f=AF\dot{I}_d \tag{3.2.18}$$

将式(3.2.18)代入式(3.2.17),可得

$$r_{\text{if}}=\frac{\dot{U}_{\text{i}}}{\dot{I}_{\text{d}}+AF\dot{I}_{\text{d}}}=\frac{\dot{U}_{\text{i}}}{1+AF\dot{I}_{\text{d}}}=\frac{1}{1+AF}r_{\text{i}} \tag{3.2.19}$$

由式(3.2.19)可见,凡是并联负反馈,均将使输入电阻减小为无反馈时的1/(1+AF)倍,与是电压反馈还是电流反馈无关。

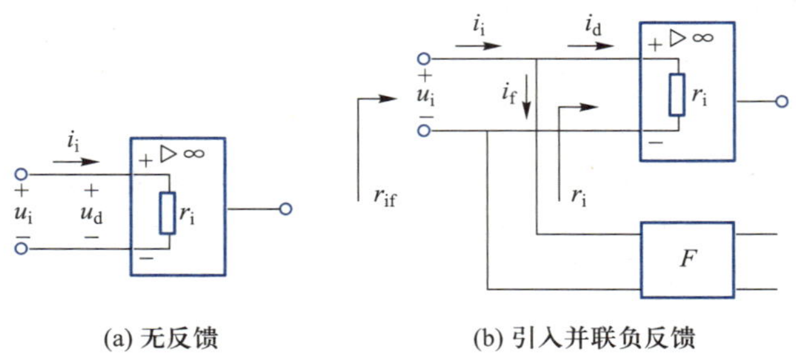

图 3.2.9 并联负反馈使输入电阻减小

5. 对放大电路输出电阻的影响

放大电路引入负反馈将改变放大电路的输出电阻,负反馈对输出电阻的影响与是电压反馈还是电流反馈有关。

(1) 电压负反馈使输出电阻减小

电压负反馈使输出电阻减小,例如在图3.2.2和图3.2.3所示的电压负反馈放大电路中,由于反馈信号正比于输出电压,具有稳定输出电压的作用,即有恒压输出特性。这就相当于减小了输出电阻,因为此时放大电路的输出端可等效成一个电压源的形式,这个电压源的内阻,就是放大电路的输出电阻。所以,放大电路引入电压负反馈后,放大电路的输出电阻减小了。

(2) 电流负反馈使输出电阻增大

电流负反馈使输出电阻增大,例如在图3.2.4和图3.2.5所示的电流负反馈放大电路中,由于反馈信号正比于输出电流,具有稳定输出电流的作用,即有恒流输出特性。这就相当于增大了输出电阻,因为此时放大电路的输出端可等效成一个电流源的形式,这个电流源的内阻,就是放大电路的输出电阻。所以,放大电路引入电流负反馈后,放大电路的输出电阻增大了。

6. 展宽通频带

通频带是放大电路的主要技术指标之一,引入负反馈是展宽通频带的有效措施之一。集成运算放大器内部采用直接耦合方式,无耦合电容,其低频特性良好,放大倍数基本是常数。无反馈时,由于半导体器件级间电容的存在,使放大倍数A随着频率的增高而下降。集成运算放大器外部引入负反馈后,由于反馈量正比于输出信号幅度,因此在高频段,当放大倍数减小时,输出信号幅度减小,负反馈随之减弱,从而使幅频特性趋于平坦。图3.2.10所示为集成运算放大器的幅频特性,f_2是开环(无负反馈)时的截止频率点,f_2'是闭环(有负反馈)时的截止频率点,$f_2'>f_2$,因此引入负反馈展宽了放大电路的通频带。

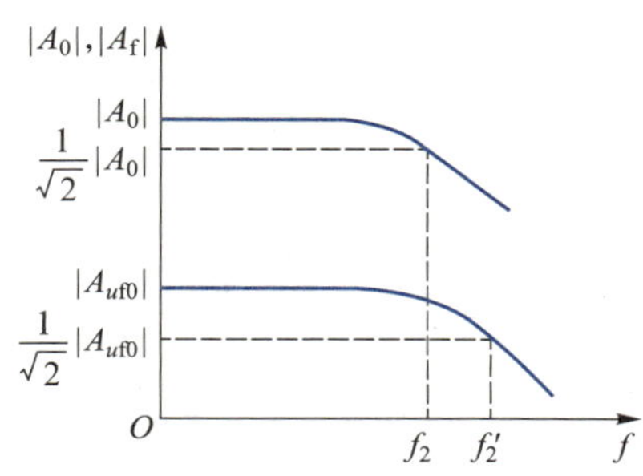

图 3.2.10 负反馈展宽通频带

练习与思考

3.2.1 什么是负反馈？放大电路为什么要引入负反馈？

3.2.2 为了实现下列要求，在交流放大电路中应引入哪种类型的负反馈？(1) 稳定输出电压，提高输入电阻；(2) 稳定输出电流，提高输入电阻。

3.2.3 什么是深度负反馈？在深度负反馈下，放大电路的放大倍数主要受什么影响？

3.2.4 有负反馈的某集成运算放大器电路，已知 $A=10^4$，$F=0.05$，如果输出电压 $U_o=3$ V，试求输入电压 U_i、反馈电压 U_f 和净输入电压 U_d。

3.3 集成运算放大器在信号运算方面的应用

当集成运算放大器外加深度负反馈时，运放工作在线性区，可以构成比例、加法、减法、积分、微分、对数和指数、乘法和除法等运算电路。

3.3.1 比例运算电路

1. 反相比例运算电路

讲义：
比例运算电路

反相比例运算电路如图 3.3.1 所示，输入信号 u_i 经电阻 R_1 接到运放反相输入端，同相输入端经电阻 R_2 接地，从输出端到反相输入端之间通过反馈电阻 R_F 引回一个深度负反馈，集成运放工作在线性区。

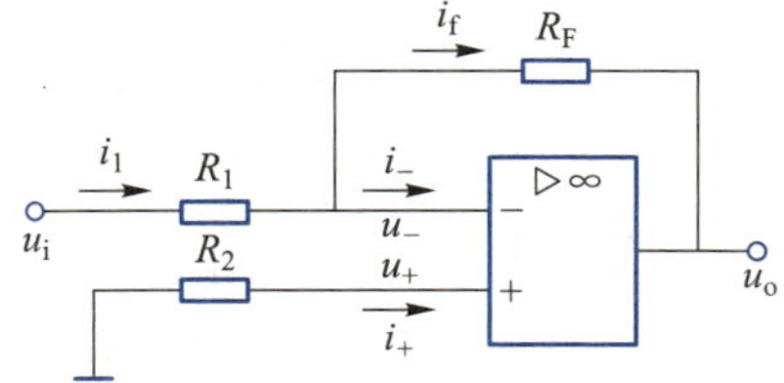

图 3.3.1 反相比例运算电路

视频：
比例运算电路

根据虚断的概念 $i_+=i_-=0$ 和虚短的概念 $u_-=u_+$，由电路可以得出

$$i_1=i_f$$

$$u_-=u_+=0$$

可见反相输入端为虚地，进而可以得出

$$i_1=\frac{u_i-u_-}{R_1}=\frac{u_i}{R_1}$$

$$i_f=\frac{u_--u_o}{R_F}=-\frac{u_o}{R_F}$$

由此得出电路输出电压为

$$u_o=-\frac{R_F}{R_1}u_i \tag{3.3.1}$$

式(3.3.1)表明，输出电压 u_o 与输入电压 u_i 是比例运算关系，而且相位相反，其比例系数即为放大电路的闭环电压放大倍数

$$A_{uf}=\frac{u_o}{u_i}=-\frac{R_F}{R_1} \tag{3.3.2}$$

由式(3.3.2)可知，电路的闭环电压放大倍数 A_{uf} 只与电阻 R_1 和 R_F 有关，而与运放本身的参数无关，因此可以通过调整这两个电阻的阻值来获得不同的电压放大倍数。

电路中的 R_2 是一个静态平衡电阻，其作用是使放大电路静态时的同相输入端和反相输入端对地电阻相等，以保证集成运放的输入级差分放大电路的对称性，因此其数值应为

$$R_2=R_1 /\!/ R_F \tag{3.3.3}$$

在电路中，如果取 $R_F=R_1$，由式(3.3.1)可知，$u_o=-u_i$，即 $A_{uf}=-1$，输出电压与输入电压大小相等，相位相反，此时的反相比例运算电路被称为反相器或反号器，常用于信号的反相或反号运算。

电路中集成运算放大器的反相输入端为虚地，所以电路的输入端与运放的反相输入端之间的电阻就是电路的输入电阻

$$r_{if}=R_1 \tag{3.3.4}$$

虽然理想运算放大器的输入电阻为无穷大，但反相比例运算电路的输入电阻并不高，原因是电路引入的是并联负反馈。

【例 3.3.1】 在图 3.3.2 所示电路中，已知电阻 R_F 远大于 R_4，R_F 支路对 R_3 和 R_4 电路的分流作用可忽略不计。求电路的电压放大倍数 A_{uf}。

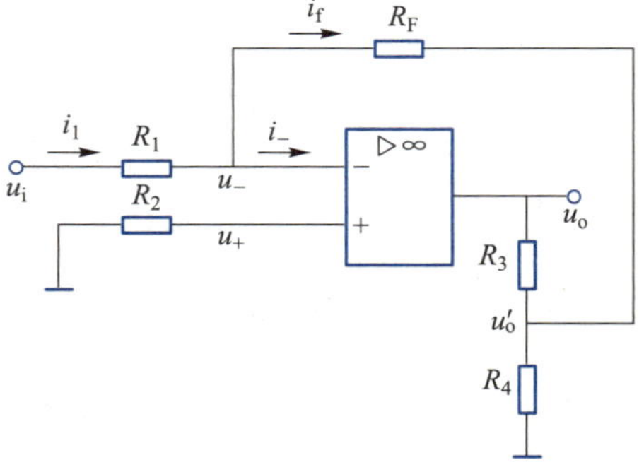

图 3.3.2　例 3.3.1 的图

【解】 电路存在负反馈，集成运放工作在线性区，根据虚断和虚短，电路中 $u_- = u_+ = 0$，所以

$$i_1 = \frac{u_i - u_-}{R_1} = \frac{u_i}{R_1}$$

$$i_f = \frac{u_- - u_o'}{R_F} = \frac{-u_o'}{R_F}$$

再根据电路中 $i_1 = i_f$，可以得出

$$u_o' = -\frac{R_F}{R_1}u_i$$

因为忽略 R_F 支路的分流作用，利用串联分压，u_o' 又可表示为

$$u_o' = \frac{R_4}{R_3 + R_4}u_o$$

由以上两式可以得出电路的电压放大倍数

$$A_{uf} = \frac{u_o}{u_i} = -\frac{R_F}{R_1}\left(1 + \frac{R_3}{R_4}\right)$$

可见，该电路也是一个反相比例运算电路，但其电压放大倍数 A_{uf} 不仅与电阻 R_1 和 R_F 有关，而且还与电阻 R_3 和 R_4 有关，因此可以在不改变 R_1 和 R_F 的情况下，通过调整电阻 R_3 和 R_4 的阻值来改变电压放大倍数 A_{uf} 的大小。

2. 同相比例运算电路

同相比例运算电路如图 3.3.3 所示，输入信号 u_i 经电阻 R_2 接到运放同相输入端，反相输入端经电阻 R_1 接地，从输出端到反相输入端之间通过反馈电阻 R_F 引回一个深度负反馈。

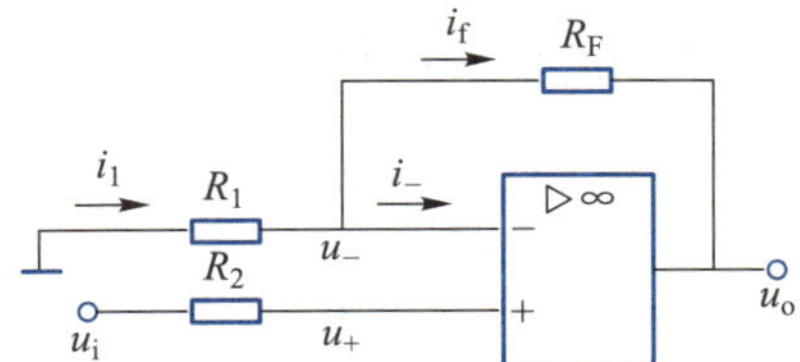

图 3.3.3　同相比例运算电路

根据虚短和虚断的概念可知 $u_- = u_+ = u_i$，$i_1 = i_f$，进而得出

$$i_1 = \frac{0 - u_-}{R_1} = -\frac{u_i}{R_1}$$

$$i_f = \frac{u_- - u_o}{R_F} = \frac{u_i - u_o}{R_F}$$

由以上两式可以得出电路的输出电压为

$$u_o = \left(1 + \frac{R_F}{R_1}\right)u_i \tag{3.3.5}$$

由此可知 u_o 和 u_i 是比例运算关系，且相位相同，电路的电压放大倍数为

$$A_{uf} = 1 + \frac{R_F}{R_1} \tag{3.3.6}$$

由电路的电压放大倍数表达式可知，同相比例运算电路的电压放大倍数也只与电阻 R_1 和 R_F 有关，而与集成运算放大器本身的参数无关，因此也可以通过调整这两个电阻的阻值来获得不同的电压放大倍数。

R_2 是静态平衡电阻，其数值应为

$$R_2 = R_1 /\!/ R_F \tag{3.3.7}$$

如果使 $R_1=\infty$（断开），电路将变成图 3.3.4(a)；或者使 $R_1=\infty$，$R_F=0$，电路将变成图 3.3.4(b)。根据式(3.3.6)，这两种情况下电路的电压放大倍数都为 $A_{uf}=1$，电路的输出电压和输入电压相同，即 $u_o=u_i$，此时的同相比例运算电路被称为电压跟随器。

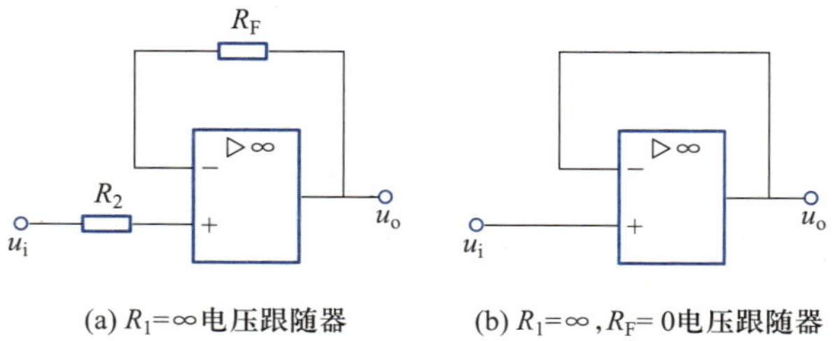

(a) $R_1=\infty$ 电压跟随器　　(b) $R_1=\infty$，$R_F=0$ 电压跟随器

图 3.3.4　电压跟随器

【例 3.3.2】　在图 3.3.5 所示的两级运算电路中，$R_1=50\ \text{k}\Omega$，$R_F=150\ \text{k}\Omega$。若输入电压 $u_I=1\ \text{V}$，试求输出电压 u_O。

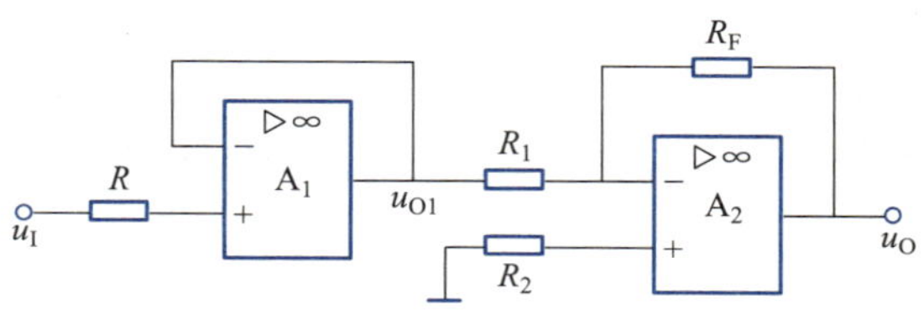

图 3.3.5　例 3.3.2 的图

【解】　第一级 A_1 是电压跟随器，输出电压

$$u_{O1}=u_I=1\ \text{V}$$

第二级 A_2 是反相比例运算电路，输出电压

$$u_O=-\frac{R_F}{R_1}u_{O1}=-\frac{150}{50}\times 1\ \text{V}=-3\ \text{V}$$

【例 3.3.3】　在图 3.3.6 所示运算电路中，已知 $R_1=R_2=10\ \text{k}\Omega$，$R_{F2}=500\ \text{k}\Omega$，$R_3=R_5=R_{F1}=100\ \text{k}\Omega$。求输入电压 u_i 和输出电压 u_o 的关系式。

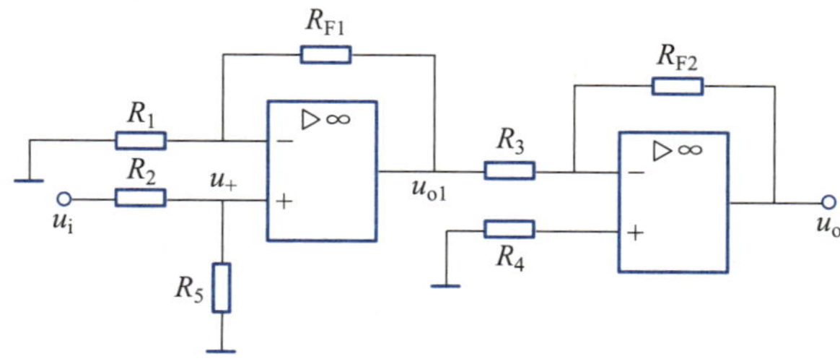

图 3.3.6　例 3.3.3 的图

【解】　第一级为同相比例运算电路，第二级为反相比例运算电路。在第一级利用同相比例运算电路结论之前，需要首先求出 u_+。根据虚断，流入第一级运放同相输入端的电流近似为零，利用串联分压可得

$$u_+=\frac{R_5}{R_2+R_5}u_i=\frac{10}{11}u_i$$

第一级，利用同相比例运算电路的结论可得

$$u_{o1}=\left(1+\frac{R_{F1}}{R_1}\right)u_+=10u_i$$

第二级，利用反相比例运算电路的结论可得

$$u_o=-\frac{R_{F2}}{R_3}u_{o1}=-50u_i$$

3.3.2　加法运算电路

讲义：
加法运算电路

视频：
加法运算电路

加法运算电路能够实现多个模拟量的求和运算，当多个输入信号接到运放反相输入端时称为反相输入加法运算电路，当输入信号接到运放同相输入端时称为同相输入加法运算电路。

1. 反相输入加法运算电路

图 3.3.7 是一个三输入信号的反相输入加法运算电路。输入电压 u_{i1}、u_{i2}、u_{i3} 分别通过电阻 R_{11}、R_{12}、R_{13} 同时接到集成运放的反相输入端。同相输入端经电阻 R_2 接地，从输出端到反相输入端之间通过反馈电阻 R_F 引回一个深度负反馈。

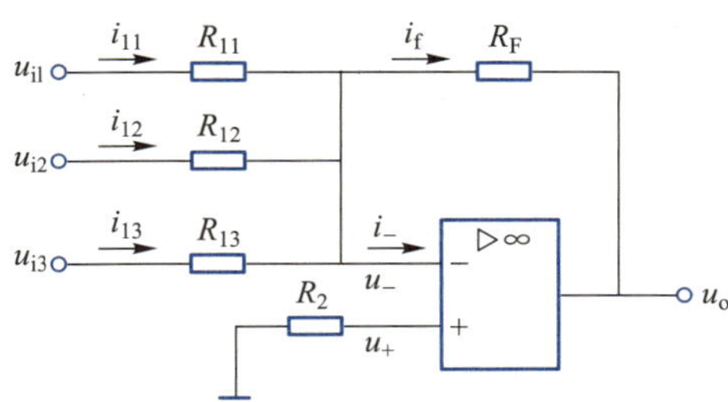

图 3.3.7　反相输入加法运算电路

根据虚短的概念可知，$u_-=u_+=0$，因而可以得出

$$i_{11}=\frac{u_{i1}-u_-}{R_{11}}=\frac{u_{i1}}{R_{11}}$$

$$i_{12}=\frac{u_{i2}-u_-}{R_{12}}=\frac{u_{i2}}{R_{12}}$$

$$i_{13}=\frac{u_{i3}-u_-}{R_{13}}=\frac{u_{i3}}{R_{13}}$$

$$i_f=\frac{u_--u_o}{R_F}=-\frac{u_o}{R_F}$$

根据虚断的概念可知 $i_-=0$，所以

$$i_{11}+i_{12}+i_{13}=i_f$$

由以上关系式可得输出电压与各输入电压的关系为

$$u_o = -R_F\left(\frac{u_{i1}}{R_{11}}+\frac{u_{i2}}{R_{12}}+\frac{u_{i3}}{R_{13}}\right) \tag{3.3.8}$$

当 $R_{11}=R_{12}=R_{13}=R_1$ 时，上式变为

$$u_o = -\frac{R_F}{R_1}(u_{i1}+u_{i2}+u_{i3}) \tag{3.3.9}$$

如果 $R_{11}=R_{12}=R_{13}=R_F$，则

$$u_o = -(u_{i1}+u_{i2}+u_{i3}) \tag{3.3.10}$$

静态平衡电阻 R_2 应为

$$R_2 = R_{11}/\!/R_{12}/\!/R_{13}/\!/R_F \tag{3.3.11}$$

【例 3.3.4】 某一测量系统利用传感器将非电信号变换为电信号后，利用图 3.3.7所示电路进行运算，若已知输出电压和输入电压的关系为 $u_o=-(2.5u_{i1}+5u_{i2}+4u_{i3})$，$R_F=100\ \text{k}\Omega$，试设计图中各输入电阻和平衡电阻。

【解】 由式(3.3.8)和式(3.3.11)可得

$$R_{11}=\frac{R_F}{2.5}=\frac{100\times10^3}{2.5}\ \Omega=40\ \text{k}\Omega$$

$$R_{12}=\frac{R_F}{5}=\frac{100\times10^3}{5}\ \Omega=20\ \text{k}\Omega$$

$$R_{13}=\frac{R_F}{4}=\frac{100\times10^3}{4}\ \Omega=25\ \text{k}\Omega$$

$$R_2=R_{11}/\!/R_{12}/\!/R_{13}/\!/R_F=8\ \text{k}\Omega$$

2. 同相输入加法运算电路

图 3.3.8 是一个三输入信号的同相输入加法运算电路。输入电压 u_{i1}、u_{i2}、u_{i3} 分别通过电阻 R_{11}、R_{12}、R_{13} 接到运放的同相输入端，且同相输入端经电阻 R_2 接地。运放反相输入端通过电阻 R_1 接地，从输出端到反相输入端之间通过反馈电阻 R_F 引回一个深度负反馈。

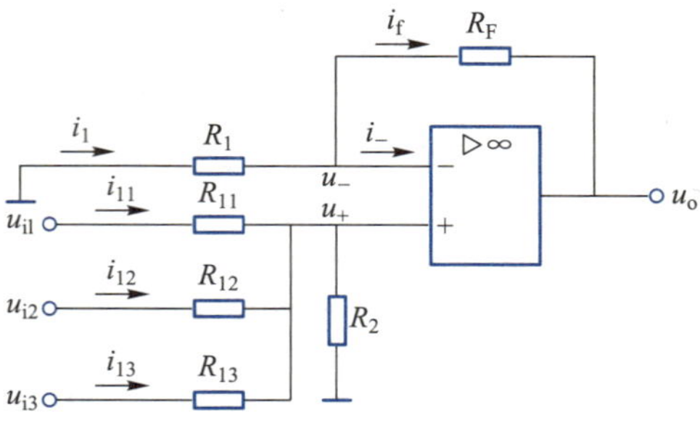

图 3.3.8 同相输入加法运算电路

利用节点电压法可得同相输入端电压

$$u_+ = \frac{\dfrac{u_{i1}}{R_{11}}+\dfrac{u_{i2}}{R_{12}}+\dfrac{u_{i3}}{R_{13}}}{\dfrac{1}{R_{11}}+\dfrac{1}{R_{12}}+\dfrac{1}{R_{13}}+\dfrac{1}{R_2}}$$

根据 $i_1=i_f$，可得

$$\frac{0-u_-}{R_1}=\frac{u_--u_o}{R_F}\Rightarrow u_o=\left(1+\frac{R_F}{R_1}\right)u_-$$

根据虚短 $u_-=u_+$，可得电路输出电压与各输入电压的关系

$$u_o=R_F\frac{R_P}{R_N}\left(\frac{u_{i1}}{R_{11}}+\frac{u_{i2}}{R_{12}}+\frac{u_{i3}}{R_{13}}\right) \tag{3.3.12}$$

式中，$R_P=R_2/\!/R_{11}/\!/R_{12}/\!/R_{13}$；$R_N=R_1/\!/R_F$。

如果 $R_P=R_N$，则

$$u_o=R_F\left(\frac{u_{i1}}{R_{11}}+\frac{u_{i2}}{R_{12}}+\frac{u_{i3}}{R_{13}}\right) \tag{3.3.13}$$

由此可见，要使图 3.3.8 所示同相输入加法运算电路实现式(3.3.13)的输入、输出关系，必须满足 $R_P=R_N$，即 $R_2/\!/R_{11}/\!/R_{12}/\!/R_{13}=R_1/\!/R_F$(如果 $R_{11}/\!/R_{12}/\!/R_{13}=R_1/\!/R_F$，则可以省去 R_2)，因此同相输入加法运算电路的电阻阻值调整比较麻烦，不如反相输入加法运算电路方便。

以上分析的是三个输入信号的反相和同相输入加法运算电路，实际上加法运算电路输入端的数量是任意的，无论有多少个输入端，分析输入、输出关系的方法是相同的。

反相输入加法运算电路的优点是，当改变其中某一路输入端的电阻值时，只会改变该路输入电压与输出电压之间的比例关系，而对其他各路输入电压与输出电压之间的比例关系没有影响，因此调节比较灵活方便。另外，由于反相输入端虚地，因此选用集成运算放大器时，对其最大共模输入电压的指标要求不高。在实际工作中，反相加法运算电路应用比较广泛。

同相输入加法运算电路由于运算关系和平衡电阻的选取比较复杂，并且同相输入时集成运放的两个输入端承受共模电压，它不允许超过集成运算放大器的最大共模输入电压，因此，一般较少使用同相输入加法运算电路。若需要进行同相加法运算，只需在反相加法运算电路后加一级反相器即可。

3.3.3 减法运算电路

减法运算电路如图 3.3.9 所示，集成运算放大器两个输入端均有信号输入，为差分输入。减法运算也称为差分运算，被广泛应用在测量和控制系统中。

讲义：
减法运算电路

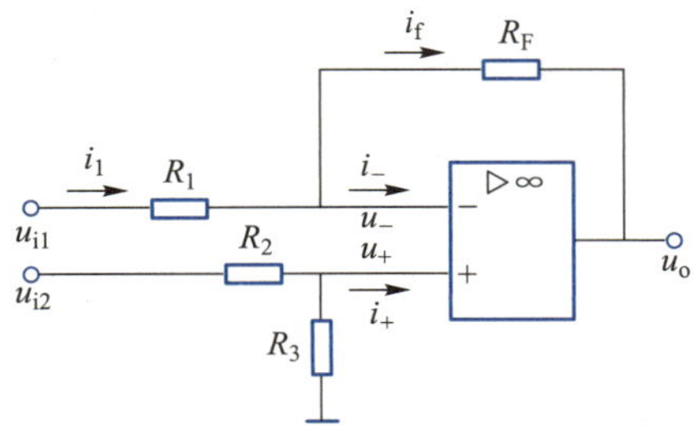

图 3.3.9 减法运算电路

视频：
减法运算电路

根据虚断 $i_+=i_-=0$，所以 R_F 和 R_1 相当于串联，R_2 和 R_3 相当于串联，因此

$$u_- = u_{i1} - i_1 R_1 = u_{i1} - \frac{u_{i1} - u_o}{R_1 + R_F} R_1$$

$$u_+ = \frac{u_{i2}}{R_2 + R_3} R_3$$

根据虚短 $u_+ = u_-$，从上列两式可得出

$$u_o = \left(1 + \frac{R_F}{R_1}\right) \frac{R_3}{R_2 + R_3} u_{i2} - \frac{R_F}{R_1} u_{i1} \tag{3.3.14}$$

除了采用虚短和虚断的分析方法，分析减法运算电路也可以采用叠加定理。当两个输入信号单独作用时，该减法运算电路可分解成两个电路，如图 3.3.10 所示。

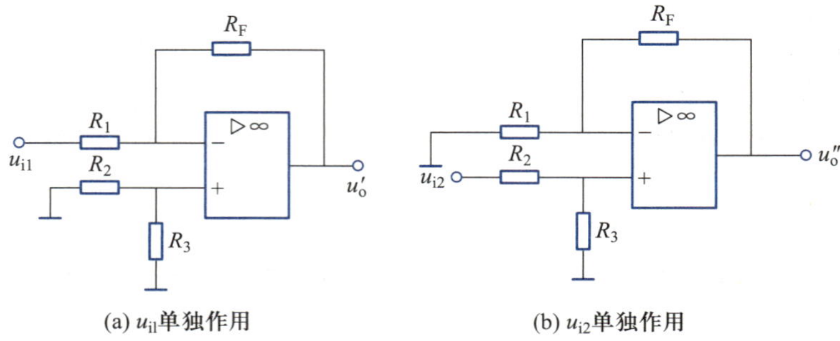

图 3.3.10　用叠加定理分析减法运算电路

由图 3.3.10(a)可知，u_{i1}单独作用时电路为反相比例运算电路，输出电压 u_o'为

$$u_o' = -\frac{R_F}{R_1} u_{i1}$$

由图 3.3.10(b)可知，u_{i2}单独作用时电路为同相比例运算电路。由于电阻 R_3的分压作用，使同相输入端电位 $u_+ = \frac{R_3}{R_2 + R_3} u_{i2}$，所以输出电压 u_o''为

$$u_o'' = \left(1 + \frac{R_F}{R_1}\right) u_+ = \left(1 + \frac{R_F}{R_1}\right) \frac{R_3}{R_2 + R_3} u_{i2}$$

因此 u_{i1}和 u_{i2}同时作用时输出电压为

$$u_o = u_o' + u_o'' = \left(1 + \frac{R_F}{R_1}\right) \frac{R_3}{R_2 + R_3} u_{i2} - \frac{R_F}{R_1} u_{i1} \tag{3.3.15}$$

上式与式(3.3.14)相同，可见采用叠加定理与采用虚短和虚断分析方法得到的结论相同，后续在分析减法运算电路时，多采用叠加定理。

当 $R_1 = R_2, R_3 = R_F$时，式(3.3.15)变为

$$u_o = \frac{R_F}{R_1}(u_{i2} - u_{i1}) \tag{3.3.16}$$

如果 $R_1 = R_2 = R_3 = R_F$，则

$$u_o = u_{i2} - u_{i1} \tag{3.3.17}$$

由上面的输出电压表达式可知，图 3.3.9 所示电路的输出电压与两个输入信号的差值成正比，因而实现了减法运算。

如果图 3.3.9 所示电路的同相输入端和反相输入端的输入信号都不止一个，就可以实现对输入信号的加减运算。图 3.3.11 所示电路是同相输入端和反相输入端分别有两个输入信号的加减运算电路。

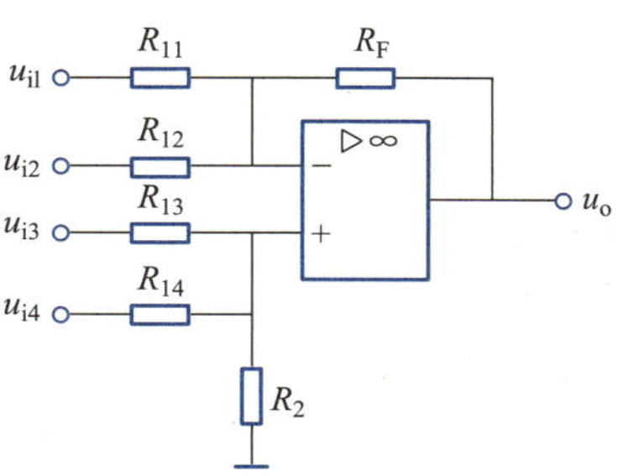

图 3.3.11 加减运算电路

当 $R_{11}/\!/R_{12}/\!/R_F=R_2/\!/R_{13}/\!/R_{14}$时，电路的输出电压与各输入电压的关系为

$$u_o=R_F\left(\frac{u_{i3}}{R_{13}}+\frac{u_{i4}}{R_{14}}-\frac{u_{i1}}{R_{11}}-\frac{u_{i2}}{R_{12}}\right) \tag{3.3.18}$$

图 3.3.11 所示电路在只有反相输入端信号 u_{i1} 和 u_{i2}作用时，是反相输入加法运算电路，在只有同相输入端信号 u_{i3}和 u_{i4}作用时，是同相输入加法运算电路，因此该电路也被称为双端求和运算电路。

【例 3.3.5】 已知电路如图 3.3.12 所示，求电路输出电压与输入电压的关系。

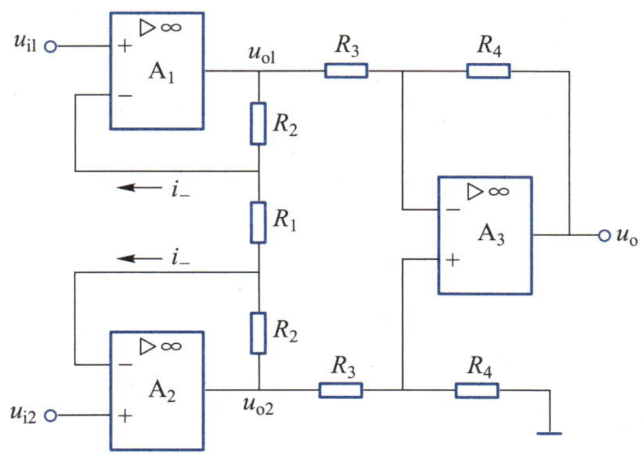

图 3.3.12 例 3.3.5 的图

【解】 根据虚短的概念可知，运放 A_1的反相输入端电位为 u_{i1}，运放 A_2的反相输入端电位为 u_{i2}。电阻 R_1接在运放 A_1和运放 A_2的反相输入端之间，因而电阻 R_1两端电位差应为 $u_{i1}-u_{i2}$。

根据虚断，$i_-=0$，因此电阻 R_1和上下两个电阻 R_2中的电流相等，根据串联分压公式可得

$$\frac{u_{i1}-u_{i2}}{R_1}=\frac{u_{o1}-u_{o2}}{2R_2+R_1}$$

即

$$u_{o1}-u_{o2}=\left(1+\frac{2R_2}{R_1}\right)(u_{i1}-u_{i2})$$

u_{o1}和 u_{o2}作为运放 A_3的差分输入，根据公式(3.3.16)可得输出电压

$$u_o=\frac{R_4}{R_3}(u_{o2}-u_{o1})$$

所以

$$u_o=-\frac{R_4}{R_3}(u_{o1}-u_{o2})=-\frac{R_4}{R_3}\left(1+\frac{2R_2}{R_1}\right)(u_{i1}-u_{i2})$$

若用 u_i表示差模输入信号即

$$u_i=u_{i1}-u_{i2}$$

则

$$u_o=-\frac{R_4}{R_3}\left(1+\frac{2R_2}{R_1}\right)u_i$$

当 $u_{i1}=u_{i2}$，即输入共模信号时，输出电压为零，因此该电路放大差模信号，抑制共模信号。电路中的运放 A_1和运放 A_2均采用同相输入方式，输入电阻很高，由于电路结构对称，对共模信号的抑制能力很强。该电路适用于放大弱信号，是测量仪表中常用的基本电路，也称仪用放大器，市场上仪用放大器有专门的集成电路芯片，如 AD620。

讲义：
积分运算电路

视频：
积分运算电路

3.3.4 积分运算电路

积分运算电路如图 3.3.13 所示，在电路结构上与反相比例运算电路相似，不同之处是用电容 C 代替反馈电阻 R_F。

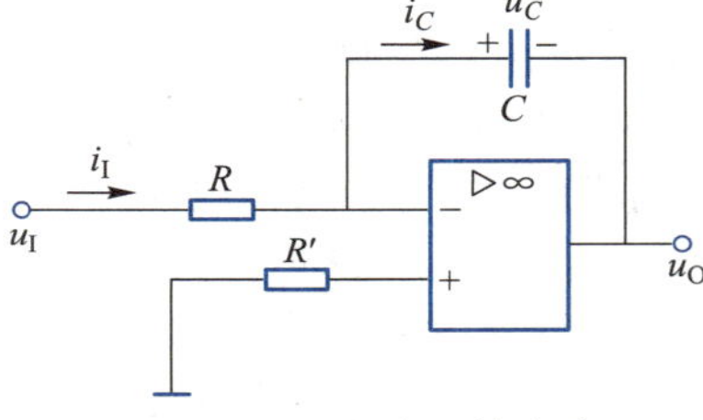

图 3.3.13 积分运算电路

电路存在负反馈，集成运放工作在线性区，根据虚短和虚断可知 $i_C=i_I$，所以

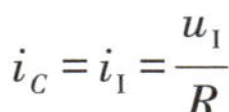

$$i_C=i_I=\frac{u_I}{R}$$

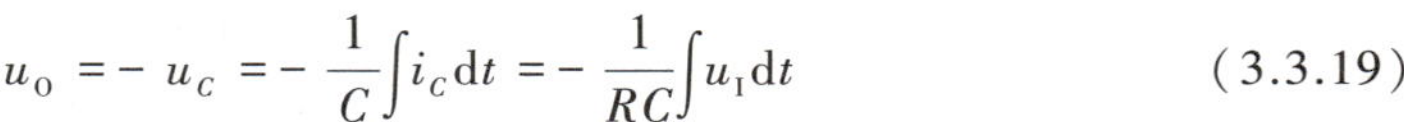

$$u_O=-u_C=-\frac{1}{C}\int i_C\mathrm{d}t=-\frac{1}{RC}\int u_I\mathrm{d}t \tag{3.3.19}$$

式(3.3.19)表明积分电路的输出电压与输入电压的积分成比例，式中的负号表示两者相位相反。RC 称为积分时间常数。

当输入电压是幅值为 U_I的阶跃信号时，则输出电压 u_O的表达式为

$$u_O=-\frac{1}{RC}\int U_I\mathrm{d}t=-\frac{U_I}{RC}t \tag{3.3.20}$$

由式(3.3.20)可知，当电路的输入信号是阶跃信号时，输出电压按线性规律变化，最后达到负饱和值$-U_{O(sat)}$。图 3.3.14 是积分运算电路的阶跃响应。

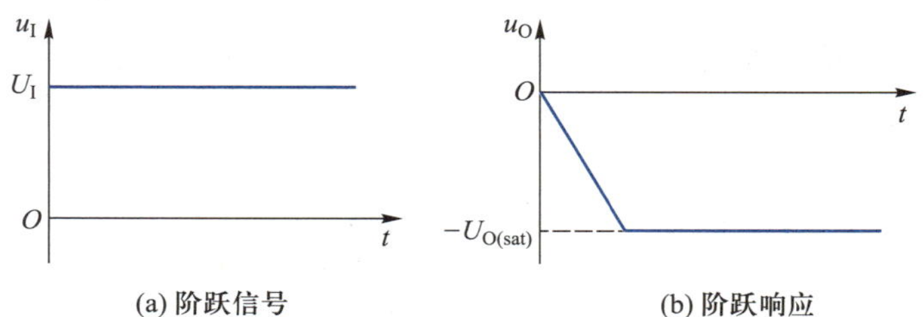

(a) 阶跃信号　　(b) 阶跃响应

图 3.3.14 积分运算电路的阶跃响应

在以前学过的简单 RC 积分电路中，当输入电压一定时，随着电容充电过程的进行，充电电流 i_C 不断衰减，电路的输出电压按指数规律增长，线性度较差。而由理想运算放大器组成的积分电路，由于充电电流恒定（$i_C = u_I/R$），所以在输出电玉 u_O 达到饱和之前是时间的一次函数，按线性规律变化。利用积分运算电路可以实现延时、定时，以及矩形波、锯齿波的产生等。

【例 3.3.6】 试求图 3.3.15 所示电路输出电压 u_O 与输入电压 u_I 的关系式。

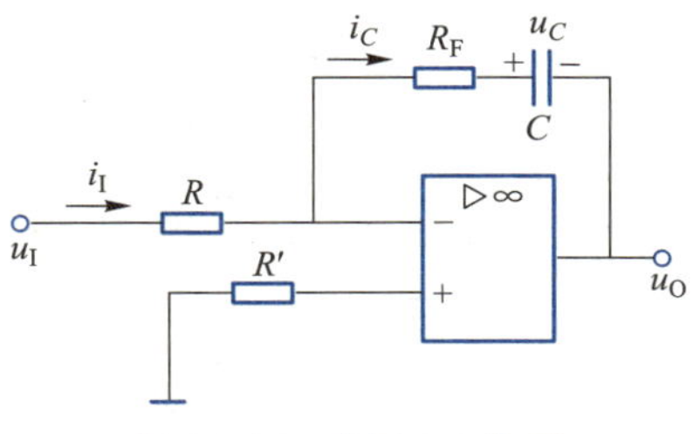

图 3.3.15　例 3.3.6 的图

【解】 由图 3.3.15 可列出

$$u_O - u_- = -R_F i_C - u_C = -R_F i_C - \frac{1}{C}\int i_C \mathrm{d}t$$

$$i_I = \frac{u_I - u_-}{R}$$

因 $u_- = u_+ = 0$，$i_I = i_C$，故得

$$u_O = -\left(\frac{R_F}{R}u_I + \frac{1}{RC}\int u_I \mathrm{d}t\right) \tag{3.3.21}$$

图 3.3.15 所示电路可以看成是由反相比例运算电路和积分运算电路组合构成的，所以称为比例-积分调节器，简称 PI（proportional integral）调节器。在自动控制系统中常用 PI 调节器来保证系统的稳定性和控制精度。

3.3.5　微分运算电路

微分运算电路如图 3.3.16 所示，微分运算是积分运算的逆运算，只需将反相输入端的电阻和电容位置互换，就变成微分运算电路。

讲义：
微分运算电路

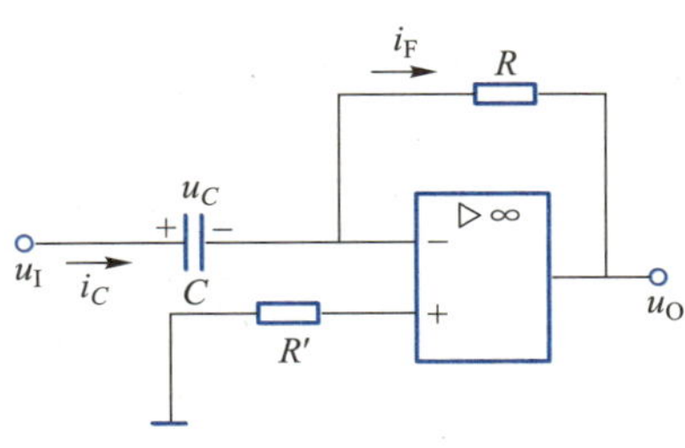

图 3.3.16　微分运算电路

视频：
微分运算电路

由于 $u_- = u_+ = 0$，$i_C = i_F$，所以

$$i_F = i_C = C\frac{\mathrm{d}u_C}{\mathrm{d}t} = C\frac{\mathrm{d}u_I}{\mathrm{d}t}$$

可以得到输出电压

$$u_O=-Ri_F=-RC\frac{du_I}{dt} \tag{3.3.22}$$

式(3.3.22)表明微分电路的输出电压与输入电压的微分成比例，式中的负号表示两者相位相反。

【例 3.3.7】 试求图 3.3.17 所示电路输出电压 u_O与输入电压 u_I的关系式。

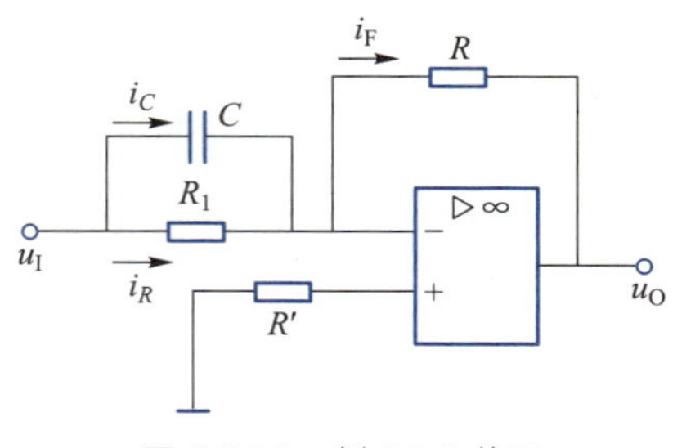

图 3.3.17 例 3.3.7 的图

【解】 根据虚地可知 $u_-=u_+=0$，再根据虚断可以得出 $i_F=i_R+i_C$，从而

$$i_F=i_R+i_C=\frac{u_I}{R_1}+C\frac{du_I}{dt}$$

$$u_O=-i_FR$$

可以得到输出电压

$$u_O=-\left(\frac{R}{R_1}u_I+RC\frac{du_I}{dt}\right)$$

图 3.3.17 所示电路可以看成是由反相比例运算电路和微分运算电路组合构成的，所以称为比例-微分调节器，简称 PD（proportional differential）调节器。在自动控制系统中常用 PD 调节器来加速调节过程。

3.3.6 对数和指数运算电路

讲义：
对数和指数运算电路

PN 结的伏安特性曲线在第一象限按照指数规律变化，因此可利用二极管或晶体管与集成运放一起来实现对数和指数运算。

1. 对数运算

视频：
对数和指数运算电路

采用二极管的对数运算电路如图 3.3.18 所示。为使二极管导通，输入电压 u_I应大于零。

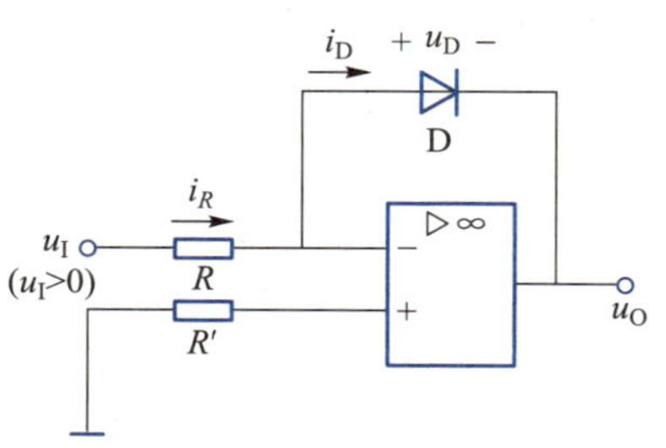

图 3.3.18 二极管对数运算电路

由二极管的伏安特性可知，当二极管加正向电压且 $u_D >> U_T$（$T = 300K$，$U_T = 26\ mV$）时，其电流变化规律为

$$i_D \approx I_S e^{\frac{u_D}{U_T}}$$

其中，I_S为二极管反向饱和电流。

变换可得

$$u_D \approx U_T \ln \frac{i_D}{I_S}$$

根据虚短和虚断，$u_- = u_+ = 0$，且 $i_D = i_R$，所以

$$i_D = i_R = \frac{u_I}{R}$$

进而可以得出输出电压为

$$u_O = -u_D \approx -U_T \ln \frac{u_I}{I_S R} \tag{3.3.23}$$

对数运算电路也可以用晶体管来实现。

2. 指数运算

指数运算与对数运算互为反函数，指数运算电路有时也称为反对数运算电路。采用二极管的指数运算电路如图 3.3.19 所示。

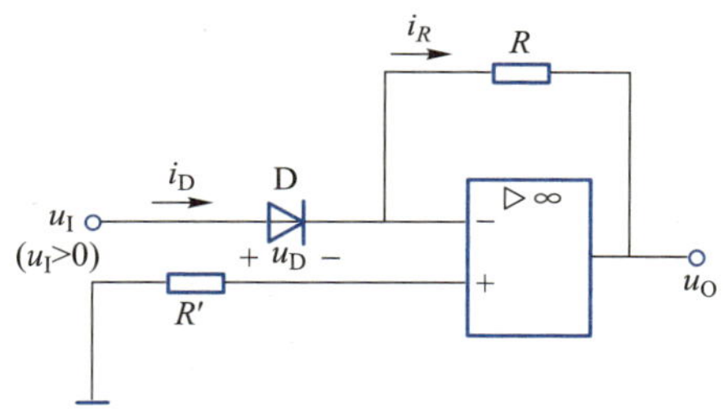

图 3.3.19　二极管指数运算电路

根据电路结构和二极管伏安特性可以得出

$$i_R = i_D \approx I_S e^{\frac{u_D}{U_T}}$$

根据虚短 $u_- = u_+ = 0$，所以

$$u_D = u_I$$

因此电路的输出电压为

$$u_O = -i_R R \approx -RI_S e^{\frac{u_I}{U_T}} \tag{3.3.24}$$

指数运算电路也可以用晶体管来实现。

3.3.7　乘法和除法运算电路

实现两个输入信号的乘法运算，可以先把这两个信号分别取对数，再进行加法运算，然后把得到的和进行指数运算。图 3.3.20 是用对数和指数运算电路实现乘法运算的电路框图，具体电路如图 3.3.21 所示。

讲义：乘法和除法运算电路

视频：乘法和除法运算电路

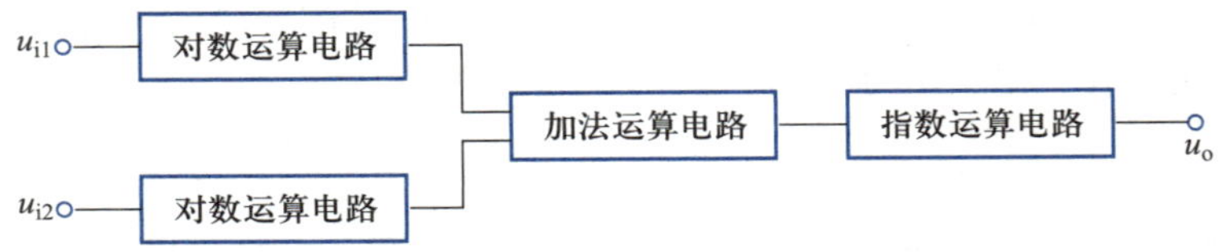

图 3.3.20　用对数和指数运算电路实现乘法运算的电路框图

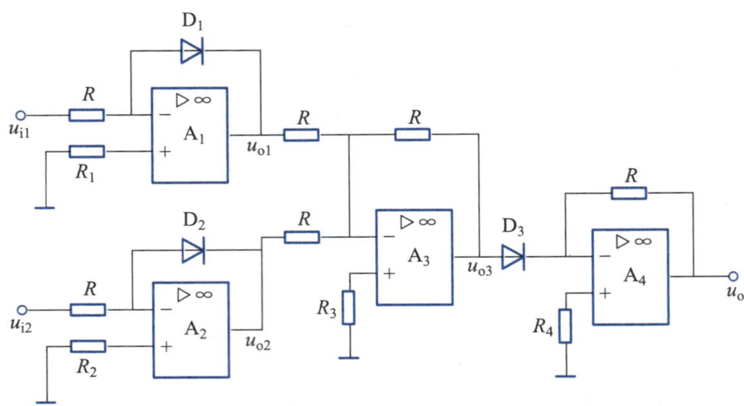

图 3.3.21　乘法运算电路

由电路可知

$$u_{o1} \approx -U_T \ln \frac{u_{i1}}{I_S R}$$

$$u_{o2} \approx -U_T \ln \frac{u_{i2}}{I_S R}$$

$$u_{o3} = -(u_{o1}+u_{o2}) = U_T \ln \frac{u_{i1}}{I_S R} + U_T \ln \frac{u_{i2}}{I_S R} = U_T \ln \frac{u_{i1} u_{i2}}{(I_S R)^2}$$

$$u_o \approx -RI_S e^{\frac{u_{o3}}{U_T}} = -\frac{1}{RI_S} u_{i1} u_{i2} \tag{3.3.25}$$

同理,要实现两个输入信号的除法运算,可以先把这两个信号分别取对数,再进行减法运算,然后把减法运算得到的结果进行指数运算。因此把图 3.3.20 和图 3.3.21 中的加法运算电路换成减法运算电路就可得到除法运算电路,电路表达式为

$$u_o = -RI_S \frac{u_{i1}}{u_{i2}} \tag{3.3.26}$$

目前在实际应用中已有多种集成模拟乘法器可以选用,图 3.3.22 是集成模拟乘法器的符号。

集成模拟乘法器有两个输入端和一个输出端,其输入、输出关系为

$$u_o = k u_x u_y \tag{3.3.27}$$

式中,k 为比例系数。

应用集成模拟乘法器可以方便地实现乘法、除法、开方运算电路。图 3.3.23 是用集成模拟乘法器实现平方运算的电路。

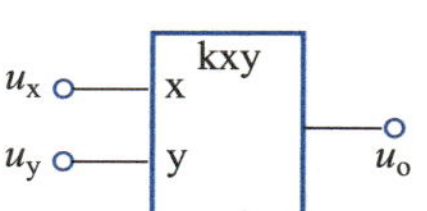

图 3.3.22 集成模拟乘法器的符号

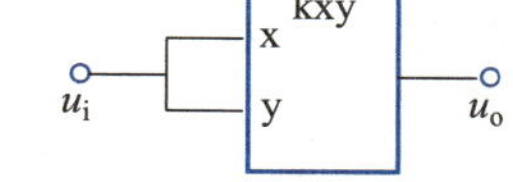

图 3.3.23 平方运算电路

电路的输出电压为

$$u_o = ku_i^2 \tag{3.3.28}$$

图 3.3.24 是用集成模拟乘法器实现的三次方运算电路。

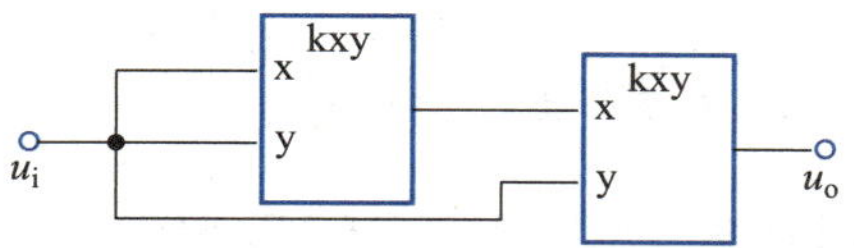

图 3.3.24 三次方运算电路

电路的输出电压为

$$u_o = k^2 u_i^3 \tag{3.3.29}$$

【例 3.3.8】 求图 3.3.25 所示电路输出电压 u_o 与输入电压 u_{i1} 和 u_{i2} 的关系式。

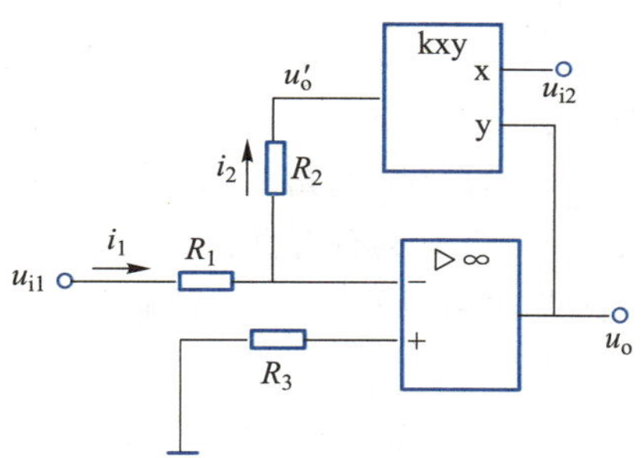

图 3.3.25 例 3.3.8 的图

【解】 集成运放存在负反馈，工作在线性区，根据虚短和虚断可知 $u_- = u_+ = 0$，且 $i_1 = i_2$，所以

$$\frac{u_{i1}}{R_1} = -\frac{u_o'}{R_2}$$

图中集成模拟乘法器的两个输入信号分别为 u_{i2} 和 u_o，所以其输出 u_o' 为

$$u_o' = ku_{i2}u_o$$

整理以上两式可得

$$u_o = -\frac{R_2}{kR_1}\frac{u_{i1}}{u_{i2}} \tag{3.3.30}$$

可见图 3.3.25 所示电路能够实现除法运算。

集成模拟乘法器除了用于信号运算外，还可以用于信号处理，在自动控制、仪器仪表、广播电视等方面有广泛的应用。

练习与思考

3.3.1　为什么同相和反相比例运算电路的电压放大倍数与集成运算放大器本身参数无关？

3.3.2　由理想运算放大器组成的基本运算电路，它们的输出电压与输入电压的关系是否会随负载的不同而改变？若集成运算放大器不是理想的，情况会如何？

3.3.3　在同相比例运算电路中，集成运算放大器是否有共模输入信号？为什么？

3.3.4　由理想运算放大器组成的基本运算电路的输出电压与输入电压的关系式，是否输入电压无论多大都能成立？

3.4　集成运算放大器在信号处理方面的应用

除了实现信号运算外，对模拟信号进行处理是集成运算放大器的另一个重要应用方面，本节主要讨论有源滤波器和电压比较器。在有源滤波器中，集成运放工作在线性区；在电压比较器中，集成运放工作在非线性区。

3.4.1　有源滤波器

滤波电路是一种选频电路，即对信号的频率具有选择性，能够使特定频率范围的信号通过，而使其他频率的信号大大衰减，即阻止其通过。滤波电路按工作频率范围可分为低通滤波器、高通滤波器、带通滤波器、带阻滤波器、全通滤波器等。仅由电阻、电容、电感这些无源元件组成的滤波电路称为无源滤波器；如果滤波电路中含有有源器件（如集成运算放大器等）则称为有源滤波器。有源滤波器与无源滤波器相比具有很多优点，但有源滤波器只适用于信号处理，不适用于高压大电流的情况。

讲义：
有源滤波器

1. 有源低通滤波器

低通滤波器允许低频信号顺利通过而使高频信号衰减。图 3.4.1(a)所示是有源低通滤波器电路。将一个 *RC* 无源低通滤波电路接在集成运算放大器的同相输入端，运放的输出端和反相输入端之间通过电阻 R_F 引回一个深度负反馈，因而集成运放工作在线性区。

视频：
有源滤波器

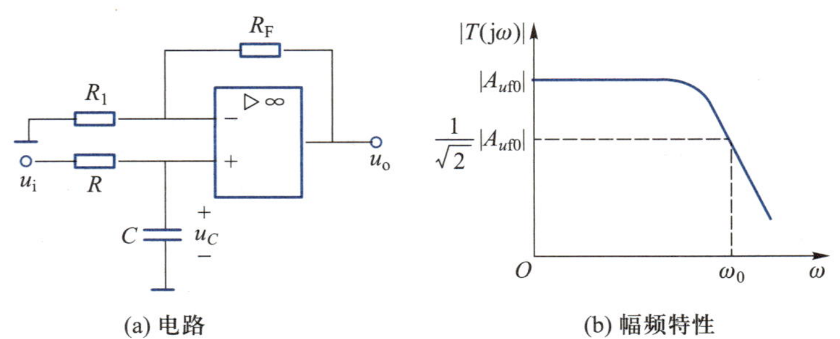

(a) 电路　　(b) 幅频特性

图 3.4.1　有源低通滤波器

设输入信号为某一频率的正弦电压，用相量表示同相输入端电压 $\dot{U}_+$

$$\dot{U}_+ = \dot{U}_C = \frac{\frac{1}{\mathrm{j}\omega C}}{R+\frac{1}{\mathrm{j}\omega C}}\dot{U}_\mathrm{i} = \frac{\dot{U}_\mathrm{i}}{1+\mathrm{j}\omega RC}$$

根据同相比例运算电路关系式(3.3.5)可得

$$\dot{U}_\mathrm{o} = \left(1+\frac{R_\mathrm{F}}{R_1}\right)\dot{U}_+ = \left(1+\frac{R_\mathrm{F}}{R_1}\right)\frac{1}{1+\mathrm{j}\omega RC}\dot{U}_\mathrm{i}$$

令 $\omega_0 = \frac{1}{RC}$，则可得出电压放大倍数

$$A_{uf} = \frac{\dot{U}_\mathrm{o}}{\dot{U}_\mathrm{i}} = \frac{1+\frac{R_\mathrm{F}}{R_1}}{1+\mathrm{j}\omega RC} = \frac{1+\frac{R_\mathrm{F}}{R_1}}{1+\mathrm{j}\frac{\omega}{\omega_0}} \tag{3.4.1}$$

若角频率 ω 为变量，则该滤波电路的传递函数

$$T(\mathrm{j}\omega) = \frac{\dot{U}_\mathrm{o}(\mathrm{j}\omega)}{\dot{U}_\mathrm{i}(\mathrm{j}\omega)} = \frac{1+\frac{R_\mathrm{F}}{R_1}}{1+\mathrm{j}\frac{\omega}{\omega_0}} \tag{3.4.2}$$

令 $A_{uf0} = 1+\frac{R_\mathrm{F}}{R_1}$，则 $T(\mathrm{j}\omega)$ 的模为

$$|T(\mathrm{j}\omega)| = \frac{|A_{uf0}|}{\sqrt{1+\left(\frac{\omega}{\omega_0}\right)^2}} \tag{3.4.3}$$

辐角为

$$\varphi(\omega) = -\arctan\frac{\omega}{\omega_0} \tag{3.4.4}$$

当 $\omega=0$ 时，$|T(\mathrm{j}\omega)| = |A_{uf0}|$；

当 $\omega=\omega_0$ 时，$|T(\mathrm{j}\omega)| = \frac{|A_{uf0}|}{\sqrt{2}}$；

当 $\omega=\infty$ 时，$|T(\mathrm{j}\omega)| = 0$。

有源低通滤波器的幅频特性如图 3.4.1(b)所示，其中 ω_0 称为截止角频率 $\left(\text{对应的截止频率 } f_0 = \frac{1}{2\pi RC}\right)$。$\omega<\omega_0$ 的信号能够通过，$\omega>\omega_0$ 的信号被衰减。由以上分析可知，有源低通滤波器的截止角频率与 RC 无源低通电路的相同。但由于引入了集成运算放大器，因而提高了电路的电压放大倍数和带负载能力。

为了改善滤波效果，使无用的信号衰减得更快，在 3.4.1(a)所示的有源低通滤波器基础上再增加一级 RC 电路就构成二阶有源低通滤波器，如图 3.4.2(a)所示，其幅频特性如图 3.4.2(b)所示。

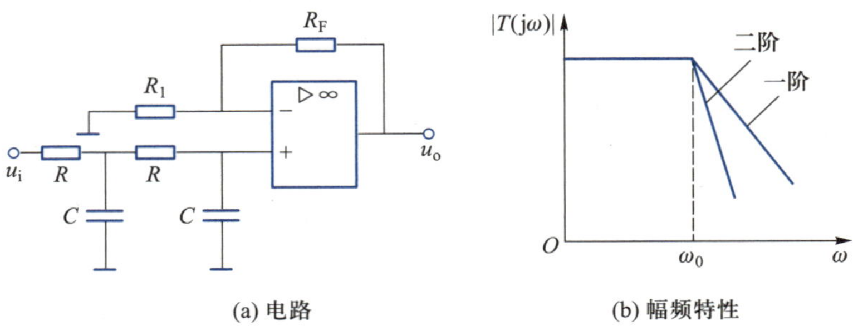

(a) 电路　　(b) 幅频特性

图 3.4.2　二阶有源低通滤波器

2. 有源高通滤波器

高通滤波器允许高频信号顺利通过,而使低频信号衰减。只要将有源低通滤波器中 RC 电路的电阻 R 和电容 C 位置对调,就构成有源高通滤波器,如图 3.4.3(a)所示。

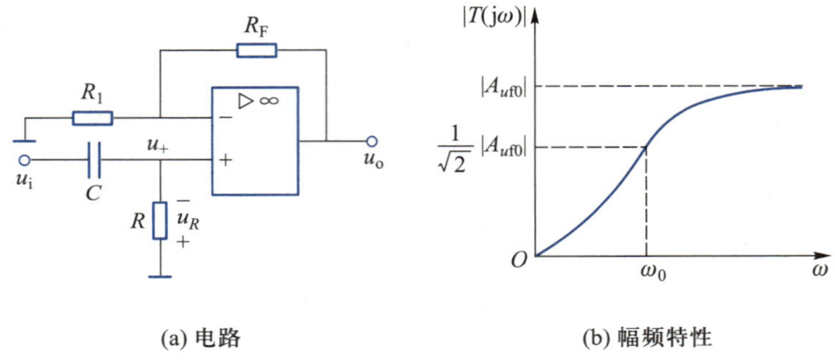

(a) 电路　　(b) 幅频特性

图 3.4.3　有源高通滤波器

与前面分析低通滤波器方法类似,先由 RC 电路得出

$$\dot{U}_+ = \dot{U}_R = \frac{R}{R+\frac{1}{j\omega C}}\dot{U}_i = \frac{\dot{U}_i}{1+\frac{1}{j\omega RC}}$$

根据同相比例运算电路关系式可得

$$\dot{U}_o = \left(1+\frac{R_F}{R_1}\right)\dot{U}_+ = \frac{1+\frac{R_F}{R_1}}{1+\frac{1}{j\omega RC}}\dot{U}_i$$

令 $\omega_0 = \frac{1}{RC}$,则可得出电压放大倍数

$$A_{uf} = \frac{\dot{U}_o}{\dot{U}_i} = \frac{1+\frac{R_F}{R_1}}{1+\frac{1}{j\omega RC}} = \frac{1+\frac{R_F}{R_1}}{1-j\frac{\omega_0}{\omega}} \tag{3.4.5}$$

若角频率 ω 为变量，则该滤波电路的传递函数

$$T(\mathrm{j}\omega)=\frac{\dot{U}_{\mathrm{o}}(\mathrm{j}\omega)}{\dot{U}_{\mathrm{i}}(\mathrm{j}\omega)}=\frac{1+\frac{R_{\mathrm{F}}}{R_{1}}}{1-\mathrm{j}\frac{\omega_{0}}{\omega}} \tag{3.4.6}$$

令 $A_{uf0}=1+\frac{R_{\mathrm{F}}}{R_{1}}$，则 $T(\mathrm{j}\omega)$ 的模为

$$|T(\mathrm{j}\omega)|=\frac{|A_{uf0}|}{\sqrt{1+\left(\frac{\omega_{0}}{\omega}\right)^{2}}} \tag{3.4.7}$$

辐角为

$$\varphi(\omega)=\arctan\frac{\omega_{0}}{\omega} \tag{3.4.8}$$

当 $\omega=0$ 时，$|T(\mathrm{j}\omega)|=0$；

当 $\omega=\omega_{0}$ 时，$|T(\mathrm{j}\omega)|=\frac{|A_{uf0}|}{\sqrt{2}}$；

当 $\omega=\infty$ 时，$|T(\mathrm{j}\omega)|=|A_{uf0}|$。

有源高通滤波器的幅频特性如图 3.4.3(b)所示，其中 ω_0 为截止角频率$\left(\text{对应的截止频率 } f_0=\frac{1}{2\pi RC}\right)$。与低通滤波器刚好相反，$\omega>\omega_0$ 的信号能够通过，$\omega<\omega_0$ 的信号被衰减。与有源低通滤波器一样，在 3.4.3(a)所示的高通滤波器基础上再增加一级 RC 电路就构成了二阶有源高通滤波器，如图 3.4.4 所示。

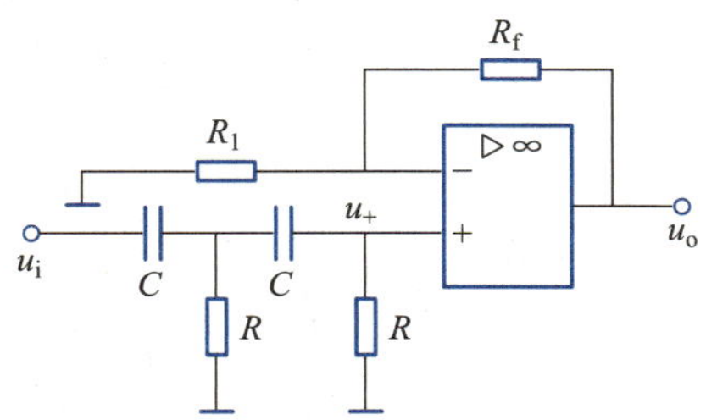

图 3.4.4 二阶有源高通滤波器

3. 带通滤波器

将一个有源低通滤波器和一个有源高通滤波器串联可构成带通滤波器。在带通滤波器中，低通滤波器的截止频率应高于高通滤波器的截止频率，低通滤波器与高通滤波器的截止频率之差就是带通滤波器的通频带。所以通过选择元件 R 和 C 的参数值，可以设计高、低通滤波器的截止频率，从而选择不同频率范围的信号。

3.4.2 电压比较器

电压比较器属于集成运算放大器的非线性应用，在测量、通信和波形变换等方面

讲义：
电压比较器

视频：
电压比较器

应用广泛。集成运放不加反馈或加正反馈可以构成基本电压比较器、滞回电压比较器等多种电压比较器。

1. 基本电压比较器

图 3.4.5(a)是基本电压比较器电路图，集成运放两个输入端分别加输入电压 u_I、固定参考电压 U_R，集成运放处于开环状态(没有反馈)，工作在非线性区。根据虚断 $i_+=i_-=0$，因此 $u_+=U_R$，$u_-=u_I$，根据集成运放工作在非线性区的分析依据，有

$$\text{当 } u_I>U_R \text{ 时}, u_O=-U_{o(sat)} \tag{3.4.9}$$

$$\text{当 } u_I<U_R \text{ 时}, u_O=+U_{O(sat)} \tag{3.4.10}$$

输出电压 u_O 与输入电压 u_I 的关系称为电压比较器的电压传输特性，图 3.4.5(b)是基本电压比较器的传输特性。在传输特性上，输出电压由一种状态转换到另一种状态时对应的输入电压值称为阈值电压，或称门限电压。图 3.4.5 基本电压比较器中的阈值电压就是参考电压 U_R，在图中假设 $U_R>0$，实际上 U_R 也可以是其他数值。

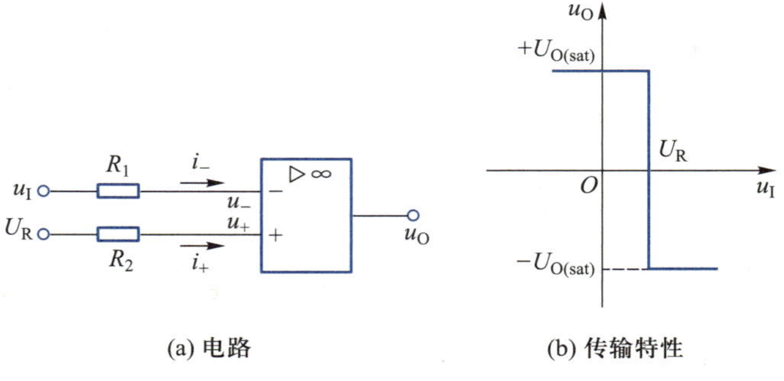

(a) 电路　　(b) 传输特性

图 3.4.5　基本电压比较器

阈值电压等于零的比较器称为过零比较器。输入信号每次过零时输出电压都要产生跳变，因此可以根据输出电压的极性来确定输入电压的极性，也可以利用这种电路进行波形变换，例如当输入电压 u_i 为正弦电压时，则输出电压 u_o 为矩形波电压，如图 3.4.6 所示。

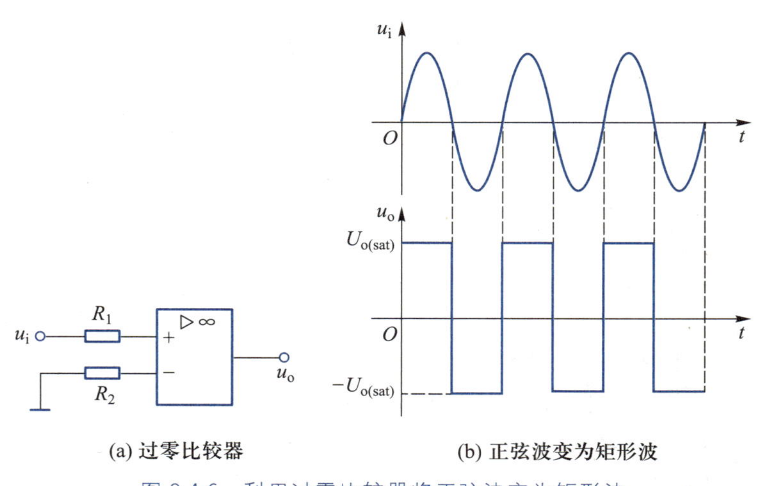

(a) 过零比较器　　(b) 正弦波变为矩形波

图 3.4.6　利用过零比较器将正弦波变为矩形波

2. 限幅电压比较器

基本电压比较器的输出电压 $u_O = \pm U_{O(sat)}$，输出幅度比较高。有些场合要求比较器的输出幅度限制在某个范围，例如，当比较器的输出端与 TTL 数字电路连接时，要求二者的电平能够兼容，这就需要在比较器的输出端加上限幅电路。图 3.4.7(a)是限幅电压比较器电路图，它利用稳压管的稳压功能，将稳压管稳压电路接在基本电压比较器的输出端。

在图 3.4.7(a)的电路中，假设两个稳压管的 D_{Z1} 和 D_{Z2} 的反向击穿电压均为 U_Z，且 $U_Z < U_{O(sat)}$，忽略稳压管正向导通电压。当 $u_I > U_R$ 时，集成运放的输出电压 $u'_O = -U_{O(sat)}$，此时稳压管 D_{Z1} 将被击穿，而 D_{Z2} 正向导通，故比较器的输出电压 $u_O = -U_Z$。当 $u_I < U_R$ 时，集成运放的输出电压 $u'_O = +U_{O(sat)}$，此时稳压管 D_{Z2} 将被击穿，而 D_{Z1} 正向导通，于是比较器的输出电压 $u_O = +U_Z$。根据以上分析可知限幅电压比较器的电压传输特性如图 3.4.7(b)所示。电压比较器的输出被限制在 $+U_Z$ 和 $-U_Z$ 之间。这种输出由双向稳压管限幅的电路称为双向限幅电路，如果输出端只有一个稳压管限幅，则构成单向限幅电路。

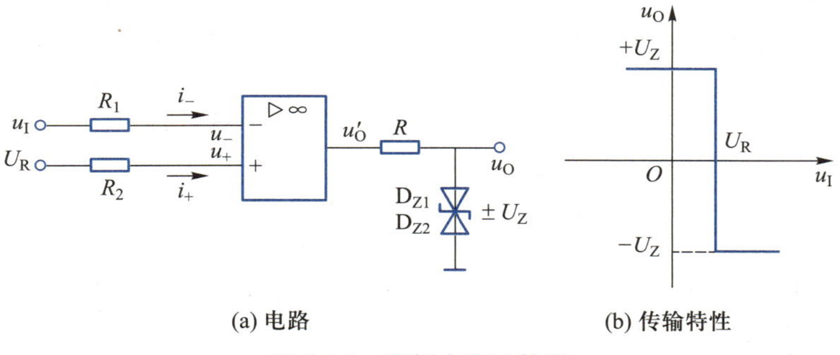

图 3.4.7 限幅电压比较器

3. 滞回电压比较器

基本电压比较器和限幅电压比较器虽然电路简单，灵敏度高，但抗干扰能力差，当输入电压信号接近阈值电压时，很容易因微小的干扰信号而发生输出电压的误跳变。为了克服这一缺点，应使电路具有滞回的输出特性，提高抗干扰能力。图 3.4.8(a)是滞回电压比较器电路图，输入电压 u_I 加到集成运放的反相输入端，从输出端到同相输入端之间通过反馈电阻 R_F 引回一个正反馈，集成运放工作在非线性区，输出端有双向限幅电路，输出电压有两种取值即 $u_O = \pm U_Z$，同相输入端电压

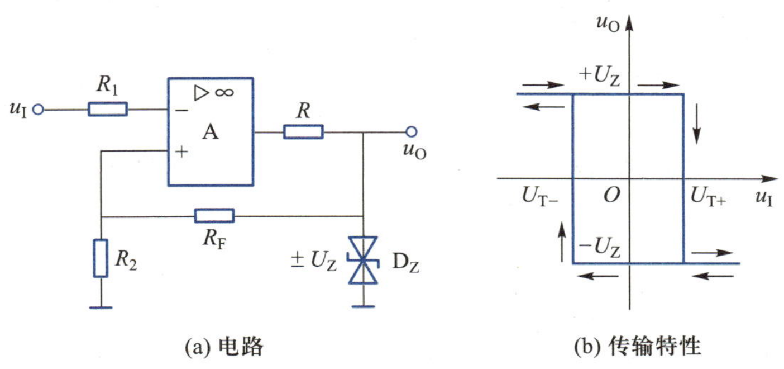

图 3.4.8 滞回电压比较器

$$u_+=\frac{R_2}{R_2+R_F}u_O=\pm\frac{R_2}{R_2+R_F}U_Z$$

因为电路中 $u_-=u_I$，所以 u_+值实际就是电路的阈值电压 U_T，因而电路有两个阈值电压。

① 当 $u_O=+U_Z$时，阈值电压为 $U_{T+}=\frac{R_2}{R_2+R_f}U_Z$；

② 当 $u_O=-U_Z$时，阈值电压为 $U_{T-}=-\frac{R_2}{R_2+R_f}U_Z$。

假设电路初始状态为 $u_O=+U_Z$，则阈值电压为 U_{T+}，当 u_I从小于 U_{T-}值开始增加时，$u_-<u_+$，$u_O=+U_Z$，阈值电压不变。当 u_I继续增大，比 U_{T+}略大时，$u_->u_+$，u_O跳变至 $u_O=-U_Z$，对应阈值电压也由 U_{T+}变为 U_{T-}，u_I再增加，$u_O=-U_Z$不变，则对应的阈值电压 U_{T-}也不变。

反之，如果电路初始状态为 $u_O=-U_Z$，则阈值电压为 U_{T-}，当 u_I从大于 U_{T+}值开始减小时，$u_->u_+$，$u_O=-U_Z$，阈值电压不变。当 u_i继续减小，比 U_{T-}略小时，$u_-<u_+$，u_O跳变至 $u_O=+U_Z$，对应阈值电压也由 U_{T-}变为 U_{T+}，u_i再减小，$u_O=+U_Z$不变，则对应的阈值电压 U_{T+}也不变。

从以上分析可以看出，电路具有滞回输出特性。两个阈值电压之差称为回差

$$\Delta U=(U_{T+}-U_{T-})=\frac{2R_2}{R_2+R_F}U_Z \tag{3.4.11}$$

如果将图 3.4.8(a)所示的滞回比较器的同相输入端电阻 R_2的接地端改为接参考电压，则电压传输特性会产生水平方向的移动。

【例 3.4.1】 假设在图 3.4.9(a)所示滞回电压比较器中，稳压管的稳定电压为 $U_Z=6$ V，参考电压 $U_R=10$ V，$R_1=12$ kΩ，$R_2=20$ kΩ，$R_F=30$ kΩ。试估算其上、下限阈值电压，以及回差电压，并画出滞回电压比较器的传输特性。

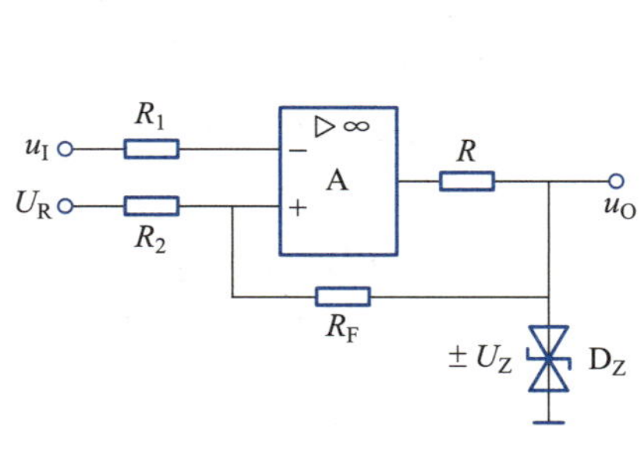

(a) 滞回电压比较器电路图

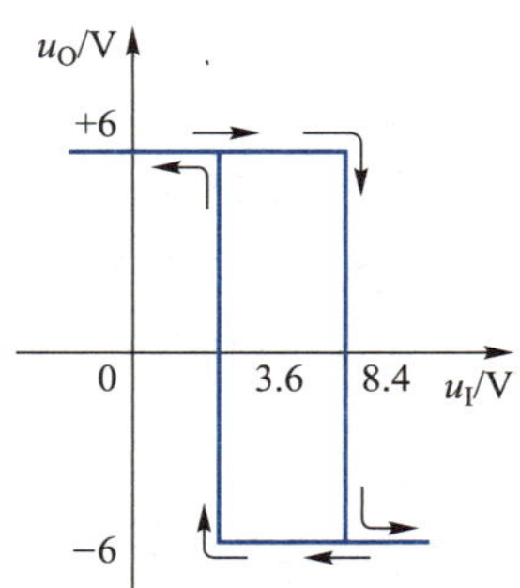

(b) 滞回电压比较器传输特性

图 3.4.9 例 3.4.1 的图

【解】 同相输入端电压即为阈值电压，利用叠加定理可得

$$U_{T+}=\frac{R_F}{R_2+R_F}U_R+\frac{R_2}{R_2+R_F}U_Z=\left(\frac{30}{20+30}\times10+\frac{20}{20+30}\times6\right)\ \text{V}=8.4\ \text{V}$$

$$U_{T-}=\frac{R_F}{R_2+R_F}U_R-\frac{R_2}{R_2+R_F}U_Z=\left(\frac{30}{20+30}\times10-\frac{20}{20+30}\times6\right)\ V=3.6\ V$$

$$\Delta U=U_{T+}-U_{T-}=4.8\ V$$

滞回电压比较器的传输特性如图 3.4.9(b)所示。

4. 双限电压比较器

基本电压比较器、限幅电压比较器和滞回电压比较器当输入电压 u_I 单方向变化时，输出电压 u_O 只跳变一次，因此只能检测出 u_I 与一个电压值的大小关系。如果要判断 u_I 是否在两个给定的电压之间，就要采用双限电压比较器，如图 3.4.10(a)所示，图中参考电压 $U_H>U_L$。

当输入电压 $u_I>U_H$ 时，$u_{O1}=+U_{O(sat)}$，$u_{O2}=-U_{O(sat)}$，因而二极管 D_1 导通，D_2 截止，稳压管 D_Z 反向击穿，电路的输出电压 $u_O=U_Z$。

当输入电压 $u_I<U_L$ 时，$u_{O1}=-U_{O(sat)}$，$u_{O2}=+U_{O(sat)}$，因而二极管 D_1 截止，D_2 导通，稳压管 D_Z 反向击穿，电路的输出电压 $u_O=U_Z$。

当输入电压 $U_L<u_I<U_H$ 时，$u_{O1}=-U_{O(sat)}$，$u_{O2}=-U_{O(sat)}$，因而二极管 D_1 和 D_2 都截止，稳压管 D_Z 正向导通，忽略其导通压降，电路的输出电压 $u_O=0$。

图 3.4.10(b)是双限电压比较器的传输特性，传输特性曲线的形状像一个窗口，所以又称为窗口比较器。

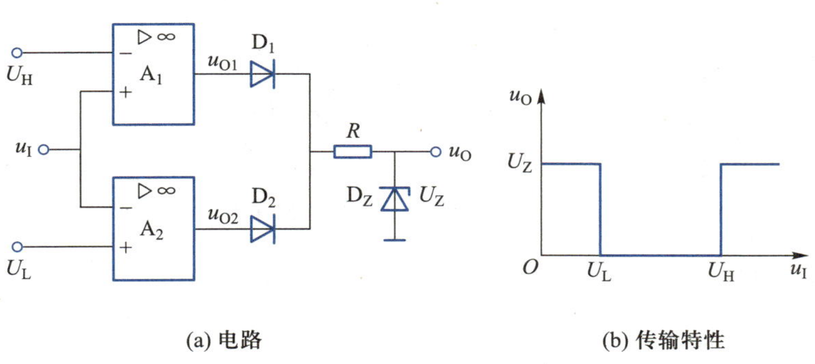

(a) 电路 (b) 传输特性

图 3.4.10 双限电压比较器

练习与思考

3.4.1 在图 3.4.1(a)有源低通滤波器电路中，$R_1=100\ k\Omega$，$R=82\ k\Omega$，$R_F=150\ k\Omega$，$C=0.01\ \mu F$。试求 ω_0 和 $\omega=\omega_0$ 时的 $|T(j\omega)|$。

3.4.2 基本运算电路和电压比较器中的运算放大器分别工作在电压传输特性的哪个区？

3.5 集成运算放大器的选择和使用

随着集成电路技术的发展，集成运算放大器的种类越来越多。集成运算放大器按性能指标可分为通用型、高阻型、高速型、高精度型、低功耗型、大功率型等；按制造

讲义：
集成运算放大器的选择和使用

视频：
集成运算放大器的选择和使用

工艺可分为双极型、CMOS 型等；按供电方式可分为单电源供电和双电源供电；按每个芯片上集成的运放个数可分为单运放、双运放和四运放。在设计集成运算放大器的应用电路时，应根据具体情况综合考虑输入信号的特点、负载的性质、电路的精度要求、功耗的要求、供电电源、工作环境以及芯片的价格等多种因素，选择适当的型号，有时还要做一些实验来帮助选择。

在使用集成运算放大器时为了防止损坏，应根据电路具体情况采取相应的保护措施。保护措施一般分为输入端保护、输出端保护、电源端保护等。

当在集成运算放大器的输入端所加的差模电压或共模电压过高时，会使运放不能正常使用甚至损坏。图 3.5.1 所示的电路在运放的两个输入端之间反向并联二极管，可防止输入差模电压过大。

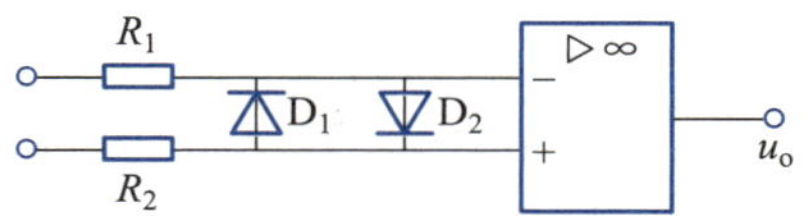

图 3.5.1　集成运放输入端的保护

输出端的保护通常采用由限流电阻和稳压管组成的电路来限制输出电压和电流，电路如图 3.5.2 所示。

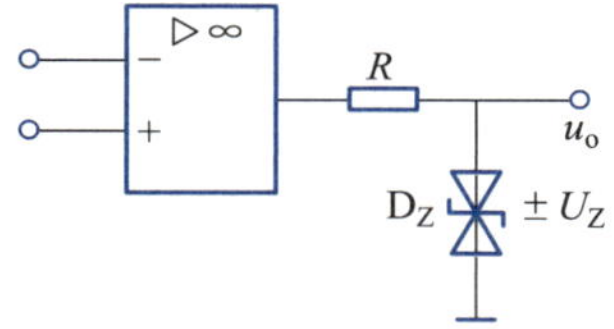

图 3.5.2　集成运放输出端的保护

为防止把电源的极性接反，可在电源端串联二极管来保护，如图 3.5.3 所示。

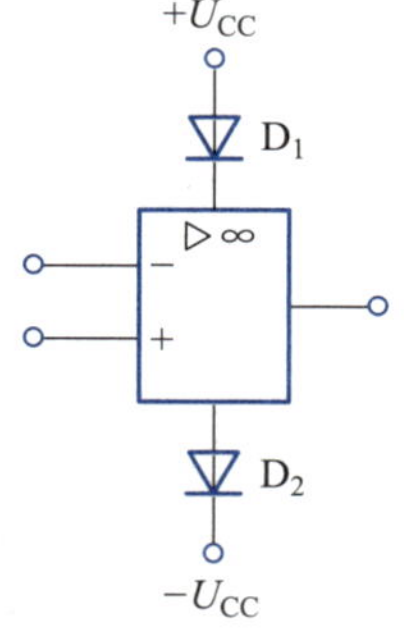

图 3.5.3　集成运放电源端的保护

本章知识点小结

本章的内容围绕以下知识点展开讨论。

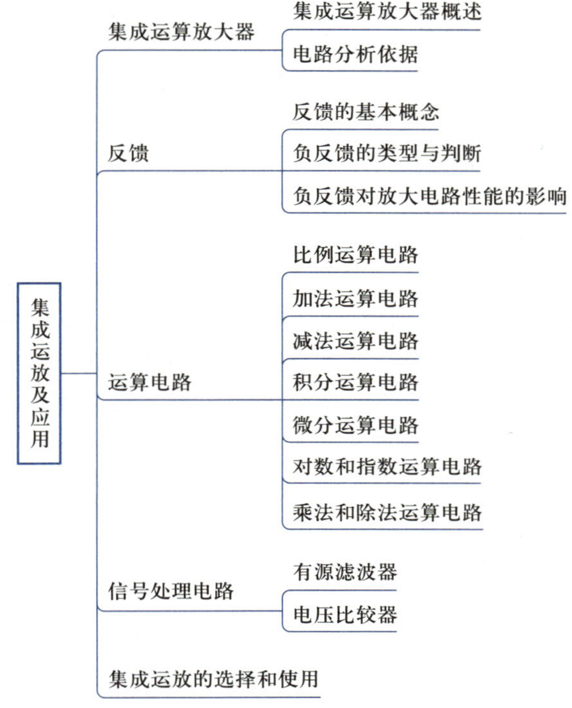

1. 集成运算放大器

(1) 集成运算放大器概述

① 基本功能

集成运算放大器内部是一个具有很高电压放大倍数的多级直接耦合放大电路，既能放大交流信号，也能放大直流信号。集成运算放大器的输入级通常采用差分放大电路，因此有两个输入端，反相输入端和同相输入端。其开环电压放大倍数很大，输入电阻很大，输出电阻很小，共模抑制比很高。

② 传输特性

集成运算放大器的输出电压 u_o 与输入电压 u_+-u_- 之间的关系曲线称为电压传输特性。集成运算放大器有线性区和饱和区(或称非线性区)两部分。当集成运算放大器工作在线性区时，u_o 与 u_+-u_- 之间是线性关系，即 $u_o=A_{uo}(u_+-u_-)$，由于开环电压放大倍数很大，线性工作区很窄。当集成运算放大器工作在非线性区时，输出电压 $u_o=\pm U_{o(sat)}$。

(2) 集成运算放大器电路分析依据

① 当理想运算放大器引入深度负反馈，工作在线性区时，运放反相输入端与同相输入端电位相等(虚短)即 $u_+=u_-$，输入电流为零(虚断)即 $i_+=i_-=0$。

② 当理想运算放大器工作在饱和区时也具有虚断的特点，且当 $u_+>u_-$ 时，$u_o=$

$+U_{o(sat)}$；当 $u_+<u_-$ 时，$u_o=-U_{o(sat)}$。由于实际集成运算放大器的性能指标与理想运算放大器的性能指标比较接近，本书对集成运算放大器分析时，均认为集成运算放大器是理想的。

2. 反馈

(1) 反馈的概念

反馈就是将放大电路输出信号（电压或电流）的一部分或全部通过反馈回路引回到输入端的过程。如果引回的反馈信号使净输入信号减小，则称为负反馈；反之称为正反馈。

(2) 负反馈的类型与判断

放大电路中的负反馈可以归纳为四种类型：电压串联负反馈、电压并联负反馈、电流串联负反馈、电流并联负反馈。

电压、电流反馈的判断通常看反馈信号与输出信号的关系。如果反馈信号与输出电压成正比，则为电压反馈；如果反馈信号与输出电流成正比，则为电流反馈。简单地说，反馈元件直接与输出端相连为电压反馈，否则为电流反馈。

串联、并联反馈的判断通常看反馈电路与输入端的连接方式。如果反馈信号与输入信号串联（反馈信号以电压的形式出现），则为串联反馈；如果反馈信号与输入信号并联（反馈信号以电流的形式出现），则为并联反馈。简单地说，反馈信号与输入信号加在运放同一个输入端为并联反馈，否则为串联反馈。

(3) 负反馈对放大电路性能的影响

① 降低放大倍数

$$A_f=\frac{A}{1+AF}$$

② 提高放大倍数的稳定性

$$\frac{dA_f}{A_f}=\frac{1}{1+AF}\frac{dA}{A}$$

③ 改善非线性失真

④ 对放大电路输入电阻的影响

串联负反馈使输入电阻增大，$r_{if}=(1+AF)r_i$；并联负反馈使输入电阻减小，$r_{if}=\frac{1}{1+AF}r_i$。

⑤ 对放大电路输出电阻的影响

电压负反馈使输出电阻减小，电流负反馈使输出电阻增大。

⑥ 展宽通频带

3. 运算电路

(1) 比例运算电路

① 反相比例运算电路

$$u_o=-\frac{R_F}{R_1}u_i$$

② 同相比例运算电路

$$u_o=\left(1+\frac{R_F}{R_1}\right)u_i$$

（2）加法运算电路

$$u_o=-\frac{R_F}{R_1}(u_{i1}+u_{i2}+u_{i3})$$

（3）减法运算电路

$$u_o=\frac{R_F}{R_1}(u_{i2}-u_{i1})$$

（4）积分运算电路

$$u_O=-\frac{1}{RC}\int u_I\mathrm{d}t$$

（5）微分运算电路

$$u_O=-RC\frac{\mathrm{d}u_I}{\mathrm{d}t}$$

（6）对数运算电路

$$u_O=-U_T\ln\frac{u_I}{I_SR}$$

（7）指数运算电路

$$u_O=-RI_S\mathrm{e}^{\frac{u_I}{U_T}}$$

（8）乘法运算电路

$$u_o=-\frac{1}{RI_S}u_{i1}u_{i2}$$

（9）除法运算电路

$$u_o=-RI_S\frac{u_{i1}}{u_{i2}}$$

4. 信号处理电路

（1）有源滤波器

① 根据滤波器工作频率范围的不同，有源滤波器主要包括低通滤波器、高通滤波器、带通滤波器。

② 有源滤波器由 RC 电路和集成运算放大器组成，低通滤波器和高通滤波器的截止角频率均由 RC 参数决定，即 $\omega_0=1/RC$，集成运算放大器的作用是提供放大倍数和提高带负载能力。

（2）电压比较器

电压比较器的作用是用输出电压的正、负表示两个输入端电压大小比较的结果。常用的电压比较器有基本电压比较器、限幅电压比较器、滞回电压比较器和双限电压比较器。

① 基本电压比较器：集成运算放大器处于开环状态，两输入端分别加上输入电压 u_I、固定参考电压 U_R，根据两者的比较关系，输出正饱和值或负饱和值。U_R 是阈值

电压。

② 限幅电压比较器：将稳压管稳压电路接在基本电压比较器的输出端，利用稳压管的稳压功能将输出电压限定为需要的数值。

③ 滞回电压比较器：在基本电压比较器电路中引入正反馈，滞回电压比较器的传输特性是滞回曲线，有两个阈值电压。该比较器有较强的抗干扰能力。

④ 双限电压比较器：输入电压与两个阈值电压进行比较，可以判断输入电压是否在两个给定的电压之间，其传输特性曲线的形状像一个窗口，所以又称为窗口比较器。

5. 集成运算放大器的选择和使用

在使用集成运算放大器时为了防止损坏，应根据电路具体情况采取相应的保护措施。保护措施一般分为输入端保护、输出端保护、电源端保护等。

习　　题

3.3.1　在图 3.01 中，已知 $R_1=R_2=50\ \mathrm{k\Omega}$，$R_3=R_F=100\ \mathrm{k\Omega}$。(1) 求电路的电压放大倍数 A_{uf}；(2) 当 $u_I=2\ \mathrm{V}$ 时，试求 u_O。

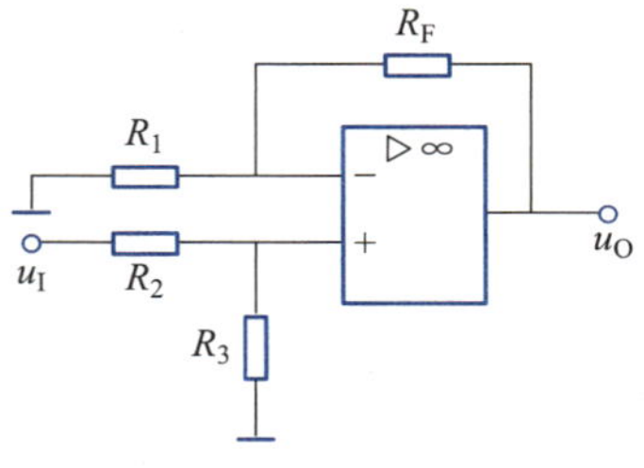

图 3.01　习题 3.3.1 的图

3.3.2　已知电路如图 3.02 所示，求输出电压 u_o 与输入电压 u_{i1}、u_{i2} 的运算关系式。

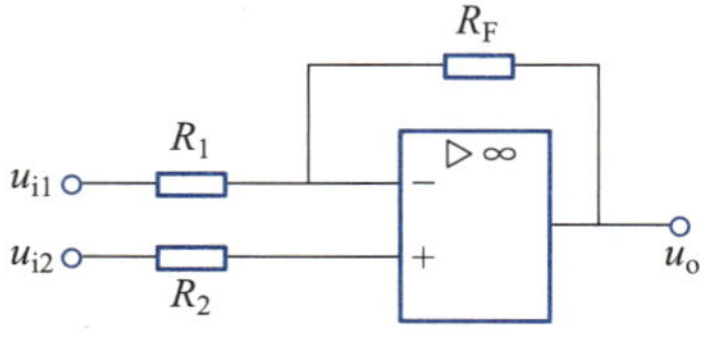

图 3.02　习题 3.3.2 的图

3.3.3　在图 3.03 所示的电路中，已知 $R_1=R_{F1}$，$R_3=R_{F2}$。求输出电压 u_o 与输入电压 u_{i1}、u_{i2} 的运算关系式。

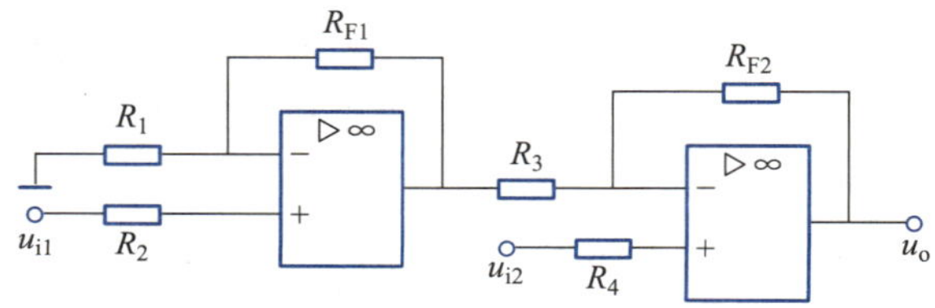

图 3.03　习题 3.3.3 的图

3.3.4 电路如图 3.04 所示，已知 $R_1=1\ \text{k}\Omega$，$R_{F1}=10\ \text{k}\Omega$，$R_2=910\ \Omega$，$R_3=10\ \text{k}\Omega$，$R_4=5\ \text{k}\Omega$，$R_5=2\ \text{k}\Omega$，$R_{F2}=10\ \text{k}\Omega$，$R_6=1.1\ \text{k}\Omega$，试推导输出电压 u_o 与各输入电压 u_{i1}、u_{i2}、u_{i3} 的运算关系式。

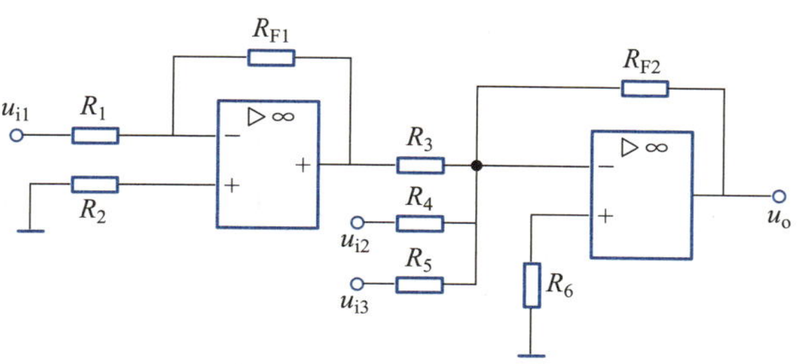

图 3.04 习题 3.3.4 的图

3.3.5 已知电路如图 3.05 所示，$R_1=R_3=20\ \text{k}\Omega$，$R_{F1}=40\ \text{k}\Omega$，$R_{F2}=80\ \text{k}\Omega$，求电压 u_o 与 u_i 的关系式。

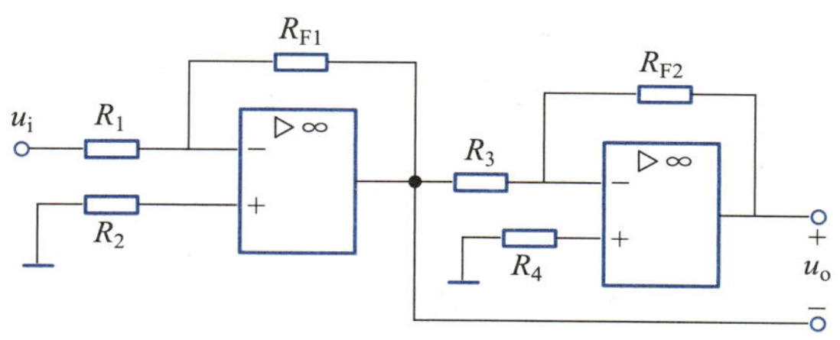

图 3.05 习题 3.3.5 的图

3.3.6 电路如图 3.06 所示，已知 $R_1=R_2=2\ \text{k}\Omega$，$R_3=R_4=R_F=1\ \text{k}\Omega$，$u_{I1}=1\ \text{V}$，$u_{I2}=3\ \text{V}$，$u_{I3}=2\ \text{V}$，$u_{I4}=4\ \text{V}$，(1) 试推导输出电压与输入电压的运算关系式；(2) 计算输出电压 u_O 的值。

3.3.7 电路如图 3.07 所示，试求输出电压 u_o 与输入电压 u_{i1}、u_{i2} 的运算关系式。

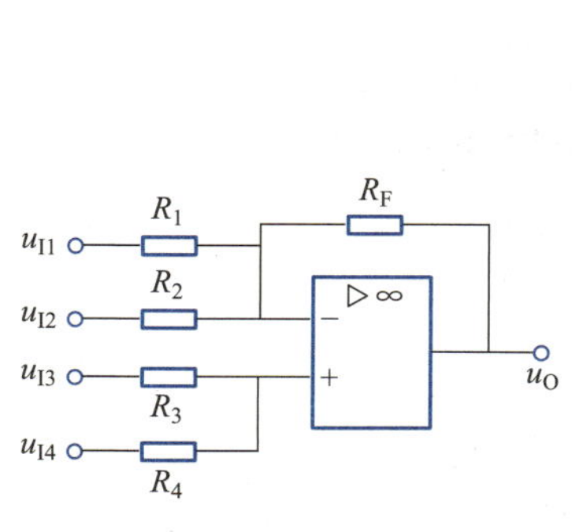

图 3.06 习题 3.3.6 的图

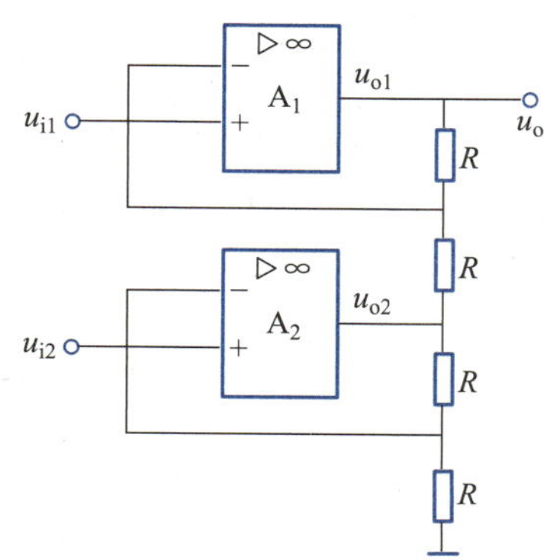

图 3.07 习题 3.3.7 的图

3.3.8 电路如图 3.08 所示，试求输出电压 u_o 与输入电压 u_i 的运算关系式。

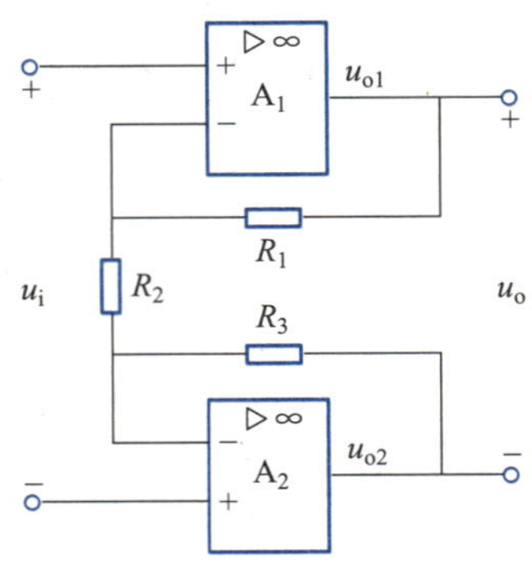

图 3.08 习题 3.3.8 的图

3.3.9 已知电路如图 3.09 所示，求输出电压 u_O 与输入电压 u_{I1}、u_{I2} 的运算关系式。

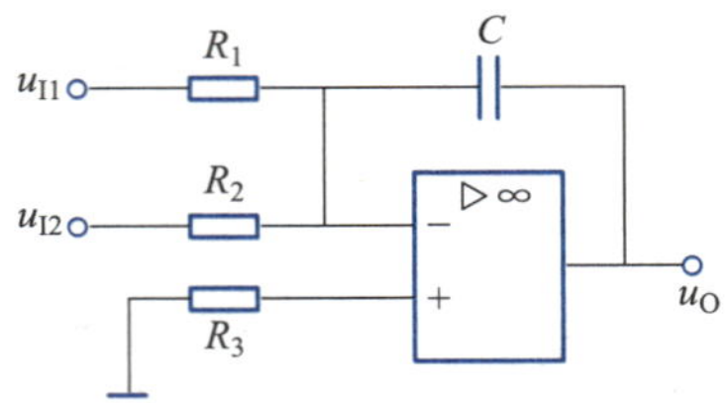

图 3.09 习题 3.3.9 的图

3.3.10 图 3.10 所示的电路是一个 PID 调节器，试求输出电压 u_O 与输入电压 u_I 的运算关系式。

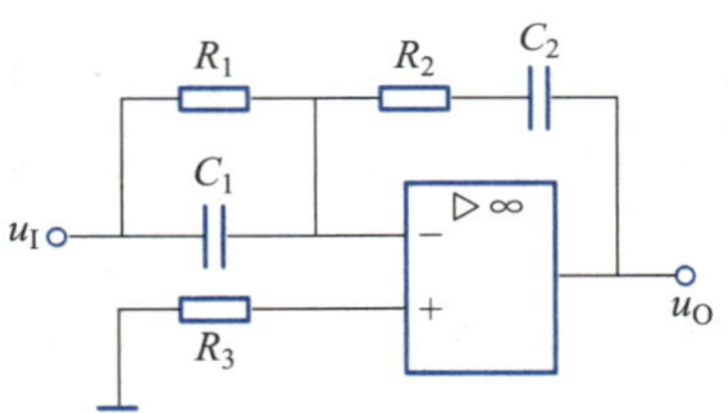

图 3.10 习题 3.3.10 的图

3.3.11 电路如图 3.11 所示，电源电压为 ±12 V，$R_1=R_2=10\ \text{k}\Omega$，$R_3=R_4=R_F=20\ \text{k}\Omega$，$C_F=1\ \mu\text{F}$，试求输入电压 $u_{I1}=2$ V，$u_{I2}=1$ V 后，输出电压 u_O 由 0 上升到 8 V 所需时间为多少？

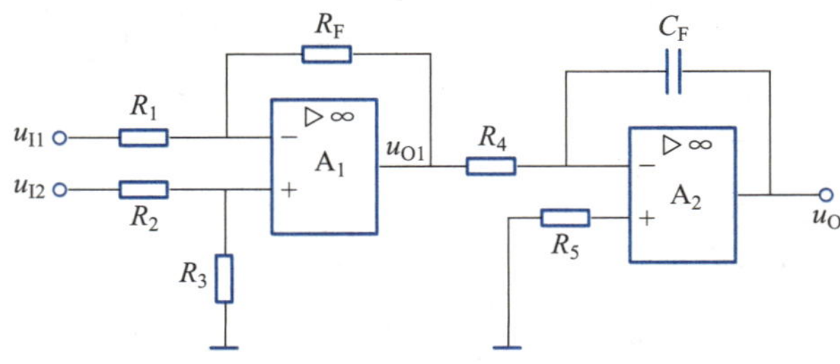

图 3.11 习题 3.3.11 的图

3.3.12　利用集成运算放大器测量电压的原理电路如图 3.12 所示，共有 0.1 V、1 V、10 V、50 V、100 V 五种量程，试计算电阻 $R_{11} \sim R_{15}$ 的阻值。输出端接有满量程 5 V 的电压表。设 $R_F = 1\ M\Omega$。

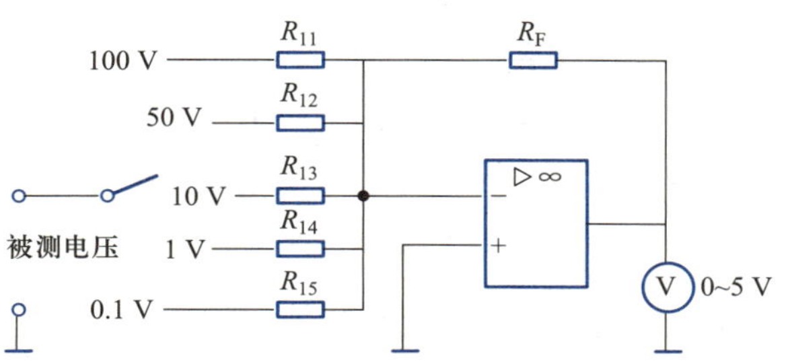

图 3.12　习题 3.3.12 的图

3.3.13　在图 3.13 所示电路中，已知三个二极管特性完全相同。求输出电压 u_o 与输入电压 u_{i1}、u_{i2} 的运算关系式，并说明电路的运算功能。

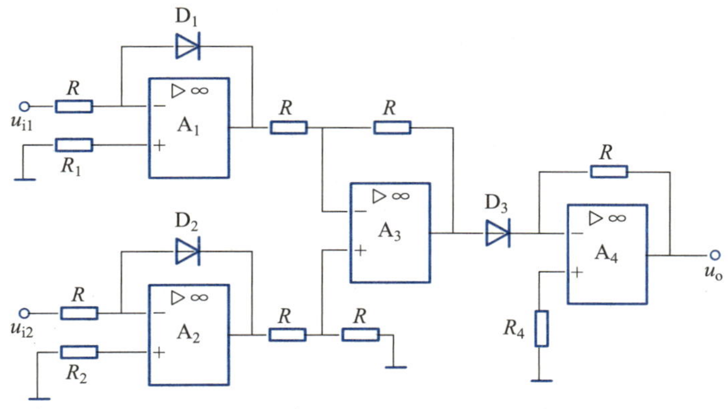

图 3.13　习题 3.3.13 的图

3.3.14　在图 3.14 所示电路中，已知 $R_1 = R_2 = R_3$。求输出电压 u_o 与输入电压 u_{i1}、u_{i2}、u_{i3} 的运算关系式。

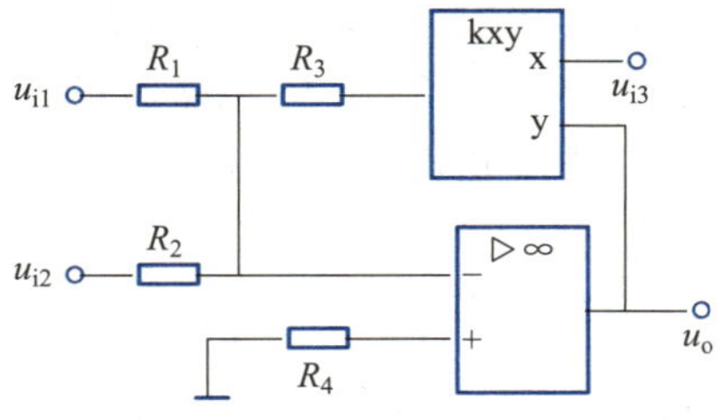

图 3.14　习题 3.3.14 的图

3.3.15　在图 3.15 所示的电路中，已知 $R_1 = R_2$，$R_3 = R_4$。求输出电压 u_o 与输入电压 u_{i1}、u_{i2}、u_{i3} 的运算关系式。

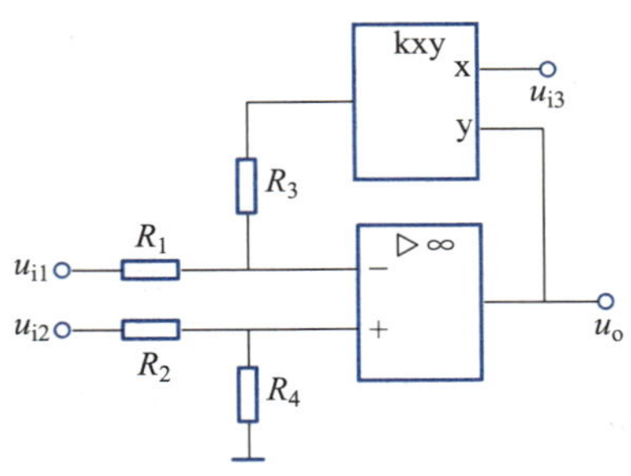

图 3.15　习题 3.3.15 的图

3.3.16　在如图 3.16 所示的电路中，已知 $R_1=R_2$。求输出电压 u_o 与输入电压 u_i 的运算关系式。

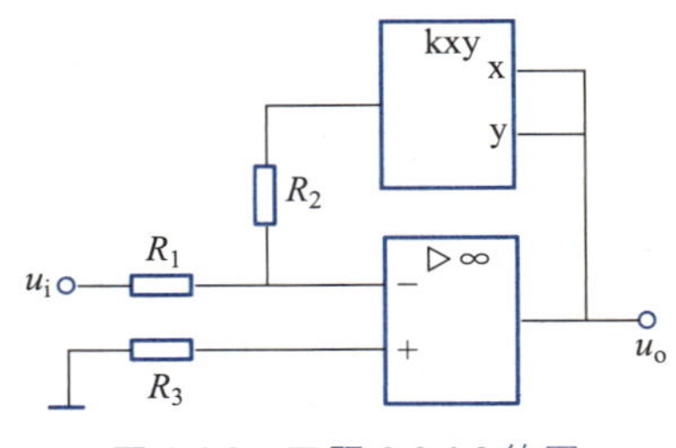

图 3.16　习题 3.3.16 的图

3.4.1　在图 3.17 所示的电路中，已知 $R_1C_1<R_2C_2$。分析电路属于哪种类型的滤波器，并求出其通频带。

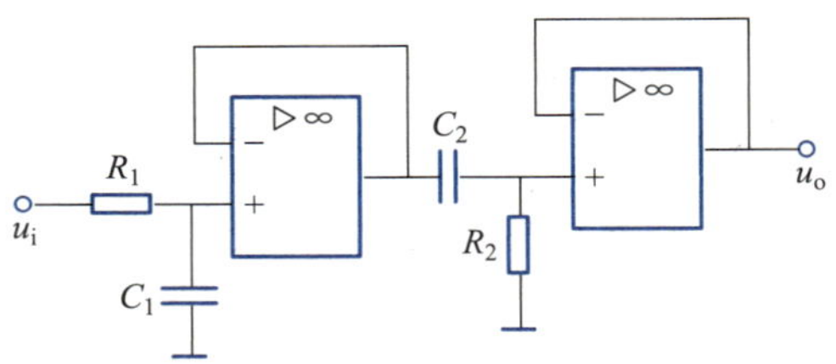

图 3.17　习题 3.4.1 的图

3.4.2　在图 3.18 所示的电路中，已知集成运算放大器的饱和输出电压为±12 V，$u_i=12\sin\omega t$ V，稳压二极管的稳定电压 $U_Z=6$ V，忽略其正向导通压降。当参考电压分别为 $U_R=6$ V 和 $U_R=-3$ V 时，试画出电压传输特性和输出电压 u_O 的波形。

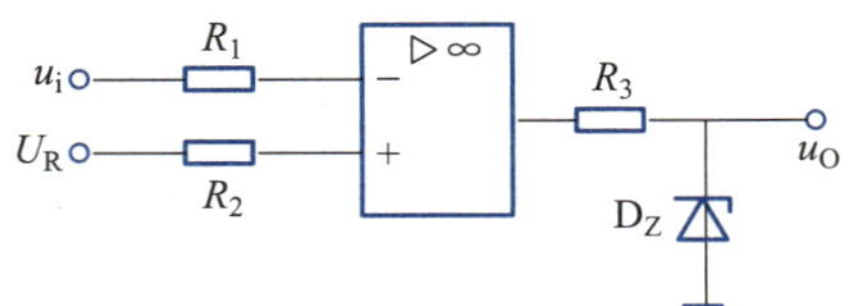

图 3.18　习题 3.4.2 的图

3.4.3　在图 3.19 所示的电压比较电路中，已知参考电压 $U_R=2$ V，稳压管的稳定

电压 $U_Z=5$ V，电阻 $R_1=R_2=10$ kΩ，试分析电路的功能，并画出电压传输特性曲线。

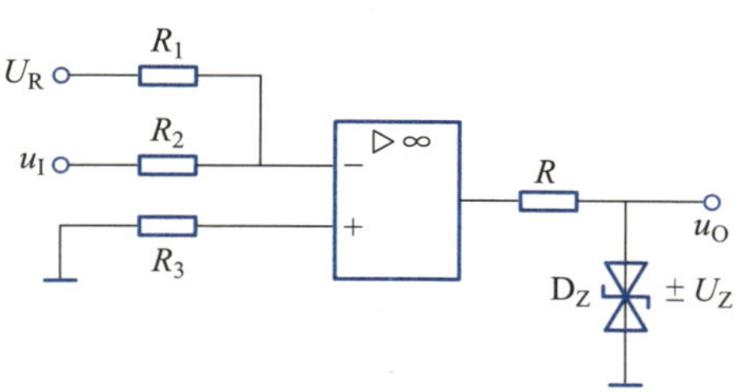

图 3.19 习题 3.4.3 的图

3.4.4 在图 3.20 所示的电压比较电路中，已知 $U_R=3$ V，稳压管 $U_Z=5$ V，电阻 $R_2=R_F=10$ kΩ，试分析电路的工作原理，并画出其电压传输特性。

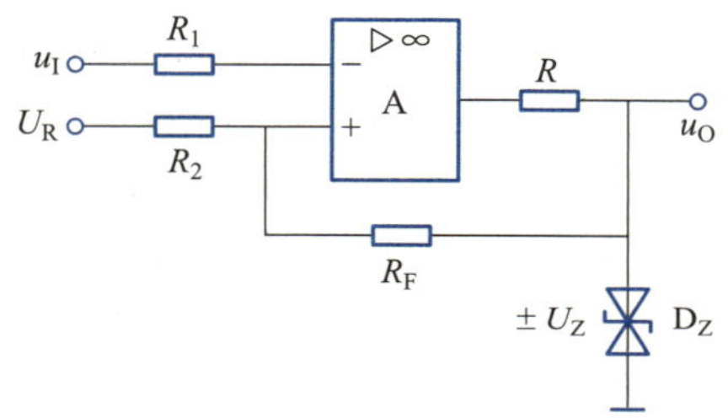

图 3.20 习题 3.4.4 的图

第4章 信号的发生与变换

本章学习目标

学习完本章内容后，你将能够：

- 理解自激振荡的工作原理和产生自激振荡的条件；
- 掌握正弦波振荡电路的选频特性，判断不同类型振荡电路能否正常工作；
- 理解矩形波、三角波、锯齿波信号发生器的工作原理；
- 理解不同类型信号变换电路的组成和工作原理。

讲义：第 4 章引言

视频：第 4 章引言

信号发生电路与变换电路是电子技术中两类广泛使用的电路。信号发生电路在无外加输入的情况下，能自动输出一定频率和幅度的信号波形；而信号变换电路能把外加的输入信号变换成指定的、适合于系统应用和处理的信号。

在信号发生电路中，就其波形而言，可分为正弦波和非正弦波两大类。正弦波发生电路广泛应用于通信、广播、电视等系统；而非正弦波（矩形波、三角波、锯齿波等）发生电路则主要应用于测量仪器、数字系统及自动控制系统中。本章将讨论不同类型信号发生与变换电路的原理及其典型应用电路。

4.1 正弦波振荡电路

讲义：RC 正弦波振荡电路

4.1.1 正弦波振荡电路的工作原理

在放大电路中，通常在输入端加上输入信号，输出端才有输出信号。如果输入端没有外加输入信号，输出端仍有一定频率和幅度的信号输出，这种现象称为放大电路的自激振荡。在有反馈的放大电路中，如果反馈的极性为正，并且又达到一定反馈深度时，将会引起自激振荡。振荡电路就是利用自激振荡，在没有输入信号的情况下产生输出信号。

视频：RC 正弦波振荡电路

1. 产生正弦波振荡的条件

图 4.1.1 为产生正弦波振荡电路的框图。图中存在正反馈，放大电路净输入电压信号 $u_d=u_i+u_f$，如果输入端不外加信号，即 $u_i=0$，那么 $u_d=u_i+u_f=u_f$。若输出的正弦波电压 u_o 经反馈环节产生的反馈电压 u_f 恰好等于放大电路所需的输入电压 u_d（幅度相等、相位相同），则电路的输出电压 u_o 将保持原来的数值不变。由此可知，产生正弦波振荡时应满足

$$\dot{U}_f=\dot{U}_d \tag{4.1.1}$$

由上式可得

$$\frac{\dot{U}_f}{\dot{U}_d}=\frac{\dot{U}_o}{\dot{U}_d}\frac{\dot{U}_f}{\dot{U}_o}=1$$

即

$$AF=1 \tag{4.1.2}$$

式（4.1.2）是产生正弦波振荡的振荡条件，该式为复数式，若设 $A=|A|\underline{/\varphi_a}$，$F=$

$|F|\angle\varphi_f$，正弦波振荡条件可用幅度条件和相位条件来表示。

幅度平衡条件

$$|AF|=1 \tag{4.1.3}$$

相位平衡条件

$$\varphi_a+\varphi_f=2n\pi(n=0,\pm1,\pm2,\cdots) \tag{4.1.4}$$

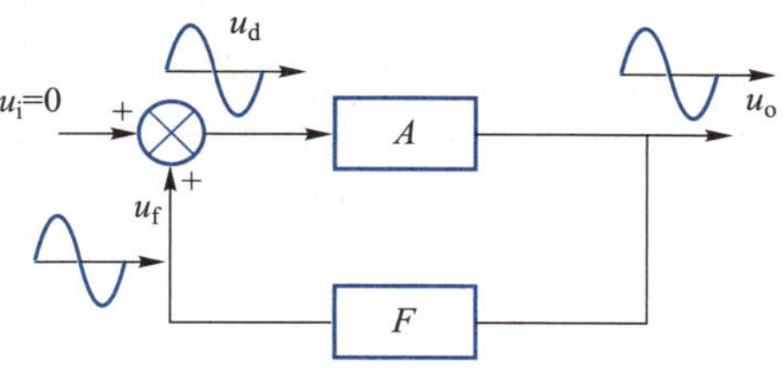

图 4.1.1　正弦波振荡电路的框图

2. 正弦波振荡的建立和稳定

$|AF|=1$ 是振荡电路达到并维持稳幅振荡的幅度平衡条件。但是，满足这一幅度平衡条件并不能使振荡电路自行起振。因为电路接通电源时，开始并没有振荡信号，只能靠电路的噪声和瞬态过程的扰动等微弱的激励信号起振，通常这些噪声和扰动的频谱很宽而幅度很小。为了能得到一个稳定的正弦波信号，首先，必须用一个选频环节把所需频率为 f_0 的分量从噪声或扰动信号中挑选出来，使其满足式(4.1.4)的相位平衡条件，而使其他频率分量不满足相位平衡条件。其次，为了能使振荡从小到大建立起来，要求满足

$$|AF|>1 \tag{4.1.5}$$

式(4.1.5)称为正弦波振荡的起振条件。

振荡建立起来后，经过反馈、放大、再反馈、再放大的多次循环过程，信号由小到大不断增长，但按此规律变化并不能得到一个稳定的正弦波。实际上，信号的幅度最终要受到放大电路非线性的限制，即当幅度逐渐增大时，$|A|$ 将逐渐减小，最终使 $|AF|=1$ 达到幅度平衡，从而使正弦波振荡稳定。这种利用放大电路自身的非线性来达到稳幅目的的方式称为内稳幅。为改善输出波形，正弦波振荡电路通常外接非线性元件组成稳幅电路以达到稳幅目的，这种稳幅方式称为外稳幅。

3. 正弦波振荡电路的组成和分析方法

从上述分析可知，正弦波振荡电路从组成上看必须有三个基本环节，即放大电路、反馈环节和选频环节。选频环节通常由 R、C 元件，L、C 元件，或石英晶体组成，相应的振荡电路分别称为 *RC* 振荡电路、*LC* 振荡电路和石英晶体振荡电路。另外，为稳定输出一般还需加上稳幅环节。

判断能否产生正弦波振荡的步骤如下。

首先，检查电路是否包含放大电路、反馈环节和选频环节三个组成部分。

其次，检查电路是否满足相位平衡条件，估算电路振荡频率。由前述分析可知，振荡的相位平衡条件实质就是特定频率的信号形成正反馈，一般用瞬时极性法来判断电路是否满足相位平衡条件。如果电路在某一频率 f_0 上满足相位平衡条件，则电

路就有可能振荡，此时 f_0 即为振荡频率。

最后，分析起振条件和稳幅环节。起振条件由 $|AF|>1$ 并结合具体电路求得。一般可通过电路调试使电路满足起振条件。此外，为使输出幅度稳定，正弦波振荡电路一般要加稳幅环节。

4.1.2 *RC* 正弦波振荡电路

实用的 *RC* 正弦波振荡电路有多种，本书仅介绍典型的 *RC* 桥式正弦波振荡电路（又称文氏电桥振荡器）的组成、工作原理和振荡频率。其电路如图 4.1.2 所示，它由 *RC* 串并联电路（选频环节）和同相比例运算电路组成，一般用于产生频率不超过 1 MHz的正弦波。

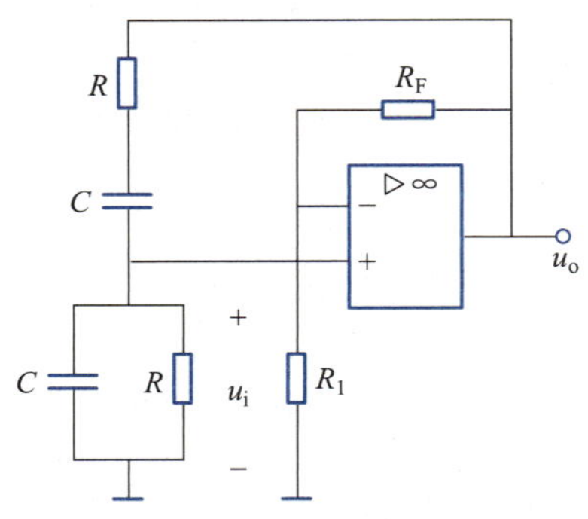

图 4.1.2 *RC* 桥式正弦波振荡电路

在图 4.1.2 中，对于 *RC* 选频环节，振荡电路的输出电压 u_o 是它的输入电压，它的输出电压 u_i 送到运放的同相输入端，作为正弦波振荡电路的输入电压，电路存在正反馈，反馈系数

$$F=\frac{\dot{U}_i}{\dot{U}_o}=\frac{\dfrac{R\cdot\dfrac{1}{\mathrm{j}\omega C}}{R+\dfrac{1}{\mathrm{j}\omega C}}}{R+\dfrac{1}{\mathrm{j}\omega C}+\dfrac{R\cdot\dfrac{1}{\mathrm{j}\omega C}}{R+\dfrac{1}{\mathrm{j}\omega C}}}=\frac{1}{3+\mathrm{j}\left(\omega RC-\dfrac{1}{\omega RC}\right)} \tag{4.1.6}$$

令 $\omega_0=\dfrac{1}{RC}$，则式（4.1.6）可以简化为

$$F=\frac{1}{3+\mathrm{j}\left(\dfrac{\omega}{\omega_0}-\dfrac{\omega_0}{\omega}\right)} \tag{4.1.7}$$

当 $\omega=\omega_0$ 或 $f=f_0=\dfrac{1}{2\pi RC}$ 时，u_o 和 u_i 同相，反馈系数最大

$$F=\frac{1}{3} \tag{4.1.8}$$

可见，RC 串并联电路具有选频特性，选中的频率为 f_0，f_0 由 RC 串并联电路的 R 和 C 决定，通过调节 R 或 C 或同时调节 R 和 C 的参数可实现振荡频率的改变。

同相比例运算电路的电压放大倍数为

$$A=1+\frac{R_F}{R_1} \tag{4.1.9}$$

可见，当 $R_F=2R_1$ 时，有 $A=3$，此时满足自激振荡幅度条件 $|AF|=1$。

起振时，使 $|AF|>1$，即 $A>3$ 或 $R_F>2R_1$。随着振荡幅度的增大，A 将自动减小，直到满足 $|AF|=1$，振荡振幅达到稳定。在 RC 串并联振荡电路中，为了改善振荡信号，一般采用外稳幅。例如在图 4.1.2 所示电路中，若 R_F 是一温度系数为负的热敏电阻，利用它的非线性可以自动稳幅。如起振时，由于 u_o 很小，流过 R_F 的电流也很小，发热少，阻值高，$R_F>2R_1$，即 $|AF|>1$。随后，u_o 的幅度逐渐减小，流过 R_F 的电流增大，R_F 因受热而降低其阻值，直到 $R_F=2R_1$ 时，振荡稳定。

4.1.3 *LC* 正弦波振荡电路

RC 正弦波振荡电路的频率通常不超过 1 MHz，若想得到更高频率的正弦波信号，可采用 LC 正弦波振荡电路，该振荡电路的选频环节是 LC 并联谐振网络。本书主要介绍三种类型的 LC 正弦波振荡电路。

讲义：
LC 正弦波振荡电路

1. 变压器反馈式 *LC* 振荡电路

图 4.1.3 为变压器反馈式 LC 振荡电路，它由放大电路、LC 选频网络和 L_f 变压器反馈绕组三部分组成。

视频：
LC 正弦波振荡电路

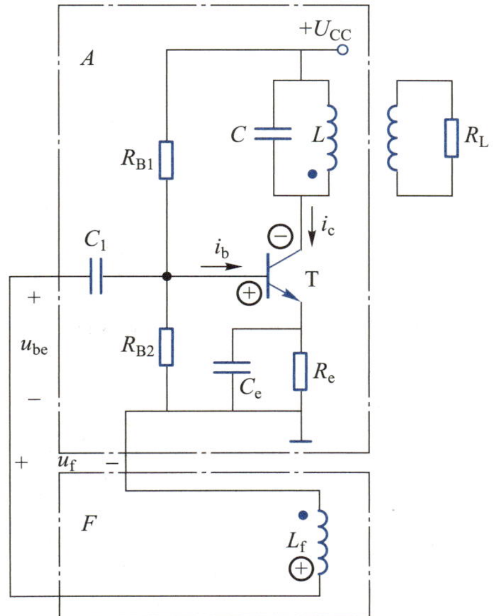

图 4.1.3　变压器反馈式 *LC* 振荡电路

（1）选频

LC 选频网络接在晶体管集电极电路中，当 LC 选频网络发生并联谐振时，谐振频率为

$$f_0 \approx \frac{1}{2\pi\sqrt{LC}} \tag{4.1.10}$$

当振荡电路与电源接通时，在扰动信号中只有频率为 f_0 的正弦分量才会发生并联谐振。此时，LC 并联电路的阻抗最大，且呈电阻性（相当于集电极负载电阻 R_C）。因此，对 f_0 这个频率来说，电压放大倍数最高，当满足自激振荡条件时，就产生自激振荡。而其他频率的分量不能发生并联谐振，这就达到了选频的目的。

（2）振荡的建立和稳定

首先，要有正反馈，这可利用瞬时极性法来判断。在图 4.1.3 中，设某一时刻基极电位的极性为"⊕"，集电极电位的极性为"⊖"，变压器反馈绕组的下端极性为"⊕"，即反馈电压 u_f 极性为"⊕"，反馈提高了基极电位，使 u_{be} 增大，故为正反馈。

其次，在 $|AF|>1$ 的情况下产生自激振荡，输出电压 u_o 的幅值将不断增大，当大到一定程度时，晶体管就进入非线性区，其电流放大倍数 β 将逐渐减小，电压放大倍数 A 也随之降低，最后达到 $|AF|=1$，振荡幅度自动稳定。

2. 电感反馈式（电感三点式）振荡电路

在实际工作中，为了避免确定变压器同名端的麻烦，也为了绕制线圈方便，可采取自耦变压器电路，图 4.1.4 所示为电感反馈式振荡电路（又称哈特莱振荡器）。

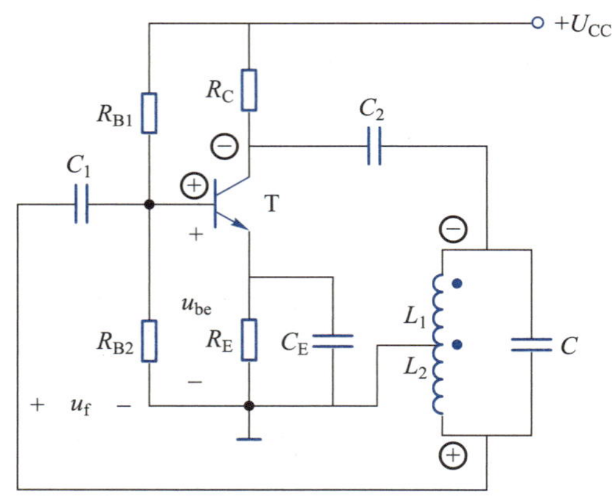

图 4.1.4　电感反馈式振荡电路

图 4.1.4 和图 4.1.3 相比，差别是用了一个有抽头的线圈。电感线圈的三点分别和晶体管的三个电极相连。C_1、C_2 及 C_E 对交流都可视为短路，反馈线圈 L_2 是电感线圈的一段，通过它将反馈电压送到输入端，实现正反馈。例如，当 u_{be} 为正时，则 u_{ce} 为负（反相），因而 u_f 与 u_{be} 同相。反馈电压的大小可通过改变抽头的位置来调整。根据经验，通常选择反馈线圈 L_2 的匝数为整个线圈总匝数的 1/8～1/4。电感反馈式振荡电路的振荡频率为

$$f_0 \approx \frac{1}{2\pi\sqrt{(L_1+L_2+2M)C}} \tag{4.1.11}$$

式中，M 为线圈 L_1 与 L_2 之间的互感。

通常通过改变电容 C 来调节振荡频率。此电路一般用于产生频率为几十兆赫以下的正弦波信号。

3. 电容反馈式(电容三点式)振荡电路

电容反馈式振荡电路如图 4.1.5 所示,该电路又称为考毕兹振荡电路。

放大电路的输出电压为电容 C_1 两端电压,反馈电压从电容 C_2 上取出,这样能保证实现正反馈。该电路的振荡频率近似等于 LC 回路的谐振频率,即

$$f_0 \approx \frac{1}{2\pi\sqrt{LC}} = \frac{1}{2\pi\sqrt{L\dfrac{C_1C_2}{C_1+C_2}}} \tag{4.1.12}$$

此电路的特点为:反馈电压取自电容 C_2,由于电容对于高次谐波阻抗很小,反馈电压中的谐波分量很小,所以输出波形较好;电容 C_1、C_2 的容量可以选得较小,并将晶体管的极间电容也计算到 C_1、C_2 中去,因此振荡频率较高,一般可以达到 100 MHz 以上;调节 C_1 或 C_2 可以改变振荡频率,但同时会影响起振条件,因此这种电路适用于产生固定频率的振荡。如果要改变频率,可在 L 两端并联一个可变电容。

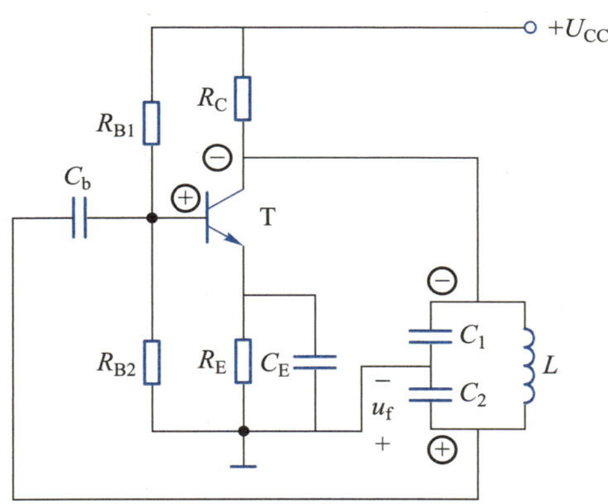

图 4.1.5 电容反馈式振荡电路

4.1.4 石英晶体正弦波振荡电路

在许多应用中,通常要求振荡器的振荡频率十分稳定,如通信系统中的射频振荡器、数字系统中的时钟发生器等。衡量振荡器振荡频率稳定程度的指标称为频率稳定度。它定义为在特定时间内频率的相对变化量 $\Delta f/f_0$,其中 f_0 为振荡频率,Δf 为频率偏移。

在频率稳定度要求很高的场合通常采用石英晶体组成的振荡电路。有资料表明,在 LC 振荡电路中,即使采用了各种稳频措施,频率稳定度也很难突破 10^{-5} 数量级。而由石英晶体组成的振荡电路频率稳定度可达 10^{-6} ~ 10^{-8} 数量级,甚至达 10^{-10} ~ 10^{-11} 数量级,所以它在要求频率稳定度高于 10^{-6} 以上的电子设备中得到了广泛的应用。

1. 石英晶体的特性及等效电路

(1) 石英晶体的结构

石英晶体为 SiO_2 结晶体,按一定的方位角切下晶片,两边涂敷银层,接上引线,用金属或玻璃外壳封装即制成产品。

（2）石英晶体的压电效应

若在石英晶体的两个电极间加一电场，晶片就会产生机械形变；反之，若在晶片的两侧加机械力，则会在晶片相应的方向上产生电场，这种机电相互转换的物理现象称为压电效应。晶片有一固有频率，其值极其稳定且与晶片的切割方式、几何形状和尺寸有关。当外加交变电压的频率与晶片的固有频率相等时，其振幅最大，这种现象称为压电谐振。因此，石英晶体又称为石英晶体谐振器，上述的特定频率称为晶体的固有频率或谐振频率。

（3）石英晶体的符号和等效电路

石英晶体的符号和等效电路如图 4.1.6(a)和(b)所示。当晶体不振动时，可看作一般电容器 C_0，称晶体静态电容；晶体振动时，可用 LC 串联谐振电路来表示，其中电感 L 模拟机械振动的惯性，电容 C 模拟晶片的弹性，电阻 R 模拟晶片振动时的摩擦损耗。由于石英晶体的等效电感 L 很大（$10^{-3}\sim10^{2}$ H），而电容 C 很小（$10^{-2}\sim10^{-1}$ pF），故回路的品质因数 Q 很大，可达 $10^{4}\sim10^{6}$。根据品质因数 Q 越大，频率的稳定度越高的特性，知石英晶体的稳定度很高。

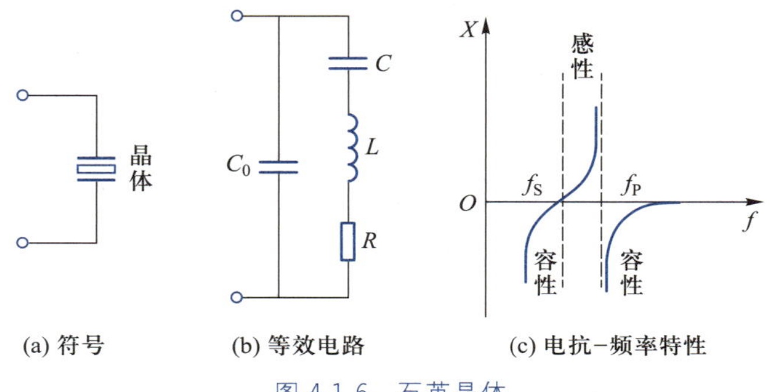

图 4.1.6　石英晶体

（4）石英晶体的电抗-频率特性

从石英晶体的等效电路可知，这个电路有两个谐振频率。当 LCR 串联支路谐振时，该支路的等效阻抗为纯电阻 R，其值很小。由于 C_0 很小（几至几十皮法），其容抗与 R 相比很小，从而作用可以忽略，因此，此时石英晶体等效为一个很小的纯电阻 R，串联谐振频率为

$$f_S=\frac{1}{2\pi\sqrt{LC}} \tag{4.1.13}$$

当等效电路并联谐振时，并联谐振频率为

$$f_P=\frac{1}{2\pi\sqrt{L\dfrac{CC_0}{C+C_0}}}=f_S\sqrt{1+\frac{C}{C_0}} \tag{4.1.14}$$

由于 $C \ll C_0$，因此 f_S 和 f_P 两个频率非常接近。在 f_S 与 f_P 之间呈感性，在此区域之外呈容性。据此可画出石英晶体在 $R=0$ 时的电抗-频率特性，如图 4.1.6(c)所示。

2. 石英晶体正弦波振荡电路

石英晶体振荡电路形式多样，但其基本电路可分为两类，即串联型石英晶体振荡

电路和并联型石英晶体振荡电路。前者石英晶体工作在串联谐振频率 f_S 处，利用阻抗为纯电阻且最小的特性来构成振荡电路；后者石英晶体工作在 f_S 和 f_P 之间，利用晶体作为电感与外接电容产生并联型谐振来组成振荡电路。

(1) 串联型石英晶体振荡电路

电路如图 4.1.7(a)所示，晶体管 T_1、T_2 组成两级放大电路，石英晶体接在正反馈回路中，当 $f=f_S$ 时，晶体产生串联谐振，呈电阻性，阻抗最小，正反馈最强，电路满足自激振荡条件。因此该电路振荡频率为 f_S，调节电阻 R_5 的大小就可改变反馈的强弱，以便获得良好的正弦波输出。

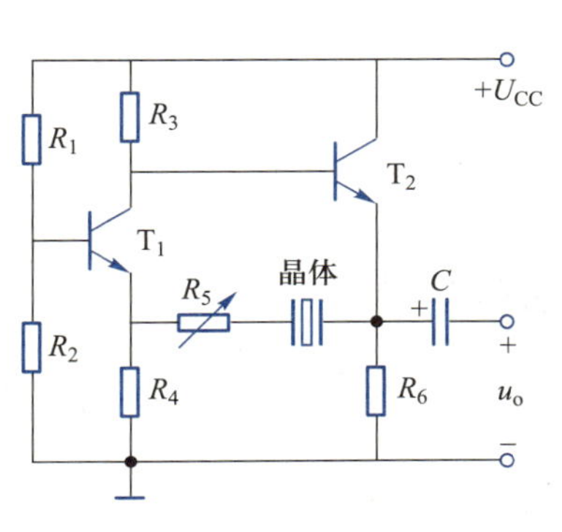

(a) 串联型石英晶体振荡电路

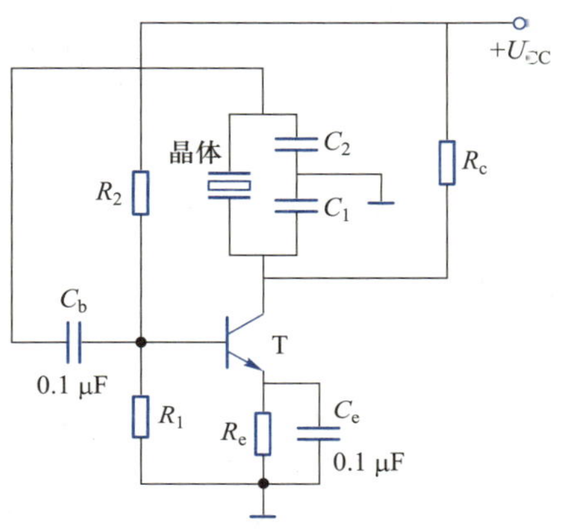

(b) 并联型石英晶体振荡电路

图 4.1.7　石英晶体振荡电路

(2) 并联型石英晶体振荡电路

电路如图 4.1.7(b)所示，此时石英晶体工作在 f_S 与 f_P 之间，呈感性，等效成一个电感，与电容 C_1、C_2 构成电容三点式振荡电路。该电路的振荡频率为石英晶体和 C_1、C_2 组成的回路的并联谐振频率，谐振频率近似为 $f_0 \approx 1/(2\pi\sqrt{LC})=f_S$。由此可见，振荡频率基本上由石英晶体的固有频率 f_S 所决定，因此振荡频率稳定度很高。

练习与思考

4.1.1　产生正弦波自激振荡的条件是什么？

4.1.2　正弦波振荡电路从组成上看一般包括几部分？选频环节的作用是什么？

4.1.3　与其他正弦波振荡电路相比，石英晶体正弦波振荡电路的主要优点有哪些？

4.2　非正弦波信号发生器

在实用电路中除了常见的正弦波外，还有矩形波、三角波、锯齿波、尖顶波和阶梯波等。本节主要讲述电路中常用的矩形波、三角波和锯齿波三种非正弦波形发生电路的组成、工作原理、振荡频率的计算。

讲义：
矩形波信号发生器

视频：
矩形波信号发生器

4.2.1 矩形波发生器

矩形波是指具有高、低两种电平，且作周期性变化的波形。如果波形处于高电平和低电平的时间相等，则称为方波。方波是矩形波的一种特殊情况。能产生矩形波的电路称为矩形波发生器。因为矩形波中含有丰富的谐波，故矩形波发生器又称为多谐振荡器。矩形波常用来作为数字电路中的信号源或模拟电子开关的控制信号。矩形波发生器是其他非正弦波信号发生电路的基础。

(1) 电路组成及工作原理

图 4.2.1(a) 是矩形波发生器电路图。其中，集成运放、R_1、R_2、R_3、D_Z组成双向限幅的滞回电压比较器；RC 电路起延迟兼反馈作用，通过 RC 电路充、放电实现输出状态的自动转换；D_Z是双向稳压二极管，使输出电压的幅度被限制为$+U_Z$或$-U_Z$；R_3是限流电阻。

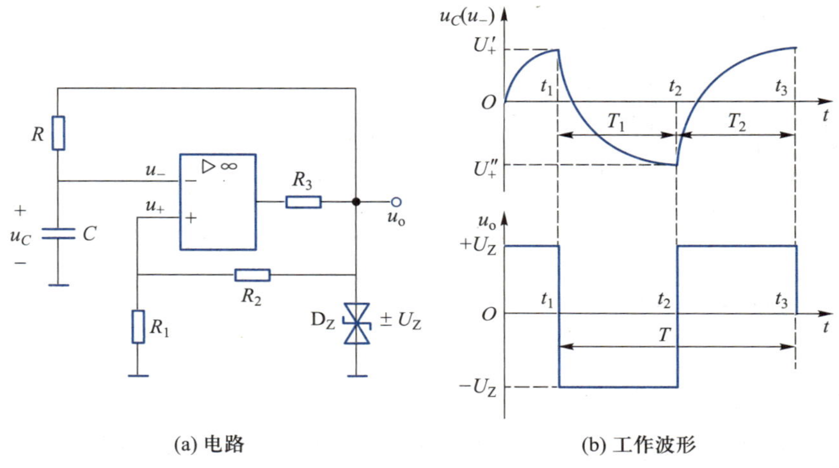

(a) 电路　　(b) 工作波形

图 4.2.1　矩形波发生器

设 $t=0$ 时，$u_C=0$，$u_o=+U_Z$，集成运放同相输入端对地电压如式(4.2.1)所示。此时，$u_o=+U_Z$，通过 R 向 C 充电，u_C按指数规律增加。

$$u_+=\frac{R_1}{R_1+R_2}U_Z=U'_+ \tag{4.2.1}$$

当 $t=t_1$时，u_C略大于 U'_+，u_o从$+U_Z$跳变为$-U_Z$，这时集成运放同相输入端对地电压如式(4.2.2)所示。此时，由于 $u_o=-U_Z$，因此电容 C 放电，u_C按指数规律减小。

$$u_+=-\frac{R_1}{R_1+R_2}U_Z=U''_+ \tag{4.2.2}$$

当 $t=t_2$时，u_C略小于 U''_+，u_o跳变为$+U_Z$，接着电容 C 又被充电，如此周而复始，电路产生了自激振荡，在输出端得到矩形波，其工作波形如图 4.2.1(b)所示。

(2) 振荡周期和频率的计算

由图 4.2.1(a)所示电路可知，电容 C 充电和放电路径一致，波形处于高电平和低电平的时间相等，所以充电和放电的时间各是周期的一半，即 $T_1=T_2=\frac{T}{2}$。

在图 4.2.1(b)中,从 t_1 到 t_2 的时间段内,电容电压 u_C 由 U'_+ 降到 U''_+。根据 RC 电路瞬态分析,电容电压变化满足三要素公式

$$u_C=u_C(\infty)+[u_C(0_+)-u_C(\infty)]e^{-\frac{t}{\tau}} \tag{4.2.3}$$

如果选定 t_1 为初始时刻,则式(4.2.3)中各参数应为

$$u_C(0_+)=\frac{R_1}{R_1+R_2}U_Z \tag{4.2.4}$$

$$u_C(\infty)=-U_Z \tag{4.2.5}$$

$$\tau=RC \tag{4.2.6}$$

将式(4.2.4)、式(4.2.5)和式(4.2.6)代入式(4.2.3)可得

$$u_C=-U_Z+\left[\frac{R_1}{R_1+R_2}U_Z+U_Z\right]e^{-\frac{t}{RC}} \tag{4.2.7}$$

当 $t_2-t_1=\frac{T}{2}$ 时,$u_C(t_2)=-\frac{R_1}{R_1+R_2}U_Z$,式(4.2.7)可写为

$$-\frac{R_1}{R_1+R_2}U_Z=-U_Z+\left[\frac{R_1}{R_1+R_2}U_Z+U_Z\right]e^{-\frac{T}{2RC}} \tag{4.2.8}$$

解方程式(4.2.8),可得

$$T=2RC\ln\left(1+\frac{2R_1}{R_2}\right) \tag{4.2.9}$$

对应的振荡频率为

$$f=\frac{1}{T}=\frac{1}{2RC\ln\left(1+\frac{2R_1}{R_2}\right)} \tag{4.2.10}$$

由以上分析可知,图 4.2.1 所示矩形波发生器,电路中无外加输入电压,而在输出端也有一定频率和幅度的矩形波信号输出,矩形波的振荡周期由电路参数 R、C、R_1、R_2 决定,通过选择这些元件参数可以调节矩形波的振荡周期和频率。若使图 4.2.1(a)所示电路的充电和放电的时间常数不同,则可产生高低电平持续时间不等的矩形波,一般把波形高电平时间与周期之比称为占空比。

4.2.2　三角波发生器

讲义:
三角波信号发生器

从数学分析可知,方波经过积分可得三角波。因此在矩形波发生器的输出端接一个积分电路,就可以构成三角波发生器。

(1) 电路组成及工作原理

三角波发生器电路如图 4.2.2 所示,其中集成运放 A_1 所组成的电路构成滞回比较器,集成运放 A_2 构成积分电路。

视频:
三角波信号发生器

由运放 A_1 构成的滞回比较器的反相输入端电压为零,即 $u_-=0$。同相输入端电压 u_+ 利用叠加定理求得,如式(4.2.11)所示,式中第一项是电压 u_{o1} 单独作用时(A_2 的输出端接"地",即 $u_o=0$)的分量;第二项是输出电压 u_o 单独作用时(即 $u_{o1}=0$)的分量。

$$u_+=\pm\frac{R_1}{R_1+R_2}U_Z+\frac{R_2}{R_1+R_2}u_o \tag{4.2.11}$$

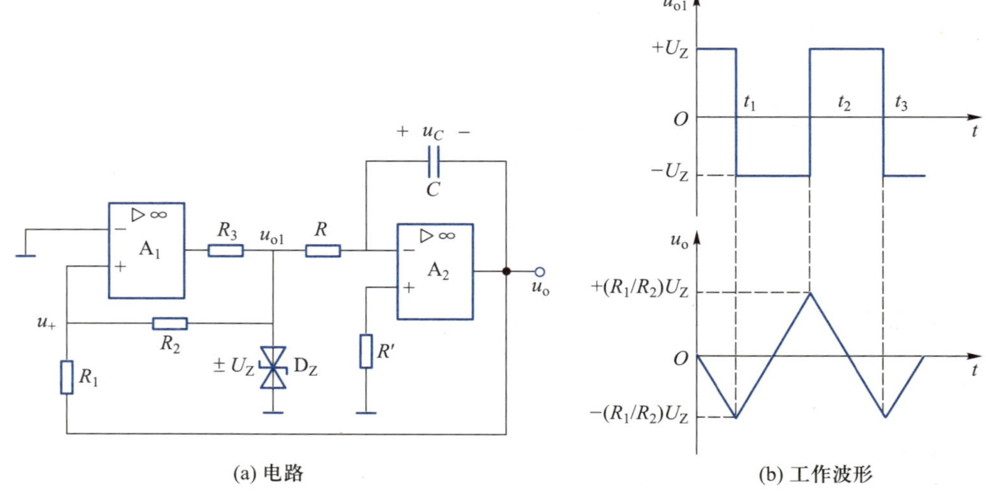

(a) 电路　　(b) 工作波形

图 4.2.2　三角波发生器

假设接通电源时 $u_{o1}=+U_Z$，$u_o=0$，此时滞回比较器同相输入端的电压用式(4.2.12)表示，u_{o1}通过 R 向 C 恒流充电，u_C线性上升，u_o线性下降，u_+也随之下降，当 u_+的值下降到略小于 0 时，u_{o1}跳变为$-U_Z$。

$$u_+=\frac{R_1}{R_1+R_2}U_Z+\frac{R_2}{R_1+R_2}u_o \tag{4.2.12}$$

当 u_{o1}由$+U_Z$跳变为$-U_Z$时，此时滞回比较器同相输入端的电压用式(4.2.13)表示，电容 C 恒流放电，u_C线性下降，u_o线性上升，u_+也上升。当 u_+上升到略大于 0 时，u_{o1}跳变为$+U_Z$。电容器再次开始充电，如此周期性地变化，得到如图 4.2.2(b)所示工作波形。A_1输出 u_{o1}为方波，A_2输出 u_o为三角波，所以图 4.2.2(a)所示电路也称为方波-三角波发生器。

$$u_+=-\frac{R_1}{R_1+R_2}U_Z+\frac{R_2}{R_1+R_2}u_o \tag{4.2.13}$$

(2) 振荡周期和频率的计算

$t_1\sim t_2$期间，电容 C 恒流放电，放电电流 $i_C=-\frac{U_Z}{R}$，电容 C 上的电压变化量 $\Delta u_C=-\frac{2U_ZR_1}{R_2}$，可得放电时间

$$T_1=\frac{C\Delta u_C}{i_C}=\frac{C\left(-\frac{2R_1}{R_2}U_Z\right)}{-\frac{U_Z}{R}}=2RC\frac{R_1}{R_2} \tag{4.2.14}$$

$t_2\sim t_3$期间，电容 C 恒流充电，同理得放电时间 $T_2=t_3-t_2$，为 $T_2=2RCR_1/R_2$。因此，该电路的振荡周期为

$$T=T_1+T_2=4RC\frac{R_1}{R_2} \tag{4.2.15}$$

电路的振荡频率

$$f=\frac{R_2}{4RCR_1} \tag{4.2.16}$$

三角波的振荡周期和频率由电路参数 R_1、R_2、R 和 C 决定，通过调节这些元件参数可以改变三角波的振荡周期和频率。

讲义：锯齿波信号发生器

4.2.3　锯齿波发生器

（1）电路组成及工作原理

锯齿波与三角波相比，其不同点在于：锯齿波的上升时间与下降时间不同，一般下降时间远小于上升时间。因此只需在图 4.2.2（a）所示三角波发生器上做些改进，使电容 C 的充电电阻远小于放电电阻，就可得到下降时间远小于上升时间的锯齿波信号。图 4.2.3（a）为锯齿波发生器电路图，由图可知，该电路充电电阻为 $R /\!/ R_4$，放电电阻为 R。只要 R_4远小于 R，就可得到如图 4.2.3（b）所示的工作波形。

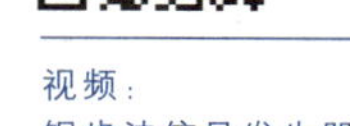

视频：锯齿波信号发生器

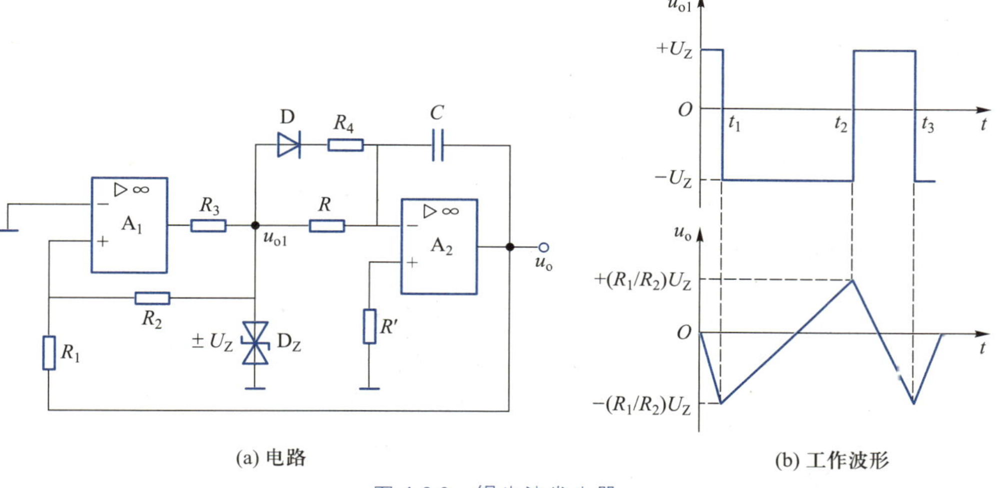

(a) 电路　　(b) 工作波形

图 4.2.3　锯齿波发生器

（2）振荡周期和频率的计算

$t_1 \sim t_2$期间，$u_{o1}=-U_Z$，电容 C 恒流放电，放电电流 $i_C=-\dfrac{U_Z}{R}$，电容 C 上的电压变化量 $\Delta u_C=-\dfrac{2U_ZR_1}{R_2}$，可得放电时间

$$T_1=\frac{C\Delta u_C}{i_C}=\frac{C\left(-\dfrac{2R_1}{R_2}U_Z\right)}{-\dfrac{U_Z}{R}}=2RC\frac{R_1}{R_2} \tag{4.2.17}$$

$t_2 \sim t_3$期间，$u_{o1}=+U_Z$，电容 C 恒流充电，充电电流 $i_C=\dfrac{U_Z}{R /\!/ R_4}$，电容 C 上的电压变

化量$\Delta u_C=\dfrac{2U_Z R_1}{R_2}$，可得充电时间

$$T_2=\frac{C\Delta u_C}{i_C}=\frac{C\left(\dfrac{2R_1}{R_2}U_Z\right)}{\dfrac{U_Z}{R/\!/R_4}}=2C\frac{RR_4R_1}{(R+R_4)R_2} \tag{4.2.18}$$

因此，该电路的振荡周期

$$T=T_1+T_2=2RC\frac{R_1}{R_2}+2C\frac{RR_4R_1}{(R+R_4)R_2}=2RC\frac{R_1(R+2R_4)}{R_2(R+R_4)} \tag{4.2.19}$$

电路的振荡频率

$$f=\frac{R_2(R+R_4)}{2RCR_1(R+2R_4)} \tag{4.2.20}$$

锯齿波的振荡周期和频率由电路参数 R_1、R_2、R、R_4和 C 决定，通过调节这些元件参数可以改变锯齿波的振荡周期和频率。

练习与思考

4.2.1　如何改变矩形波发生器的占空比？

4.2.2　三角波发生器的振荡周期由哪些电路参数决定？

4.2.3　锯齿波发生器与三角波发生器在电路上的主要区别是什么？

4.3　信号变换电路

信号变换是指不同形式的交流信号（包括脉冲信号）的相互变换，能完成信号变换的电路称为信号变换电路。信号变换电路可以将宽脉冲变为窄脉冲，窄脉冲变为宽脉冲，矩形波变为三角波，正弦波变为矩形波。本节信号变换电路主要介绍实现不同物理量之间转换的电路，如电压-频率变换电路、电压与电流之间的变换。

讲义：
电压 - 频率变换电路

4.3.1　电压-频率变换电路

图 4.3.1(a)是电压-频率变换电路的电路图，该电路与三角波发生器电路结构类似，区别是电压-频率变换电路积分器的输入端不与前级滞回比较器的输出端相连，而与开关 S 的一个固定端相连，S 的另一端分别与外接电压$\pm U_I$相连。开关 S 在$+U_I$和$-U_I$之间的转接受控于比较器的输出电压，当比较器输出电压 $u_{o1}=+U_Z$时，开关 S 接$+U_I$，当比较器输出电压 $u_{o1}=-U_Z$时，开关 S 接$-U_I$。

视频：
电压 - 频率变换电路

(1) 电路工作原理

假设 $t=0$ 时，$u_C=0$，$u_{o1}=+U_Z$，运放 A_1同相输入端对地电压如式(4.3.1)所示，$+U_I$通过 R 向 C 恒流充电，u_C线性上升，u_o线性下降，u_+下降。当 u_+下降到略小于 0 时，A_1输出电压翻转，u_{o1}跳变为$-U_Z$。

$$u_+=\frac{R_1}{R_1+R_2}U_Z+\frac{R_2}{R_1+R_2}u_o \tag{4.3.1}$$

当 $t=t_1$时，$u_o=-(R_1/R_2)U_Z$，$u_{o1}=-U_Z$，运放 A_1同相输入端对地电压如式(4.3.2)

所示，此时开关S接$-U_I$，电容C恒流放电，u_C线性下降，u_o线性上升，u_+也上升。当u_+上升到略大于0时，A_1输出电压翻转，u_{o1}跳变为U_Z。如此周而复始，产生如图4.3.1(b)所示的工作波形，从波形图可以看出，其输出波形与三角波发生器一致。

$$u_+=-\frac{R_1}{R_1+R_2}U_Z+\frac{R_2}{R_1+R_2}u_o \tag{4.3.2}$$

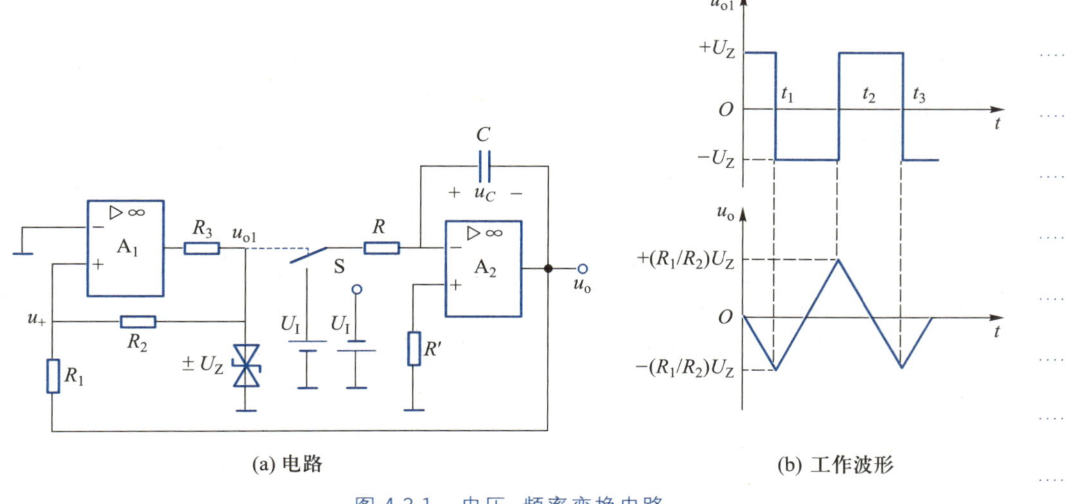

(a) 电路　　(b) 工作波形

图4.3.1　电压-频率变换电路

（2）振荡周期和频率的计算

$t_1\sim t_2$期间，电容C恒流放电，放电电流$i_C=-\frac{U_I}{R}$，电容C上的电压变化量为$\Delta u_C=-\frac{2U_ZR_1}{R_2}$，可得放电时间

$$T_1=\frac{C\Delta u_C}{i_C}=\frac{C\left(-\frac{2R_1}{R_2}U_Z\right)}{-\frac{U_I}{R}}=2RC\frac{R_1U_Z}{R_2U_I} \tag{4.3.3}$$

$t_2\sim t_3$期间，电容C恒流充电，充电时间$T_2=t_3-t_2$，与放电时间相同。

因此，该电路的振荡周期

$$T=T_1+T_2=4RC\frac{R_1U_Z}{R_2U_I} \tag{4.3.4}$$

电路的振荡频率

$$f=\frac{1}{T}=\frac{R_2}{4RCR_1U_Z}U_I \tag{4.3.5}$$

从以上分析可以看出该电路输出振荡频率受外加电压控制，因此电压-频率变换电路通常被称为压控振荡器。

4.3.2　电压与电流之间的变换

在自动化仪表、自动控制系统中常常需要将电压信号转化为电流信号，再由表头

讲义：
电压与电流之间的变换

视频：
电压与电流之间的变换

显示或驱动线圈控制触点的通断。在远距离监控系统中，如果对监控的电压信号直接传输，则传输线的阻抗将使电压信号失真和衰减，若把电压信号转换为电流信号再进行传输，就能消除阻抗对信号的影响。本节主要介绍电压与电流之间的变换，包括电压-电流变换电路和电流-电压变换电路。

1. 电压-电流变换电路

在电压-电流变换电路中，如果保持输入电压为恒定，输出电流也将恒定不变（在一定的负载范围内），这时，变换电路就成为一个理想电流源电路。图 4.3.2（a）和（b）分别为反相输入和同相输入的电压-电流变换电路。负载电阻 R_L 接在集成运放输出端与反向输入端之间，因而负载浮地。在当前电路参考方向下，根据虚断和虚短，可得两种电路的电压、电流关系式

$$I_L = I_I = \frac{U_I}{R_S} \tag{4.3.6}$$

从以上关系式可以看出，电流 I_L 由输入电压 U_I 决定，而与负载 R_L 无关。如果保持输入电压 U_I 不变，则输出电流 I_L 也不变。需要注意的是：信号从同相输入端加入时，电路输入电阻高，因而更精确，但运放输入端承受的共模电压大，限制了输入电压的动态变化范围。

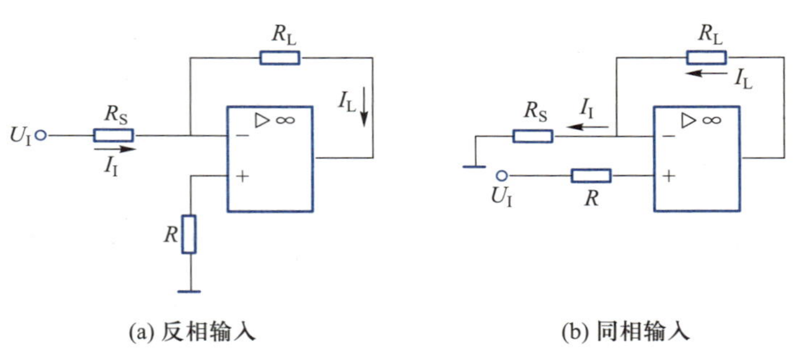

(a) 反相输入　　(b) 同相输入

图 4.3.2　电压-电流变换电路

上述电压-电流变换电路应用范围受到以下局限：

① 负载电阻浮地，因而只能用于负载电阻不能接地的场合。

② 输出电流受到集成运算放大器最大输出电流和最大输出电压的限制，需满足 $I_{Lmax}R_L \leqslant U_{Omax}$。

③ 输出电流 I_L 的最小值受到运算放大器的输入偏置电流的限制。

图 4.3.3（a）和（b）是负载电阻接地的电压-电流变换电路。从图中可以看出负载电阻 R_L 接地。可以证明，电路图一的输出电流表达式为 $I_L = \frac{E}{R}$，电路图二的输出电流表达式为 $I_L = -\frac{U_I}{R_2}$，此时集成运算放大器工作在线性区，条件是 $\frac{R_F}{R_1} = \frac{R}{R_2}$。当图中的 E 和 U_I 恒定时，这两个电路即为理想电流源电路。

电压-电流变换电路的应用不仅局限于理想电流源电路，在测量电路中也有很多应用。图 4.3.4 为一精密的电压测量装置，待测电压 U_X 接在同相输入端，根据理想运

算放大器的基本原理可得 $I_L = I_S = U_X / R$，即 $U_X = I_L R_S$。由微安表头读 I_L 及电阻 R_S，可算出待测电压 U_X。改变 R_S，可改变测量电压的量程范围。

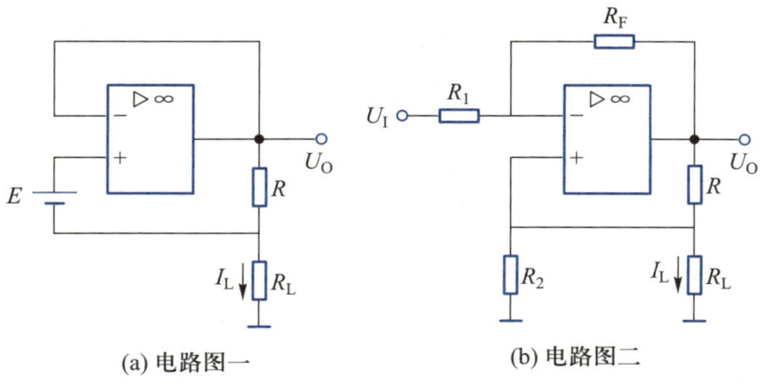

图 4.3.3 负载电阻接地的电压-电流变换电路

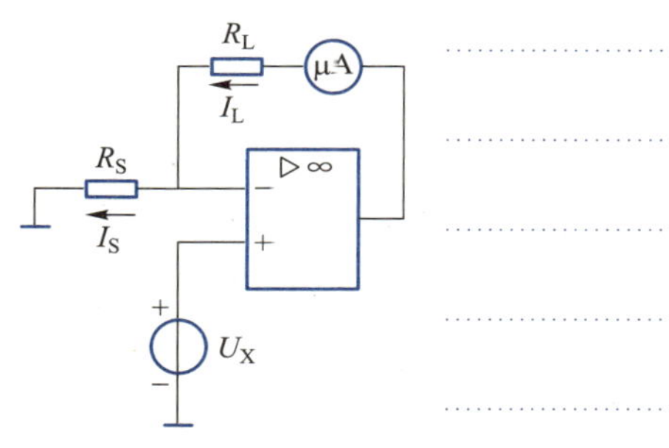

图 4.3.4 电压测量电路图

2. 电流-电压变换电路

图 4.3.5 是电流-电压变换电路的原理图。电路存在负反馈，根据虚断，$I_F = I_S$。

$$U_O = -I_F R_F = -I_S R_F \tag{4.3.7}$$

输出电压 U_O 与输入电流 I_S 成比例，实现了电流-电压变换。这种变换电路可用于放大和测量弱电流信号。

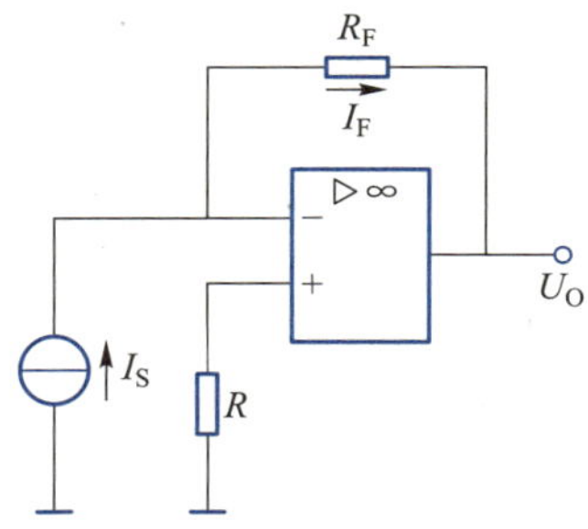

图 4.3.5 电流-电压变换电路

电流-电压变换电路在数字量-模拟量转换电路中也有应用。图 4.3.6 为一数模转换电路的原理图。图中集成运放将数模转换芯片 DAC-0832 的输出电流 I_{OUT} 转换为电压输出，即 $U_O = -I_{OUT} R_F$。

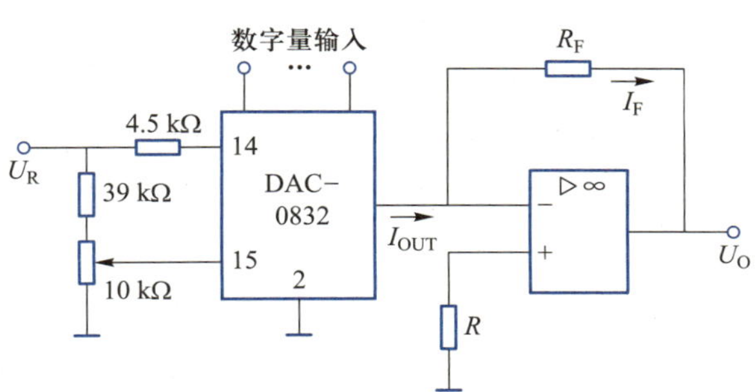

图 4.3.6 数模转换电路的原理图

练习与思考

4.3.1　压控振荡器通过改变哪个量来改变电路输出频率？

4.3.2　在传输信号时，为什么经常将电压信号转换为电流信号再进行传输？

本章知识点小结

本章的内容围绕以下知识点展开讨论。

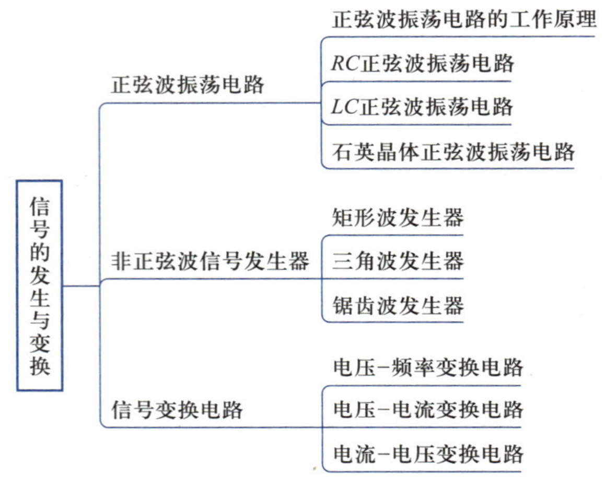

1. 正弦波振荡电路

(1) 正弦波振荡电路的工作原理

① 自激振荡

如果输入端没有外加输入信号，输出端仍有一定频率和幅度的信号输出，这种现象称为放大电路的自激振荡。

② 产生正弦波振荡的条件

产生正弦波振荡的振荡条件 $AF=1$，其中幅度平衡条件为 $|AF|=1$，相位平衡条件为 $\varphi_a+\varphi_f=2n\pi(n=0,\pm1,\pm2,\cdots)$。

③ 正弦波振荡的建立和稳定

正弦波振荡的起振条件：$|AF|>1$。

内稳幅：利用放大电路自身的非线性来达到稳幅目的的方式。

外稳幅：采用外接非线性元件组成稳幅电路达到稳幅目的的方式。

(2) RC 正弦波振荡电路

采用 RC 串并联网络实现选频，振荡频率 $f_0=\dfrac{1}{2\pi RC}$，f_0 由 RC 串并联网络中的 R 和 C 的参数决定，通过调节 R 或 C 或同时调节 R 和 C 的参数可实现振荡频率的改变。

(3) LC 正弦波振荡电路

① 变压器反馈式 LC 振荡电路

变压器反馈式 LC 振荡电路由放大电路、LC 选频网络和 L_f 变压器反馈绕组三部分组成。

电路的谐振频率
$$f_0 \approx \frac{1}{2\pi\sqrt{LC}}$$

② 电感反馈式(电感三点式)振荡电路

电感反馈式(电感三点式)振荡电路由放大电路、LC 选频网络和自耦变压器电路组成,电感线圈的三点分别和晶体管的三个电极相连。

电路的振荡频率
$$f_0 \approx \frac{1}{2\pi\sqrt{(L_1+L_2+2M)\,C}}$$

③ 电容反馈式(电容三点式)振荡电路

放大电路的输出电压为电容 C_1 两端电压,反馈电压从电容 C_2 上取出,保证实现正反馈,调节 C_1 或 C_2 可以改变振荡频率。

电路的振荡频率近似等于 LC 回路的谐振频率
$$f_0 \approx \frac{1}{2\pi\sqrt{LC}} = \frac{1}{2\pi\sqrt{L\dfrac{C_1C_2}{C_1+C_2}}}$$

(4) 石英晶体正弦波振荡电路

石英晶体正弦波振荡电路有两个谐振频率,串联谐振频率 f_S 和并联谐振频率 f_P 非常接近。在 f_S 与 f_P 之间呈感性,在此区域之外呈容性。

串联谐振频率
$$f_S = \frac{1}{2\pi\sqrt{LC}}$$

并联谐振频率
$$f_P = \frac{1}{2\pi\sqrt{L\dfrac{CC_0}{C+C_0}}} = f_S\sqrt{1+\frac{C}{C_0}}$$

2. 非正弦波信号发生器

(1) 矩形波发生器

电路主要由双向限幅滞回电压比较器、RC 电路构成。

电路振荡频率
$$f = \frac{1}{T} = \frac{1}{2RC\ln\left(1+\dfrac{2R_1}{R_2}\right)}$$

(2) 三角波发生器

三角波发生器电路主要包括两部分:集成运放 A_1 构成滞回比较器,集成运放 A_2 构成积分电路。

电路的振荡频率
$$f = \frac{R_2}{4RCR_1}$$

(3) 锯齿波发生器

锯齿波与三角波相比,其不同点在于:锯齿波的上升时间与下降时间不同,一般下降时间远小于上升时间。锯齿波发生器在三角波发生器基础上做改进,使电容 C 的充电电阻远小于放电电阻,就可得到下降时间远小于上升时间的锯齿波信号。

电路的振荡频率 $$f=\frac{R_2(R+R_4)}{2RCR_1(R+2R_4)}$$

3. 信号变换电路

(1) 电压-频率变换电路

电压-频率变换电路通常被称为压控振荡器。该电路与三角波发生器电路结构类似,区别是电压-频率变换电路积分器的输入端不与前级滞回比较器的输出端相连,而与开关 S 的一个固定端相连,S 的另一端分别与外接电压 $\pm U_1$ 相连。开关 S 在 $+U_1$ 和 $-U_1$ 之间的转换受控于比较器的输出电压,当比较器输出电压 $u_{o1}=+U_Z$ 时,开关 S 接 $+U_1$,当比较器输出电压 $u_{o1}=-U_Z$ 时,开关 S 接 $-U_1$。

电路的振荡频率 $$f=\frac{1}{T}=\frac{R_2}{4RCR_1U_Z}U_1$$

(2) 电压与电流之间的变换

① 电压-电流变换电路

在电压-电流变换电路中,如果保持输入电压为恒定,输出电流也将恒定不变(在一定的负载范围内),这时变换电路就成为一个理想电流源电路。电压-电流变换电路也可以用于测量电路中。

② 电流-电压变换电路

输出电压与输入电流成比例,实现电流-电压变换。这种变换电路可用于放大和测量弱电流信号,也可用于数字量-模拟量转换电路中。

习 题

4.1.1 在图 4.01 电路中,已知 $R=1\ \text{k}\Omega$,$C=0.47\ \mu\text{F}$,$R_1=10\ \text{k}\Omega$,若实现 RC 正弦波振荡,试计算:(1) 满足自激振荡幅度条件的 R_2 值,(2) 输出电压振荡频率 f。

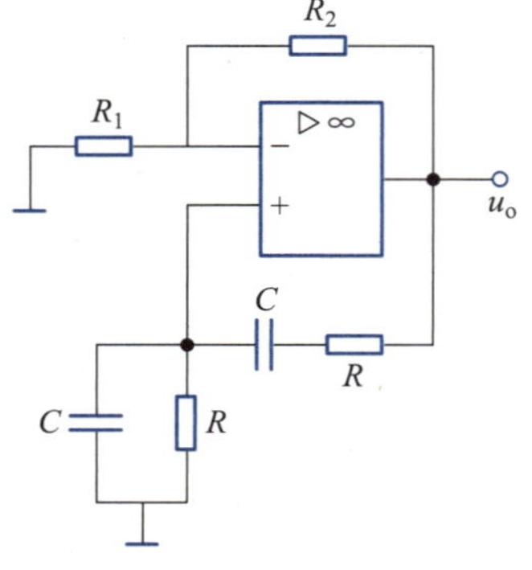

图 4.01 习题 4.1.1 的图

4.1.2 用相位平衡条件判断图 4.02 所示的电路是否有可能产生正弦波振荡，并简述理由。假设电容很大，可视为对交流短路。

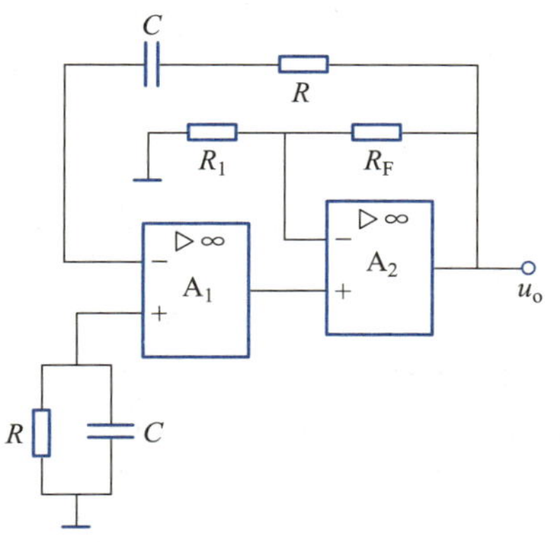

图 4.02 习题 4.1.2 的图

4.1.3 正弦波振荡电路如图 4.03 所示。(1) 设 $R_1=R_2=R=8.2\ \Omega$，$C_1=C_2=C=0.2\ \mu F$，估算振荡频率 f_0；(2) 若电路接线无误且静态工作点正常，但不能产生振荡，可能是什么原因？调整电路中哪个参数最为合适？调大还是调小？(3) 若输出信号严重失真，又应如何调整？

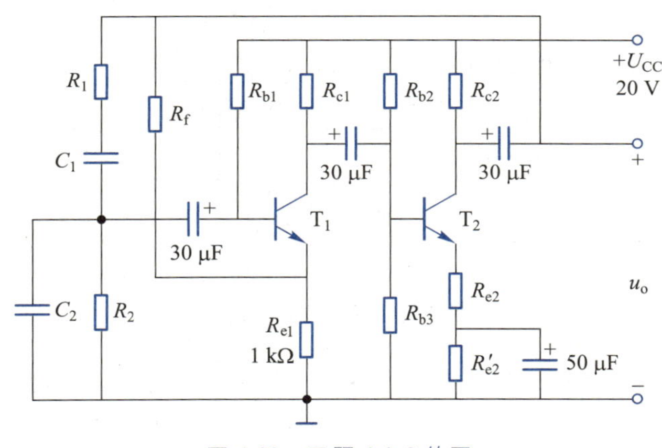

图 4.03 习题 4.1.3 的图

4.1.4 根据相位平衡条件判别图 4.04 中的电路是否可能产生正弦波振荡？

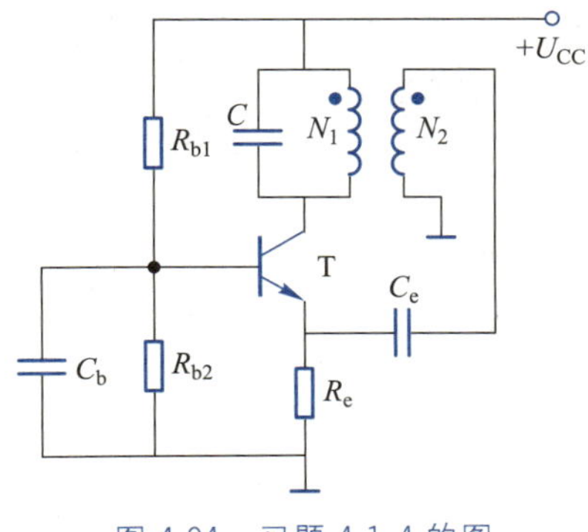

图 4.04 习题 4.1.4 的图

4.1.5 试用相位平衡条件判别图 4.05 所示的电路能否产生正弦波振荡。如可能振荡，指出它们是属于串联型还是并联型石英晶体振荡电路；如不能振荡，则加以改正。图中 C_b为旁路电容，C_c为耦合电容，RFC 为高频扼流圈。

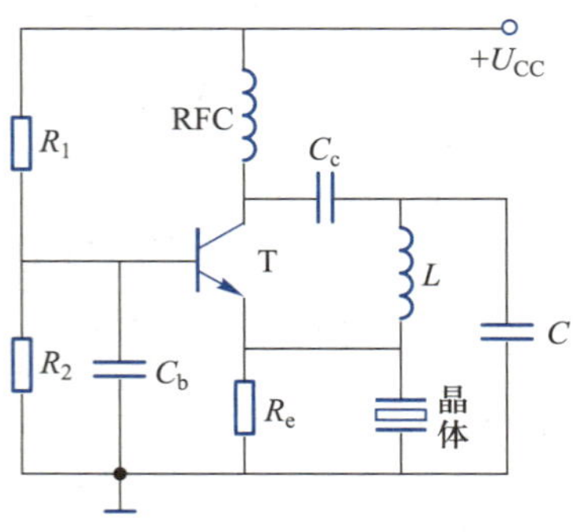

图 4.05 习题 4.1.5 的图

4.2.1 图 4.06 是一个三角波发生电路，为了实现以下的几种不同要求，U_R和 U_S应做哪些调整？（1）u_{o1}端输出对称矩形波，u_o端输出对称三角波；（2）对称的矩形波以及三角波的电平可以移动（例如使波形上移）；（3）输出矩形波的占空比可以改变（例如占空比减小）。

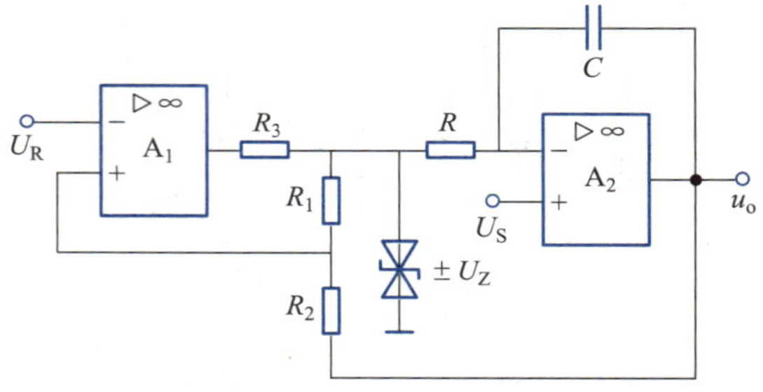

图 4.06 习题 4.2.1 的图

4.2.2 试证明：在图 4.07 所示的电路中，调节 R_P 改变输出波形的占空比时，周期 T 保持不变。设 A 为理想运算放大器，D_1、D_2为理想二极管，稳压管的稳定电压值为$\pm U_Z$。

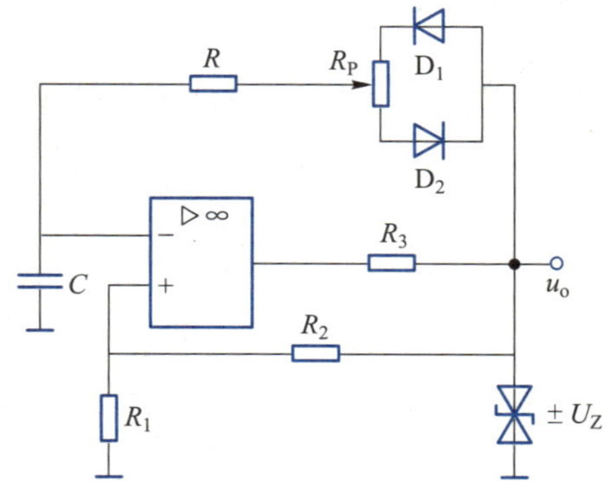

图 4.07 习题 4.2.2 的图

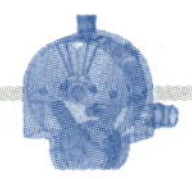

第5章 数字电路基础知识

本章学习目标

讲义：
第5章引言

学习完本章内容后，你将能够：

- 了解数制和码制，掌握不同数制之间的转换方法；
- 理解基本逻辑运算和复合逻辑运算；
- 掌握逻辑代数的基本公式、公理、定理，并能应用于逻辑函数表达式的化简中；
- 理解逻辑符号、逻辑真值表、逻辑函数表达式等逻辑函数表示方法，掌握不同表示方法间的转换方法；
- 理解最小项与卡诺图，掌握逻辑函数的卡诺图化简法。

视频：
第5章引言

当今时代被称为数字化时代，数字化已经渗透到人类生产、生活的各个领域，深刻影响并极大促进了人类社会的发展。这里的“数字”和数字电路密切相关，数字化时代可以说就是基于数字电路构建的。从数字电子计算机、数字电话、互联网、5G网络等日常所用，到大数据、人工智能、物联网等前沿科技，无一不是以能处理数字信号的数字电路为基础来实现的。

阅读材料：
数字电子技术的发展历史

前面介绍的模拟电路中，电信号通常是随时间连续变化的模拟信号，而数字电路中处理的数字信号，是不连续变化的脉冲信号，信号的幅度取值也是离散的。幅度取值被限制在有限个数值之内，一般只有高电平和低电平两种状态，并且常常使用 **1** 和 **0** 代表这两种状态，也正因为如此，这种信号才被称为数字信号。

1 和 **0** 两种状态（或与之对应的高与低电平两种状态）可以表示“真”与“假”“对”与“错”等逻辑状态，这样数字电路的输出和输入信号间就存在着逻辑关系，因此数字电路又被称为逻辑电路。在数字电路中常用逻辑代数作为分析和设计电路的数学工具，并广泛采用二进制来计数（表示数值）和编码。本章将就数制与码制、逻辑代数、逻辑函数的表示方法及其相互转换这些基础知识进行介绍和讨论。

5.1 数制和码制

讲义：
数制与码制

如果利用数字电路来进行数学运算或者实现一些逻辑关系，就需要用数码来表示数值的大小，或者表示各种事物或状态，这时只用一位数码显然是不能满足要求的，往往要使用多位数码。而使用多位数码时，如何表示数值、事物或状态，就需要提前做好规定，这些规定就是数制和码制。

5.1.1 数制

视频：
数制与码制

数制就是用一组固定的符号和统一的规则来表示数值的方法，也称为“计数制”。数制有很多种，日常生产、生活中最常用是十进制，秒、分计时用到的是六十进制，我国古代还使用过十二进制、十六进制。

在数字电路中只有数码 **0** 和 **1**，用多位数码表示数值自然就需要用到二进制。另外在分析和设计数字电路时，也常用到八进制和十六进制，需要注意的是数字电路本身不能识别八进制和十六进制，主要是为了方便人的识别和理解。

1. 十进制

十进制中，一组固定的符号就是 0、1、2、3、4、5、6、7、8、9，共十个数码，统一的规则就是“逢十进一”的进位规则。

一个十进制数 5 132，可以写为

$$5\ 132=5\ 000+100+30+2=5\times10^3+1\times10^2+3\times10^1+2\times10^0$$

千位上的数码 5 代表的数值是 5 000，百位上的数码 1 代表的数值是 100，十位上的数码 3 代表的数值是 30，个位上的数码 2 代表的数值是 2，可见各个数码代表的数值和其所处的位置有关，不同位置有不同的权重，这就是权值的概念。在十进制中，由个位开始向上的权值依次是 1，10，100，1 000 等。不论什么数制，具有最高权值的位在左边，而具有最低权值的位在右边。上述权值都是 10 的幂数，数 10 被称作这个数制的基（又称为底数）。

可见，每位数码的权值都是基数的幂，某位数码所代表的数值等于该位数码的基本值和权值乘积。由此，可以写出 n 位十进制正整数 $a_{n-1}a_{n-2}\cdots a_0$ 的一般表达式

$$a_{n-1}\times10^{n-1}+a_{n-2}\times10^{n-2}+\cdots a_1\times10^1+a_0\times10^0=\sum_{i=0}^{n-1}a_i\times10^i \tag{5.1.1}$$

式中 $a_{n-1},a_{n-2},\cdots,a_0$ 为每位数码的数字基本值（a_i 是第 i 位数字的基本值），可以取 0~9 十个数码中的任意一个；$10^{n-1},10^{n-2},\cdots,10^0$ 为各位数码的权值。

若以 N 取代上式中的 10，就可得到任意进制（N 进制）正整数展开式的普遍形式

$$a_{n-1}\times N^{n-1}+a_{n-2}\times N^{n-2}+\cdots+a_1\times N^1+a_0\times N^0=\sum_{i=0}^{n-1}a_i\times N^i \tag{5.1.2}$$

人类使用十进制是比较方便的，但如果在数字电路中使用十进制就比较麻烦。为了对应十个数码，就需要电路能输出十种不同的电平状态，这样会使电路变得非常复杂，难以实现。

2. 二进制

二进制中，一组固定的符号是 **0** 和 **1**，共两个数码，统一的规则是“逢二进一”的进位规则。根据任意进制（N 进制）正整数展开式，容易写出 n 位二进制正整数的一般表达式

$$a_{n-1}\times2^{n-1}+a_{n-2}\times2^{n-2}+\cdots+a_1\times2^1+a_0\times2^0=\sum_{i=0}^{n-1}a_i\times2^i \tag{5.1.3}$$

式中 $a_{n-1},a_{n-2},\cdots,a_0$ 为每位数码的数字基本值（a_i 是第 i 位数字的基本值），可以取 **0**、**1** 中的任意一个；$2^{n-1},2^{n-2},\cdots,2^0$ 为各位数码的权值。

由式（5.1.3），可以将一个二进制数转换为十进制数，例如

$$[1010]_2=1\times2^3+0\times2^2+1\times2^1+0\times2^0=8+0+2+0=[10]_{10}$$

为避免混淆，往往使用方括号外的数字下标来标示方括号内的数码所对应的进制。这里，“**1001**”是二进制数，“10”是十进制数。有时，为了简化书写，十进制的下标可以省略。

为了对应两个数码，电路能输出低电平和高电平两种状态就可以了，例如可以利

用晶体管的导通和截止两种状态实现,电路实现比较简单。而且二进制数运算简单,因而在数字电路中都采用二进制来进行计数和编码。实际上,三进制用于数字电路也比较方便,人们也研制过三进制的数字电路以及数字电子计算机,但应用远不如二进制数字电路广泛。

3. 八进制

八进制中,一组固定的符号是 0、1、2、3、4、5、6、7,共八个数码,统一的规则是"逢八进一"的进位规则。根据任意进制(*N* 进制)正整数展开式,容易写出 *n* 位八进制正整数的一般表达式

$$a_{n-1}\times 8^{n-1}+a_{n-2}\times 8^{n-2}+\cdots+a_1\times 8^1+a_0\times 8^0=\sum_{i=0}^{n-1}a_i\times 8^i \tag{5.1.4}$$

式中 $a_{n-1}, a_{n-2}, \cdots, a_0$ 为每位数码的数字基本值(a_i 是第 i 位数字的基本值),可以取 0、1、2、3、4、5、6、7 中的任意一个;$8^{n-1}, 8^{n-2}, \cdots, 8^0$ 为各位数码的权值。

利用式(5.1.4),容易得到八进制数和十进制数之间的对应关系,也就容易得到表 5.1.1 中十进制、二进制、八进制三种进制下,部分数码的对应关系。可以看出,每一个八进制数码正好可以和一个三位二进制数码相对应,这是因为 8 是 2 的 3 次幂,正好需要用到三位二进制数。

表 5.1.1　三种进制部分数码的对应关系

十进制数	二进制数	八进制数
0	**000**	0
1	**001**	1
2	**010**	2
3	**011**	3
4	**100**	4
5	**101**	5
6	**110**	6
7	**111**	7
8	**1 000**	10
9	**1 001**	11

利用这个特点,可以用八进制数更简洁地表示二进制数,从而更方便地识别和理解二进制数。例如二进制数$[101111001]_2$位数较多,不便识别,如果从最低位开始,将其每三位分为一组,每组都转换为一位八进制数,就能得到更易于识别的数码形式。

$$[101111001]_2=[101\ 111\ 001]_2=[571]_8$$

上式中的$[571]_8$也很容易再转换为二进制数,只需要分别写出每个数码对应的三位二进制数,再连接起来即可。

4. 十六进制

十六进制中,一组固定的符号是 0、1、2、3、4、5、6、7、8、9、A、B、C、D、E、F,共十六

个数码，统一的规则是"逢十六进一"的进位规则。

n 位十六进制正整数的一般表达式

$$a_{n-1}\times16^{n-1}+a_{n-2}\times16^{n-2}+\cdots+a_1\times16^1+a_0\times16^0=\sum_{i=0}^{n-1}a_i\times16^i \quad (5.1.5)$$

式中 $a_{n-1},a_{n-2},\cdots,a_0$ 为每位数码的数字基本值（a_i 是第 i 位数字的基本值），可以取 0、1、2、3、4、5、6、7、8、9、A、B、C、D、E、F 中的任意一个；$16^{n-1},16^{n-2},\cdots,16^0$ 为各位数码的权值。

引入十六进制同样是为了方便识别二进制数，因为 16 是 2 的 4 次幂，每个十六进制的数码都和一个四位二进制数对应，所以可以将二进制数每四位分为一组，转换并记为十六进制数。二进制数码和十六进制数码的对应关系如表 5.1.2 所示。

表 5.1.2　二进制数码和十六进制数码的对应关系

二进制数	十六进制数	二进制数	十六进制数
0000	0	**1000**	8
0001	1	**1001**	9
0010	2	**1010**	A
0011	3	**1011**	B
0100	4	**1100**	C
0101	5	**1101**	D
0110	6	**1110**	E
0111	7	**1111**	F

【例 5.1.1】　将十六进制数 $[D87]_{16}$ 转换成对应的二进制数。

【解】　由于十六进制数的每一位数值同对应的四位二进制数相等，所以可以直接写出转换值

$$[D\ 8\ 7]_{16}=[\underset{\uparrow\atop D}{1101}\ \underset{\uparrow\atop 8}{1000}\ \underset{\uparrow\atop 7}{0111}]_2$$

这个例子中二进制数也可以用八进制表示，将其每三位分为一组，可以表示为 $[6607]_8$，很明显记为十六进制要更为简洁。

【例 5.1.2】　将十六进制数 $[3BF]_{16}$ 转换成对应的十进制数。

【解】　$[3BF]_{16}=3\times16^2+11\times16^1+15\times16^0=[959]_{10}$

5. 十进制数转换为二进制

从其他进制转为十进制比较简单，下面再介绍一下如何从十进制转换为其他进制，就以转换为二进制为例。

图 5.1.1 中，以需要转换的数据 13 作为被除数，2 作为除数，可以得到商 6 和余数 1；接着再以得到的商 6 作为被除数，继续进行上述运算，直到商等于 0，这样可以得到一系列余数；按由下向上的方向排列余数，就可得到转换完的二进制数 $[1101]_2$。

利用前面的方法，二进制数 $[1101]_2$ 容易转换为八进制数 $[15]_8$ 和十六进制数

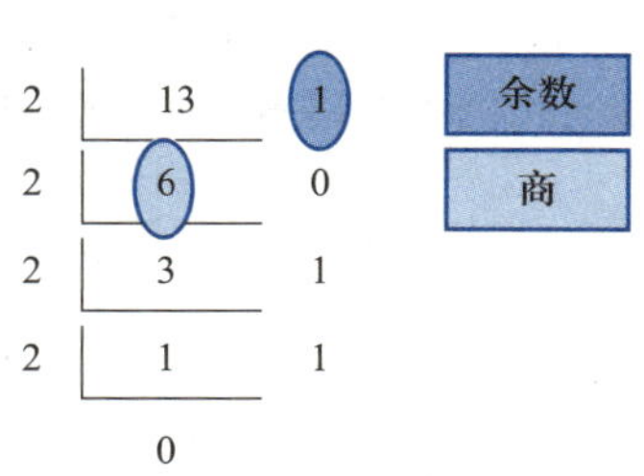

图 5.1.1　十进制数转换为二进制数的转换过程

$[D]_{16}$，因此十进制转换为八或十六进制时，可以先转换为二进制，再做进一步的转换。

5.1.2　码制

二进制数码除了用于表示数值外，也可以用来表示各种事物或状态，为每个事物或状态赋予一个二进制数码，就是编码，而编码时的规则就是码制。就像学生在学校中都有学号，大都采用的是十进制数码，而学校规定的哪些数码代表年级，哪些数码代表院系、专业，就是编码规则，也就是码制。

二进制数有 **0**、**1** 两个数，一位二进制数只能表示两个对象，如果需要表示更多的对象，就需要增加二进制数的位数。两位二进制数码有 **00**、**01**、**10**、**11** 四种组合状态，最多可以表示四个不同的对象。n 位二进制数，可以表示 2^n 个对象。如果需要表示 M 个对象，可以根据 $2^n \geqslant M$ 这一关系式来确定最少需要用的二进制数代码的位数 n。

无论是用于学号的十进制编码，还是数字电路中的二进制编码，这些编码虽然用数字表示，但与数字对应的十进制数值或二进制数值是没有关系的，仅是用来表示某一事物或状态。

如果用二进制数码来表示十进制数的 0，1，2，3，4，5，6，7，8，9 十个字符，根据 $2^n \geqslant M$ 这一关系式，至少需要四位二进制数码，而四位二进制数码一共有十六种组合状态，仅需选取其中的十种组合状态即可。具体选取哪十种组合状态和十个字符一一对应，这种挑选和表示的过程就是编码。从理论上讲编码是随意的，组合状态 **0000** 和 **1111** 都可以用来表示字符 0，但在实际中，为了便于信息的交换和处理，往往都采用事先规定好的、被大家所认可的、标准化的编码方式。

1. 二-十进制编码

用四位二进制数码表示十进制的 0～9，叫二-十进制编码，简称 BCD（binary-coded decimal）码，常用的 BCD 码分为有权码和无权码两类。有权码是指四位二进制数中的每一位都有固定的权值，用每一组四位二进制数码中为 **1** 的位的权值之和来表示相对应的十进制数；无权码则是二进制数码中的每一位二进制数无固定权值，按其他规则来表示十进制数。表 5.1.3 给出了几种常见的 BCD 码。

（1）8421 码

8421 码是最常用的 BCD 码，四位二进制数码中的每一位二进制数的权值从左到右（或称从高位到低位）分别为 8、4、2、1，它是一种有权码，而且每一位的权值都是固定的，因此它也是一种恒权码。

在这种编码中，其数码为 **1** 的那些位的权值之和对应的十进制数就是其所表示的十进制数码。例如,**1001** 中,数码为 **1** 的位的权值分别为 8 和 1,其和为 9,即 **1001** 用来表示数码 9。可以看出,如果把 8421 码看作一个二进制数,所对应的十进制数就是它所表示的十进制数码。

(2) 5421 码

5421 码是一种有权码,从高位到低位的权值分别为 5、4、2、1。**1001** 中,数码为 **1** 的位的权值分别为 5 和 1,其和为 6,即 **1001** 用来表示数码 6。

(3) 2421 码

2421 码也是一种有权码,从高位到低位的权值分别为 2、4、2、1。其特点是,十进制数码 0 和 9 所对应的二进制数码中相同位置上的数码,即 **0** 和 **1** 正好是相反的,1 和 8、2 和 7、3 和 6、4 和 5 也是相同的情况。

(4) 余 3 码

余 3 码是一种无权码,它是把 8421 码每一组代码都加上固定的数值 3(**0011**)所构成的新的代码。例如十进制数码 9 的 8421 码为 **1001**,余 3 码则为 **1001+0011=1100**;十进制数码 0 的 8421 码为 **0000**,余 3 码则为 **0011**。余 3 码和 2421 码的特点相同,十进制数码 0 和 9 所对应的二进制数码中相同位置上的数码,即 **0** 和 **1** 正好也是相反的。

这样编码的优点是可以产生自然的进位。例如,表示 2 的 2421 码为 **0010**,表示 8 的 2421 码为 **1110**,如果将其都视为二进制数并进行加运算,得到结果为 **1 0000**,正好产生了向更高位的进位。如果采用余 3 码,则需要在运算后,再加上 **0011**。

表 5.1.3 几种常用的 BCD 码

十进制数	8421 码	5421 码	2421 码	余 3 码
0	**0000**	**0000**	**0000**	**0011**
1	**0001**	**0001**	**0001**	**0100**
2	**0010**	**0010**	**0010**	**0101**
3	**0011**	**0011**	**0011**	**0110**
4	**0100**	**0100**	**0100**	**0111**
5	**0101**	**1000**	**1011**	**1000**
6	**0110**	**1001**	**1100**	**1001**
7	**0111**	**1010**	**1101**	**1010**
8	**1000**	**1011**	**1110**	**1011**
9	**1001**	**1100**	**1111**	**1100**

2. 格雷码

除了需要对数码进行编码外,有时还需要对一些状态、态序进行编码。格雷码就是这样一种编码方式。格雷码(Gray code)又称循环码。表 5.1.4 是四位格雷码的编码表,它表示了十六种态序。格雷码的每一位从上到下的排列顺序都是以固定周期循环的,如表 5.1.4 中右起第一位是按 **0110** 不断循环,第二位是按 **00111100** 不断循环,所以又称为循环码。

表 5.1.4 格雷码编码表

码序	格雷码	码序	格雷码
0	**0000**	8	**1100**
1	**0001**	9	**1101**
2	**0011**	10	**1111**
3	**0010**	11	**1110**
4	**0110**	12	**1010**
5	**0111**	13	**1011**
6	**0101**	14	**1001**
7	**0100**	15	**1000**

格雷码的特点是：相邻态序所对应的格雷码中的各位数码只有一位是不同的，即格雷码在按态序变化时，每次只改变一位数码。采用格雷码来对行进机构的位置进行编码有明显的优势。

一个行进机构位置编码的黑白色带如图 5.1.2 所示，光电传感器通过色带读出代码来确定行进机构的位置。定义光电传感器将色带上黑色读为 **1**，白色读为 **0**。如果采用左侧的二进制编码方式，会出现多位数码同时变化的情况，例如从 **0111** 变化到 **1000**。

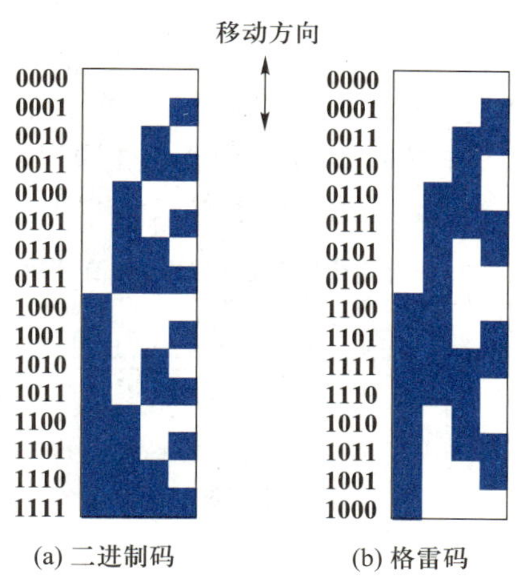

图 5.1.2 行进机构位置编码的黑白色带

这时如果光电传感器电路的反应速度不一致，例如右起第一位读出数据较慢，就会在变为 **1000** 之前，出现 **1001** 这一错误的位置信息。而如果采用格雷码，因为相邻态序的格雷码只有一位数码改变，只有该位对应的光电传感器状态有变化，所以不会出现上述情况。

练习与思考

5.1.1 数字电路中常用的数制有哪些？

5.1.2 什么是码制？二进制数代码同二进制数有什么区别？

5.1.3 将二进制数$[11010111]_2$转换为十进制数。

5.1.4 将八进制数$[615]_8$转换为十六进制数。

5.2 逻辑代数基础知识

数字电路中的高、低电平可以分别用 **1** 和 **0** 来表示，它们除了作为二进制数码，也可视为两种不同的逻辑状态，譬如用 **1** 和 **0** 分别表示是和非、真和假、有和无等，在逻辑上截然相反的两种状态，这样就可以利用数字电路来实现逻辑功能。

以逻辑状态 **0** 和 **1** 为运算对象的代数就是逻辑代数，它是分析和设计数字逻辑电路的数学基础。逻辑代数是由英国科学家乔治·布尔（George Boole）创立的，故又称布尔代数。

5.2.1 逻辑变量与逻辑函数

讲义：
基本逻辑运算

与普通代数一样，逻辑代数中也有变量和函数的概念。逻辑变量常用英文字母表示（一般使用 A、B、C……），其变量的取值范围很小，只有 **0** 和 **1** 两种状态。如果以若干逻辑变量 A、B、C……为输入，以这些变量的计算结果作为输出 Y，也就是说当输入变量的取值确定后，输出变量的值也就随之确定，那么就称输出变量 Y 是输入变量 A、B、C……的逻辑函数，可以写为

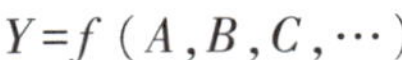
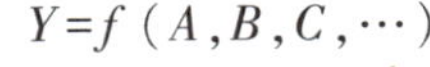

$$Y=f(A,B,C,\cdots)$$

视频：
基本逻辑运算

逻辑函数表示的是输入和输出变量间的逻辑关系，而不是变量间的数量关系。

表 5.2.1 是普通代数和逻辑代数的简单对比，逻辑代数中的逻辑变量取值只有 **0**、**1** 两种，基本运算只有**与**、**或**、**非**三种，看似好像要比普通代数更为简单，但逻辑代数本身具有一些特殊的性质，与普通代数有较大差异，在学习时一定要加以注意。

表 5.2.1 普通代数和逻辑代数的简单对比

	普通代数	逻辑代数
变量取值	1,0.3,e^2,−ln5 等	**0**、**1**
基本运算	加、减、乘、除 指数、对数等	**与**、**或**、**非**
函数	$z=f(x, y)$ 如 $z=x^2$,$z=x+\ln y$	$Y=f(A, B, \cdots)$ 如 $Y=A\cdot B$,$Y=A+B$

5.2.2 基本逻辑运算

在逻辑代数中，最基本的逻辑运算只有三种：**与**逻辑运算，又称逻辑乘运算；**或**逻辑运算，又称逻辑加运算；**非**逻辑运算，又称逻辑求反运算。

1. 与逻辑运算

如果某种事件的最终“结果”必须依赖于若干“条件”的同时满足，这种“结果”和

“条件”的关系就是**与**逻辑关系。

图 5.2.1 是由开关构成的能实现**与**逻辑关系的电路。显然只有开关 A、B、C 同时接通，灯 Y 才会亮。

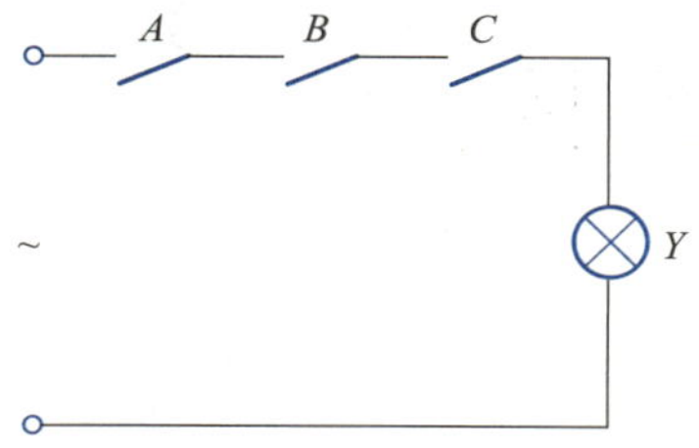

图 5.2.1　**与**逻辑关系电路

把开关 A、B、C 以及灯 Y 看作逻辑变量，并且规定开关接通为 **1**、断开为 **0**，电灯亮为 **1**、不亮为 **0**。可以列出三个变量共八种输入情况下的输出，从而得到能表示输入与输出逻辑关系的表格，如表 5.2.1 所示。列写输入情况时，可以将 **0**、**1** 看成二进制数，按二进制数递增的顺序列写。可以看到，表 5.2.2 中的最后一行，只有当输入都为 **1** 时，输出才为 **1**。

表 5.2.2　图 5.2.1 电路的逻辑关系

开关 A	开关 B	开关 C	电灯 Y
0（断开）	**0**（断开）	**0**（断开）	**0**（不亮）
0（断开）	**0**（断开）	**1**（接通）	**0**（不亮）
0（断开）	**1**（接通）	**0**（断开）	**0**（不亮）
0（断开）	**1**（接通）	**1**（接通）	**0**（不亮）
1（接通）	**0**（断开）	**0**（断开）	**0**（不亮）
1（接通）	**0**（断开）	**1**（接通）	**0**（不亮）
1（接通）	**1**（接通）	**0**（断开）	**0**（不亮）
1（接通）	**1**（接通）	**1**（接通）	**1**（点亮）

利用二极管也能构成实现**与**逻辑关系的电路，如图 5.2.2所示，这里假设二极管均为理想二极管，导通时压降为 0 V。输入信号 A、B、C 只有低电平 0 V 和高电平 3 V 两种电平情况，由二极管隔离和钳位特性可知，只要有一个输入为 0 V，该输入所对应的二极管就会导通，输出 Y 就会被钳位在 0 V，而其他为 3 V 的输入信号则会被其所对应的二极管隔离。只有当所有输入都为 3 V 时，三个二极管都将导通，输出才为 3 V。

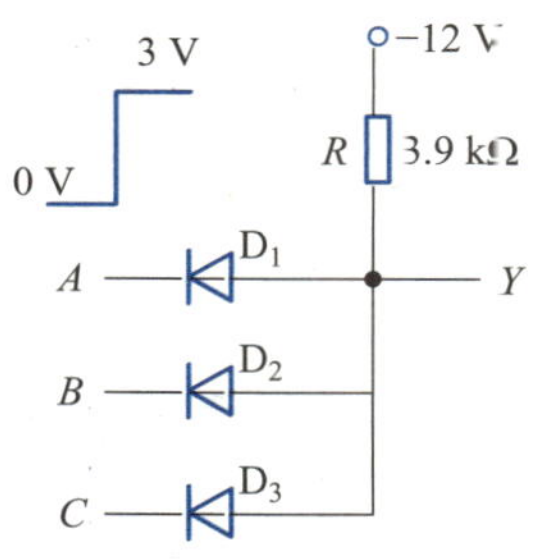

图 5.2.2　二极管构成的**与**逻辑关系电路

如果用逻辑状态 **0** 表示低电平 0 V，用逻辑状态 **1** 表示高电平 3 V，列出所有可能的逻辑变量取值组合以及与之对应的输出,可以得到和表 5.2.2 内容完全相同的表 5.2.3。

表 5.2.3　与逻辑真值表

输入			输出
A	B	C	Y
0	0	0	0
0	0	1	0
0	1	0	0
0	1	1	0
1	0	0	0
1	0	1	0
1	1	0	0
1	1	1	1

像表 5.2.2 这样,把输入变量所有可能取值,以及与之对应的输出都列出来的表格被称为**真值表**,它是一种比较直观的逻辑关系表达形式。从这个三输入变量的**与**逻辑真值表可以看出,对于变量 A、B、C 的不同取值,Y 都有唯一确定的值与之对应,所以 Y 是逻辑变量 A、B、C 的逻辑函数。

逻辑函数表达式也是一种逻辑关系的表达形式。**与**逻辑的运算符在形式上和普通代数中的乘号是相同的

$$Y=f(A,B,C)=A\cdot B\cdot C$$

除了前述两种表达形式外,还可以使用逻辑图形符号来表示逻辑关系,**与**逻辑的逻辑图形符号如图 5.2.3 所示。**与**逻辑电路又称为**与**门逻辑电路,这里的“门”就是逻辑结果,只有条件都满足了,“门”才能打开。

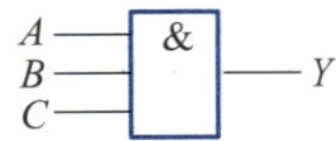

图 5.2.3　**与**逻辑的逻辑图形符号

为了方便记忆和使用,可以把**与**逻辑的逻辑关系总结为:有 **0** 出 **0**,全 **1** 出 **1**。需要说明的是,由开关或二极管构成的**与**逻辑电路并不是数字电路,后面的章节会专门介绍数字电路中的门电路的结构和工作原理。

2. 或逻辑运算

或逻辑是指在决定一个“事件”的各个“条件”中,只要其中有一个“条件”被满足,“事件”就会发生。

图 5.2.4 是由开关构成的能实现**或**逻辑关系的电路。只要开关 A、B、C 中有一个接通,灯亮这一“事件”就会发生。

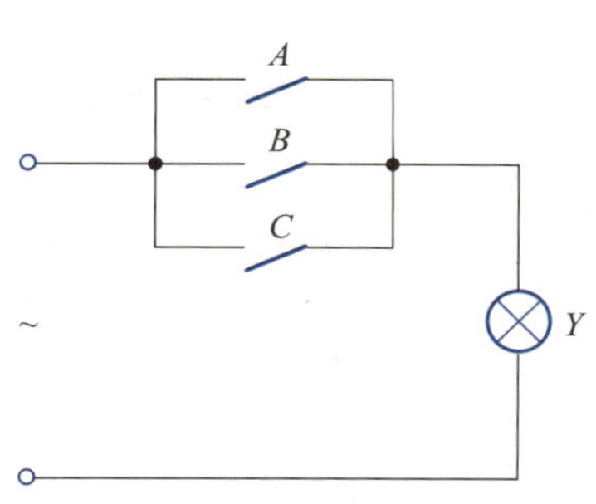

图 5.2.4　**或**逻辑关系电路

把开关 A、B、C 以及灯 Y 看作逻辑变量,并且规定开关接通为 **1**、断开为 **0**,电灯亮为 **1**、不亮为 **0**。可以列出三个变量共八种输入情况下的输出,从而得到**或**逻辑的真值表,如表 5.2.4 所示。

表 5.2.4　或逻辑真值表

输入			输出
A	*B*	*C*	*Y*
0	**0**	**0**	**0**
0	**0**	**1**	**1**
0	**1**	**0**	**1**
0	**1**	**1**	**1**
1	**0**	**0**	**1**
1	**0**	**1**	**1**
1	**1**	**0**	**1**
1	**1**	**1**	**1**

利用二极管也能构成实现**或**逻辑关系的电路,如图 5.2.5 所示,假设二极管均为理想二极管。A、B、C 三个输入信号中,只要有一个输入为高电平 3 V,则该输入所对应的二极管就会导通,输出就会被钳位在 3 V,而其他为低电平 0 V 的输入信号则被所对应的二极管隔离。只有当三个输入都为低电平 0 V 时,三个二极管都导通,输出才会变为低电平 0 V。

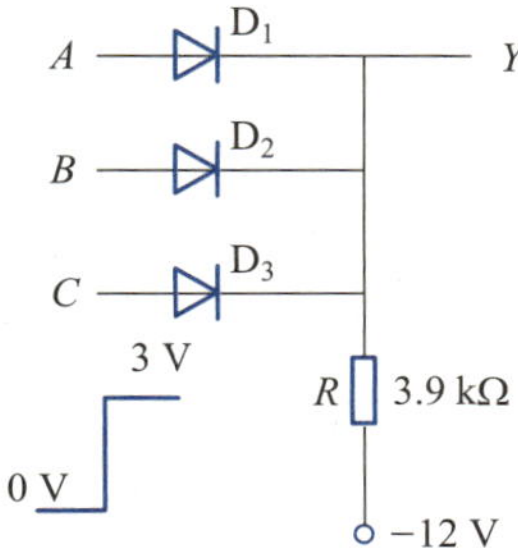

图 5.2.5　二极管构成的**或**逻辑关系电路

如果用逻辑状态 **0** 表示低电平 0 V,用逻辑状态 **1** 表示高电平 3 V,列出所有可能的逻辑变量取值组合以及与之对应的输出,显然得到的就是表 5.2.4 所示的真值表。

或逻辑关系在逻辑代数中可以表示为

$$Y=f(A,B,C)=A+B+C$$

或逻辑的运算符在形式上和普通代数中的加号是相同的。但需要注意,逻辑加法和普通二进制加法的意义是不同的。普通二进制加法 **1+1=10** 表示两个二进制数进行加法运算,而逻辑加法 **1+1=1** 表示**或**逻辑关系。

或逻辑的逻辑图形符号如图 5.2.6 所示。

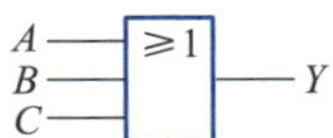

图 5.2.6　**或**逻辑的逻辑图形符号

为了方便记忆和使用,可以把**或**逻辑的逻辑关系总结为:全 **0** 出 **0**,有 **1** 出 **1**。

3. 非逻辑运算

当一个"条件"满足时,"事件"不发生,而当这个"条件"不满足时,"事件"才会发生,这种因果关系就是**非**逻辑关系。

图 5.2.7 是由开关构成的能实现**非**逻辑关系的电路。开关 *A* 接通时,灯被短路,不亮;当开关 *A* 断开时,灯亮这一"事件"才会发生。

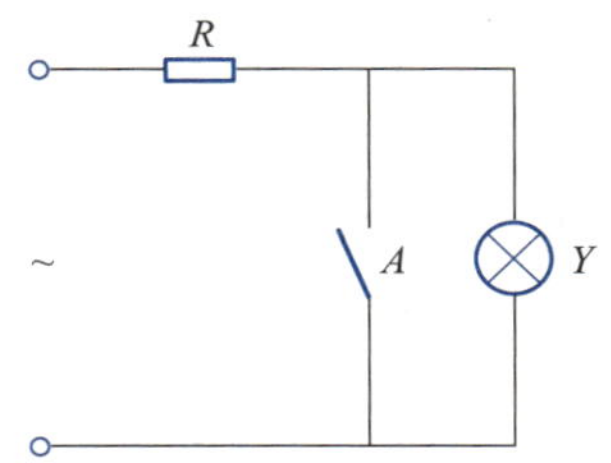

图 5.2.7　**非**逻辑关系举例

把开关 *A*、灯 *Y* 看作逻辑变量,并且规定开关接通为 **1**、断开为 **0**,电灯亮为 **1**、不亮为 **0**,可以列出**非**逻辑的真值表,如表 5.2.5 所示。

表 5.2.5　非逻辑真值表

输入	输出
A	*Y*
0	**1**
1	**0**

也可以用晶体管和二极管构成实现**非**逻辑关系的电路,如图 5.2.8 所示。当输入信号 *A* 为低电平 0 V 时,由于电阻 R_{B1} 和 R_{B2} 的分压作用,晶体管基极上的电压为负值,晶体管因发射结反向偏置而截止。在输出端,由于二极管钳位作用,输出信号 *Y* 为高电平 3 V。当输入信号 *A* 为 3 V 时,通过合理选择 R_{B1} 和 R_{B2},可以让晶体管发射

结正向偏置,并且可以保证有足够大的基极电流,使晶体管处于饱和状态。假设晶体管的导通压降为 0 V,则输出信号 Y 为低电平 0 V。

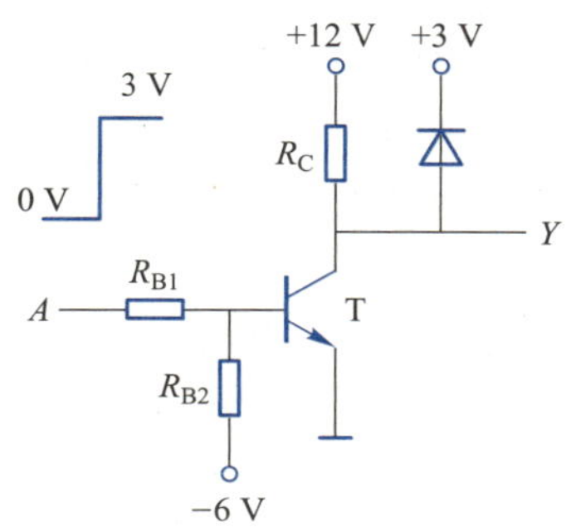

图 5.2.8　晶体管和二极管构成的**非**逻辑关系电路

如果用逻辑状态 **0** 表示低电平 0 V,用逻辑状态 **1** 表示高电平 3 V,显然得到的就是表 5.2.4 所示的真值表。

非逻辑关系在逻辑代数中可以用表达式表示为

$$Y = f(A) = \overline{A}$$

为了表示**非**(或称反),在变量上方加一横,读作 A **非**或 A 的反。

非逻辑的逻辑图形符号如图 5.2.9 所示,也代表**非**门逻辑电路,在方框外加一个小圆圈,之后再引至输出端。

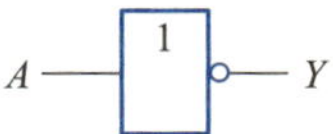

图 5.2.9　**非**逻辑的逻辑图形符号

5.2.3　复合逻辑运算

讲义:
复合逻辑运算

视频:
复合逻辑运算

仅依靠三种简单的基本逻辑运算显然无法实现复杂的逻辑功能,这时就需要利用基本逻辑运算,通过组合来构成一些复合逻辑运算,常用的复合逻辑运算有**与非**、**或非**、**异或**、**同或**等。

1. 与非逻辑运算

与非逻辑运算是**与**逻辑和**非**逻辑的组合,将**与**门的输出接入到**非**门的输入,也就是将**与**逻辑和**非**逻辑级联在一起,就可实现**与非**逻辑,如图 5.2.10(a)所示。

与非逻辑的逻辑图形符号,即**与非**门的符号就是在**与**门输出处多加了一个小圆圈,如图 5.2.10(b)所示。一般认为,门电路符号中输出信号处的小圆圈,是表示对小圆圈之前部分的信号取反。

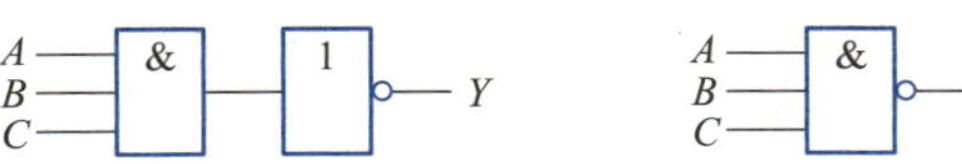

(a) **与**逻辑和**非**逻辑的组合　(b) **与非**逻辑的逻辑图形符号

图 5.2.10　**与非**逻辑

与非逻辑的逻辑函数表达式可以写为

$$Y=\overline{A \cdot B \cdot C}=\overline{ABC}$$

为了简化书写,也可省略**与**逻辑符号。

相同输入情况下,**与非**逻辑的结果和**与**逻辑的结果正好是相反的,所以可以很快地写出**与非**逻辑真值表,如表 5.2.6 所示。由真值表,可以总结出**与非**逻辑的逻辑关系是:有 **0** 出 **1**,全 **1** 出 **0**。

表 5.2.6 与非逻辑真值表

输入			输出
A	*B*	*C*	*Y*
0	0	0	1
0	0	1	1
0	1	0	1
0	1	1	1
1	0	0	1
1	0	1	1
1	1	0	1
1	1	1	0

2. 或非逻辑运算

或非逻辑运算是**或**逻辑和**非**逻辑的组合,将**或**门的输出接入到**非**门的输入,也就是将**或**逻辑和**非**逻辑级联在一起,如图 5.2.11(a)所示,就可实现**或非**逻辑。

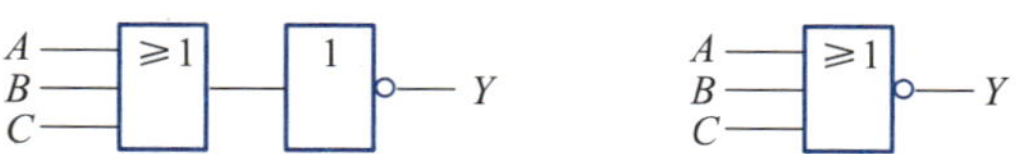

(a) **或**逻辑和**非**逻辑的组合　(b) **或非**逻辑的逻辑图形符号

图 5.2.11　**或非**逻辑

或非逻辑的逻辑图形符号如图 5.2.11(b)所示,即**或非**门的符号就是在**或**门输出处多加了一个小圆圈。

或非逻辑的逻辑函数表达式可以写为

$$Y=\overline{A+B+C}$$

相同输入情况下,**或非**逻辑的结果和**或**逻辑的结果正好是相反的,**或非**逻辑的真值表如表 5.2.7 所示,可以总结出**或非**逻辑的逻辑关系是:有 **1** 出 **0**,全 **0** 出 **1**。

表 5.2.7 或非逻辑真值表

输入			输出
A	*B*	*C*	*Y*
0	**0**	**0**	**1**
0	**0**	**1**	**0**
0	**1**	**0**	**0**
0	**1**	**1**	**0**
1	**0**	**0**	**0**
1	**0**	**1**	**0**
1	**1**	**0**	**0**
1	**1**	**1**	**0**

3. 异或逻辑运算

异或逻辑运算是一种只能有两个输入逻辑变量的逻辑运算。当两个逻辑变量的状态相同,即同时为 **1**,或同时为 **0** 时,则输出为 **0**;若两个逻辑变量的状态不同,即一个为 **1**,另一个为 **0** 时,则输出为 **1**。

异或逻辑的真值表如表 5.2.8 所示,第二和第三行中,输入信号 *A*、*B* 不同,输出 *Y* 等于 **1**。

表 5.2.8 异或逻辑真值表

输入		输出
A	*B*	*Y*
0	**0**	**0**
0	**1**	**1**
1	**0**	**1**
1	**1**	**0**

异或逻辑的逻辑函数表达式可以写为

$$Y=A\overline{B}+\overline{A}B=A\oplus B$$

异或逻辑的逻辑图形符号如图 5.2.12 所示,在方框中标记为“=1”。

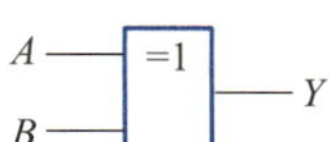

图 5.2.12 **异或**逻辑的逻辑图形符号

从逻辑函数表达式上看,**异或**逻辑可以由**非**逻辑、**与**逻辑和**或**逻辑组合而来,实际上也可以由**与非**逻辑组合而来,其具体的形式会在下一章介绍。

4. 同或逻辑运算

同或逻辑运算是一种只能有两个输入逻辑变量的逻辑运算。当两个逻辑变量的状态不同，即一个为 **1**，另一个为 **0** 时，则输出为 **0**；若两个逻辑变量的状态相同，即同时为 **1**，或同时为 **0** 时，则输出为 **1**。

同或逻辑的真值表如表 5.2.9 所示，第一行和第四行中，输入信号 A、B 相同，输出 Y 等于 **1**。

表 5.2.9　同或逻辑真值表

输入		输出
A	B	Y
0	0	1
0	1	0
1	0	0
1	1	1

同或逻辑的逻辑函数表达式可以写为

$$Y=AB+\overline{A}\,\overline{B}=A\odot B$$

同或逻辑的逻辑图形符号如图 5.2.13 所示，在方框中标记为“=”。

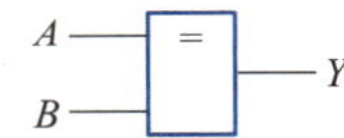

图 5.2.13　**同或**逻辑的逻辑图形符号

5.2.4　逻辑代数的基本公式和基本定理

和普通代数相同，逻辑代数也有其基本的公式和定理。利用这些公式和定理可以方便地进行逻辑函数的推演和运算。

讲义：逻辑代数的基本公式和基本定理

1. 基本公式

根据逻辑代数中的三种基本运算可以推导出一些常用的逻辑运算公式，表 5.2.10 列出了变量与常量以及变量自身的运算公式。

表 5.2.10　变量与常量以及变量自身的运算公式

与逻辑	或逻辑	非逻辑
$A\cdot 0=0$	$A+0=A$	$A\cdot\overline{A}=0$
$A\cdot 1=A$	$A+1=1$	$A+\overline{A}=1$
$A\cdot A=A$	$A+A=A$	$\overline{\overline{A}}=A$

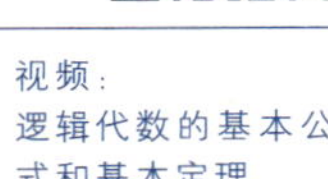

视频：逻辑代数的基本公式和基本定理

在关于**与**逻辑运算的公式中，**与**逻辑的运算符在形式上和普通代数中的乘号相同，计算结果恰好和乘法也是相同的，因此有时**与**逻辑运算也被称为逻辑乘法运算。

在关于**或**逻辑运算的公式中，**或**逻辑的运算符在形式上和普通代数中的加号相同，有时也被称为逻辑加法运算，但是，其计算结果与普通代数加法明显不同，因此一

定要特别注意逻辑代数自身的性质。

在关于**非**逻辑运算的公式中,A 和$\overline{A}$中必然一个为 **1**,一个为 **0**,因此它们的**与**为 **0**,**或**为 **1**,两次取反就等于其自身。

2. 基本定律

下面列出了变量与变量间的运算公式,这些运算公式一般也被称为定律。这些逻辑代数的运算公式中,有些与普通代数的公式形式相同,很容易理解并证明;而有些则和普通代数公式截然不同,体现了逻辑代数特有的规律,对这部分公式可以利用基本公式和基本定律加以证明,也可以通过列写真值表的方法来证明。

(1) 交换律

$$AB=BA,\quad A+B=B+A$$

(2) 结合律

$$(AB)C=A(BC),\quad (A+B)+C=A+(B+C)$$

(3) 分配律

$$A(B+C)=AB+AC,\quad A+BC=(A+B)(A+C)$$

第一个分配律公式容易理解,第二个分配律公式在普通代数中是没有的,这里利用第一个分配律加以证明。

证明:

$$\begin{aligned}(A+B)(A+C)&=AA+AC+AB+BC\\&=A\cdot\mathbf{1}+AC+AB+BC\\&=A(\mathbf{1}+C+B)+BC\\&=A+BC\end{aligned}$$

(4) 反演律(摩根定理)

$$\overline{AB}=\overline{A}+\overline{B},\quad \overline{A+B}=\overline{A}\cdot\overline{B}$$

反演律也称为摩根定理,读者可以通过列写真值表来自行证明。

(5) 吸收律

$$A+AB=A,\quad A+\overline{A}B=A+B,\quad AB+\overline{A}C+BC=AB+\overline{A}C$$

这些吸收律是逻辑代数所特有的,下面给出证明。

证明:

$$\begin{aligned}A+AB&=A\cdot\mathbf{1}+AB\\&=A(\mathbf{1}+B)\\&=A\end{aligned}$$

证明:

$$\begin{aligned}A+B&=(A+\overline{A})(A+B)\\&=AA+\overline{A}A+AB+\overline{A}B\\&=A(\mathbf{1}+B)+\overline{A}B\\&=A+\overline{A}B\end{aligned}$$

证明:

$$\begin{aligned}AB+\overline{A}C+BC&=AB+\overline{A}C+(A+\overline{A})BC\\&=AB+ABC+\overline{A}C+\overline{A}BC\\&=AB(\mathbf{1}+C)+\overline{A}C(\mathbf{1}+B)\\&=AB+\overline{A}C\end{aligned}$$

3. 基本定理

(1) 代入定理

对于任何一个逻辑等式,如果把等式两边的某一变量都代以另外一个逻辑式,则等式仍然成立。这就是代入定理。

任意一个逻辑式,其取值和逻辑变量一样,只有 **0** 和 **1** 两种可能。逻辑变量取值无论为 **0** 还是 **1**,都能使逻辑等式成立,则只有 **0** 和 **1** 两种取值可能的逻辑式一定也能使逻辑等式成立。

将已知等式中某一变量用一逻辑式代替后可以得到一个新的逻辑等式,从而扩大等式的应用范围。

例如,已知等式$\overline{A+B}=\overline{A}\cdot\overline{B}$,如果把等式两边的变量 A 用 $C+D$ 代替,则可得到下面的等式

$$\overline{C+D+B}=\overline{C+D}\cdot\overline{B}$$

(2) 反演定理

对于任意逻辑式 Y,将其中所有的“·”换为“+”,“+”换为“·”, **0** 换为 **1**,**1** 换为 **0**,原变量换为反变量,反变量换为原变量,得到的逻辑表达式就是 $\overline{Y}$。这就是反演定理。实际上,前面给出的反演律就是反演定理的一个特例。根据反演定理可以求一个逻辑表达式的反,例如利用反演定理可以得出等式

$$\overline{A+B+C}=\overline{A}\cdot\overline{B}\cdot\overline{C}$$
$$\overline{A\cdot B\cdot C}=\overline{A}+\overline{B}+\overline{C}$$

【例 5.2.1】 已知 $Y=\overline{AB}+C$,求$\overline{Y}$。

【解】 利用反演定理

$$\overline{Y}=\overline{\overline{A}+\overline{B}}\cdot\overline{C}=\overline{\overline{AB}}\cdot\overline{C}=AB\overline{C}$$

应用定理时要注意,要对单个变量进行原、反变量互换,而原来$\overline{AB}$的取反符号要保留。当然也可以先利用代入定理,将$\overline{AB}$中的 AB 视为一个变量或者将$\overline{AB}$视为一个变量,再利用反演定理,得到最后的结果。

应用反演定理,对变量进行原、反互换后,进行**与**、**或**互换时还需要注意运算顺序,括号优先级最高,接着是**与**,最后是**或**。

【例 5.2.2】 已知 $Y=A(B+C)+CD$,求$\overline{Y}$。

【解】 利用反演定理

$$\overline{Y}=(\overline{A}+\overline{B}\cdot\overline{C})\cdot(\overline{C}+\overline{D})=\overline{A}\,\overline{C}+\overline{A}\,\overline{D}+\overline{B}\,\overline{C}+\overline{B}\,\overline{C}\,\overline{D}=\overline{A}\,\overline{C}+\overline{A}\,\overline{D}+\overline{B}\,\overline{C}$$

(3) 对偶定理

对于任意逻辑表达式 Y,将其中所有的“·”换为“+”,“+”换为“·”, **0** 换为 **1**,**1** 换为 **0**,可以得到的逻辑表达式 Y 的对偶式 Y'。如果两个逻辑表达式相等,它们的对偶式也一定相等,这就是对偶定理。

在求对偶式,进行**与**、**或**互换时,也要按括号、**与**、**或**的运算顺序进行互换。

如果 $Y_1=A(B+C)$,则其对偶式 $Y_1'=A+BC$。

如果 $Y_2=AB+AC$,则其对偶式 $Y_2'=(A+B)(A+C)$。

可以看出 $Y_1=Y_2$,正是前面基本定律中的第一个分配律,由对偶定理,两个对偶式一定也相等,即 $Y_1'=Y_2'$,而这个等式正是第二个分配律。

练习与思考

5.2.1 逻辑代数和普通代数有何相同和不同之处?

5.2.2 1+1=2,**1+1=10** 和 **1+1=1** 的含义有什么不同?

5.2.3 逻辑代数有哪几种基本逻辑关系和运算?

5.3 逻辑函数的表示方法和化简方法

5.3.1 逻辑函数的表示方法

前面一共使用了三种逻辑函数的表示方法,包括真值表、逻辑函数表达式和逻辑图,这些方法各具特点,相互等价也可以互相转换,它们在逻辑电路的分析和设计中都有不可或缺的作用。

讲义:逻辑函数的表示方法

1. 逻辑函数真值表

真值表是将逻辑变量的各种可能取值与对应的逻辑函数值用表格的形式一一列举出来。当需要从实际逻辑问题抽象出逻辑代数问题时,一般都是先列出反映逻辑关系的真值表,然后再转化成其他表示形式。

视频:逻辑函数的表示方法

每个输入变量有 **0** 和 **1** 两种取值可能,因此两个输入变量有四种可能的取值组合,三个输入变量有八种可能的取值组合,n 个输入变量有 2^n 种可能的取值组合。

在列逻辑真值表时,输入变量取值组合最好按二进制数递增的顺序排列,这样不容易遗漏也不会重复。

【例 5.3.1】 用真值表表示图 5.3.1 所示电路的逻辑关系。三个开关 A、B、C 和灯 Y 都视为逻辑变量,开关闭合为 **1**,断开为 **0**,灯点亮为 **1**,不亮为 **0**。

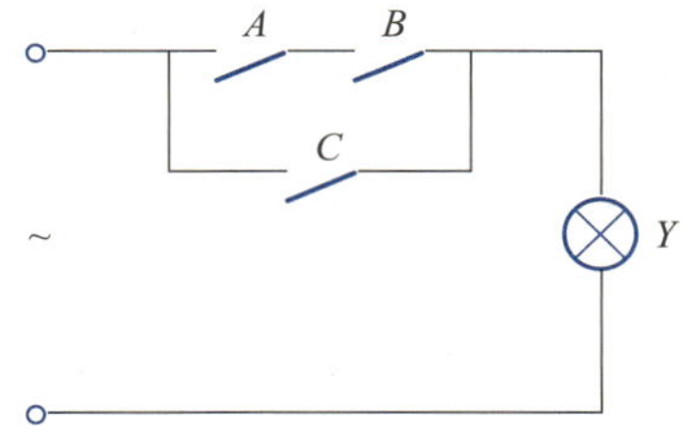

图 5.3.1 例 5.3.1 的图

【解】 列出 A、B、C 三个输入变量的所有取值组合,从 **000** 到 **111** 共有八种,再根据图示电路的逻辑关系分别列出对应于各种输入变量取值组合的输出变量 Y 的结果,列成表 5.3.1。

表 5.3.1 例 5.3.1 的真值表

A	B	C	Y
0	0	0	0
0	0	1	1
0	1	0	0
0	1	1	1
1	0	0	0
1	0	1	1
1	1	0	1
1	1	1	1

从例题中可以看出，用真值表表示逻辑函数，有直观、明了的优点，逻辑变量取值和逻辑函数值之间的对应关系一目了然，因此在许多数字集成电路手册中，常常以真值表的形式给出器件的逻辑功能。真值表的缺点是不能直接进行函数运算；此外，在变量较多时，真值表行列数较多，列写起来比较麻烦。

2. 逻辑函数表达式

逻辑函数表达式是用**与**、**或**、**非**等运算符号将逻辑变量组合起来表示逻辑函数的方法。

【例 5.3.2】 用逻辑函数表达式表示例 5.3.1 中电路的逻辑关系。

【解】 分析电路功能可知，有两种情况可以使灯点亮，一是开关 A 和开关 B 同时闭合，一是开关 C 闭合，而且这两种情况有一种出现即可。

"开关 A 和开关 B 同时闭合"，即两个条件要同时满足，这是一个**与**逻辑关系，可以表示为 AB；"开关 C 闭合"可以表示为 C；上述两种情况只要满足其一灯就亮，两个条件间是**或**运算关系，因此逻辑函数表达式为

$$Y=AB+C$$

逻辑函数表达式通过**与**、**或**、**非**等逻辑运算把各个逻辑变量联系起来，构成运算代数式，高度抽象而概括地表示出了逻辑函数关系。逻辑函数表达式形式简洁，书写方便，直接反映出变量间的运算关系，便于应用逻辑代数的公式和定理进行运算和变换。另外，通过逻辑函数表达式可以方便地得到逻辑图。逻辑函数表达式的缺点是不能直接看出变量取值同函数值之间的对应关系；很多时候，同一个逻辑函数可能有多种表达式形式。

3. 逻辑图

逻辑图用各种逻辑运算的图形符号表示逻辑函数中的各种运算关系，一般的逻辑图形符号都有对应的集成电路器件，因此逻辑图也可以看作是逻辑电路图，根据逻辑图可以使用各种逻辑门电路搭出实现该逻辑函数的应用电路。

对于例 5.3.2 中用**与或**表达式表示的逻辑函数，画逻辑图的时应遵循先**与**后**或**的原则，即先画**与**逻辑门，后画**或**逻辑门，先将 A、B 送入一个**与**门，所得输出再和 C 一起送入一个**或**门，就得到例 5.3.2 所对应的逻辑图，如图 5.3.2 所示。

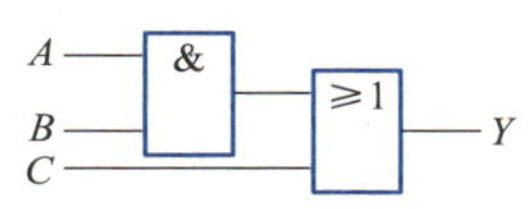

图 5.3.2 例 5.3.2 的逻辑图

4. 逻辑函数表示方法之间的相互转换

同一个逻辑函数可以用不同的方法表示，在分析和设计逻辑电路时，根据具体需要常常要把一种表示方法转换为另一种表示方法。

(1) 逻辑函数表达式和逻辑图之间的转换

从上面例题可以看出，逻辑函数表达式和逻辑图有明确的对应关系，是容易进行转换的。把逻辑函数表达式中的各种运算符号用相应的逻辑图形符号代替，并依据运算优先顺序把各逻辑图形符号连接起来，就可以得到逻辑图。反过来，按照给定的逻辑图逐级写出每个逻辑图形符号对应的逻辑式就可以得到逻辑函数表达式。

(2) 逻辑函数表达式转换为真值表

首先根据逻辑函数表达式确定变量数量 n，再将 2^n 个变量取值组合都列出来，并画出真值表的空表，然后将各个取值组合代入逻辑函数表达式求出其所对应的输出函数值，并把各个函数值填入真值表中，就得到了该逻辑函数的真值表。

(3) 真值表转换为逻辑函数表达式

首先在真值表中，找出使函数值等于 **1** 的变量取值组合，再将取值组合中变量取值为 **1** 的用原变量代替，变量取值为 **0** 的用反变量代替，这样就可以构成一个乘积项；将所有函数值为 **1** 的变量取值组合都转换为乘积项，再把这些乘积项**或**在一起，就得到了逻辑函数表达式。

在例 5.3.1 的真值表中可以看到，在五种输入变量取值情况下函数值为 **1**，对于变量 ABC 取 **001** 的情况，A、B 取值都为 **0**，用反变量代替，C 取值为 **1**，用原变量代替，这样就可以得到对应的乘积项 $\overline{A}\,\overline{B}C$，依次可以得到另外四个乘积项 $\overline{A}BC$、$A\overline{B}C$、$AB\overline{C}$、ABC，**或**在一起得到逻辑函数表达式为

$$Y=\overline{A}\,\overline{B}C+\overline{A}BC+A\overline{B}C+AB\overline{C}+ABC$$

这个逻辑函数表达式和例 5.3.2 中的表达式在形式上并不相同，但表达的逻辑函数是完全相同的，即两者是等价的。这个函数式还需要进一步整理，才能得到更简洁的形式。

$$\begin{aligned}Y&=\overline{A}\,\overline{B}C+\overline{A}BC+A\overline{B}C+AB\overline{C}+ABC\\&=(\overline{A}\,\overline{B}C+\overline{A}BC)+(A\overline{B}C+ABC)+AB\overline{C}\\&=\overline{A}C+AC+AB\overline{C}\\&=C+AB\overline{C}\\&=AB+C\end{aligned}$$

这里应用前面介绍的逻辑代数中的基本公式和定律，如结合律、吸收律等，使一个逻辑函数表达式大大简化，得到了例 5.3.2 中的表达式。

5.3.2 逻辑函数的公式化简法

将逻辑函数表达式转换为最简形式就是所谓的逻辑函数化简。从前述内容可以

讲义：
逻辑函数的公式化简法

视频：
逻辑函数的公式化简法

看出，对于一个逻辑功能，它的真值表是唯一的，但逻辑函数表达式却可以有多种形式，根据不同形式表达式画出的逻辑图也各不相同。如果用例 5.3.1 的真值表直接写出的逻辑函数表达式，其有五个**与**项，就需要五个**与**门，还需要一个**或**门，以及两个**非**门（用于产生 $\overline{A}$ 和 $\overline{C}$），共八个门电路。而如果使用该表达式化简后的式子，也就是例 5.3.2 中的表达式，则只需要两个**与**门和一个**或**门。

一个逻辑函数表达式越简单、简洁，用来实现该逻辑函数的逻辑电路图就越简单，所使用的元器件就越少，电路更易于实现，成本也更低，工作也更为可靠。因此对逻辑函数表达式进行化简，对于数字电路分析、设计有着非常重要的意义。

一般而言，逻辑函数表达式都能表示为**与-或**表达式，利用分配律去掉下式括号，就变为了**与-或**表达式。

$$Y=A(B+C)=AB+AC$$

AB、AC 都是变量**与**的形式，它们就是**与**项，也就是乘积项，将各个**与**项都**或**在一起，就是**与-或**表达式。

如果一个**与-或**逻辑式中含有的乘积项最少，同时每个乘积项中所包含的变量数也最少，则这种形式称为逻辑函数的**最简与-或式**。把逻辑函数表达式 $Y=\overline{A}B+B+A\overline{B}$ 进行化简变换

$$\begin{aligned}Y&=\overline{A}B+B+A\overline{B}\\&=B(\overline{A}+\mathbf{1})+A\overline{B}\\&=B+A\overline{B}\\&=A+B\end{aligned}$$

得到的函数式 $Y=A+B$ 就是最简**与-或**式。前面的**与-或**表达式 $Y=AB+AC$ 已经是最简形式，也是最简**与-或**式。

公式化简法是指利用逻辑代数中的基本公式和基本定理对逻辑函数表达式进行化简，并得到最简**与-或**式或其他最简形式的方法。

公式化简法中，常用到如下的处理方法。

（1）并项或配项

$$A+\overline{A}=\mathbf{1},\mathbf{1}=A+\overline{A}$$

【例 5.3.3】　化简逻辑函数 $Y=\overline{A}BC+\overline{A}B\overline{C}$。

【解】　$Y=\overline{A}BC+\overline{A}B\overline{C}=\overline{A}B(C+\overline{C})=\overline{A}B$

【例 5.3.4】　化简逻辑函数表达式 $Y=AB+\overline{A}\,\overline{C}+B\overline{C}$。

【解】

$$\begin{aligned}Y&=AB+\overline{A}\,\overline{C}+B\overline{C}\\&=AB+\overline{A}\,\overline{C}+B\overline{C}(A+\overline{A})\\&=AB+\overline{A}\,\overline{C}+AB\overline{C}+\overline{A}B\overline{C}\\&=AB(\mathbf{1}+\overline{C})+\overline{A}\,\overline{C}(\mathbf{1}+B)\\&=AB+\overline{A}\,\overline{C}\end{aligned}$$

（2）加项

$$A=A+A$$

【例 5.3.5】 化简逻辑函数表达式 $Y=ABC+\overline{A}BC+A\overline{B}C$。

【解】

$$
\begin{aligned}
Y &=ABC+\overline{A}BC+A\overline{B}C\\
&=ABC+\overline{A}BC+A\overline{B}C+ABC\\
&=BC(A+\overline{A})+AC(B+\overline{B})\\
&=BC+AC
\end{aligned}
$$

（3）吸收律

$$A+AB=A,\quad A+\overline{A}B=A+B,\quad AB+\overline{A}C+BC=AB+\overline{A}C$$

【例 5.3.6】 化简逻辑函数 $Y=AB+\overline{A}C+BCD+\overline{A}BC$。

【解】

$$
\begin{aligned}
Y &=AB+\overline{A}C+BCD+\overline{A}BC\\
&=AB+\overline{A}C(\mathbf{1}+B)+BCD\\
&=AB+\overline{A}C+BCD\\
&=AB+\overline{A}C+BCD+BC\\
&=AB+\overline{A}C+BC(D+\mathbf{1})\\
&=AB+\overline{A}C+BC\\
&=AB+\overline{A}C
\end{aligned}
$$

【例 5.3.7】 化简逻辑函数 $Y=\overline{A}\,\overline{B}+AC+\overline{B}\,\overline{C}+A\overline{B}+\overline{A}C+BC$。

【解】

$$
\begin{aligned}
Y &=\overline{A}\,\overline{B}+AC+\overline{B}\,\overline{C}+A\overline{B}+\overline{A}C+BC\\
&=\overline{A}(\overline{B}+C)+A(\overline{B}+C)+\overline{B}\,\overline{C}+BC\\
&=(\overline{A}+A)(\overline{B}+C)+\overline{B}\,\overline{C}+BC\\
&=\overline{B}+C+\overline{B}\,\overline{C}+BC\\
&=\overline{B}(\mathbf{1}+\overline{C})+C(\mathbf{1}+B)\\
&=\overline{B}+C
\end{aligned}
$$

【例 5.3.8】 化简逻辑函数 $Y=ABC\overline{D}+ABD+BC\overline{D}+ABC+BD+B\overline{C}$。

【解】

$$
\begin{aligned}
Y &=ABC\overline{D}+ABD+BC\overline{D}+ABC+BD+B\overline{C}\\
&=ABC(\overline{D}+\mathbf{1})+BD(A+\mathbf{1})+BC\overline{D}+B\overline{C}\\
&=ABC+BD+BC\overline{D}+B\overline{C}\\
&=B(AC+\overline{C})+B(D+C\overline{D})\\
&=B(A+\overline{C})+B(D+C)\\
&=BC+BD+AB+B\overline{C}\\
&=B(C+\overline{C})+BD+AB\\
&=B
\end{aligned}
$$

从上面的例题可以看出，公式化简的方法没有固定的步骤可以遵循，它是在逻辑代数公式反复应用过程中求得简化的。这种化简方法依赖于对逻辑代数公式的熟练掌握，以及对一些化简技巧的掌握（如并项、加项等）。即便是这样，有时还难以确定被化简过的逻辑函数是否最简、最合理。为此，下面将介绍一种既简便又直观的化简方法——图形化简法，即用卡诺图化简逻辑函数的方法。

5.3.3　逻辑函数的卡诺图化简法

讲义：最小项与卡诺图

视频：最小项与卡诺图

1. 最小项

为了更好地理解卡诺图，先说明一下与之密切相关的最小项。一个由逻辑变量构成的**与**项，也就是乘积项，如果包含了所有逻辑变量，而且每个变量以原变量或反变量的形式作为一个因子，出现且只出现一次，那么这个乘积项就称为最小项。

以 A、B、C 三个变量为例，这三个变量可以构成很多乘积项，其中为最小项的只有下列八个：$\overline{A}\,\overline{B}\,\overline{C}$、$\overline{A}\,\overline{B}C$、$\overline{A}B\overline{C}$、$\overline{A}BC$、$A\overline{B}\,\overline{C}$、$A\overline{B}C$、$AB\overline{C}$、$ABC$。可以看出，每个变量都出现且仅出现了一次，有时是原变量，有时是反变量。三个变量可以构成八个最小项，两个变量可以构成四个最小项，n 个变量可以构成 2^n 个最小项。

三个变量有八种可能的取值组合，分别是 **000**、**001**、**010**、**011**、**100**、**101**、**110**、**111**，容易看出每一种取值组合正好可以使上述八个最小项中某一个的值为 **1**，而使其他最小项的值为 **0**。将每个最小项与使该最小项的值为 **1** 的取值组合一一对应起来，可以得到表 5.3.2，把最小项的每个原变量因子写为 **1**，反变量因子写为 **0**，就是使最小项值为 **1** 所需的取值组合。

如果把各取值组合视为二进制数，可以得到对应的十进制数，这些数就可以作为最小项的编号，三变量构成的八个最小项依次记为 m_0 ~ m_7。需要注意，表中的最小项编号与变量取值排列顺序有关，如果变量排列顺序不是 ABC，表中编号就需要调整。类似地，四变量构成的十六个最小项可以记为 m_0 ~ m_{15}。用最小项编号可以更简洁地表示最小项，后续就会经常用到最小项编号。

表 5.3.2　三变量构成的最小项以及编号

最小项	使最小项值为 **1** 的变量取值组合（ABC）	变量取值组合（ABC）所对应的十进制数	最小项编号
$\overline{A}\,\overline{B}\,\overline{C}$	**000**	0	m_0
$\overline{A}\,\overline{B}C$	**001**	1	m_1
$\overline{A}B\overline{C}$	**010**	2	m_2
$\overline{A}BC$	**011**	3	m_3
$A\overline{B}\,\overline{C}$	**100**	4	m_4
$A\overline{B}C$	**101**	5	m_5
$AB\overline{C}$	**110**	6	m_6
ABC	**111**	7	m_7

根据最小项的定义可以得到最小项具有如下性质：

① 对任意一个最小项，在所有变量取值组合中，只有一种使该最小项的值为 **1**；

② 任意两个最小项的乘积为 **0**；

③ 全体最小项之和为 **1**。

回顾一下将真值表转换为逻辑函数表达式的方法，其得到的表达式就是几个最小项之和。实际上，任何一个逻辑函数都可以表示成若干个最小项之和的形式，这种形式称为逻辑函数的**标准与-或式**。因为逻辑函数的真值表是唯一的，由真值表直接列出的，由最小项构成的标准**与**-**或**式自然也是唯一的。

通过下面例题可以看出最简**与**-**或**式和标准**与**-**或**式的关系。

【例 5.3.9】 将 $Y=AB+BC$ 转化为最小项之和的形式(标准**与**-**或**式)。

【解】

$$
\begin{aligned}
Y &= AB+BC \\
&= AB(\overline{C}+C)+(A+\overline{A})BC \\
&= AB\overline{C}+ABC+ABC+\overline{A}BC \\
&= AB\overline{C}+ABC+\overline{A}BC \\
&= \sum m(3,6,7)
\end{aligned}
$$

对逻辑函数表达式做展开处理，就相当于化简的逆过程。对于**与**-**或**式中变量不全的乘积项，可以利用公式 $1=\overline{A}+A$，将所缺少的变量都配齐，直到每一个乘积项都变成最小项，然后找出那些重复出现的最小项，再利用公式 $A+A=A$，只留其中的一项，将多余的项删掉就可以了。当然，也可以将其写为最小项编号的形式。这个例子也说明了，任一逻辑函数都可以表示成若干最小项之和的形式。

【例 5.3.10】 写出逻辑函数 $Y=\overline{AC+\overline{\overline{B}C}}+AB$ 的最小项之和表达式。

【解】 对于式中的$\overline{AC+\overline{\overline{B}C}}$项首先使用反演定理

$$
\begin{aligned}
Y &= \overline{AC+\overline{\overline{B}C}}+AB \\
&= \overline{AC}\cdot\overline{B}C+AB \\
&= (\overline{A}+\overline{C})\overline{B}C+AB \\
&= \overline{A}\,\overline{B}C+AB \\
&= \overline{A}\,\overline{B}C+AB(C+\overline{C}) \\
&= \overline{A}\,\overline{B}C+ABC+AB\overline{C} \\
&= m_1+m_6+m_7
\end{aligned}
$$

也可以写成 $Y=\sum m(1,6,7)$。

2. 卡诺图

如果把每个最小项都填入到一个方格中，再按一定规律排列这些方格，所构成的平面图就是卡诺图，它是由美国工程师卡诺(Karnaugh)提出的，因此被称为**卡诺图**。

这里的规律主要有两点，一是图中方格所代表的最小项和与它相邻的方格所代表的最小项必须是逻辑相邻的，逻辑相邻是指两个最小项之间只有一个变量的状态不同(互为反变量)；二是任何一行或一列两端的最小项也要逻辑相邻，即满足循环邻接，处于不同边缘处的方格在平面图中看似是不相连的，但实际上它们是连接在一起的，相似的例子就是世界地图和实际的地球。

图 5.3.3 是两变量最小项卡诺图，可以用最小项表达式形式，也可以用更为简洁的最小项编号形式。这里有四个最小项，可以看出，构成两行两列的四个格是满足逻辑相邻要求的，$\overline{A}\,\overline{B}$和 AB 的两个变量状态都不相同，而它们恰好不相邻。为了更清晰、更方便地画出卡诺图，也可以为表格增加类似于横、纵坐标的标号，这样几何相邻和逻辑相邻的情况就一目了然了。

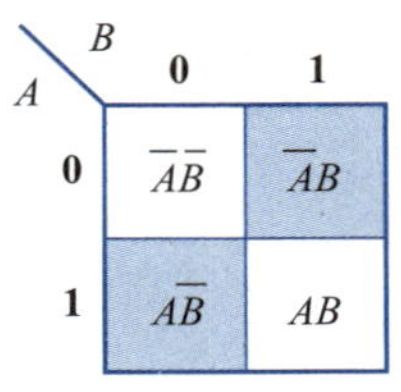

(a) 最小项表达式形式

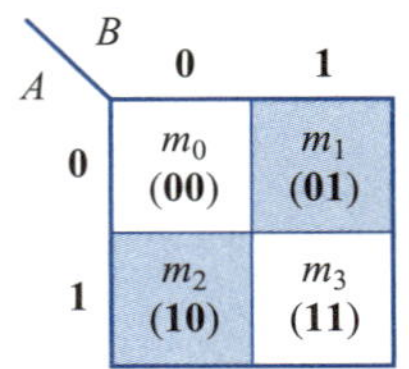

(b) 最小项编号形式

图 5.3.3　两变量最小项卡诺图

图 5.3.4 是三变量和四变量的最小项卡诺图。三变量最小项卡诺图一般画为两行四列，为了保证逻辑相邻，BC 对应的横坐标编号是按 **00**、**01**、**11**、**10** 的顺序排列的。相邻的坐标都只有一位数码发生变化，相应填入方格的最小项就可以满足逻辑相邻。需要注意循环邻接的情况，第一行两端的 m_0 和 m_2 也认为是相邻的，而且它们也是逻辑相邻。同样，m_4 和 m_6 也是循环邻接而且逻辑相邻。

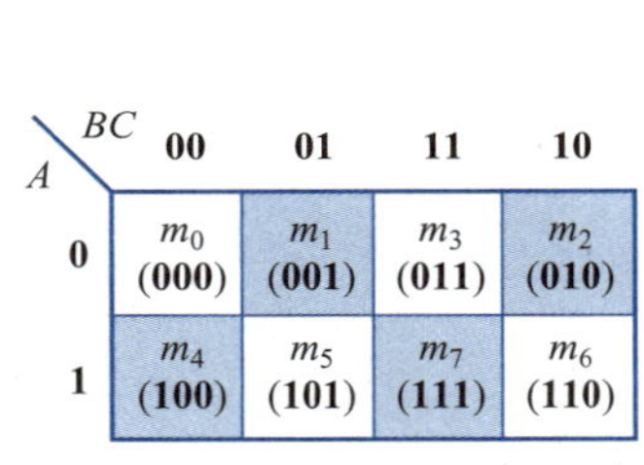

(a) 三变量最小项卡诺图

AB \ CD	00	01	11	10
00	m_0 (0000)	m_1 (0001)	m_3 (0011)	m_2 (0010)
01	m_4 (0100)	m_5 (0101)	m_7 (0111)	m_6 (0110)
11	m_{12} (1100)	m_{13} (1101)	m_{15} (1111)	m_{14} (1110)
10	m_8 (1000)	m_9 (1001)	m_{11} (1011)	m_{10} (1010)

(b) 四变量最小项卡诺图

图 5.3.4　三变量和四变量的最小项卡诺图

讲义：
卡诺图化简法

四变量最小项卡诺图一般画为四行四列，AB、CD 对应的纵、横坐标编号都是按 **00**、**01**、**11**、**10** 顺序排列的，处于每行或每列两端的最小项都是循环邻接而且逻辑相邻的。由于编号顺序的改变，卡诺图中的最小项并不是按最小项编号顺序依次排列的，而是出现多次跳跃，特别是从 m_7 到 m_8 的变化，跨度很大。

3. 逻辑函数的卡诺图

视频：
卡诺图化简法

为了利用卡诺图对逻辑函数进行化简，需要先用卡诺图来表示逻辑函数。任何一个逻辑函数都可以唯一地表示为若干最小项之和的形式（标准**与-或**式），把卡诺图中对应于这些最小项的位置填入 **1**，其他位置填入 **0**（为简便起见有时空白），就得到了逻辑函数的卡诺图。

逻辑函数的卡诺图也是逻辑函数的一种表示方法。真值表中，每一个函数值为 **1** 所对应的取值组合，都对应一个最小项，而该最小项在卡诺图中所对应的方格正好填入的是 **1**，所以可以将卡诺图视为图形化的真值表。对于某一逻辑函数来说，其卡诺图、真值表和标准**与-或**式都是唯一的。

【例 5.3.11】　画出逻辑函数 $Y=\overline{A}\,\overline{B}\,\overline{C}\,\overline{D}+\overline{A}BC\overline{D}+ABC\overline{D}+\overline{A}\,\overline{B}C\overline{D}+\overline{A}\,\overline{B}CD+\overline{A}\,\overline{B}\,\overline{C}D+AB\overline{C}\,\overline{D}+ABCD$ 的卡诺图。

【解】　从函数表达式可知，有四个逻辑变量，故采用四变量卡诺图。找出函数表达式中包含的最小项，在卡诺图对应的方格中填上 **1**，其他的方格都填 **0**，如图 5.3.5 所示。对于最小项 $\overline{A}\,\overline{B}\,\overline{C}\,\overline{D}$，在卡诺图 **00**（左）-**00**（上）交会的方格中填 **1**；对于最小项 $\overline{A}BC\overline{D}$，在卡诺图 **01**（左）-**10**（上）交会的方格中填 **1**；其他最小项的填 **1** 过程，与此类似。

AB \ CD	00	01	11	10
00	1	1	1	1
01	0	0	0	1
11	1	0	1	1
10	0	0	0	0

图 5.3.5　例 5.3.11 的卡诺图

【例 5.3.12】　已知 $Y=\overline{A}C+AB+AB\overline{C}$，试画出该逻辑函数的卡诺图。

【解】　所给逻辑函数还不是最小项表达式，所以必须先展成最小项表达式

$$\begin{aligned}Y&=\overline{A}C+AB+AB\overline{C}\\&=\overline{A}C(B+\overline{B})+AB(C+\overline{C})+AB\overline{C}\\&=\overline{A}CB+\overline{A}C\overline{B}+ABC+AB\overline{C}+AB\overline{C}\\&=\overline{A}BC+\overline{A}\,\overline{B}C+ABC+AB\overline{C}\end{aligned}$$

根据函数表达式中包含的最小项，在卡诺图对应的方格中填上 **1**，画出卡诺图如图 5.3.6 所示。

A \ BC	00	01	11	10
0	0	1	1	0
1	0	0	1	1

图 5.3.6　例 5.3.12 的卡诺图

4. 卡诺图化简法

逻辑相邻的两个最小项，只有一个变量的状态不同，两个最小项合并时，可消掉该变量，例如

$$Y=\overline{A}BC+ABC=BC$$

如果用图 5.3.7 所示的卡诺图来表示，需要在 m_3 和 m_7 两个最小项所对应的方格内填 **1**，其他方格填 **0**。m_3 和 m_7 是几何相邻的，必然也是逻辑相邻的，把它们圈在一起，自然可以消掉变量。观察两个最小项所对应表格的横、纵坐标，变量 A 对应纵坐标的值有 **0** 和 **1** 的变化，因此会被消掉，而变量 BC 对应的横坐标一直为 **11**，这里把 **11** 替换为原变量，就得到了化简结果 BC。

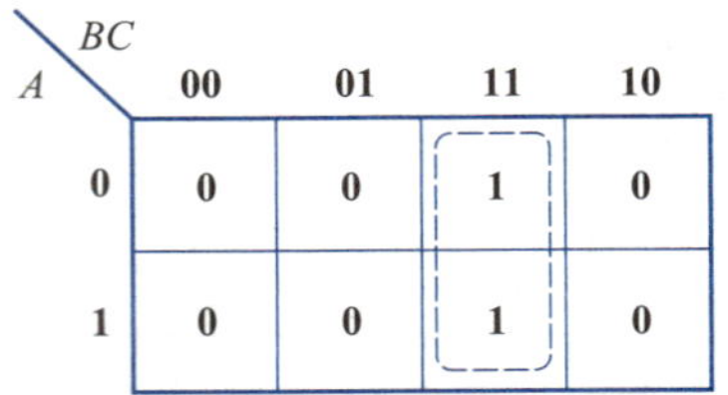

图 5.3.7　逻辑函数卡诺图

图 5.3.8 给出了两个逻辑相邻最小项合并的例子。图 5.3.8(a)中，A 变量对应坐标为 **0**，C 变量对应坐标为 **1**，都没有变化，化简结果为 $\overline{A}C$。图 5.3.8(b)中利用了循环邻接，可以消掉变量 B，化简结果为 $\overline{A}\,\overline{C}$。

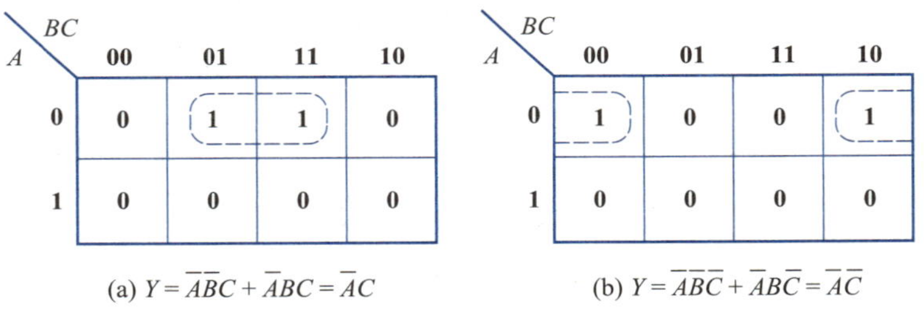

(a) $Y=\overline{A}\,\overline{B}C+\overline{A}BC=\overline{A}C$　　(b) $Y=\overline{A}\,\overline{B}\,\overline{C}+\overline{A}B\overline{C}=\overline{A}\,\overline{C}$

图 5.3.8　两个逻辑相邻最小项合并

图 5.3.9 给出了四个逻辑相邻最小项合并的例子。通过变量对应坐标的变化，容易找到可消掉的变量，得到化简结果。

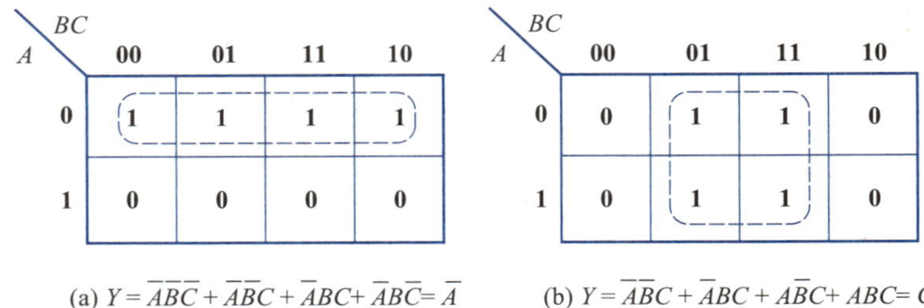

(a) $Y=\overline{A}\,\overline{B}\,\overline{C}+\overline{A}\,\overline{B}C+\overline{A}BC+\overline{A}B\overline{C}=\overline{A}$　　(b) $Y=\overline{A}\,\overline{B}C+\overline{A}BC+A\overline{B}C+ABC=C$

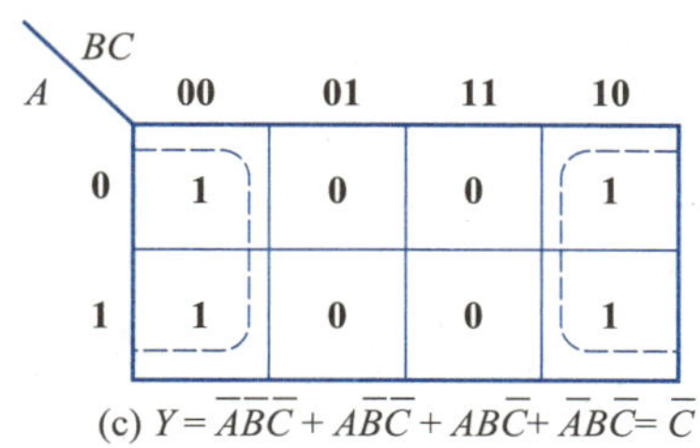

(c) $Y=\overline{A}\overline{B}\overline{C}+A\overline{B}\overline{C}+AB\overline{C}+\overline{A}B\overline{C}=\overline{C}$

图 5.3.9　四个逻辑相邻最小项合并

图 5.3.10 是四变量逻辑函数的一些卡诺图化简例子。为了简化卡诺图的画法，原本需要填 **0** 的方格留空白即可。

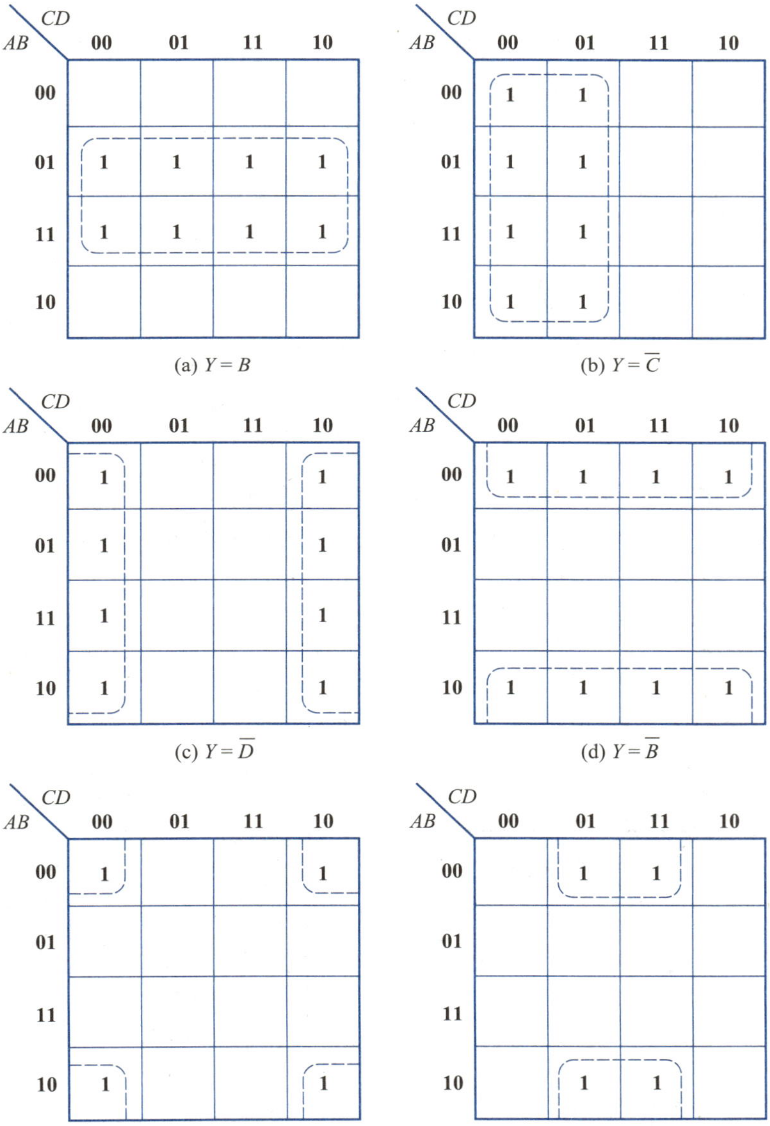

AB \ CD	00	01	11	10
00				
01	1	1	1	1
11	1	1	1	1
10				

(a) $Y=B$

AB \ CD	00	01	11	10
00	1	1		
01	1	1		
11	1	1		
10	1	1		

(b) $Y=\overline{C}$

AB \ CD	00	01	11	10
00	1			1
01	1			1
11	1			1
10	1			1

(c) $Y=\overline{D}$

AB \ CD	00	01	11	10
00	1	1	1	1
01				
11				
10	1	1	1	1

(d) $Y=\overline{B}$

AB \ CD	00	01	11	10
00	1			1
01				
11				
10	1			1

(e) $Y=\overline{B}\overline{D}$

AB \ CD	00	01	11	10
00		1	1	
01				
11				
10		1	1	

(f) $Y=\overline{B}D$

图 5.3.10　四变量逻辑函数的卡诺图化简

上面这些例子中，两个逻辑相邻的最小项用一个矩形圈在一起，合并为一项，并消去一个变量；四个逻辑相邻的最小项也可以用一个矩形圈在一起，合并为一项，并消去两个变量；八个逻辑相邻的最小项可用一个矩形圈在一起，合并为一项，并消去三个变量；以此类推，2^n个逻辑相邻的最小项可用一个矩形圈在一起，合并为一项，并消去 n 个变量。一个矩形圈内各最小项的公共部分就是这个矩形圈合并后得到的乘积项。

图 5.3.11 给出了无法找到 2^n个方格时的情况，这时可以重复利用某些方格，以便构成含有 2^n个方格的矩形圈。共有两个矩形圈，各消掉一个变量，得到化简结果为 $AB+BC$。

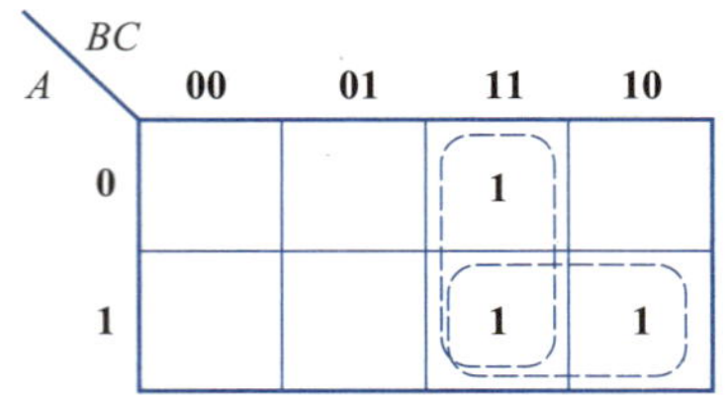

图 5.3.11 重复利用方格化简卡诺图

如果写出该逻辑函数，并用公式法进行化简，过程如下

$$
\begin{aligned}
Y &= \overline{A}BC+AB\overline{C}+ABC \\
&= \overline{A}BC+ABC+ABC+AB\overline{C} \\
&= BC+AB
\end{aligned}
$$

这里利用了加项方法，多增加了一个**与**项，也就是最小项 m_7，就相当于卡诺图中的方格复用。需要注意的是，方格复用时，要保证新增加的矩形圈中一定有新的方格加入。图 5.3.12 给出了一些方格复用的例子。

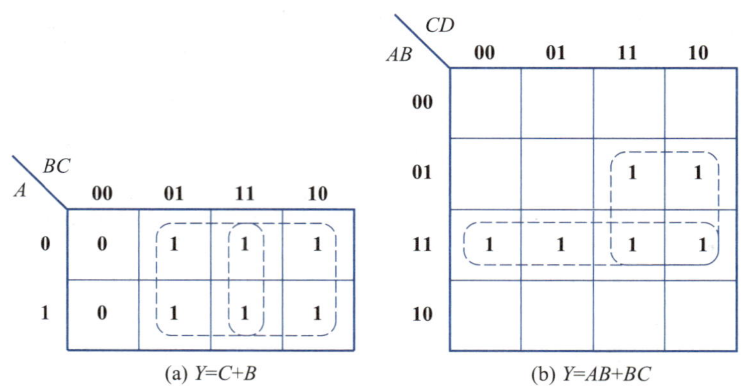

(a) $Y=C+B$ (b) $Y=AB+BC$

图 5.3.12 方格复用卡诺图

综合上面的例子，得出如下结论：

① 在卡诺图中圈 **1** 时，包围的方格尽可能地多，即圈圈越大越好。圈越大，写出

的变量乘积项中的变量就越少。但应注意圈内方格的个数应为 2 的整数次幂。圈数越少越好，因为每圈一个圈，就要在逻辑函数表达式中加上一项，圈多少个圈，化简后的逻辑函数表达式就有多少项。

② 在圈 **1** 时，每个 **1** 都可以重复圈，但每个圈必须包含新的 **1**，即以前没有圈过的 **1**。

③ 必须把所有 **1** 都圈完。要注意孤立的 **1**，即它的周围没有相邻的最小项，要将它所对应的最小项写到逻辑函数表达式中。

④ 虽然逻辑函数最小项之和表达式是唯一的，但在个别情况下，最简的**与-或**式却不是唯一的。

【例 5.3.13】 用卡诺图化简逻辑函数 $Y=\overline{A}C+\overline{A}B+A\overline{B}C+BC$。

【解】 先将逻辑函数式展成最小项表达式

$$\begin{aligned}Y&=\overline{A}C(B+\overline{B})+\overline{A}B(C+\overline{C})+A\overline{B}C+BC(A+\overline{A})\\&=\overline{A}BC+\overline{A}\,\overline{B}C+\overline{A}BC+\overline{A}B\overline{C}+A\overline{B}C+ABC+\overline{A}BC\\&=\overline{A}BC+\overline{A}\,\overline{B}C+\overline{A}B\overline{C}+A\overline{B}C+ABC\end{aligned}$$

画出逻辑函数的卡诺图如图 5.3.13 所示。

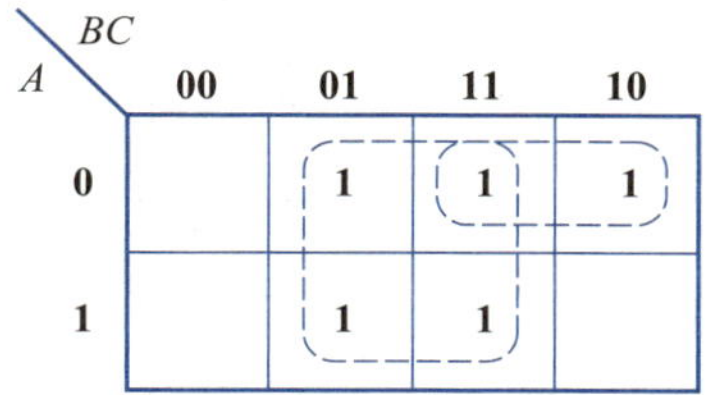

图 5.3.13 例 5.3.13 的卡诺图

写出最简逻辑函数表达式 $Y=C+\overline{A}B$。

【例 5.3.14】 用卡诺图化简三变量逻辑函数 $Y=\sum m(1,2,3,4,5)$。

【解】 画出逻辑函数的卡诺图如图 5.3.14 所示。

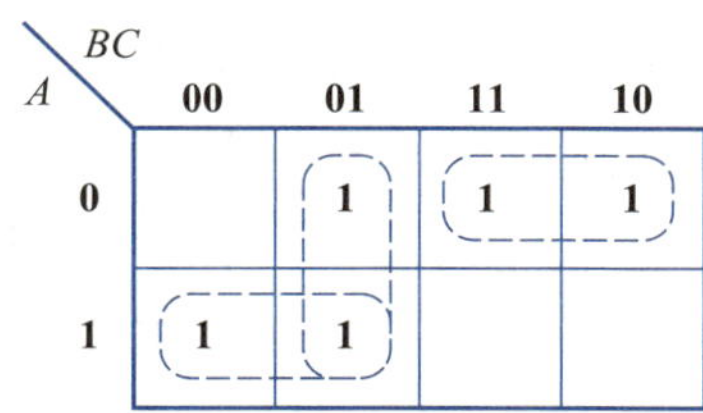

图 5.3.14 例 5.3.14 的卡诺图一

写出最简逻辑函数表达式 $Y=A\overline{B}+\overline{B}C+\overline{A}B$。

对于该逻辑函数的卡诺图化简，也可以用图 5.3.15 所示的方法。得到的结果为 $Y=A\overline{B}+\overline{A}C+\overline{A}B$，这个表达式和前面的表达式一样，都是最简**与-或**式，也就是说这个逻辑函数的最简式不是唯一的。

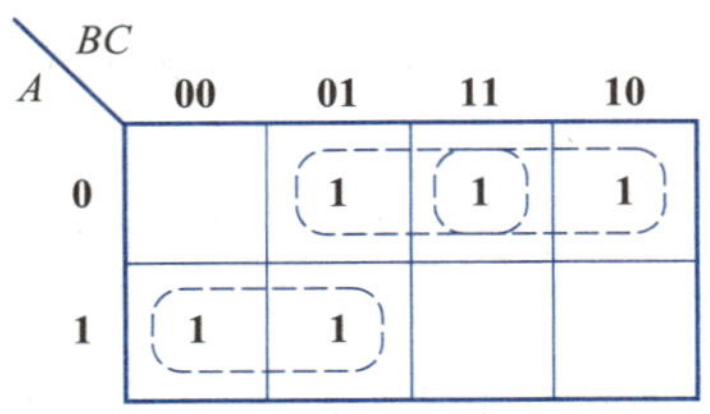

图 5.3.15　例 5.3.14 的卡诺图二

【例 5.3.15】　用卡诺图化简四变量逻辑函数 $Y=\sum m(0,1,2,3,4,5,6,7,11,13,14,15)$。

【解】　画出逻辑函数的卡诺图如图 5.3.16 所示。

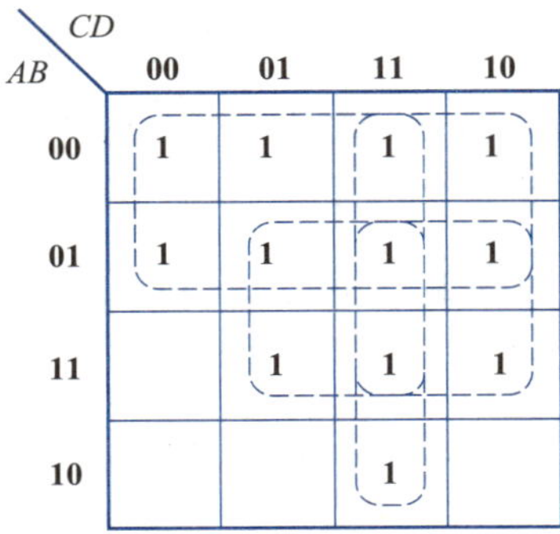

图 5.3.16　例 5.3.15 的卡诺图

写出最简逻辑函数表达式 $Y=\overline{A}+CD+BD+BC$。

【例 5.3.16】　用卡诺图化简逻辑函数 $Y=\sum m(0,1,2,3,4,5,6,7,8,11,14,15)$。

【解】　画出图 5.3.17 所示的函数的卡诺图，进行化简可得

$$Y=\overline{A}+BC+CD+\overline{B}\,\overline{C}\,\overline{D}$$

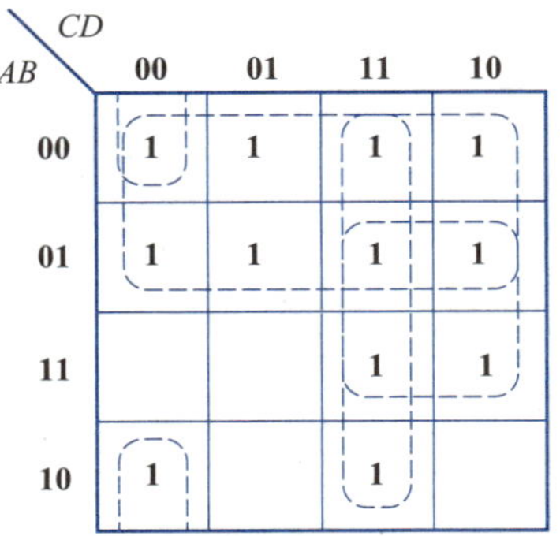

图 5.3.17　例 5.3.16 的卡诺图

练习与思考

5.3.1 什么叫逻辑函数？怎样用真值表、逻辑函数表达式、逻辑图表示逻辑函数？

5.3.2 逻辑函数表示方法的相互转换有什么实际的意义？

5.3.3 逻辑函数的真值表是否唯一？为什么？

5.3.4 逻辑函数的函数表达式是否唯一？为什么？

5.3.5 为什么要对逻辑函数表达式进行化简和变换？

5.3.6 逻辑函数的公式化简法和卡诺图化简法各有什么特点？

本章知识点小结

本章是围绕如下知识点展开论述的。

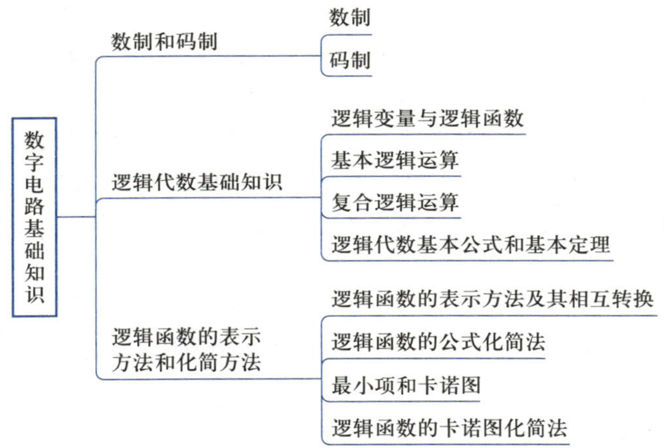

1. 数制：用一组固定的符号和统一的规则来表示数值的方法，也称为“计数制”。常见的数制有二进制、十进制、十六进制等，都属于进位计数制。

2. 二进制数：二进制数只有两个数字符，即 **1** 和 **0**。这两个数字符可以用电路的两种状态来表示，即高电平状态和低电平状态，数字电路中二进制数应用非常广泛。

3. 码制：二进制数码可以用来表示各种事物或状态，为每个事物或状态赋予一个二进制数码，就是编码，而编码时的规则就是码制。编码虽然用数字表示，但与数码对应的十进制数值或二进制数值是没有关系的，仅是用来表示某一事物或状态。

4. 逻辑代数：逻辑代数是分析和设计数字逻辑电路的数学基础。应用逻辑代数的基本公式，以及公理和定理，可以方便地进行逻辑函数的推演、运算和化简。

5. 基本逻辑运算和复合逻辑运算：基本逻辑运算包括**与**逻辑运算、**或**逻辑运算和**非**逻辑运算；复合逻辑运算包括**与非**逻辑运算、**或非**逻辑运算和**异或**逻辑运算等。应用这些基本逻辑运算和复合逻辑运算可以构成复杂的逻辑函数表达式。

6. 最小项：最小项是逻辑变量构成的**与**项，包含了所有逻辑变量，而且每个变量以原变量或反变量的形式作为一个因子，出现且只出现一次。任何一个逻辑函数都可以表示成若干个最小项之和的形式，这种形式称为逻辑函数的标准**与-或**式。

7. 卡诺图：卡诺图是和最小项相对应的方格图，满足几何相邻则逻辑相邻，以及循环邻接的规律。逻辑函数的卡诺图是逻辑函数的一种图形表示方法。

8. 逻辑函数的表示方法：包括真值表、逻辑函数表达式、逻辑图、卡诺图，其中真值表、卡诺图和表达式中的标准**与-或**式是唯一的。这四种表示方法各有特点，可以相互转换。

9. 逻辑函数的化简：逻辑函数表达式都能表示为**与-或**式，化简的目标是使**与-或**式中含有的乘积项最少，同时每个乘积项中所包含的变量数也最少，最后得到逻辑函数的最简**与-或**式。

10. 逻辑函数的卡诺图化简法：是指利用卡诺图进行逻辑函数化简，其本质是利用逻辑相邻进行化简。2^n个逻辑相邻的最小项可用一个矩形圈在一起，合并为一项，并消去n个变量。一个矩形圈内各最小项的公共部分就是这个矩形圈合并后得到的乘积项。圈多少个圈，化简后的逻辑函数表达式就有多少项。

习　题

5.1.1　将下面的十进制数转换为对应的二进制数和十六进制数。

18，69，122，251

5.1.2　将下列二进制数转换为十进制数、八进制数、十六进制数。

$[10001100]_2$，$[11001000]_2$，$[10110001]_2$，$[00111001]_2$

5.1.3　将下列十六进制数转换成二进制数和八进制数。

$[573]_{16}$　$[A04]_{16}$　$[2B2]_{16}$　$[FF7]_{16}$

5.1.4　如果对下列情况进行编码，至少需要多少位二进制数码？

某大学新入学年级有 7 963 位同学，编为 302 个班级，分配在 1 996 个寝室

5.2.1　证明以下逻辑恒等式。

(1) $AB+\overline{A}C+\overline{B}C=AB+C$

(2) $A\overline{B}+BD+\overline{A}D+CD=A\overline{B}+D$

(3) $BC+D+\overline{D}(\overline{B}+\overline{C})(AD+B)=B+D$

(4) $\overline{A\overline{B}+B\overline{C}+C\overline{A}}=ABC+\overline{A}\,\overline{B}\,\overline{C}$

5.3.1　逻辑函数真值表如表 5.01 所示，根据真值表，写出逻辑函数 Y_1、Y_2、Y_3、Y_4 的最简**与-或**表达式。

表 5.01　真　值　表

A	B	C	Y_1	Y_2	Y_3	Y_4
0	0	0	1	1	0	0
0	0	1	0	1	1	0
0	1	0	0	1	0	1
0	1	1	1	0	0	1
1	0	0	0	0	1	0

续表

A	B	C	Y_1	Y_2	Y_3	Y_4
1	0	1	0	1	1	1
1	1	0	0	0	1	0
1	1	1	0	1	0	1

5.3.2　逻辑函数的波形图如图 5.01 所示。试根据波形图写出输入变量与输出变量（逻辑函数）Y_1、Y_2的逻辑状态表和逻辑函数表达式。

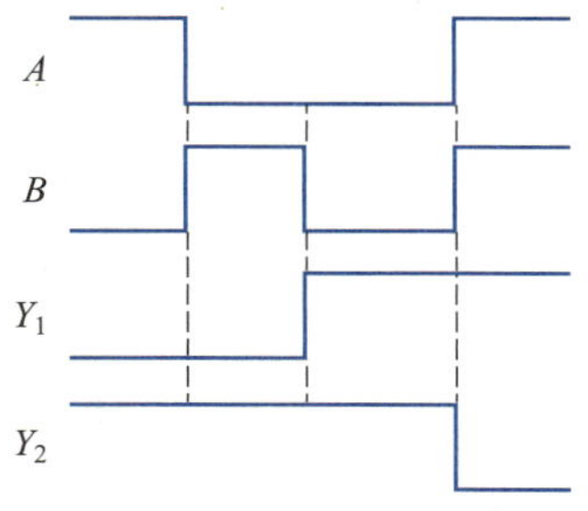

图 5.01　习题 5.3.2 的图

5.3.3　逻辑图和输入变量与输出变量（逻辑函数）的波形如图 5.02 所示。试画出输出 Y_1、Y_2的波形图。

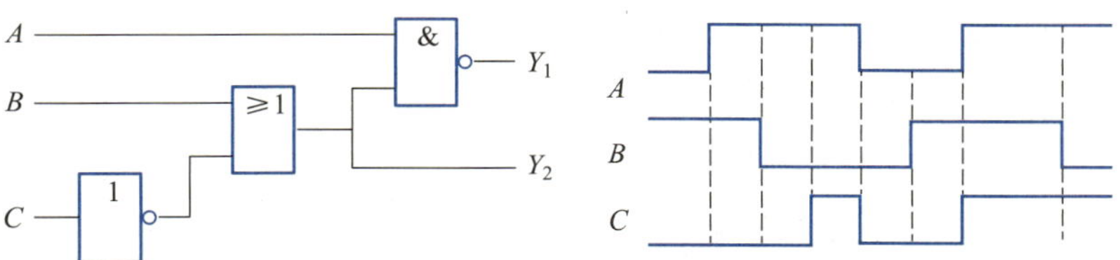

图 5.02　习题 5.3.3 的图

5.3.4　写出图 5.03 中各逻辑图的逻辑函数表达式，并求出最简**与-或**表达式。

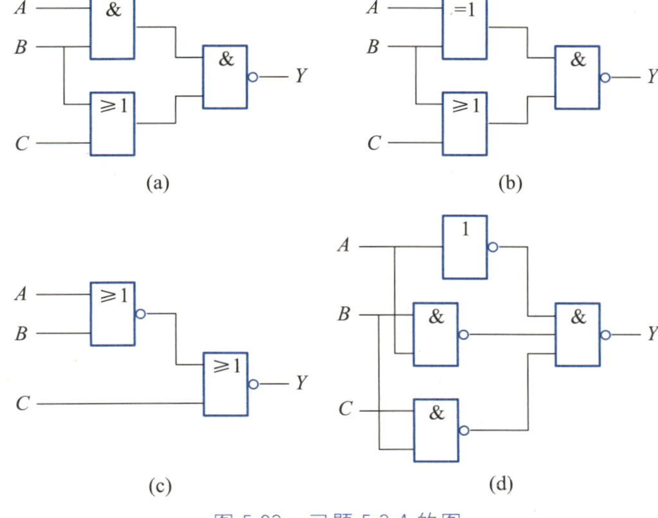

图 5.03　习题 5.3.4 的图

5.3.5 将下列逻辑函数表达式变换为标准**与-或**式。

(1) $Y=ABC+A\overline{B}+B\overline{C}$

(2) $Y=\overline{\overline{A}(\overline{B}+C)}$

5.3.6 用逻辑代数的基本公式和基本定理将下列函数表达式化简为最简**与-或**表达式。

(1) $Y=A\overline{B}(A+B)$

(2) $Y=AB+\overline{A}\,\overline{B}+A\overline{B}$

(3) $Y=ABC+A\overline{B}+AB\overline{C}$

(4) $Y=AB+\overline{A}C+BCD$

(5) $Y=\overline{AB+(\overline{A+B})}$

(6) $Y=\overline{\overline{A}BC}(B+\overline{C})$

(7) $Y=ABC\overline{D}+ABD+BC\overline{D}+ABC+BD+B\overline{C}$

5.3.7 用卡诺图化简下列逻辑函数。

(1) $Y=AB+\overline{A}BC+\overline{A}B\overline{C}$

(2) $Y=ABC+\overline{C}D+\overline{B}CD+\overline{A}BCD+A\overline{B}D$

(3) $Y=\overline{AB(C+\overline{D})}+\overline{B}CD+AB\overline{C}D+\overline{A}CBD$

(4) $Y=\overline{ABCD+\overline{A}BC+B\overline{C}D+ABC\overline{D}+A\overline{B}CD}$

5.3.8 用卡诺图化简下列逻辑函数。

(1) $Y=f(A,B,C)=\sum m(0,2,4,6)$

(2) $Y=f(A,B,C)=\sum m(0,1,2,5)$

(3) $Y=f(A,B,C)=\sum m(0,1,2,4,5,6)$

(4) $Y=f(A,B,C,D)=\sum m(0,2,3,4,5,6,8,14,15)$

(5) $Y=f(A,B,C,D)=\sum m(3,4,5,7,9,13,14,15)$

(6) $Y=f(A,B,C,D)=\sum m(0,1,2,5,8,9,10,12,14)$

(7) $Y=f(A,B,C,D)=\sum m(0,1,2,5,6,7,8,9,13,14)$

(8) $Y=f(A,B,C,D)=\sum m(0,1,2,3,4,6,8,9,10,11,14)$

(9) $Y=f(A,B,C,D)=\sum m(0,1,2,3,4,9,10,12,13,14,15)$

第6章 门电路和组合逻辑电路

讲义：
第 6 章引言

视频：
第 6 章引言

本章学习目标

学习完本章内容后，你将能够：

- 理解 TTL 门电路的工作原理、电压传输特性、主要参数；
- 理解 CMOS 门电路的工作原理；
- 掌握常用 TTL 门电路和 CMOS 门电路的使用方法；
- 掌握组合逻辑电路的分析和设计方法；
- 理解半加器和全加器的工作原理，掌握其使用方法；
- 理解普通编码器和优先编码器的工作原理，掌握集成优先编码器的使用方法；
- 理解译码器和显示译码器的工作原理，掌握集成译码器和显示译码器的使用方法；
- 理解数据选择器和数据分配器的工作原理，掌握集成数据选择器的使用方法。

前一章的数字电路基础知识是分析、设计数字电路的理论基础，而这一章首先要介绍的门电路则是实现数字电路的物质基础。门电路是数字电路中具体实现基本逻辑运算和复合逻辑运算的基本逻辑单元电路，按逻辑功能可分为**与**门、**或**门、**非**门（反相器）、**与非**门、**或非**门、**与或非**门、**同或**门、**异或**门等。利用门电路的组合，可以构成实现复杂逻辑功能的数字电路，包括大家耳熟能详的芯片、集成电路都是以门电路为基础构成的。

数字电路一般可以分为组合逻辑电路和时序逻辑电路两大类。组合逻辑电路在逻辑功能上的特点是任意时刻的输出仅仅取决于该时刻的输入，而与电路原来的状态无关。组合逻辑电路没有记忆功能。**与**门、**或**门、**非**门以及**与非**门等复合逻辑门实际上就是最简单的组合逻辑电路，组合逻辑电路就是由这些逻辑门以不同方式组合而成的。组合逻辑电路可以有多个输入端和输出端（见图 6.1），每一个输出变量与全部输入或部分输入变量具有固定的逻辑关系，即输出是全部输入或部分输入的逻辑函数。

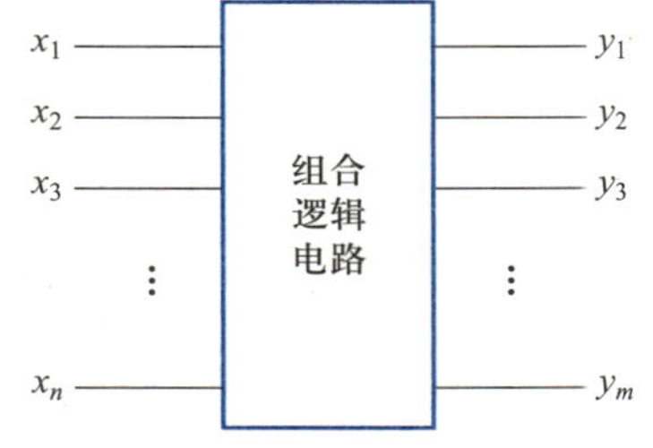

图 6.1 组合逻辑电路

6.1 TTL 门电路

随着集成电路技术的发展与进步，门电路早已实现集成化，有各种标准化的集成门电路可供选择和使用。目前仍广为应用的有 TTL（transistor-transistor logic）电路和

CMOS(complementary metal-oxide semiconductor)电路两种数字集成电路。

TTL门电路采用双极型工艺制造,因输入级和输出级都采用双极型半导体晶体管而得名(也称为BJT-BJT门电路)。最早的TTL门电路是20世纪60年代出现的74系列,随后又相继推出了74H、74S、74LS、74AS和74ALS等系列改进产品,其中以74LS系列最为常用。除74系列外,TTL门电路还有使用温度范围更大的54系列,其功能和对应的74系列完全相同。

74系列TTL集成电路约有400个品种,除基本逻辑门电路外,还包括了译码器、编码器、触发器、计数器、移位寄存器、单稳态触发器、双稳态触发器、多谐振荡器、加法器、乘法器、多路开关、存储器等多种逻辑电路。因为TTL集成电路的广泛应用,其电路中关于逻辑电平的规定(+5 V等价于逻辑**1**,0 V等价于逻辑**0**)已成为数字电路中逻辑电平的标准,符合上述标准的逻辑电平信号也被称为TTL电平信号。

讲义:
TTL反相器

本节主要以74系列TTL电路为例讲解几种门电路的工作原理和应用,下一节将对CMOS电路作简单介绍。

6.1.1 TTL反相器

1. 电路结构和工作原理

视频:
TTL反相器

图6.1.1是TTL反相器(7404)的电路结构。设电源电压 $U_{CC}=5$ V,输入低电平信号 $U_{IL}=0.2$ V,输入高电平信号 $U_{IH}=3.6$ V,PN结导通压降为0.7 V,晶体管的饱和导通压降 $U_{CES}=0.2$ V。为了分析方便,可根据晶体管的结构特点,即基极B到发射极E的发射结和基极B到集电极C的集电结各相当于一个二极管,将晶体管 T_1 等效为两个共阳极的二极管 D_a 和 D_b,得到TTL反相器的等效电路如图6.1.2所示。

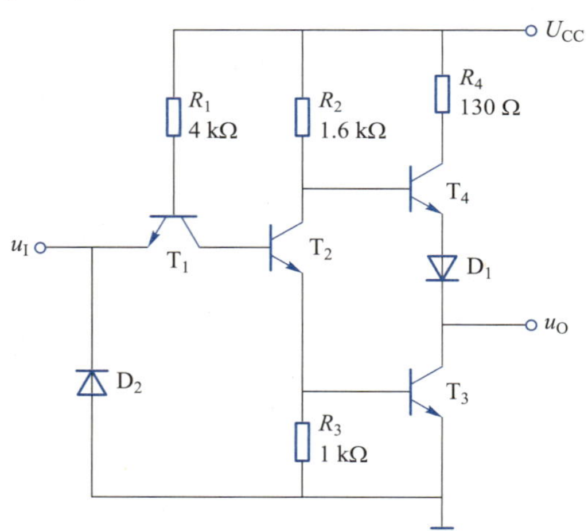

图6.1.1 TTL反相器(7404)电路

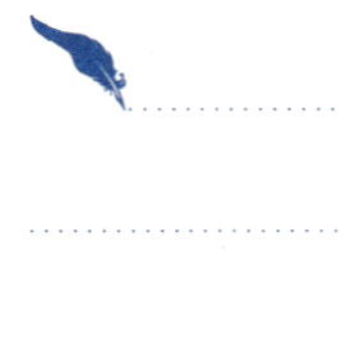

由等效电路可以看出,从晶体管 T_1 的基极B出发,经 D_b、T_2 发射结、T_3 发射结到参考地,共有三个PN结,因此 T_2 和 T_3 导通与否取决于 T_1 的基极电位即B点电位是否足够高,能使三个PN结正偏。如暂时忽略输入信号 u_I 和二极管 D_a 的作用,可知 U_{CC} 经 R_1 提供的电压足以使三个PN结正偏,使B点电位钳位在2.1 V。显然,B点电位还会受输入信号 u_I 的影响,下面就来分析一下当输入信号为不同电平值时,B点电位的变化以及输出信号 u_O 的变化。

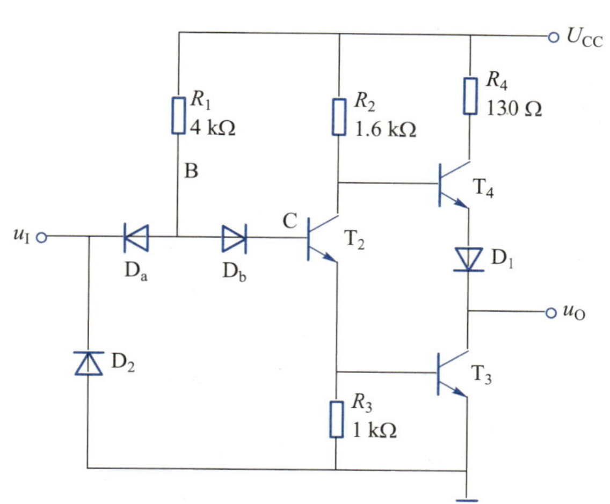

图 6.1.2 TTL 反相器等效电路

当输入信号 u_I 为低电平，即 $u_I = U_{IL} = 0.2$ V 时，由于二极管 D_a 的钳位作用，T_1 的基极电位即 B 点电位为 0.9 V，这时电流实际上由 U_{CC} 经电阻 R_1、二极管 D_a 从输入端流出反相器。显然，B 点电位不足以使 T_2 和 T_3 发射结正偏，因而 T_2 和 T_3 处于截止状态。通过观察，可以发现 R_2、R_4、T_4、D_1 组成的电路类似于一个射极输出器，当输出端外接负载时，U_{CC} 经 R_2 提供的电压足以使 T_4 发射结和 D_1 串联形成的两个 PN 结正偏，基极电流经由 R_2、T_4 发射结、D_1 流入负载。由于 T_4 和 D_1 同时导通，负载所需电流大部分是由 U_{CC} 经 R_4、T_4、D_1 从输出端流出反相器而提供的。因为此时电路类似于射极输出器，其输出电压 u_O 取决于 T_4 的基极电位，如忽略 R_2 的压降，可知输出电压为 U_{CC} 减去两个 PN 结压降，即为 3.6 V，可见输出为高电平。

当输入信号 u_I 为高电平，即 $u_I = U_{IH} = 3.6$ V 时，由于 D_a 反偏处于截止状态，u_I 不会影响 B 点电位，因而 T_2 和 T_3 发射结保持正偏，T_2 和 T_3 处于导通状态。如 T_2 饱和导通，可知 T_4 基极电位为 T_2 饱和导通压降与 T_3 发射结压降之和，即为 0.9 V，该电压无法使 T_4 发射结、D_1 正偏，因而 T_4、D_1 处于截止状态。如 T_3 饱和导通，可知输出电压为 T_3 饱和导通压降，即为 0.2 V，可见输出为低电平。

由上面的分析可知，电路的输入和输出之间是反相的关系：输入为低电平时，输出为高电平；输入为高电平时，输出为低电平。

电路输入侧的二极管 D_2 主要起保护作用，当输入接入负向电压信号时将输入电压钳位在 −0.7 V，防止因输入电压信号过低导致经 R_1、D_a 流出反相器的电流过大而使反相器损坏。在电路的输出侧，稳定条件下 T_3 和 T_4 中总是有一个导通而另一个截止，这种输出电路称为推挽式（push-pull）电路，也叫作图腾柱（totem-pole）输出电路，这种输出电路具有较强的负载驱动能力。

2. 电压传输特性

图 6.1.3 是 TTL 反相器的电压传输特性，即输出电压随输入电压的变化曲线。

在曲线的 *AB* 段，$u_I < 0.7$ V，对应 *B* 点电位小于 1.3 V，该电压无法使 D_b、T_2 发射结串联而成的 2 个 PN 结正偏，因而 T_2 截止，相应地 T_3 也截止。根据前面的分析，可知此时输出电压 $u_O = 3.6$ V，为高电平。

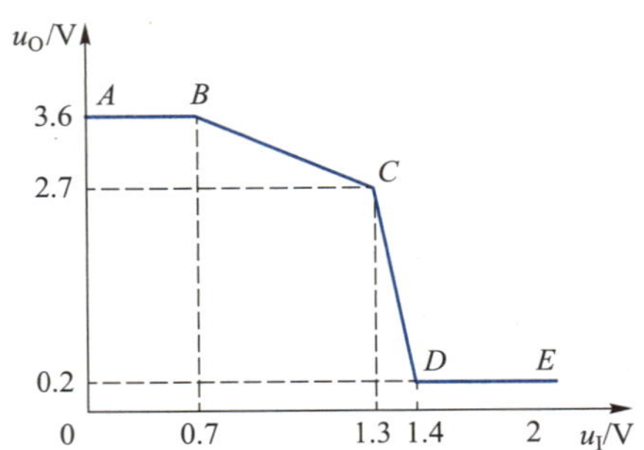

图 6.1.3　TTL 反相器的电压传输特性

在曲线的 *BC* 段，0.7 V≤u_I≤1.3 V，对应 B 点电位介于 1.4 V 与 2.0 V 之间，该电压会使 D_b、T_2发射结串联而成的两个 PN 结正偏，但还不足以使 T_3发射结正偏。此时，可认为 T_2导通且工作在放大区，而 T_3仍然截止。在该段，随着 u_I的升高，T_2由 *AB* 段时的截止状态逐渐变为工作在放大状态，其集电极电流从等于零开始逐渐线性增大，因而 T_2集电极电位即 T_4基极电位逐渐线性下降，从而导致输出电压 u_O线性下降。

在曲线的 *CD* 段，当输入电压 u_I上升到 1.4 V 左右时，对应 B 点电位为 2.1 V，此时 T_3由截止转为导通，而 T_4截止，输出电压急剧下降为低电平，此时的输入电压称为阈值电压或门槛电压。

在曲线的 DE 段，随着输入电压的升高，输出电压不再变化。

3. 常用特性参数

和其他半导体器件相同，TTL 集成门电路也有种类繁多的各种特性参数，一般由集成电路生产商来提供，这些参数中最重要的参数主要有四类，即电压参数、输入端噪声容限、电流参数、扇出系数。

（1）电压参数

为实现各种逻辑功能，数字电路往往由许多 TTL 门电路组合并级联在一起，因此必须考虑不同门电路输入、输出信号之间逻辑电平的匹配。此外，信号在门电路之间传输时很有可能受到干扰而导致电平变化，这一因素也是需要考虑的。

① 输入高电平电压的最小值 $U_{IH(min)}$= 2.0 V

对 TTL 反相器而言，当输入 u_I为高电平 3.6 V 时，输出 u_O为低电平 0.2 V，但从 TTL 反相器的电压传输特性也可以看出，当 u_I大于 1.5 V 时，u_O就变为了低电平，也就是说大于 1.5 V 的 u_I就可认为是高电平。由于 1.5 V 距离输出电压变化剧烈的 *CD* 段较近，实际中都会留有一定的裕量，一般取输入高电平电压的最小值 $U_{IH(min)}$= 2.0 V。

② 输出高电平电压的最小值 $U_{OH(min)}$= 2.4 V

门电路输出高电平时，电压为 2.0 V 即可达到下一级门电路输入高电平电压的最小值 $U_{IH(min)}$，但是为了防止可能的干扰引起信号变化，一般需要输出高电平电压的最小值 $U_{OH(min)}$要大于 $U_{IH(min)}$，一般取 $U_{OH(min)}$= 2.4 V。

③ 输入低电平电压的最大值 $U_{IL(max)}$= 0.8 V

从 TTL 反相器的电压传输特性也可以看出，当 u_I小于 0.5 V 时，输出 u_O为高电平

3.6 V，但从上一个参数可知，当 u_O 大于 2.4 V 时即可认为是高电平，因此可以从电压传输特性找到 $u_O = 2.4$ V 时所对应的 u_I，这里也会留有一定的裕量，一般取输入低电平电压的最大值 $U_{IL(max)} = 0.8$ V。

④ 输出低电平电压的最大值 $U_{OL(max)} = 0.4$ V

门电路输出低电平时，电压为 0.8 V 即可达到下一级门电路输入低电平电压的最大值 $U_{IL(max)}$，但是为了防止可能的干扰引起信号变化，一般需要输出低电平电压的最大值 $U_{OL(max)}$ 要小于 $U_{IL(max)}$，一般取 $U_{OL(max)} = 0.4$ V。

（2）输入端噪声容限

图 6.1.4 是噪声容限的定义示意图，它指 u_O 为规定的极限值时，允许 u_I 波动的最大范围，它可以体现门电路的抗干扰能力。

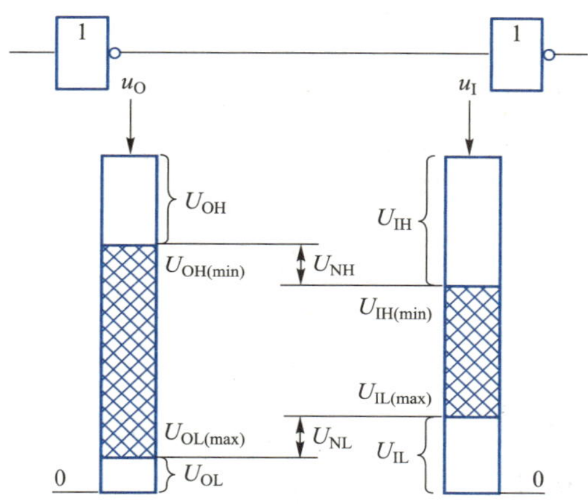

图 6.1.4 噪声容限的定义示意图

输入为高电平时的噪声容限为

$$U_{NH} = U_{OH(min)} - U_{IH(min)}$$

输入为低电平时的噪声容限为

$$U_{NL} = U_{IL(max)} - U_{OL(max)}$$

由此得出 74 系列 TTL 门电路的噪声容限为：$U_{NH} = 0.4$ V，$U_{NL} = 0.4$ V。74LS 系列 TTL 门电路的噪声容限为：$U_{NH} = 0.7$ V，$U_{NL} = 0.3$ V。

（3）电流参数

不同门电路级联时，除信号逻辑电平需要匹配外，前级门电路的输出电流和后级门电路的输入电流也应该是相适应的。另外，有时需要用门电路直接驱动一些负载，因此其输出电流是重要的指标，标示了其带载能力。在门电路中，一般规定流入门电路的电流为正，流出门电路的电流为负。

① 输入高电平电流的最大值 $I_{IH(max)} = 40$ μA

当输入高电平信号时，图 6.1.2 中的 D_a 截止，但仍会有非常小的反向饱和电流流入门电路，因此输入高电平电流为正值，其最大值 $I_{IH(max)} = 40$ μA。

② 输出高电平电流的最大值 $I_{OH(max)} = -0.4$ mA

当输出高电平信号时，图 6.1.2 中的 T_4、D_1 导通，电流由电源经 R_4、T_4、D_1 流出门

电路供给负载，因此输出高电平电流为负值，受内部器件功耗限制，其最大值$I_{OH(max)}$ = −0.4 mA。

③ 输入低电平电流的最大值 $I_{IL(max)} = -1.6$ mA

当输入低电平信号时，图 6.1.2 中的 D_a导通，电流由电源经 R_1、D_a流出门电路，因此输入低电平电流为负值，受内部器件功耗限制，其最大值 $I_{IL(max)} = -1.6$ mA。

④ 输出低电平电流的最大值 $I_{OL(max)} = 16$ mA

当输出低电平信号时，图 6.1.2 中的 T_3导通，电流经输出端流入门电路，再经 T_3到参考地，因此输出低电平电流为正值，因 T_3导通，压降低，功耗较小，故可承受较大电流，其最大值 $I_{OL(max)} = 16$ mA。可见当门电路输出低电平时，其带载能力要高于输出高电平时。

（4）扇出系数

扇出系数是指门电路所能够驱动的同类门电路的最大数目。一般的集成电路手册中不给出扇出系数，可根据上面介绍的门电路电流参数进行计算。门电路的扇出系数一般按下面两式计算，然后取两个结果中绝对值较小的一个。

$$N_{OL} = \left| \frac{I_{OL(max)}}{I_{IL(max)}} \right|$$

$$N_{OH} = \left| \frac{I_{OH(max)}}{I_{IH(max)}} \right|$$

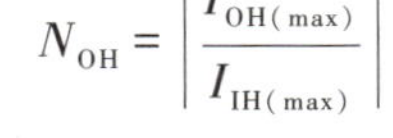

讲义：
TTL 与非门

由此得出 74 系列 TTL 门电路的扇出系数 $N = 10$。

6.1.2 TTL 与非门

图 6.1.5 是两输入 TTL 与非门(7400)的电路，与图 6.1.1 所示的 TTL 反相器(7404)电路的不同之处是晶体管 T_1为一个多发射极晶体管。这种多发射极晶体管有多个发射极，而基极和集电极是共用的，每个发射极和共用基极之间都各自形成独立的发射结。和 TTL 反相器一样，也可以得到其等效电路，如图 6.1.6 所示。

视频：
TTL 与非门

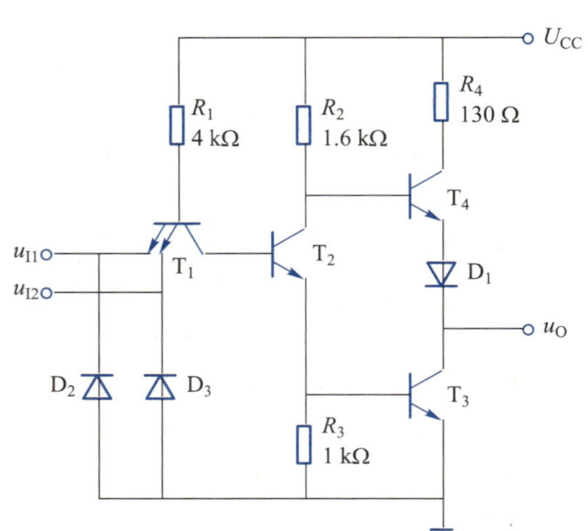

图 6.1.5　两输入 TTL 与非门(7400)电路

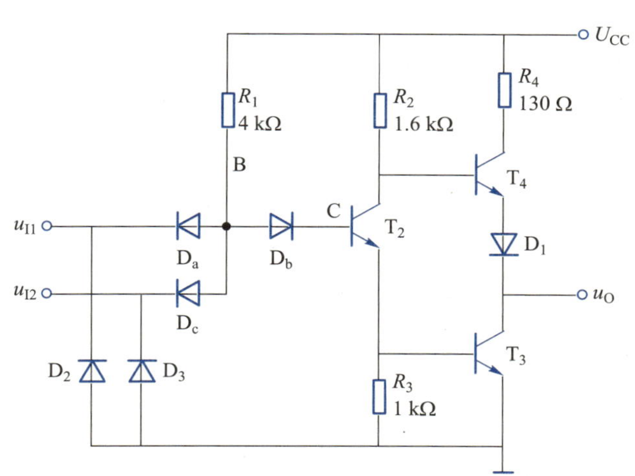

图 6.1.6　两输入 TTL **与非门**等效电路

在前面的分析中可知，TTL 反相器的输出实际上取决于输入信号如何影响 B 点电位。如果输入高电平，则二极管 D_a 截止，B 点电位不受输入信号影响，输出为低电平；如果输入低电平，则二极管 D_a 导通，B 点电位被钳位在低电平，输出为高电平。

观察 TTL **与非**门等效电路，和 TTL 反相器相比，多了一个输入端和二极管 D_c。可见 R_1、D_a、D_c 组成了一个**与**门电路，只要输入信号有一个为低电平，其对应的二极管导通，B 点电位就会被钳位在低电平，此时 T_2、T_3 截止，T_4、D_1 导通，因而输出为高电平。当两个输入信号都为高电平时，D_a、D_c 都截止，B 点电位不受输入信号影响，此时 T_2、T_3 导通，T_4、D_1 截止，因而输出为低电平。

在 74 系列 TTL 电路中，**与非**门电路除两输入的**与非**门 7400 外，还有三输入**与非**门(7410)、四输入**与非**门(7420)等。

使用多输入**与非**门时，可能只会用到一部分输入端，其他的多余输入端需要进行适当的处理，主要有以下三种处理方法。

(1) 多余输入端接高电平

从逻辑功能上看，变量和 **1** 进行**与**运算时，该变量不会发生变化，因而接高电平的多余输入端不会影响其他输入端信号的作用；从电路结构上看，输入端接高电平时，该端所连接的内部等效二极管截止，因而该输入端不会影响其他输入端信号的作用。

讲义：
OC 门和三态门

(2) 多余输入端和某个有效输入端连接

从逻辑功能上看，变量和自身进行**与**运算时，该变量不会发生变化；从电路结构上看，相当于两个输入端的内部等效二极管并联，和一个输入信号时的情况是相同的。

(3) 多余输入端悬空

输入端悬空时，该端所连接的内部等效二极管处于悬空状态，二极管不会导通，因此相当于输入高电平。由于该方法易受干扰，一般不推荐使用。

视频：
OC 门和三态门

6.1.3　TTL 集电极开路与非门

前面的两种 TTL 门是不能将输出端连接在一起使用的，因为当输出电平不一致的输出端连在一起时，极易损坏门电路。图 6.1.7 是两个 TTL 门电路并联的情况（只画出了门电路的输出部分)，如果左侧的门电路输出高电平，右侧的门电路输出低电平，则左侧 T_4、D_1 导通，右侧 T_3 导通，电流由左侧电源经左侧门电路的 R_4、T_4、D_1 和右侧门电路的 T_3 流到参考地，此时电流较大易造成 R_4 功耗过大而损坏整个门电路。

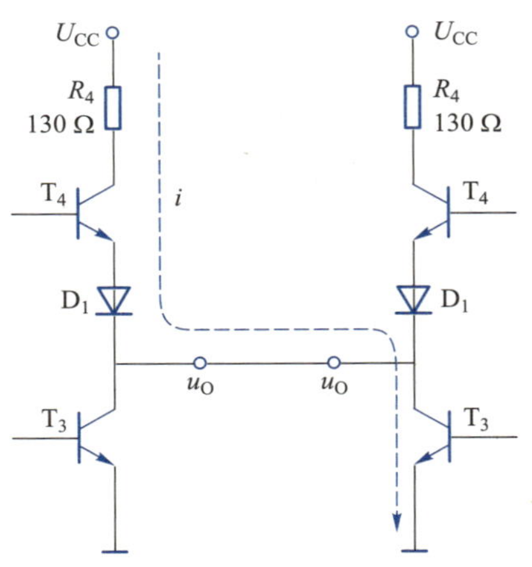

图 6.1.7　TTL 门电路并联

下面介绍一种可以将输出端并联使用的 TTL 门电路，即集电极开路门电路，也称为 OC (open collector) 门。图 6.1.8 是集电极开路**与非**门(7401)的电路及逻辑图形符号，可以看出集电极开路门电路的输出级不是推挽式电路，而是采用集电极开路的输出结构。当 T_3 导通时，输出为低电平；当 T_3 截止时，输出实际上是悬空的。为了得到高电平，必须要外接电阻和电源，也就是说 OC 门在使用时一定要配合电源和电阻才能正确输出逻辑电平值。

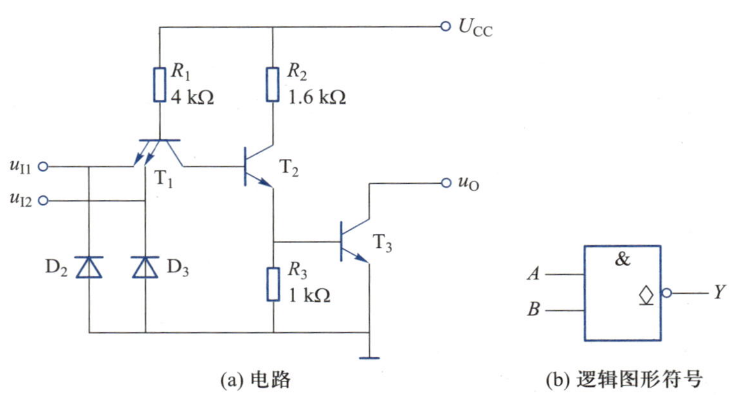

(a) 电路　(b) 逻辑图形符号

图 6.1.8　集电极开路**与非**门(7401)电路

由于 OC 门电路的集电极是开路的，所以可以把几个 OC 门电路的输出端连接在一起使用。OC 门电路输出端连接的电路如图 6.1.9 所示，只要两个门电路中有一个输出低电平，即其内部晶体管导通，则输出信号 u_O 为低电平，只有当两个门电路内部晶体管都截止时，其输出信号 u_O 才为高电平。可见，电路总的输出是各个门电路输出的**与**，这种连接方式称为“线与”，图 6.1.10 是两个 OC 门电路(7401)“线与”的电路。

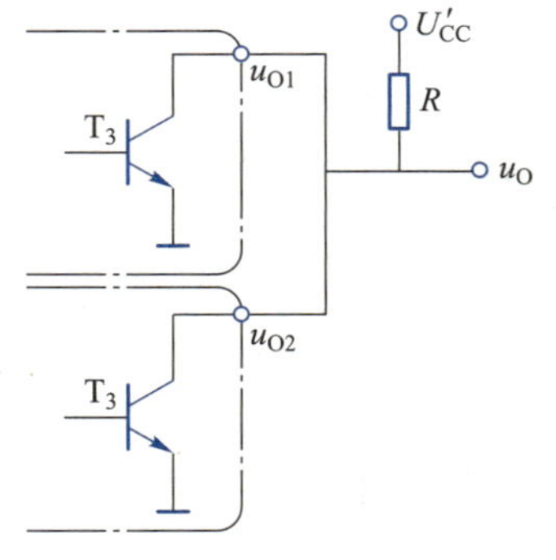

图 6.1.9　OC 门电路输出端连接

另外有些 TTL OC 门电路的输出管尺寸较大，因而可以承受较大的电流和较高的电压，如 7406、7407 等，最大耐压(外接电源电压 U'_{CC})为 30 V，输出管允许的最大负载电流为 40 mA。图 6.1.11 是用 OC 输出反相器(7406)驱动指示灯(12 V/20 mA)的电路。

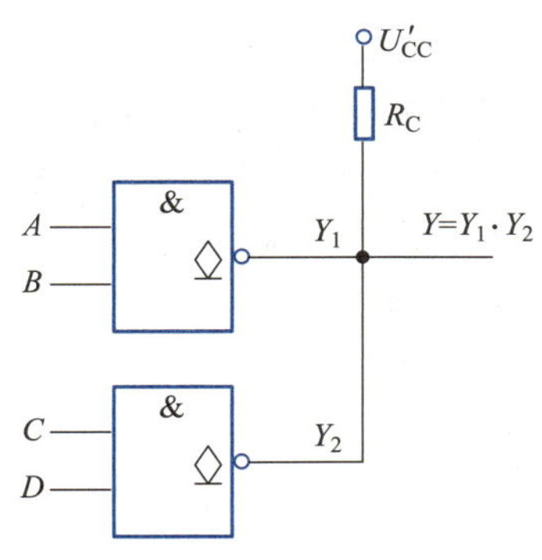

图 6.1.10 两个 OC 门(7401)“线与”

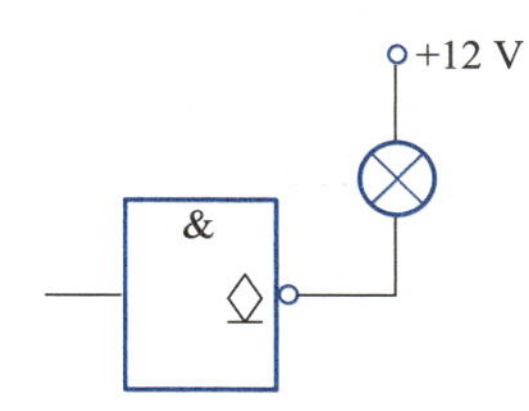

图 6.1.11 OC 输出反相器(7406)驱动指示灯

6.1.4 三态输出与非门

在数字电路中,需要在多个设备、模块或门电路之间传递信号或协调工作时,多采用总线结构,即其输入或输出都挂接在统一的总线上,所有信号都在总线上分时传递。例如目前使用非常广泛的通用串行总线(universal serial bus,USB)设备就是采用的这种方式。显然,OC 门输出端连接在一起使用时只能实现“线与”功能,无法满足各路信号传递的需要。

为了使各门电路输出不互相影响,即在某个门电路向总线传递信号时,其他门电路不输出信号,在门电路中往往需要引入第三种状态,即高阻状态。前面分析 TTL **与非**门输出端并联时(图 6.1.7),可以看到当左侧门电路输出高电平时,因为右侧门电路中 T_3 导通导致了门电路工作异常。那么如果此时令右侧门电路中的 T_3、T_4 都截止,则该门电路输出端相当于悬空,就不会影响其他门电路,当然也不受其他门电路的影响。

图 6.1.12 是一种控制端低电平有效的三态输出**与非**门电路。当控制端 EN 为低电平时,经反相器输出高电平,二极管 D_2 截止,不会对 T_4 基极电位产生影响;同时反相器输出的高电平还送至 T_1 的一个发射极,与之对应的发射结反偏截止,不会对 T_1 基极电位产生影响。因而 EN 为低电平时不会影响原来电路的工作状态,电路处于普通的**与非**门工作状态,根据输入情况输出高、低电平,以实现**与非**逻辑关系 $Y=\overline{A \cdot B}$。

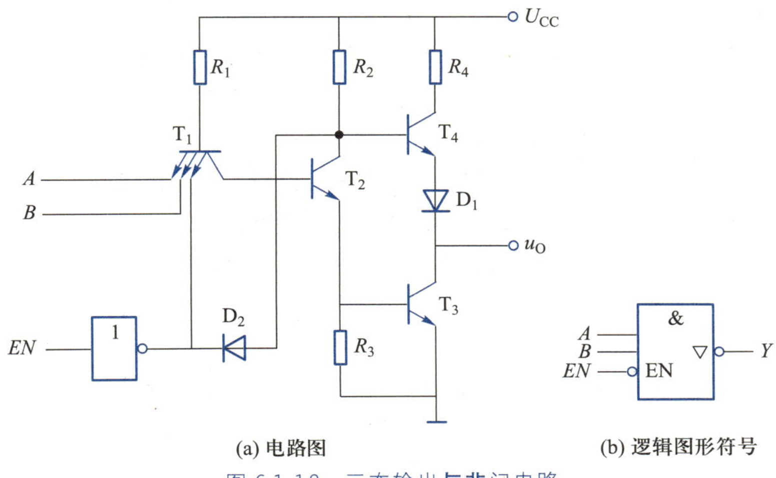

(a) 电路图　　(b) 逻辑图形符号

图 6.1.12 三态输出与非门电路

当控制端 EN 为高电平时，经反相器输出低电平 0.2 V，二极管 D_2 导通，使 T_4 基极电位被钳位在 0.9 V，因而 T_4、D_1 均截止；同时反相器输出低电平作用在 T_1 发射极上，对应的发射结正偏导通，使 T_1 基极电位被钳位在 0.9 V，因而 T_2、T_3 均截止。这时，输出端 Y 相对于电路的其他部分（电源和地）都是断开的，呈现高阻状态。

利用三态门可以实现在总线上分时传递多路信号。图 6.1.13 是用三态输出反相器实现单向总线数据传输的电路。控制各三态门的使能控制端，使任何时刻只有一个三态门向总线传递数据（使能端有效），而使其他三态门处于高阻状态（使能端无效），这样就可以把各个三态门的输出信号分时传递到总线上，而不相互干扰。

利用三态门还能够实现双向总线数据传输，电路如图 6.1.14 所示。当 EN = **0** 时，G_2 为高阻输出状态，D 端数据经 G_1 反相后传输到总线；当 EN = **1** 时，G_1 为高阻输出状态，总线上的数据经 G_2 反相后传输到 D 端。

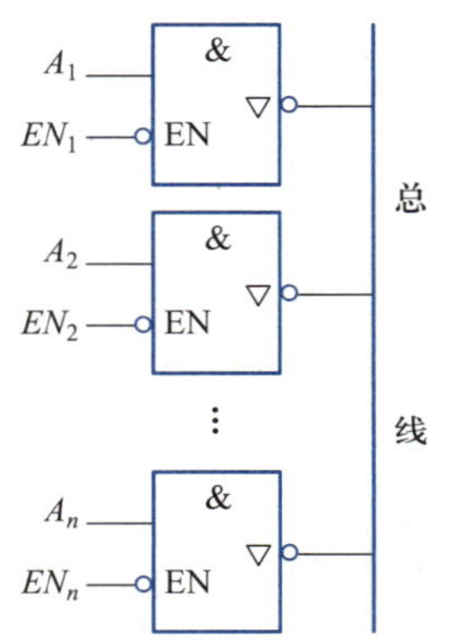

图 6.1.13　用三态输出反相器实现单向总线数据传输

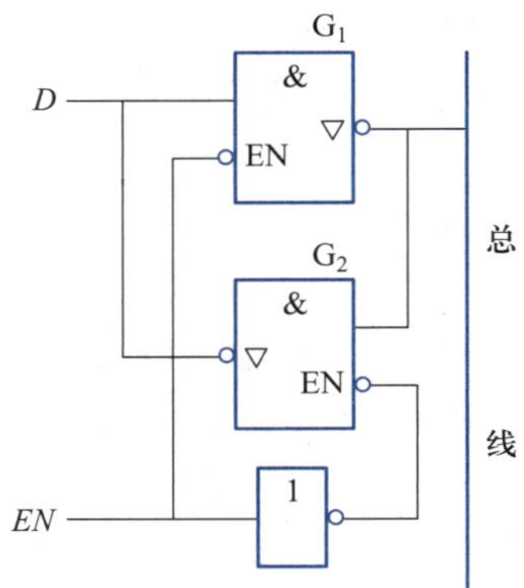

图 6.1.14　用三态门实现双向总线数据传输

练习与思考

6.1.1　TTL 反相器和 TTL **与非**门电路在结构和功能上有何不同？

6.1.2　利用**与非**门电路实现逻辑功能时，大多会将逻辑电路设计为输出低电平时有效，其原因是什么？

6.1.3　已知一个两输入与**非门**的一个输入端悬空（不接任何信号），分析另一个输入端接高电平和低电平时，电路的输出情况。

6.1.4　对于多输入端**或非**门，其多余输入端应如何处理？

6.1.5　什么是三态输出门电路？第三种状态是什么状态，为什么要引入第三种状态？

6.1.6　什么情况下需要用三态输出门电路？OC 门电路是否可以替代三态输出门电路？

6.2　CMOS 门电路

讲义：
CMOS 门电路

视频：
CMOS 门电路

6.2.1　CMOS 门电路简介

TTL 门电路主要由晶体管构成，晶体管工作在饱和和截止两种状态，同样利用工作在饱和和截止状态的场效应绝缘晶体管 MOSFET 也可以构成门电路。这类门电路中，既包含 N 沟道 MOSFET（简称 NMOS）也包含 P 沟道 MOSFET（简称 PMOS），因此称为 CMOS（complementary metal-oxide-semiconductor）电路。

和 TTL 门电路一样，CMOS 电路也有不同的系列。4000 系列是早期的 CMOS 门电路产品，其工作电源电压范围宽（3～18 V），功耗、噪声容限、扇出系数等参数优于 TTL 门电路，因而得到了广泛应用。该系列的缺点是由于传输延迟时间的限制，其工作速度不高，最高工作频率小于 5 MHz。随着制造工艺的不断完善，CMOS 电路的工作速度不断提高，高速 CMOS 电路 74HC、74HCT 系列和超高速 CMOS 电路 74AC、74ACT 系列相继问世。74HC、74HCT 系列平均传输延迟时间小于 10 ns，最高工作频率可达 50 MHz。74HC、74AC 系列的电源电压范围为 2～6 V，而 74HCT、74ACT 系列的电源电压范围为 4.5～5.5 V，与 LS 系列 TTL 电路在输入和输出电平上也是完全兼容的。另外，上述四个系列的器件和与其尾号相同的 74 系列 TTL 电路相比，其逻辑功能、外形尺寸、引脚排列顺序都是相同的，为产品替代提供了方便。此外，还有一些适应低电压供电场合的产品，如 LV、LVC、LVT 系列等高速 CMOS 产品。

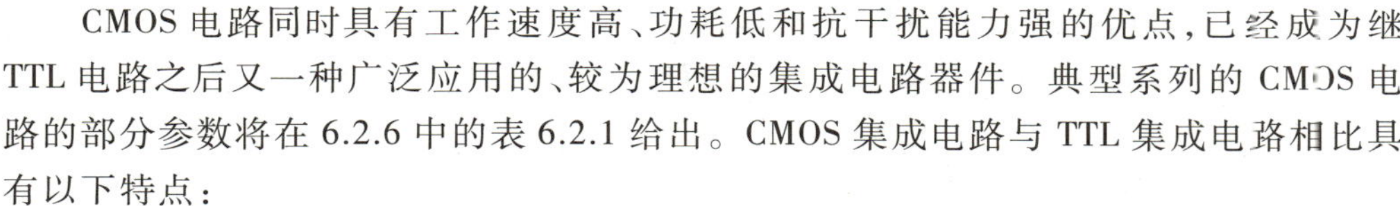

CMOS 电路同时具有工作速度高、功耗低和抗干扰能力强的优点，已经成为继 TTL 电路之后又一种广泛应用的、较为理想的集成电路器件。典型系列的 CMOS 电路的部分参数将在 6.2.6 中的表 6.2.1 给出。CMOS 集成电路与 TTL 集成电路相比具有以下特点：

① 功耗低，5 V 电源供电时，每个门电路的静态功耗只有几个微瓦；

② 电源电压范围宽，4000 系列为 3～18 V，74HC 和 74AC 系列为 2～6 V，74HCT 和 74ACT 系列为 4.5～5.5 V；

③ 输出逻辑电平摆幅大，低电平接近于 0 V，高电平接近于电源电压；

④ 抗干扰能力强，噪声容限大；

⑤ 输入阻抗高，扇出系数大；

⑥ 温度稳定性好，工作温度范围宽。

6.2.2　CMOS 反相器

CMOS 反相器由一个 NMOS 和一个 PMOS 组成，如图 6.2.1 所示。当输入信号为低电平（接近 0 V）时，N 沟道的 T_1 因栅-源极电压为 0 V 而截止，P 沟道的 T_2 因栅-源极电压为负向电源电压而导通，因此输出信号为高电平（接近电源电压 $+U_{DD}$）。当输入信号为高电平时，T_1 导通，T_2 截止，输出信号为低电平。

6.2.3　CMOS 与非门电路

CMOS 与非门电路如图 6.2.2 所示，图中 T_1、T_2 为 NMOS，T_3、T_4 为 PMOS，其中 T_2 的衬底不与源极相连，而是与 T_1 的源极相连并接参考地，这样可保证 T_2 在以参考地为公共端的输入信号的控制下导通和截止。由于 T_3、T_4 并联，其中一个导通时就可输出高电平；而 T_1、T_2 串联，只有两个都导通时，才输出低电平。当输入信号有一个为低电平时，其对应的 PMOS 导通，NMOS 截止，因而输出高电平；当输入信号都为高电平时，T_1、T_2都导通，T_3、T_4都截止，因而输出低电平，即实现了逻辑功能 $Y=\overline{A \cdot B}$。

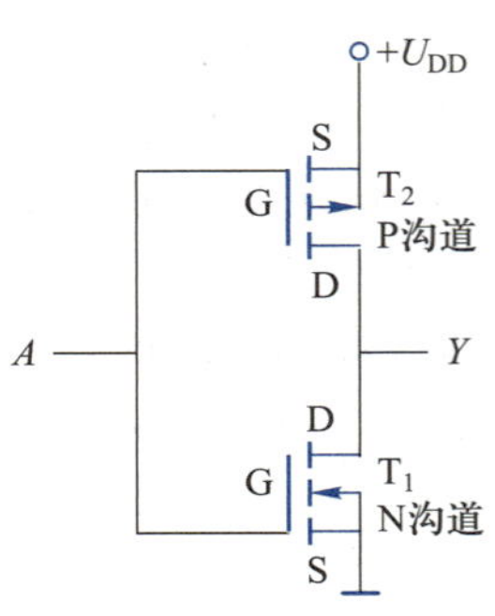

图 6.2.1 CMOS 反相器

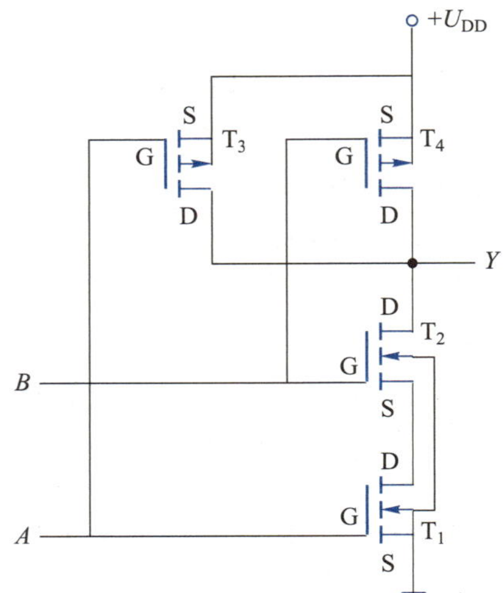

图 6.2.2 CMOS 与非门电路

6.2.4 CMOS 或非门电路

CMOS 或非门电路如图 6.2.3 所示，图中 T_1、T_2为 NMOS，T_3、T_4为 PMOS，其中 T_3的衬底不与源极相连，而是与 T_4的源极相连并接电源，这样可保证 T_3在以参考地为公共端的输入信号的控制下导通和截止。

由于 T_1、T_2并联，其中一个导通时，就可输出低电平；而 T_3、T_4串联，只有两个都导通时，才输出高电平。当输入信号有一个为高电平时，其对应的 NMOS 导通，PMOS 截止，因而输出低电平；当输入信号都为低电平时，T_1、T_2都截止，T_3、T_4都导通，因而输出高电平，即实现了逻辑功能 $Y=\overline{A+B}$。

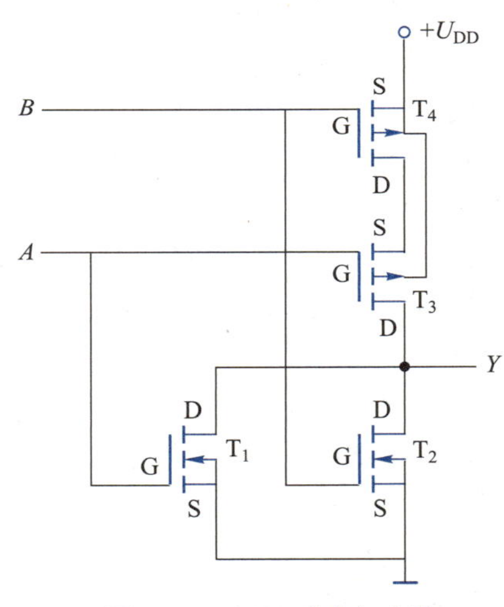

图 6.2.3 CMOS 或非门电路

6.2.5 CMOS 传输门电路

CMOS 传输门由一个 NMOS 和一个 PMOS 组成，如图 6.2.4 所示。T_1、T_2的衬底均不与源极相连，而是单独引出，可见 T_1、T_2都是结构对称的器件，源、漏极可以换用。T_1、T_2的衬底分别接至参考地和电源，T_1、T_2的栅极分别接两个互补的控制信号。当控制信号 C 为低电平，$\overline{C}$ 为高电平时，T_1、T_2均截止，传输门关闭；当控制信号 C 为高电平，$\overline{C}$ 为低电平时，T_1、T_2均导通，传输门开启，输出信号和输入信号相同。需要说明的是，MOS 导通时是有一定的导通电阻的，主要由其导电沟道决定，传输门的导通电阻为数百欧。

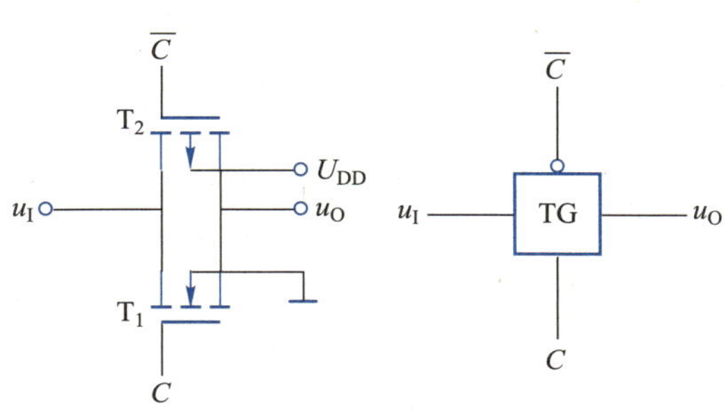

图 6.2.4　CMOS 传输门电路

6.2.6　TTL 门电路与 CMOS 门电路接口

在数字电路系统中，往往会同时使用 TTL 电路和 CMOS 电路，但两种电路中的某些系列并不完全兼容，因此在门电路级联时需要考虑不同系列电路之间的接口问题。

不同系列数字电路器件接口连接时，驱动器件输出的高、低电平必须能够满足负载器件输入高、低电平的要求，而且驱动器件必须为负载器件提供足够的驱动电流，因此不同系列电路接口连接时必须满足下面的基本条件：

（1）驱动器件的 $U_{OH(min)}$ 大于等于负载器件的 $U_{IH(min)}$；

（2）驱动器件的 $U_{OL(max)}$ 小于等于负载器件的 $U_{IL(max)}$；

（3）驱动器件的 $|I_{OH(max)}|$ 大于等于负载器件的 $I_{IH(max)}$；

（4）驱动器件的 $I_{OL(max)}$ 大于等于负载器件的 $|I_{IL(max)}|$。

表 6.2.1 给出了部分系列 TTL 和 CMOS 电路的输入、输出特性参数（均为 5 V 电源供电时的参数）。

表 6.2.1　TTL 电路和 CMOS 电路的输入、输出特性参数

参数	TTL	CMOS		
	74LS	4000	74HC	74HCT
$U_{OH(min)}$/V	2.7	4.9	4.9	4.9
$U_{OL(max)}$/V	0.5	0.05	0.1	0.1
$U_{IH(min)}$/V	2	3.5	3.5	2
$U_{IL(max)}$/V	0.8	1.5	1.5	0.8
$I_{OH(max)}$/mA	-0.4	-0.51	-4	-4
$I_{OL(max)}$/mA	8	0.51	4	4
$I_{IH(max)}$/μA	20	0.1	0.1	0.1
$I_{IL(max)}$/μA	-400	-0.1	-0.1	-0.1

下面根据表 6.2.1 给出的参数讨论各系列电路之间的接口问题。

（1）CMOS 电路驱动 74LS 系列 TTL 电路

由表 6.2.1 可知，在用 5 V 电源供电时，用各系列 CMOS 电路驱动 74LS 系列 TTL

电路均满足上述的四个条件，可以直接连接。但值得注意的是，4000 系列 CMOS 电路的 $I_{OL(max)}$ 值比较小，只能驱动一个 74LS 系列 TTL 门电路，因此在负载门多于一个时应在两者之间加缓冲电路。

（2）74LS 系列 TTL 电路驱动 74HCT 系列 CMOS 电路

由表 6.2.1 可知，74LS 系列 TTL 电路与 74HCT 系列 CMOS 电路的输入、输出参数完全兼容，满足上述的四个条件，可以直接连接。

（3）74LS 系列 TTL 电路驱动 4000 系列和 74HC 系列 CMOS 电路

由表 6.2.1 可知，由于 74LS 系列 TTL 电路的 $U_{OH(min)}$ 为 2.7 V，而 4000 系列和 74HC 系列 CMOS 电路在 5 V 电源供电时 $U_{IH(min)}$ 均为 3.5 V，不满足上述的接口基本条件（1），解决的办法是在 TTL 电路的输出端与电源之间接入适当阻值的上拉电阻 R_P，以提高 TTL 电路输出的高电平值，具体电路如图 6.2.5 所示。

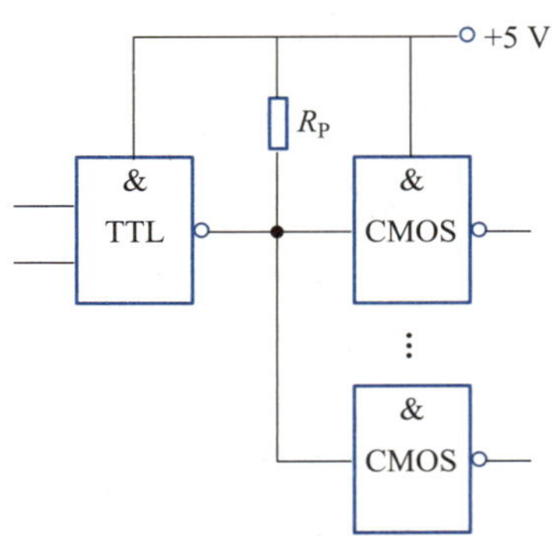

图 6.2.5　74LS 系列 TTL 电路驱动 4000/74HC 系列 CMOS 电路

上面讨论的几种情况是在 TTL 电路和 CMOS 电路均用 5 V 电源供电的情况。在 4000 系列 CMOS 电路用较高电压电源供电（如 15 V 电源）时，如果需要与 5 V 供电的器件连接，可以采用在二者之间接入集电极开路（OC）门或漏极开路（OD）门电路的方法或采用专门的电平转换器件进行电平转换。

练习与思考

6.2.1　根据表 6.2.1 计算各系列 CMOS 电路的噪声容限和扇出系数。

6.2.2　CMOS 电路和 TTL 电路相比有何特点？

6.2.3　TTL 和 CMOS 集成电路接口时应满足什么条件？

6.3　组合逻辑电路的分析和设计

讲义：组合逻辑电路的分析

6.3.1　组合逻辑电路的分析

组合逻辑电路的分析是指根据给出的逻辑电路图，通过分析，总结出电路的逻辑功能。具体的方法和步骤是：

① 根据给定的逻辑图，按逻辑门的连接方式，写出逻辑函数表达式；

② 对逻辑函数表达式进行化简和变换，目的是让逻辑关系简单明了，更容易求出函数值，一般需要应用公式化简法；

③ 列出真值表，即把输入变量的各种取值组合代入逻辑函数表达式进行运算，求出相应的函数值；

视频：组合逻辑电路的分析

④ 观察和分析真值表，得出该组合逻辑电路的逻辑功能。

组合逻辑电路的分析过程可概括为框图的形式，如图 6.3.1 所示。组合逻辑电路的分析过程实质上就是逻辑函数各种表达形式间的转换，最终转换为最容易分析其

逻辑功能的真值表。如果得到的逻辑函数表达式容易得出真值表，也可以省略化简和变换。

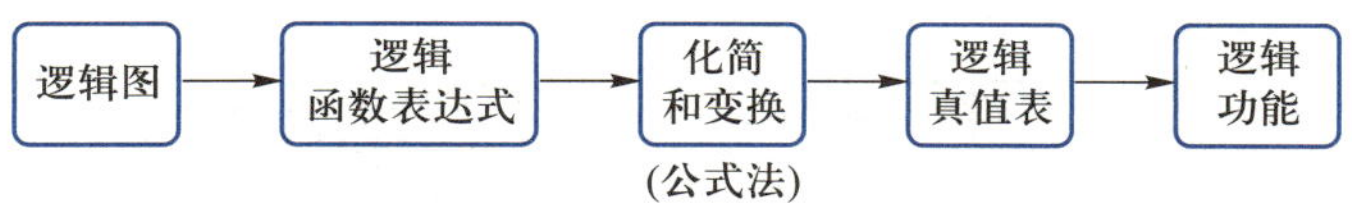

图 6.3.1 组合逻辑电路的分析过程

【例 6.3.1】 分析图 6.3.2 所示电路的逻辑功能。

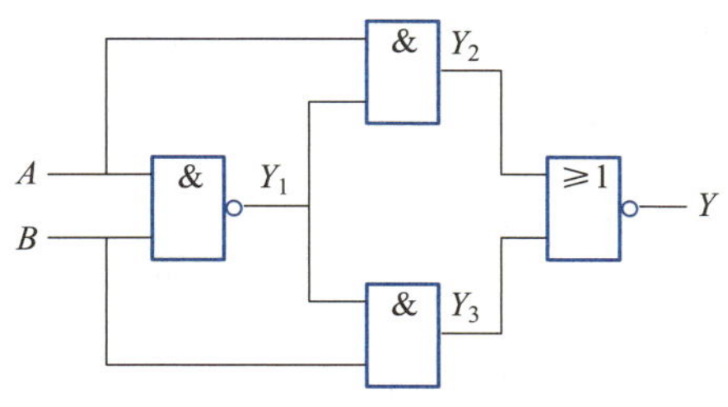

图 6.3.2 例 6.3.1 的图

【解】 根据电路图可写出各个门电路的输出为

$$Y_1=\overline{AB},\quad Y_2=AY_1=A\,\overline{AB},\quad Y_3=BY_1=B\,\overline{AB}$$

进而得到逻辑函数表达式

$$Y=\overline{Y_2+Y_3}=\overline{A\,\overline{AB}+B\,\overline{AB}}$$

为方便计算函数值，进行化简

$$Y=\overline{(A+B)\,\overline{AB}}=\overline{A+B}+AB=\overline{A}\,\overline{B}+AB$$

根据上式，列写真值表如表 6.3.1 所示。

表 6.3.1 例 6.3.1 的真值表

A	B	Y
0	**0**	**1**
0	**1**	**0**
1	**0**	**0**
1	**1**	**1**

当输入变量 A、B 相同时，Y 为 **1**；当输入变量 A、B 不同时，Y 为 **0**，可见，就是在上一章中介绍的**同或**逻辑，当时只是说**同或**逻辑是一种复合逻辑，这里就能更清楚地知道，**同或**逻辑可以由**与非**、**与**、**或非**逻辑复合而来。

【例 6.3.2】 分析图 6.3.3 所示电路的逻辑功能。

【解】 根据电路图可写出各个门电路的输出为

$$Y_1=\overline{ABC},\quad Y_2=AY_1,\quad Y_3=BY_1,\quad Y_4=CY_1,\quad Y=\overline{Y_2+Y_3+Y_4}$$

进而得到逻辑函数表达式

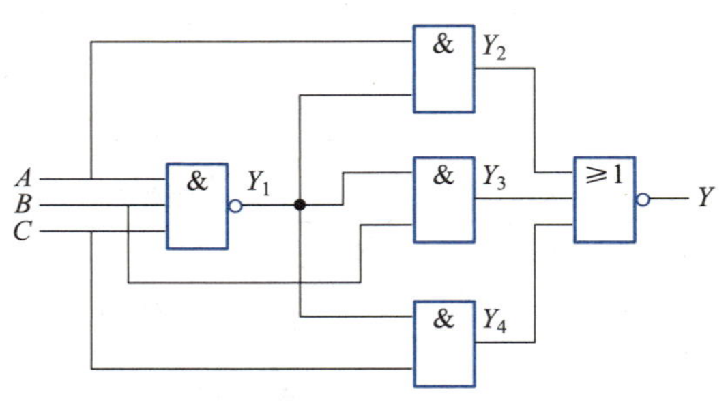

图 6.3.3 例 6.3.2 的图

$$Y=\overline{A\,\overline{ABC}+B\,\overline{ABC}+C\,\overline{ABC}}$$

进行化简可以得出

$$\begin{aligned}Y &=\overline{A\,\overline{ABC}+B\,\overline{ABC}+C\,\overline{ABC}}\\ &=\overline{\overline{ABC}(A+B+C)}\\ &=ABC+\bar{A}\,\bar{B}\,\bar{C}\end{aligned}$$

根据上式列出真值表如表 6.3.2 所示。

表 6.3.2 例 6.3.2 的真值表

A	*B*	*C*	*Y*
0	**0**	**0**	**1**
0	**0**	**1**	**0**
0	**1**	**0**	**0**
0	**1**	**1**	**0**
1	**0**	**0**	**0**
1	**0**	**1**	**0**
1	**1**	**0**	**0**
1	**1**	**1**	**1**

根据真值表可知，当 A、B、C 全为 **0** 或全为 **1** 时，输出 Y 为 **1**，否则输出为 **0**，即 A、B、C 相同时，输出 Y 为 **1**，否则输出 Y 为 **0**。所以该电路的逻辑功能为“判一致电路”。

【例 6.3.3】 分析图 6.3.4 所示电路的逻辑功能。

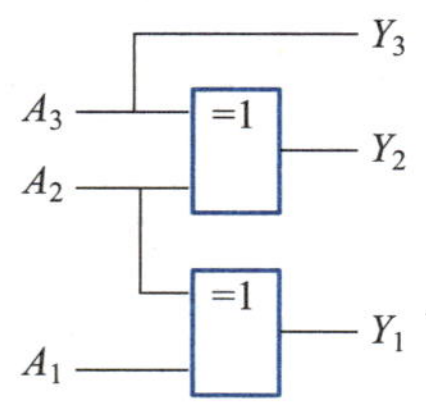

图 6.3.4 例 6.3.3 的图

【解】　根据逻辑图写出逻辑函数表达式

$$Y_1=A_2\oplus A_1,\quad Y_2=A_3\oplus A_2,\quad Y_3=A_3$$

这些逻辑函数表达式无须化简，可以直接运算来列出真值表，如表 6.3.3 所示。

表 6.3.3　例 6.3.2 的真值表

A_3	A_2	A_1	Y_3	Y_2	Y_1
0	0	0	0	0	0
0	0	1	0	0	1
0	1	0	0	1	1
0	1	1	0	1	0
1	0	0	1	1	0
1	0	1	1	1	1
1	1	0	1	0	1
1	1	1	1	0	0

由真值表知，该电路的逻辑功能是把输入二进制码 $A_3A_2A_1$ 转换为格雷码（循环码）$Y_3Y_2Y_1$ 输出。即任何时刻，输入一组二进制码，输出便是该组码对应的格雷码。这个逻辑电路是一个二进制码-格雷码转换电路。

在由真值表分析组合逻辑电路功能时，有时要全局性地看问题，如果将 Y_3、Y_2、Y_1 分别当作三个独立的输出变量进行分析时，就看不出该电路是什么逻辑功能，而把 Y_3、Y_2、Y_1 当成一组输出变量时，即当成一个整体输出来考虑，才能得到该逻辑电路的功能。

6.3.2　组合逻辑电路的设计

组合逻辑电路设计是从给定的逻辑要求出发，画出最简逻辑图。组合逻辑电路的设计可以看作是分析的逆过程，实质上也是逻辑函数不同表示形式的转换，具体的方法和步骤如下。

讲义：组合逻辑电路的设计

① 把给定的逻辑问题抽象成逻辑函数，列出其真值表；给定的逻辑问题通常是用文字描述的逻辑关系，因此设计逻辑电路时应首先把给定的逻辑问题抽象为一个逻辑函数，确定输入变量和输出变量，并进行逻辑变量的状态赋值，然后列出其真值表；

② 根据真值表写出逻辑函数表达式；

视频：组合逻辑电路的设计

③ 对逻辑函数表达式进行化简和变换，之所以进行化简是为了得到最简逻辑函数表达式，及其对应的最简洁的逻辑图，从而使实际电路简单、经济、可靠；

④ 根据化简、变换后的逻辑函数表达式画出逻辑图。

在实际设计时，如果由于某些原因无法获得某些门电路，或是希望减少使用门电路的类型，可以通过变换逻辑函数表达式的形式，改变逻辑图形式，来修改并完成设计。组合逻辑电路的设计过程可概括为框图形式，如图 6.3.5 所示。

图 6.3.5　组合逻辑电路的设计过程

【例 6.3.4】　设计一个三人表决逻辑电路，表决时少数服从多数，要求用尽量少的门电路类型来实现。

【解】　把三个人的表决意见看作输入变量，分别用 A、B、C 表示，用 **1** 表示同意，**0** 表示反对；把表决结果看作输出逻辑变量，用 Y 来表示，用 **1** 表示表决通过，**0** 表示没通过。根据逻辑要求列出真值表如表 6.3.4 所示。

表 6.3.4　例 6.3.4 的真值表

A	B	C	Y
0	0	0	0
0	0	1	0
0	1	0	0
0	1	1	1
1	0	0	0
1	0	1	1
1	1	0	1
1	1	1	1

根据真值表可写出逻辑函数表达式

$$Y=\overline{A}BC+AB\overline{C}+A\overline{B}C+ABC$$

用卡诺图对逻辑函数表达式进行化简，如图 6.3.6 所示，得出最简**与-或**式为

$$Y=AB+BC+AC$$

如果按上式画逻辑图，需要**与**门和**或**门两种类型的门电路。对于**与-或**式，可以通过两次取反，再利用反演定理，得到只有**与非**逻辑的逻辑函数表达式，即只需要一种类型的**与非门**电路就可以了。

$$Y=\overline{\overline{AB+BC+AC}}=\overline{\overline{AB}\cdot\overline{BC}\cdot\overline{AC}}$$

由此画出图 6.3.7 所示的逻辑图。

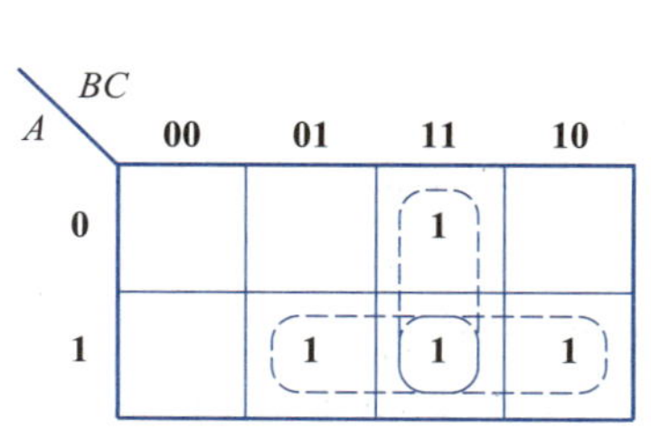

图 6.3.6　例 6.3.4 的卡诺图

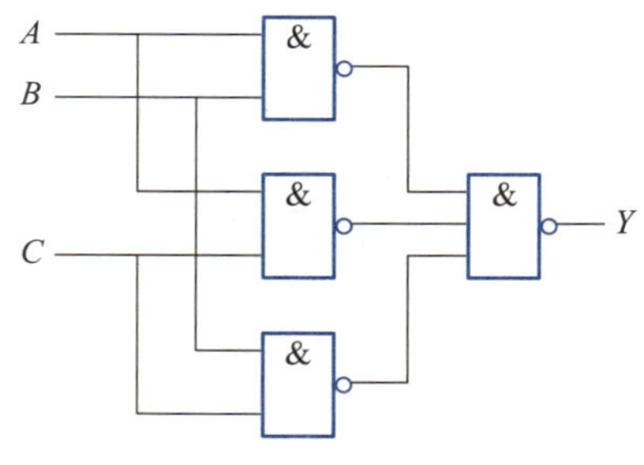

图 6.3.7　例 6.3.4 的逻辑图

【例 6.3.5】 设计一个能实现**异或**逻辑功能的组合逻辑电路。

【解】 写出**异或**逻辑真值表,如表 6.3.5 所示。

表 6.3.5 例 6.3.5 的真值表

A	B	Y
0	0	0
0	1	1
1	0	1
1	1	0

根据真值表写出逻辑函数表达式

$$Y=\overline{A}B+A\overline{B}$$

已经是最简**与-或**式,无须化简,按表达式画出逻辑图如图 6.3.8 所示。

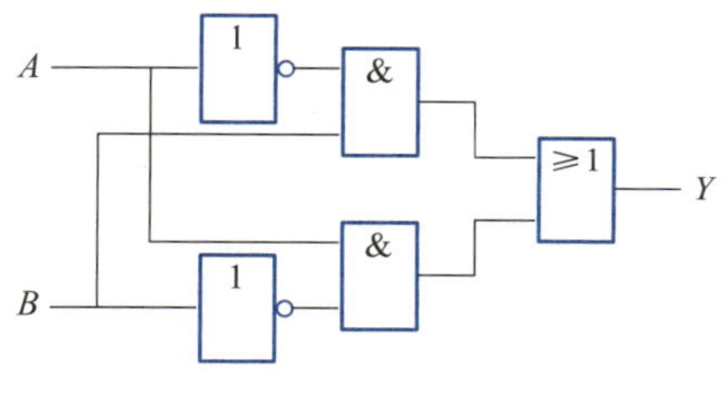

图 6.3.8 例 6.3.5 的逻辑图

这里用到了**非**门、**与**门和**或**门,逻辑门的类型也比较多,同样可以利用两次取反的方法,尽量都用**与非**门来实现。

$$Y=\overline{\overline{\overline{A}B+A\overline{B}}}=\overline{\overline{\overline{A}B}\cdot\overline{A\overline{B}}}$$

注意到有$\overline{AB}\cdot B=(\overline{A}+\overline{B})\cdot B=\overline{A}B$ 和 $A\cdot\overline{AB}=A\cdot(\overline{A}+\overline{B})=A\overline{B}$,则

$$Y=\overline{\overline{\overline{A}B}\cdot\overline{A\overline{B}}}=\overline{\overline{\overline{AB}B}\cdot\overline{A\overline{AB}}}$$

按表达式得到逻辑图如图 6.3.9 所示

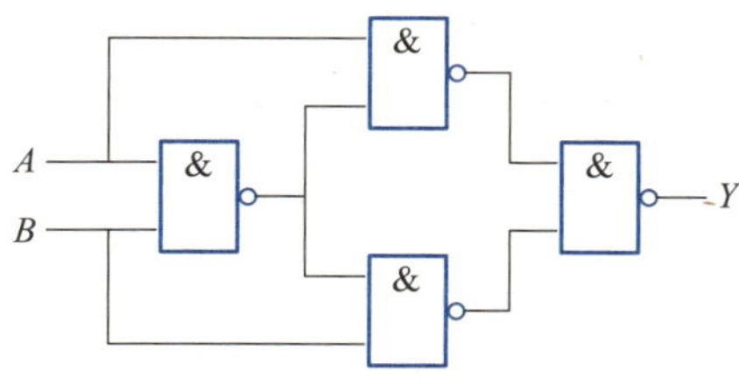

图 6.3.9 例 6.3.5 的逻辑图

【例 6.3.6】 设计一个二-十进制的余 3 码转换电路。逻辑功能要求:将二-十进制的 8421 码转换成余 3 码。

【解】 设输入变量 A_4、A_3、A_2、A_1 为 8421 码从高位到低位排列,输出变量 Y_4、

Y_3、Y_2、Y_1 为余 3 码从高位到低位排列。列出真值表如表 6.3.6 所示。

表 6.3.6　例 6.3.6 的真值表

8421 码				余 3 码			
A_4	A_3	A_2	A_1	Y_4	Y_3	Y_2	Y_1
0	0	0	0	0	0	1	1
0	0	0	1	0	1	0	0
0	0	1	0	0	1	0	1
0	0	1	1	0	1	1	0
0	1	0	0	0	1	1	1
0	1	0	1	1	0	0	0
0	1	1	0	1	0	0	1
0	1	1	1	1	0	1	0
1	0	0	0	1	0	1	1
1	0	0	1	1	1	0	0
1	0	1	0	×	×	×	×
1	0	1	1	×	×	×	×
1	1	0	0	×	×	×	×
1	1	0	1	×	×	×	×
1	1	1	0	×	×	×	×
1	1	1	1	×	×	×	×

8421 码有十六个代码状态，在表示十进制数时，仅用到前十个代码状态，和余 3 码的十个代码状态一一对应。8421 码后面六个代码状态（**1010**、**1011**、**1100**、**1101**、**1110**、**1111**）并不需要，一般来说也不允许出现，这六种代码状态所对应输出 $Y_4 \sim Y_1$ 是 **0** 还是 **1**，对转换后的余 3 码是没有影响的。

这六个代码状态，对应了六个最小项，这些最小项通常被称为"无关项"。无关项是约束项或任意项的统称，它代表在一个逻辑系统中，在正常工作的情况下不允许也不可能出现的状态。因此无关项对应的逻辑函数值为 **0** 或 **1**，对逻辑函数没有影响，在真值表或卡诺图中，这些无关项的逻辑函数值通常用"×"表示。

根据真值表，写出每个输出变量的表达式。

$$Y_4 = \overline{A}_4A_3\overline{A}_2A_1 + \overline{A}_4A_3A_2\overline{A}_1 + \overline{A}_4A_3A_2A_1 + A_4\overline{A}_3\overline{A}_2\overline{A}_1 + A_4\overline{A}_3\overline{A}_2A_1$$

$$Y_3 = \overline{A}_4\overline{A}_3\overline{A}_2A_1 + \overline{A}_4\overline{A}_3A_2\overline{A}_1 + \overline{A}_4\overline{A}_3A_2A_1 + \overline{A}_4A_3\overline{A}_2\overline{A}_1 + A_4\overline{A}_3\overline{A}_2A_1$$

$$Y_2 = \overline{A}_4\overline{A}_3\overline{A}_2\overline{A}_1 + \overline{A}_4\overline{A}_3A_2A_1 + \overline{A}_4A_3\overline{A}_2\overline{A}_1 + \overline{A}_4A_3A_2A_1 + A_4\overline{A}_3\overline{A}_2\overline{A}_1$$

$$Y_1 = \overline{A}_4\overline{A}_3\overline{A}_2\overline{A}_1 + \overline{A}_4\overline{A}_3A_2\overline{A}_1 + \overline{A}_4A_3\overline{A}_2\overline{A}_1 + \overline{A}_4A_3A_2\overline{A}_1 + A_4\overline{A}_3\overline{A}_2\overline{A}_1$$

为了化简逻辑函数，画出每个输出变量的卡诺图如图 6.3.10 所示。

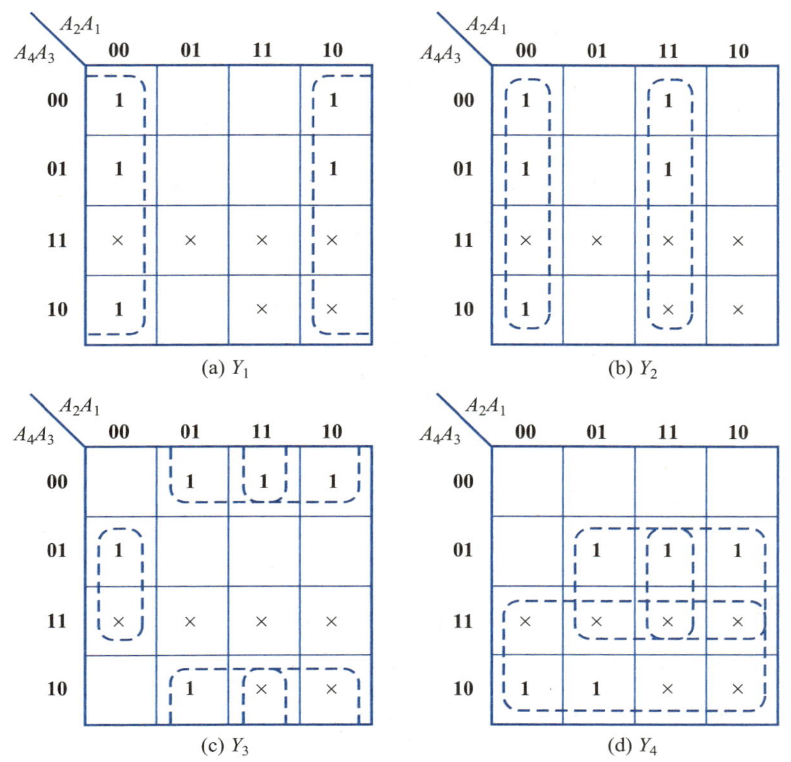

图 6.3.10　输出变量的卡诺图

在卡诺图中，无关项为化简带来了意想不到的好处。在化简时，这些"×"对化简有利，就当成 **1** 来看待；其他情况，就当成 **0** 来看待。通过对图 6.3.10 各卡诺图的仔细观察即可理解。

根据图 6.3.10 的卡诺图写出逻辑函数的各输出变量

$$Y_1=\overline{A}_1$$

$$Y_2=\overline{A}_2\overline{A}_1+A_2A_1=\overline{A_1\oplus A_2}$$

$$Y_3=\overline{A}_3A_1+A_3\overline{A}_2\overline{A}_1+\overline{A}_3A_2$$

$$Y_4=A_4+A_3A_1+A_3A_2$$

画出逻辑图如图 6.3.11 所示。

掌握了组合逻辑电路的设计方法，可以利用门电路构建任意功能的逻辑电路，但随着逻辑功能越来越复杂，逻辑电路的复杂程度也随之提高，会使设计工作变得较为烦琐。如果提前将一些经常应用的典型组合逻辑功能先设计好，形成固定的逻辑电路，而后可以反复调用，无疑会提高设计效率。因此，很多具有特定组合逻辑功能的系列化集成组合逻辑电路产品被设计和生产出来，如加法器、编码器、译码器、数据选择器和数据分配器等。从下一节开始，就将介绍这些典型的组合逻辑电路，以及如何利用这些电路来实现更为复杂的逻辑功能。

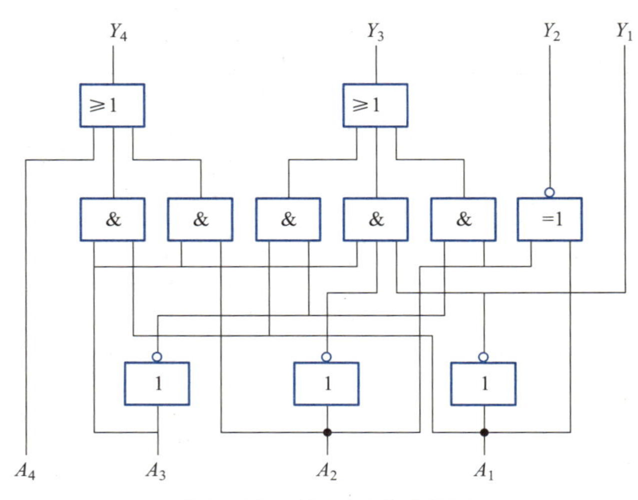

图 6.3.11　例 6.3.6 的逻辑图

练习与思考

6.3.1　组合逻辑电路有什么特点？

6.3.2　说明分析组合逻辑电路的一般步骤。

6.3.3　说明设计组合逻辑电路的一般步骤。

6.3.4　掌握逻辑函数的四种表示方法和组合逻辑电路的分析方法对进行组合逻辑电路的设计有什么意义？

6.3.5　在设计组合逻辑电路的过程中为什么要对逻辑函数表达式进行化简和变换？

6.4　加法器

讲义：
加法器

加法运算是最基本的算术运算，数字计算机中二进制数之间的减法、乘法、除法运算都是化作若干步加法运算进行的。在数字电路中完成二进制数加法运算的组合逻辑电路称加法器，加法器是完成二进制数算术运算最基本的单元电路。

对于二进制的加法，可以分解为每一位上的加法运算，同时还要考虑进位问题。对于一位二进制数的加法，根据是否考虑进位，可以分为半加和全加两种。

6.4.1　半加器

视频：
加法器

只考虑两个加数本身相加而不考虑来自低位的进位的两个一位二进制数的加法运算叫作半加。实现半加运算的逻辑电路叫作半加器。

半加器虽然不用考虑来自低位的进位，但是需要给出向高位的进位，因此除了两个加数 A、B 作为输入，以及和 S 作为输出以外，还需要一个输出 C，表示向高位的进位。根据二进制数加法运算规则，可以列出半加器的真值表如表 6.4.1 所示。

表 6.4.1 半加器的真值表

输入		输出	
A	B	S	C
0	0	0	0
0	1	1	0
1	0	1	0
1	1	0	1

根据真值表可得到输出变量 S 和 C 的表达式

$$S=\overline{A}B+A\overline{B}=A\oplus B$$

$$C=AB$$

半加器的逻辑图和逻辑图形符号如图 6.4.1 所示。

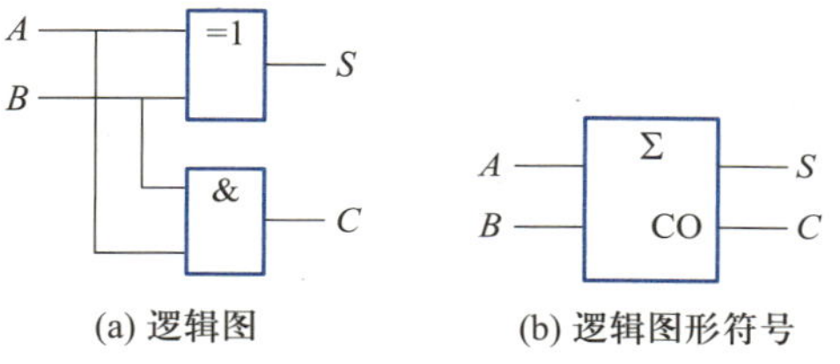

(a) 逻辑图　　(b) 逻辑图形符号

图 6.4.1 半加器

6.4.2 全加器

两个多位二进制数相加时，除了最低位以外，每一位都应考虑来自低位的进位，即把两个对应位的加数和来自低位的进位三者加起来，这种运算称为全加。实现这种运算的加法逻辑电路叫作全加器。

如果用 A_i 和 B_i 表示两个对应位的加数，用 C_{i-1} 表示来自低位的进位，用 S_i 表示和，用 C_i 表示向高位的进位，则根据二进制加法运算规则，可以列出全加器的真值表如表 6.4.2 所示。

表 6.4.2 全加器的真值表

输入			输出	
A_i	B_i	C_{i-1}	S_i	C_i
0	0	0	0	0
0	0	1	1	0
0	1	0	1	0
0	1	1	0	1
1	0	0	1	0
1	0	1	0	1
1	1	0	0	1
1	1	1	1	1

根据真值表可以写出 S_i 和 C_i 的表达式。

$$S_i=\overline{A}_i\overline{B}_iC_{i-1}+\overline{A}_iB_i\overline{C}_{i-1}+A_i\overline{B}_i\overline{C}_{i-1}+A_iB_iC_{i-1}$$

$$C_i=\overline{A}_iB_iC_{i-1}+A_i\overline{B}_iC_{i-1}+A_iB_i\overline{C}_{i-1}+A_iB_iC_{i-1}$$

为了化简 S_i 和 C_i，画出它们的卡诺图如图 6.4.2 所示。

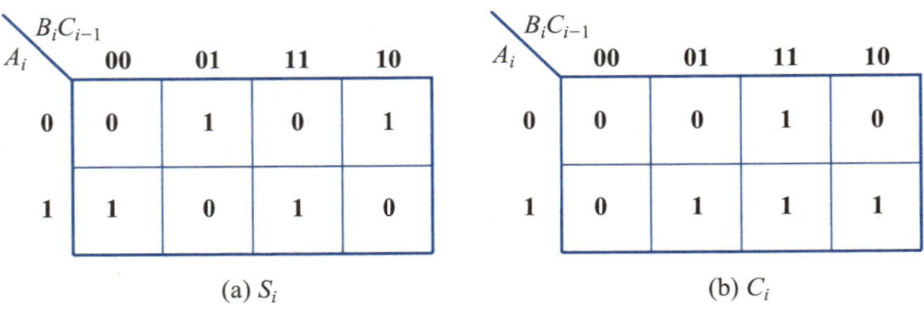

(a) S_i　　(b) C_i

图 6.4.2　全加器的卡诺图

从图中可以看出，S_i 的逻辑函数式无法利用卡诺图进行化简。

对 S_i 进行如下变换

$$\begin{aligned}S_i&=\overline{A}_i\overline{B}_iC_{i-1}+\overline{A}_iB_i\overline{C}_{i-1}+A_i\overline{B}_i\overline{C}_{i-1}+A_iB_iC_{i-1}\\&=(\overline{A}_i\overline{B}_i+A_iB_i)C_{i-1}+(\overline{A}_iB_i+A_i\overline{B}_i)\overline{C}_{i-1}\\&=\overline{(A_i\oplus B_i)}C_{i-1}+(A_i\oplus B_i)C_{i-1}\\&=A_i\oplus B_i\oplus C_{i-1}\end{aligned}$$

从卡诺图图 6.4.2(b)可知，虽然 C_i 可以用卡诺图进行化简，但为了利用表达式 $S_i=A_i\oplus B_i\oplus C_{i-1}$ 中的中间结果 $A_i\oplus B_i$，在 C_i 里重复利用，使电路简化，这里不对 C_i 进行化简，仅对其进行如下的变换

$$\begin{aligned}C_i&=\overline{A}_iB_iC_{i-1}+A_i\overline{B}_iC_{i-1}+A_iB_i\overline{C}_{i-1}+A_iB_iC_{i-1}\\&=(\overline{A}_iB_i+A_i\overline{B}_i)C_{i-1}+A_iB_i(\overline{C}_{i-1}+C_{i-1})\\&=(A_i\oplus B_i)C_{i-1}+A_iB_i\end{aligned}$$

图 6.4.3 是实现上述表达式的全加器的逻辑图和逻辑图形符号。

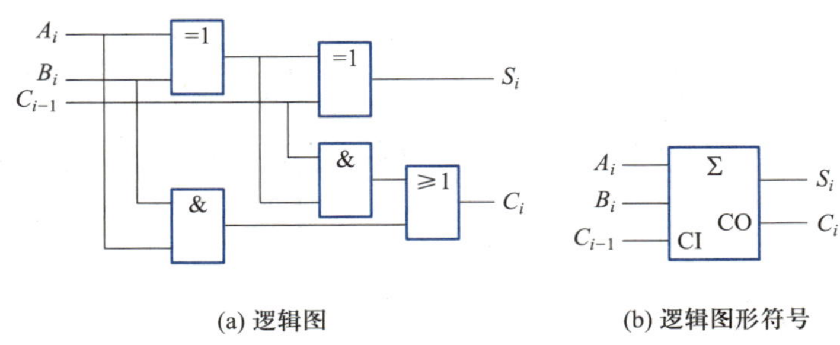

(a) 逻辑图　　(b) 逻辑图形符号

图 6.4.3　全加器

6.4.3　多位加法器

多位加法器是实现多位二进制数相加的电路，可以由全加器组合而成。图 6.4.4 是四位串行进位的加法器电路，低位全加器的进位输出端 CO 接到高位全加器的进位

输入端 CI,最低位上全加器的进位输入端接地,即没有进位,就相当于半加器。这种电路每一位的相加运算必须等到低一位的进位产生以后才能进行,因此这种电路叫作串行进位加法器。

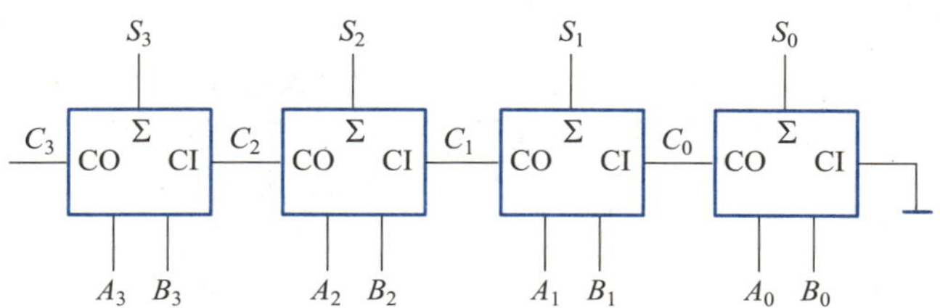

图 6.4.4 四位串行进位加法器

这种串行加法器在工作时,必须等到低位加法器做完运算送来进位数值后加在一起,才能得到本位和的正确值。由于逻辑门电路的延迟特性,延迟时间会一级级地累加,所以这种串行加法器运算速度较慢。

使用超前进位加法器则能克服上述问题,超前进位加法器各位的进位是同时完成的。超前进位加法器在全加器的基础上增加了一个超前进位形成逻辑,以减少由于逐步进位信号的传递所造成的延时。74LS283 就是一个具有超前进位功能的中规模集成加法器。有关详细内容,读者可阅读相应的专业书籍。

6.5 编码器

讲义:
编码器

在第 5 章关于码制的内容中,已经说明过二进制数码除了用于表示数值外,也可以用来表示各种事物或状态。编码就是要为每个事物或状态赋予一个二进制数码,能完成上述功能的组合逻辑电路的就是编码器。

视频:
编码器

编码器一般分为普通编码器和优先编码器,普通编码器任何时刻只允许输入一个需要编码的信号,否则会发生编码混乱;优先编码器则可以同时输入多个编码信号,但只对这些信号中优先级最高的一个信号进行编码,至于优先级的高低,完全是由编码器的设计者来确定的。

6.5.1 普通编码器

一位二进制数码可以表示两个对象,两位二进制数码可以表示四个对象,n 位二进制数码可以表示 2^n 个对象。对 M 个对象进行编码时,需要 n 位二进制数,要保证 $2^n \geq M$。

下面以设计一个对八个对象进行编码的普通编码器为例,说明其设计过程和工作原理。对八个对象进行编码,需要有八个输入信号代表八个对象,需要有三位二进制数码来表示编码,即需要三个输出信号,这种编码器被称为三位二进制编码器,也称为 8 线-3 线编码器,其框图如图 6.5.1 所示。图中,$I_0 \sim I_7$ 是八个输入信号,需要对某一对象编码时,其对应的输入信号为高电平,即输入信号为高电平有效,而且这时其他信号不能为高电平。

图 6.5.1 8 线-3 线编码器

为每一个输入信号及其对应的对象赋予一个编码,得到 8 线-3 线编码器的真值表如表 6.5.1 所示。这个真值表是一个简化的真值表，在有八个输入变量的情况下，完整的真值表应该有 $2^8=256$ 行，由于要求所有输入信号中只能有一个为高电平，因而其他未列写的输入情况对应的都是无关项，这样看来这个简化真值表比完整的真值表更为简洁、有效。

表 6.5.1　8 线-3 线编码器的真值表

输入变量								编码输出		
I_0	I_1	I_2	I_3	I_4	I_5	I_6	I_7	Y_2	Y_1	Y_0
1	0	0	0	0	0	0	0	0	0	0
0	1	0	0	0	0	0	0	0	0	1
0	0	1	0	0	0	0	0	0	1	0
0	0	0	1	0	0	0	0	0	1	1
0	0	0	0	1	0	0	0	1	0	0
0	0	0	0	0	1	0	0	1	0	1
0	0	0	0	0	0	1	0	1	1	0
0	0	0	0	0	0	0	1	1	1	1

在真值表中，每一行的 $I_0 \sim I_7$ 中仅有一个取值为 **1**，因此可以直接写出各输出变量的表达式

$$Y_2=I_4+I_5+I_6+I_7$$
$$Y_1=I_2+I_3+I_6+I_7$$
$$Y_0=I_1+I_3+I_5+I_7$$

由此可以画出如图 6.5.2 所示的逻辑图。图中没有输入信号 I_0，可以理解为当 $I_1 \sim I_7$ 都为低电平时，I_0 一定为高电平，这时 $Y_2Y_1Y_0=\mathbf{000}$，正好是 I_0 对应的编码。根据逻辑图，也容易理解如果有两个以上输入信号同时为高电平，编码器的工作就不正常了。

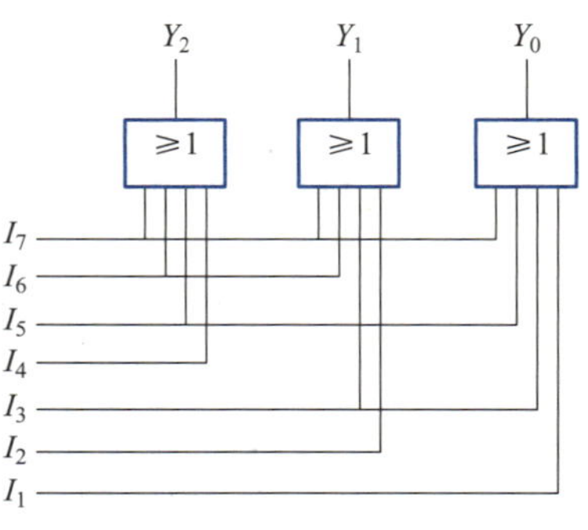

图 6.5.2　8 线-3 线编码器的逻辑图

6.5.2　优先编码器

和普通编码器不同，优先编码器事先规定了每个输入信号的优先级，而且只对有效输入信号中优先级最高的信号进行编码，因此允许同时输入多个有效信号，而不会

产生编码混乱。

中规模集成编码器 74LS148 就是一种 8 线-3 线二进制优先编码器。它有八个编码输入端($I_0 \sim I_7$)，三个编码输出端($Y_2 \sim Y_0$)，输入和输出均为低电平有效。器件的功能都体现在其功能表中，如表 6.5.2 所示，功能表实际上就是真值表。表中第三行，只要 $I_7 = \mathbf{0}$ 时，其他输入无论为何值，输出均为 I_7 的编码值 **000**(相当于高电平有效时的 **111**)。表中第四行，当 $I_7 = \mathbf{1}$ 时，其不是有效输入，此时只要 $I_6 = \mathbf{0}$，除 I_7 外的其他编码无论输入何值，输出均为 I_6 的编码值 **001**。依次类推可知，I_7 具有最高优先级，I_6 次之，一直到优先级最低的 I_0。

表 6.5.2　74LS148 的功能表

选通	输入								输出			扩展	选通
EI	I_0	I_1	I_2	I_3	I_4	I_5	I_6	I_7	Y_2	Y_1	Y_0	GS	EO
1	×	×	×	×	×	×	×	×	1	1	1	1	1
0	1	1	1	1	1	1	1	1	1	1	1	1	0
0	×	×	×	×	×	×	×	0	0	0	0	0	1
0	×	×	×	×	×	×	0	1	0	0	1	0	1
0	×	×	×	×	×	0	1	1	0	1	0	0	1
0	×	×	×	×	0	1	1	1	0	1	1	0	1
0	×	×	×	0	1	1	1	1	1	0	0	0	1
0	×	×	0	1	1	1	1	1	1	0	1	0	1
0	×	0	1	1	1	1	1	1	1	1	0	0	1
0	0	1	1	1	1	1	1	1	1	1	1	0	1

74LS148 还有三个低电平有效的控制端，选通输入 EI、选通输出 EO 和扩展 GS。在逻辑符号中，低电平有效的输入、输出或控制端，往往在信号端处用一个小圆圈来表示，如图 6.5.3 所示。

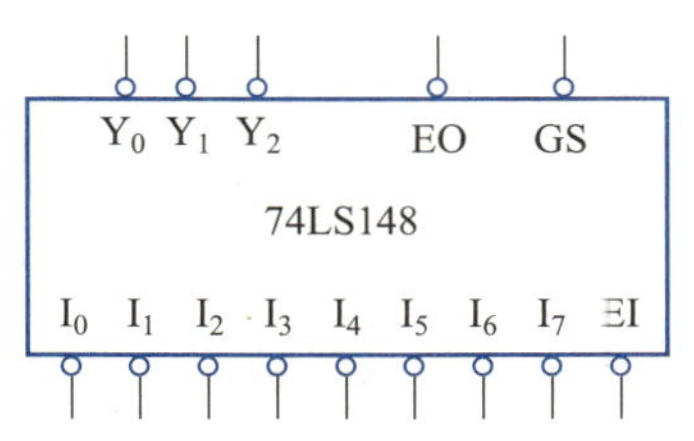

图 6.5.3　74LS148 的逻辑符号

选通输入 EI 是用来控制是否进行编码的使能端，当 $EI = \mathbf{1}$ 时，无论输入信号如何变化，输出都是 **111**，即此时不进行编码，同时 $EO = \mathbf{1}$，$GS = \mathbf{1}$，都是无效的高电平状态；当 $EI = \mathbf{0}$ 时，编码器开始工作。

扩展 GS 用来表示输出是否是有效编码，当 $EI = \mathbf{0}$ 且至少有一个输入端为 **0**(即至少有一个输入信号有效)时，则 $GS = \mathbf{0}$，表明编码器处于编码工作状态，其输出是有效编码；如果不满足上述条件，则 $GS = \mathbf{1}$，表明输出端的信号不是有效编码。通过 GS 端的输出状态，可以区分功能表中第二行和第十行输出均为 **111** 的两种情况。第二行中，$EI = \mathbf{0}$，不允许编码，这时虽然也有输出信号(**111**)，但根据 $GS = \mathbf{1}$，可以判断该输出信号不是有效输入为 I_0 时应该对应的有效编码。

选通输出 EO 一般用来作为比本编码器优先级更低的其他编码器的选通输入，当

GS=**1**,即本编码器没有有效输入时,*EO* 为低电平,即低优先级的 *EI* 为低电平,允许低优先级编码器进行编码。在本编码器没有被使能,或是正常进行编码时,*EO* 都为高电平,不允许低优先级编码器工作。利用 *GS* 和 *EO* 可以扩展编码器的编码范围。

图 6.5.4 是 10 线-4 线优先编码器 74LS147 的逻辑符号,表 6.5.3 是其功能表。它有九个输入端(1~9),四个输出端(*D*、*C*、*B*、*A*),输入和输出均为低电平有效。编码优先次序为输入端 9~输入端 1。

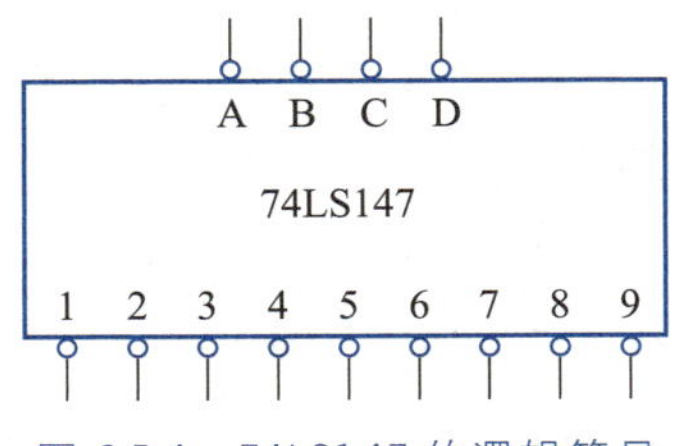

图 6.5.4　74LS147 的逻辑符号

74LS147 没有提供输入端 0,输入端 0 有效由功能表的第一行实现,即输入端 1~9 都是无效信号时,编码器输出为 **1111**,相当于输入端 0 有效时的编码。由功能表可知 74LS147 的输出为 8421BCD 码,因此它是一种二-十进制编码器。

表 6.5.3　74LS147 的功能表

输入									输出			
1	2	3	4	5	6	7	8	9	*D*	*C*	*B*	*A*
1	1	1	1	1	1	1	1	1	1	1	1	1
×	×	×	×	×	×	×	×	0	0	1	1	0
×	×	×	×	×	×	×	0	1	0	1	1	1
×	×	×	×	×	×	0	1	1	1	0	0	0
×	×	×	×	×	0	1	1	1	1	0	0	1
×	×	×	×	0	1	1	1	1	1	0	1	0
×	×	×	0	1	1	1	1	1	1	0	1	1
×	×	0	1	1	1	1	1	1	1	1	0	0
×	0	1	1	1	1	1	1	1	1	1	0	1
0	1	1	1	1	1	1	1	1	1	1	1	0

讲义:
译码器

练习与思考

6.5.1　什么是编码器?什么是优先编码器?

6.5.2　说明 74LS148 的 *EI* 端和 *GS*、*EO* 端的作用。

6.5.3　74LS148 功能表中两种输出 **111** 情况的含义各是什么?

6.5.4　10 线-4 线优先编码器 74LS147 有几个输入端?在所有输入端信号均为 **1** 时,输出编码的含义是什么?

视频:
译码器

6.6　译码器

译码是编码的逆过程。在编码时,每一个二进制代码都被赋予了特定的含义,而把这些二进制代码所代表的特定含义再“翻译”出来的过程就叫作译码。实现译码功

能的电路称为译码器。译码器是一个多输入、多输出的组合逻辑电路，根据功能可分为二进制译码器、二-十进制译码器、显示译码器等。

6.6.1　二进制译码器

二进制译码器将每个二进制代码和一个输出端对应起来，即对应每个二进制代码，只有一个输出端为有效电平，其他输出为无效电平。对于 n 位二进制代码，有 2^n 种代码状态，即能对应 2^n 个输出信号，所以二进制译码有 n 个输入端，2^n 个输出端。输入的代码有时也叫地址码，即每一个输出端有一个对应的地址码。图 6.6.1 为一个二进制译码器的示意框图，有三个输入线，用于输入三位二进制代码 $A_2A_1A_0$，有八根输出线，用于输出 $Y_7 \sim Y_0$，每个输出与三位二进制代码的八种代码状态一一对应，因此被称为 3 线-8 线译码器。常用的还有 2 线-4 线译码器、4 线-16 线译码器等。

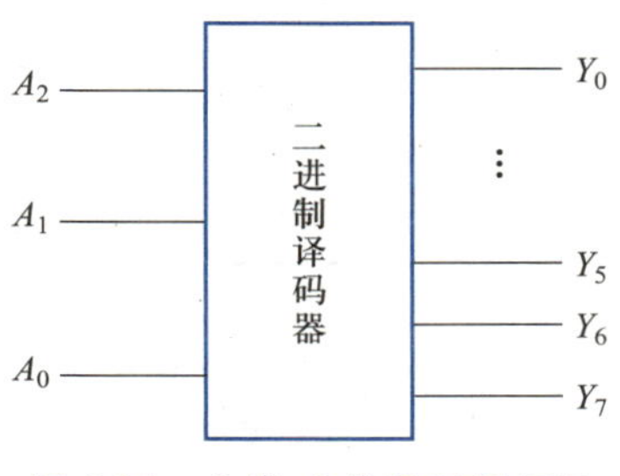

图 6.6.1　3 线-8 线译码器框图

下面通过例题说明二进制译码器的工作原理和逻辑功能。

【例 6.6.1】　分析图 6.6.2 所示电路的逻辑功能。

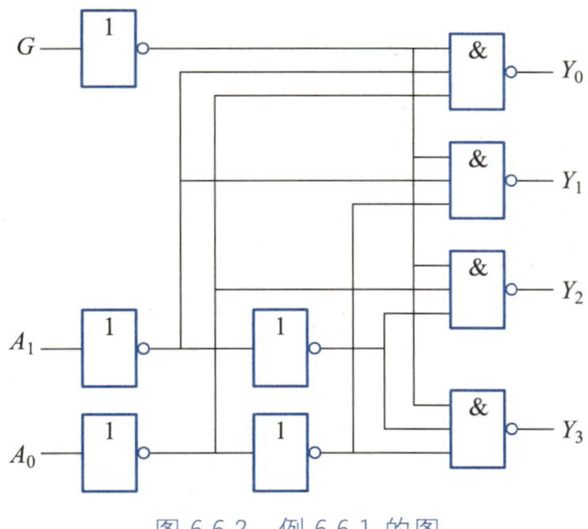

图 6.6.2　例 6.6.1 的图

【解】　由图 6.6.2 可以写出各输出的逻辑表达式

$$Y_0 = \overline{\overline{G}\,\overline{A_1}\,\overline{A_0}},\quad Y_1 = \overline{\overline{G}\,\overline{A_1}A_0},\quad Y_2 = \overline{\overline{G}A_1\,\overline{A_0}},\quad Y_3 = \overline{\overline{G}A_1A_0}$$

当 $G=\mathbf{1}$ 时，无论输入信号 A_1A_0 为何值，所有输出都为 **1**，这一点从图中也容易看出，**与非门**的一个输入端输入 **0** 时，其输出一定为 **1**；当 $G=\mathbf{0}$ 时，各个输出都对应一个最小项的反，因而对应输入信号 A_1A_0 的每一个取值组合，都有一个输出为 **0**，而其他输出为 **1**。具体的逻辑功能可以用表 6.6.1 表示，可以看出这是一个输出低电平有效的 2 线-4 线译码器，同时还具有一个低电平有效的使能端 G。

实际上，图 6.6.2 就是集成 2 线-4 线译码器 74LS139 的内部原理图，表 6.6.1 就是 74LS139 的功能表，74LS139 内部包含了两个 2 线-4 线译码器。

表 6.6.1　例 6.6.1 的功能表

使能	输入		输出			
G	A_1	A_0	Y_0	Y_1	Y_2	Y_3
1	×	×	1	1	1	1
0	0	0	0	1	1	1
0	0	1	1	0	1	1
0	1	0	1	1	0	1
0	1	1	1	1	1	0

参考上面的例题，相信读者可以自行设计出 3 线-8 线译码器和 4 线-16 线译码器。这里主要来说明一下可以直接使用的集成 3 线-8 线译码器 74LS138。74LS138 的逻辑符号如图 6.6.3 所示，有三个输入端，八个低电平有效输出端，另外还有三个使能端，其中 G_1 为高电平有效，G_{2A} 和 G_{2B} 为低电平有效。

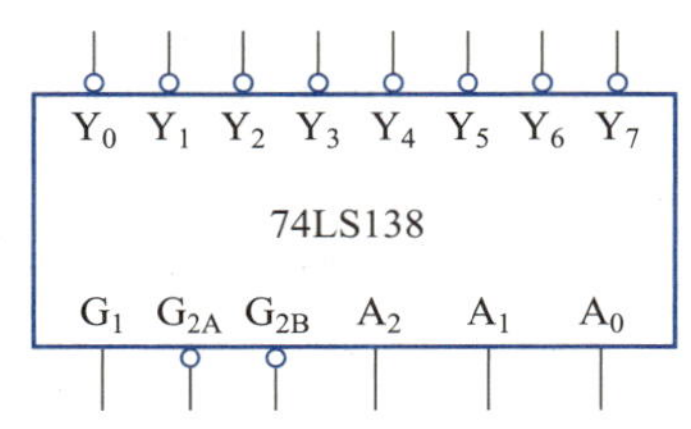

图 6.6.3　74LS138 的逻辑符号

74LS138 的功能表如表 6.6.2 所示。当 $G_1=\mathbf{0}$ 或 G_{2A} 和 G_{2B} 中有一个为 **1** 时，译码器不工作，输出都为无效的高电平。只有当 $G_1=\mathbf{1}$ 且 G_{2A} 和 G_{2B} 均为 **0** 时，译码器才能工作，对应每一个代码状态，都有且仅有一个输出为有效的低电平。译码器工作时，$Y_0=\overline{\overline{A_2}\,\overline{A_1}\,\overline{A_0}}$，为一个最小项的反，其他输出也是同样情况。74LS138 提供了较多的使能端，利用它们可以方便地扩展译码器的功能。

表 6.6.2　74LS138 的功能表

选通输入		代码输入			输出							
G_1	$G_{2A}+G_{2B}$	A_2	A_1	A_0	Y_0	Y_1	Y_2	Y_3	Y_4	Y_5	Y_6	Y_7
×	1	×	×	×	1	1	1	1	1	1	1	1
0	×	×	×	×	1	1	1	1	1	1	1	1
1	0	0	0	0	0	1	1	1	1	1	1	1
1	0	0	0	1	1	0	1	1	1	1	1	1
1	0	0	1	0	1	1	0	1	1	1	1	1
1	0	0	1	1	1	1	1	0	1	1	1	1
1	0	1	0	0	1	1	1	1	0	1	1	1
1	0	1	0	1	1	1	1	1	1	0	1	1
1	0	1	1	0	1	1	1	1	1	1	0	1
1	0	1	1	1	1	1	1	1	1	1	1	0

从上面介绍中可以看出，二进制译码器能够译出输入变量的全部状态，而且每个

输出都和一个最小项一一对应，所以二进制译码器也叫作最小项译码器。任意逻辑函数都可以表示成最小项之和的形式，因此可以利用二进制译码器能提供最小项的特点，用二进制译码器实现某一逻辑功能。

【例 6.6.2】 用 74LS138 并配合适当的门电路实现逻辑函数 $Y=\sum m(0,4,5,7)=\overline{A}\,\overline{B}\,\overline{C}+A\overline{B}\,\overline{C}+AB\overline{C}+ABC$。

【解】 把输入变量 A、B、C 分别对应地接到 74LS138 的输入端 A_2、A_1、A_0，则

$$Y=\overline{A}\,\overline{B}\,\overline{C}+A\overline{B}\,\overline{C}+AB\overline{C}+ABC=\overline{A_2}\,\overline{A_1}\,\overline{A_0}+A_2\overline{A_1}\,\overline{A_0}+A_2A_1\overline{A_0}+A_2A_1A_0$$

由功能表，可知

$$Y_0=\overline{\overline{A_2}\,\overline{A_1}\,\overline{A_0}},\ Y_4=\overline{A_2\overline{A_1}\,\overline{A_0}},\ Y_6=\overline{A_2A_1\overline{A_0}},\ Y_7=\overline{A_2A_1A_0}$$

因此有

$$\begin{aligned}Y&=\overline{\overline{\overline{A_2}\,\overline{A_1}\,\overline{A_0}+A_2\overline{A_1}\,\overline{A_0}+A_2A_1\overline{A_0}+A_2A_1A_0}}\\&=\overline{\overline{\overline{A_2}\,\overline{A_1}\,\overline{A_0}}\cdot\overline{A_2\overline{A_1}\,\overline{A_0}}\cdot\overline{A_2A_1\overline{A_0}}\cdot\overline{A_2A_1A_0}}\\&=\overline{Y_0\cdot Y_4\cdot Y_6\cdot Y_7}\end{aligned}$$

根据逻辑函数表达式，配合一个四输入**与非**门，即可实现要求的逻辑功能，逻辑图如图 6.6.4 所示。

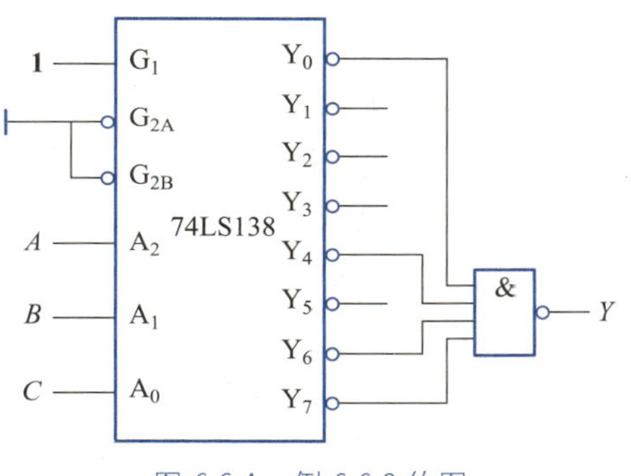

图 6.6.4　例 6.6.2 的图

74LS138 的每个输出对应一个最小项的反，将多个输出送入**与非**门正好可以得到这些输出对应的最小项之和，就可以实现这些最小项之和所表示的逻辑函数的功能，因此利用 74LS138 可以实现任意的三变量逻辑函数的逻辑功能。应用时也很方便，只需要明确最小项编号，把编号对应的译码器输出都引入**与非**门即可。需要注意的是，译码器输出对应的最小项是按 $A_2A_1A_0$ 的顺序排列的，将逻辑函数的输入变量送入 $A_2A_1A_0$ 时，也要注意顺序。如果例题中送入 $A_2A_1A_0$ 不是 ABC 的顺序，得到的逻辑图就不再是图 6.6.4。

6.6.2　二-十进制译码器

二-十进制译码器是将二进制代码译成十个代表十进制数字的信号，二进制代码一般采用 8421BCD 码，共需要四位，也就需要四个输入线，输出线有十个，因此也称为 4 线-10 线译码器。

74LS42 是集成 4 线-10 线译码器，有四个高电平有效的输入端 $A_3\sim A_0$ 和十个低电平有效的输出端 $Y_0\sim Y_9$，其逻辑符号如图 6.6.5 所示。

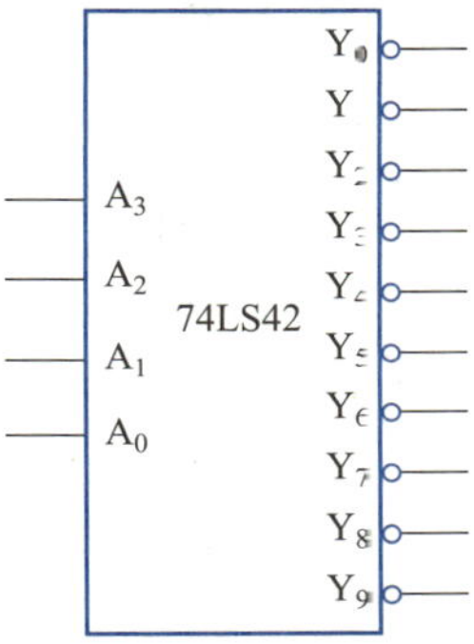

图 6.6.5　74LS42 的逻辑符号

74LS42 的功能表如表 6.6.3 所示，除表中所列的十种

二进制代码以外，还有六种二进制代码（**1010～1111**），这些代码属于无效输入，74LS42 不进行译码，输出都为高电平。

表 6.6.3　74LS42 的功能表

十进制数	输入代码				输出									
	A_3	A_2	A_1	A_0	Y_0	Y_1	Y_2	Y_3	Y_4	Y_5	Y_6	Y_7	Y_8	Y_9
0	**0**	**0**	**0**	**0**	**0**	**1**	**1**	**1**	**1**	**1**	**1**	**1**	**1**	**1**
1	**0**	**0**	**0**	**1**	**1**	**0**	**1**	**1**	**1**	**1**	**1**	**1**	**1**	**1**
2	**0**	**0**	**1**	**0**	**1**	**1**	**0**	**1**	**1**	**1**	**1**	**1**	**1**	**1**
3	**0**	**0**	**1**	**1**	**1**	**1**	**1**	**0**	**1**	**1**	**1**	**1**	**1**	**1**
4	**0**	**1**	**0**	**0**	**1**	**1**	**1**	**1**	**0**	**1**	**1**	**1**	**1**	**1**
5	**0**	**1**	**0**	**1**	**1**	**1**	**1**	**1**	**1**	**0**	**1**	**1**	**1**	**1**
6	**0**	**1**	**1**	**0**	**1**	**1**	**1**	**1**	**1**	**1**	**0**	**1**	**1**	**1**
7	**0**	**1**	**1**	**1**	**1**	**1**	**1**	**1**	**1**	**1**	**1**	**0**	**1**	**1**
8	**1**	**0**	**0**	**0**	**1**	**1**	**1**	**1**	**1**	**1**	**1**	**1**	**0**	**1**
9	**1**	**0**	**0**	**1**	**1**	**1**	**1**	**1**	**1**	**1**	**1**	**1**	**1**	**0**

6.6.3　显示译码器

采用二-十进制译码器将 BCD 码译成十个信号来表示数字，这种方式并不直观，尤其显示的数字较多时，难以有效识别。

数码显示器常用来显示十进制数码，通过七个笔画段的组合，能显示出易于识别的十进制数码 0～9，也常被称为七段数码管。显示译码器可以将 BCD 码译成可直接驱动数码显示器显示数字的信号。

讲义：
显示译码器

常见的数码显示器有两种，一种是 LCD 液晶显示器，需要有背光才能显示；另一种是 LED 数码显示器，自己发光，更适合于户外使用，比如十字路口的红绿灯计时显示。两种数码显示器的工作方式是相同的，下面以 LED 数码显示器为例来说明。

视频：
显示译码器

LED 数码显示器有时会再增加一个小数点，这样共有八个笔画段，所以也称为八段数码管。如图 6.6.6 所示，LED 数码显示器形成数码的七个段，分别为笔画段 a 到笔画段 g，每个笔画段都是一个发光二极管，为了简化电路，可以将这些发光二极管阴极连在一起，在需要显示数码时，给相应笔画段所对应的信号一个高电平即可；当然，也可以连接成共阳极的接法。

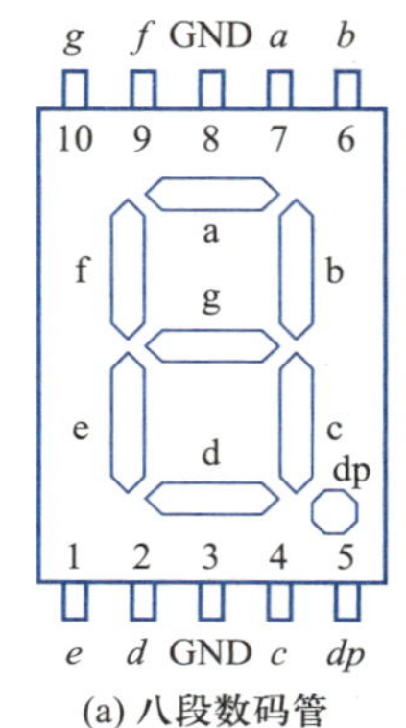

(a) 八段数码管

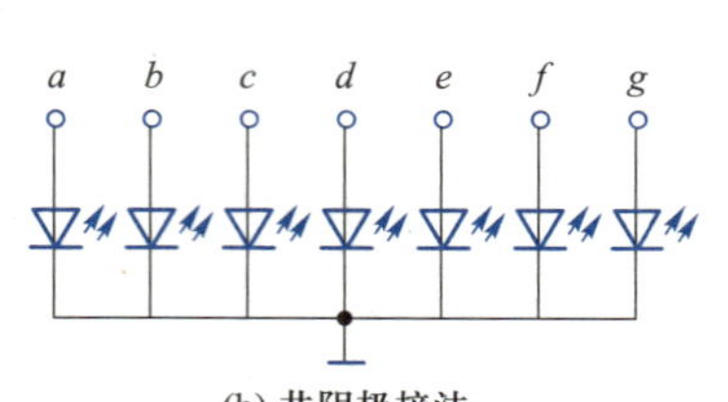

(b) 共阴极接法

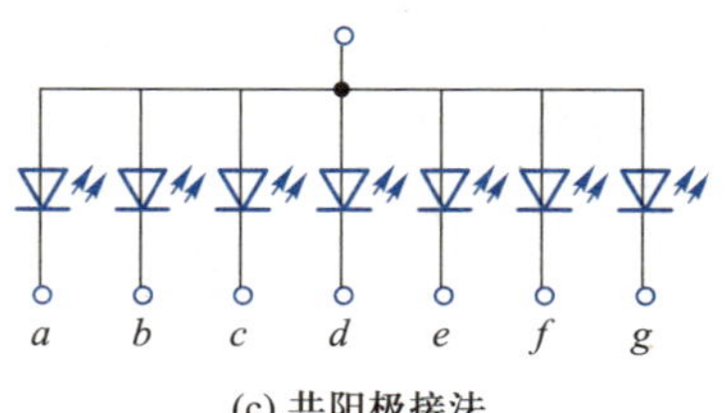

(c) 共阳极接法

图 6.6.6　LED 数码显示器及其接法

显示译码器除了生成所需要的信号外，还要有一定的驱动能力，能为发光二极管提供足够的电流，同时还要有限流能力，防止电流过大而烧坏发光二极管。常用的集成显示译码器有驱动共阳极显示器的 74LS247 和驱动共阴极显示器的 74LS248、74LS249 等。下面以 74LS248 为例介绍显示译码器的功能和应用。

74LS248 的逻辑符号如图 6.6.7 所示，有四个高电平有效的输入端 $A_3 \sim A_0$，用于输入 BCD 码，有七个高电平有效的输出端 $a \sim g$，用于驱动共阴极接法的数码显示器，另外还有三个低电平有效的控制端。

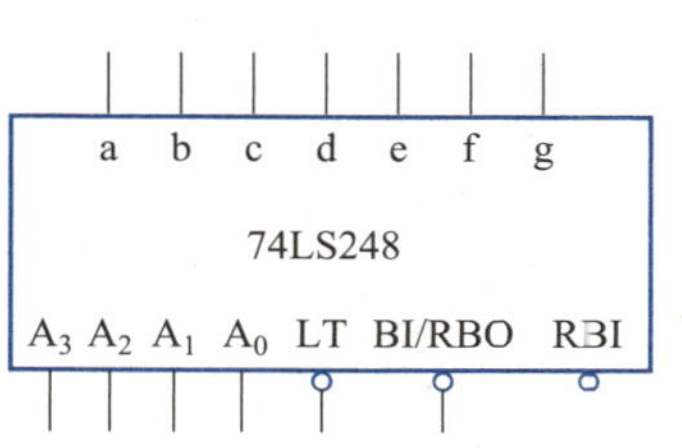

图 6.6.7　74LS248 的逻辑符号

74LS248 的功能表如表 6.6.4 所示。表中的译码部分，当输入 BCD 码为 **0000** 时，只有中间字段 g 输出为 **0**，因此显示为 0；从 **1010** 开始的代码是无效输入，译码器虽然也有对应的输出，但其显示是没有意义的。

表 6.6.4　74LS248 的功能表

功能和十进制数	输入						BI/RBO	输出							
	LT	RBI	A_3	A_2	A_1	A_0		a	b	c	d	e	f	g	字形
试灯	**0**	×	×	×	×	×	**1**	**1**	**1**	**1**	**1**	**1**	**1**	**1**	8
灭零	**1**	**0**	**0**	**0**	**0**	**0**	**0**	**0**	**0**	**0**	**0**	**0**	**0**	**0**	暗
灭灯	×	×	×	×	×	×	**0**	**0**	**0**	**0**	**0**	**0**	**0**	**0**	暗
0	**1**	**1**	**0**	**0**	**0**	**0**	**1**	**1**	**1**	**1**	**1**	**1**	**1**	**0**	0
1	**1**	×	**0**	**0**	**0**	**1**	**1**	**0**	**1**	**1**	**0**	**0**	**0**	**0**	1
2	**1**	×	**0**	**0**	**1**	**0**	**1**	**1**	**1**	**0**	**1**	**1**	**0**	**1**	2
3	**1**	×	**0**	**0**	**1**	**1**	**1**	**1**	**1**	**1**	**1**	**0**	**0**	**1**	3
4	**1**	×	**0**	**1**	**0**	**0**	**1**	**0**	**1**	**1**	**0**	**0**	**1**	**1**	4
5	**1**	×	**0**	**1**	**0**	**1**	**1**	**1**	**0**	**1**	**1**	**0**	**1**	**1**	5
6	**1**	×	**0**	**1**	**1**	**0**	**1**	**1**	**0**	**1**	**1**	**1**	**1**	**1**	6
7	**1**	×	**0**	**1**	**1**	**1**	**1**	**1**	**1**	**1**	**0**	**0**	**0**	**0**	7
8	**1**	×	**1**	**0**	**0**	**0**	**1**	**1**	**1**	**1**	**1**	**1**	**1**	**1**	8
9	**1**	×	**1**	**0**	**0**	**1**	**1**	**1**	**1**	**1**	**1**	**0**	**1**	**1**	9
10	**1**	×	**1**	**0**	**1**	**0**	**1**	**0**	**0**	**0**	**1**	**1**	**0**	**1**	
11	**1**	×	**1**	**0**	**1**	**1**	**1**	**0**	**0**	**1**	**1**	**0**	**0**	**1**	
12	**1**	×	**1**	**1**	**0**	**0**	**1**	**0**	**1**	**0**	**0**	**0**	**1**	**1**	
13	**1**	×	**1**	**1**	**0**	**1**	**1**	**1**	**0**	**0**	**1**	**0**	**1**	**1**	
14	**1**	×	**1**	**1**	**1**	**0**	**1**	**0**	**0**	**0**	**1**	**1**	**1**	**1**	
15	**1**	×	**1**	**1**	**1**	**1**	**1**	**0**	**0**	**0**	**0**	**0**	**0**	**0**	暗

BI/*RBO* 是一个复用控制端，既可以作为输入也可以作为输出。作为输入时，为 *BI* 信号，是灭灯输入端，其有最高的优先级，如果 *BI*=**0**，无论其他引脚状态如何，输出都为 **0**，数码管全灭；不接外部信号时，该端就作为输出端，为 *RBO* 信号，是灭零输出端，一般作为其他 74LS248 的 *RBI* 灭零输入端的输入信号。

LT 是试灯输入端，其优先级仅次于 *BI*。当 *LT*=**0** 时，各笔画段都会点亮，用来测试数码管是否能正常显示，同时 *RBO* 会输出高电平。

RBI 是灭零输入端，其优先级次于 *LT*，当 *LT*=**1** 时，*RBI* 才起作用。灭零输入端 *RBI* 用来熄灭不希望显示的 0。$A_3 \sim A_0$ 都为 **0** 时，本应显示 0，但如果 *RBI*=**0**，则数码管各段全灭，0 将不会被显示。此时，灭零输出端 *RBO*=**0**，可以送入其他 74LS248 的 *RBI* 端，可以让其他芯片熄灭不想显示的 0。需要注意的是如果显示的不是 0，即使 *RBI*=**1** 也是没有作用的。

图 6.6.8 是一个 3 位数字显示电路的示意图，右侧为低位，左侧为高位，该电路可以显示 0~999 的所有整数。最高位译码器的灭零输入端 *RBI*=**0**，当该位本应显示为 0 时，0 会被灭掉，同时其灭零输出端 *RBO* 输出低电平，并作为低一位译码器的 *RBI*，如果低一位也应显示 0 时，该位也会被灭零。这样可以不显示有效数字前面没有意义的 0，例如，如果本应显示 005，则前面的两个 0 就不再显示，而只显示 5。需要注意如果最高位显示的不是 0，即使 *RBI*=**0**，该位也不会灭掉，而且，此时 *RBO* 输出高电平 **1**，给低一位的 *RBI*，这样即使低一位应该显示是 0，也不会被灭掉。一般不希望最低位的 0 被灭掉，因此最低位的 *RBI* 设置为高电平，不会被灭 0。

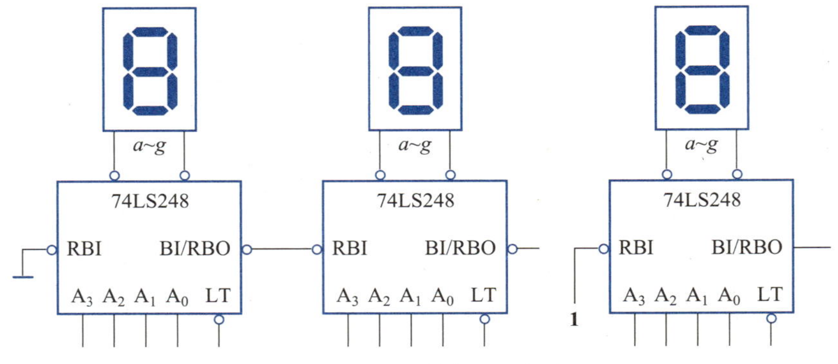

图 6.6.8　3 位数字显示电路

练习与思考

6.6.1　什么是译码器？译码器有什么用途？

6.6.2　为什么二进制译码器又叫作最小项译码器？

6.6.3　二进制译码器、二-十进制译码器和显示译码器三者之间有什么区别？

6.6.4　用 74LS138 是否可以实现任意的两变量逻辑函数的逻辑功能？如果可以，应如何实现？

6.7 数据选择器和数据分配器

讲义：
数据选择器与数据分配器

视频：
数据选择器与数据分配器

在数字系统中，经常在一根导线上对多路数字信号进行传送和接收，多路信号分时复用这根导线，以达到减少导线数量的目的。数据选择器和数据分配器就是实现上述功能的逻辑电路，其示意图如图 6.7.1 所示。

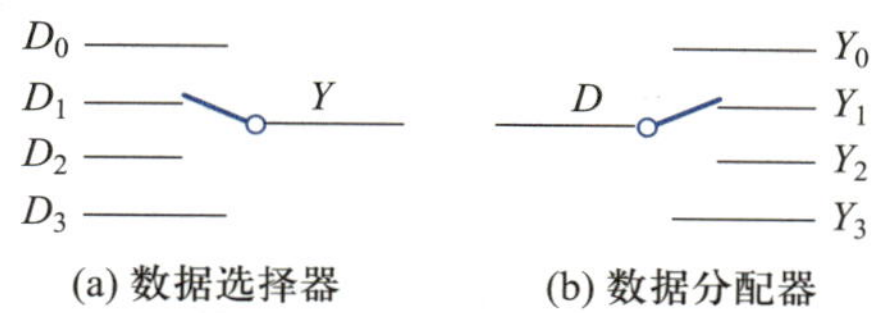

图 6.7.1 数据选择器和数据分配器示意图

数据选择器又称多路选择器或多路开关。它的逻辑功能是根据选线地址的要求，从输入端的多路数字信号中选择其中一路信号作为输出。数据分配器的逻辑功能是根据选线地址的要求，将一路输入数字信号，送到多路输出端中的某一个输出端。

6.7.1 数据选择器

对应多路数字信号，往往为每一路赋予一个地址编号。对于图 6.7.1 中的四路数据，需要四个地址编号，自然就需要两位二进制数码进行编码，这两位代码就是所谓的选线地址码。n 位选线地址码，可以表示 2^n 个地址编号，可以支持 2^n 路数据的选择。数据选择器一般有 4 选 1、8 选 1、16 选 1 等规格。

74LS153 是集成 4 选 1 数据选择器，其内部有两个 4 选 1 数据选择器，图 6.7.2 给出了其中一个的逻辑图。$D_3 \sim D_0$ 是数据输入端，A_1A_0 是数据选择端（选线地址码输入端），Y 为数据输出端，G 为低电平有效的使能端。

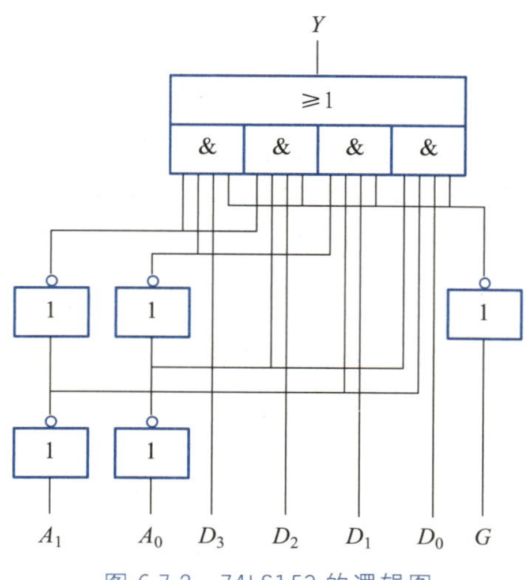

图 6.7.2 74LS153 的逻辑图

最上方的逻辑符号代表了一个复合逻辑运算，将四个**与**门的输出信号**或**在一起，得到最终的输出信号 Y。当 $G=\mathbf{1}$ 时，四个**与**门都有一个输入端为 **0**，它们的输出都为

0,相当于封锁了**与**门的输出,自然就无法进行数据选择。当 $G=\mathbf{0}$ 时,各个**与**门不再被封锁,此时逻辑函数表达式为

$$Y=D_0\overline{A}_1\overline{A}_0+D_1\overline{A}_1A_0+D_2A_1\overline{A}_0+D_3A_1A_0$$

这里的每个**与**项都是一个数据和一个选线地址码所对应最小项的**与**,因而对于选线地址码的每一个取值组合,只能有一个数据被保留下来,而其他的**与**项都变为 **0**。

74LS151 是集成 8 选 1 数据选择器,其功能表如表 6.7.1 所示。74LS151 有 $D_7\sim D_0$共八个数据输入端,$A_2\sim A_0$共三个数据选择端,一个数据输出端 Y,一个低电平有效的使能端 G。

表 6.7.1　74LS151 的功能表

使能端	数据输出端	数据选择端		
G	Y	A_2	A_1	A_0
1	**0**	×	×	×
0	D_0	**0**	**0**	**0**
0	D_1	**0**	**0**	**1**
0	D_2	**0**	**1**	**0**
0	D_3	**0**	**1**	**1**
0	D_4	**1**	**0**	**0**
0	D_5	**1**	**0**	**1**
0	D_6	**1**	**1**	**0**
0	D_7	**1**	**1**	**1**

由功能表可知,当 $G=\mathbf{1}$ 时,数据选择器不工作,输出 Y 一直为 **0**。当 $G=\mathbf{0}$ 时,数据选择器可以工作,输出 Y 的逻辑函数表达式为

$$Y=D_0\overline{A}_2\overline{A}_1\overline{A}_0+D_1\overline{A}_2\overline{A}_1A_0+D_2\overline{A}_2A_1\overline{A}_0+D_3\overline{A}_2A_1A_0+$$
$$D_4A_2\overline{A}_1\overline{A}_0+D_5A_2\overline{A}_1A+D_6A_2A_1\overline{A}_0+D_7A_2A_1A_0$$

这里的每个**与**项也都是一个数据和一个选线地址码所对应最小项的**与**。也可以观察到,这里的最小项是包含选线地址码变量的全部最小项,如果通过控制数据 $D_7\sim D_0$的数值,就可以选择所需要的最小项,构成某个逻辑函数的标准**与-或**式,来实现该逻辑函数的逻辑功能。利用这个特点,可以使用 74LS151 实现任意三变量逻辑函数的逻辑功能。

【例 6.7.1】 用 74LS151 实现逻辑函数 $Y=\sum m(0,4,6,7)=\overline{A}\ \overline{B}\ \overline{C}+A\overline{B}\ \overline{C}+AB\overline{C}+ABC$。

【解】 把输入变量 A、B、C 分别对应地接到 74LS151 的输入端 A_2、A_1、A_0,则

$$Y=\overline{A}\ \overline{B}\ \overline{C}+A\overline{B}\ \overline{C}+AB\overline{C}+ABC=\overline{A}_2\overline{A}_1\overline{A}_0+A_2\overline{A}_1\overline{A}_0+A_2A_1\overline{A}_0+A_2A_1A_0$$

对照

$$Y=D_0\overline{A}_2\overline{A}_1\overline{A}_0+D_1\overline{A}_2\overline{A}_1A_0+D_2\overline{A}_2A_1\overline{A}_0+D_3\overline{A}_2A_1A_0+$$
$$D_4A_2\overline{A}_1\overline{A}_0+D_5A_2\overline{A}_1A+D_6A_2A_1\overline{A}_0+D_7A_2A_1A_0$$

只需令 $D_0=D_4=D_6=D_7=\mathbf{1}$,$D_1=D_2=D_3=D_5=\mathbf{0}$ 即可,由此得到的逻辑图如

图 6.7.3 所示。

在例 6.7.1 和例 6.6.2 中，分别用 74LS138 和 74LS151 实现了同一个逻辑功能。74LS151 无须其他门电路的配合，电路更为简洁，但其输出只有一个，只能同时实现一个逻辑功能。74LS138 需要其他门电路的配合，电路不如 74LS151 简洁，但是可以通过增加门电路，同时实现多个逻辑功能。

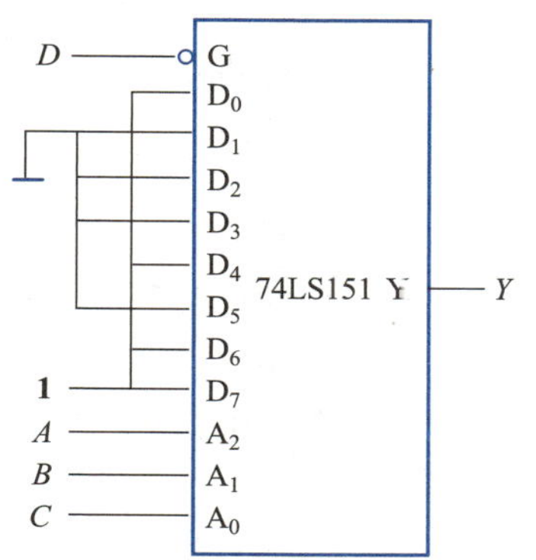

图 6.7.3　例 6.7.1 的逻辑图

6.7.2　数据分配器

数据分配器将数据送到多路输出中的哪一个输出端，是由选线地址码来决定的。若选线地址码为 n 位，则能够选通的输出端为 2^n 路。在实际应用中，经常使用二进制译码器来实现数据分配功能。

用 74LS138 译码器构成的八路输出数据分配器如图 6.7.4 所示。$Y_7 \sim Y_0$作为输出数据端，$A_2 \sim A_0$作为选线地址输入端，G_{2A}和 G_{2B}接在一起，作为输入数据端，G_1接高电平。G_{2A}和 G_{2B}都等于 D，则 $G_{2A}+G_{2B}$也等于 D。

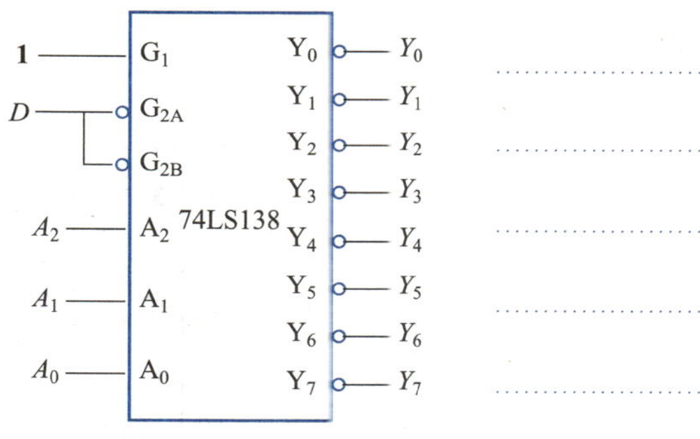

图 6.7.4　用 74LS138 构成的八路输出数据分配器

根据图 6.7.4，将 3 线-8 线译码器 74LS138 的功能表简单修改，如表 6.7.2 所示。当输入数据 $D=\mathbf{0}$ 时，$G_{2A}=G_{2B}=\mathbf{0}$，译码器正常译码，根据选线地址 $A_2 \sim A_0$的取值，只有一个输出端输出 **0**，而其他输出端输出 **1**，就相当于将数据 $D=\mathbf{0}$ 分配给了被选择的输出端。当输入数据 $D=\mathbf{1}$ 时，$G_{2A}=G_{2B}=\mathbf{1}$，译码器被禁止，所有的输出端都输出 **1**，由于同时也给出了 $A_2 \sim A_0$的取值，一般就只会读取该选线地址所对应的输出端的值，因而也就可以认为数据 $D=\mathbf{1}$ 被分配给了该输出端。

表 6.7.2　用 74LS138 构成的数据分配器的功能表

选通输入		选线地址输入			输出							
G_1	$G_{2A}+G_{2B}$	A_2	A_1	A_0	Y_0	Y_1	Y_2	Y_3	Y_4	Y_5	Y_6	Y_7
×	**1**(D)	×	×	×	**1**	**1**	**1**	**1**	**1**	**1**	**1**	**1**
0	×	×	×	×	**1**	**1**	**1**	**1**	**1**	**1**	**1**	**1**
1	**0**(D)	**0**	**0**	**0**	**0**	**1**	**1**	**1**	**1**	**1**	**1**	**1**
1	**0**(D)	**0**	**0**	**1**	**1**	**0**	**1**	**1**	**1**	**1**	**1**	**1**
1	**0**(D)	**0**	**1**	**0**	**1**	**1**	**0**	**1**	**1**	**1**	**1**	**1**
1	**0**(D)	**0**	**1**	**1**	**1**	**1**	**1**	**0**	**1**	**1**	**1**	**1**
1	**0**(D)	**1**	**0**	**0**	**1**	**1**	**1**	**1**	**0**	**1**	**1**	**1**
1	**0**(D)	**1**	**0**	**1**	**1**	**1**	**1**	**1**	**1**	**0**	**1**	**1**
1	**0**(D)	**1**	**1**	**0**	**1**	**1**	**1**	**1**	**1**	**1**	**0**	**1**
1	**0**(D)	**1**	**1**	**1**	**1**	**1**	**1**	**1**	**1**	**1**	**1**	**0**

练习与思考

6.7.1 多路数据选择器的基本功能是什么？为什么多路数据选择器可以用作实现组合逻辑电路？

6.7.2 用74LS151是否可以实现任意的两变量逻辑函数的逻辑功能？如果可以，应如何实现？

6.7.3 使用两片译码器74LS151，是否可以实现任意的四变量逻辑函数的逻辑功能？

6.7.4 使用两片译码器74LS138，能否实现十六路数据分配器？

本章知识点小结

本章是围绕如下知识点展开论述的。

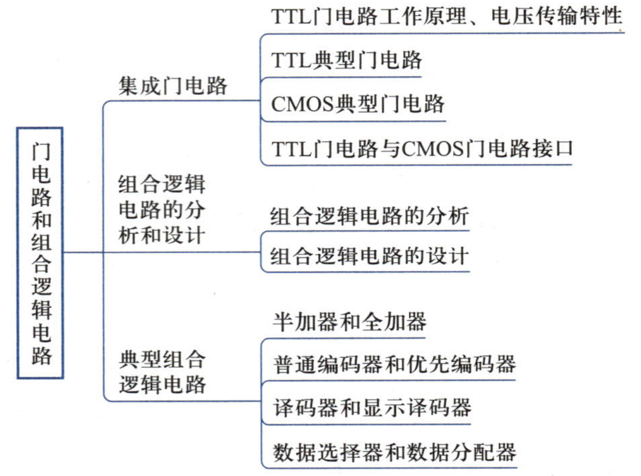

1. TTL门电路：双极型集成电路，与分立元件相比，具有速度快、可靠性高和微型化等优点。有多种系列产品，其中74LS系列最为常用。

2. CMOS门电路：互补金属氧化物半导体门电路，与TTL门电路相比具有功耗低、输入阻抗高、扇出系数大等特点。

3. 组合逻辑电路：特点是任意时刻的输出仅仅取决于该时刻的输入，与电路原来的状态无关。

4. 组合逻辑电路的分析：根据给出的逻辑电路图，通过分析，总结出电路的逻辑功能；分析过程实质上就是逻辑函数各种表达形式间的转换，最终转换为最容易分析其逻辑功能的真值表；由逻辑图得到逻辑函数表达式后，往往需要利用公式法对表达式进行化简。

5. 组合逻辑电路的设计：从给定的逻辑要求出发，画出最简逻辑图；组合逻辑电路的设计可以看作是分析的逆过程，实质上也是逻辑函数不同表示形式间的转换；由真值表得到逻辑函数表达式后，往往需要利用公式法或卡诺图法对表达式进行化简，从而得到更简洁的逻辑图。

6. 加法器：在数字电路中完成二进制数加法运算的组合逻辑电路，是完成二进制数算术运算最基本的单元电路；加法器有半加器和全加器两种。

7. 编码器：编码是将信息从一种形式或格式转换为另一种形式的过程；编码器是用预先规定的方法给一些事物或状态赋予二进制数码的组合逻辑电路。编码器分为普通编码器和优先编码器。

8. 译码器：译码是编码的逆过程。把一些二进制代码所代表的特定含义"翻译"出来的过程叫作译码。实现译码功能的集成组合逻辑电路称为译码器。译码器可分为二进制译码器、二-十进制译码器和显示译码器三类。利用集成译码器 74LS138 和适当的门电路可以实现任意的三变量逻辑函数的逻辑功能。

9. 数据选择器：数据选择器的逻辑功能是根据选线地址码的要求，从输入端的多路输入数字信号中选择其中一路信号输出的集成组合逻辑电路。它的功能相当一个多路开关。利用集成数据选择器 74LS151 可以实现任意的三变量逻辑函数的逻辑功能。

10. 数据分配器：在选线地址码的控制下，数据分配器的功能是将输入的一路信号送到多路输出端中的一个输出端的集成组合逻辑电路。

习　　题

6.1.1　已知**与非**门及其输入端 A 的输入信号波形如图 6.01 所示，试分别画出输入端 B 接高电平、低电平和悬空三种情况时输出 Y 的波形。

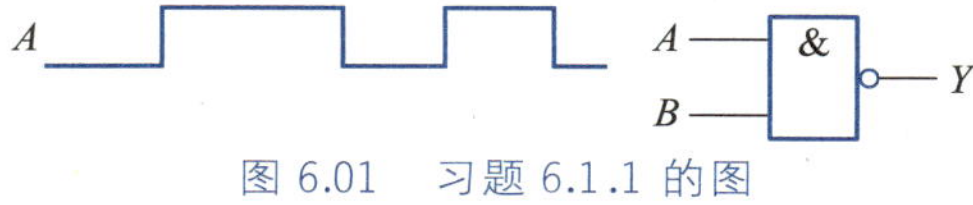

图 6.01　习题 6.1.1 的图

6.1.2　已知电路及其两个输入端 A、B 的波形如图 6.02 所示，试画出电路的输出端 Y 的波形。

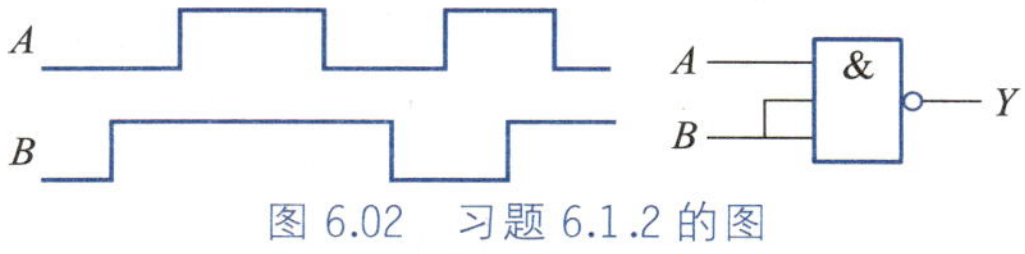

图 6.02　习题 6.1.2 的图

6.1.3　试用 OC **与非**门(7401)实现逻辑函数 $Y=\overline{AB+CD+EF}$。

6.1.4　求图 6.03 所示电路中，Y 的逻辑函数表达式。

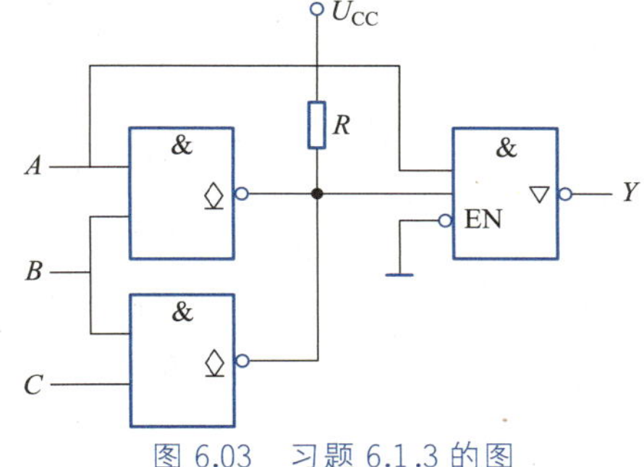

图 6.03　习题 6.1.3 的图

6.2.1　求图 6.04 所示电路中，Y 的逻辑函数表达式。

6.3.1　求图 6.05 所示逻辑图的真值表，并写出逻辑函数表达式。

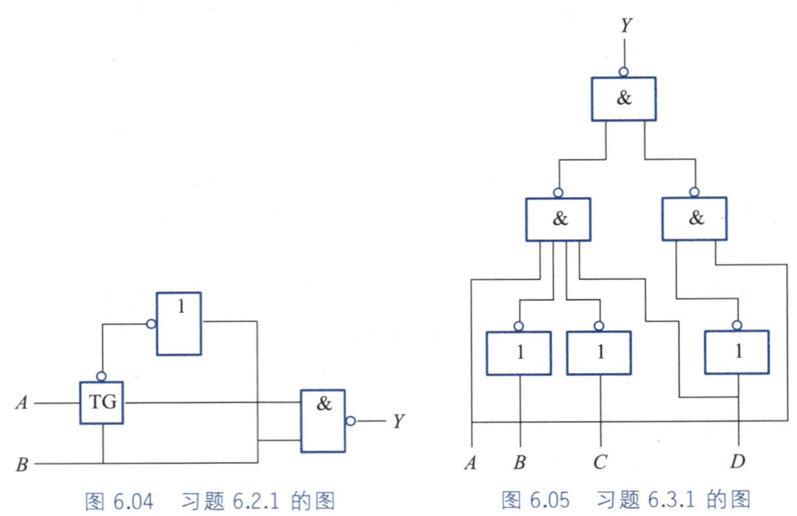

图 6.04　习题 6.2.1 的图　　图 6.05　习题 6.3.1 的图

6.3.2　试分析图 6.06 中的电路的逻辑功能。

6.3.3　图 6.07 所示的逻辑图是一个一位数值比较器，试具体分析其逻辑功能。

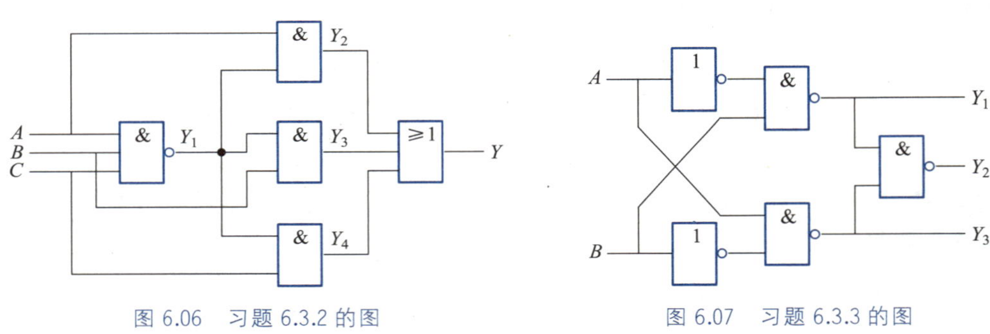

图 6.06　习题 6.3.2 的图　　图 6.07　习题 6.3.3 的图

6.3.4　分析图 6.08 所示电路的逻辑功能。

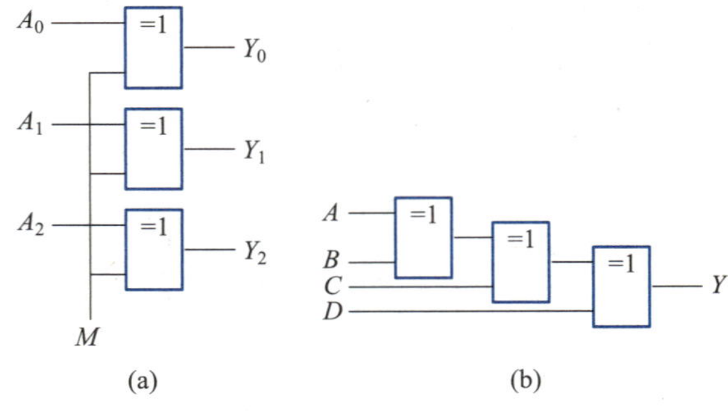

图 6.08　习题 6.3.4 的图

6.3.5 分析图 6.09 所示电路的逻辑功能。

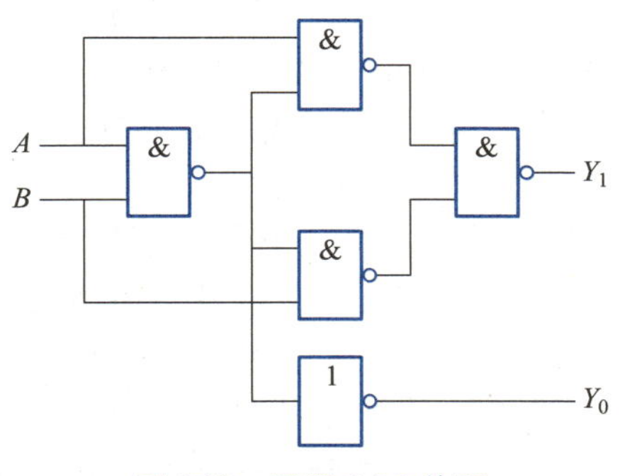

图 6.09 习题 6.3.5 的图

6.3.6 分析图 6.10 所示电路的逻辑功能。

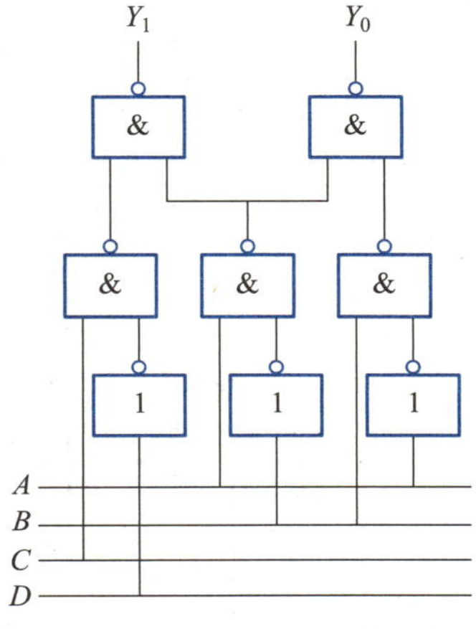

图 6.10 习题 6.3.6 的图

6.3.7 根据给出的逻辑函数表达式,画出全部用**与非**逻辑实现的逻辑图。

(1) $Y=ABC+(\overline{C}+A)\overline{B}$

(2) $Y=\overline{AB+\overline{A}C+\overline{B}C}$

6.3.8 设计一个控制楼梯电灯的逻辑电路,要求无论是在楼上还是在楼下按动开关都可以打开或关掉楼梯灯。

6.3.9 设计一个路灯控制电路,具体要求是:当总电源开关闭合时,安装在三个不同地方的三个开关都能独立地控制灯的打开和熄灭;当总电源开关断开时,无论三个地方的开关是什么状态,路灯都不亮。

6.3.10 设计一个四人裁判表决电路,已知四人中有一个人是主裁判,其余三人是普通裁判,当主裁判同意时得两票,各个普通裁判同意时分别得一票,三票以上表决通过。要求用**与非**门实现。

6.3.11 用**与非**门设计一个四变量判偶电路(四个输入中有偶数个变量为 **1**,其输出就为 **1**)。

6.3.12　三个输入信号中，A 的优先级最高，B 次之，C 最低。它们通过组合逻辑电路分别由 Y_A、Y_B、Y_C 输出。设计要求：同一时间只有一个信号输出，若两个以上的信号同时输入的话，优先级高的被输出。试求输出的逻辑函数表达式和逻辑图。

6.3.13　设计一个数值比较器。要求有如下逻辑功能：当输入四位二进制数 N 大于或等于 **1010** 时，输出 Y=**1**；其他情况 Y=**0**。

6.3.14　某住宅楼有四部电梯。其中三部为主电梯，一部为备用电梯。当主电梯全部运行时，才允许使用备用电梯。设计一个监视主电梯运行情况的逻辑电路：当任何两个主电梯同时运行时，产生一个准备信号 Y_1 让备用电梯准备运行。当三部电梯全部运行时，发出控制指令 Y_2 启动备用电梯运行。设计满足上述关系的逻辑电路。

6.3.15　输入 A、B、C 和输出 Y 的波形图分别如图 6.11 所示，没出现的状态视为无关项，设计能实现该逻辑功能的电路。

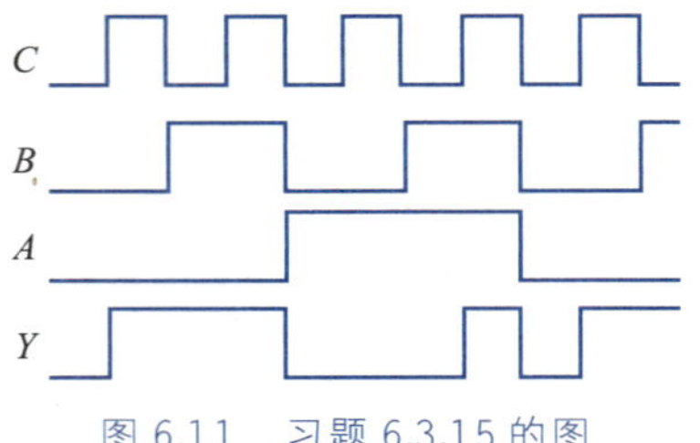

图 6.11　习题 6.3.15 的图

6.4.1　求图 6.12 所示电路中，Y 的逻辑函数表达式。

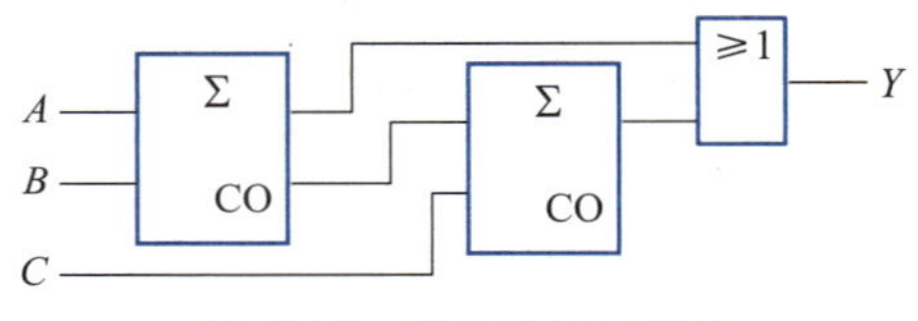

图 6.12　习题 6.4.1 的图

6.4.2　分析图 6.13 由全加器组成的组合逻辑电路的功能（可考虑列真值表）。

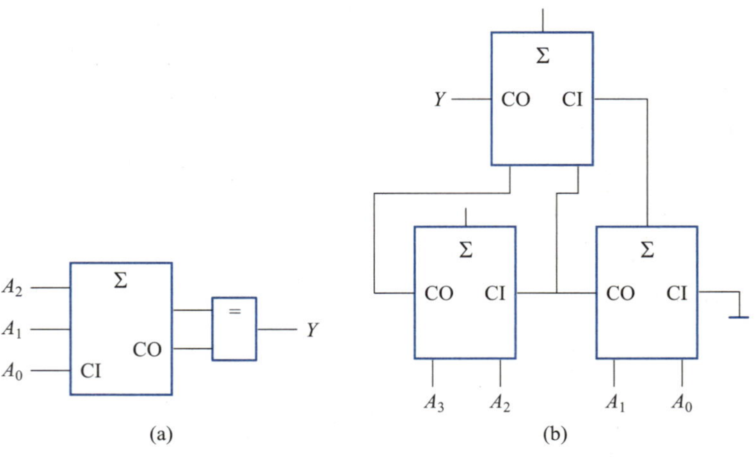

图 6.13　习题 6.4.2 的图

6.5.1　试用 3 线-8 线译码器 74LS138 和与非门实现下列各逻辑函数。

（1）$Y=AB+\overline{B}\,\overline{C}+\overline{A}BC$

（2）$Y=A\overline{B}C+\overline{B}\,\overline{C}(\overline{\overline{A}+\overline{C}})$

（3）$Y=\overline{A}B+A\overline{B}$

（4）$Y=\overline{A}B+\overline{A}C+ABC$

（5）$Y=\overline{A}\,\overline{B}\,\overline{C}+A\overline{B}\,\overline{C}+\overline{A}B\overline{C}+ABC$

6.5.2　求图 6.15 所示电路中，Y 的逻辑函数表达式。

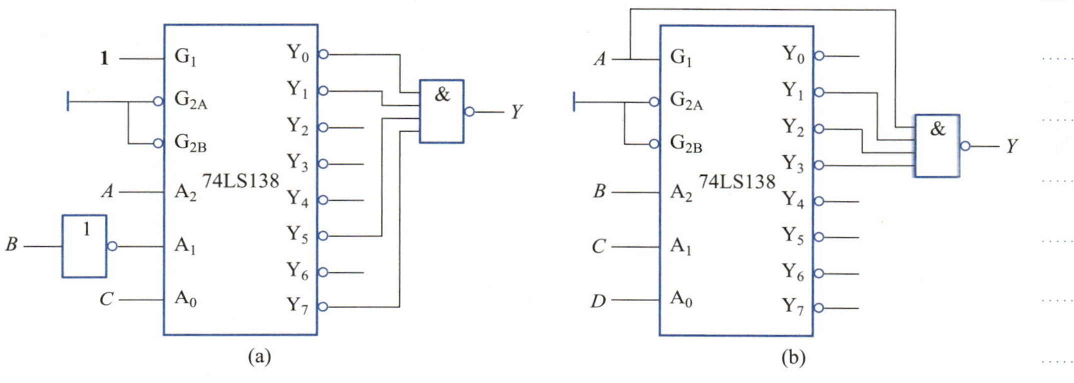

图 6.14　习题 6.5.2 的图

6.5.3　用 74LS248 和 LED 数码管设计一个八位数字显示系统（五位整数，三位小数），要求具有熄灭有效数字前面和后面没有意义的 0 的功能。

6.6.1　分析图 6.15 所示 4 选 1 数据选择器电路的逻辑功能。

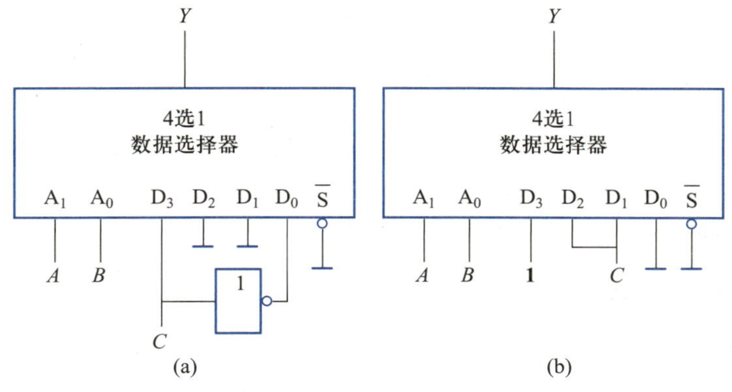

图 6.15　习题 6.6.1 的图

6.6.2　试用 8 选 1 数字选择器 74LS151 实现下列各逻辑函数。

（1）$Y=\overline{A}\,\overline{B}\,\overline{C}+A\overline{B}C+\overline{A}B\overline{C}+ABC$

（2）$Y=\overline{A}\,\overline{B}C+A\overline{B}+\overline{AB}C+AB\overline{C}$

（3）$Y=\overline{A}\,\overline{B}+AB$

第7章　时序逻辑电路

讲义：
第 7 章引言

视频：
第 7 章引言

本章学习目标

学习完本章内容后，你将能够：

- 理解基本 RS、可控 RS 触发器的工作原理；
- 理解 JK 触发器、D 触发器、T 触发器、T′触发器的逻辑功能；
- 掌握各类触发器的特征方程和使用方法，掌握触发器逻辑功能转换方法；
- 理解数码寄存器和移位寄存器的工作原理，掌握集成移位寄存器的使用方法；
- 理解异步计数器、同步计数器的工作原理，理解环形和扭环形计数器的工作原理；
- 掌握异步计数器、同步计数器的分析方法，掌握集成计数器的分析和设计方法；
- 理解顺序脉冲分配器的工作原理和特点；
- 理解 555 定时器工作原理，掌握其应用电路的分析和设计方法。

数字电路主要有组合逻辑电路和时序逻辑电路两大类。前一章中的组合逻辑电路，其特点是输出仅仅取决于该时刻的输入变量，而与电路原来的状态无关，如果输入变量发生变化，其输出马上随之变化，因此不需要组合逻辑电路具有对输出状态的记忆功能。

本章的时序逻辑电路，其特点是某一时刻的输出不仅取决于当时的输入变量，还与前一时刻电路原来的输出状态有关，这就要求电路的输出要按一定的节拍或时序变化，而不是随时变化，而且需要电路具有保持或记忆功能，能把前一时刻的输出状态保存下来，并在下一个时刻到来前保持不变。

本章首先介绍时序逻辑电路的基本单元电路，即双稳态触发器，接着介绍几种以双稳态触发器为基础构成的典型时序逻辑电路，最后介绍一种模拟/数字混合的集成电路以及由其构成的单稳态和无稳态触发器。

7.1　双稳态触发器

双稳态触发器可以存储一位二进制数，其功能可以具体描述为：

(1) 具有两个自行保持的稳定状态，用来表示逻辑状态的 **0** 和 **1**；

(2) 根据不同的输入信号可以置成 **0** 或 **1** 状态；

(3) 即使输入端有效信号消失，新置入的状态也能够保存下来。

可见双稳态触发器具有存储和记忆的功能，同时也体现了其时序特性，使得触发器在时序逻辑电路中成为最基本的组成单元。

根据输入信号不同，双稳态触发器具有置 **0**、置 **1**、计数、保持四种（或其中几种）逻辑功能。计数功能又称为翻转功能，是指输出在 **0** 和 **1** 之间交替变化。按照逻辑

功能的不同可分为 *RS* 触发器、*JK* 触发器、*D* 触发器、*T* 触发器等几种。

除了双稳态触发器，还有单稳态触发器和无稳态触发器，将在后面章节中介绍。

7.1.1 *RS* 触发器

1. 基本 *RS* 触发器

(1) 电路结构

基本 *RS* 触发器由两个**与非**门构成，具有对称的结构，两个**与非**门的输出分别接入到另一个**与非**门的输入中，其电路及逻辑符号如图 7.1.1 所示。

讲义：*RS* 触发器

触发器有两个输出端 Q 和 $\overline{Q}$，一般情况下，Q 和 $\overline{Q}$ 的状态是正好相反的。习惯上规定，触发器输出端 Q 的状态代表触发器的输出状态，如果 Q 为 **1**，说明触发器为 **1** 态；如果 Q 为 **0**，说明触发器为 **0** 态。在逻辑符号中，$\overline{Q}$ 处画有小圆圈。

视频：*RS* 触发器

触发器有两个低电平有效的输入 $\overline{S}_D$ 和 $\overline{R}_D$，输出 Q 所对应**与非**门的输入为 $\overline{S}_D$，称为置位端或置 **1** 端，输出 $\overline{Q}$ 所对应**与非**门的输入为 $\overline{R}_D$，称为复位端或置 **0** 端。在逻辑符号中，$\overline{S}_D$ 和 $\overline{R}_D$ 处也画有小圆圈。

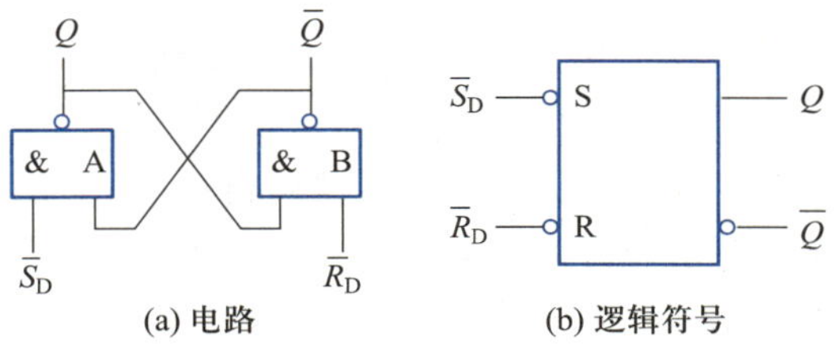

(a) 电路　　(b) 逻辑符号

图 7.1.1　基本 *RS* 触发器

(2) 逻辑功能

$\overline{S}_D$ 和 $\overline{R}_D$ 都是低电平有效，即没有有效输入时，一直保持高电平，而有效输入一般是一个低电平脉冲，持续一段时间后再变回高电平。下面分几种情况分析一下其逻辑功能。

① $\overline{S}_D=\mathbf{1}, \overline{R}_D=\mathbf{1}$

两输入**与非**门中的一个输入为 **1** 时，**与非**门就相当于**非**门，输出为另一个输入的反。对于**与非**门 A，$\overline{S}_D=\mathbf{1}$，其另一个输入是 $\overline{Q}$，取反后为 Q，而 Q 又作为**与非**门 B 的另一个输入，取反后又得到 $\overline{Q}$。利用两个**非**门，Q 和 $\overline{Q}$ 互相支撑，其状态自然就得以保持，而且正好是相反的。Q 既可以保持为 **1**，也可以保持为 **0**，取决于之前置入的数据。总结而言，$\overline{S}_D=\mathbf{1}, \overline{R}_D=\mathbf{1}$ 时，触发器输出端的状态保持不变。

② $\overline{S}_D=\mathbf{0}, \overline{R}_D=\mathbf{1}$

与非门中一个输入为 **0** 时，输出必为 **1**。$\overline{S}_D=\mathbf{0}$ 时，无论 Q 和 $\overline{Q}$ 为何种状态，**与非**门 A 输出都为 **1**，即 $Q=\mathbf{1}$，再送入**与非**门 B 后，因 $\overline{R}_D=\mathbf{1}$，**与非**门 B 输出 **0**，即 $\overline{Q}=\mathbf{0}$。$\overline{S}_D=\mathbf{0}$ 持续一段时间后，$\overline{S}_D$ 会再变为 **1**，但**与非**门 A 的输出不会变化，即 $Q=\mathbf{1}$ 能保存下来。由刚分析的前一个情况也容易判断，$\overline{S}_D$ 再变为 **1** 时，$Q=\mathbf{1}$ 会保存下来。总结而

言，$\overline{S}_D = \mathbf{0}$，$\overline{R}_D = \mathbf{1}$ 时，可以将触发器输出端 Q 置为 **1**。

③ $\overline{S}_D = \mathbf{1}$，$\overline{R}_D = \mathbf{0}$

基本 RS 触发器具有对称结构，对照上一种情况，容易得出，$\overline{R}_D = \mathbf{0}$ 时，$\overline{Q} = \mathbf{1}$，$Q = \mathbf{0}$，$\overline{R}_D$ 再变为 **1**，这种状态也能保存下来。$\overline{S}_D$ 或 $\overline{R}_D$ 为低电平时，都会使自己所对应的**与非**门输出变为 **1**，而使另一个**与非**门输出变为 **0**。$\overline{R}_D$ 对应的是 $\overline{Q}$，$\overline{R}_D = \mathbf{0}$ 时，可以使 $\overline{Q}$ 置 **1**，并使输出端 Q 置 **0**，因此 $\overline{R}_D$ 被称为置 **0** 端。

④ $\overline{S}_D = \mathbf{0}$，$\overline{R}_D = \mathbf{0}$

两个**与非**门的输入中都有 **0**，输出都变为 **1**，即 $Q = \mathbf{1}$，$\overline{Q} = \mathbf{1}$，这时 Q 和 $\overline{Q}$ 就不是相反的状态。$Q = \mathbf{1}$，$\overline{Q} = \mathbf{1}$ 的情况是不希望出现的，而且当 $\overline{S}_D$、$\overline{R}_D$ 再恢复为高电平时，Q 和 $\overline{Q}$ 同时为 **1** 也是不可能维持的，因为此时两个**与非**门都相当于**非**门，Q 和 $\overline{Q}$ 必然要保持相反状态。当 $\overline{S}_D$、$\overline{R}_D$ 再恢复为高电平时，Q 的具体状态是不确定的，一方面 $\overline{S}_D$、$\overline{R}_D$ 变为高电平的同时性很难保证，另一方面即使能保证同时动作，两个**与非**门不可避免的差异会导致输出快慢不同，输出就可能出现不同的结果。

（3）真值表

总结上面的分析，基本 RS 触发器具有三种逻辑功能，即置 **0**、置 **1** 和保持功能。将基本 RS 触发器功能列成表格，即为基本 RS 触发器的真值表，也叫逻辑状态表，如表 7.1.1 所示。表中的 Q_{n+1} 表示触发器在触发输入信号作用下输出端的新状态（次态）、Q_n 表示触发器现在的状态（现态）。表中第四行的“不定”是指 $\overline{S}_D$、$\overline{R}_D$ 由低电平再同时恢复为高电平时，触发器的输出状态不定。而如果 $\overline{S}_D = \mathbf{0}$，$\overline{R}_D = \mathbf{0}$ 能一直持续，则输出是确定的，有 $Q = \mathbf{1}$，$\overline{Q} = \mathbf{1}$。

表 7.1.1　基本 *RS* 触发器的真值表

$\overline{S}_D$	$\overline{R}_D$	Q_{n+1}
1	**0**	**0**
0	**1**	**1**
1	**1**	Q_n
0	**0**	不定

（4）应用

基本 RS 触发器是其他触发器的基本组成部分，可用来预置其他触发器工作之前的初始状态，有时也可用于消除机械开关的抖动。

图 7.1.2(a) 是一个产生数字信号的信号源电路，将机械开关的上、下接通转换为输出端 F 处的高、低电平信号。开关由上切换到下时，B 点电位应该由高电平变为低电平，输出端 F 应该由 **0** 变为 **1**。机械开关多使用金属簧片作动触点，在切换过程中存在抖动现象，开关动触点与静触点要反复通、断若干次后，才能可靠地与静触点断

开或接通。机械开关抖动持续时间一般为几毫秒至几十毫秒，远远大于门电路翻转所需时间，因而开关抖动会使输出端 F 产生错误的跳变信号，如图 7.1.2(b) 所示。

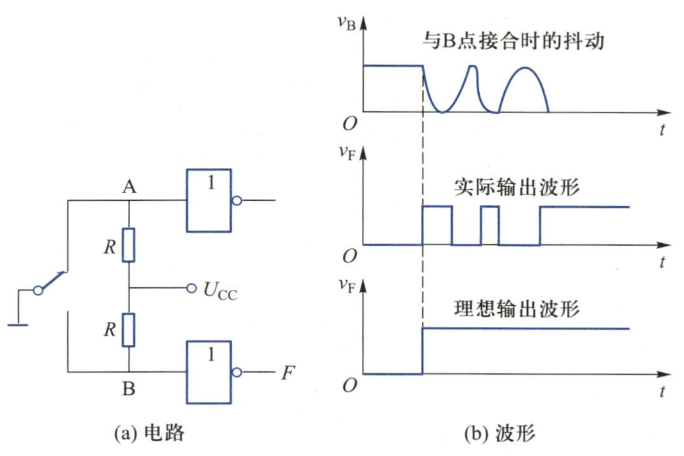

图 7.1.2　机械开关抖动的影响

为消除开关抖动产生的影响，可将基本 RS 触发器的 $\overline{S}_D$ 和 $\overline{R}_D$ 端分别接至开关的触点 A 和 B，如图 7.1.3 所示。当开关动触点在 A 端时，$\overline{S}_D=\mathbf{0}$，$\overline{R}_D=\mathbf{1}$，因此 $Q=\mathbf{1}$，$\overline{Q}=\mathbf{0}$，有 $F=\mathbf{0}$。当开关动触点开始脱离 A 端时，由于 $\overline{Q}=\mathbf{0}$，即使开关动触点和 A 端间有抖动，触发器的输出状态也不变化，$F=\mathbf{0}$。开关动触点完全脱离 A 端，开始与 B 端接触，第一次出现 $\overline{R}_D=\mathbf{0}$ 时，触发器输出变为 $Q=\mathbf{0}$，$\overline{Q}=\mathbf{1}$，有 $F=\mathbf{1}$，由于 $Q=\mathbf{0}$，即使开关动触点和 B 端间有抖动，触发器的输出状态也不变化。当开关自 B 端扳向 A 端时，其情况与上述相同。

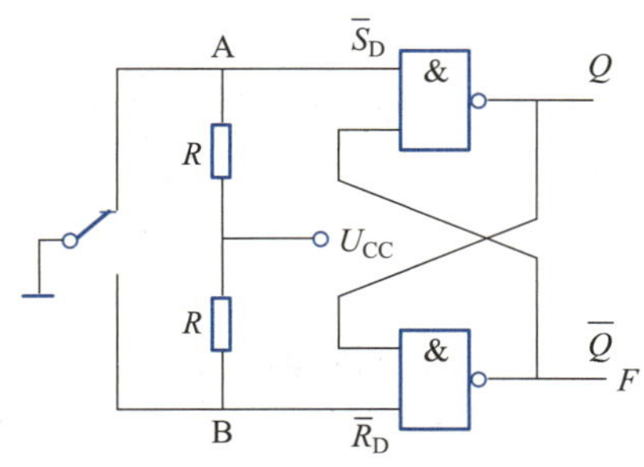

图 7.1.3　用基本 RS 触发器消除开关抖动的影响

需要注意的是，在使用基本 RS 触发器时，为了使其可靠地翻转，输入信号的宽度必须大于 $2t_{pd}$（t_{pd} 为门电路发生翻转需要的平均延迟时间）。

【例 7.1.1】　画出基本 RS 触发器在给定输入信号的作用下，Q 和 $\overline{Q}$ 的波形，$\overline{R}_D$、$\overline{S}_D$ 波形由图 7.1.4 给出，并假设触发器的初始状态 $Q=\mathbf{0}$。

【解】　只有在输入信号 $\overline{S}_D$、$\overline{R}_D$ 有变化时，触发器输出才可能产生变化，因此只关注输入有变化的时刻即可。

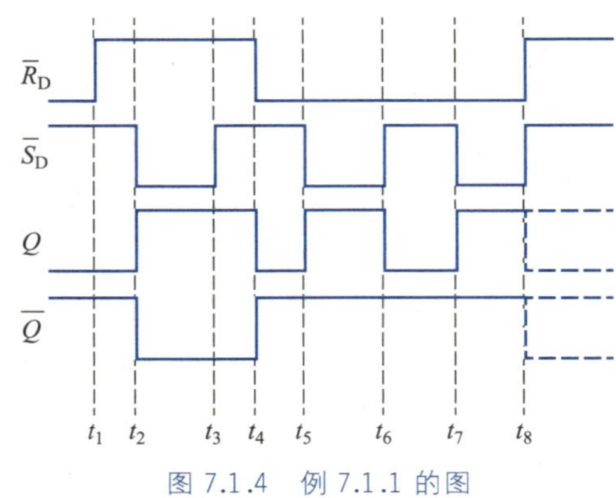

图 7.1.4　例 7.1.1 的图

在 t_1 时刻之前，$\overline{S}_D=\mathbf{1}$，$\overline{R}_D=\mathbf{0}$，触发器置 **0**，输出 $Q=\mathbf{0}$；

t_1 时刻，$\overline{S}_D=\mathbf{1}$，$\overline{R}_D=\mathbf{1}$，触发器维持原状态，输出 $Q=\mathbf{0}$；

t_2 时刻，$\overline{S}_D=\mathbf{0}$，$\overline{R}_D=\mathbf{1}$，触发器置 **1**，输出 $Q=\mathbf{1}$；

t_3 时刻，$\overline{S}_D=\mathbf{1}$，$\overline{R}_D=\mathbf{1}$，触发器维持原状态，输出 $Q=\mathbf{1}$；

t_4 时刻，$\overline{S}_D=\mathbf{1}$，$\overline{R}_D=\mathbf{0}$，触发器置 **0**，输出 $Q=\mathbf{0}$；

在 t_5 时刻之前，$\overline{S}_D$ 和 $\overline{R}_D$ 无同时为 **0** 的情况，Q 和 $\overline{Q}$ 的状态总是相反的；

t_5 时刻，$\overline{S}_D=\mathbf{0}$，$\overline{R}_D=\mathbf{0}$，触发器的两个与非门都输出 **1**，即 $Q=\mathbf{1}$，$\overline{Q}=\mathbf{1}$；

t_6 时刻，$\overline{S}_D=\mathbf{1}$，$\overline{R}_D=\mathbf{0}$，触发器置 **0**，输出 $Q=\mathbf{0}$，$\overline{Q}=\mathbf{1}$；

t_7 时刻和 t_5 时刻情况相同，$Q=\mathbf{1}$，$\overline{Q}=\mathbf{1}$；

t_8 时刻，$\overline{S}_D=\mathbf{1}$，$\overline{R}_D=\mathbf{1}$，两个有效的低电平信号同时消失，$Q$ 和 $\overline{Q}$ 的状态不定，可用虚线表示。

通过控制输入端信号，基本 *RS* 触发器可以实现置 **0**、置 **1** 和保持功能，但它还无法满足时序逻辑电路要按一定节拍同步动作的要求，因此还需要为 *RS* 触发器增加控制功能。

2. 可控 *RS* 触发器

在时序逻辑电路中，通常用一个频率固定的方波信号作为同步信号，这个信号被称为时钟脉冲信号（简称为时钟信号或时钟）。将时钟脉冲信号引入到所有需要同步动作的触发器中，再令触发器在同步信号到达时才按输入信号情况改变状态，就可以实现按节拍动作。可控 *RS* 触发器就是具有这种同步功能的触发器。

（1）电路结构

可控 *RS* 触发器是由基本 *RS* 触发器外加两个**与非**门和一个时钟脉冲控制端所组成的，如图 7.1.5(a)所示，其逻辑符号如图 7.1.5(b)所示。

$\overline{R}_D$ 和 $\overline{S}_D$ 在这里叫作直接复位端和直接置位端，仍然是低电平有效，它们作用于**与非**门 A 和 B，可直接改变触发器输出，而不受时钟控制端的影响。$\overline{R}_D$ 和 $\overline{S}_D$ 通常用于直接为触发器预先置入初值，在触发器工作后就不再动作，都保持为高电平。

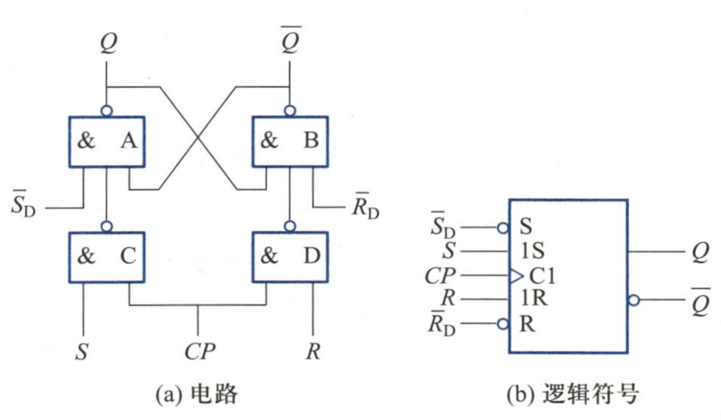

图 7.1.5 可控 RS 触发器

R 和 S 是高电平有效的信号输入端。CP 是时钟脉冲信号输入端，也称为时钟端，CP 可以控制接入 R 和 S 的**与非**门 C 和 D 的输出状态，从而决定输入信号是否能改变触发器的输出。

（2）逻辑功能

当 $CP=\mathbf{0}$ 时，无论 S 和 R 为何值，**与非**门 C 和 D 都输出 **1**，相当于封锁了 S 和 R。$\overline{R}_D$ 和 $\overline{S}_D$ 完成初值置入后为 **1**，这样**与非**门 A 和 B 的三个输入中有两个都为 **1**，**与非**门就相当于**非**门，Q 和 $\overline{Q}$ 互为输入和输出，相互支撑而保持原状态。总体而言，当 $CP=\mathbf{0}$ 时，输出不会受输入影响，一直保持原状态。

当 $CP=\mathbf{1}$ 时，**与非**门 C 和 D 相当于**非**门，分别输出 S 和 R 的反。下面分几种情况进行分析。因为正常工作时，$\overline{R}_D$ 和 $\overline{S}_D$ 为 **1**，对**与非**门 A 和 B 的输出以及其他输入没有影响，分析时就不再考虑。

① $S=\mathbf{0}, R=\mathbf{0}$

与非门 C 和 D 输出都为 **1**，**与非**门 A 和 B 相当于**非**门，Q 和 $\overline{Q}$ 互为输入和输出，保持原状态。$S=\mathbf{0}, R=\mathbf{0}$ 相当于基本 RS 触发器中 $\overline{S}_D=\mathbf{1}, \overline{R}_D=\mathbf{1}$ 时的情况。

② $S=\mathbf{1}, R=\mathbf{0}$

与非门 C 输出、送入**与非**门 A 的是 **0**，**与非**门 D 输出、送入**与非**门 B 的是 **1**，则**与非**门 A 输出 **1**，**与非**门 B 输出 **0**，即 $Q=\mathbf{1}, \overline{Q}=\mathbf{0}$，相当于基本 RS 触发器中 $\overline{S}_D=\mathbf{0}, \overline{R}_D=\mathbf{1}$ 时的情况。

③ $S=\mathbf{0}, R=\mathbf{1}$

由于可控 RS 触发器结构对称，可知此时相当于基本 RS 触发器中 $\overline{S}_D=\mathbf{1}, \overline{R}_D=\mathbf{0}$ 时的情况，即 $Q=\mathbf{0}, \overline{Q}=\mathbf{1}$。

④ $S=\mathbf{1}, R=\mathbf{1}$

与非门 C 和 D 输出都为 **0**，则**与非**门 A 和 B 输出都为 **1**，即 $Q=\mathbf{1}, \overline{Q}=\mathbf{1}$，相当于基本 RS 触发器中 $\overline{S}_D=\mathbf{0}, \overline{R}_D=\mathbf{0}$ 时的情况。这时的输出状态虽然是确定的，但 S、R 从有效的高电平同时恢复为低电平时，同样由于门电路的差异，无法确定 Q 和 $\overline{Q}$ 的状态，因此要禁止出现这种输入情况。被禁止出现的状态被称为禁态。

(3) 真值表

由以上分析可知,可控 *RS* 触发器也具有置 **0**、置 **1** 和保持三种逻辑功能,但与基本 *RS* 触发器不同的是,触发器输出端状态受时钟脉冲 *CP* 的控制。当 *CP* 为 **0** 时,不论 *R*、*S* 端信号如何,触发器输出状态都不变。当 *CP* 为 **1** 时,触发器的状态由 *R*、*S* 端信号决定,其真值表如表 7.1.2 所示。

表 7.1.2　可控 *RS* 触发器的真值表

S	R	Q_{n+1}
0	1	0
1	0	1
0	0	Q_n
1	1	不定

(4) 特征方程

触发器的逻辑功能可以用真值表表示,还可以用触发器新状态(次态 Q_{n+1})与输入信号端状态、触发器原状态(现态 Q_n)之间的关系式来表示,这个关系式就是触发器的特征方程。

如果将 Q_n 也视为输入变量,触发器新状态 Q_{n+1} 可以视为 Q_n 及输入变量 R_n、S_n 的函数,即 $Q_{n+1}=f(Q_n,R_n,S_n)$。将此关系用表格形式列出,称为触发器的特性表,如表 7.1.3 所示。

表 7.1.3　可控 *RS* 触发器的特性表

S_n	R_n	Q_n	Q_{n+1}
0	0	0	0
0	0	1	1
0	1	0	0
0	1	1	0
1	0	0	1
1	0	1	1
1	1	0	不定
1	1	1	不定

求 Q_{n+1} 的具体逻辑表达式,可以写为标准**与-或**式再化简,也可以利用图 7.1.6 所示的卡诺图进行化简。特性表中最后两行,输出为不定,两种输入取值组合对应的最小项就是无关项,在卡诺图中可以用"×"表示,很明显将×视为 **1** 将使化简结果更为简洁。另外,最后两行对应的输入情况是被禁止的,需要用约束条件排除,即要满足 $R_n \cdot S_n = 0$ 的条

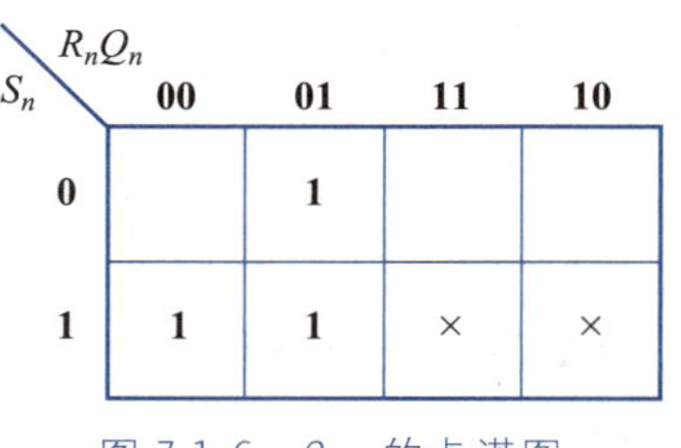

图 7.1.6　Q_{n+1} 的卡诺图

件才能工作。

由 Q_{n+1} 的卡诺图可写出 Q_{n+1} 的逻辑式

$$\begin{cases} Q_{n+1}=S_n+\overline{R}_n \cdot Q_n \\ R_n \cdot S_n=\mathbf{0} \end{cases}$$

这个表达式就是可控 RS 的特征方程。

【例 7.1.2】 可控 RS 触发器的时钟信号 CP、输入信号 S 和 R 的波形如图 7.1.7 所示，分析并画出 Q 和 $\overline{Q}$ 的波形，假设触发器的初始状态为 **0**，$\overline{S}_{D}=\overline{R}_{D}=\mathbf{1}$。

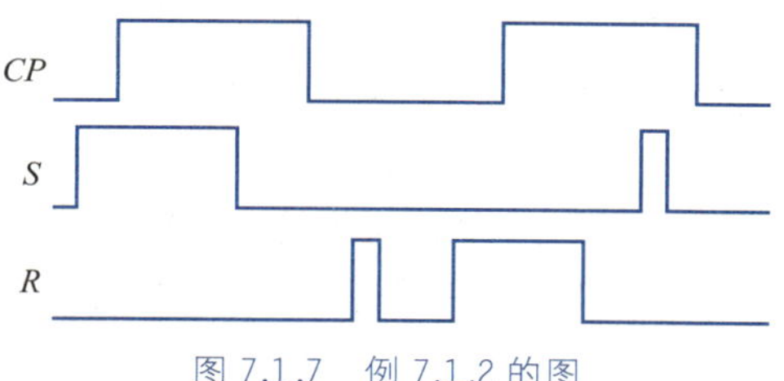

图 7.1.7　例 7.1.2 的图

【解】 时钟 CP 为 **0** 时，触发器输出状态不会改变，仅分析 CP 为 **1** 期间输出状态的变化即可，画出要求的波形如图 7.1.8 所示。触发器的初始状态 **0** 会持续到第一个时钟高电平的前沿，当 CP = **1** 时，S = **1**，R = **0**，则 Q = **1**，但第一个时钟高电平期间，S 变为 **0**，Q 保持原来的 **1** 状态；在第二个时钟高电平到来前，R 的变化不会改变输出，Q 保持原来的 **1** 状态；第二个时钟高电平到来后，S = **0**，R = **1**，则 Q = **0**，在 R 变为 **0** 后，Q 保持原来的 **0** 状态，直到 S 出现一个正向窄脉冲，Q 又变为 **1**。

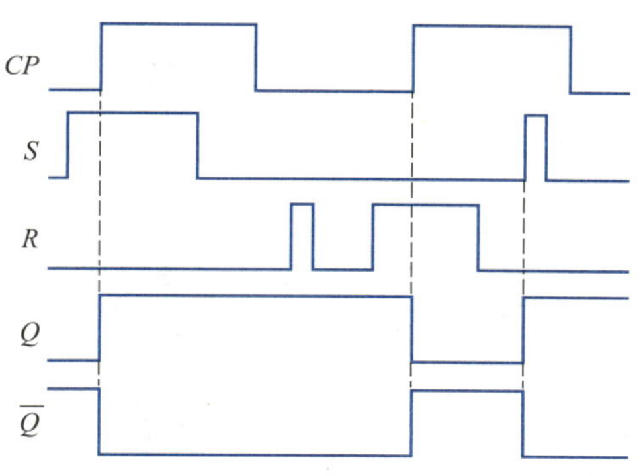

图 7.1.8　例 7.1.2 的解

如果把例 7.1.2 中 S 和 R 处出现的窄脉冲视为干扰信号，显然 R 处出现的干扰不会影响正常输出，因为干扰出现在 CP 为 **0** 期间，而 S 处的干扰出现在 CP 为 **1** 期间，就会导致输出状态发生变化，从而产生错误的输出。

这种在一个时钟脉冲期间，触发器翻转多次的现象称为空翻。空翻会导致逻辑出现混乱，而可控 RS 触发器在 CP 为 **1** 期间，其输出都会受到输入变化的影响，因此空翻现象是不可避免的。

讲义：
JK 触发器和D 触发器

视频：
JK 触发器和D 触发器

7.1.2 JK 触发器

JK 触发器按其内部构成可分为主从型 JK 触发器和边沿型 JK 触发器，其中边沿型 JK 触发器的抗干扰能力更强，下面仅介绍边沿型 JK 触发器的逻辑功能和特征方程。

边沿型 JK 触发器的输出仅在时钟脉冲的上升沿时刻或下降沿时刻发生变化，上升或下降沿时间很短，自然不容易受到干扰，因而有较强的抗干扰能力，可以消除空翻现象。根据输出变化的时刻，边沿型 JK 触发器可分为正边沿 JK 触发器和负边沿 JK 触发器两种。

1. 正边沿 JK 触发器

正边沿 JK 触发器的输出仅在时钟脉冲的上升沿时刻发生变化，在时钟脉冲 CP 的上升沿来到时，触发器的输出状态由此刻的输入信号 J、K 状态决定，在其他时刻，触发器的状态保持不变。正边沿 JK 触发器的逻辑符号如图 7.1.9(a)所示，$\overline{S}_D$ 和 $\overline{R}_D$ 是低电平有效的直接置位端和直接复位端，与可控 RS 触发器中的作用一样，用于为触发器置入初值；输入信号 J、K 为高电平有效；时钟 CP 处没有小圆圈，表示输出在正边沿时刻发生变化。

为了实现更丰富的功能，有些 JK 触发器有多个输入端，一般将这些输入的**与**作为 J 或者 K，另外为了符号的简洁，有时可以省略 $\overline{S}_D$ 和 $\overline{R}_D$，多输入的正边沿 JK 触发器的逻辑符号如图 7.1.9(c)所示。

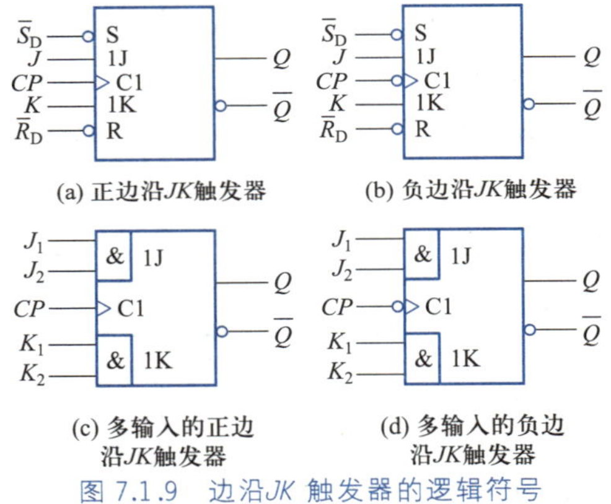

图 7.1.9 边沿JK 触发器的逻辑符号

正边沿 JK 触发器的真值表如表 7.1.4 所示，对比可控 RS 触发器可以发现，JK 触发器前三行的功能（置 **0**、置 **1** 和保持）和可控 RS 触发器完全相同，J 相当于 S，K 相当于 R。第四行的功能为翻转，新状态总为前一个状态的反。JK 触发器的功能最为全面。

表 7.1.4 正边沿 JK 触发器的真值表

J	K	CP	Q_{n+1}
0	**0**	↑	Q_n
0	**1**	↑	**0**
1	**0**	↑	**1**
1	**1**	↑	$\overline{Q}_n$

2. 负边沿 JK 触发器

负边沿 JK 触发器的输出仅在时钟脉冲的下降沿时刻发生变化，其余功能与正边沿 JK 触发器完全相同。负边沿 JK 触发器的逻辑符号如图 7.1.9(b)所示，与正边沿 JK 触发器的不同在于其时钟端处有一个小圆圈，表示是输出在负边沿时刻发生变化。负边沿 JK 触发器的真值表如表 7.1.5 所示。

表 7.1.5　负边沿 JK 触发器的真值表

J	K	CP	Q_{n+1}
0	0	↓	Q_n
0	1	↓	0
1	0	↓	1
1	1	↓	$\overline{Q}_n$

3. JK 触发器的特征方程

由表 7.1.4 或表 7.1.5 所示真值表可列出 JK 触发器的特性表，如表 7.1.6 所示，并画出 Q_{n+1}的卡诺图，如图 7.1.10 所示。利用卡诺图化简，得到 JK 触发器的特征方程为

$$Q_{n+1}=J\cdot\overline{Q}_n+\overline{K}\cdot Q_n$$

表 7.1.6　JK 触发器的特性表

J_n	K_n	Q_n	Q_{n+1}
0	0	0	0
0	0	1	1
0	1	0	0
0	1	1	0
1	0	0	1
1	0	1	1
1	1	0	1
1	1	1	0

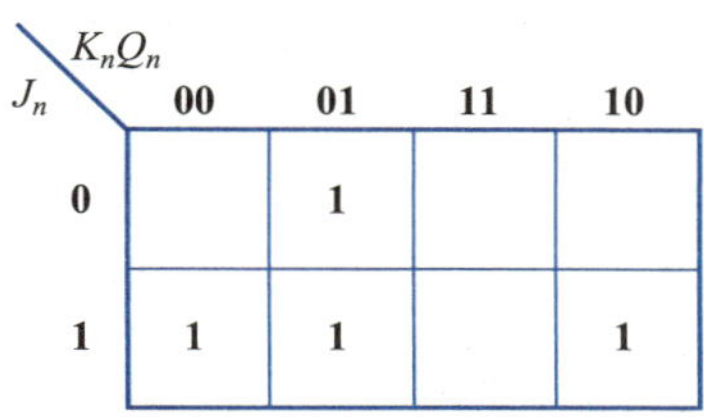

图 7.1.10　卡诺图

【例 7.1.3】　图 7.1.11 中的边沿 JK 触发器的初始状态为 **0**，试画出在时钟脉冲 CP 和输入信号 A 的作用下，Q_1 和 Q_2 的输出波形。

【解】　触发器 FF_1 为负边沿 JK 触发器，FF_2 为正边沿 JK 触发器，其输出波形如图 7.1.11 所示。从波形可以看出，边沿触发器的输出状态只在 CP 脉冲的上升沿、下降沿由 J、K 信号状态决定，其他时刻，触发器的状态不受影响。

注意：J 和 K 是内部与非门的输入端，J 和 K 悬空时，相当于输入高电平。

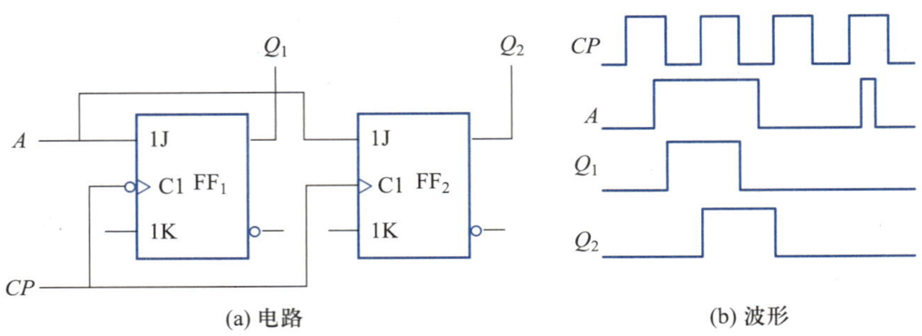

(a) 电路　　(b) 波形

图 7.1.11　例 7.1.3 的图

7.1.3　D 触发器

D 触发器也是一种可以消除空翻现象的触发器，其内部采用了维持与阻塞的方式。这里不介绍其电路结构，仅介绍逻辑功能、特征方程及其应用。D 触发器的输出也是在时钟边沿时刻才能改变，可以分为正边沿型和负边沿型，其逻辑符号如图 7.1.12 所示。D 触发器有一个输入 D，一个时钟脉冲 CP，两个输出 Q 和 $\overline{Q}$，还有直接置位 $\overline{S}_D$ 和直接复位 $\overline{R}_D$。CP 处无小圆圈的为正边沿型，有小圆圈的为负边沿型。也可以省略 $\overline{S}_D$ 和 $\overline{R}_D$，得到简化的逻辑符号，如图 7.1.12(c)所示。

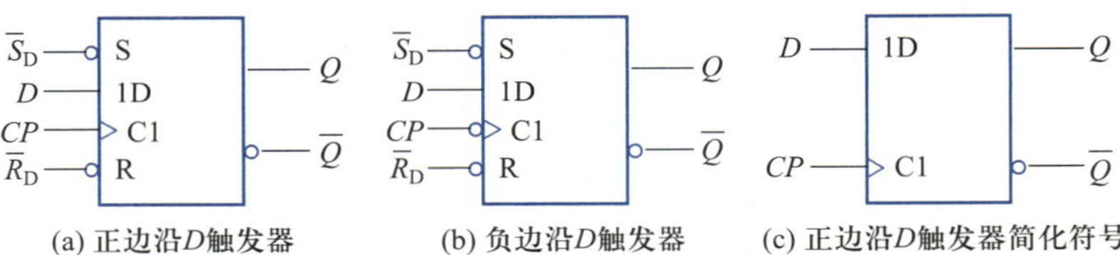

(a) 正边沿D触发器　　(b) 负边沿D触发器　　(c) 正边沿D触发器简化符号

图 7.1.12　D 触发器的逻辑符号

D 触发器的逻辑功能可以用真值表表示，如表 7.1.7 所示。从真值表可以看出，当 CP 脉冲边沿来到时，D 触发器是何种状态，取决于 CP 脉冲到来之前输入端 D 的状态，而与触发器原状态 Q_n 无关。

表 7.1.7　D 触发器的真值表

D	Q_{n+1}
0	**0**
1	**1**

由其真值表可得 D 触发器的特征方程为 $Q_{n+1}=D$。

D 触发器只有置 **0**、置 **1** 两种功能，但仅通过简单的连线，可以使其实现翻转

功能。

【例 7.1.4】 电路如图 7.1.3 所示，D 触发器的 D 端和 $\overline{Q}$ 端连在一起。试画出在时钟脉冲 CP 的作用下，触发器输出端 Q 的波形。设触发器的初始状态为 **0**。

【解】 正边沿 D 触发器的输出只在时钟上升沿到来时发生变化，使 $Q=D$。第一个时钟上升沿来之前的时刻，$Q=\mathbf{0}$，$D=\overline{Q}=\mathbf{1}$，则时钟上升沿到来时，**1** 就被送入 Q，$D=\overline{Q}=\mathbf{0}$，这时 D 虽然发生了变化，但是时钟上升沿已经过去了，只能等第二个时钟上升沿到来时，才能将 **0** 送入 Q。以此类推，每一个时钟上升沿到来时，Q 正好翻转一次，就实现了翻转功能。

通过分析电路的特征方程也可以得到相同结论，因为 $Q_{n+1}=D$，而 D 又来自 $\overline{Q}_n$，因此有 $Q_{n+1}=\overline{Q}_n$，即每来一个时钟，输出都翻转一次。图中可以看出 Q 的频率是时钟 CP 频率的一半，这就是所谓的二分频电路。JK 触发器具有翻转功能，自然也能实现二分频，仅需让 J、K 都为 **1** 即可，具体电路如图 7.1.14 所示。对于 JK 触发器，J、K 悬空相当于高电平。

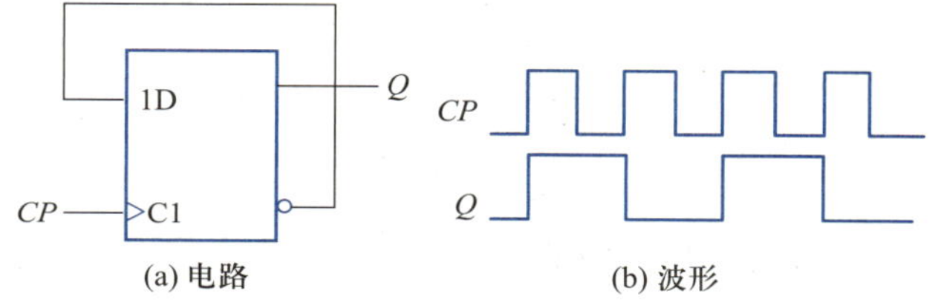

(a) 电路 (b) 波形

图 7.1.13 例 7.1.4 的图

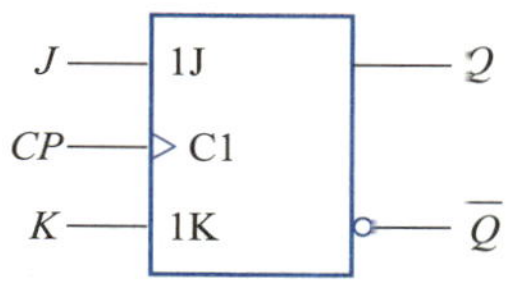

图 7.1.14 JK 触发器实现二分频

7.1.4 T 触发器和 T' 触发器

T 触发器和 T' 触发器并没有实际器件与之对应，只是用来描述触发器功能。虽然没有实际产品，但可以利用其他触发器来实现这两种触发器的功能。

讲义：
触发器逻辑功能转换

T 触发器的真值表如表 7.1.8 所示，可实现保持和翻转功能，其特征方程可写为 $Q_{n+1}=T\cdot\overline{Q}_n+\overline{T}\cdot Q_n$。

表 7.1.8 T 触发器的真值表

T	Q_{n+1}
0	Q_n
1	$\overline{Q}_n$

视频：
触发器逻辑功能转换

T' 触发器没有输入信号，其功能只有翻转，即每来一个时钟，输出就翻转一次。特征方程可写为 $Q_{n+1}=\overline{Q}_n$，可见其功能就是二分频，完全可以用 D 触发器来替代实现。

7.1.5 触发器逻辑功能的转换

目前可供选用的集成触发器多数都是 JK 触发器或 D 触发器，一方面是因为 JK 触发器逻辑功能全，D 触发器应用灵活，另一方面是因为 JK 触发器和 D 触发器经过转换可以实现其他触发器的逻辑功能，包括 *JK* 触发器和 *D* 触发器之间也可以相互转换。

1. *JK* 触发器转换为其他触发器

主要说明 *JK* 触发器转换为 *D* 触发器、*T* 触发器。

对照 *JK* 触发器的特征方程，将 *D* 触发器的特征方程变换一下形式。

$$Q_{n+1}=J\overline{Q}_n+\overline{K}Q_n$$

$$Q_{n+1}=D(Q_n+\overline{Q}_n)=D\overline{Q}_n+DQ_n$$

与 *JK* 触发器的特征方程对比后可知，若令

$$\begin{cases}J=D\\K=\overline{D}\end{cases}$$

便可得到 *D* 触发器，其转换电路如图 7.1.15(a)所示。

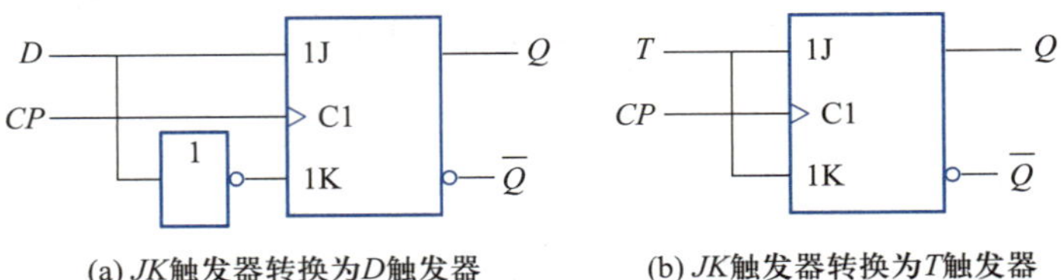

(a) *JK*触发器转换为*D*触发器　(b) *JK*触发器转换为*T*触发器

图 7.1.15　*JK* 触发器转换为其他类型触发器

将 *T* 触发器的特征方程与 *JK* 触发器的特征方程对比后可知，若令 $J=K=T$，便可得到 *T* 触发器，其转换电路如图 7.1.15(b)所示。

2. *D* 触发器转换为其他触发器

主要说明 *D* 触发器转换为 *JK* 触发器、*T* 触发器。

虽然 *JK* 触发器有两个输入端，也可以用只有一个输入端的 *D* 触发器来转换。对照 *D* 触发器特征方程 $Q_{n+1}=D$ 和 *JK* 触发器的特征方程 $Q_{n+1}=J\overline{Q}_n+\overline{K}Q_n$，需要 *D* 触发器的输入信号满足

$$D=J\overline{Q}_n+\overline{K}Q_n$$

具体的实现电路如图 7.1.16(a)所示，增加了一些门电路构成组合逻辑电路来实现上式，时钟信号仍然送入触发器的时钟端。

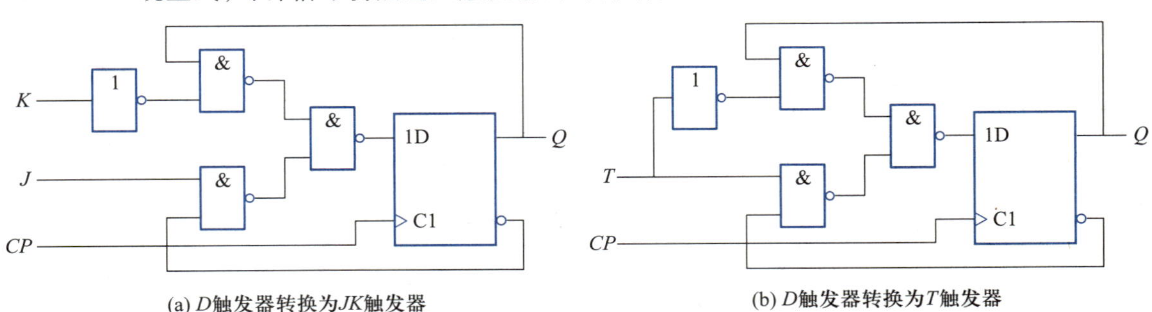

(a) *D*触发器转换为*JK*触发器　(b) *D*触发器转换为*T*触发器

图 7.1.16　*D* 触发器转换为其他类型触发器

对照 D 触发器特征方程 $Q_{n+1}=D$ 和 T 触发器的特征方程 $Q_{n+1}=T\cdot\overline{Q}_n+\overline{T}\cdot Q_n$，需要 D 触发器的输入信号满足

$$Q_{n+1}=T\cdot\overline{Q}_n+\overline{T}\cdot Q_n$$

具体的实现电路如图 7.1.16(b)所示。

练习与思考

7.1.1　触发器的 $\overline{S}_D$ 和 $\overline{R}_D$ 两个输入各有什么作用？

7.1.2　什么叫触发器的空翻？为什么会发生空翻？

7.1.3　已知可控 RS 触发器的输入波形如图 7.1.17 所示，试画出在时钟脉冲 CP 作用下，输出端 Q 的波形。设触发器的初始状态为 **0**。

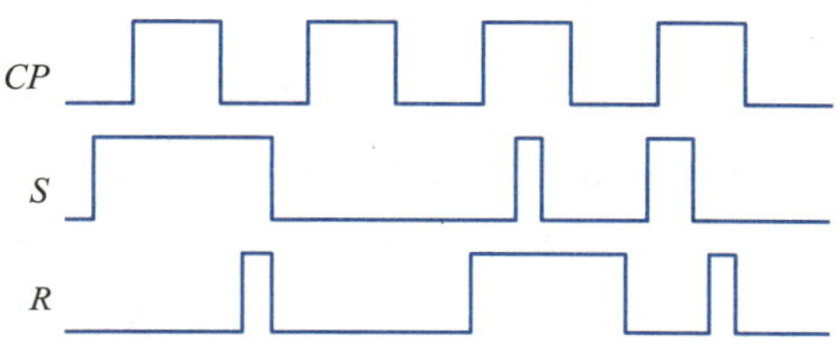

图 7.1.17　练习与思考 7.1.3 的图

7.1.4　正边沿 JK 触发器的输入波形如图 7.1.18 所示，试画出在时钟脉冲 CP 作用下，输出端的波形。设触发器的初始状态为 **0**。如果使用的是负边沿 JK 触发器，波形如何变化？

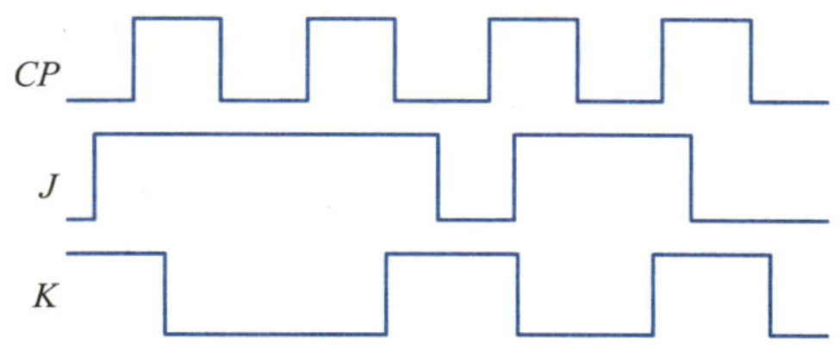

图 7.1.18　练习与思考 7.1.4 的图

7.1.5　设图 7.1.19 中各触发器的初始状态为 **0**，试画出在时钟脉冲 CP 作用下，各触发器输出端的波形。

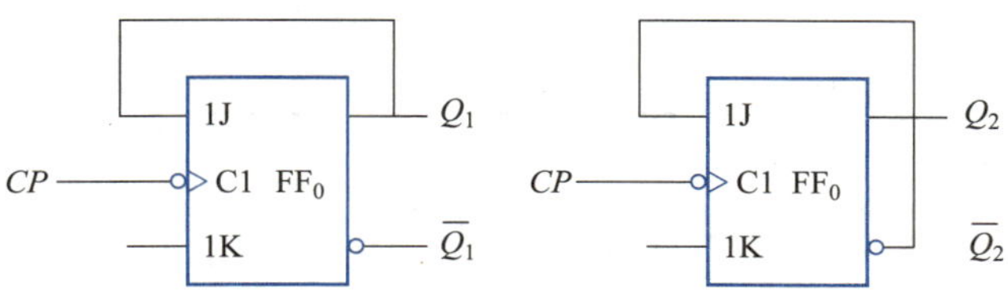

图 7.1.19　练习与思考 7.1.5 的图

7.1.6　已知边沿 D 触发器逻辑电路如图 7.1.20 所示，试画出在 CP_1、CP_2 脉冲作用下，输出端 Q_1、Q_2 的波形。设触发器初始状态为 **00**。

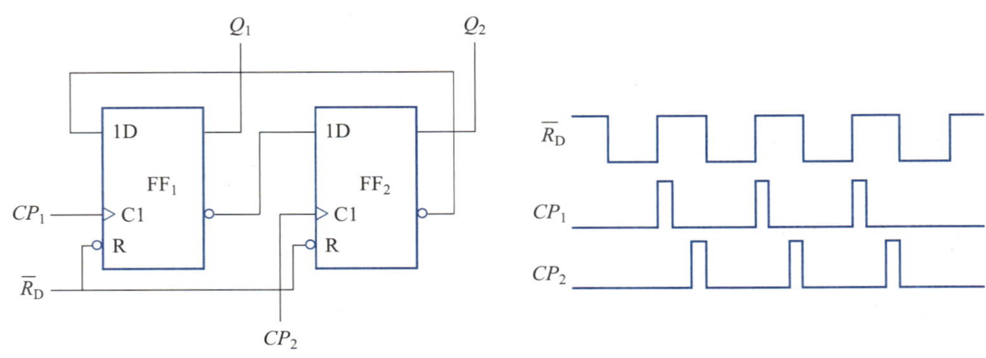

图 7.1.20 练习与思考 7.1.6 的图

7.2 寄存器

讲义：
寄存器

数字电路中的数码、指令、运算结果等往往需要用多位二进制数码来表示，例如目前的 64 位 CPU，可以接收的二进制数码位数达到了 64 位。能够暂时存放多位二进制数码的数字逻辑部件就是寄存器。寄存器就是以具有记忆功能的双稳态触发器为基础构建的，而双稳态触发器只能保存一位二进制数码，因此往往需要多个触发器，一般说来，需要存入多少位二进制数就需要多少个触发器。

视频：
寄存器

寄存器可分为两大类：数码寄存器和移位寄存器。它们的不同之处是，移位寄存器除了有寄存数码的功能外，还具有移位功能。

7.2.1 数码寄存器

1. 双拍工作方式的数码寄存器

由基本 *RS* 触发器组成的双拍工作数码寄存器如图 7.2.1 所示，四个触发器用于保存四位二进制数码，另外还有四个**与**门和四个**与非**门配合实现数码的存入和取出。双拍工作是指存入数码时，需要两个步骤，需要低电平有效的清零指令和高电平有效的寄存指令依次给出，数码才能被存入寄存器。

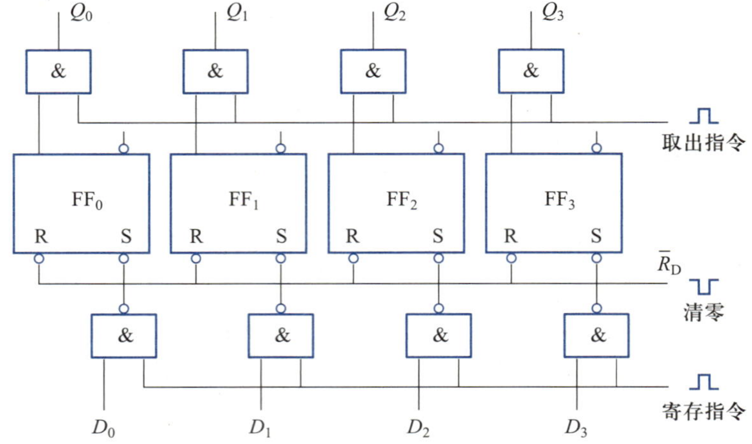

图 7.2.1 由基本*RS* 触发器组成的双拍工作数码寄存器

存入数码时，具体的两拍工作如下。

(1) 清除数码

清零指令端送入有效的低电平，同时寄存指令端要保持无效的低电平状态；对于触发器 $FF_0 \sim FF_3$，直接复位端 $\overline{R}_D = \mathbf{0}$，直接置位端 $\overline{S}_D = \mathbf{1}$，无论触发器原状态如何，输出都被置为 **0**，这样就实现了数码的清除。

(2) 寄存数码

清零指令端变为无效的高电平，寄存指令端输入有效的高电平，输入的数据 $D_0 \sim D_3$ 就可以通过**与非**门影响触发器的输出；如果输入的数据为 **1**，经过**与非**门送入对应触发器 $\overline{S}_D$ 端的信号就为 **0**，则触发器输出被置 **1**，即数据 **1** 存入了触发器；如果输入的数据为 **0**，对应触发器的 $\overline{S}_D$ 为 **1**，则触发器保持原来的状态 **0**，相当于将数据 **0** 存入了触发器。

寄存器取出数据只需要一步，只要取出指令为高电平，使各**与**门打开，就可读出数据，如果取出指令为低电平，则各输出均为 **0**。

双拍工作数码寄存器在寄存数据之前如果没有先清零的过程，寄存器在接收数码时就会出错，双拍工作方式是其传输速度较慢的主要原因。

2. 单拍工作方式的数码寄存器

由 D 触发器组成的单拍工作数码寄存器如图 7.2.2 所示，四个触发器用于保存四位二进制数码，四个**与**门配合实现数码的取出。寄存指令直接送入 D 触发器的时钟端，每次时钟上升沿到来时，数据就直接存入触发器，即只需要一拍动作就能完成置入。取出数据方式没有变化，只要给出高电平的取出指令使**与**门打开就可读出数据。

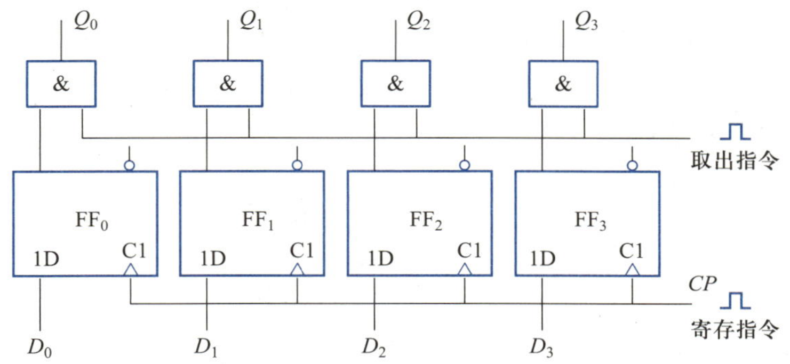

图 7.2.2 由 D 触发器组成的单拍工作数码寄存器

上述数码寄存器，在接收和输出数码信号时，各位数码都是同时输入到寄存器中去的，输出也是各位同时输出。这种输入、输出方式称为并行输入、并行输出方式。

7.2.2 移位寄存器

移位寄存器可以存储多位数码，同时也可以将各位上的数码按照时钟节拍移动到与其相邻的位上。图 7.2.2 中，各输出按 $Q_0 \sim Q_3$ 的顺序从左向右排列，集成寄存器的引脚也大多按 $Q_0 \sim Q_x$（x 为正整数）的顺序从左向右排列。如果寄存器按时钟节拍，能将 $Q_0 \sim Q_3$ 上的数据分别送入各自右侧标号更大的输出端，这种寄存器就称为右移寄存器；如果按时钟节拍，寄存器中存放的数码会依次向左侧标号更小的输出端移动，这种寄存器就称左移寄存器；既可左移又可右移的寄存器称为双向移位寄存器。

1. 单向移位寄存器

利用 D 触发器可以构成移位寄存器。一个三位左移寄存器如图 7.2.3 所示，三个 D 触发器的时钟端连在一起，输入数据 D 接入触发器 FF_2 的信号输入端，FF_2 的输出 Q_2 作为 FF_1 的输入，FF_1 的输出 Q_1 作为 FF_0 的输入。以 FF_1 为例，时钟脉冲到来时，Q_2 的数据被送入 FF_1，而 FF_1 自己的输出 Q_1 在时钟到来前就已经在 FF_0 的输入端，因此时钟到来时，Q_1 就被置入了 FF_0。每来一个时钟，$Q_0 \sim Q_2$ 的数码就往左移动一位，Q_0 原有的数码被舍弃，Q_2 被送入数据 D。

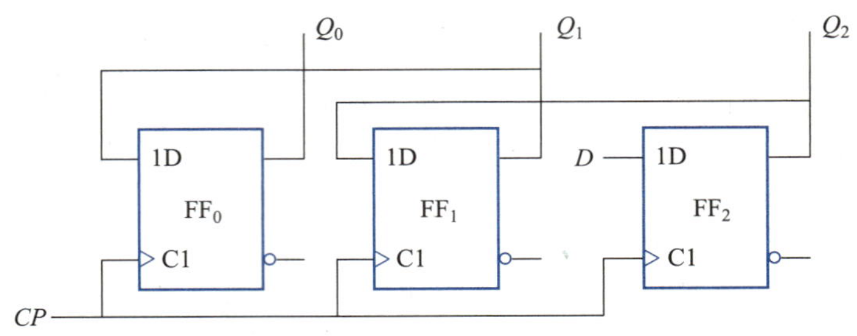

图 7.2.3　三位左移寄存器

将数据存储到移位寄存器中，需要将数据依次送入到数据输入端，按时钟节拍逐步移动到需要的位置上。如果希望置入的数据为 $Q_0Q_1Q_2$ = **101**，送入数据输入端的第一个数据就应该是 Q_0 对应的 **1**，它在第一个时钟到来时被送入 FF_2 的 Q_2，在第二个时钟到来时作为 Q_2 被送入 FF_1 的 Q_1，在第三个时钟到来时作为 Q_1 被送入 FF_0 的 Q_0；同理，与 Q_1 对应的 **0**，与 Q_2 对应的 **1**，依次送入输入数据端，都会到达所需要的位置上，并且是在第三个时钟到来时同时完成的。整个过程的工作波形如图 7.2.4 所示，图中还画出了第四个到第六个时钟脉冲作用下，数据继续左移的情况，最终从数据输入端送入的数据全部从 Q_0 端输出。

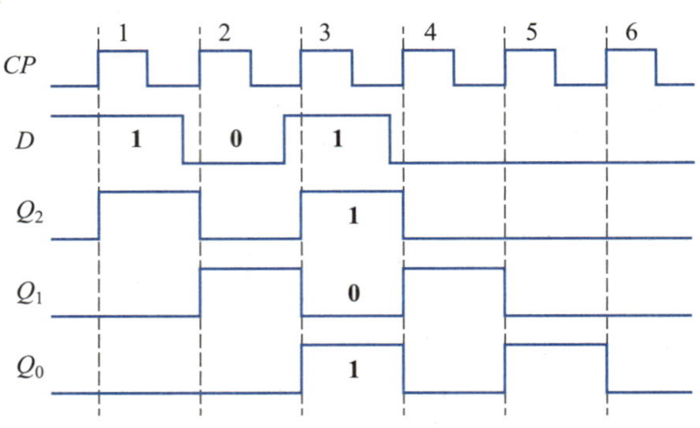

图 7.2.4　三位左移寄存器工作波形

移位寄存器的数据需要从数据输入端依次输入，这种输入方式就是串行输入。图 7.2.3 所示左移寄存器中，如果仅用 Q_0 作为输出，数据也是依次输出的，这种输出方式就是串行输出；如果在第三个时钟到来后，将 $Q_0Q_1Q_2$ 一起作为输出，同时取出数据，这种输出方式就是并行输出。图 7.2.3 所示的左移寄存器既可以串行输出，也可

以并行输出。

前面的数码寄存器采用并行输入方式，输入 n 位数码时，就需要有 n 个输入线，但一个时钟脉冲就可以完成数据的存储；移位寄存器采用串行输入方式，只需要一根输入线，但如果要存入 n 位数码，就需要 n 个时钟脉冲。两种寄存器各有优点。

【例 7.2.1】 分析图 7.2.5 所示电路的功能。

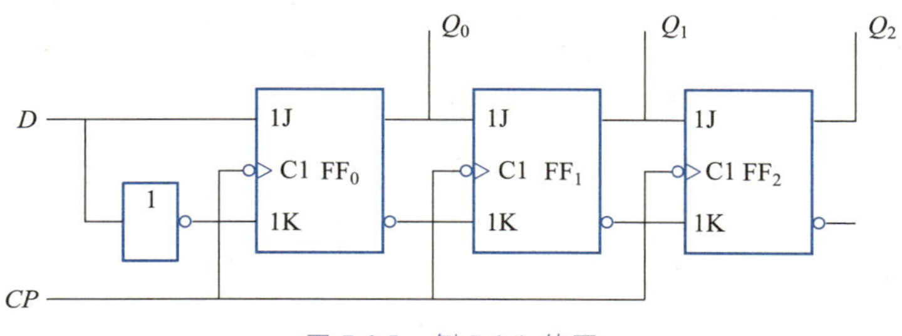

图 7.2.5 例 7.2.1 的图

【解】 根据各触发器的输入情况，可以通过表达式表示各输出的新状态

$$Q_0^{n+1}=J_0\overline{Q}_0^n+\overline{K}_0Q_0^n=D\overline{Q}_0^n+DQ_0^n=D$$

$$Q_1^{n+1}=J_1\overline{Q}_1^n+\overline{K}_1Q_1^n=Q_0^n\overline{Q}_1^n+Q_0^nQ_1^n=Q_0^n$$

$$Q_2^{n+1}=J_2\overline{Q}_2^n+\overline{K}_2Q_2^n=Q_1^n\overline{Q}_2^n+Q_1^nQ_2^n=Q_1^n$$

各触发器接入同一时钟信号，输出同时动作，每个时钟脉冲数码都向右移动一位，因此是一个三位右移寄存器。

回顾触发器逻辑功能转换中 *JK* 触发器转换为 *D* 触发器的内容，容易判断图 7.2.5 中的各 *JK* 触发器实际上实现的是 *D* 触发器功能。

2. 双向移位寄存器

在左移和右移寄存器的基础上，利用 *D* 触发器可以构造出双向移位寄存器，如图 7.2.6 所示。寄存器有数据右移输入端 D_{IR} 和数据左移输入端 D_{IL}，另外还有右移控制端 *R* 和左移控制端 *L*。触发器 FF_0 的输入信号 D_0 为

$$D_0=D_{IR}\cdot R+Q_1\cdot L$$

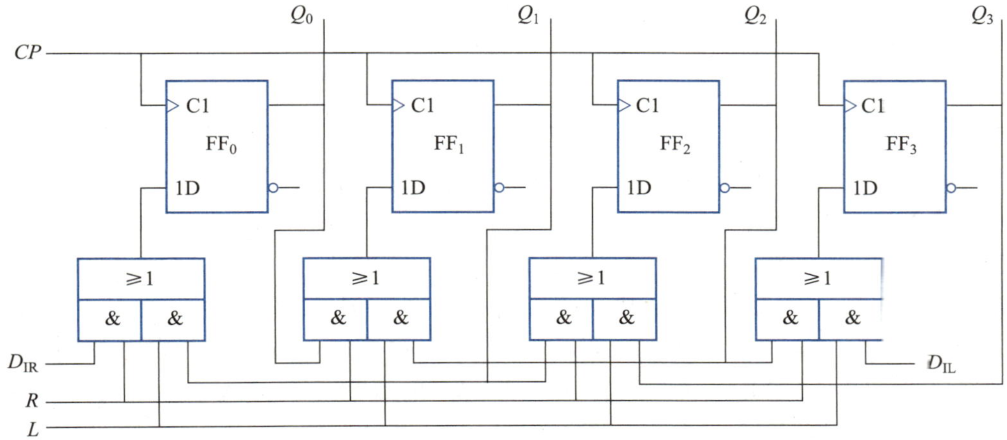

图 7.2.6 四位双向移位寄存器

当 $R=\mathbf{1}$，$L=\mathbf{0}$ 时，$D_0=D_{IR}$，当 $R=\mathbf{0}$，$L=\mathbf{1}$ 时，$D_0=Q_1$，这样就可以选定触发器 FF_0 的输出 Q_0 是移入右侧数码还是移入左侧数码，其他各触发器功能相同，因而可实现双向移位。

7.2.3　集成寄存器

实际应用中常采用集成寄存器。除了核心存储功能，集成寄存器在接口方面也增加了相应的电路，通常采用集电极开路门或三态门输出，这样可以扩展寄存器的个数并且能接到同一个总线上，使寄存器应用更为方便。

74LS194 是集成双向四位移位寄存器，其逻辑符号如图 7.2.7 所示。CP 为时钟输入端，$\overline{R}_D$ 为低电平有效的清零端，D_{IR} 为数据右移输入端，D_{IL} 为数据左移输入端，$D_0\sim D_3$ 为数据并行输入端，$Q_0\sim Q_3$ 为数据并行输出端。移位寄存器的工作状态由控制端 S_1 和 S_0 的状态决定。

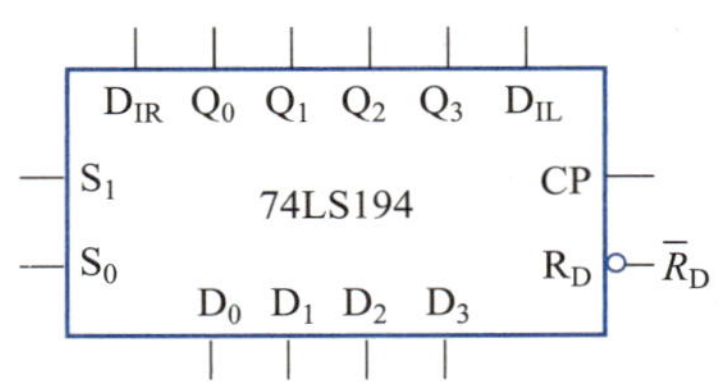

图 7.2.7　74LS194 的逻辑符号

74LS194 的功能表如表 7.2.1 所示。$\overline{R}_D$ 具有最高优先级，不需要时钟的配合，就可以将各输出端置 **0**，常用于初始复位，正常工作时应保持高电平。根据 S_1S_0 的取值，可以令输出保持，或是在时钟的配合下实现数据右移、数据左移和并行输入。并行输入时，利用一个时钟脉冲，$D_0\sim D_3$ 就被直接送入 $Q_0\sim Q_3$。74LS194 可以串行输入也可以并行输入，可以串行输出也可以并行输出，应用比较灵活。

表 7.2.1　74LS194 的功能表

$\overline{R}_D$	S_1	S_0	CP	功能
0	×	×	×	置 **0**
1	**0**	**0**	↑	保持
1	**0**	**1**	↑	数据右移
1	**1**	**0**	↑	数据左移
1	**1**	**1**	↑	并行输入

【例 7.2.2】　利用 74LS194 构成八位双向移位寄存器。

【解】　用两片 74LS194 即可构成八位双向移位寄存器，如图 7.2.8 所示。两片 74LS194 要动作一致，各控制端、时钟端、清零端分别并联。左侧的 74LS194 的 Q_3 接到右侧 74LS194 的数据右移输入端 D_{IR}，Q_3 的数据可以继续右移进入右侧 74LS194 的 Q_0 端，右侧 74LS194 的 Q_0 就作为所构成八位双向移位寄存器的 Q_4。同理右侧的 74LS194 的 Q_0 接到左侧 74LS194 的数据左移输入端 D_{IL}，可以实现数据的左移。

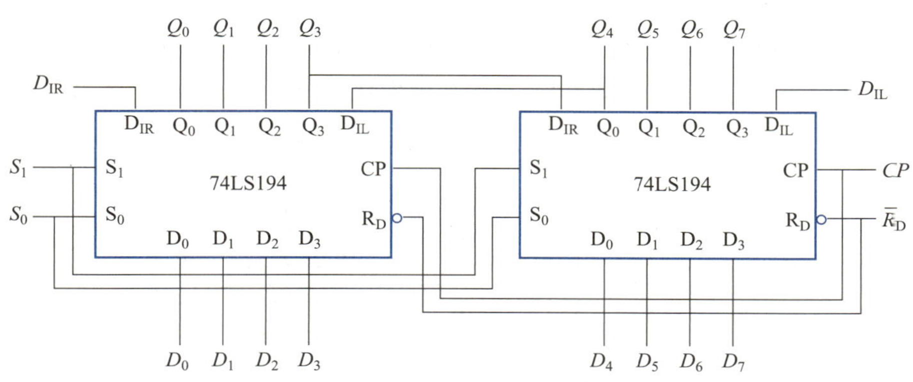

图 7.2.8　例 7.2.2 的图

练习与思考

7.2.1　数码寄存器与移位寄存器有何区别？

7.2.2　并行输入、串行输入各有何优点？需要长距离传输数据时(如互联网传输数据)，采用哪种数据输入方式更好？

7.2.3　各种触发器中，有哪些触发器可构成寄存器？

7.3　计数器

在数字电路中，计数器是基本逻辑部件之一。计数器能够累计输入时钟脉冲的数量，应用十分广泛。例如在计算机中，CPU 按地址顺序逐条执行寄存器中的指令，按时钟节拍每次加 1 的二进制地址码就是利用计数器来实现的。通常所说的 CPU 频率就是这个时钟节拍，频率越高，计数越快，就能执行更多的指令，进而提高计算性能。

计数器的种类很多，按时钟脉冲的控制工作方式分，有同步计数器和异步计数器；按计数基数分，有二进制计数器、十进制计数器和任意进制计数器；按计数的增减趋势分，有加法计数器和减法计数器。

对二进制进行加、减计数时，每位上的数码都在 **0**、**1** 之间反复变化，特别是最低一位，每来一个时钟脉冲，就在 **0** 和 **1** 之间翻转一次。正因为如此，翻转功能也被称为计数功能。双稳态触发器能实现翻转功能，可以用来构造计数器。

讲义：
异步计数器

7.3.1　异步计数器

如果计数脉冲(即时钟脉冲)不是送入组成计数器的所有触发器的时钟端，而是有些触发器把其他触发器的输出当作时钟信号，则各触发器的状态变化就会有先有后，不会同步变化，这种计数器就被称为异步计数器。

1. 异步二进制计数器

视频：
异步计数器

二进制计数器是指按二进制数运算规律进行计数的电路。

(1) 异步二进制加法计数器

由 JK 触发器构成的异步二进制加法计数器如图 7.3.1 所示。三个负边沿 JK 触发器的直接复位端接在一起，用于初始复位。计数脉冲 CP 只送入了触发器 FF_0 的时钟端，而 FF_1 的时钟取自 Q_0，FF_2 的时钟取自 Q_1，三个触发器的时钟各不相同。各触发器的 J、K 都悬空，相当于输入高电平，因而各触发器实现的都是翻转功能。

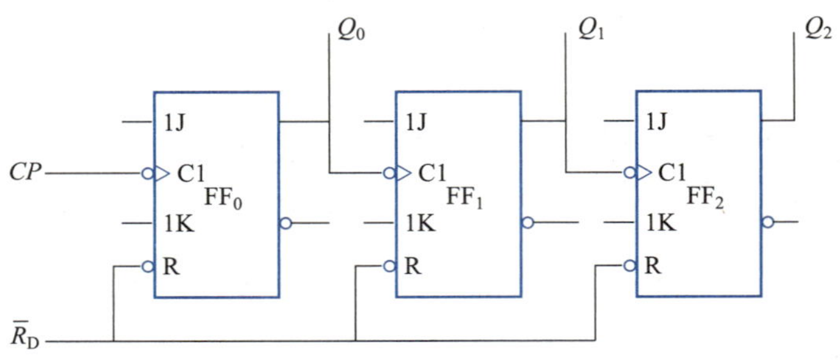

图 7.3.1　异步二进制加法计数器

异步二进制加法计数器的工作波形如图 7.3.2 所示，假设初始时刻，Q_0 ~ Q_2 都为 **0**。每个时钟下降沿时刻，Q_0 翻转一次，Q_0 相当于对 CP 进行了二分频。Q_0 作为 FF_1 的时钟，在其每个下降沿时刻，Q_1 翻转一次，Q_1 相当于对 Q_0 进行了二分频。同理 Q_2 也是 Q_1 的二分频。根据图 7.3.2，按照 $Q_2Q_1Q_0$ 的顺序可以列出计数器输出状态变化情况，依次为 **000**、**001**、**010**、**011**、**100**、**101**、**110**、**111**，之后又回到 **000**。可以看出每个时钟脉冲，数据都按二进制加法累加一个 **1**，就实现了二进制加法计数。

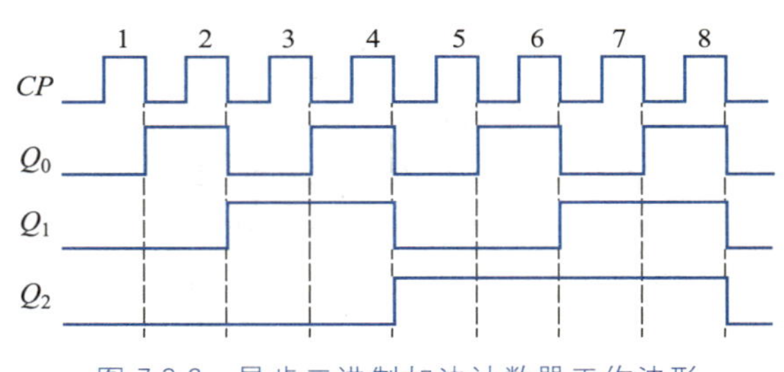

图 7.3.2　异步二进制加法计数器工作波形

【例 7.3.1】　分析图 7.3.3 所示电路的逻辑功能。

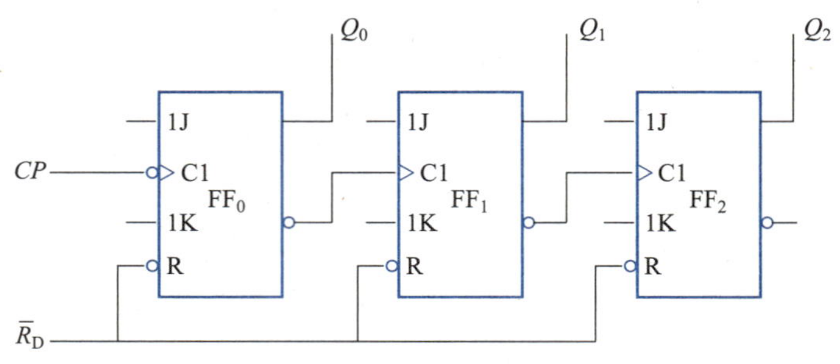

图 7.3.3　例 7.3.1 的图

【解】　三个触发器都实现翻转功能，根据各触发器边沿类型以及各时钟端的具体情况，依次画出 Q_0 ~ Q_2 的波形。CP 每次出现下降沿，Q_0 翻转一次。$\overline{Q}_0$ 作为正边

沿 *JK* 触发器 FF_1 的时钟，每次 $\overline{Q}_0$ 出现上升沿，即 Q_0 出现下降沿时，Q_1 翻转一次。同理，Q_1 出现下降沿时，Q_2 翻转一次。最后得到工作波形如图 7.3.4 所示，观察 $Q_2Q_1Q_0$ 的状态，可知实现的也是二进制加法计数功能。

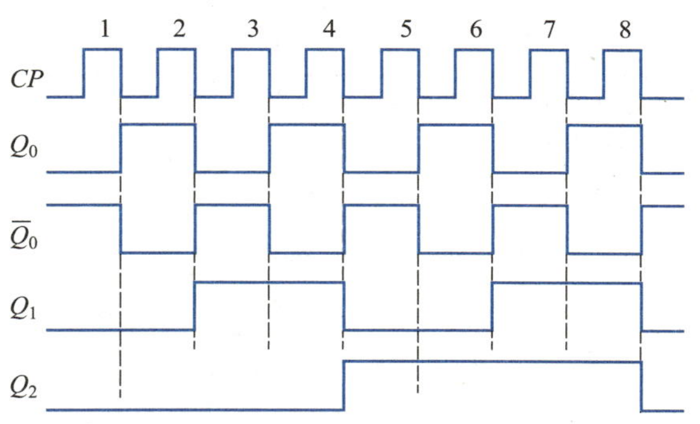

图 7.3.4　例 7.3.1 的工作波形

对比图 7.3.1 和图 7.3.3，可以看出构成二进制加法计数器的规律。如使用负边沿型触发器，需要将前一级触发器的 Q 端连接到下一级触发器的 *CP* 端，如果采用正边沿型触发器，需要将前一级触发器的 $\overline{Q}$ 端接至下一级触发器的 *CP* 端，这样才能保证下一级的输出在上一级输出的下降沿处翻转，从而实现加法计数。

（2）异步二进制减法计数器

由 *JK* 触发器构成的异步二进制减法计数器如图 7.3.5 所示，与图 7.3.1 的唯一区别是 FF_1 的时钟取自 $\overline{Q}_0$，FF_2 的时钟取自 $\overline{Q}_1$。

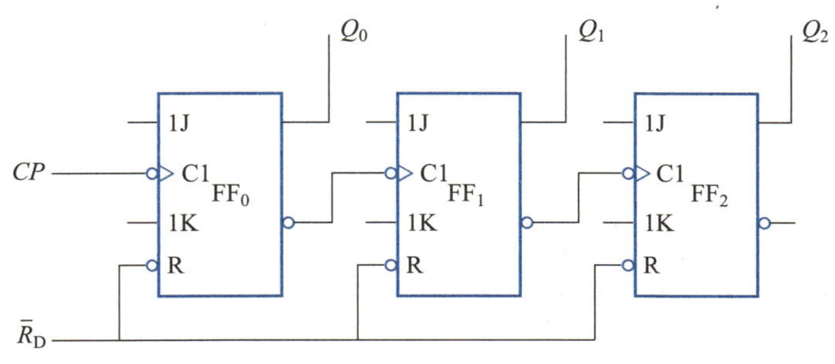

图 7.3.5　异步二进制减法计数器

异步二进制减法计数器的工作波形如图 7.3.6 所示，假设初始时刻，Q_0 ~ Q_2 都为 **0**。$\overline{Q}_0$ 作为负边沿 *JK* 触发器 FF_1 的时钟，当 Q_0 出现上升沿时，$\overline{Q}_0$ 为下降沿，使 Q_1 发生翻转，同理，Q_1 的上升沿时，Q_2 会发生翻转。按照 $Q_2Q_1Q_0$ 的顺序可以列出计数器输出状态变化情况，依次为 **111**、**110**、**101**、**100**、**011**、**010**、**001**、**000**，之后又回到 **111**，即实现了二进制减法计数。

（3）异步二进制可逆计数器

对比图 7.3.1 和图 7.3.5 可以看出，Q 作为下一级时钟时，可实现加法功能，$\overline{Q}$ 作为下一级时钟时，可实现减法功能。利用这个特点，通过控制时钟的接入信号，实现

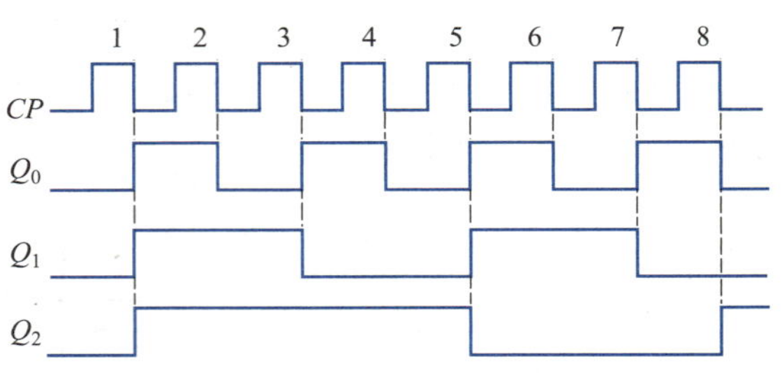

图 7.3.6　异步二进制减法计数器工作波形

既可做加法计数也可做减法计数的可逆计数器。

图 7.3.7 所示的异步二进制可逆计数器由触发器和**与或**门等门电路构成，X 信号用于控制加/减计数，Z 信号用于控制保持/计数。以 FF_1 的时钟 CP_1 为例，可以写出 CP_1 的逻辑表达式为

$$CP_1 = XQ_0 + \overline{X}\,\overline{Q}_0$$

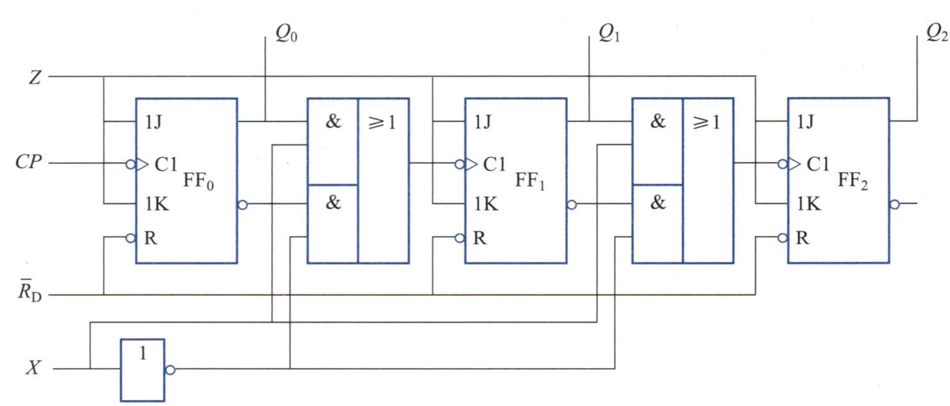

图 7.3.7　异步二进制可逆计数器

$X=\mathbf{1}$ 时，$CP_1=Q_0$，即 Q_0 作为下一级时钟，实现加法计数；$X=\mathbf{0}$ 时，$CP_1=\overline{Q}_0$，即 $\overline{Q}_0$ 作为下一级时钟，实现减法计数。$Z=\mathbf{0}$ 时，各触发器保持输出，计数器也为保持状态；$Z=\mathbf{1}$ 时，正常计数。

前面介绍的都是三个触发器构成的计数器，共有 $2^3=8$ 个输出状态。如果增加计数长度，需要增加级联的触发器，再将前一级的 Q 或 $\overline{Q}$ 作为后一级的时钟即可。用 n 个触发器构成的异步二进制计数器的计数长度为 $N=2^n$。

2. 异步 N 进制计数器

三个触发器构成的计数器，其输出在八个状态间不断循环，也可以认为是八进制计数器，如果让输出只在其中的几个状态间循环，就可以构成八以内的任意进制计数器。为实现 N 进制计数器，触发器的数量 n 应满足 $2^n \geqslant N$。

由三个触发器构成的异步五进制加法计数器如图 7.3.8 所示，计数脉冲信号送入触发器 FF_0 和 FF_2 的时钟端，FF_1 的时钟信号取自 Q_0，FF_2 的输入 J_2 为两个信号的**与**。

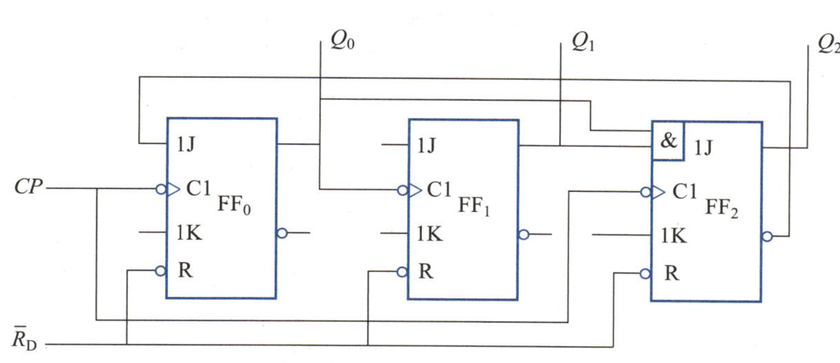

图 7.3.8 异步五进制加法计数器

为方便分析，先写出各触发器的输入信号表达式

$$J_0=\overline{Q}_2,\quad K_0=1$$

$$J_1=K_1=1$$

$$J_2=Q_0Q_1,\quad K_2=1$$

据此可得到各触发器的输出状态表达式

$$Q_0^{n+1}=\overline{Q}_2^n\overline{Q}_0^n(CP\text{ 下降沿})$$

$$Q_1^{n+1}=\overline{Q}_1^n(Q_0\text{下降沿})$$

$$Q_2^{n+1}=Q_0Q_1\overline{Q}_2^n(CP\text{ 下降沿})$$

每个触发器的时钟情况也标示出来，可以看出 FF_0 和 FF_2 是同时动作的，只要有计数脉冲，其输出就可由输出状态表达式来确定，FF_1 能否动作取决于是否有 Q_C 下降沿。因此在分析时，先分析 FF_0 和 FF_2 的状态变化，如果有 Q_0 的下降沿，再判断 FF_1 如何变化。

设 $Q_2Q_1Q_0$ 的初始值为 **000**，根据输出状态表达式以及时钟情况，依次写出每个时钟脉冲到来后 $Q_2Q_1Q_0$ 的新状态，就得到了异步五进制加法计数器的状态表，如表 7.3.1 所示。第一个时钟到来时，FF_0 和 FF_2 开始动作，由输出状态表达式可得 $Q_0=\mathbf{1}$，$Q_2=\mathbf{0}$，因为没有 Q_0 的下降沿，Q_1 保持原状态 **0** 不变，新的状态为 **001**；第二个时钟到来时，FF_0 和 FF_2 开始动作，由输出状态表达式可得，$Q_0=\mathbf{0}$，$Q_2=\mathbf{0}$，这时 Q_0 出现了从 **1** 到 **0** 的变化，即出现了下降沿，但 FF_1 的动作需要时间，因而会有一个 $Q_2Q_1Q_0=\mathbf{000}$ 的短暂状态，等 FF_1 的动作完成，$Q_1=\mathbf{1}$，新的稳定状态为 **010**。以此类推，得到后面的各个稳定状态，在 $Q_2Q_1Q_0=\mathbf{100}$ 之后，$Q_2Q_1Q_0=\mathbf{000}$，开始循环。计数器的输出在五个状态中循环，实现了五进制计数。

表 7.3.1 没有给出输出状态为 **101**、**110**、**111** 时，即非上述五个状态时，计数器的下一个输出状态变化情况，读者可以自行分析验证。从结果可以看出，只需要一个时钟脉冲，计数器就可以重新进入到五个循环状态之中，开始正常工作。这种由于某种原因进入无效状态后，会随着时钟脉冲的作用，自动进入有效状态中继续工作，而不需要重新置位启动的功能被称为自启动。

表 7.3.1 异步五进制加法计数器的状态表

计数脉冲	Q_2	Q_1	Q_0
0	**0**	**0**	**0**
1	**0**	**0**	**1**
2	**0**	**1**	**0**
3	**0**	**1**	**1**
4	**1**	**0**	**0**
5	**0**	**0**	**0**

表 7.3.1 中的状态变化也可以用图 7.3.9 所示的状态转换图来表示，可更直观地看出状态变化情况。

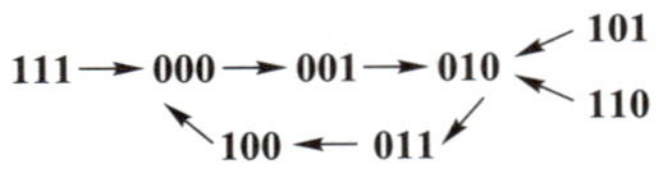

111 → **000** → **001** → **010** ← **101**
010 ← **110**
010 → **011** → **100** → **000**

图 7.3.9 异步五进制加法计数器的状态转换图

3. 异步十进制计数器

在前面关于显示译码器的内容中，通过译码器和数码管可以将 8421BCD 码中的前十个状态(**0000**~**1001**)译码并显示为易于识别的十进制数字 0~9。异步十进制计数器可以在 **0000**~**1001** 的十个状态间循环，以方便实现显示为十进制数字 0~9 的计数。

为实现十个状态间的循环，至少需要四个触发器。异步十进制加法计数器如图 7.3.10 所示，其中触发器 FF_1~FF_3构成的部分电路就是图 7.3.8 所示的异步五进制加法计数器。这个五进制计数器以 FF_0的输出 Q_0作为计数脉冲，而 Q_0又是整个十进制计数器计数脉冲 CP 的二分频。每来两个计数脉冲 CP，Q_0才产生一次下降沿，触发器 FF_1~FF_3构成的五进制计数器的输出状态才变化一次，如果在其五个状态间循环一次，就需要有十个计数脉冲。

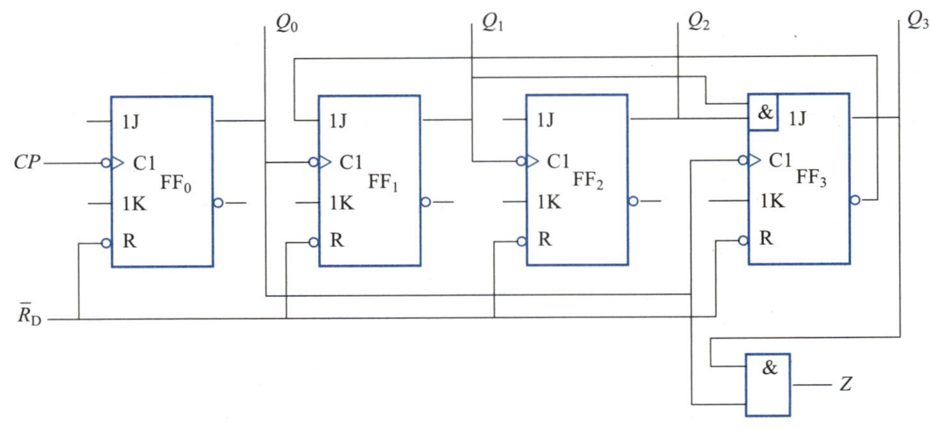

图 7.3.10 异步十进制加法计数器

由图 7.3.10 可得到各触发器的输出状态表达式以及时钟情况。

$$Q_0^{n+1}=\overline{Q_0^n}\text{（}CP\text{ 下降沿）}$$

$$Q_1^{n+1}=\overline{Q_3^n}\,\overline{Q_1^n}\text{（}Q_0\text{下降沿）}$$

$$Q_2^{n+1}=\overline{Q_2^n}\text{（}Q_1\text{下降沿）}$$

$$Q_3^{n+1}=Q_1^nQ_2^n\overline{Q_3^n}\text{（}Q_0\text{下降沿）}$$

设 $Q_3Q_2Q_1Q_0$的初始值为 **0000**，根据输出状态表达式以及时钟情况，得到异步十进制加法计数器的状态表如表 7.3.2 所示。表中仅给出了十个循环状态的情况，更完整的状态转换情况如图 7.3.11 所示。读者可自行分析验证。

表 7.3.2　异步十进制加法计数器的状态表

计数脉冲	Q_3	Q_2	Q_1	Q_0
0	0	0	0	0
1	0	0	0	1
2	0	0	1	0
3	0	0	1	1
4	0	1	0	0
5	0	1	0	1
6	0	1	1	0
7	0	1	1	1
8	1	0	0	0
9	1	0	0	1
10	0	0	0	0

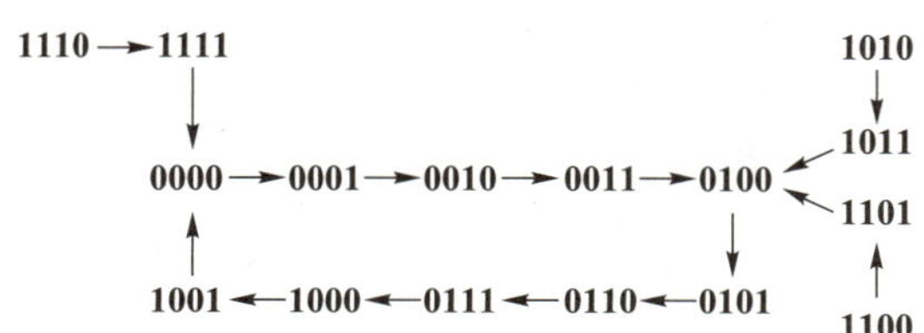

图 7.3.11　异步十进制加法计数器的状态转换图

4. 异步计数器的缺点

异步计数器的各个触发器不同步动作，有些触发器需要在其他触发器状态改变后才可能开始改变状态。在这些后改变的触发器完成状态改变之前，计数器存在持续时间很短的暂时状态，这个持续时间就是触发器本身改变状态所需要的时间，是由构成触发器的门电路固有的延迟时间所决定的，是无法消除的。

如果计数脉冲频率不高，这些暂态持续时间占比很小，不会产生大的影响，但如果计数频率很高、周期很小，甚至都小于暂态持续时间，显然就无法完成计数功能。

另外，即使计数脉冲频率不高、暂态持续时间占比较小，但如果依次级联的触发器数量较多，多级延时的作用也不可忽略。

图 7.3.12 给出了图 7.3.1 所示异步二进制加法计数器在考虑触发器延时情况下从 **111** 到 **000** 的波形变化，可以看出异步计数器的缺点及带来的影响。因为上述原因，异步计数器只能用于计数频率不高的场合。

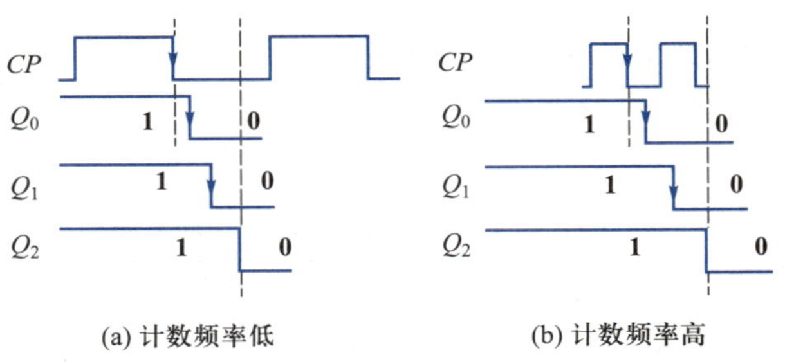

(a) 计数频率低　　(b) 计数频率高

图 7.3.12　考虑触发器延时情况下的波形变化

7.3.2　同步计数器

讲义：
同步计数器

视频：
同步计数器

同步计数器的计数脉冲同时送入组成计数器的所有触发器的时钟端，其触发器都是同时动作的，因此可以工作在比异步计数器更高的计数频率下。

1. 同步二进制计数器

由三个 *JK* 触发器和一个**与**门构成的同步二进制加法计数器如图 7.3.13 所示，三个触发器 $FF_0 \sim FF_2$的时钟端连在一起，按计数脉冲节拍同时动作。同步计数器的分析方法与异步计数器相同，而且由于所有触发器同时动作，分析过程比异步计数器更为简单。

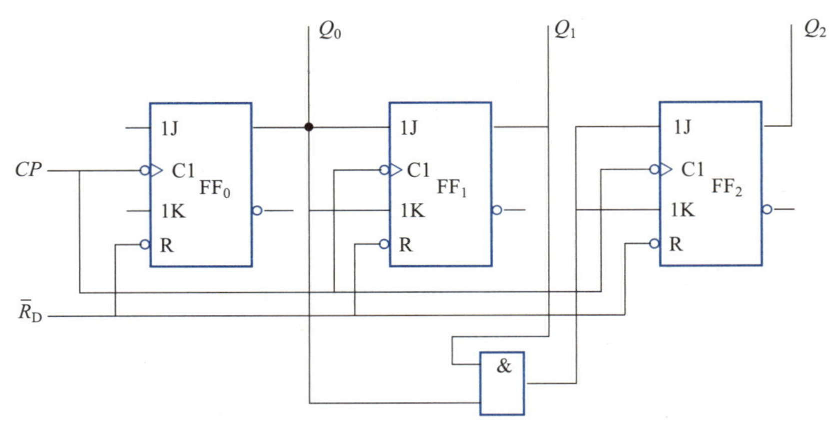

图 7.3.13　同步二进制加法计数器

由图 7.3.13 可知

$$J_0 = K_0 = \mathbf{1}, \quad J_1 = K_1 = Q_0, \quad J_2 = K_2 = Q_0 Q_1$$

根据特征方程，可以写出各触发器的输出状态表达式

$$Q_0^{n+1} = \overline{Q_0^n}$$

$$Q_1^{n+1}=Q_0^n\overline{Q_1^n}+\overline{Q_0^n}Q_1^n$$

$$Q_2^{n+1}=Q_0^nQ_1^n\overline{Q_2^n}+\overline{Q_0^nQ_1^n}Q_2^n$$

设 $Q_2Q_1Q_0$的初始值为 **000**，根据输出状态表达式，依次写出每个时钟脉冲到来后 $Q_2Q_1Q_0$的新状态，就得到了同步二进制加法计数器的状态表，如表 7.3.3 所示。当输出状态为 **111** 时，下一个时钟脉冲来时，输出变为 **000**，开始循环。由表 7.3.3 可以看出，是按二进制加法规律递增计数，所以是三位二进制加法计数器，计数长度 $N=2^3=8$。

表 7.3.3　同步二进制加法计数器的状态表

计数脉冲	Q_2	Q_1	Q_0
0	**0**	**0**	**0**
1	**0**	**0**	**1**
2	**0**	**1**	**0**
3	**0**	**1**	**1**
4	**1**	**0**	**0**
5	**1**	**0**	**1**
6	**1**	**1**	**0**
7	**1**	**1**	**1**
8	**0**	**0**	**0**

【例 7.3.2】　分析图 7.3.14 所示电路的功能。

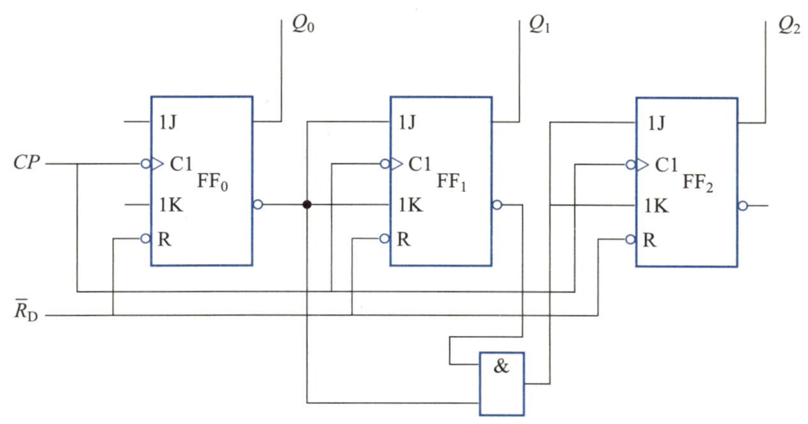

图 7.3.14　例 7.3.2 的图

【解】　由图 7.3.14 可知

$$J_0=K_0=\mathbf{1},\quad J_1=K_1=\overline{Q_0^n},\quad J_2=K_2=\overline{Q_0^n}\,\overline{Q_1^n}$$

写出各触发器的输出状态表达式

$$Q_0^{n+1}=\overline{Q_0^n}$$

$$Q_1^{n+1}=\overline{Q_0^n}\,\overline{Q_1^n}+Q_0^nQ_1^n$$

$$Q_2^{n+1}=\overline{Q_0^n}\,\overline{Q_1^n}\,\overline{Q_2^n}+\overline{\overline{Q_0^n}\,\overline{Q_1^n}}Q_2^n$$

设 $Q_2Q_1Q_0$ 的初始值为 **000**，根据输出状态表达式，写出状态变化情况为 **000**、**111**、**110**、**101**、**100**、**011**、**010**、**001**、**000**，可以看出是三位同步二进制减法计数器。

对比同步二进制加法和减法计数器的电路，再参考异步二进制可逆计数器的实现方法，可以得到同步二进制可逆计数器，其电路如图 7.3.15 所示。$X=\mathbf{1}$ 时，为加计数；$X=\mathbf{0}$ 时，为减计数。

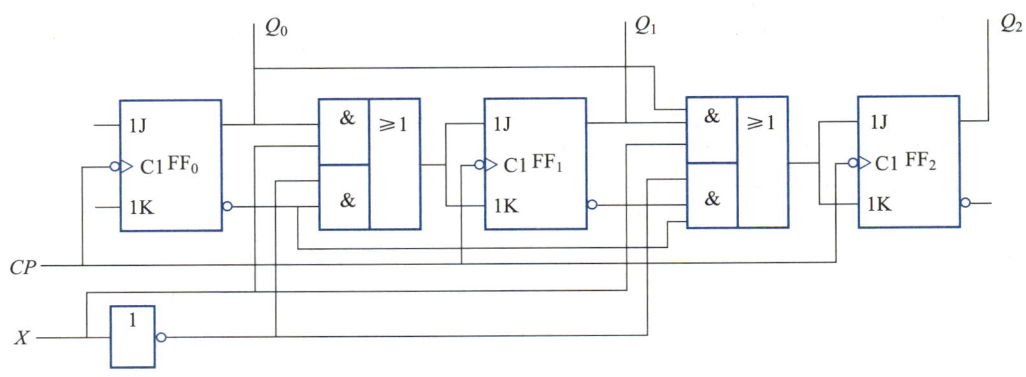

图 7.3.15　同步二进制可逆计数器

2. 同步 *N* 进制计数器

n 个触发器构成的同步计数器有 2^n 个输出状态，如果让输出只在其中的几个状态间循环，就可以构成 2^n 以内的任意进制计数器。

图 7.3.16 给出了几种同步 *N* 进制计数器，其分析过程就不再赘述，读者可以自行分析验证。

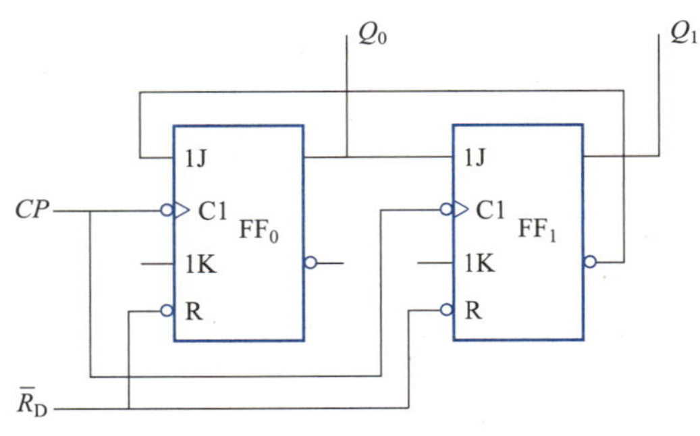

(a) 三进制

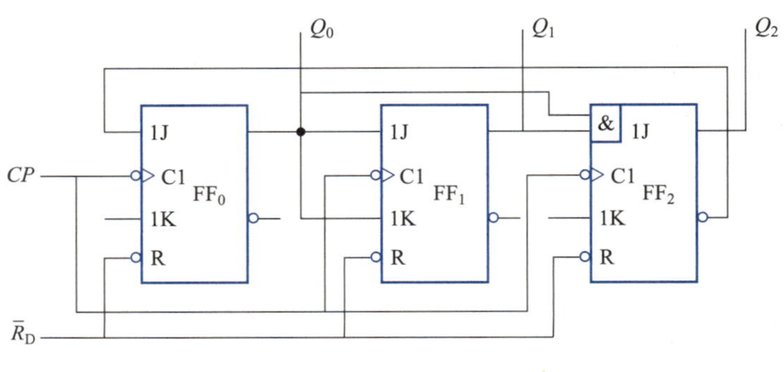

(b) 五进制

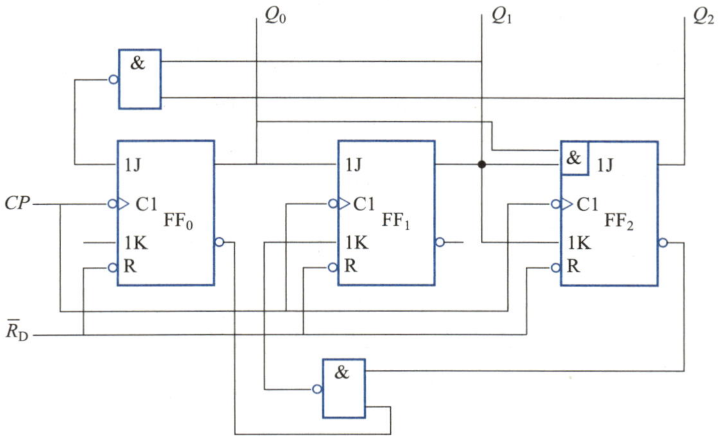

(c) 七进制

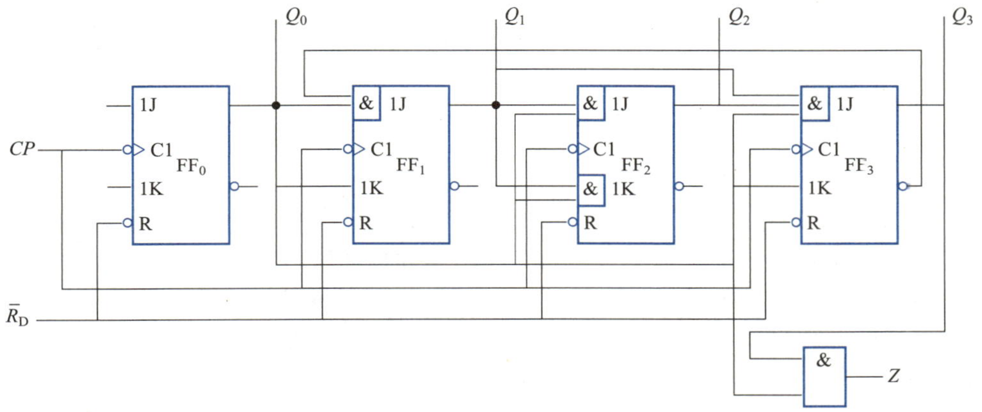

(d) 十进制加法计数

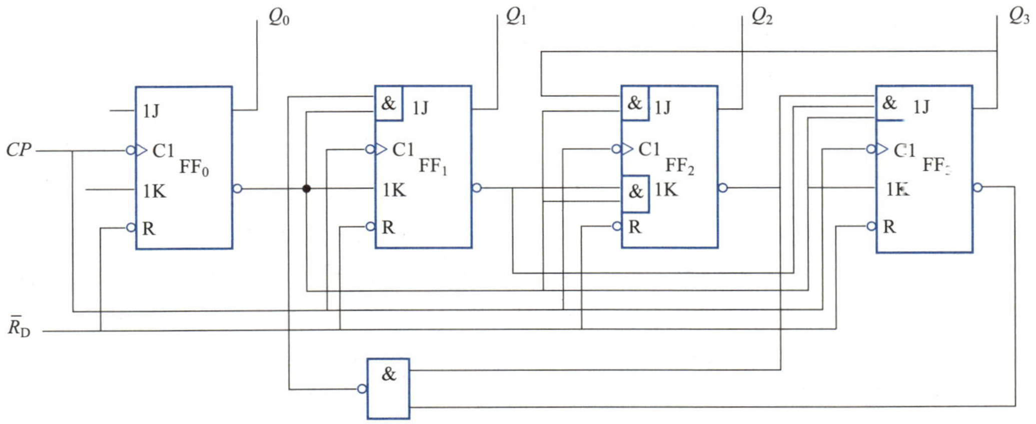

(e) 十进制减法计数

图 7.3.16　同步 N 进制计数器

7.3.3　移位寄存器型计数器

移位寄存器型计数器是一种非二进制计数器，它是以移位寄存器为主体构成的同步计数器，其状态转换规律具有移位寄存器的特征，根据电路结构，可分为环形计

讲义：
移位寄存器型计数器

视频：
移位寄存器型计数器

数器和扭环形计数器两种。

1. 环形计数器

移位寄存器的串行输入端一般需要接收外部数据。如果不接收外部数据，而是将自身的串行输出端信号反馈回来作为输入，构成的就是环形计数器。三个 D 触发器构成的环形计数器如图 7.3.17 所示，右移串行输出 Q_2 反馈到串行输入端 D_0。如果 D_0 不接 Q_2，就是一个右移寄存器。

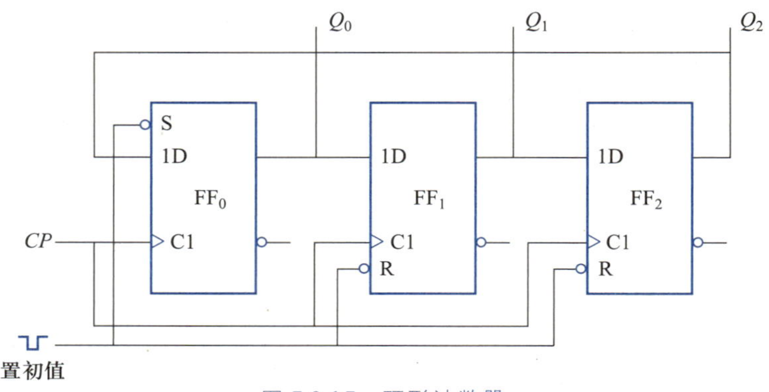

图 7.3.17　环形计数器

环形计数器工作之前，需要置入初值。低电平有效的置初值信号接入 FF_0 的直接置位端，接入 FF_1 和 FF_2 的直接复位端，因此置入的初值为 $Q_0Q_1Q_2=\mathbf{100}$。第一个时钟脉冲到来时，Q_0 的 **1** 被置入 Q_1，Q_1 的 **0** 被置入 Q_2，Q_2 的 **0** 被置入 Q_0，即各位数据依次右移，被移出的数据又重新回到输入数据端。以此类推，可以得到环形计数器的状态表，如表 7.3.4 所示。

表 7.3.4　环形计数器的状态表

计数脉冲	Q_0	Q_1	Q_2
0	**1**	**0**	**0**
1	**0**	**1**	**0**
2	**0**	**0**	**1**
3	**1**	**0**	**0**

可以看出这是一个三进制计数器。画出三进制环形计数器的波形情况，如图 7.3.18 所示，会发现各触发器的输出信号频率均为 CP 脉冲信号频率的 1/3，因此它也是一个三分频电路。

对于环形计数器来说，构成该计数器的触发器个数和计数个数是相同的。上述三位环形计数器，共有八种输出状态，除三种有效状态外，其余五种均认为是无效状态。通过分析，可以得到环形计数器的状态转换图，如图 7.3.19 所示，可以发现如果电路进入某一无效状态，就一直在无效状态中循环，无法正常工作，即计数器不能自启动。

经过改进，具有自启动功能的环形计数器如图 7.3.20 所示。读者可以自行分析，画出其状态转换图，验证其自启动功能。

环形计数器的优点是工作速度快，不需要译码器就能送出依次循环的 **1** 或 **0**，但其电路利用率低，需要 n 位状态时，就需要 n 个触发器，位数越多，浪费越大。

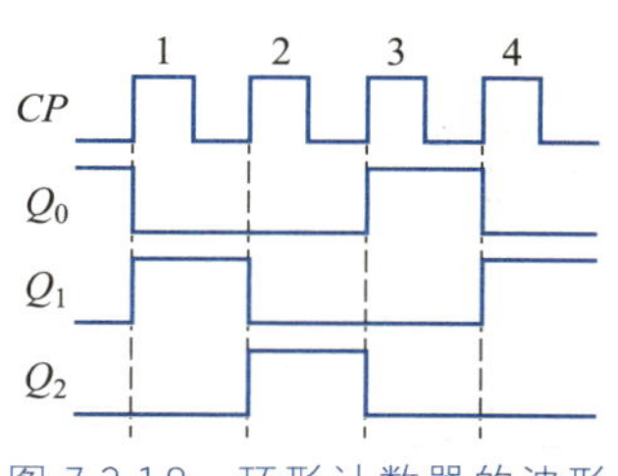

图 7.3.18　环形计数器的波形

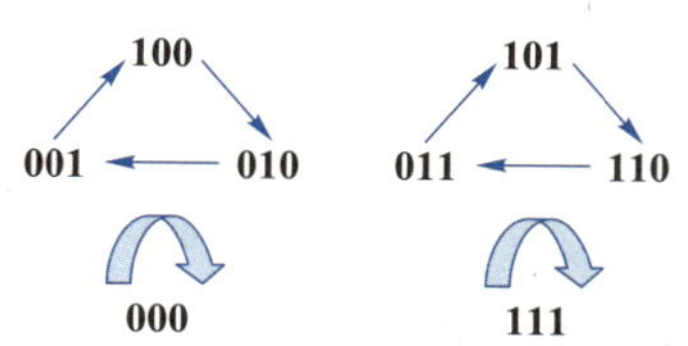

图 7.3.19　环形计数器的状态转换图

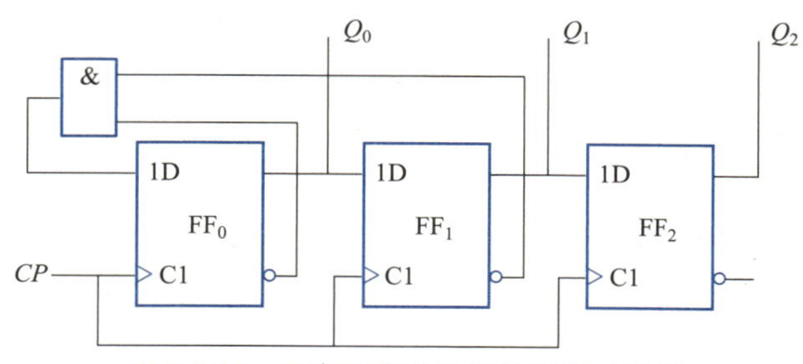

图 7.3.20　具有自启动功能的环形计数器

2. 扭环形计数器

如果将移位寄存器中的串行输出反相后再输入到它的串行输入端，就构成了扭环形计数器。由 D 触发器构成的扭环形计数器还常称为简单循环码计数器。扭环形计数器如图 7.3.21 所示，和环形计数器相比，串行输出 $\overline{Q}_2$ 取代了 Q_2，反馈到了输入端。另一个的区别是，低电平有效的复位信号，接到了所有触发器的直接复位端，因此置入的初值为 $Q_0Q_1Q_2=\mathbf{000}$。

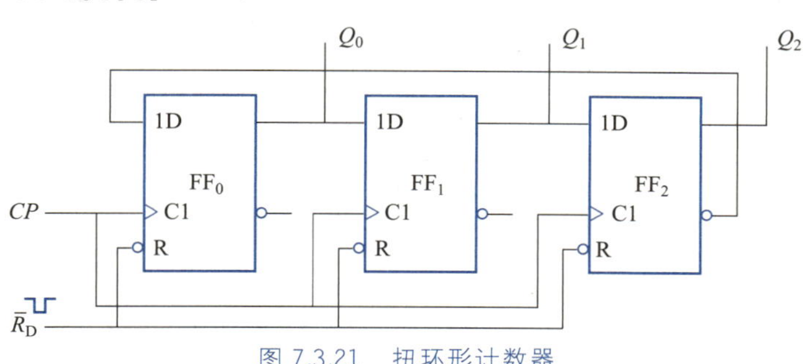

图 7.3.21　扭环形计数器

根据移位寄存器的工作原理，可分析得出扭环形计数器的状态表如表 7.3 5 所示，共有六种输出状态。对于扭环形计数器，其计数数量是所包含触发器数量的两倍。需要说明的是，该计数器无自启动能力，进入无效状态后，必须加复位信号才能回到有效状态。

表 7.3.5　扭环形计数器的状态表

计数脉冲	Q_0	Q_1	Q_2
0	**0**	**0**	**0**
1	**1**	**0**	**0**
2	**1**	**1**	**0**

续表

计数脉冲	Q_0	Q_1	Q_2
3	1	1	1
4	0	1	1
5	0	0	1
6	0	0	0

讲义：
集成计数器

视频：
集成计数器

7.3.4 集成计数器

集成计数器应用广泛，分别以异步集成计数器 74LS90 和同步集成计数器 74LS161 为例，说明集成计数器的功能和应用方法。

1. 异步集成计数器 74LS90

(1) 电路形式

异步集成计数器 74LS90 的逻辑图如图 7.3.22 所示，其主体结构就是图 7.3.10 中的异步十进制加法计数器，主要的区别是 FF_1 和 FF_3 的时钟端没有直接接 FF_0 的输出 Q_0，而是单独引出一个时钟端 CP_1，另外增加了可以使各触发器直接复位或直接置位的控制端。

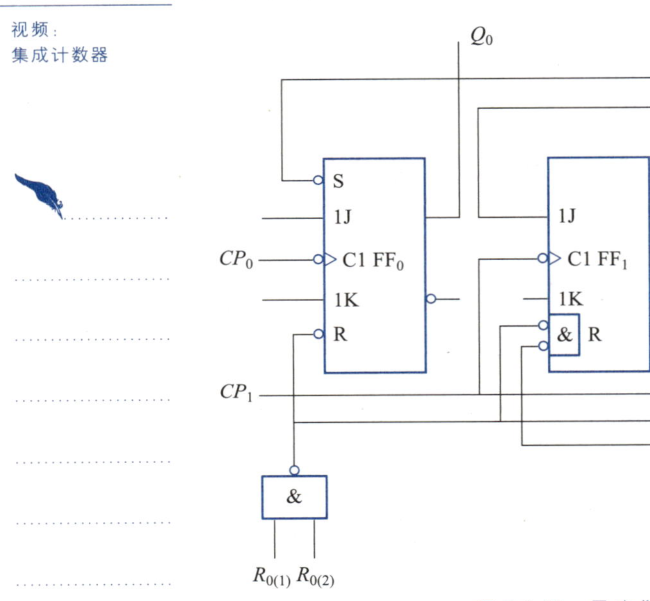
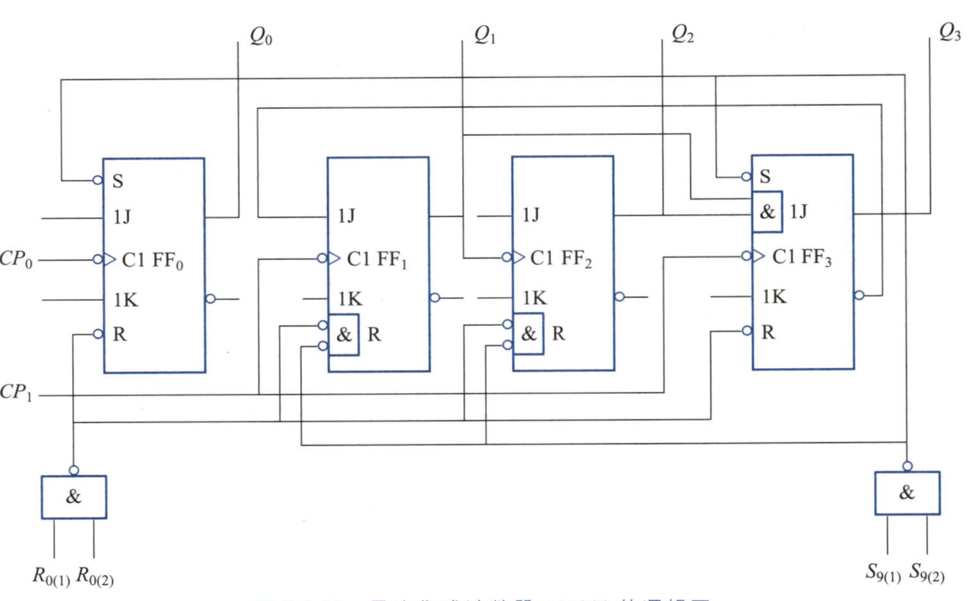

图 7.3.22 异步集成计数器 74LS90 的逻辑图

触发器 FF_0 实现的是翻转功能，Q_0 的输出信号是 CP_0 脉冲的二分频，这是一个二进制计数器。如果将计数脉冲送入 CP_1，触发器 $FF_1 \sim FF_3$ 构成的是一个异步五进制计数器。上述两个计数器可以单独使用，也可以组合起来构成十进制计数器。74LS90 的逻辑符号以及构成十进制计数器的两种连接方式如图 7.3.23 所示。一种方式是 CP_0 作为时钟端，并将 Q_0 送入 CP_1，CP_0 每来两个时钟脉冲，Q_0 产生一次下降沿，$FF_1 \sim FF_3$ 构成的五进制计数器输出变化一次，需要 $2\times5=10$ 个时钟脉冲完成一次循环；另一种方式是 CP_1 作为时钟端，并将 Q_3 送入 CP_0，CP_1 每来五个时钟脉冲，Q_3 产生一次下降沿，FF_0 构成的二进制计数器输出变化一次，需要 $5\times2=10$ 个时钟脉冲完成一次循环。

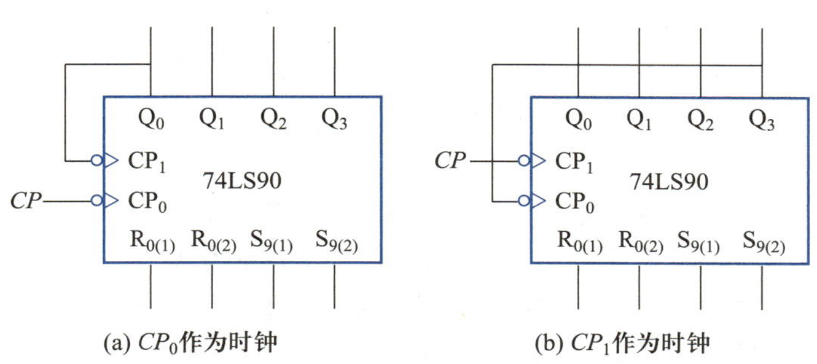

(a) CP_0作为时钟　　(b) CP_1作为时钟

图 7.3.23　74LS90 的逻辑符号以及构成十进制计数器的两种连接方法

通常采用的是 Q_0接 CP_1的用法，按 $Q_3Q_2Q_1Q_0$顺序排列的输出状态是按表 7.3.2 所示来变化的，正好是 8421BCD 码的前十个状态，实现的就是 8421BCD 码十进制计数器。使用 Q_3接 CP_0的用法时，输出应该按 $Q_0Q_3Q_2Q_1$的顺序排列，具体状态变化读者可以自行分析。

（2）逻辑功能

74LS90 的功能表如表 7.3.6 所示，这是使用 Q_0接 CP_1用法时的功能表。$R_{0(1)}$、$R_{0(2)}$是置 **0** 端，$R_{0(1)}=R_{0(2)}=\mathbf{1}$ 时，其对应的**与非**门输出 **0**，使各触发器无须时钟配合就直接复位，输出 $Q_3Q_2Q_1Q_0=\mathbf{0000}$。$S_{9(1)}$、$S_{9(2)}$是置 9 端，$S_{9(1)}=S_{9(2)}=\mathbf{1}$ 时，其对应的**与非**门输出 **0**，同样无须时钟配合，使触发器 FF_1、FF_2直接复位，触发器 FF_0、FF_3直接置位，输出 $Q_3Q_2Q_1Q_0=\mathbf{1001}$，正好对应十进制数 9。置 **0** 和置 9 不能同时进行，因为触发器 FF_1、FF_2的直接复位和直接置位端同时作用，将导致触发器的输出状态不定。因而，功能表中前两行，$R_{0(1)}=R_{0(2)}=\mathbf{1}$ 时，$S_{9(1)}$、$S_{9(2)}$不能同时为 **1**，反之亦然。当置 **0** 端和置 9 端都不作用时，计数器正常计数。

表 7.3.6　74LS90 的功能表

$R_{0(1)}$	$R_{0(2)}$	$S_{9(1)}$	$S_{9(2)}$	Q_0	Q_1	Q_2	Q_3
1	1	0	×	0	0	0	0
		×	0				
0	×	1	1	1	0	0	1
×	0						
0	×	0	×	计数			
×	0	×	0	计数			
0	×	×	0	计数			
×	0	0	×	计数			

（3）应用

使用单片 74LS90 可以构成十进制以内任意进制计数器，超过十进制的计数器则需要使用多片 74LS90 级联来实现。

如果利用 74LS90 设计一个七进制计数器，理论上可以选取任意的七个连续状态作为一个计数循环，让第七个状态出现后，其下一个状态是第一个状态即可。但考虑到 74LS90 只能置入 **0000** 或 **1001**，因此第一个状态必须是 **0000** 或 **1001**，这样第七个状态出现后，才有可能通过置入数据而回到第一个状态。当输出状态满足某种条件时，通过使计数器复位来设计计数器的方法就是反馈复位法；如果是通过使计数器置入某个状态来设计计数器，则被称为反馈预置法。

用 $Q_3Q_2Q_1Q_0=$ **0000** 作为七进制计数器的第一个状态，则 $Q_3Q_2Q_1Q_0=$ **0110** 应该是计数器的第七个，也就是最后一个状态。但直接用 $Q_3Q_2Q_1Q_0=$ **0110** 作为计数器置 **0** 的条件是不可行的，因为计数器置 **0** 无须时钟配合，$Q_3Q_2Q_1Q_0=$ **0110** 刚一出现就马上变为 $Q_3Q_2Q_1Q_0=$ **0000**，这样第七个状态不能稳定输出。需要使用的复位条件应该是 $Q_3Q_2Q_1Q_0=$ **0111**，一出现就马上被清除，从而实现七进制计数。具体的实现电路如图 7.3.24(a)所示，在 $Q_3Q_2Q_1Q_0=$ **0111** 出现之前，**与**门输出都是 **0**，计数器正常计数，当 $Q_3Q_2Q_1Q_0=$ **0111** 时，**与**门输出 **1**，直接作用于置 **0** 端，计数器复位，$Q_3Q_2Q_1Q_0=$ **0000**。

如果用 $Q_3Q_2Q_1Q_0=$ **1001** 作为七进制计数器的第一个状态，则要利用置 9 端来实现。第七个状态为 $Q_3Q_2Q_1Q_0=$ **0101**，需要用其下一个状态 $Q_3Q_2Q_1Q_0=$ **0110** 来作为置 9 条件，具体实现电路如图 7.3.24(b)所示。

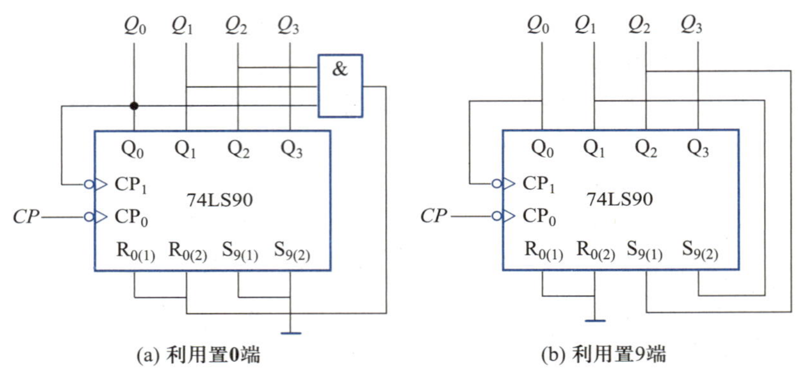

图 7.3.24　利用 74LS90 实现的七进制计数器

总结而言，在实现 N 进制计数器时，如果使用置 **0** 端，应该用输出状态为 N 所对应的二进制数作为置 **0** 条件，如果使用置 9 端，应该用输出状态为 $N-1$ 所对应的二进制数作为置 9 条件。

【例 7.3.3】　分析图 7.3.25 所示电路的逻辑功能。

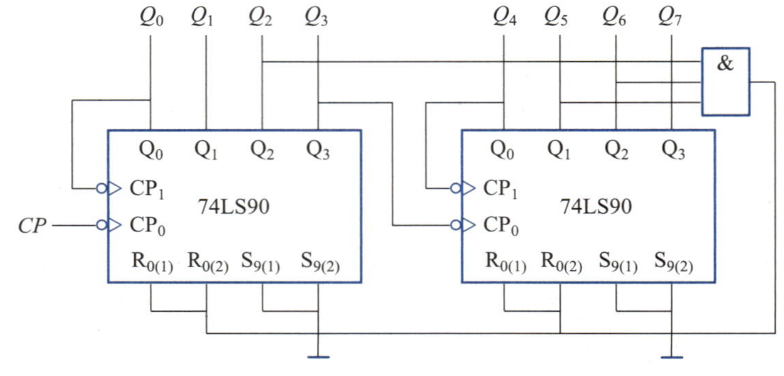

图 7.3.25　例 7.3.3 的图

【解】 当满足一定条件时两片 74LS90 都置 **0**，因而两片输出都为 **0** 可以作为初始状态。左侧芯片正常计数，当计满十个数，从 $Q_3Q_2Q_1Q_0$ = **1001** 返回 $Q_3Q_2Q_1Q_0$ = **0000** 时，Q_3产生一个下降沿，使右侧芯片计数加 1，因此左侧芯片相当于个位计数，右侧芯片相当于十位计数。在右侧芯片 $Q_4Q_5Q_6Q_7$ = **0110**，左侧芯片 $Q_3Q_2Q_1Q_0$ = **0100** 的状态出现之前，两个芯片正常计数，这个状态出现后，两个芯片马上置 **0**。作为置 **0** 条件的状态，相当于十位数字为 6，个位数字为 4，因而实现的是六十四进制计数器。

利用两片 74LS90 可以实现一百进制以内的任意进制计数器。这种多片 74LS90 级联方法，是扩展计数范围的常用方法。

2. 同步集成计数器 74LS161

74LS161 是四位同步二进制计数器，因为有十六种输出状态，有时也称为十六进制计数器。74LS161 由 *JK* 触发器和门电路构成，这里不介绍其内部电路结构，只介绍其逻辑符号与逻辑功能。

(1) 逻辑功能

74LS161 的逻辑符号如图 7.3.26 所示，*CP* 为时钟脉冲，*P* 和 *T* 为高电平有效的计数使能端，*Z* 是进位端，$\overline{C}_r$为低电平有效的异步清零端，$\overline{L}_D$为低电平有效的同步置数端，D_3 ~ D_0为数据输入，Q_3 ~ Q_0为输出。

74LS161 的功能表如表 7.3.7 所示，其主要逻辑功能如下。

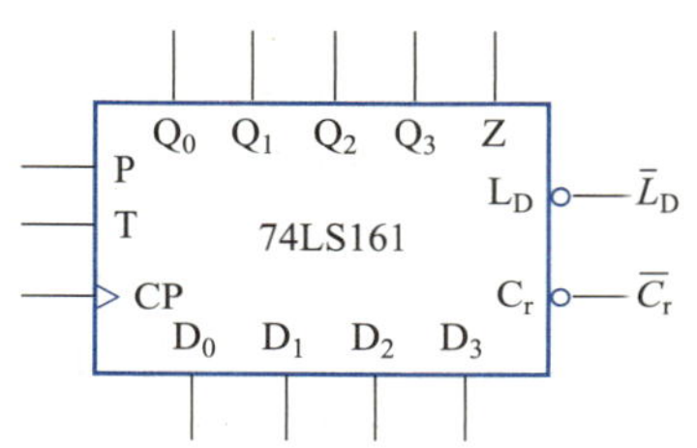

图 7.3.26 74LS161 的逻辑符号

表 7.3.7 74LS161 的功能表

时钟	输入								输出			
CP	$\overline{C}_r$	$\overline{L}_D$	*P*	*T*	D_0	D_1	D_2	D_3	Q_0	Q_1	Q_2	Q_3
×	**0**	×	×	×	×	×	×	×	**0**	**0**	**0**	**0**
↑	**1**	**0**	×	×	D_0	D_1	D_2	D_3	D_0	D_1	D_2	D_3
×	**1**	**1**	**0**	×	×	×	×	×	保持			
×	**1**	**1**	×	**0**	×	×	×	×	保持			
↑	**1**	**1**	**1**	**1**	×	×	×	×	计数			

异步清零端 $\overline{C}_r$具有最高优先级，当 $\overline{C}_r$ = **0** 时，计数器直接清零，$Q_3Q_2Q_1Q_0$ = **0000**，这种清零方式不需要时钟的配合，因此被称为异步清零。

同步置数端 $\overline{L}_D$具有次高优先级，当 $\overline{C}_r$ = **1**，$\overline{L}_D$ = **0** 时，在时钟的上升沿时刻，D_3 ~ D_0 数据会被置入 Q_3 ~ Q_0，这种置数方式需要时钟的配合，因此被称为同步置数。

当 $\overline{C}_r$ = **1**，$\overline{L}_D$ = **1** 时，计数器是否计数取决于 *P* 和 *T* 的状态，只要 *P*、*T* 中有一个为 **0**，计数器就处于保持状态，只有 *P*、*T* 同时为 **1** 时，计数器在计数脉冲的作用下开始计数。

当 $\overline{C}_r$ = **1**，$\overline{L}_D$ = **1**，*P* = **1**，*T* = **1** 时，计数器开始计数，计数状态在 **0000** ~ **1111** 间循环变化时。

进位端 $Z=Q_3Q_2Q_1Q_0T$，只有在 $Q_3Q_2Q_1Q_0=$ **1111**，并且 $T=1$ 的情况下，进位端 Z 才为 **1**，即产生一个进位信号。

（2）应用

使用单片 74LS161 可以构成十六进制以内任意进制计数器，超过十六进制的计数器则需要使用多片 74LS161 级联来实现。

利用 74LS161 设计一个十二进制计数器，可以用反馈复位法，也可以用反馈预置法。

反馈复位法是利用异步清零端 $\overline{C}_r$，在输出为某个状态时，使输出全部清零，从而实现所需计数进制。$Q_3Q_2Q_1Q_0=$ **0000** 是第一个状态，$Q_3Q_2Q_1Q_0=$ **1011** 是第十二个状态，由于是异步清零，作为清零条件的输出状态会被马上清除，不能稳定保持，因而需要用第十三个状态 $Q_3Q_2Q_1Q_0=$ **1100** 作为清零条件。异步清零端 $\overline{C}_r$ 为低电平有效，所以在图 7.3.27(a)的具体实现电路中，使用了**与非门**。在 **0000**～**1011** 的计数过程中，**与非门**输出 **1**，可以正常计数，当 $Q_3Q_2Q_1Q_0=$ **1100** 时，**与非门**输出 **0**，$\overline{C}_r$ 为低电平，输出直接清零，又回到第一个状态。图中，$\overline{L}_D=$ **1**，$P=T=$ **1**，才能保证计数器工作，D_0～D_3 对计数状态没有影响，可以不做处理。

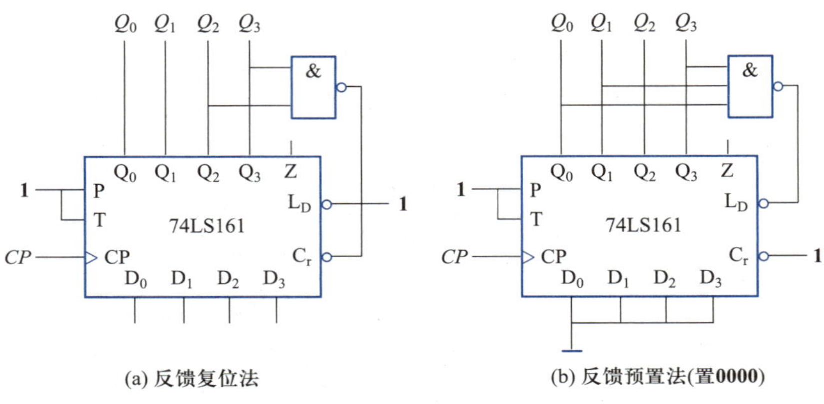

图 7.3.27　利用 74LS161 实现的十二进制计数器

反馈预置法是利用同步置数端 $\overline{L}_D$，在输出为某个状态时，将 D_3～D_0 数据置入 Q_3～Q_0，从而实现所需计数进制。作为置数条件的输出状态可以稳定保持，这是因为这个输出状态一定是在某个时钟脉冲到来后才出现，即置数条件出现在某个时钟脉冲之后，这样要实现置数，就需要等下一个时钟到来时才能完成。如果选择 $D_3D_2D_1D_0=$ **0000** 作为预置数据，则 $Q_3Q_2Q_1Q_0=$ **0000** 是第一个状态，$Q_3Q_2Q_1Q_0=$ **1011** 是第十二个状态，用 $Q_3Q_2Q_1Q_0=$ **1011** 作为置数条件即可。具体实现电路如图 7.3.27(b)所示，$\overline{C}_r=1$，$P=T=$ **1**，$D_3D_2D_1D_0=$ **0000**。在 **0000**～**1010** 的计数过程中，**与非门**输出 **1**，可以正常计数，当 $Q_3Q_2Q_1Q_0=$ **1011** 时，**与非门**输出 **0**，$\overline{L}_D$ 为低电平。当 $Q_3Q_2Q_1Q_0=$ **1011** 的时钟过去，到下一个时钟，将 **0000** 置入，再回到第一个状态。

总结而言，都用 $Q_3Q_2Q_1Q_0=$ **0000** 作为第一个状态，实现 N 进制计数器，如果使用异步清零，应该用输出状态为 N 所对应的二进制数作为清零条件，如果使用同步置

数，应该用输出状态为 $N-1$ 所对应的二进制数作为置数条件。

【例 7.3.4】 图 7.3.28 所示电路能否实现十二进制计数器，如果不能应如何修改？

【解】 图示电路使用同步置数法，置入的数据为 $D_3D_2D_1D_0=\mathbf{1000}$，可以设 $Q_3Q_2Q_1Q_0=\mathbf{1000}$ 为初始状态，如果能实现十二进制计数，则计数状态应如表 7.3.8 所示，需要置数的条件为 $Q_3Q_2Q_1Q_0=\mathbf{0011}$。但是，在 $Q_3Q_2Q_1Q_0=\mathbf{1011}$ 时，**与非**门就会产生低电平，因而实际实现的是四进制计数器。

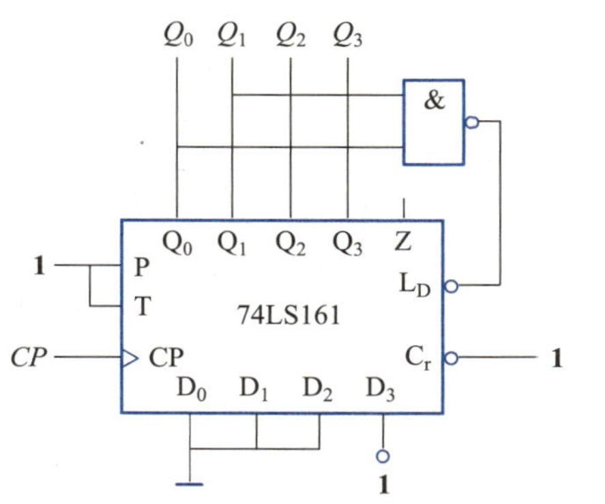

图 7.3.28 例 7.3.4 的图

表 7.3.8 预期十二进制计数状态表

计数脉冲	Q_3	Q_2	Q_1	Q_0
0	**1**	**0**	**0**	**0**
1	**1**	**0**	**0**	**1**
2	**1**	**0**	**1**	**0**
3	**1**	**0**	**1**	**1**
4	**1**	**1**	**0**	**0**
5	**1**	**1**	**0**	**1**
6	**1**	**1**	**0**	**0**
7	**1**	**1**	**1**	**1**
8	**0**	**0**	**1**	**0**
9	**0**	**0**	**0**	**1**
10	**0**	**0**	**0**	**0**
11	**0**	**0**	**1**	**1**

为避免 $Q_3Q_2Q_1Q_0=\mathbf{1011}$ 时，产生置数动作，可修改电路如图 7.3.29 所示。在 Q_3 处增加了**非**门，这样只有 $Q_3Q_2Q_1Q_0=\mathbf{0011}$ 时，**与非**门才能输出 **0**，实现需要的计数进制。

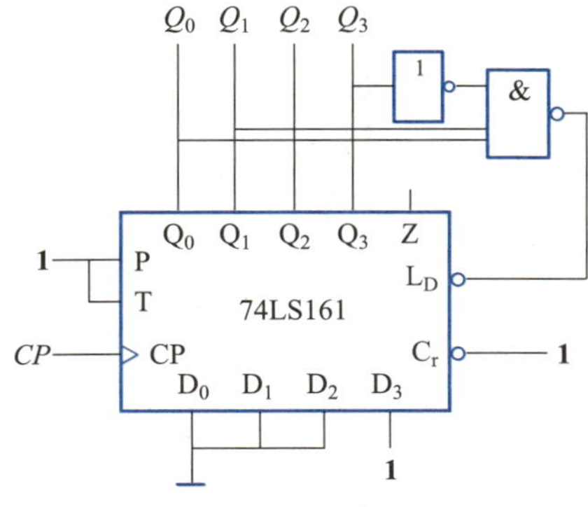

图 7.3.29 例 7.3.4 的修改图

【例 7.3.5】 分析图 7.3.30 所示电路的逻辑功能。

【解】 这是用两片 74LS161 级联构成的计数器。左侧芯片利用进位端进行同步置数，同时将进位信号作为右侧芯片的时钟。

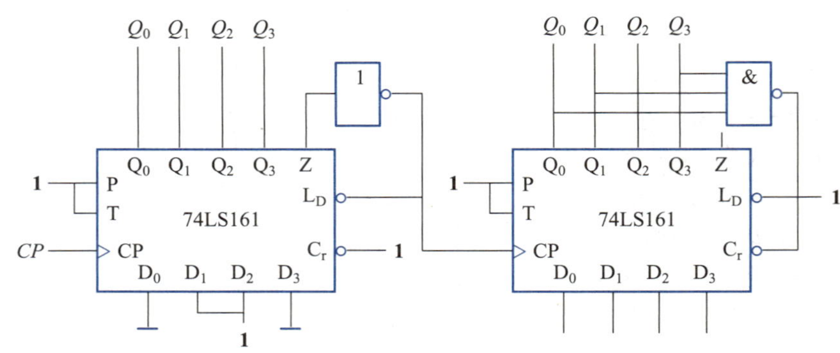

图 7.3.30　例 7.3.5 的图

当左侧芯片的 $Q_3Q_2Q_1Q_0$ = **1111** 时，Z = **1**，$\overline{L}_D$ = **0**，需要下一个时钟脉冲到来时，再置入 $D_3D_2D_1D_0$ 的数据 **0110**，因而构成的是十进制计数器。当左侧芯片记满十个状态，由 $Q_3Q_2Q_1Q_0$ = **1111** 变为 $Q_3Q_2Q_1Q_0$ = **0110** 时，Z 产生一个下降沿，右侧芯片的时钟端产生一个上升沿，则其计数加 1。因此左侧芯片相当于低位计数器，右侧芯片相当于高位计数器。右侧芯片采用异步清零，由其清零条件可知其为十一进制计数器，因而最终构成的是一百一十进制计数器。

练习与思考

7.3.1　同步计数器和异步计数器有何区别，各有什么优缺点？

7.3.2　什么叫计数器的自启动，具有自启动功能的计数器有何优势？

7.3.3　环形计数器和扭环形计数器在结构和逻辑功能上有何区别？

7.3.4　如何用 JK 触发器构成扭环形计数器？

7.3.5　图 7.3.31 所示电路是几进制计数器？

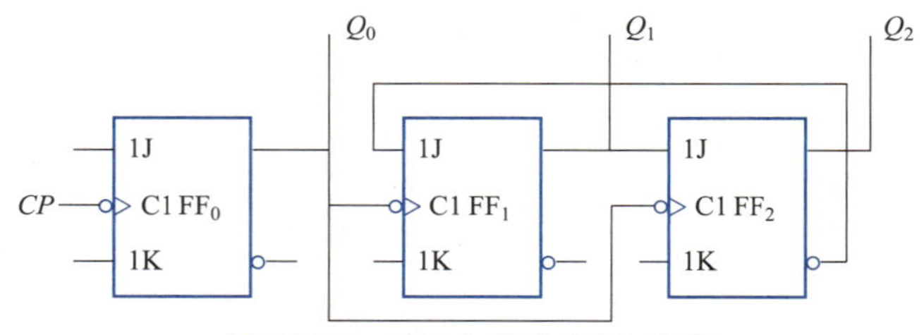

图 7.3.31　练习与思考 7.3.5 的图

讲义：
顺序脉冲分配器

7.3.6　利用集成计数器 74LS90 构成 N 进制计数器有几种方法？各有何特点？

7.3.7　利用集成计数器 74LS161 构成 N 进制计数器有几种方法？各有何特点？

7.3.8　用两片集成计数器 74LS90 组成的 N 进制计数器，最大的 N 值可为多少？如设 N=50，应当如何连接？

7.4　顺序脉冲分配器

视频：
顺序脉冲分配器

顺序脉冲分配器，也称为顺序脉冲发生器、节拍脉冲发生器，可以周期性地产生在时间上有先后顺序的一组脉冲信号。

依次亮灭的流水灯，就需要一组在时间上按顺序出现的脉冲信号来控制。假如要控制四个灯的依次亮灭，就需要有四个输出信号，按时间顺序依次输出高电平脉冲。为了让这个过程周期性地发生，可以使用一个四进制计数器，提供不断循环的四个状态（**00**、**01**、**10**、**11**），每一个状态对应一个输出信号即可，这种对应可以用一个 2 线-4 线译码器来实现。

由上述分析可知，顺序脉冲分配器可以由时序逻辑电路计数器和组合逻辑电路译码器来构成，但一般将其归为时序逻辑电路。按顺序脉冲分配器内部所使用的计数器类型划分，可以分为一般计数器型和移位寄存器计数器型两类。

7.4.1　一般计数器型脉冲分配器

一般计数器型脉冲分配器内部使用的是非移位寄存器型的普通计数器，再配合译码器来实现脉冲分配，因而有时也称为一般计数器译码器型脉冲分配器。

可以输出八路脉冲的一般计数器型脉冲分配器如图 7.4.1 所示，它由一个异步二进制加法计数器和一个 3 线-8 线译码器构成。计数器中的触发器可以提供构成最小项所需的所有变量（Q_2、$\overline{Q}_2$、Q_1、$\overline{Q}_1$、Q_0、$\overline{Q}_0$），将每个最小项所对应的变量都引入其各自对应的**与**门，就可以实现 3 线-8 线译码。

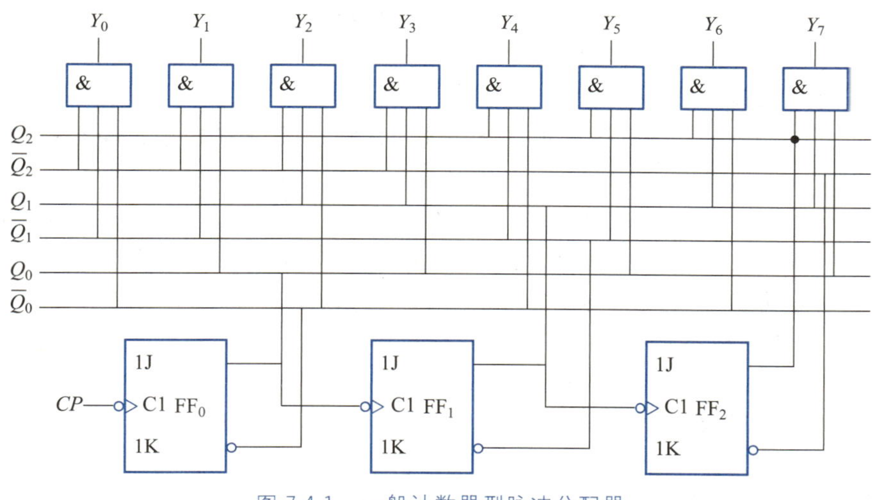

图 7.4.1　一般计数器型脉冲分配器

按时钟脉冲，异步二进制加法计数器的输出 $Q_2Q_1Q_0$ 顺序输出八个状态（**000**、**001**、**010**、**011**、**100**、**101**、**110**、**111**），$Q_2Q_1Q_0$ = **000** 时，Y_0 = **1**，其他输出为 **0**，$Q_2Q_1Q_0$ = **001** 时，Y_1 = **1**，其他输出为 **0**，以此类推，$Y_0 \sim Y_7$ 依次输出高电平脉冲，如图 7.4.2 所示。

通过所举例子可知，脉冲分配器内部计数器的计数进制应该等于所需要的脉冲路数（或节拍数），再配以相应的译码器即可。需要改变节拍的周期时，可通过改变 CP 脉冲的周期来实现。

计数器中，不同触发器的动作时间不可能完全一致，有两个或两个以上触发器的状态同时变化时，不可避免会存在一些不该在此时刻出现的状态，对于一般时序电路来说，这种情况影响不大。但是，脉冲分配器中包含组合逻辑电路译码器，它会立即对不该出现的状态进行译码，从而在输出信号中产生干扰脉冲。

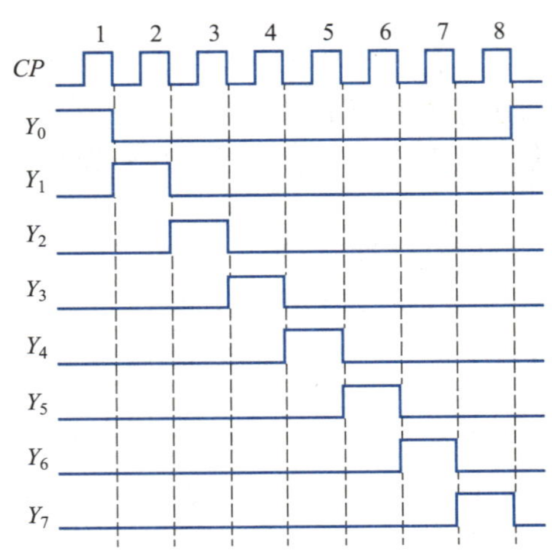

图 7.4.2　一般计数器型脉冲分配器的波形图

克服这一缺点的方法是采用移位寄存器计数器型脉冲分配器。

7.4.2　移位寄存器计数器型脉冲分配器

在 7.3.3 节中，介绍了两种移位寄存器型计数器，即环形计数器和扭环形计数器，它们都可以用来实现脉冲分配器。

1. 环形计数器型脉冲分配器

图 7.3.17 所示的环形计数器本身就是脉冲分配器，因为其输出已经是顺序脉冲，无须再引入译码器。图 7.3.18 也很直观地给出了顺序输出的波形情况。

环形计数器中的触发器也存在动作不一致的情况，会出现不该有的状态，但因为没有译码器，其输出线上就不会产生干扰脉冲。例如，图 7.3.17 所示电路中，在 $Q_0Q_1Q_2$从 **010** 变化到 **001** 的过程中，即使出现了短暂的 **011** 状态，从波形上看就是 Q_1和 Q_2各自的高电平脉冲中，高电平部分在时间上有短暂的重合，并不会出现干扰脉冲。

用环形计数器构成脉冲分配器，其优点是无须译码器，电路简洁而可靠；其缺点是实现相同路数的脉冲分配时，需要触发器的数量较多，要和所需脉冲路数或节拍数相同。另外，环形计数器不能自启动，脉冲分配器开始工作时要预先为输出置入有效状态。

2. 扭环形计数器型脉冲分配器

与环形计数器相比，使用扭环形计数器可以增加计数器输出状态，实现更多输出路数的脉冲分配。由四位扭环形计数器和译码器构成的脉冲分配器如图 7.4.3 所示，图中计数器有八种输出状态，可以支持八路输出脉冲分配，因此有八个输出 $Y_0\sim Y_7$。

让计数器八种输出状态和八路输出一一对应，得到如表 7.4.1 所示的状态表。计数器的状态变化时，每次只有一个触发器的状态发生翻转，因此不会出现短时存在的无效状态，这样即使使用译码器，也不会在输出端产生干扰脉冲。

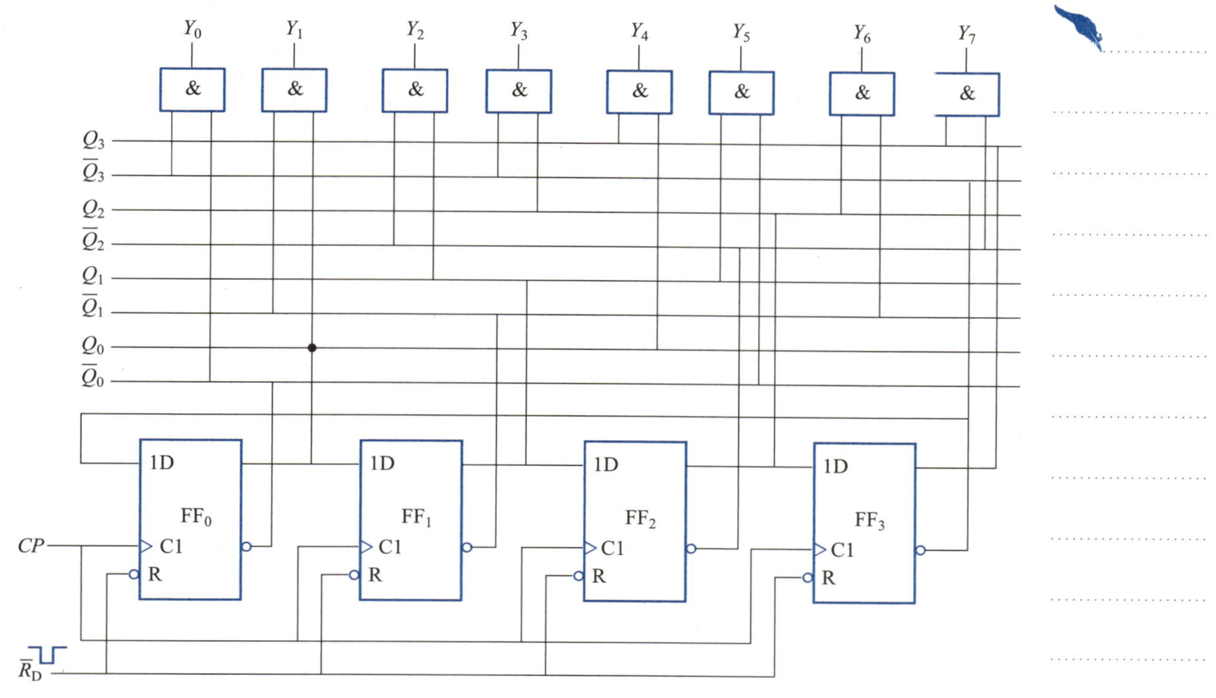

图 7.4.3　环扭计数器型脉冲分配器

表 7.4.1　扭环形计数器型脉冲分配器的状态表

Q_3	Q_2	Q_1	Q_0	Y_0	Y_1	Y_2	Y_3	Y_4	Y_5	Y_6	Y_7
0	0	0	0	1	0	0	0	0	0	0	0
0	0	0	1	0	1	0	0	0	0	0	0
0	0	1	1	0	0	1	0	0	0	0	0
0	1	1	1	0	0	0	1	0	0	0	0
1	1	1	1	0	0	0	0	1	0	0	0
1	1	1	0	0	0	0	0	0	1	0	0
1	1	0	0	0	0	0	0	0	0	1	0
1	0	0	0	0	0	0	0	0	0	0	1

按表 7.4.1 设计译码器，应该有 $Y_0=\overline{Q}_3\overline{Q}_2\overline{Q}_1\overline{Q}_0$，需要一个四输入**与**门，电路会比较复杂。注意到 $Q_3Q_2Q_1Q_0$ 还有八种状态没有出现在表中，而这些状态对应的最小项就是无关项。利用卡诺图来化简时，无关项的出现往往使得化简结果更为简洁。

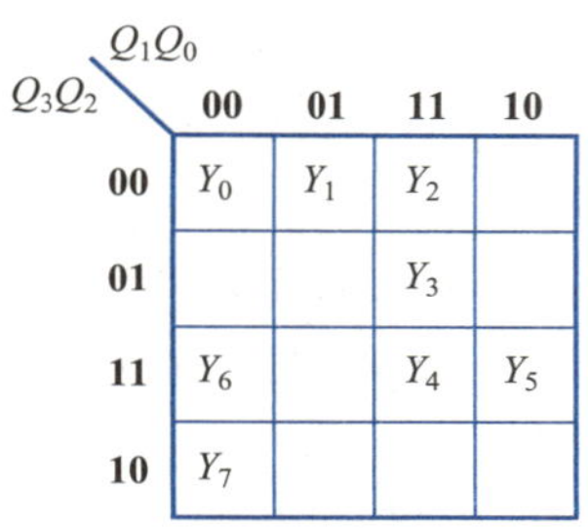

Q_3Q_2 \ Q_1Q_0	00	01	11	10
00	Y_0	Y_1	Y_2	
01			Y_3	
11	Y_6		Y_4	Y_5
10	Y_7			

图 7.4.4　扭环形计数器型脉冲分配器的卡诺图

$Y_0 \sim Y_7$ 中，每一个输出的逻辑函数表达式都只有一个最小项，其卡诺图中只有一个格为 **1**，而且各输出对应的为 **1** 的格各不相同，因此可以用一个卡诺图来简化表示，如图 7.4.4 所示。图中有写“Y_0”的格，对 Y_0 化简时，该格为 **1**，对其他输出化简时，该格为 **0**。其他无关项对应的格可以填 **1**，也可以填 **0**，而且在对不同的输出信号进行化简时，可以填不同的值，使其更有利于化简。具体的化简过程，读者可以自行完成，并可以对照图 7.4.3 进行验证。

由图 7.4.3 可知，所需译码器中的**与**门都是两输入**与**门，实际上无论扭环形计数器是几位的，译码器中**与**门的输入端都只需接两根线。感兴趣的读者可以自行分析三位扭环形计数器用于脉冲分配时，使用译码器的情况。

环形计数器型脉冲分配器在八路输出的情况下，需要八个触发器，而扭环形计数器型脉冲分配器只需四个触发器，但必须增加**与**门组成译码器。由于存在无效状态，扭环形计数器型脉冲分配器开始工作时也必须预先置入有效状态。

还有一些其他类型的脉冲分配器，例如格雷码计数器加译码器、计数器加多路数据选择器等都可构成顺序脉冲分配器，这里就不一一介绍了。

练习与思考

7.4.1　说明本节介绍的三种脉冲分配器构成方式的优缺点。

7.4.2　试用 *JK* 触发器构成具有三个时序脉冲输出的分配器。

7.5　555 定时器

前面介绍的各种时序逻辑电路都是以双稳态触发器为基础构建的，数字电路还经常用到单稳态触发器和无稳态触发器。这一节将要介绍的 555 定时器是一种模拟、数字混合电路，利用 555 定时器可以实现单稳态触发器和无稳态触发器。

讲义：
555 定时器

7.5.1　555 定时器简介

555 定时器是美国半导体制造公司 Signetics 于 1971 年研制并推出的一种用于取代机械式定时器的中规模集成电路，它是第一个商业化 IC 定时器。

555 定时器是一种模拟、数字混合的集成电路芯片，利用其定时功能可作为电路中的延时器、触发器或起振元件，广泛用于定时器、脉冲发生器和振荡电路中。由于 555 定时器功能多，同时也兼具易用性好、价格低廉、可靠性高等优点，因而一经推出就行销全球并广受欢迎，时至今日 555 定时器仍被广泛应用于各种电子电路中。

视频：
555 定时器

据统计，共有包括飞兆半导体（Fairchild Semiconductor，也译为仙童）、德州仪器（Texas Instruments）在内的近 30 家著名半导体制造公司生产 555 定时器及其衍生型号，近年来一直保持超 10 亿枚的年产量。不同的制造商生产的 555 定时器有不同的结构，而且产品型号繁多，但所有双极型产品型号最后三位数码都是 555，而 CMOS 产品型号最后的四位数都是 7555。555 定时器的衍生型号有内含 2 个 555 的 556 和内含 4 个 555 的 558 等（CMOS 产品对应的型号为 7556、7558）。

标准的双极型 555 定时器集成有 25 个晶体管、2 个二极管和 15 个电阻，并通过 8 个引脚引出，为了更好地理解其工作原理，仅给出其等效的内部电路结构图，如图 7.5.1 所示。它由三个 5 kΩ 电阻构成的分压器、两个比较器 A_1 和 A_2、一个 *RS* 触发器和一个晶体管 T 组成。

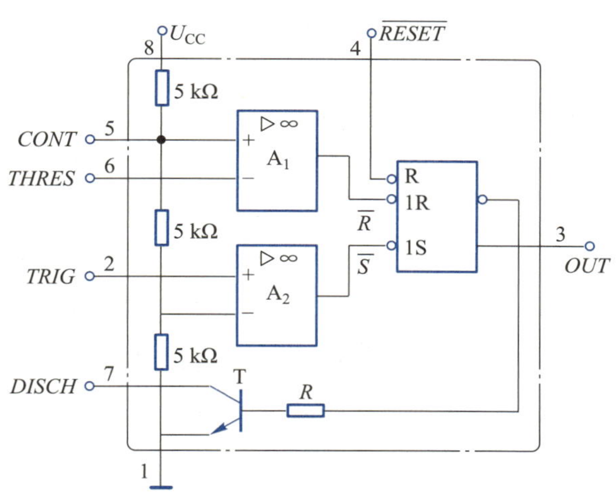

图 7.5.1　555 定时器的等效内部电路结构图

555 定时器各引脚的功能如下。

8 脚为电源端，其输入电压一般记为 U_{CC}，U_{CC} 允许范围为 5~18 V。

1 脚为接地端，是 555 定时器内部电路的公共端。

8 脚和 1 脚之间的三个 5 kΩ 电阻构成分压器，因此比较器 A_1 同相输入端的电压为 $2U_{CC}/3$，比较器 A_2 反相输入端的电压为 $U_{CC}/3$，即两个比较器的阈值电压分别为 $2U_{CC}/3$ 和 $U_{CC}/3$。

5 脚为电压控制端，当 5 脚开路时，其电压为 $2U_{CC}/3$，一般需经 0.01~0.1 μF 的电容接至参考地，以防可能引入的干扰。当希望改变两个比较器的阈值电压时，可以直接从 5 脚引入所需电压 U_X，则两个比较器的阈值电压分别为 U_X 和 $U_X/2$。

3 脚为输出端，引自 *RS* 触发器的 *Q* 端，输出电压略低于电源电压 U_{CC}，输出电流最大可达 200 mA，因此可直接驱动继电器、发光二极管、扬声器等一些功率不是很大的负载。

7 脚为放电端，引自晶体管 T 的集电极，而 T 的基极经电阻 *R* 接至触发器的 $\overline{Q}$ 端，由于晶体管 T 的反相作用，7 脚输出的信号实际上与 3 脚相同。由于晶体管的集电极是开路的，所以 7 脚输出高电平时需接外部电源和上拉电阻。7 脚之所以称为放电端，是因为 7 脚经常外接电容元件，当晶体管 T 导通时，外接电容元件可通过 T 迅速放电。

4 脚为复位端，连接内部 *RS* 触发器的直接复位端，当输入低电平（低于 0.7 V）时，可使内部 *RS* 触发器直接复位，使 3 脚输出为低电平。

6 脚为高电平触发端，引自比较器 A_1 反相输入端，当 6 脚输入电压低于 A_1 同相输入端电压 $2U_{CC}/3$ 时，A_1 的输出为高电平，对 *RS* 触发器无作用；当 6 脚输入电压高于 $2U_{CC}/3$ 时，A_1 的输出为低电平，即 *RS* 触发器的 $\overline{R}$ 为低电平，因而触发器置 0，3 脚输出低电平，同时晶体管 T 导通。

2 脚为低电平触发端，引自比较器 A_2 同相输入端，当 2 脚输入电压高于 A_2 反相输入端电压 $U_{CC}/3$ 时，A_2 的输出为高电平，对 *RS* 触发器无作用；当 2 脚输入电压低于

$U_{CC}/3$ 时，A_2的输出为低电平，即 RS 触发器的 $\overline{S}$ 为低电平，因而触发器置 **1**，3 脚输出高电平，同时晶体管 T 截止。

555 定时器的功能表如表 7.5.1 所示。复位端 4 脚具有最高优先级，其为 **0** 时，RS 触发器直接复位，3 脚输出 **0**，晶体管 T 导通，4 脚为 **1** 时，2 脚和 6 脚才能影响输出；RS 触发器定义了 $\overline{S}$ 比 $\overline{R}$ 有更高的优先级（但图 7.5.1 所示内部等效电路无法体现），因此允许 $\overline{R}$、$\overline{S}$ 同时为低电平；无论 6 脚为何种状态，只要 2 脚电压低于 $U_{CC}/3$，则 $\overline{S}=\mathbf{0}$，3 脚输出 **1**，晶体管 T 截止；当 2 脚电压高于 $U_{CC}/3$ 时，$\overline{S}=\mathbf{1}$，这种情况下如果 6 脚电压高于 $2U_{CC}/3$，则 $\overline{R}=\mathbf{0}$，3 脚输出 **0**，晶体管 T 导通；当 2 脚电压高于 $U_{CC}/3$，6 脚电压低于 $2U_{CC}/3$ 时，$\overline{R}=\overline{S}=\mathbf{1}$，输出处于保持状态。

表 7.5.1　555 定时器的功能表

复位端 4 脚	低电平触发端 2 脚	高电平触发端 6 脚	输出端 3 脚	放电端 7 脚（晶体管）
0	×	×	**0**	导通
1	$<U_{CC}/3$	×	**1**	截止
1	$>U_{CC}/3$	$>2U_{CC}/3$	**0**	导通
1	$>U_{CC}/3$	$<2U_{CC}/3$	保持	保持

7.5.2　由 555 定时器构成的单稳态触发器

与有两种稳定状态的双稳态触发器不同，单稳态触发器虽然也有两种输出状态，但其中只有一种状态可以保持稳定，即为稳态，另一种状态不能保持稳定而只能维持一定的时间，即为暂稳态。在没有施加触发脉冲时，触发器一直保持在稳态，当施加触发脉冲后，触发器输出转为暂稳态，但经一段时间后，会自动变为原来的稳态。单稳态触发器是一种常用的脉冲单元电路，因其输出暂稳态的时间可以调整，在定时、延时、脉冲整形等方面有广泛的应用。

1. 电路形式

由 555 定时器构成的单稳态触发器如图 7.5.2 所示，这里 555 定时器仍用等效电路形式来表达。R 和 C 是外接元件，低电平有效的触发脉冲由 2 脚输入，4 脚接高电平 U_{CC}。

2 脚无触发脉冲，即 u_I为高电平时，其电压高于 $U_{CC}/3$，比较器 A_2输出 **1**，即 $\overline{S}=\mathbf{1}$，RS 触发器不会进行置位。如果此时 3 脚为 **0**，晶体管 T 导通，则 7 脚和 6 脚都为 **0**，6 脚电压小于 $2U_{CC}/3$，比较器 A_1输出 **1**，即 $\overline{R}=\mathbf{1}$，这时触发器保持原状态，可以支撑 3 脚继续为 **0**。2 脚无触发脉冲时，3 脚可以一直保持为 **0**，因此 **0** 就是此单稳态触发器的稳态。

2 脚处用低电平窄脉冲作为触发脉冲，2 脚为低电平时，比较器 A_2输出 **0**，即 $\overline{S}=\mathbf{0}$，RS 触发器置位，3 脚输出 **1**，晶体管 T 截止。这时电容 C 的放电通道关闭，可以经过电阻 R 进行充电，相当于 RC 瞬态过程，电容电压逐渐升高。电容电压就是 6 脚电

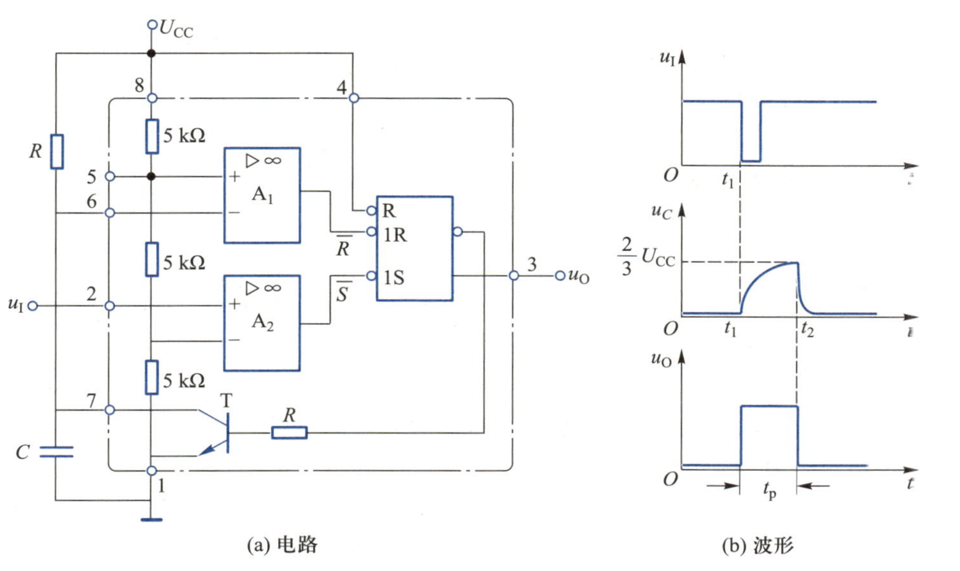

(a) 电路　　(b) 波形

图 7.5.2　由 555 定时器构成的单稳态触发器

压，该电压达到 $2U_{CC}/3$ 之前，比较器 A_1 输出 **1**，$\overline{R}=\mathbf{1}$，RS 触发器不会复位，3 脚输出没有变化。考虑到 2 脚输入的是窄脉冲，如果此时 2 脚变为高电平，比较器 A_2 输出 **1**，即 $\overline{S}=\mathbf{1}$，3 脚的输出也不会变化。当电容电压高于 $2U_{CC}/3$ 时，比较器 A_1 输出 **0**，$\overline{R}=\mathbf{0}$，RS 触发器复位，3 脚输出变为 **0**。同时，晶体管 T 导通，电容被迅速放电，6 脚电压又低于 $2U_{CC}/3$，比较器 A_1 输出 **1**，$\overline{R}=\mathbf{1}$，触发器处于保持状态，3 脚就一直输出 **0**。可见 3 脚输出的高电平，只能持续一段时间，因此 **1** 是此单稳态触发器的暂稳态。

需要注意的是，如果 2 脚一直输入低电平，比较器 A_2 一直输出 **0**，即 $\overline{S}=\mathbf{0}$，RS 触发器置位，3 脚一直输出 **1**。因为 $\overline{S}$ 有比 $\overline{R}$ 更高的优先级，即使电容电压高于 $2U_{CC}/3$，使 $\overline{R}=\mathbf{0}$，也无法使 3 脚输出变为 **0**，从而影响暂稳态功能的实现。这就是 2 脚所输入的触发脉冲选择持续时间较短的窄脉冲的原因。

从图 7.5.2(b) 中可以看出，单稳态触发器输出了一个矩形脉冲，其高电平部分即为暂稳态，暂稳态的持续时间为电容从 0 充电至 $2U_{CC}/3$ 所需的时间。利用三要素法可求得暂稳态持续时间，电容电压初始值为 $u_C(0_+)=0$ V，电容电压终值 $u_C(\infty)=U_{CC}$，时间常数 $\tau=RC$，电容电压 $u_C(t)$ 表示为

$$u_C(t)=u_C(\infty)+[u_C(0_+)-u_C(\infty)]\cdot e^{-\frac{t}{\tau}},\quad t>0$$

将 $u_C(t_p)=2U_{CC}/3$ 代入上式，可得输出的矩形脉冲宽度为 $t_p=RC\ln 3=1.1RC$，因此可以通过调整 R、C 的取值来控制暂稳态时间，达到定时作用。从此处也可看出，如 2 脚触发脉冲持续时间超过 t_p，则暂稳态时间将无法由 R、C 来控制，就失去了定时功能。

2. 单稳态触发器的应用

(1) 脉冲波形的整形

从前面对 TTL 门电路的分析中可以看到，输入到 TTL 门电路中的脉冲信号必须

满足电压容限要求,但由于器件自身特性和外界干扰等因素的影响,脉冲波形易畸变,往往无法满足要求,因此有必要对脉冲波形进行整形。单稳态触发器一经触发,其输出就由稳态时的低电平变为暂稳态时的高电平,可见输出电平的高低不再与输入信号电平高低有关。根据输入脉冲低电平时间,通过合理控制暂稳态的时间 t_p,就可从单稳态触发器的输出端得到相应的定宽、定幅且边沿陡峭的矩形波,从而起到了对输入信号波形整形的作用,相关的示意图如图 7.5.3 所示。

(2) 脉冲波形的定时

单稳态触发器输出暂稳态持续时间 t_p 可以由 R、C 来控制,因此可以用来实现定时功能。图 7.5.4 所示电路由一个单稳态触发器和一个**与**门组成,高频率的 u_F 脉冲信号能否通过**与**门由单稳态触发器输出信号 u_O' 来控制。当单稳态触发器处于低电平稳态时,u_F 无法通过**与**门;当单稳态触发器处于高电平暂稳态时,即在 t_p 这一固定的时间内,u_F 可以通过**与**门。

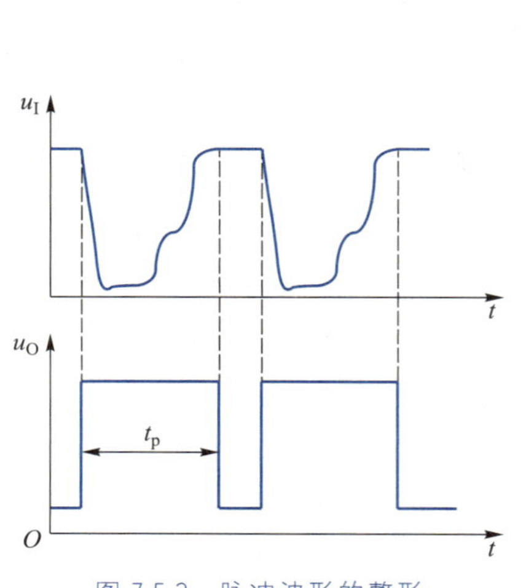

图 7.5.3 脉冲波形的整形

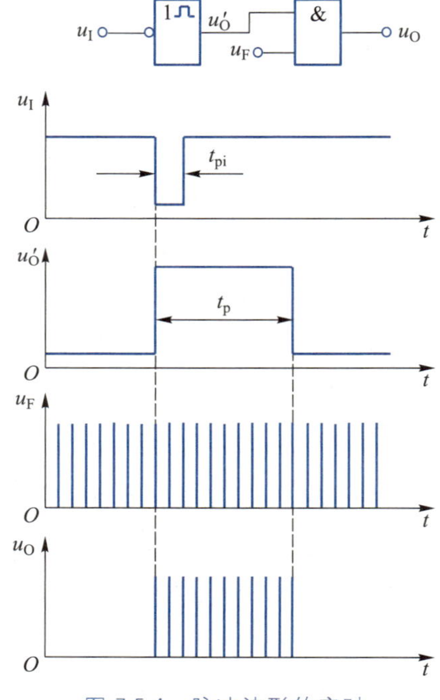

图 7.5.4 脉冲波形的定时

(3) 波形的延时

无论 TTL 门电路还是 CMOS 门电路,其输出信号和输入信号之间都存在延时,只是这些延时时间较短,因而有时可将其忽略。但是当数字电路中级联的门电路数量较多时,最终的输出信号与最初的输入信号之间的延时则较为可观,往往是不能忽视的,这时为了信号之间的协调动作,就需要人为地加入一些延时。在图 7.5.4 所示的电路中可以看到,单稳态触发器在输入信号 u_I 的下降沿被触发,输出 u_O' 产生一个正脉冲,而这个正脉冲的下降沿要比输入信号 u_I 的下降沿延迟了 t_p,这个延时作用就可被应用于信号传输的时间配合上。

7.5.3 由555定时器构成的多谐振荡器

多谐振荡器是能够产生连续矩形脉冲的自激振荡器，由于矩形波中含有丰富的谐波，因此被称作多谐振荡器。多谐振荡器无须外加触发脉冲即可实现振荡输出，输出的高、低电平都无法保持稳定，即电路没有稳定状态，只有两种暂稳态，所以多谐振荡器又被称为无稳态触发器。

由555定时器构成的多谐振荡器电路如图7.5.5(a)所示，R_A、R_B、C是外接元件，4脚接高电平U_{CC}，2脚和6脚连接在一起，该电路不需要输入信号。

初始上电时，电容电压u_C为0。2脚、6脚的电压就是电容电压，2脚电压低于$U_{CC}/3$时，3脚输出**1**，晶体管T截止，7脚相当于悬空，电容放电通道被关闭，U_{CC}经电阻R_A、R_B对电容C充电，电容电压u_C开始上升。当u_C超过$U_{CC}/3$，2脚、6脚电压介于$U_{CC}/3$和$2U_{CC}/3$之间时，2脚电压高于$U_{CC}/3$，6脚电压低于$2U_{CC}/3$，则3脚保持原输出，即继续输出**1**。当u_C超过$2U_{CC}/3$时，2脚电压高于$U_{CC}/3$，6脚电压高于$2U_{CC}/3$，则3脚输出**0**，晶体管T导通，7脚与参考地之间电压为晶体管饱和导通压降，约为0.3 V，可近似认为7脚与参考地电位相同，则电容会经电阻R_B和内部晶体管放电，电容电压u_C逐渐下降。在u_C介于$U_{CC}/3$和$2U_{CC}/3$之间时，3脚保持原输出，即继续输出**0**，直到u_C低于$U_{CC}/3$时，3脚输出才能翻转，变为**1**。此时，内部晶体管变为截止，7脚悬空，U_{CC}又开始经电阻R_A、R_B对电容C充电，u_C逐渐上升。

总结上述过程可以看出，u_C介于$U_{CC}/3$和$2U_{CC}/3$之间时，3脚会保持原输出状态，u_C低于$U_{CC}/3$时，3脚输出由**0**翻转为**1**，u_C高于$2U_{CC}/3$时，3脚输出由1翻转为**0**。不断重复上述过程，即可得到如图7.5.5(b)所示的连续矩形波。

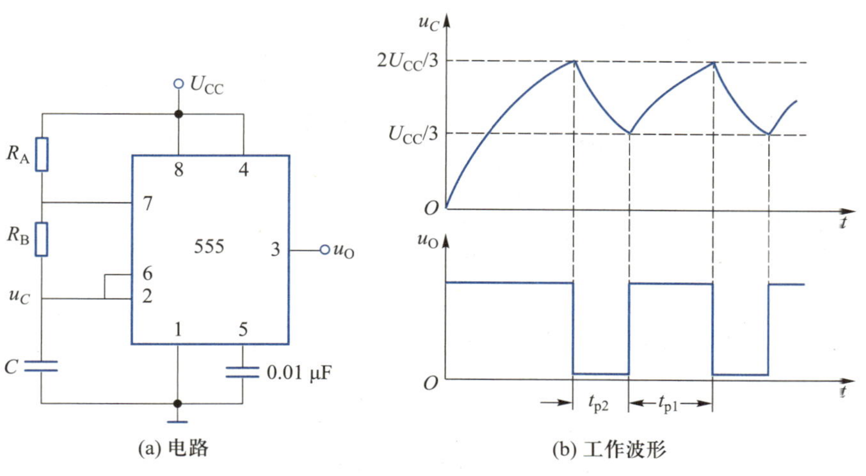

图7.5.5 由555定时器构成的多谐振荡器

从图中可以看出，矩形波为高电平的时间为一个暂稳态的持续时间t_{p1}，即u_C从$U_{CC}/3$充电上升到$2U_{CC}/3$所需的时间，矩形波为低电平的时间为另一个暂稳态的持续时间t_{p2}，即u_C从$2U_{CC}/3$放电下降到$U_{CC}/3$所需的时间，利用三要素法可求得上述两个暂稳态持续时间。

对t_{p1}而言，令u_O从**0**翻转为**1**的时刻为0时刻，则电容电压初始值为$u_C(0_+)=$

$U_{CC}/3$，电容电压终值为 $u_C(\infty)=U_{CC}$，时间常数为 $\tau=(R_A+R_B)C$，电容电压 $u_C(t)$ 表示为

$$u_C(t)=u_C(\infty)+[u_C(0_+)-u_C(\infty)]\cdot e^{-\frac{t}{\tau}},\quad t>0$$

将 $u_C(t_{p1})=2U_{CC}/3$ 代入上式，可得矩形波高电平时间

$$t_{p1}=(R_A+R_B)C\ln 2=0.7(R_A+R_B)C \tag{7.5.1}$$

对 t_{p2} 而言，令 u_O 从 **1** 翻转为 **0** 的时刻为 0 时刻，则电容电压初始值为 $u_C(0_+)=2U_{CC}/3$，电容电压终值为 $u_C(\infty)=0$ V，时间常数为 $\tau=R_BC$。将 $u_C(t_{p2})=U_{CC}/3$ 代入上式，可得矩形波低电平时间

$$t_{p2}=R_BC\ln 2=0.7R_BC \tag{7.5.2}$$

因此，振荡周期为

$$T=t_{p1}+t_{p2}\approx 0.7(R_A+2R_B)C \tag{7.5.3}$$

振荡频率为

$$f=\frac{1}{T}=\frac{1.43}{(R_A+2R_B)C} \tag{7.5.4}$$

输出波形的占空比为

$$D=\frac{t_{p1}}{t_{p1}+t_{p2}}=\frac{R_A+R_B}{R_A+2R_B} \tag{7.5.5}$$

在多谐振荡器应用中，往往需要调整输出矩形波的占空比，从式(7.5.4)和式(7.5.5)可知，调整电阻 R_A 和 R_B 即可调整占空比，但同时也发现随着 R_A 和 R_B 的变化，输出矩形波的频率也发生变化。为保证在频率不变的情况下可以调整占空比，需要对电路加以改进。改进的多谐振荡器如图 7.5.6 所示，R_P 为一滑动变阻器，二极管 D_1 和 D_2 将电容的充、放电电路分开。

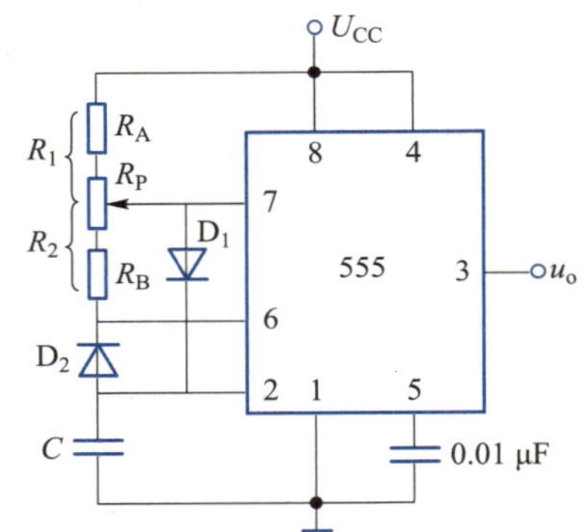

图 7.5.6　由 555 定时器构成的改进多谐振荡器

当 3 脚输出高电平 **1** 时，7 脚所接内部晶体管截止，这时 U_{CC} 经 R_1、D_1 对电容充电，当 3 脚输出低电平 **0** 时，7 脚所接内部晶体管导通，这时电容经 R_2、D_2 及 7 脚所接内部晶体管对地放电，充、放电时间即高电平和低电平时间分别为

$$t_{p1}=R_1C\ln 2=0.7R_1C$$

$$t_{p2}=R_2C\ln 2=0.7R_2C$$

生成矩形波的周期和占空比分别为

$$t_p=t_{p1}+t_{p2}=0.7(R_1+R_2)C$$

$$D=\frac{t_{p1}}{t_{p1}+t_{p2}}=\frac{R_1}{R_1+R_2}$$

可见，通过调整电位器 R_P 即可改变占空比，但并不会改变矩形波的频率。

【例 7.5.1】　由 555 定时器构成的占空比可调的多谐振荡器如图 7.5.6 所示。电路的振荡频率为 14.3 kHz，占空比 D 的调节范围为 0.2～0.8。若取电容 $C=$

0.01 μF,试确定电阻 R_A、R_B、R_P的阻值。

【解】　多谐振荡器输出矩形波的振荡频率为

$$f=\frac{1}{T}=\frac{1.43}{(R_A+R_B+R_P)C}=14.3\times10^3\ \text{Hz}$$

可知

$$R_A+R_B+R_P=10\ \text{k}\Omega$$

输出波形的最小占空比和最大占空比分别为

$$D_{\min}=\frac{R_A}{R_A+R_B+R_P}=0.2$$

$$D_{\max}=\frac{R_A+R_P}{R_A+R_B+R_P}=0.8$$

可得 $R_A=R_B=2\ \text{k}\Omega$,$R_P=6\ \text{k}\Omega$。

7.5.4　由 555 定时器构成的施密特触发器

施密特触发器是一种特殊的触发器,它有两个稳定状态,但必须以输入信号的电位进行触发,并维持其输出稳定状态。当输入信号达到某一电位时,施密特触发器输出状态会发生翻转,但输入信号从低电平上升到高电平的过程中使输出状态发生翻转的阈值电压,和输入信号从高电平下降到低电平的过程中使输出状态发生翻转的阈值电压是不同的,从这一点上看和滞回比较器类似。

由 555 定时器构成的施密特触发器如图 7.5.7 所示。输出信号可以由 3 脚输出端引出,也可以通过上拉电阻 R 接至电源 U_{DD}后由 7 脚放电端引出。当 3 脚输出高电平 **1** 时,7 脚所连内部晶体管截止,7 脚电位由上拉电阻 R 钳位在 U_{DD},为高电平 **1**;当 3 脚输出低电平 **0** 时,7 脚所连内部晶体管导通,7 脚相当于接地,为低电平 **0**,可见 7 脚输出状态和 3 脚完全相同,但 7 脚输出高电平由外接的 U_{DD}决定,因而使用更为灵活,可满足不同负载的需要。

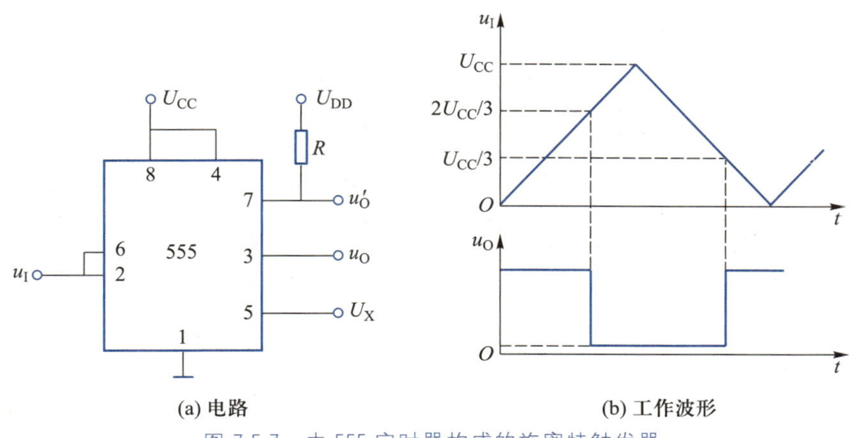

(a) 电路　　(b) 工作波形

图 7.5.7　由 555 定时器构成的施密特触发器

假设在施密特触发器的输入端输入如图 7.5.7(b)所示的三角波信号 u_I。在 u_I由

0 V 逐渐上升,但小于 $U_{CC}/3$ 时,2 脚低于 $U_{CC}/3$,则输出 u_O 为 **1**;当 u_I 上升到 $U_{CC}/3$ 至 $2U_{CC}/3$ 区间时,2 脚电压高于 $U_{CC}/3$,6 脚电压低于 $2U_{CC}/3$,输出 u_O 保持原状态,仍为 **1**;当 u_I 高于 $2U_{CC}/3$ 时,2 脚电压高于 $U_{CC}/3$,6 脚电压高于 $2U_{CC}/3$,输出 u_O 产生翻转,变为 **0**。可见,在输入信号 u_I 上升过程中,使输出信号 u_O 产生翻转的阈值为 $2U_{CC}/3$。

在 u_I 由 U_{CC} 开始减小时,当仍大于 $2U_{CC}/3$ 时,2 脚电压高于 $U_{CC}/3$,6 脚电压高于 $2U_{CC}/3$,输出 u_O 为 **0**;当 u_I 下降到 $U_{CC}/3$ 至 $2U_{CC}/3$ 区间时,2 脚电压高于 $U_{CC}/3$,6 脚电压低于 $2U_{CC}/3$,输出 u_O 保持原状态,仍为 **0**;当 u_I 低于 $U_{CC}/3$ 时,2 脚电压低于 $U_{CC}/3$,输出 u_O 产生翻转,变为 **1**。可见,在输入信号 u_I 下降过程中,使输出信号 u_O 产生翻转的阈值为 $U_{CC}/3$。

可以看出,和滞回比较器类似,施密特触发器有两个不同的比较阈值,其回差 $\Delta U = 2U_{CC}/3 - U_{CC}/3 = U_{CC}/3$。如果想改变阈值,可以在 5 脚控制端处外加电压 U_X,则内部两个比较器 A_1 和 A_2 的阈值电压变为 U_X 和 $U_X/2$,相应地,触发器的阈值电压也变为 U_X 和 $U_X/2$。虽然通过改变 5 脚外加电压 U_X 可以改变施密特触发器的阈值电压,但需注意在改变 U_X 的同时,触发器的回差 $\Delta U = U_X/2$ 也会随之改变。

7.5.5 555 定时器应用举例

555 定时器有很多应用,下面通过一些例题来说明其应用。

【例 7.5.2】 图 7.5.8 是由 555 定时器组成的过电压监视电路,试说明其工作原理。

【解】 当被监视电压 U_X 在正常范围内,即 U_X 小于稳压二极管 D_Z 的稳压值时,稳压二极管 D_Z 反向截止(未被击穿),晶体管 T 也处于截止状态,1 引脚处于悬空状态,555 定时器无法正常供电因而不能工作。被监视电压 U_X 超过一定数值时,稳压二极管 D_Z 被击穿,电流在电阻 R_2 上产生的压降使晶体管 T 饱和导通,1 引脚近似接地,于是 555 开始工作,作为多谐振荡器产生振荡矩形波,由引脚 3 输出,使发光二极管 LED 闪亮,发出过电压报警信号。

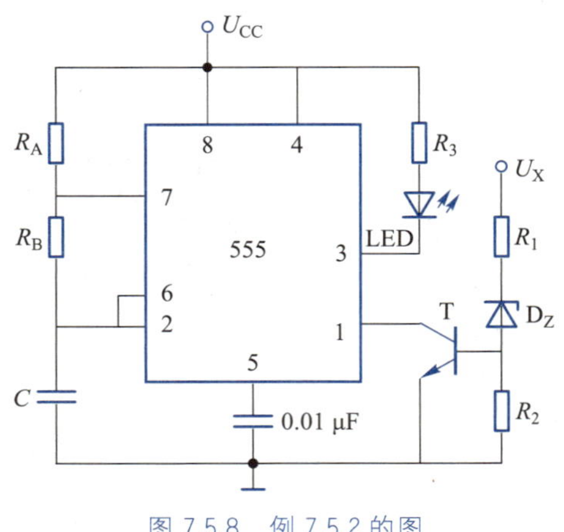

图 7.5.8 例 7.5.2 的图

【例 7.5.3】 试分析图 7.5.9(a)所示模拟声响电路的功能。

【解】　图 7.5.9(a)所示电路为两个多谐振荡器构成的模拟声响发生器。若调节定时元件 R_{A1}、R_{B1}、C_1，使第一个振荡器频率为 1 Hz，调节定时元件 R_{A2}、R_{B2}、C_2，使第二个振荡器的振荡频率为 2 kHz，由于低频振荡器的输出接到高频振荡器的 4 脚复位端，因此在 u_{O1} 输出高电平时，允许振荡器 2 振荡；u_{O1} 输出低电平时，振荡器 2 被复位，停止振荡。扬声器便发出“呜……呜……”的间隙声响，其工作波形如图 7.5.9(b)所示。

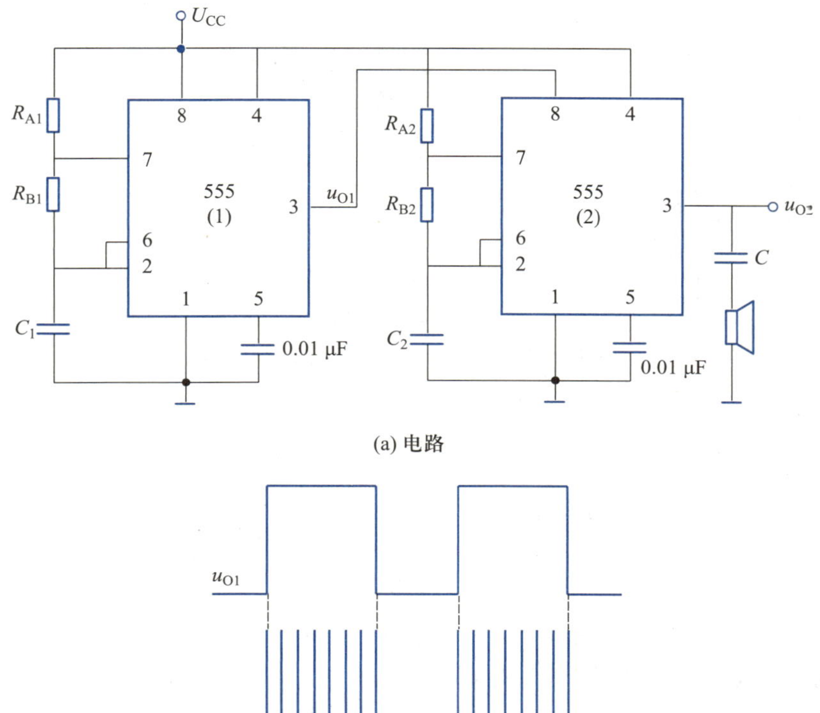

(a) 电路

(b) 工作波形

图 7.5.9　例 7.5.3 的图

练习与思考

7.5.1　555 定时器的 3 脚和 7 脚都可以作为输出引脚，使用时有何区别？

7.5.2　说明单稳态触发器的工作特点和主要用途。利用 555 定时器构成单稳态触发器时，对低电平有效的触发脉冲有何要求？

7.5.3　什么叫多谐振荡器？用 555 定时器构成多谐振荡器时，如何改变输出矩形波的频率和占空比？

7.5.4　施密特触发器和一般双稳态电路比较有什么区别？

7.5.5　用 555 定时器构成施密特触发器时，如何改变回差的大小？

本章知识点小结

本章是围绕如下知识点展开论述的。

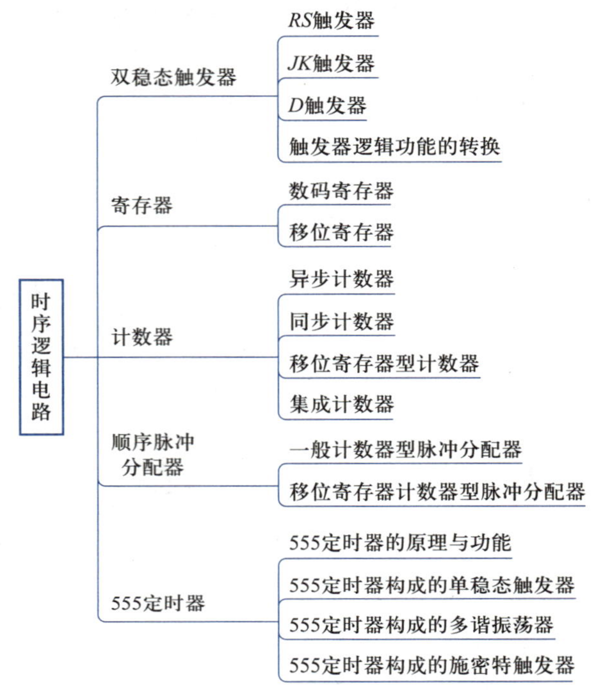

1. 时序逻辑电路：时序逻辑电路的输出不仅取决于当时的输入变量，还与前一时刻电路原来的输出状态有关，需要电路具有保持或记忆功能。

2. 触发器：是时序逻辑电路中最基本的组成单元，可以保持或存储一位二进制数。分为双稳态触发器、单稳态触发器、无稳态触发器。

3. 双稳态触发器：具有两个稳定状态的触发器，两个稳定状态分别用 **0** 和 **1** 表示。双稳态触发器具有置 **0**、置 **1**、计数、保持四种（或其中几种）逻辑功能。

4. *RS* 触发器：具有置 **0**、置 **1** 和保持功能，输出在时钟高电平期间变化，特征方程为

$$\begin{cases} Q_{n+1}=S_n+\overline{R}_n \cdot Q_n \\ R_n \cdot S_n=0 \end{cases}$$

5. *JK* 触发器：具有置 **0**、置 **1**、保持和计数的功能，输出只在时钟的上升沿或下降沿处变化，特征方程为 $Q_{n+1}=J\cdot\overline{Q}_n+\overline{K}\cdot Q_n$。

6. *D* 触发器：具有置 **0**、置 **1** 的功能，输出只在时钟的上升沿或下降沿处变化，特征方程为 $Q_{n+1}=D$。

7. 触发器逻辑功能的转换：*JK* 触发器和 *D* 触发器经过转换可以实现其他触发器的逻辑功能，*JK* 触发器和 *D* 触发器之间也可以相互转换。

8. 寄存器：是能够暂时存放多位二进制数码的数字逻辑部件，分为数码寄存器和移位寄存器。

9. 数码寄存器：在接收和输出数码信号时，采用并行输入、并行输出的输入、输出方式。

10. 移位寄存器：在多个寄存脉冲信号的作用下，将数码通过串行的方式逐位存入，可并行或串行输出。通过控制端可实现左移、右移以及双向移位。

11. 计数器：能够累计输入脉冲的个数的时序逻辑电路。

12. 触发方式：按构成计数器的触发时钟脉冲是否来源于同一时钟信号，分为同步计数器和异步计数器。

13. 计数进制：计数器所具有的稳定状态数称为计数器的模，按计数的模来分，可以分为二进制、十进制以及 N 进制。

14. 计数方式：以二进制加法进行的计数为加法计数器；以二进制减法进行的计数为减法计数器；还有通过控制端实现可加、可减的为可逆计数器。

15. 555 定时器：一种模拟、数字混合的集成电路芯片，配合外部阻容元件可以实现定时功能，可作为电路中的延时器、触发器或起振元件。

16. 单稳态触发器：该触发器有两种输出状态，但只有其中一种状态可以保持稳定，另一种状态只能维持一定的时间。

17. 多谐振荡器：一种能产生连续矩形脉冲的自激振荡器，因矩形波中含有丰富的谐波而称作多谐振荡器。

18. 施密特触发器：一种特殊的触发器，以输入信号的电位进行触发，并维持其输出稳定状态。使触发器输出状态发生翻转的输入信号触发电位有两个可能值，取决于其输出状态。

习　题

7.1.1　可控 RS 触发器的时钟端和各输入端的波形如图 7.01 所示，分别画出输出 Q 和 $\overline{Q}$ 的波形。

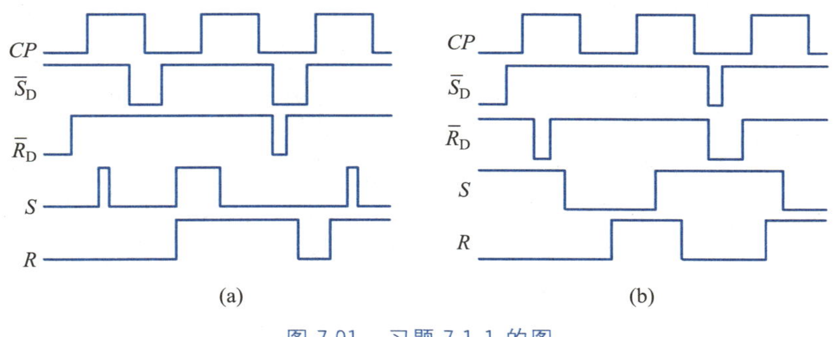

图 7.01　习题 7.1.1 的图

7.1.2　两个**或非**门组成的基本 RS 触发器如图 7.02 所示，试分析输出与输入的逻辑关系，并列出状态表。

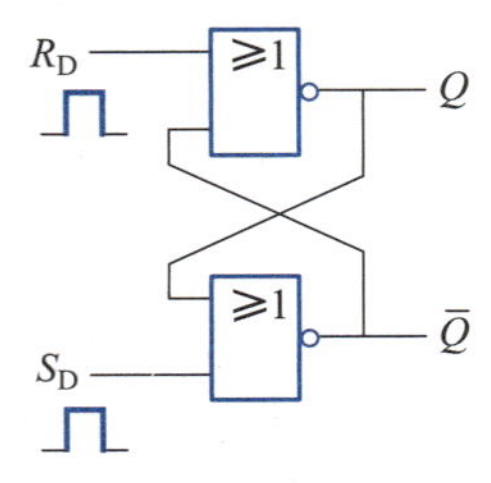

图 7.02　习题 7.1.2 的图

7.1.3　*JK* 触发器的输入波形如图 7.03 所示，分别画出在正边沿 *JK* 触发器和负边沿 *JK* 触发器情况下，输出 *Q* 的波形，设触发器的初始状态为 **0**。

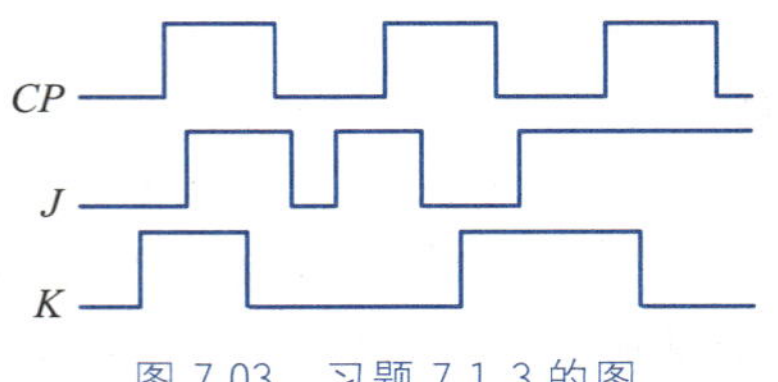

图 7.03　习题 7.1.3 的图

7.1.4　图 7.04 所示电路是一个可产生几种脉冲波形的信号发生器，画出 Y_1、Y_2、Y_3三个输出的波形。

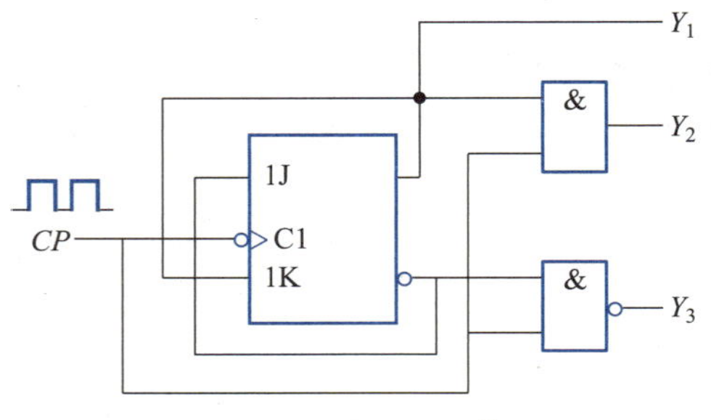

图 7.04　习题 7.1.4 的图

7.1.5　电路如图 7.05 所示，画出 *Q* 和 *Z* 的波形。

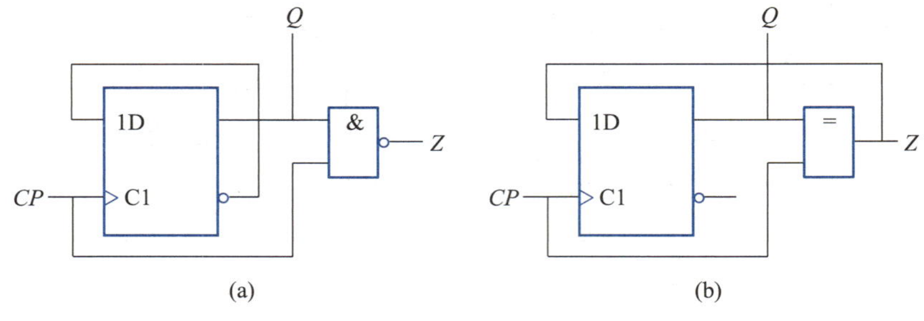

图 7.05　习题 7.1.5 的图

7.1.6　画出图 7.06 中电路在 6 个时钟脉冲作用下输出端的波形。设触发器初始状态均为 **0**。

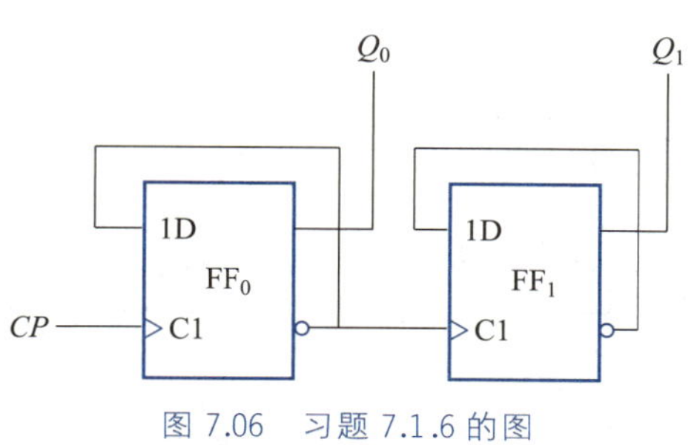

图 7.06　习题 7.1.6 的图

7.1.7　已知逻辑电路及相应的 CP、$\overline{R}_D$ 和 D 的波形如图 7.07 所示。设触发器初始状态均为 **0**，画出 Q_0 和 Q_1 波形。

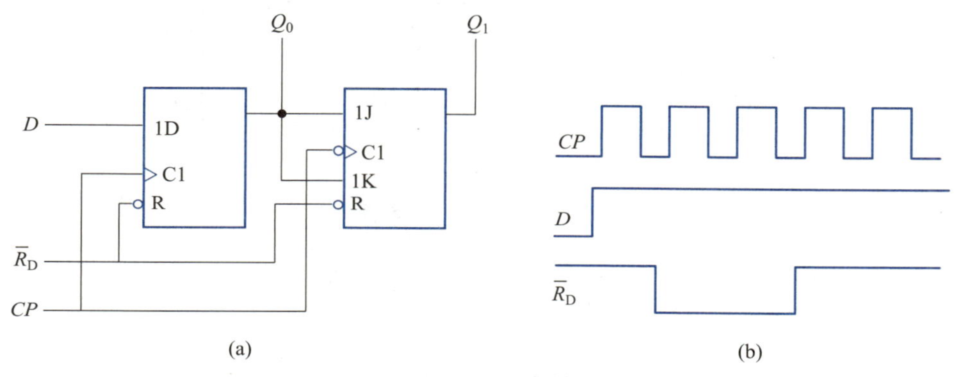

图 7.07　习题 7.1.7 的图

7.1.8　图 7.08 所示电路中，触发器 FF_0 的时钟端连接输入信号 A，触发器 FF_1 的输出 Q_1 作为输出信号 Y。设触发器初始状态均为 **0**，画出 Y 的波形。比较 A 和 Y 的波形，总结该电路的逻辑功能。

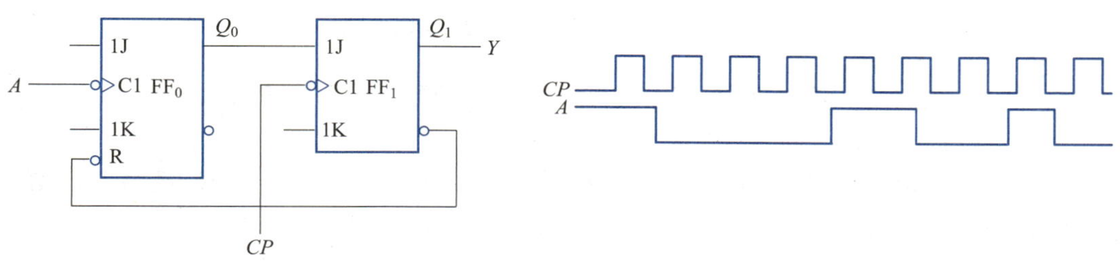

图 7.08　习题 7.1.8 的图

7.1.9　电路如图 7.09 所示，画出在 CP 脉冲作用下 Q_0 和 Q_1 波形。设触发器初始状态均为 **0**。

7.2.1　设图 7.10 中移位寄存器的初始值为 **000**，试问一个时钟脉冲后，它将得到什么样的信息？多少个时钟脉冲作用后信息循环一周？

7.2.2　图 7.11 所示电路中，74LS194 工作在右移模式下。设各输出端初始值 $Q_0Q_1Q_2Q_3$ = **1000**，分析输出变化情况。

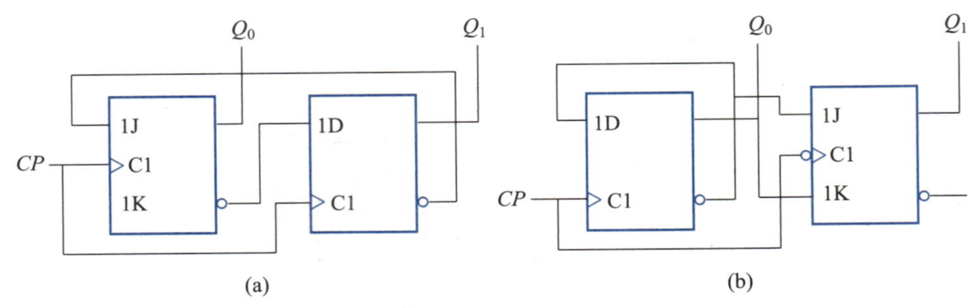

图 7.09 习题 7.1.9 的图

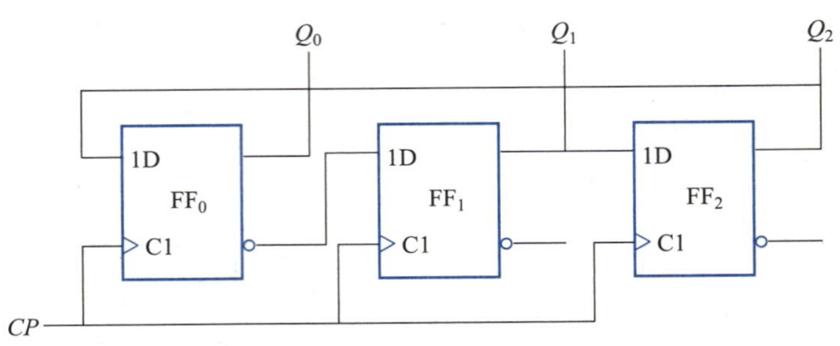

图 7.10 习题 7.2.1 的图

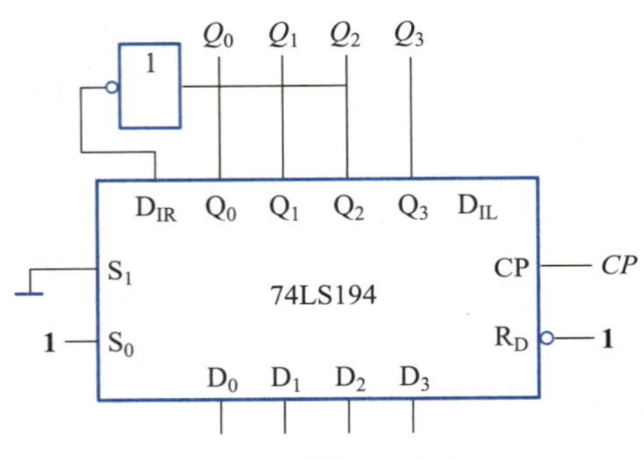

图 7.11 习题 7.2.2 的图

7.3.1 试问用二进制计数器从 0 计到下列十进制数，需要多少个触发器？

(1) 12；(2) 24；(3) 60；(4) 100。

7.3.2 画出图 7.12 所示电路的在时钟 CP 作用下，Q_0 和 Q_1 的波形，设触发器初始状态均为 **0**。（A 为输入控制信号，分别分析 $A = \mathbf{0}$，$A = \mathbf{1}$ 时的情况）

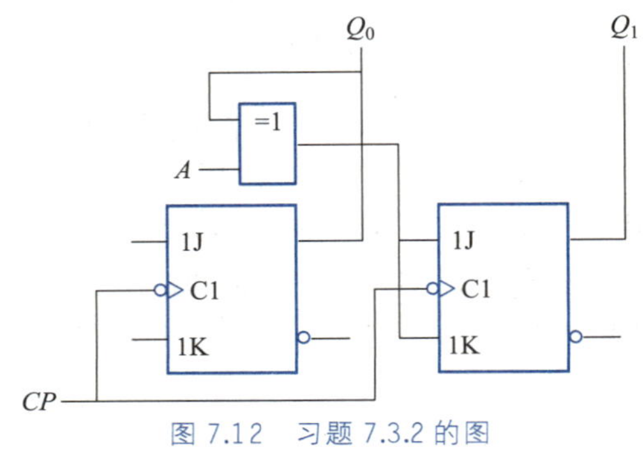

图 7.12 习题 7.3.2 的图

7.3.3　分析图 7.13 所示电路的逻辑功能。

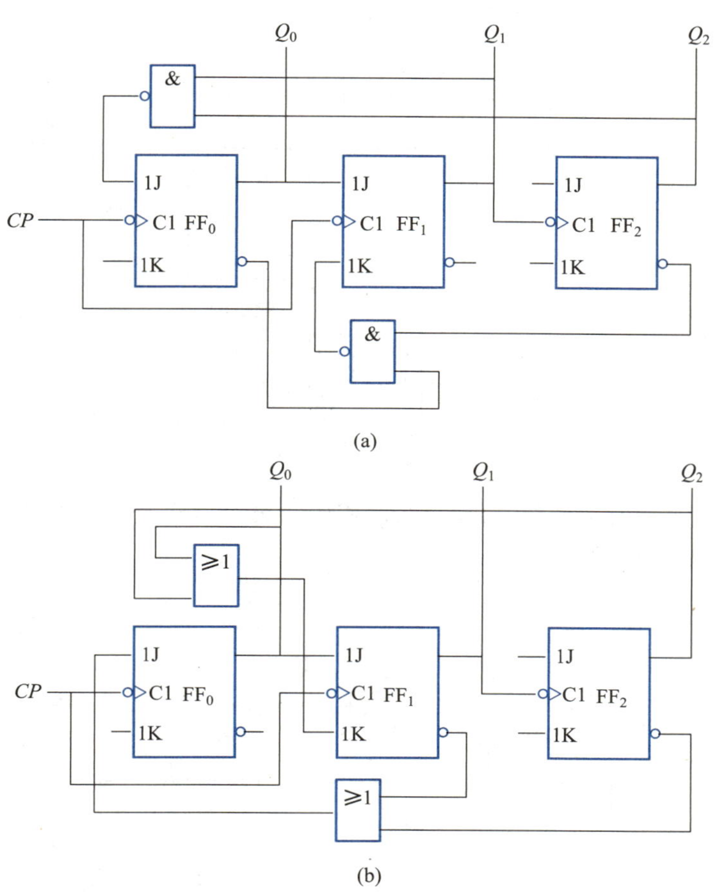

图 7.13　习题 7.3.3 的图

7.3.4　图 7.14 所示电路中，设触发器初始状态均为 **0**，分析输出 $Q_0Q_1Q_2$在脉冲 CP 作用下的变化情况。

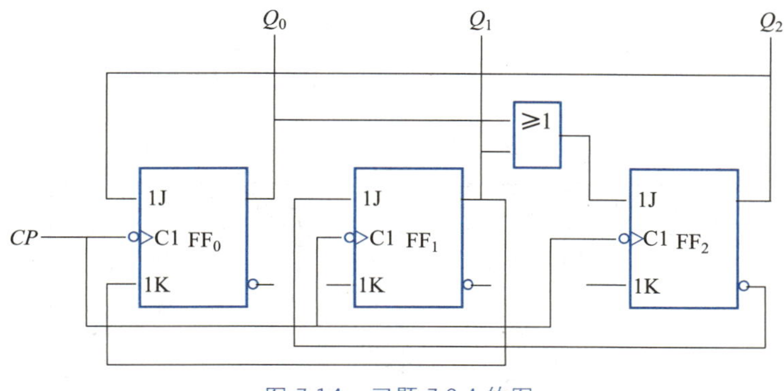

图 7.14　习题 7.3.4 的图

7.3.5　已知时钟脉冲 CP 的周期为 1 s，分析图 7.15 的逻辑电路，说明发光二极管作亮 3 s、灭 2 s 的循环。

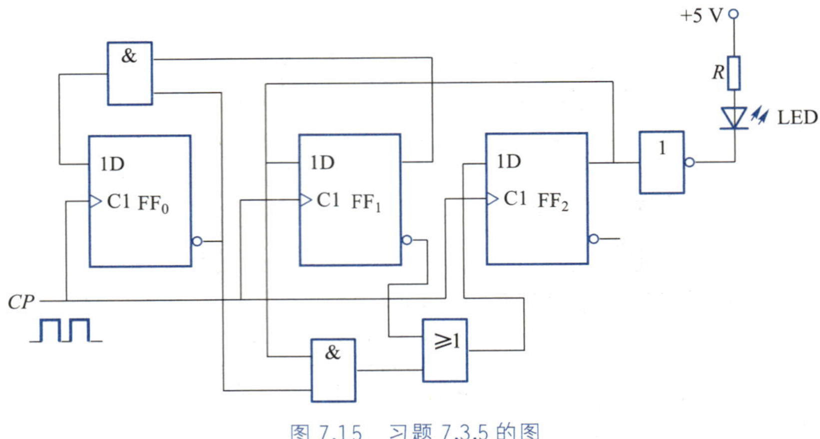

图 7.15　习题 7.3.5 的图

7.3.6　图 7.16 所示电路中，设触发器初始状态均为 **0**，分析输出 $Q_0Q_1Q_2$ 在时钟脉冲 CP 作用下的变化情况。

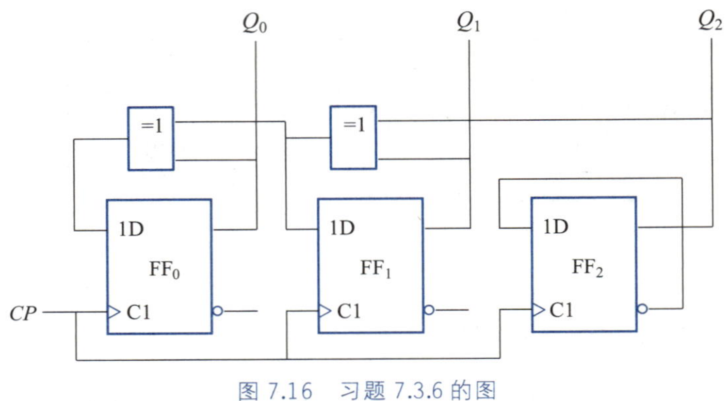

图 7.16　习题 7.3.6 的图

7.3.7　图 7.17 所示电路均是由 74LS90 构成的计数器，分析它们各为几进制计数器。

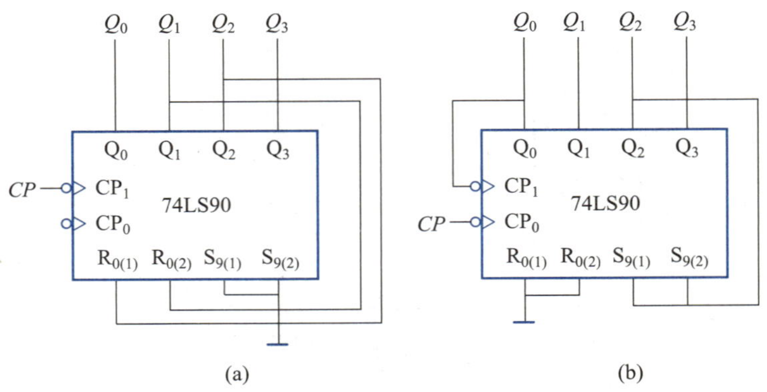

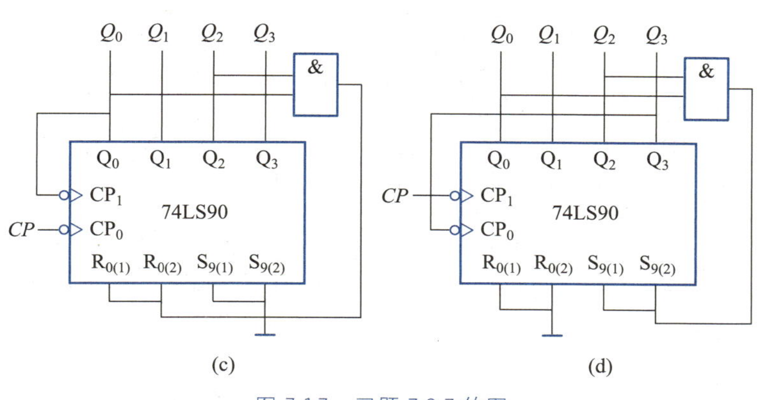

图 7.17　习题 7.3.7 的图

7.3.8　图 7.18 是由两片 74LS90 构成的计数电路。试说明该电路是多少进制的计数器。

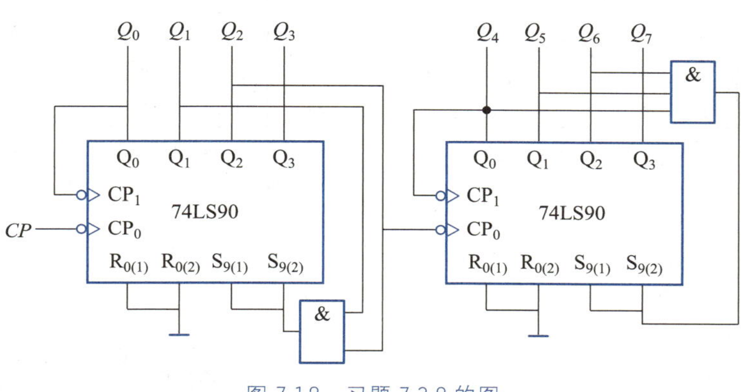

图 7.18　习题 7.3.8 的图

7.3.9　图 7.19 所示电路均是由 74LS161 构成的计数器，分析它们各为几进制计数器。

7.3.10　若要构成六十八进制计数器，需要用几片 74LS161？试画出逻辑图。

7.4.1　利用 *JK* 触发器和**与**门设计一个有六路输出脉冲的扭环形计数器型脉冲分配器。

7.4.2　利用集成双向四位移位寄存器 74LS194 可以构成计数器并能输出脉冲序列。设输出初始值均为 **0**，分析图 7.20 所示电路的计数进制，并说明该计数器能否实现自启动。如果将 Q_2 视为输出，写出在一个计数循环内其输出的脉冲序列。

7.4.3　集成计数器 74LS161 和集成译码器 74LS138 构成的脉冲分配电路如图 7.21 所示，当集成译码器 74LS138 的某一输出为 **0** 时，对应的灯被点亮。分析 74LS161 构成计数器的计数进制，分析各灯的亮灭状态。

7.5.1　试用 555 定时器设计一个频率为 50 kHz，占空比为 0.5 的矩形波信号发生器，画出其接线图，并给出所选电阻阻值和电容容值。

7.5.2　图 7.22 所示电路中，$U_{CC}=15$ V，$R=91$ kΩ，$C=10$ μF。输入信号 u_I 分别为图中所示信号时，分析其输出情况，并定量画出输出信号波形。

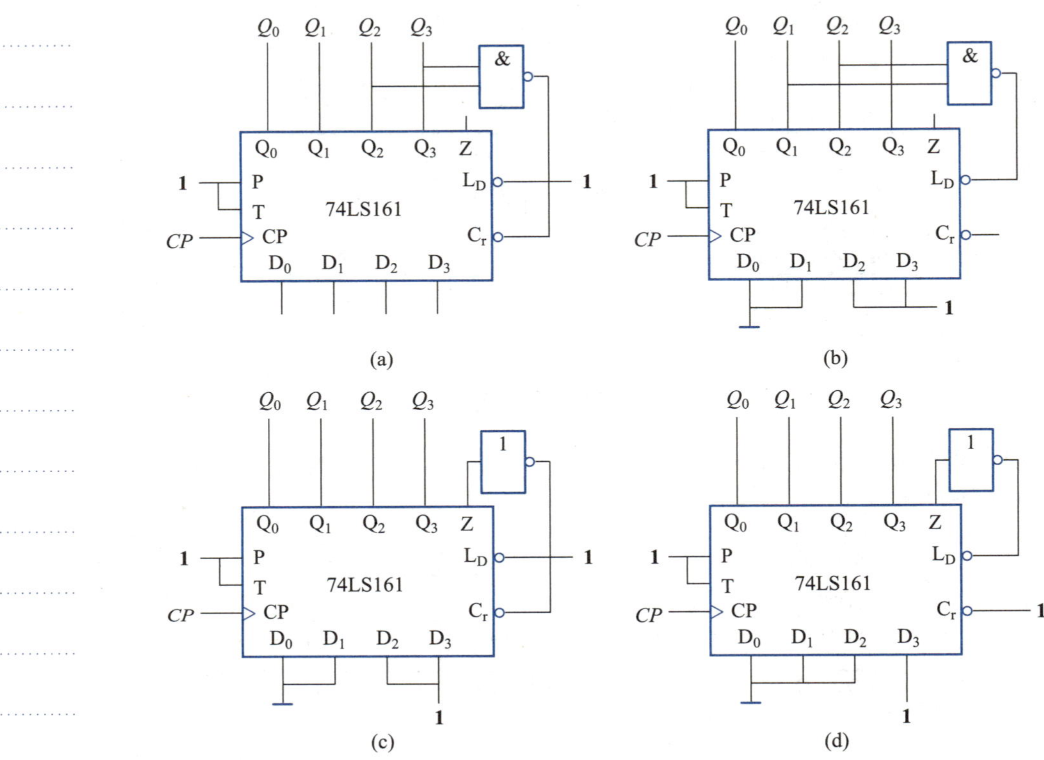

图 7.19 习题 7.3.9 的图

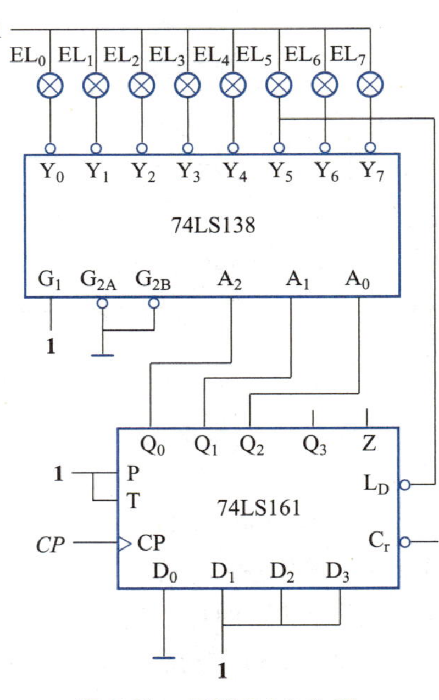

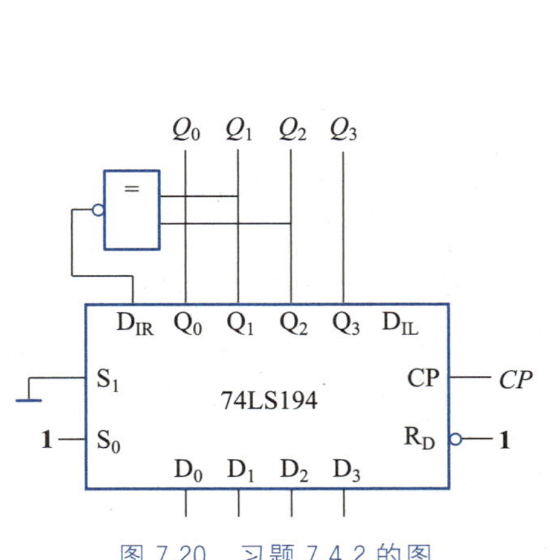

图 7.20 习题 7.4.2 的图

图 7.21 习题 7.4.3 的图

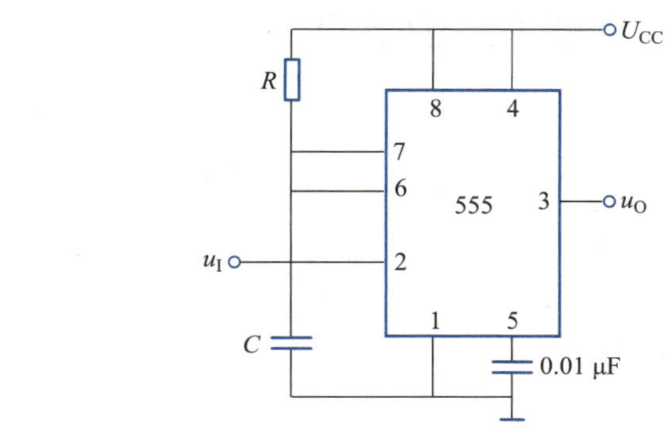

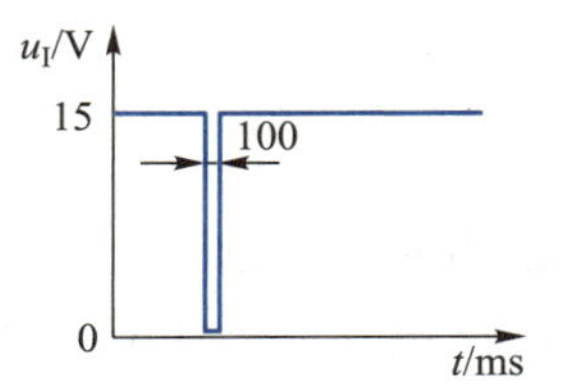

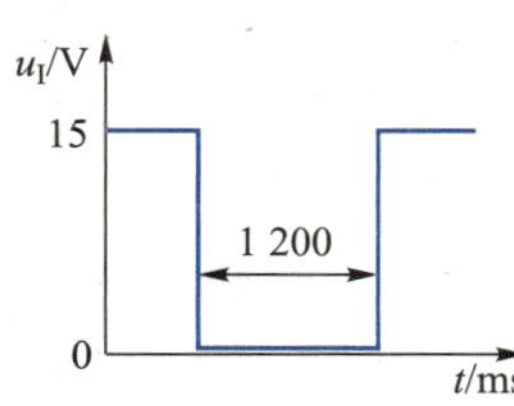

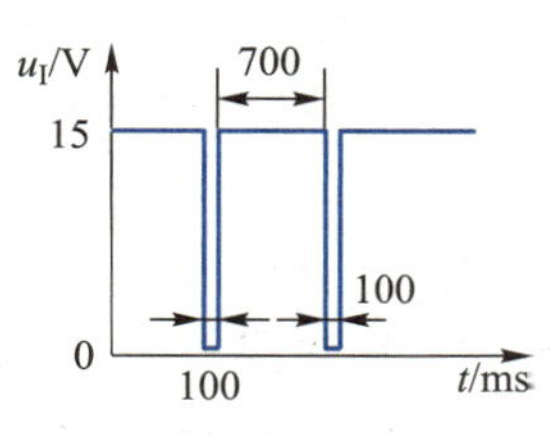

图 7.22　习题 7.5.2 的图

7.5.3　电路如图 7.23 所示。（1）试问该 555 定时器构成了什么电路？（2）绘出对应 u_I 的 u_{O1} 和 u_{O2} 波形。

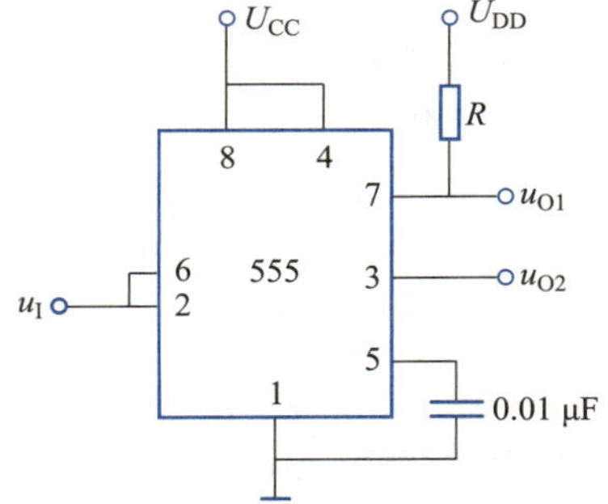

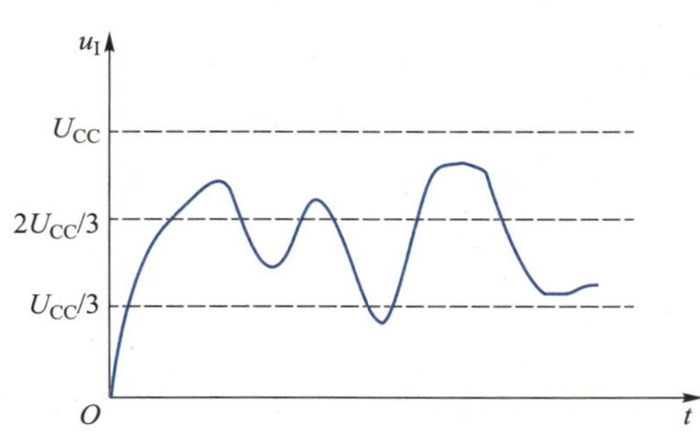

图 7.23　习题 7.5.3 的图

第8章 可编程逻辑器件

本章学习目标

学习完本章内容后，你将能够：

- 了解可编程逻辑器件的发展历程；
- 理解 FPGA 器件的原理和基本结构；
- 了解 Verilog 硬件描述语言的基本使用方法；
- 掌握利用 Verilog 语言描述组合和时序逻辑电路的方法；
- 了解 FPGA 设计流程及开发环境。

可编程逻辑器件(programable logic device, PLD)是20世纪末期蓬勃发展起来的新型半导体通用集成电路，可以通过编程实现不同的逻辑功能。随着半导体制作工艺水平的提高，PLD 的集成度越来越高，在电子系统中的应用也越来越广泛。本章首先介绍 PLD 的发展历程，然后介绍典型 PLD 的原理和结构，最后介绍利用 PLD 实现逻辑设计的流程及 PLD 器件的编程配置电路。

阅读材料：可编程逻辑器件的特点和发展趋势

8.1 可编程逻辑器件的发展历程

可编程逻辑器件(PLD)泛指可由用户自行定义逻辑功能(编程)的一类逻辑器件。其中一些器件集成度非常高，一块芯片即可容纳一个数字系统。

最早的 PLD 是 1970 年出现的可编程只读存储器(programmable read-only memory, PROM)，由固定的**与**阵列和可编程的**或**阵列组成。PROM 采用熔丝工艺编程，只能写一次，不能擦除或重写。可编程逻辑阵列(programmable logic array, PLA)器件于20世纪70年代中期出现，由可编程的**与**阵列和可编程的**或**阵列组成。由于器件的资源利用率低，价格较贵，而且只能编程一次，因此并没有得到广泛应用。可编程阵列逻辑(programmable array logic, PAL)器件由可编程的**与**阵列和固定的**或**阵列组成。由于采用熔丝编程方式，双极型工艺制造，器件的工作速度比较高，因此成为第一个得到普遍应用的可编程逻辑器件。

通用阵列逻辑(generic array logic, GAL)器件是一种可电擦写、可重复编程、可设置加密位的 PLD。在实际应用中，GAL 器件对 PAL 器件的仿真具有100%的兼容性，几乎完全代替了 PAL 器件，因此可以取代大部分中等规模集成电路(medium-scale integration, MSI)和小规模集成电路(small-scale integration, SSI)，例如标准的54/74系列器件。GAL 器件的结构框图如图 8.1.1 所示，由输入缓冲器、**与**逻辑阵列、固定**或**门和输出逻辑宏单元组成。

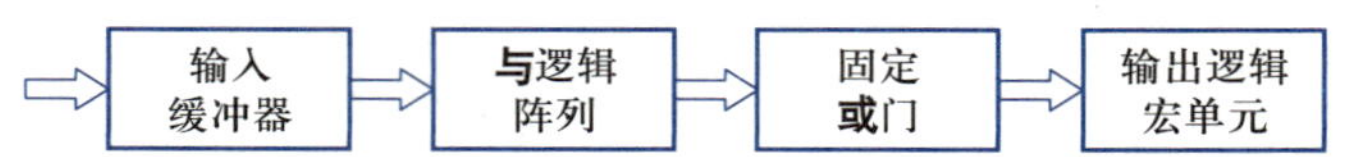

图 8.1.1 GAL 器件的结构框图

PAL 和 GAL 属于简单可编程逻辑器件,简称 SPLD(simple PLD)。复杂可编程逻辑器件,简称 CPLD(complex PLD),于 20 世纪 90 年代初出现。CPLD 一般包含 3 种结构:可编程逻辑宏单元、可编程 I/O 单元和可编程内部连线。通用 CPLD 的基本框图如图 8.1.2 所示,不同半导体公司的 CPLD 有各自的特点,内部结构略有差异,但总体基本框图大致相似。CPLD 内部的 SPLD 称为逻辑阵列块(logic array block,LAB),有时候使用其他名称,例如功能块、逻辑块或者基本块。逻辑阵列块不但有多个 I/O 连接端,而且可以通过可编程连接阵列(programmable interconnect array,PIA)与控制信号连接。

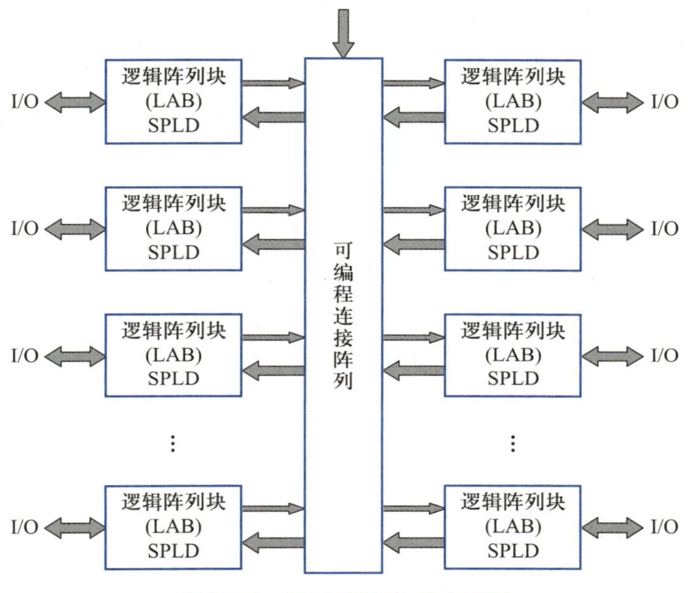

图 8.1.2　通用 CPLD 的基本框图

现场可编程门阵列,简称 FPGA(field programmable gate array),是 Xilinx 公司在 1985 年首家推出的,它是一种新型的高密度 PLD。与门阵列 PLD 不同,FPGA 的内部结构由许多独立的可编程配置逻辑块组成,逻辑块之间可以灵活地相互连接。用户可以通过编程将这些逻辑块连接成所需要的数字系统。

8.2　FPGA 原理和结构

FPGA 内部结构包含三个基本元素,分别是可编程配置逻辑块(configurable logic block,CLB)、可编程连接和输入/输出(I/O)块,如图 8.2.1 所示。FPGA 内部的可编程配置逻辑块并不像 CPLD 中的逻辑阵列块那么复杂,但是数量更多。输入/输出块分布在 FPGA 基本结构的边缘,用于提供独立的、可选择的输入、输出或双向端口。可编程连接用于连接可编程配置逻辑块和输入/输出块。大型 FPGA 通常包含几万至几十万可编程配置逻辑块,以及存储和其他资源。

典型的 FPGA 结构图如图 8.2.2 所示,包含嵌入式存储功能以及数字信号处理(digital signal processing,DSP)功能。DSP 功能广泛应用于很多系统中,例如数字滤波器。在图 8.2.2 中,嵌入式块在整个 FPGA 互连矩阵中排列,输入/输出元件(IOEs)放置在 FPGA 的周围。

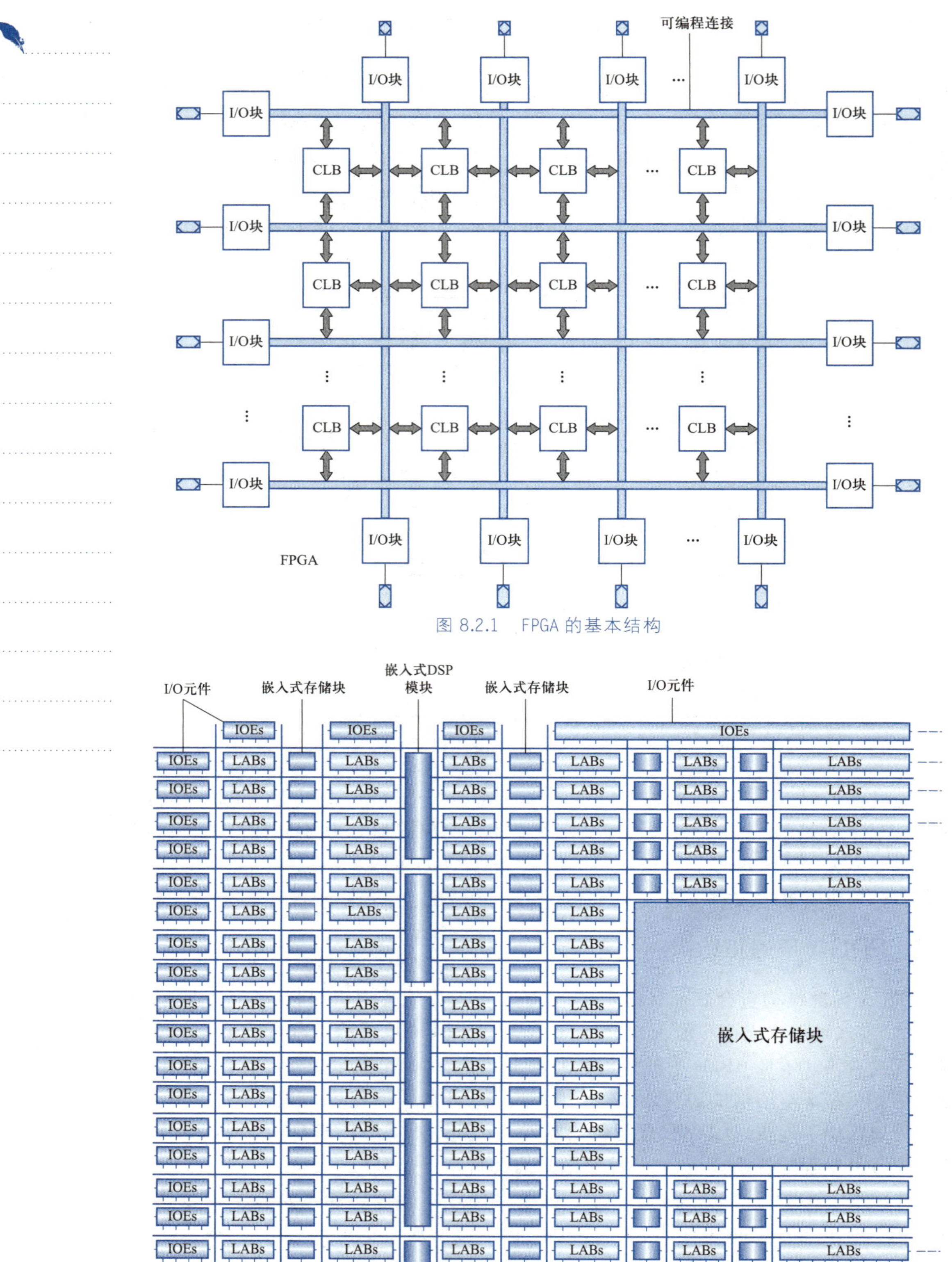

图 8.2.1 FPGA 的基本结构

图 8.2.2 典型的 FPGA 结构图

典型的 FPGA 逻辑块由一些较小的逻辑模块组成，这些模块是基本的构建单元。图 8.2.3 所示为基本的可编程配置逻辑块（CLBs），其中各个逻辑块通过整体行/列可编程连接。每一个可编程配置逻辑块（CLB）由大量较小的逻辑模块组成，这些模块通过局部可编程连接。

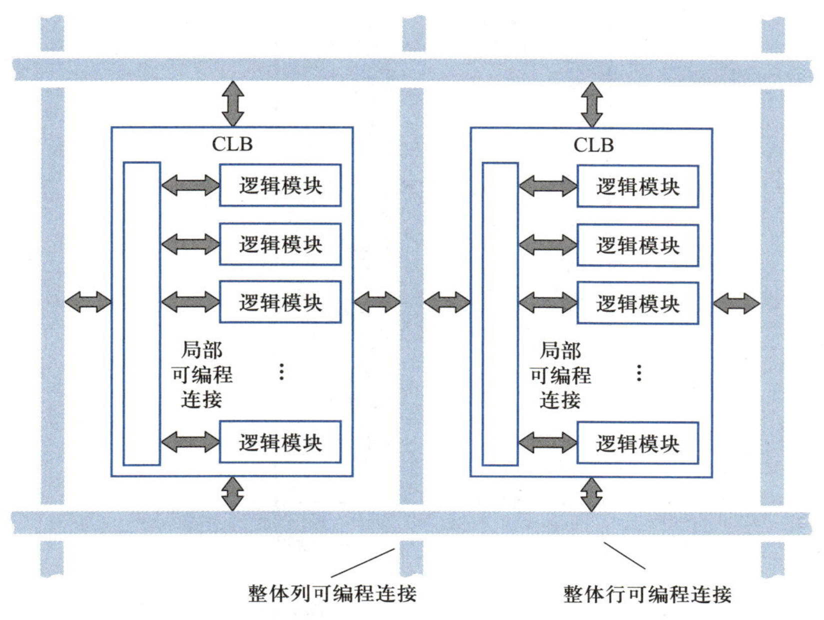

图 8.2.3 基本可编程配置逻辑块（CLBs）

FPGA 逻辑块内部的逻辑模块可以配置为组合逻辑、寄存器逻辑或者是上述二者的结合。触发器是相关逻辑的一部分，同时也用于寄存器逻辑。典型的基于查找表（look-up table，LUT）的逻辑模块基本框图如图 8.2.4 所示。LUT 本质上是一种可编程存储，用于产生积之和（sum-of-products，SOP）的组合逻辑函数。

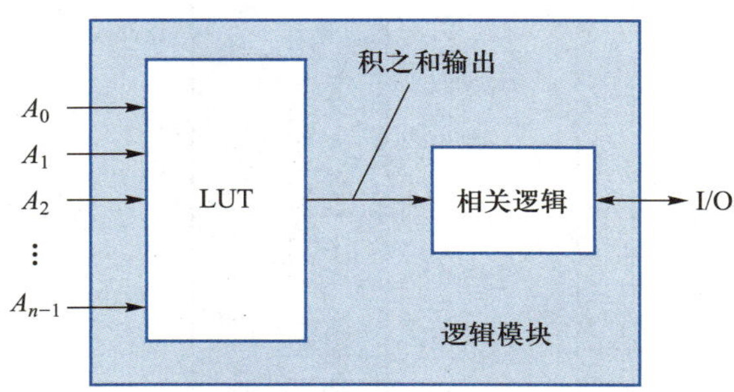

图 8.2.4 典型的基于 LUT 的逻辑模块基本框图

一般来说，LUT 由一定数量的存储单元组成。存储单元的数量与 LUT 的输入变量个数 n 有关，存储单元的数量等于 2^n。例如，三输入变量可以选择八个存储单元，这样三输入变量的 LUT 能够生成具有八个乘积项的 SOP 表达式。图 8.2.5 所示为指定 SOP 函数的可编程 LUT，通过编程将 **1** 和 **0** 写入到 LUT 的存储单元中。存储

单元为 **1** 表明对应的乘积项在 SOP 输出端显示，存储单元为 **0** 表明对应的乘积项在 SOP 输出端不显示。因此 SOP 输出表达式的结果为 $\overline{A_2}\,\overline{A_1}\,\overline{A_0}+\overline{A_2}A_1A_0+A_2\overline{A_1}A_0+A_2A_1A_0$。

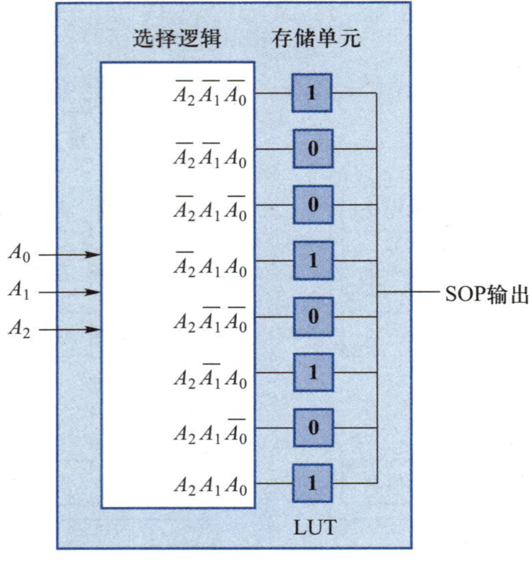

图 8.2.5　指定 SOP 函数的可编程 LUT

【例 8.2.1】　描述一个基本三变量可编程 LUT，能够产生如下 SOP 函数

$$A_2A_1\overline{A_0}+A_2\overline{A_1}\,\overline{A_0}+\overline{A_2}A_1A_0+A_2\overline{A_1}A_0+\overline{A_2}\,\overline{A_1}A_0$$

【解】　根据可编程 LUT 的输入变量个数和存储单元数量的关系，以及题目要求的 SOP 函数，可以得到可编程 LUT 如图 8.2.6 所示。

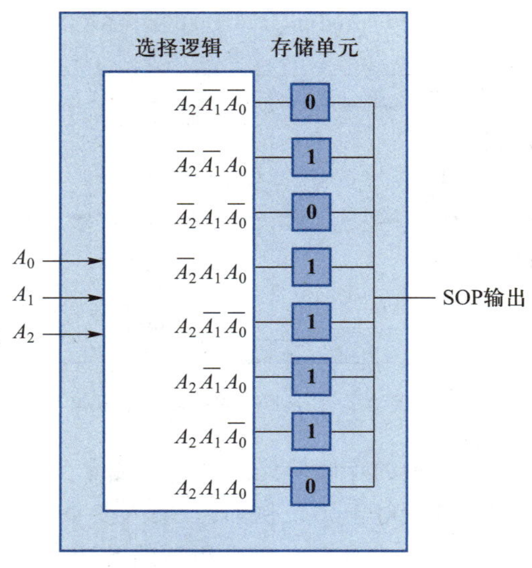

图 8.2.6　例 8.2.1 的可编程 LUT

8.3 FPGA 硬件描述语言

8.3.1 Verilog 硬件描述语言介绍

硬件描述语言(hardware description language,HDL)是一种用形式化方法来描述数字电路和系统的语言,类似于一般的计算机高级语言的语言形式和结构形式。数字电路系统的设计者可以从上层到下层(从抽象到具体)逐层描述自己的设计思想,用一系列分层次的模块来表示极其复杂的数字电路系统。然后利用 EDA 工具逐层进行仿真验证,再经过自动综合工具把 HDL 描述的系统转换为门级电路网表。接下来使用 FPGA 自动布局布线工具把网表文件转换为具体电路布线结构的实现。

硬件描述语言已经有近 40 年的发展历史,并成功应用于数字电路系统的设计、建模、仿真、验证和综合等各个阶段,使设计过程达到高度自动化。Verilog HDL 是目前应用最广泛的一种硬件描述语言,用于数字电路系统设计。该语言允许设计者进行各种级别的逻辑设计,进行数字逻辑系统的仿真验证、时序分析和逻辑综合。

Verilog HDL 既是一种行为描述的语言也是一种结构描述的语言,具有 C 语言的描述风格,是一种比较容易掌握的语言,语法自由,但是初学者容易出错。

Verilog HDL 可以在系统级(system)、算法级(algorithm)、寄存器传输级(register-transfer level,RTL)、逻辑级(logic)、门级(gate)和电路开关级(switch)等多种抽象设计层次上描述数字电路。

① 系统级:用语言提供的高级结构能够实现待设计模块的外部性能的模型。

② 算法级:采用类似 C 语言中的 if、case 和 loop 等语句,实现算法行为的模型。

③ 寄存器传输级:采用布尔逻辑方程,描述数据在寄存器之间的流动,以及如何处理、控制这些数据流动的模型。

④ 门级:描述逻辑门及逻辑门之间连接的模型。

⑤ 开关级:描述器件中晶体管和存储节点,以及它们之间连接的模型。

运用 Verilog HDL 设计一个系统时,一般采用自顶向下的层次化、结构化设计方法。自顶向下的设计从系统级开始,把系统划分为基本单元,然后再把每个基本单元划分为下一层次的基本单元,一直进行划分,直到可以直接用 EDA 元件库中的基本元件来实现为止。该设计方法的优点是,在设计周期开始之前进行系统分析,先从系统级设计入手,在顶层划分功能模块,将系统设计分解成几个子设计模块,对每个子设计模块进行设计、调试和仿真。由于设计的仿真和调试主要是在顶层完成的,所以能够较早发现结构设计上的错误,避免设计工作上的浪费,同时也减少了逻辑仿真的工作量。自顶向下的设计方法使几十万门甚至几百万门规模的复杂数字电路的设计成为可能,同时避免了不必要的重复设计,提高了设计效率。

一个复杂数字电路系统的完整 Verilog HDL 模型是由若干个 Verilog HDL 模块构成的,每个模块又可以由若干个子模块构成。因此模块(module)是 Verilog HDL 的基本单元。

1. 模块

一个模块由两部分组成,一部分描述端口,另一部分描述逻辑功能,即定义输入是如何影响输出的。模块的语句结构如下。

```
module 模块名(端口);
  (端口列表及定义);
  assign (描述电路器件的内部逻辑功能或电路结构);
endmodule
```

所有的 Verilog HDL 程序都以 module 声明语句开始，模块名用于命名该模块，一般与其要实现的功能对应。每个 Verilog HDL 程序包括 4 个主要部分：端口定义、I/O 说明、内部信号声明和功能定义。下面进行举例说明。一个简单的模块结构组成如图 8.3.1 所示，其中图 8.3.1(a)为逻辑图，图 8.3.1(b)为与之对应的程序模块。在该实例中，模块名为 block，模块中的第 2、3 行定义了端口的信号流向，输入端口为 a 和 b，输出端口为 c 和 d。模块的第 4、5 行说明了模块的逻辑功能，分别实现了**与**门和**或**门的输出。

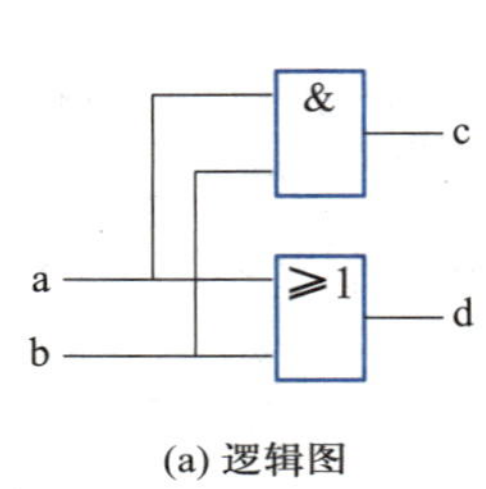

(a) 逻辑图

```
module block (a,b,c,d);
input a, b;
output c, d;

assign c=a & b;
assign d=a | b;
endmodule
```

(b) 程序模块

图 8.3.1　模块结构的组成

（1）模块的端口定义

模块的端口定义声明了模块的输入和输出端口，其格式为

```
module 模块名(端口名 1,端口名 2,端口名 3,…);
```

（2）I/O 说明

I/O 说明指的是模块输入/输出说明。

输入端口说明格式：　`input [信号位宽-1:0] 端口名;`

输出端口说明格式：　`output [信号位宽-1:0] 端口名;`

输入/输出端口说明格式：　`inout [信号位宽-1:0] 端口名;`

I/O 说明也可以写在端口声明语句里，其格式为

```
module 模块名(input 端口名 1, input 端口名 2, …, output 端口名 1, output 端口名 2, …)
```

（3）内部信号说明

内部信号说明指的是模块内部用到的、与端口有关的 wire 和 reg 类型变量的声明，例如

```
reg [7:0] out;     //定义 out 的数据类型为寄存器类型
```

(4) 功能定义

模块中最重要的部分是逻辑功能定义部分。有三种方法可以在模块中描述要实现的逻辑功能。

① 使用 assign 声明语句

这种方法的语法很简单，只需写一个 assign，后面再添加一个方程式即可，例如

```
assign a = b & c;      //描述了一个有两个输入的与门
```

② 使用实例元件

Verilog HDL 提供了一些基本的逻辑门模块，如**与**门(and)、**或**门(or)等。使用实例元件的方法与在电路原理图输入方式下调用元器件库一样，直接输入元件的名字和相连的引脚即可。使用实例元件语句，就不必重新编写这些基本逻辑门的程序，简化了程序。使用实例元件的格式为

```
门类型关键字<实例名>  (<端口列表>);
```

例如，“and u1(c, a, b);”表示模块中使用了一个和**与**门一样的名为 u1 的**与**门，其输入端为 a，b，输出端为 c。

③ 使用 always 块语句

例如

```
always @ (posedge clk)
begin
    q = a & b;
end
```

这段代码描述的逻辑功能为：当时钟信号的上升沿到来时，对输入信号 a 和 b 进行逻辑**与**操作，并将结果送给输出信号 q。

采用 assign 语句是描述组合逻辑最常用的方法之一。always 块语句既可用于描述组合逻辑，也可描述时序逻辑。“always @ (<敏感信号列表>)”语句的括号内表示的是敏感信号或表达式，即当敏感信号或表达式发生变化时，执行 always 块内的语句。

(5) 模块要点总结

① 在 Verilog HDL 模块中，所有过程块(如 always 块)、连续赋值语句、实例引用都是并行的。例如，前述的三个例子分别使用了 assign 语句、实例元件和 always 块，如果把这三个例子写到一个 Verilog HDL 模块文件中，它们的顺序不会影响实现的功能，因为这三项是同时执行的，也就是并发的。

注意：两个或更多的 always 块都是同时执行的，而模块内部的语句是顺序执行的。

② 在 always 块内，逻辑是按照指定的顺序执行的。always 块中的语句称为“顺序语句”，因为它们是顺序执行的，所以 always 块也称为“过程块”。

③ 只有连续赋值语句 assign 和实例引用语句可以独立于过程块而存在于模块的功能定义部分。

④ Verilog HDL 注释语句和 C 语言一样，用//开头，也可以将注释放在/ * … * /之间。Verilog HDL 对于大小写敏感，所有关键词都是小写。定义变量时要注意区分

大小写，例如，B 和 b 被认为是两个不同的变量。

2. 模块的例化

一个模块可以由几个模块组成，一个模块也可以调用其他模块，形成层次结构。对低层次模块的调用称为模块的例化。

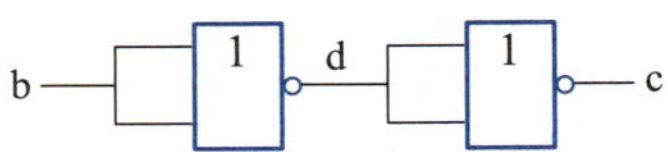

图 8.3.2 反相器级联逻辑图

例如，利用模块例化语句描述如图 8.3.2 所示的反相器级联逻辑图。

模块例化语句的格式为

```
例化模块名  例化名  <端口列表>
```

其中，端口列表中信号的顺序可以采用位置匹配方式，例如，"inv1 G1(b, d);"实例化时采用位置关联，G1 的 b 对应模块 inv1 的输入端口 a，G1 的 d 对应 inv1 的输出端口 e。如果对应的顺序发生错误，结果也会错误。也可以采用信号名匹配方式，例如，"inv1 G2(.a(d), .e(c));"。当端口列表中的信号比较多时，一般都采用信号名匹配方式。

反相器级联 Verilog HDL 程序

```
module inv1(a, e);
    input a;
    output e;
    assign e = ~a;
endmodule
module test1(b, c);
    input b;
    output c;
    inv1 G1(b, d);                //模块例化
    inv1 G2(.a(d), .e(c));        //模块例化
endmodule
```

3. 数据类型

数据类型用来表示数字电路硬件中的数据存储和传送元素。Verilog HDL 共有 19 种数据类型，常用的 4 个基本数据类型是：reg 型、wire 型、integer 型和 parameter 型。

(1) 常量

① 整数

在 Verilog HDL 中，整型常量即整数有二进制整数(b 或 B)、八进制整数(o 或 O)、十进制整数(d 或 D)、十六进制整数(h 或 H)。完整的数字表达方式有以下三种。

- <位宽> <进制> <数字>：这是一种全面的描述方式。
- <进制> <数字>：在这种描述方式中，数字的位宽采用默认位宽(由具体机器系统决定，至少为 32 位)。
- <数字>：在这种描述方式中，采用默认进制数(十进制数)。

例如

```
8'b11001010          //位宽为 8 位的二进制数 11001010
12'o3546             //位宽为 12 位的八进制数 3546
8'ha2                //位宽为 8 位的十六进制数 a2
165                  //位宽为 32 位的十进制数 165
```

② x 和 z 值

在数字电路中，x 代表不定值，z 代表高阻值。每个字符代表的位宽取决于所用的进制，例如，8'b1010xxxx 和 8'hax 所表示的含义是等价的。z 还有一种表达方式可以写作"?"。在使用 case 表达式时，建议使用这种写法，以提高程序的可读性。例如

```
4'b11x0        //位宽为 4 的二进制数从低位数起第 2 位为不定值
4'b100z        //位宽为 4 的二进制数从低位数起第 1 位为高阻值
12'dz          //位宽为 12 的十进制数，其值为高阻值
8'h4x          //位宽为 8 的十六进制数，其低 4 位值为不定值
```

③ 参数(parameter)型

在 Verilog HDL 中，用 parameter 定义一个标识符，来代表一个常量，称为符号常量，即标识符形式的常量。采用标识符代表一个常量可提高程序的可读性和可维护性。parameter 型数据的说明格式如下：

```
parameter 参数名 1=表达式，参数名 2=表达式，…，参数名n =表达式；
```

例如

```
parameter d=15, f=23;                    //定义两个常数参数
parameter r=5.7;                         //定义 r 为一个实型参数
parameter average_delay = (r+f)/2;       //用常数表达式赋值
```

参数型常量经常用于定义延迟时间和变量宽度。在模块或实例引用时，可通过参数传递改变在被引用模块或实例中已定义的参数。

(2) 变量

变量是一种在程序运行过程中其值可以改变的量。在 Verilog HDL 中有很多种数据类型的变量，以下介绍几种常用的类型。

① wire 型

连线通常表示一种电气连接，采用 wire 类型表示逻辑门和模块之间的连线。wire 型数据常用来表示用 assign 关键字指定的组合逻辑信号。在 Verilog DHL 程序模块中，当输入、输出信号类型省略时，将自动定义为 wire 型，其格式说明如下。

表示一位 wire 型的变量

```
wire 数据名 1, 数据名 2, …, 数据名i ;
```

表示多位 wire 型的变量

```
wire [n -1:0] 数据名 1, 数据名 2, …, 数据名i ;
wire [n :1] 数据名 1, 数据名 2, …, 数据名i ;
```

其中,[n-1:0]和[n:1]代表数据的位宽,即该数据有几位。

例如

```
wire a, b;            //定义了两个 1 位的 wire 型数据变量 a 和 b
wire [4:1] c, d;      //定义了两个 4 位的 wire 型数据变量 c 和 d
```

wire 型不能够出现在过程块(initial 块或 always 块)中。当采用层次化设计数字系统时,常用 wire 型声明模块之间的连线信号。

② reg 型

寄存器是数据储存单元的抽象,寄存器数据类型的关键字是 reg。reg 型变量具有状态保持功能。在新的赋值语句执行以前,reg 型变量的值一直保持原值。

reg 型数据常用来表示 always 块内的指定信号,一般代表触发器。在 always 块内被赋值的每个信号都必须定义成 reg 型。reg 型数据的格式说明如下。

表示 1 位 reg 型的变量

```
reg 数据名 1, 数据名 2, …, 数据名i ;
```

表示多位 reg 型的变量

```
reg [n -1:0] 数据名 1, 数据名 2,…, 数据名i ;
reg [n :1] 数据名 1, 数据名 2,…, 数据名i ;
```

其中,[n-1:0]和[n:1]代表数据的位宽,即该数据有几位。

例如

```
reg rega, regb;            //定义了两个 1 位的 reg 型数据变量 rega 和 regb
reg [4:1] regc, regd;      //定义了两个 4 位的 reg 型数据变量 regc 和 regd
```

8.3.2 Verilog 硬件描述语言实例

1. 二输入逻辑门电路

二输入逻辑门电路包括**与**门、**或**门、**与非**门、**或非**门、**异或**门和**同或**门,利用 Verilog 语句描述 6 个不同的二输入逻辑门电路程序如下。

二输入逻辑门 Verilog 程序

```
module gates2 (
  input a,
  input b,
  output [5:0] y);
  assign y[0] = a & b;  // 与
  assign y[1] = a |b;  // 或
  assign y[2] = ~ (a & b);  // 与非
  assign y[3] = ~ (a |b);  // 或非
  assign y[4] = a ^ b;  // 异或
  assign y[5] = a ~^ b;  // 同或
endmodule
```

2. 数据选择器

(1) 2 选 1 数据选择器

2 选 1 数据选择器原理图如图 8.3.3 所示，真值表如表 8.3.1 所示，其中 a,b 为信号的输入端，s 为选择控制端，y 为数据输出端。当 $s=\mathbf{0}$ 时，$y=a$；当 $s=\mathbf{1}$ 时，$y=b$。由此可以得到 y 的逻辑表达式

$$y=\bar{s}a+sb \tag{8.3.1}$$

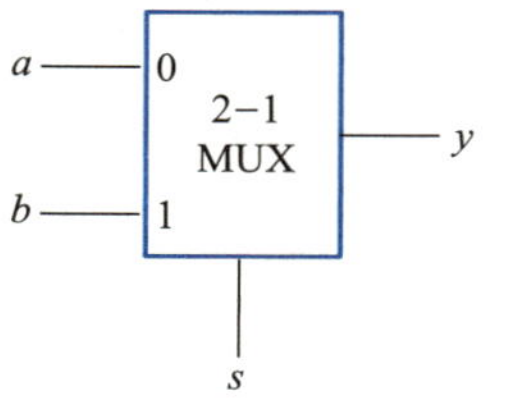

图 8.3.3　2 选 1 数据选择器原理图

表 8.3.1　2 选 1 数据选择器的真值表

s	y
0	a
1	b

下面分别用逻辑方程、条件运算符和 if 条件语句实现 2 选 1 数据选择器的功能，其 Verilog 程序代码如下。

使用逻辑方程实现的 2 选 1 数据选择器

```
module mux21a(
  input wire a,
  input wire b,
  input wire s,
  output wire y
);
  assign y = ~ s & a | s & b;   //根据逻辑方程写出表达式
endmodule
```

使用条件运算符实现的 2 选 1 数据选择器

```
module mux21b(
  input wire a,
  input wire b,
  input wire s,
  output wire y
);
  assign y = s ? b : a; //利用条件运算符,如果s =1,则y =b ,如果s =0,则y =a
endmodule
```

使用 if 条件语句实现的 2 选 1 数据选择器

```
module mux21c (
  input wire a,
  input wire b,
  input wire s,
```

```
  output reg y
);
  always @(a,b,s)  //或者 always @(*)
  if (s = = 0)
    y = a;
  else
    y = b;
endmodule
```

（2）4 选 1 数据选择器

4 选 1 数据选择器原理图如图 8.3.4 所示，真值表如表 8.3.2 所示。开关 s_1 和 s_0 为两根控制线，用于选择四个输入中的一个作为输出。

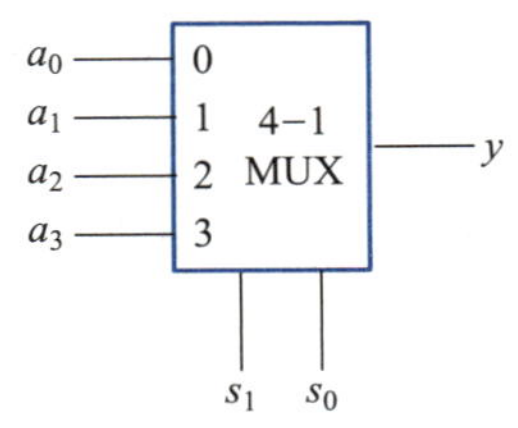

图 8.3.4　4 选 1 数据选择器原理图

表 8.3.2　4 选 1 数据选择器的真值表

s_1	s_0	y
0	0	a_0
0	1	a_1
1	0	a_2
1	1	a_3

可以使用三个 2 选 1 数据选择器来构建 4 选 1 数据选择器，逻辑方程为

$$y=\bar{s}_1\bar{s}_0a_0+\bar{s}_1s_0a_1+s_1\bar{s}_0a_2+s_1s_0a_3 \tag{8.3.2}$$

此外，也可以使用 case 语句实现多路选择的功能，与 if 语句相比，case 更为直观。在 case 语句中每一行冒号前的选择值代表 case 的参数值，在程序中 s 的默认数值为十进制数。

注意：如果用十六进制数表示，那么需要在它之前加 'h，如十进制 10 用十六进制表示为 'hA。同样地，二进制数要以 'b 开头，如 'b1010 为十进制 10 的二进制表示。

使用 case 语句实现 4 选 1 数据选择器

```
module mux41b(
  input wire [3:0] a,
  input wire [1:0] s,
  output reg y
);
  always @(* )
    case (s)
      0: y = a[0]; //s =00 时,y =a0
      1: y = a[1]; //s =01 时,y =a1
      2: y = a[2]; //s =10 时,y =a2
      3: y = a[3]; //s =11 时,y =a3
      default: y = a[0];
    endcase
endmodule
```

3. 3 线-8 线二进制译码器

译码器用于把给定的代码进行“翻译”，变成相应的状态，使输出通道中相应的一路有信号输出。3 线-8 线二进制译码器是最常用的三位二进制译码器，具有 3 个输入端和 8 个输出端，其真值表如表 8.3.3 所示。

表 8.3.3　3 线-8 线译码器的真值表

输入			输出							
a_2	a_1	a_0	y_0	y_1	y_2	y_3	y_4	y_5	y_6	y_7
0	0	0	1	0	0	0	0	0	0	0
0	0	1	0	1	0	0	0	0	0	0
0	1	0	0	0	1	0	0	0	0	0
0	1	1	0	0	0	1	0	0	0	0
1	0	0	0	0	0	0	1	0	0	0
1	0	1	0	0	0	0	0	1	0	0
1	1	0	0	0	0	0	0	0	1	0
1	1	1	0	0	0	0	0	0	0	1

由表 8.3.3 可以得出 3 线-8 线二进制译码器的函数表达式

$$y_0=\overline{a}_2\overline{a}_1\overline{a}_0,\quad y_1=\overline{a}_2\overline{a}_1a_0,\quad y_2=\overline{a}_2a_1\overline{a}_0,\quad y_3=\overline{a}_2a_1a_0$$

$$y_4=a_2\overline{a}_1\overline{a}_0,\quad y_5=a_2\overline{a}_1a_0,\quad y_6=a_2a_1\overline{a}_0,\quad y_7=a_2a_1a_0 \tag{8.3.3}$$

根据 3 线-8 线二进制译码器的函数表达式，即可写出 Verilog 程序代码。此外，也可以使用 for 循环语句实现 3 线-8 线译码器功能，具体程序如下。

使用 for 循环语句实现的 3 线-8 线二进制译码器

```
module decode38_for(
  input wire [2:0] a,
  output reg [7:0] y
);
  integer i; //整型数据变量
  always @( * )
    for (i = 0; i <= 7; i = i+1)
      if (a== i)
        y[i] = 1;
      else
        y[i] = 0;
endmodule
```

4. 显示译码器

对于七段共阴极数码管，当某段对应的引脚输出为高电平时，该段位的 LED 灯点亮。表 8.3.4 所示为显示译码器的真值表，表中给出了显示十六进制数 0~F 所对应的七段共阴极数码管 $a \sim g$ 的值，可以看出，$a \sim g$ 七个 LED 灯全部或部分点亮能够完成十六进制数字 0~F 的显示。例如，七个 LED 灯全部点亮，数码管显示数字 8；当 b、e 两个 LED 灯熄灭时，数码管显示数字 5。

表 8.3.4　显示译码器真值表

输入				输出							显示字形
x_3	x_2	x_1	x_0	a	b	c	d	e	f	g	
0	0	0	0	1	1	1	1	1	1	0	0
0	0	0	1	0	1	1	0	0	0	0	1
0	0	1	0	1	1	0	1	1	0	1	2
0	0	1	1	1	1	1	1	0	0	1	3
0	1	0	0	0	1	1	0	0	1	1	4
0	1	0	1	1	0	1	1	0	1	1	5
0	1	1	0	1	0	1	1	1	1	1	6
0	1	1	1	1	1	1	0	0	0	0	7
1	0	0	0	1	1	1	1	1	1	1	8
1	0	0	1	1	1	1	1	0	1	1	9
1	0	1	0	1	1	1	0	1	1	1	A
1	0	1	1	0	0	1	1	1	1	1	B
1	1	0	0	1	0	0	1	1	1	0	C
1	1	0	1	0	1	1	1	1	0	1	D
1	1	1	0	1	0	0	1	1	1	1	E
1	1	1	1	1	0	0	0	1	1	1	F

根据显示译码器的真值表，通过拨码开关实现七段数码管显示十六进制数的程序如下。

使用 case 语句实现七段数码管显示十六进制数

```
module hex7seg(
  input wire [3:0] x,
  output reg [6:0] a_to_g
);
  always @( * )
  case (x)
```

```
    0: a_to_g = 7'b1111110;  //显示字形 0
    1: a_to_g = 7'b0110000;  //显示字形 1
    2: a_to_g = 7'b1101101;  //显示字形 2
    3: a_to_g = 7'b1111001;  //显示字形 3
    4: a_to_g = 7'b0110011;  //显示字形 4
    5: a_to_g = 7'b1011011;  //显示字形 5
    6: a_to_g = 7'b1011111;  //显示字形 6
    7: a_to_g = 7'b1110000;  //显示字形 7
    8: a_to_g = 7'b1111111;  //显示字形 8
    9: a_to_g = 7'b1111011;  //显示字形 9
    'hA: a_to_g = 7'b1110111;  //显示字形 A
    'hB: a_to_g = 7'b0011111;  //显示字形 B
    'hC: a_to_g = 7'b1001110;  //显示字形 C
    'hD: a_to_g = 7'b0111101;  //显示字形 D
    'hE: a_to_g = 7'b1001111;  //显示字形 E
    'hF: a_to_g = 7'b1000111;  //显示字形 F
    default: a_to_g = 7'b1111110;  //默认显示字形 0
  endcase
endmodule
```

5. 触发器

触发器是一种具有存储、记忆二进制码的器件。触发器分为 D 触发器、T' 触发器和 JK 触发器等。图 8.3.5 所示为带异步置位和复位的正边沿 D 触发器，当输入 S 为 **1** 时，输出 Q 立即变为 **1**，当输入 R 为 **1** 时，输出 Q 立即变为 **0**。当输入 S 和 R 同时为 **0** 时，在时钟 *clk* 的上升沿，D 的值被锁存在输出 Q 中。

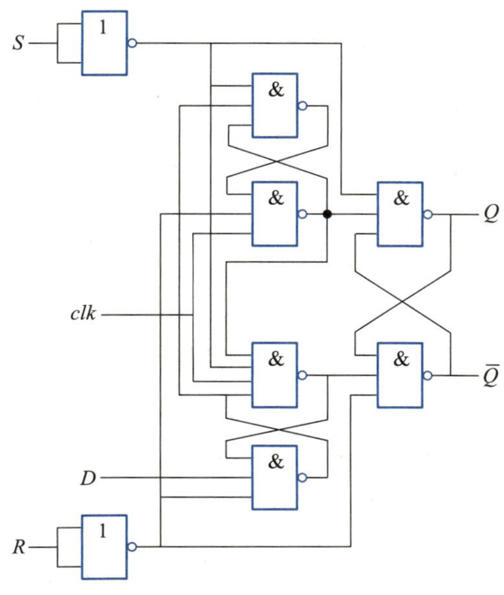

图 8.3.5　带异步置位和复位的正边沿 D 触发器

带异步置位和复位的正边沿 D 触发器

```
module Dffsc(
  input wire clk,
  input wire R,
  input wire S,
  input wire D,
  output reg Q
);
  always @(posedge clk or posedge R or posedge S)  //在clk 或R 或S 的上升沿动作
    if (S== 1&&R==0)
      Q <= 1;   //如果S 等于 1,则输出Q 为 1
    else if (R== 1&&S==0)
      Q <= 0;   //如果R 等于 1,则输出Q 为 0
    else
      Q <= D; //输出Q 等于输入D
endmodule
```

在 always 块中,敏感事件 posedge clk 表示时钟信号 *clk* 的上升沿(*clk* 的下降沿则用 negedge clk 表示)。当使用非阻塞赋值运算符"<="时,赋值语句要等到 always 块结束后,才完成对变量进行赋值的操作。

6. 寄存器

寄存器是用来暂时存储二进制数据的电路,由具有存储功能的锁存器或触发器构成。寄存器按功能不同可分为基本寄存器和移位寄存器。基本寄存器主要实现数据的并行输入、并行输出。移位寄存器主要实现数据的串行输入、串行输出。

(1) 一位寄存器

一位寄存器的电路原理图如图 8.3.6 所示,其真值表如表 8.3.5 所示。当 *load* 为 **1** 时,在下一个时钟上升沿来到时,*inp* 的值将被存储在 *Q* 中,否则寄存器输出保持不变。

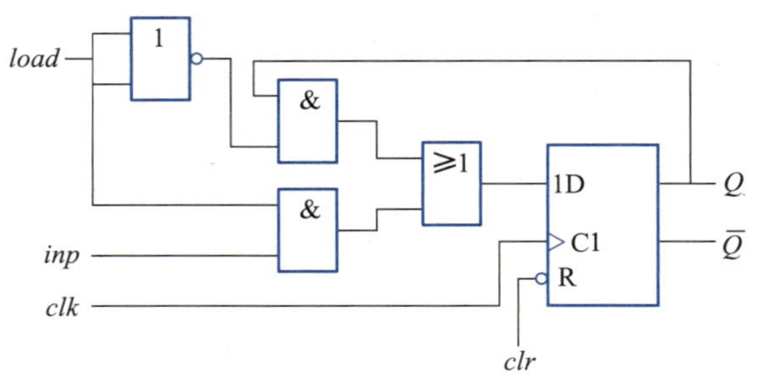

图 8.3.6　一位寄存器的电路原理图

表 8.3.5　一位寄存器的真值表

clk	*clr*	*load*	*inp*	Q^{n+1}
×	**0**	×	×	**0**
↑	**1**	**1**	*inp*	*inp*
↑	**1**	**0**	×	Q^n
非 ↑	**1**	×	×	Q^n

一位寄存器 Verilog 程序

```
module reg1bitb(
  input wire load,
  input wire clk,
  input wire clr,
  input wire inp,
  output reg Q
);
  // 带load 信号的一位寄存器
  always @(posedge clk or posedge clr)  //在clk 或clr 的上升沿动作
  if (clr == 1)
    Q <= 0;  //clr 等于 1 时,输出Q 为 0
  else if (load == 1)
    Q <= inp; //clr 不等于 1 且load 等于 1 时,输出Q 等于输入inp
endmodule
```

（2）四位寄存器

将四个带有 *load* 和 *clk* 信号的一位寄存器模块组合在一起，即可构成四位寄存器，如图 8.3.7 所示。

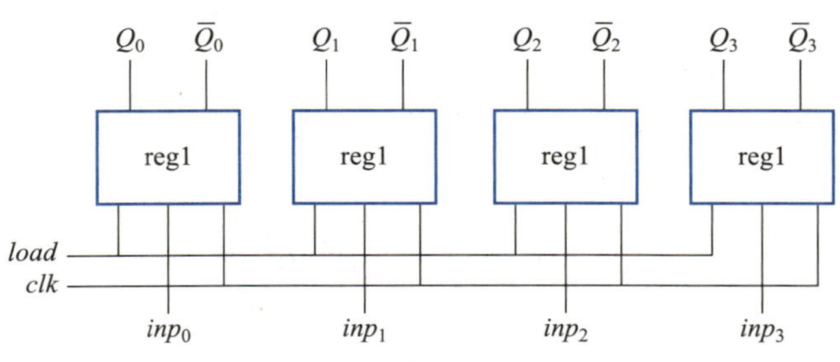

图 8.3.7　四位寄存器的电路原理图

四位寄存器的 Verilog 程序

```
module reg4bit(
  input wire load,
  input wire clk,
  input wire clr,
```

```
  input wire [3:0] inp, //定义数组变量inp
  output reg [3:0] Q  //定义数组变量Q
);
  // 带load 信号的四位寄存器
  always @  (posedge clk or posedge clr) //在clk 或clr 的上升沿动作
    if (clr == 1)
      Q <= 0; //clr 等于1时,输出Q 为0
    else if (load == 1)
      Q <= inp; //clr 不等于1且load 等于1时,输出Q 等于输入inp
endmodule
```

7. 计数器

计数器由基本的计数单元和一些控制门组成,其中计数单元由一系列具有存储信息功能的 D 触发器构成。计数器的种类繁多,按数的进制不同,计数器可分为二进制和 N 进制计数器。

(1) 三位二进制计数器

三位二进制计数器,即从 **000** 计到 **111** 的计数器。图 8.3.8 为三位二进制加法计数器的状态转换图。在每一个时钟上升沿,计数器就会从一个状态转移到另一个状态。

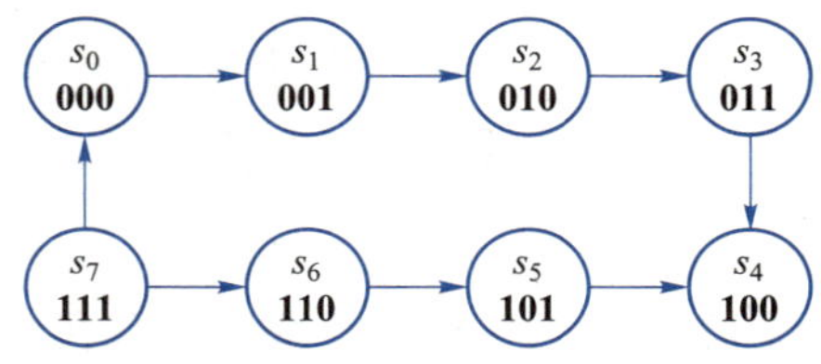

图 8.3.8　三位二进制加法计数器的状态转换图

根据状态转换图,可写出 Q_2、Q_1 和 Q_0 的逻辑方程,如式(8.3.4)、式(8.3.5)和式(8.3.6)所示。

⚠ 注意:程序中的输入信号只有时钟和清零信号,在不清零的情况下,只要时钟连续输入,输出就不断地从 **000** ~ **111** 循环计数。

$$Q_2^{n+1}=\overline{Q_2^n}Q_1^nQ_0^n+Q_2^n\overline{Q_1^n}+Q_2^n\overline{Q_0^n} \tag{8.3.4}$$

$$Q_1^{n+1}=\overline{Q_1^n}Q_0^n+Q_1^n\overline{Q_0^n} \tag{8.3.5}$$

$$Q_0^{n+1}=\overline{Q_0^n} \tag{8.3.6}$$

计数器中的计数单元是由触发器构成的,触发器的个数决定了计数的位数,三位二进制计数器则是由三个触发器构成,根据式(8.3.4)、式(8.3.5)、式(8.3.6)可以得到三位二进制计数器的逻辑图,如图 8.3.9 所示。

根据逻辑方程编写的三位二进制计数器程序如下所示。

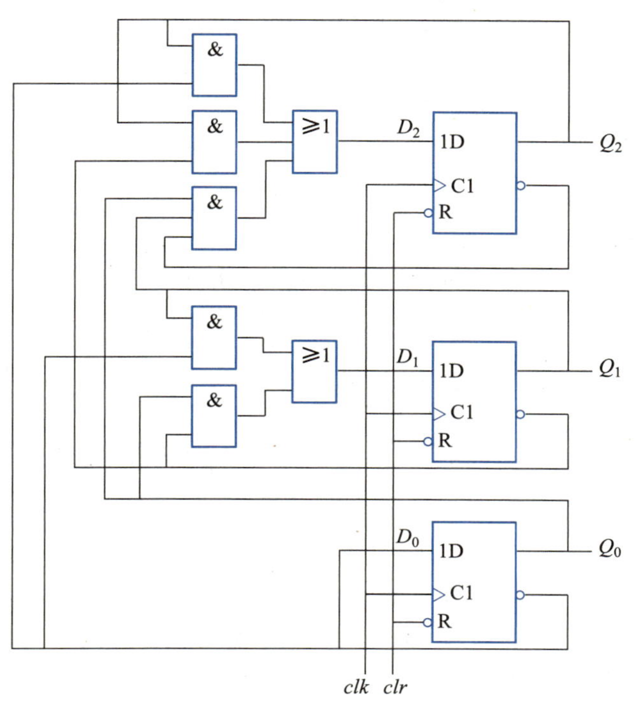

图 8.3.9 三位二进制计数器的逻辑图

利用逻辑方程设计三位二进制计数器的 Verilog 程序

```
module count3a(
  input wire clr,
  input wire clk,
  output reg [2:0] Q
);
  wire [2:0] D;
  assign D[2] = ~Q[2] & Q[1] & Q[0] |Q[2] & ~Q[1] |Q[2] & ~Q[0];
  assign D[1] = ~Q[1] & Q[0] |Q[1] & ~Q[0];
  assign D[0] = ~Q[0];
  // 根据逻辑方程,写出 3 个D 触发器的表达式
  always @ (posedge clk or posedge clr) //在clk 或clr 的上升沿动作
    if (clr == 1)
      Q <= 0;  //clr 等于 1 时,输出Q 为 0
    else
      Q <= D;
endmodule
```

一般来说,一个计数器的行为就是在每个时钟的上升沿使输出加 1。因此可以在 always 块中,通过算数操作符在每个时钟上升沿使得输出 Q 加 1,从而实现计数功能。

利用算数操作符设计三位二进制计数器的 Verilog 程序

```
module count3b(
  input wire clr,
  input wire clk,
  output reg [2:0] Q
);
  // 3 位计数器
  always @ (posedge clk or posedge clr) //在clk 或clr 的上升沿动作
  begin
    if (clr == 1)
      Q <= 0; //clr 等于 1 时,输出Q 为 0
    else
      Q <= Q + 1; //clr 不等于 1 时,在每个时钟的上升沿使输出加 1
  end
endmodule
```

在上例的基础上，通过使用 parameter 语句，即可实现一个通用的 N 位计数器。下面的程序中，取 N 的值为 8，实现了八位二进制计数器。八位二进制计数器将从 **00000000** 计数到 **11111111**。

八位二进制计数器的 Verilog 程序

```
module countN
# (parameter N =8)
(input wire clr,
   input wire clk,
   output reg [N-1:0] Q
);
  // N 位二进制计数器
  always @ (posedge clk or posedge clr)//在clk 或clr 的上升沿动作
    begin
      if (clr == 1)
        Q <= 0;
      else
        Q <= Q + 1;
    end
endmodule
```

（2）N 进制计数器

N 进制计数器的功能是实现 $0\sim(N-1)$ 重复计数，计数器一共要经历 $N+1$ 个状态，输出从 0 变到 N 然后再回到 0。五进制计数器的 Verilog 程序如下所示。

五进制计数器的 Verilog 程序

```
module mod5cnt(
  input wire clr,
  input wire clk,
  output reg [2:0] Q
);
// 五进制计数器
  always @(posedge clk or posedge clr)
    begin
      if (clr==1)
        Q <= 0;
      else if (Q==4)
        Q <= 0;
      else
        Q <= Q + 1;
    end
endmodule
```

通过修改输出 Q 的大小和数组范围，即可实现不同进制的计数器，例如一万进制计数器的 Verilog 程序如下。

一万进制计数器的 Verilog 程序

```
module mod10kcnt(
  input wire clr,
  input wire clk,
  output reg [13:0]Q
);

//一万进制计数器
  always @(posedge clk or posedge clr)
    begin
      if (clr==1)
        Q <= 0;
      else if (Q==9999)
        Q <= 0;
      else
        Q <= Q + 1;
    end
endmodule
```

(3) 可预置四位二进制数的同步加法计数器

可预置四位二进制数的同步加法计数器 74LS161 具有计数、异步复位、同步置数、数据保持等功能，利用 Verilog 语言实现 74LS161 基本功能的 Verilog 程序如下。

利用 Veriglog 语言实现 74LS161 基本功能的 Verilog 程序

```
module ls161(
  input  CR_n,
  input  CP,
  input  D0,
  input  D1,
  input  D2,
  input  D3,
  input  LD_n,
  input  EP,
  input  ET,
  output wire Q0,
  output wire Q1,
  output wire Q2,
  output wire Q3
   );
  wire [3:0] Data_in;
  reg [3:0] Data_out;
  assign Data_in = {D3,D2,D1,D0};
  always @ (posedge CP or negedge CR_n)
    begin
      if(CR_n== 0)
        Data_out <= 0;
  else if(LD_n == 0)
        Data_out <= Data_in;
  else if(LD_n == 1 && EP == 0 && ET == 0)
        Data_out <= Data_out;
  else if(LD_n == 1 && EP == 0 && ET == 1)
        Data_out <= Data_out;
  else if(LD_n == 1 && EP == 1 && ET == 0)
        Data_out <= Data_out;
  else if(LD_n == 1 && EP == 1 && ET == 1)
        Data_out <= Data_out + 1;
    end
  assign Q0 = Data_out[0];
  assign Q1 = Data_out[1];
  assign Q2 = Data_out[2];
  assign Q3 = Data_out[3];
endmodule
```

8.4　FPGA 设计流程与实例

8.4.1　FPGA 设计流程

基本的 FPGA 设计流程图如图 8.4.1 所示，包括设计输入、功能仿真、综合、实现、时序仿真、FPGA 器件配置等。设计输入主要有原理图和硬件描述语言两种方式。通常原理图方法只适用于简单的逻辑电路设计，硬件描述语言非常适用于复杂的数字系统设计。综合前仿真属于功能仿真，是针对寄存器传输级（RTL）代码的功能和性能的仿真和验证。综合后的仿真属于时序仿真，由于不同的器件、不同的布局布线会造成不同的延时，通过时序仿真可以验证芯片时序约束是否添加正确，以及是否存在竞争冒险。

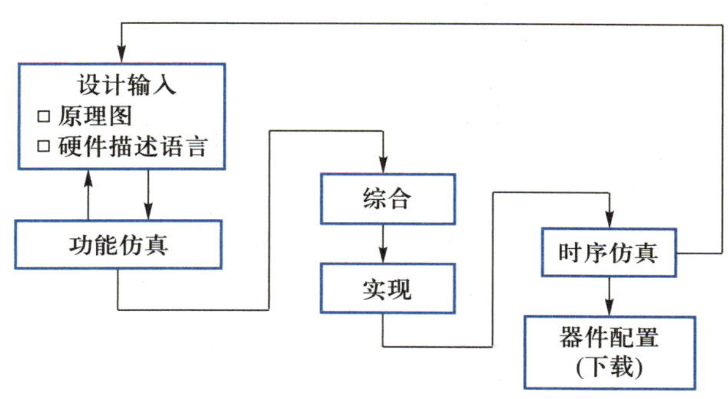

图 8.4.1　基本的 FPGA 设计流程图

随着 FPGA 器件规模的不断增长，FPGA 器件的设计技术也日趋复杂，设计工具的设计流程也随之不断发展。例如，Xilinx 公司的 Vivado 设计套件不仅支持传统的 RTL 到比特流的 FPGA 设计流程，而且支持基于 C 和 IP 核的系统级设计流程。

8.4.2　FPGA 设计实例

本设计实例基于 Xilinx Artix-7 FPGA 开发板和 Vivado 设计软件，实现一位全加器，设计输入分别采用基于原理图方式和基于硬件描述语言方式。

1. 设计输入

（1）基于原理图方式

以 74LS00 为核心元件，基于原理图方式设计全加器。全加器的功能是实现两个二进制加数与一个来自低位进位的加法运算。以 A_i、B_i 分别表示两个加数，C_{i-1} 表示低位的进位，以 S_i 和 C_i 分别表示全加和及向高位的进位，全加器的真值表如表 8.4.1 所示，逻辑表达式为

$$S_i = A_i \oplus B_i \oplus C_{i-1} = \sum m(1, 2, 4, 7) \quad (8.4.1)$$

$$C_i = A_iB_i + (A_i \oplus B_i)C_{i-1} = \sum m(3, 5, 6, 7) \quad (8.4.2)$$

利用 74LS00 设计的全加器逻辑图如图 8.4.2 所示。

表 8.4.1　全加器的真值表

A_i	B_i	C_{i-1}	S_i	C_i
0	0	0	0	0
0	0	1	1	0
0	1	0	1	0
0	1	1	0	1
1	0	0	1	0
1	0	1	0	1
1	1	0	0	1
1	1	1	1	1

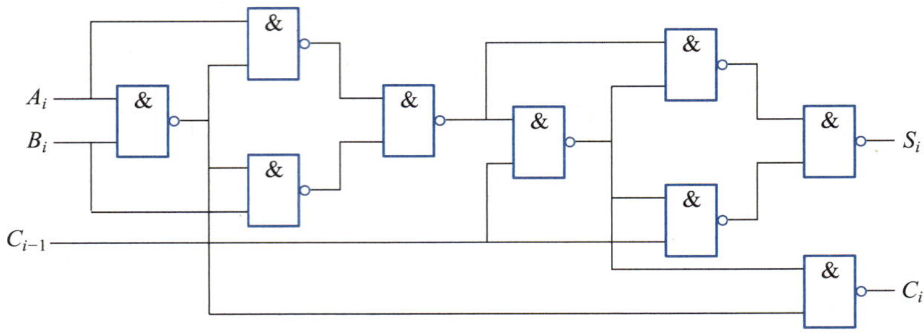

图 8.4.2　全加器逻辑图

打开 Vivado 设计软件，新建工程项目，并修改工程名称和存储路径。选择工程类型为 RTL Project，FPGA 芯片型号为 xc7a35tcsg324-1。在原理图设计界面中，选择 74LS00 器件并连接线路，同时放置输入和输出端口，如图 8.4.3 所示。

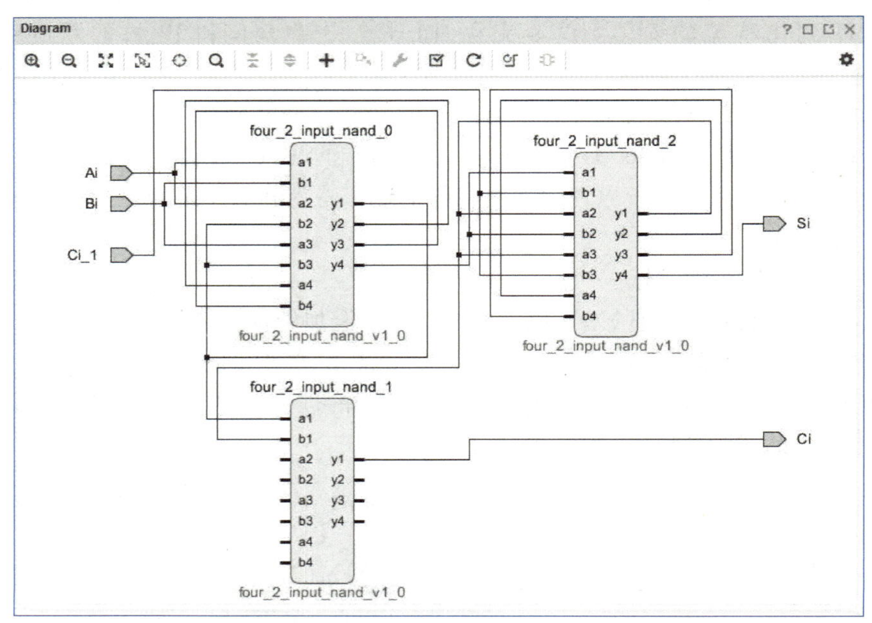

图 8.4.3　基于原理图方式设计输入的全加器

(2) 基于硬件描述语言方式

根据全加器的真值表和逻辑表达式，可以得到全加器的 Verilog 程序如下。

全加器的 Verilog 程序

```
module full_add(
  input ai,bi,ci_1,
  output reg si,ci
    );
  always@ (* )
    begin
      si=ai^bi^ci_1;
      ci=(ai&bi)|(ai^bi)&ci_1;
    end
endmodule
```

2. 添加引脚约束文件

根据 FPGA 的引脚信息，编写约束文件，约束文件的类型为 XDC 文件。将加数 A_i、被加数 B_i和来自低位的进位 C_{i-1}分别用数据开关 SW0、SW1 和 SW2 作为输入，将全加器的和 S_i和进位 C_i分别用电平指示灯 LD2(0)和 LD2(1)作为输出。根据实验板卡上的开关和指示灯对应的 FPGA 引脚信息，编写引脚约束文件如下。

```
set_property PACKAGE_PIN R1 [get_ports Ai]
set_property IOSTANDARD LVCMOS33 [get_ports Ai]
set_property PACKAGE_PIN N4 [get_ports Bi]
set_property IOSTANDARD LVCMOS33 [get_ports Bi]
set_property PACKAGE_PIN M4 [get_ports Ci_1]
set_property IOSTANDARD LVCMOS33 [get_ports Ci_1]
set_property PACKAGE_PIN K2 [get_ports Si]
set_property IOSTANDARD LVCMOS33 [get_ports Si]
set_property PACKAGE_PIN J2 [get_ports Ci]
set_property IOSTANDARD LVCMOS33 [get_ports Ci]
```

3. 设计综合

在设计流程处理窗口中找到“Synthesis”选项，开始对项目执行设计综合。经过综合后的设计项目，不仅进行了逻辑优化，而且将 RTL 推演的网表文件映射到 FPGA 器件的原语，生成新的综合网表文件。图 8.4.4 所示为该设计综合后的原理图界面，在该界面中，选择任何逻辑实例都会被加亮显示。

4. 设计实现

在设计流程处理窗口找到“Implementation”选项，开始执行设计实现过程。设计实现结束后，可以通过 Device 标签查看 Artix-7 FPGA 器件的结构图，如图 8.4.5 所示。在这里能够看到该设计所使用的逻辑设计资源和内部结构，包括查找表 LUT、多路复用器 MUX、触发器资源等。调整视图在窗口的位置，可以看到该设计的布线。

5. 生成比特流文件

在设计流程处理窗口找到“Program and debug”选项，并展开，找到“Generae

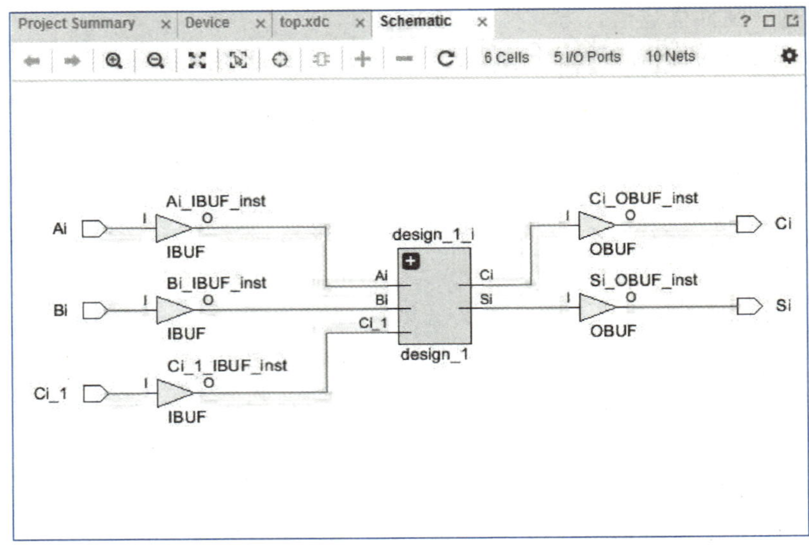

图 8.4.4　全加器设计综合后的原理图界面

Bitstream”选项，开始生成比特流文件。Vivado 设计软件默认生成一个二进制比特流(.bit)文件，如果需要对比特流文件进行设置更改，可以通过点击设置选项，在比特流配置界面，使用不同的命令选项改变生成的文件格式。

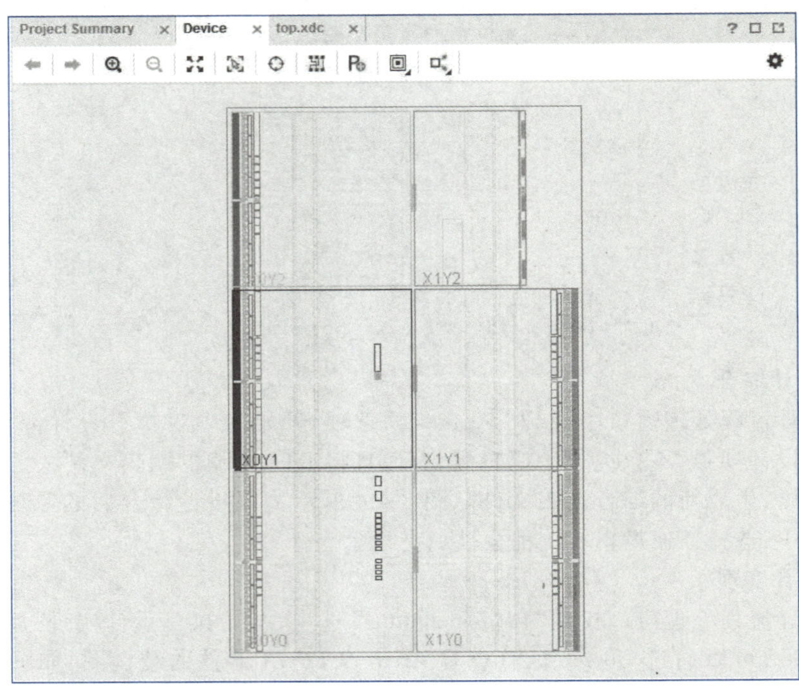

图 8.4.5　设计实现结束后 Artix-7 FPGA 器件的结构图

6. 下载比特流文件到 FPGA

(1) 当生成用于编程 FPGA 的比特流文件后，打开硬件管理器“Hardware manager”。

(2) 将 Xilinx Artix-7 FPGA 板卡与计算机相连，打开 FPGA 板卡的电源开关，选择自动连接。

(3) 在硬件服务器设置界面，选择本地服务器“Local server”，然后确认目标硬件的总结信息，完成新目标硬件的添加。

(4) 在配置器件选项中，根据 FPGA 器件的型号，选择待编程的 FPGA 器件名称为“xc7a35t”，如图 8.4.6 所示。

(5) 执行菜单命令“Program device”，找到刚刚生成的比特流文件，下载到 FPGA 中，进行板级验证。

(6) 下载成功后，通过改变数据开关的电平，观察指示灯的状态，即可验证全加器实验结果。

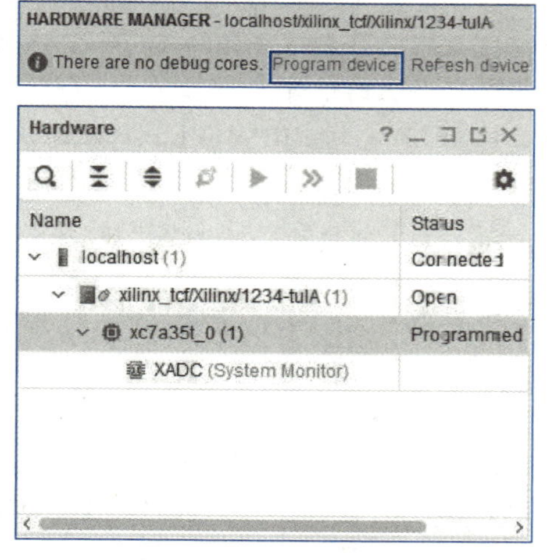

图 8.4.6 配置 FPGA 器件选项

练习与思考

8.4.1 基本的 FPGA 设计流程是什么？其中设计输入主要有几种方式，分别适用于什么场合？

8.4.2 设计实例使用的 Xilinx Artix-7 FPGA 开发板中的芯片型号是什么？

本章知识点小结

本章是围绕如下知识点展开论述的。

- 可编程逻辑器件
  - 可编程逻辑器件的发展历程
  - FPGA原理和结构
    - 可编程配置的逻辑块
    - 可编程连接
    - 输入/输出块
  - FPGA硬件描述语言
    - Verilog HDL模块
    - Verilog HDL数据类型
    - Verilog语言实例
      - 逻辑门电路
      - 数据选择器
      - 译码器
      - 触发器
      - 寄存器
      - 计数器
  - FPGA设计流程
    - 设计输入
      - 原理图方式
      - 硬件描述语言
    - 功能仿真
    - 设计综合
    - 设计实现
    - 器件配置

可编程逻辑器件根据内部结构可分为简单可编程逻辑器件(SPLD)、复杂可编程逻辑器件(CPLD)和现场可编程门阵列(FPGA)。硬件描述语言是一种用形式化方法来描述数字电路和系统的语言,通过 Verilog 硬件描述语言可以实现组合逻辑电路和时序逻辑电路的设计。

1. SPLD 包括 PROM、PLA、PAL 和 GAL 器件,受限于烧写次数和集成度,目前已经很少使用。CPLD 采用逻辑阵列块和输出逻辑单元的结构形式,可以在线编程。

2. FPGA 的内部结构包含可编程配置逻辑块、可编程连接和输入/输出块,能够更加灵活地组成复杂、特殊的数字电路系统。典型的基于查找表(LUT)的逻辑模块由一定数量的存储单元组成,存储单元的数量与 LUT 的输入变量个数 n 有关,存储单元的数量等于 2^n。

3. 模块(module)是 Verilog 硬件描述语言的基本单元,模块由两部分组成,一部分描述端口,另一部分描述逻辑功能。

4. Verilog 语言端口的数据类型常用的有连线(wire)型和寄存器(reg)型。reg 型代表了数据的存储单元,只能在 always 语句块中通过过程赋值语句进行赋值。

5.Verilog 语言有两种赋值方式:连续赋值和过程赋值。连续赋值需要采用 assign 语句用于声明 wire 型变量;过程赋值用于更新 reg 型变量,包括阻塞赋值“=”和非阻塞赋值“<=”。

6. 基本的 FPGA 设计流程包括设计输入、功能仿真、综合、实现、时序仿真和 FPGA 器件配置,设计输入主要有原理图和硬件描述语言两种方式。

习　　题

8.2.1　对于 4 输入变量的 LUT,内部有多少存储单元? SOP 输出中乘积项的最大数量是多少?

8.3.1　Verilog HDL 的基本单元是什么? 它通常由几部分组成? 试着写出它的语句结构。

8.3.2　always 块内的逻辑是按照什么方式执行的? 多个 always 块之间是按照什么方式执行的?

8.3.3　什么是参数型常量,参数型常量通常应用于什么场合?

8.3.4　wire 型变量和 reg 型变量有何区别?

8.3.5　Verilog 硬件描述语言中,当 if 条件语句省略 else 时,程序综合后是否产生锁存器? 该语法适合组合逻辑电路设计还是时序逻辑电路设计?

8.3.6　根据数据选择器的 Verilog 程序,设计一个 8 选 1 数据选择器。

8.3.7　使用 for 循环和 case 语句写出 4 线-16 线译码器的 Verilog 程序。

8.3.8　根据 Verilog 程序和如图 8.01 所示的仿真波形图,判断实现的电路逻辑功能。

```
module Dff(
    input wire clk,
    input wire clr,
```

```
  input wire D,
  output reg Q
);
  always @ (posedge clk or posedge clr)
    if (clr == 1)
      Q <= 0;
    else
      Q <= D;
endmodule
```

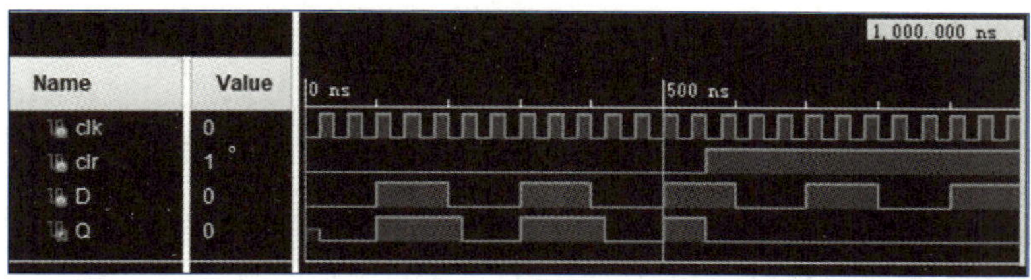

图 8.01　习题 8.3.8 的仿真波形图

8.3.9　利用 D 触发器设计二分频计数器的逻辑图和波形图如图 8.02 所示。试着写出二分频计数器的 Verilog 程序。

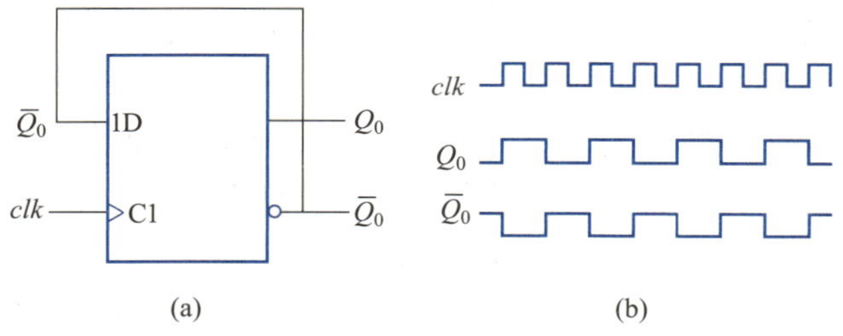

图 8.02　利用 D 触发器设计二分频计数器

8.4.1　使用 Xilinx Vivado 软件设计 Artix-7 FPGA 器件，正确的设计流程是＿＿＿＿＿。

A. 设计输入，仿真验证，下载到 FPGA 器件，实验验证
B. 仿真验证，设计输入，下载到 FPGA 器件，实验验证
C. 实验验证，设计输入，仿真验证，下载到 FPGA 器件
D. 下载到 FPGA 器件，实验验证，设计输入，仿真验证

8.4.2　基本的 FPGA 设计流程包括哪些步骤？

8.4.3　使用 Xilinx Vivado 软件进行设计综合、设计实现后，生成的是什么文件？

第9章　模拟量和数字量的转换

本章学习目标

学习完本章内容后，你将能够：

- 理解什么是 D/A 转换器；
- 了解 D/A 转换器的原理；
- 了解 D/A 转换器的种类及主要指标；
- 理解什么是 A/D 转换器；
- 了解 A/D 转换器的原理；
- 了解 A/D 转换器的种类及主要指标。

由于数字电子技术的迅猛发展，尤其是计算机在信息处理、自动控制、自动检测以及许多其他领域中的广泛应用，用数字电路处理模拟信号的情况越来越普遍。为了更好地使用数字电路处理信号，必须将模拟信号转换成相应的数字信号，才可以进入数字系统进行处理。而且，通常将处理后得到的数字信号再转换成相应的模拟信号，作为最后的输出。我们通常将信号从模拟信号转化到数字信号的转换称为模数转换（analog to digital converter，ADC）或 A/D 转换；而从数字信号转换到模拟信号的过程我们称为数模转换（digital to analog converter，DAC）或 D/A 转换。因此，A/D 转换和 D/A 转换是联系数字系统和模拟系统的"桥梁"，也称为转换的接口。图 9.1 显示了数字模拟混合电路的一般形式。为了保证数据处理的准确性，A/D 转换和 D/A 转换必须有足够的转换精度。同时，还需要有足够的转换速度。

图 9.1　数字模拟混合电路的一般形式

9.1　D/A 转换器

目前使用的 D/A 转换器电路结构形式虽然有多种，但是从基本原理上可以分为两类。一类属于电流求和型，另一类属于分压器型。各类集成 D/A 转换器都是由参考电压源、电阻网络和电子开关三个基本环节组成的。

9.1.1　D/A 转换器的基本原理

数字量由若干位（bit）二进制数码构成，每一位具有对应的权值。如输入的 n 位二进制数 $D_n(d_{n-1}, d_{n-2}, \cdots, d_1、d_0)$，从最低位（least significant bit，LSB）d_0 到最高位（most significant bit，MSB）d_{n-1} 的权分别为 $2^0, 2^1, \cdots, 2^{n-1}$，则 D_n 可表示为

$$D_n = d_{n-1} \cdot 2^{n-1} + d_{n-2} \cdot 2^{n-2} + \cdots + d_1 \cdot 2^1 + d_0 \cdot 2^0 = \sum_{i=0}^{n-1} (d_i \cdot 2^i) \quad (9.1.1)$$

把每一位的代码按照权值转换为对应的模拟量，再把各位所对应的模拟量相加，便得到数字量所对应的模拟量。

转换器的输出应是与输入数字量成正比的模拟电压 U_O 或模拟电流 I_O，即

$$U_O = K_u \cdot D_n = K_u \cdot \sum_{i=0}^{n-1}(d_i \cdot 2^i) \tag{9.1.2}$$

或

$$I_O = K_i \cdot D_n = K_i \cdot \sum_{i=0}^{n-1}(d_i \cdot 2^i) \tag{9.1.3}$$

上面两式即为 D/A 转换器的转换特性表达式，式中的 K_u、K_i 分别为电压转换系数及电流转换系数。

从式中可以看出，D/A 转换器有三个基本环节，一是要为数字量的每一位赋予不同的权重，主要采用电阻网络来实现；二是要根据每一位上的数据值控制该位是否参与数值转换，主要由电子开关来实现；三是要提供一个电压系数或电压基准，实际上采用参考电压源提供电压基准更为方便。

各类集成 D/A 转换器的参考电压源和电子开关两个环节基本相同，主要区别在于采用不同的电阻网络实现赋权，主要有权电阻求和网络 D/A 转换器、$R-2R$ 梯形电阻网络 D/A 转换器和 $R-2R$ 倒梯形电阻网络 D/A 转换器等几种。

9.1.2 权电阻求和网络 D/A 转换器

1. 电路形式

图 9.1.1 所示电路为一个四位权电阻求和网络 D/A 转换器电路，它由基准电压源 U_R、电子开关 S_i、权电阻网络、求和运算放大器组成。权电阻网络中的各电阻都接在对应的电子开关和运算放大器反相输入端之间，数字量高位对应的电阻小，数字量低位对应的电阻大，电阻的阻值和数字量中所对应位 X_i 的权成反比。电子开关 S_i 受 X_i 控制，当 $X_i = \mathbf{0}$ 时，S_i 接地，由于运算放大器反相输入端相当于“虚地”，流入 S_i 对应电阻的电流为 0；当 $X_i = \mathbf{1}$ 时，S_i 接通基准电压 U_R，有电流流入 S_i 对应的电阻，且电流值与电阻的阻值成反比。由此可知，当 $X_i = \mathbf{1}$ 时，电阻上流过的电流与 X_i 的权成正比。

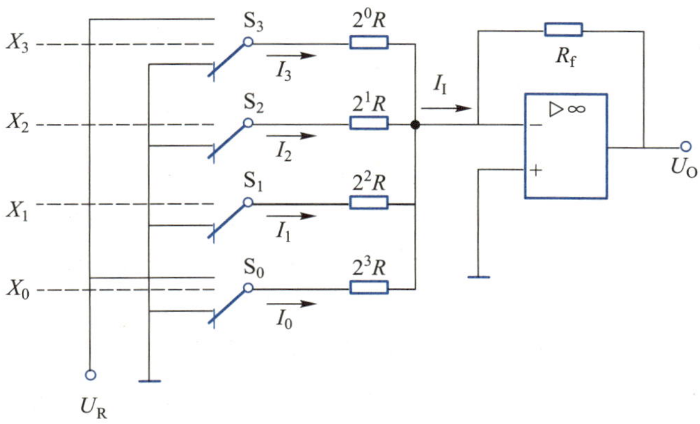

图 9.1.1 四位权电阻求和网络 D/A 转换器

2. 工作原理

由图 9.1.1 可知，每个支路电阻 R_i 接在电子开关 S_i 和运算放大器的“虚地”之间，当 $X_i=\mathbf{1}$ 时，电子开关 S_i 接通基准电压 U_R，电阻 R_i 上流过一个电流；当 $X_i=\mathbf{0}$ 时，电子开关 S_i 接地，电阻 R_i 上电流为 0，因此求和运算放大器总的输入电流为

$$\begin{aligned}I_I&=I_3+I_2+I_1+I_0\\&=\frac{U_R}{2^0R}X_3+\frac{U_R}{2^1R}X_2+\frac{U_R}{2^2R}X_1+\frac{U_R}{2^3R}X_0\\&=\frac{U_R}{2^3R}(2^3X_3+2^2X_2+2^1X_1+2^0X_0)\end{aligned}\tag{9.1.4}$$

对于 n 位的权电阻求和网络 D/A 转换器，则有

$$I_I=\frac{U_R}{2^{n-1}R}(2^{n-1}X_{n-1}+2^{n-2}X_{n-2}+\cdots+2^1X_1+2^0X_0)\tag{9.1.5}$$

如果求和运算放大器反馈电阻为 $R_f=R/2$，则 D/A 转换器输出的模拟电压为

$$U_O=-\frac{R}{2}I_I=-\frac{U_R}{2^n}(2^{n-1}X_{n-1}+2^{n-2}X_{n-2}+\cdots+2^1X_1+2^0X_0)\tag{9.1.6}$$

式(9.1.6)表明，输出的模拟电压 U_O 正比于输入的数字量 $X(X_{n-1}X_{n-2}\cdots X_0)$，因而实现了从数字量到模拟量的转换。

当 $X=\mathbf{0}$ 时，$U_O=0$；当 $X=\mathbf{111\cdots1}$ 时，$U_O=-\frac{2^n-1}{2}U_R$。所以输出 U_O 的变化范围应是 $0\sim-\frac{2^n-1}{2^n}U_R$。

权电阻求和网络 D/A 转换器的优点是电路简单、概念清楚。从原理上说，只要数字量的位数足够多，输出电压可以达到很高的精度。这个电路的缺点是权电阻网络中的各个电阻的阻值相差很大，尤其是在输入信号的位数较多时，这个问题就更加突出。例如，当输入信号增加到八位时，如果取权电阻网络中最小的电阻为 $R=10\ \text{k}\Omega$，那么最大的电阻阻值将达到 $2^7R=1.28\ \text{M}\Omega$，两者相差 128 倍之多。要想在极为宽广的阻值范围内保证每个电阻都有很高的精度是十分困难的，这给制造带来了不少困难。

9.1.3 R-$2R$ 梯形电阻网络 D/A 转换器

1. 电路形式

R-$2R$ 梯形电阻网络 D/A 转换器电路如图 9.1.2 所示，由基准电压源 U_R、电子开关 S_i、R-$2R$ 梯形电阻网络、运算放大器组成。该电路的电阻网络里仅有两种阻值的电阻，克服了权电阻求和网络 D/A 转换器中电阻阻值相差过大的缺点。

2. 工作原理

观察电路图，发现电阻网络中的电阻有一定的规律性，因此可令电子开关分别单独接到基准电压 U_R 上，分析不同情况下 D 点的电压，这样可进一步分析其对输出电压的影响。

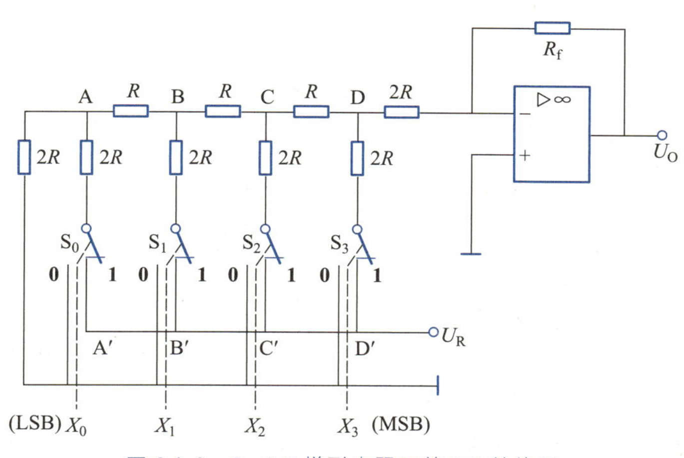

图 9.1.2　R -2 R 梯形电阻网络 D/A 转换器

先令电子开关 S_0接到基准电压 U_R，而开关 S_3、S_2、S_1全部接地，相当于要转换的数字信号 $X_3X_2X_1X_0=\mathbf{0001}$。利用戴维南定理可以依次求出 A-A′端、B-B′端、C-C′端、D-D′端的等效电路，如图 9.1.3（a）中所示，可以看出每经过一级节点，开路电压就变为原来的 1/2，最后在 D-D′端得到的开路电压为 $U_R/2^4$，等效内阻为 R。

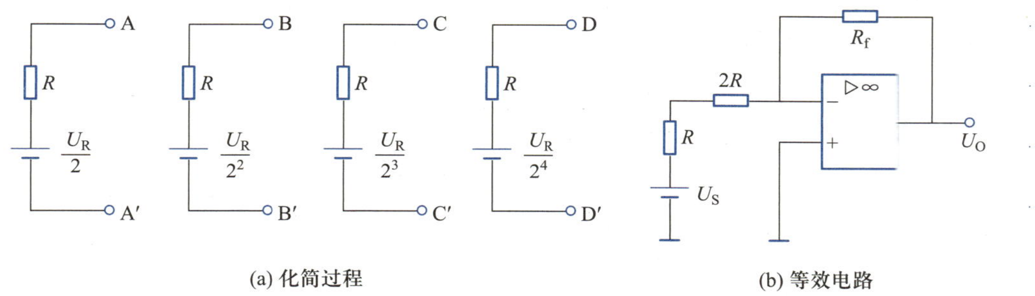

(a) 化简过程　　(b) 等效电路

图 9.1.3　R -2 R 梯形电阻网络 D/A 转换器等效电路

同理，当 U_R分别单独加到开关 S_1、S_2、S_3上时，在 D-D′端得到的开路电压分别是 $U_R/2^3$、$U_R/2^2$、$U_R/2^1$。根据叠加定理，将 U_R加在每个开关上所产生的输出电压分量叠加，可得到 R-$2R$ 梯形电阻网络 D-D′端的等效开路电压为

$$U_S=\frac{U_R}{2^1}X_3+\frac{U_R}{2^2}X_2+\frac{U_R}{2^3}X_1+\frac{U_R}{2^4}X_0$$

$$=\frac{U_R}{2^4}(2^3X_3+2^2X_2+2^1X_1+2^0X_0) \tag{9.1.7}$$

当所有电子开关都接地时，D-D′端的等效内阻为 R，因此得到 R-$2R$ 梯形电阻网络 D/A 转换器总的等效电路如图 9.1.3(b)所示，可知经运算放大器放大后的输出模拟电压为

$$U_O=-\frac{R_f}{3R}U_S=-\frac{R_fU_R}{3R\cdot 2^4}(2^3X_3+2^2X_2+2^1X_1+2^0X_0) \tag{9.1.8}$$

推广到 n 位二进制数，则有

$$U_O=-\frac{R_f U_R}{3R\cdot 2^n}(2^{n-1}X_{n-1}+2^{n-2}X_{n-2}+\cdots+2^1X_1+2^0X_0) \tag{9.1.9}$$

如取 $R_f=3R$ 时，则上式为

$$U_O=-\frac{U_R}{2^n}(2^{n-1}X_{n-1}+2^{n-2}X_{n-2}+\cdots+2^1X_1+2^0X_0) \tag{9.1.10}$$

R−2R 梯形电阻网络 D/A 转换器和权电阻网络 D/A 转换器相比，缺点是电阻数量多；优点是电阻种类少，只有 R 和 2R 两种，制造精度容易提高。因此，在集成 D/A 转换器中，R−2R 梯形电阻网络 D/A 转换器应用得较多。

9.1.4 R−2R 倒梯形电阻网络 D/A 转换器

1. 电路形式

R−2R 倒梯形电阻网络 D/A 转换器电路如图 9.1.4 所示，由基准电压源 U_R、电子开关 S_i、R−2R 倒梯形电阻网络、运算放大器组成，与 R−2R 梯形电阻网络 D/A 转换器的不同之处是电阻网络的位置发生了变化。由图可知，运算放大器反相输入端相当于“虚地”，其电位接近于零，因此无论开关 S_i 合到哪一边，都相当于接到了“地”电位上，这样流过每个支路、每个电阻上的电流都保持不变。避免了采用 R−2R 梯形电阻网络时，由于有电流突变情况而导致的电压尖峰脉冲干扰。

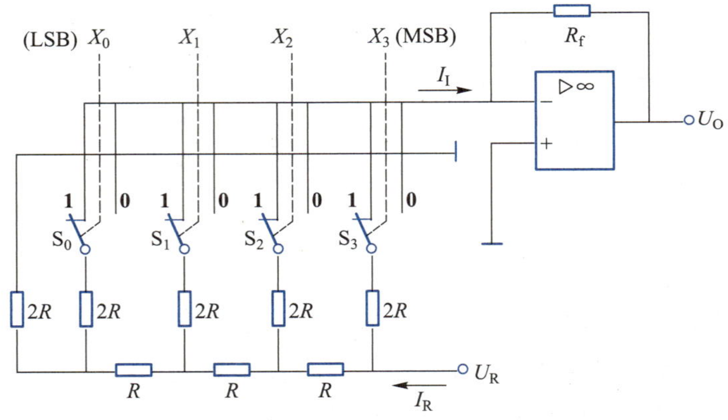

图 9.1.4 倒梯形电阻网络 D/A 转换器

2. 工作原理

按照梯形网络的 R 和 2R 两种电阻的排列顺序，可以发现从 U_R 出发看到的任意一个节点中两个分支电路的等效电阻都是相等的，均为 2R。因此由基准电压 U_R 产生的电流，每经过一个节点，均被衰减 1/2，相当于形成二进制的位权电流。从基准电压 U_R 输出的总电流是固定不变的，即 $I_R=U_R/R$。而流入运算放大器的总电流为各支路电流之和，即

$$I_I=\frac{1}{2^1}I_RX_3+\frac{1}{2^2}I_RX_2+\frac{1}{2^3}I_RX_1+\frac{1}{2^4}I_RX_0$$

$$=\frac{U_R}{2^4R}(2^3X_3+2^2X_2+2^1X_1+2^0X_0) \tag{9.1.11}$$

运算放大器输出的模拟电压 U_O 为

$$U_O=-R_fI_1=-\frac{R_fU_R}{R\cdot 2^4}(2^3X_3+2^2X_2+2^1X_1+2^0X_0) \tag{9.1.12}$$

推广到 n 位二进制数，则有

$$U_O=-\frac{R_fU_R}{R\cdot 2^n}(2^{n-1}X_{n-1}+2^{n-2}X_{n-2}+\cdots+2^1X_1+2^0X_0) \tag{9.1.13}$$

如取 $R_f=R$ 时，则上式变为

$$U_O=-\frac{U_R}{2^n}(2^{n-1}X_{n-1}+2^{n-2}X_{n-2}+\cdots+2^1X_1+2^0X_0) \tag{9.1.14}$$

$R-2R$ 倒梯形电阻网络 D/A 转换器的突出优点是转换速度快。$R-2R$ 倒梯形电阻网络 D/A 转换器虽然采用电阻数量多，但电阻种类少，只有 R 和 $2R$ 两种，制造精度容易提高。此外，$R-2R$ 倒梯形电阻网络 D/A 转换器在动态过程中的尖峰脉冲很小，使 $R-2R$ 倒梯形电阻网络 D/A 转换器成为目前 D/A 转换器中用得最多的一种。采用 $R-2R$ 倒梯形电阻网络的集成 D/A 转换器有 AD7520、DAC1000/1001/1002、DAC0832、DAC1020、DAC1220 等。

AD7520(CB7520)是采用倒梯形电阻网络的 10 位数模转换器，其电路原理如图 9.1.5 所示，模拟开关采用 CMOS 电路构成，电路原理图如图 9.1.6 所示。为了降低开关的导通内阻，开关电路的电源电压设计在 15 V 左右。

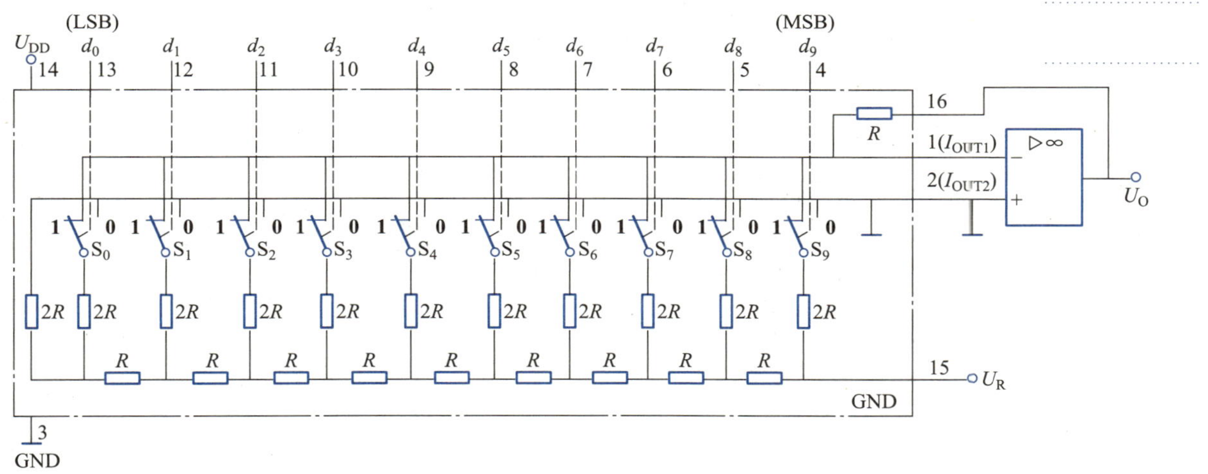

图 9.1.5 AD7520(CB7520)电路原理图

使用 AD7520 时需要外加运算放大器。运算放大器的反馈电阻可以使用 AD 7520 内设的反馈电阻 R(如图 9.1.5 所示)，也可以另选反馈电阻接到 I_{OUT1} 与 U_O 之间。外接的参考电压 U_R 必须保证有足够的稳定度，才能确保应有的转换精度。AD7520 是一种早期生产的产品，后来生产的许多 D/A 转换器产品中，都把运算放大器和参考电压集成于 A/D 转换器芯片内部，以方便使用。

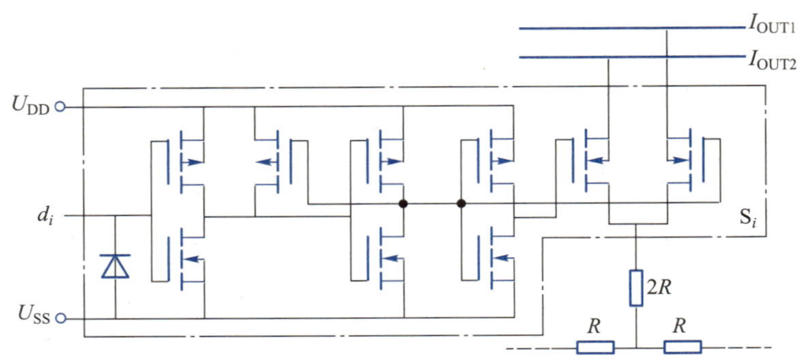

图 9.1.6　AD7520 中的 CMOS 模拟开关电路原理图

9.1.5　集成 D/A 转换器简介

集成 D/A 转换器芯片种类很多，按输入二进制数的位数分有 8 位、10 位、12 位和 16 位等。例如 8 位的 DAC0832、MC1408，10 位的 AD7520、AD7522，12 位的 DAC1230、DAC1285，16 位的 AD7546、DAC725 等。下面仅对 DAC0832 的功能和使用做一简单介绍。

DAC0832 是采用 CMOS 工艺制成的大规模双列直插式 8 位数模转换器，内部含有一个 D/A 转换电路、两级输入寄存器等。由于采用两级寄存器，可使 D/A 转换电路在进行转换和输出的同时，采集下一个数据，因而提高了芯片的转换速度。DAC0832 中的 D/A 转换电路采用了倒梯形电阻网络，由输入的 8 位数字信号 $D_7 \sim D_0$ 控制芯片内部相应的电子开关，但芯片中没有运算放大器，输出的是模拟电流 i_{01}、i_{02}，使用时需外加运算放大器。另外，芯片中已设置反馈电阻 R_f，使用时将 R_f 输出端接到运算放大器的输出端即可。当运算放大器增益不够时，仍需外接反馈电阻。DAC0832 的外引线排列如图 9.1.7(a)所示。

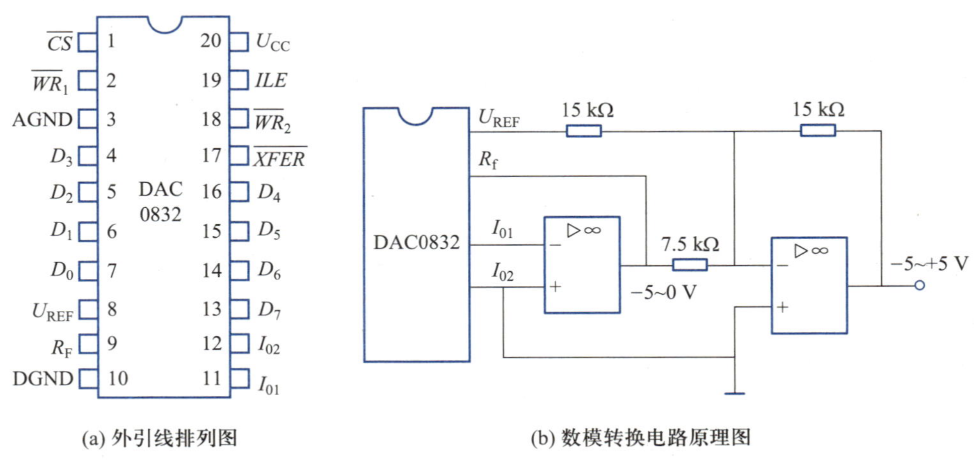

(a) 外引线排列图　　(b) 数模转换电路原理图

图 9.1.7　DAC0832

图 9.1.7(b)是利用 DAC0832 和两个运算放大器组成的数模转换电路的原理图，其中的两个运算放大器组成的是模拟电压输出电路，从第一个运算放大器输出的是

单极性模拟电压，从第二个运算放大器输出的是双极性模拟电压。

有关 DAC0832 的详细电路结构和具体应用问题请参考有关文献。

9.1.6 D/A 转换器的主要技术指标

1. 分辨率

数模转换器的分辨率是指输入变化 1LSB 时，输出端产生的电压变化，是 D/A 转换器的一个重要参数。分辨率可以用输出的电压(电流)值表示，也可以用百分数表示，即最小输出电压 U_{LSB}(对应的输入二进制数为 **1**)与最大输出电压 U_{m}(对应的输入二进制数的所有位全为 **1**)之比。

由 D/A 转换器的转换特性可知，当最大输出电压 U_{m} 一定时，输入的数字量位数 n 越大，U_{LSB} 就越小，其分辨能力也就越高。

$$U_{\mathrm{LSB}}=\frac{U_{\mathrm{R}}}{2^{n}}=\frac{U_{\mathrm{m}}}{2^{n}-1} \tag{9.1.15}$$

用百分数表示，分辨率 $=\dfrac{U_{\mathrm{LSB}}}{U_{\mathrm{m}}}=\dfrac{1}{2^{n}-1}$。如 $n=10$ 时，分辨率 $=\dfrac{1}{2^{10}-1}\approx 0.1\%$

由于分辨率仅取决于输入数字量的位数，因此有些手册上仅给出 D/A 转换器的位数 n，而不给出分辨率的百分比。D/A 转换器按输入的二进制数的位数分类有 8 位、10 位、12 位和 16 位等。例如 8 位的 DAC0832、MC1408，10 位的 AD7520 (CB7520)、AD7522，12 位的 DAC1230、DAC1285，16 位的 AD7546、DAC725 等。

2. 线性误差

D/A 转换器的理想特征应是线性的，但实际上存在误差。实际输出偏离理想输出的最大值称为线性误差，如图 9.1.8 所示。线性误差是由参考电压偏离标准值、运算放大器零点漂移、模拟开关的压降、电阻阻值的偏差以及晶体管特性不一致等原因引起的综合误差。

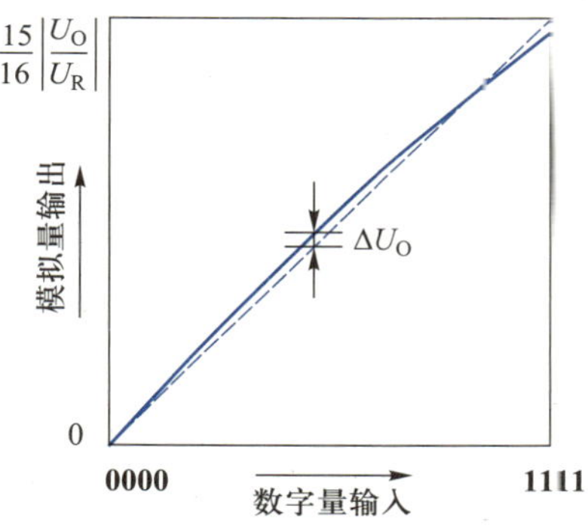

图 9.1.8 DAC 的转换特性曲线

3. 建立时间

建立时间也称转换时间，是指从输入数字信号起始到输出模拟量稳定在相应数值范围内所需时间，是反映 D/A 转换器工作速度的指标，建立时间越短，工作速度就越高。由于梯形电阻网络数模转换器是并行输入的，故其转换速度较快。目前，像 10 位或 12 位单片集成数模转换器(不包括运算放大器)的建立时间一般不超过 1 μs。

4. 电源抑制比

在高质量的数模转换器中，要求模拟开关电路和运算放大器的电源电压发生变化时，对输出电压的影响非常小。输出电压的变化与相对应的电源电压变化之比，称为电源抑制比。

此外，还有失调误差、温度系数等技术指标，不再一一介绍。工程中选择数模转换器时需要考虑的因素主要有分辨率、速度、精度、输入端结构(CMOS/TTL/ECL 兼容)、输出特性(电流/电压输出、兼容性、范围)、电源电压、功率损耗、封装形式以及价格等。

【例 9.1.1】 现有倒梯形网络数模转换器的输出电压 $U_m = 10$ V，试问需要多少位代码，才能使分辨率 U_{LSB} 达到 2 mV？

【解】 由题意可知 $$U_{LSB} \leqslant 2\times10^{-3}\ \text{V}$$

即
$$\frac{10}{2^n-1}\leqslant 2\times10^{-3}$$

则有
$$n\geqslant 13$$

【例 9.1.2】 在图 9.1.5 所示的倒梯形电阻网络 D/A 转换器中，外接参考电压 $U_R = -10$ V。为保证 U_R 偏离标准值所引起的误差小于 1/2LSB，U_R 的相对稳定度应取多少？

【解】 首先计算对应于 1/2LSB 输入的输出电压。由式(9.1.14)可知，当输入代码只有 LSB = **1** 而其余各位均为 **0** 时的输出电压为

$$\begin{aligned}U_O &= -\frac{U_R}{2}(2^{n-1}X_{n-1}+2^{n-2}X_{n-2}+\cdots+2^1X_1+2^0X_0)\\ &= -\frac{U_R}{2}\end{aligned}$$

故与 1/2LSB 相对应的输出电压绝对值为

$$\frac{1}{2}\times\frac{|U_R|}{2^n}=\frac{|U_R|}{2^{n+1}}$$

其次，再来计算由于 U_R 变化，ΔU_R 所引起的输出变化 ΔU_O。由式(9.1.14)可知，在 n 位输入的 D/A 转换器中，由 ΔU_R 引起的输出电压变化应为

$$\Delta U_O = -\frac{\Delta U_R}{2^n}(2^{n-1}X_{n-1}+2^{n-2}X_{n-2}+\cdots+2^1X_1+2^0X_0)$$

而且在输入数字量最大时(所有位全为 **1**)ΔU_O 最大。这时的输出电压变化量的绝对值为

$$|\Delta U_O| = \frac{2^n-1}{2^n}|\Delta U_R| = \frac{2^{10-1}}{2^{10}}|\Delta U_R|$$

根据题目要求，ΔU_O 必须小于等于 1/2LSB 对应的输出电压，于是得到

$$|\Delta U_O|\leqslant\frac{|\Delta U_R|}{2^{11}}$$

$$\frac{2^{10}-1}{2^{10}}|\Delta U_R|\leqslant\frac{|\Delta U_R|}{2^{11}}$$

故得到参考电压 U_R 的相对稳定度为

$$\frac{|\Delta U_R|}{|U_R|}\leqslant\frac{1}{2^{11}}\times\frac{2^{10}}{2^{10}-1}\times100\% \approx \frac{1}{2^{11}}\times100\% = 0.05\%$$

而允许的参考电压变化量仅为

$$|\Delta U_R|\leqslant\frac{|U_R|}{2^{11}}\times\frac{2^{10}}{2^{10}-1}\approx\frac{1}{2^{11}}=5\ \text{mV}$$

练习与思考

9.1.1 D/A 转换器的电路结构有哪些类型，它们各有何优缺点？

9.1.2 梯形电阻网络 D/A 转换器引起转换误差的主要原因是什么？

9.2 A/D 转换器

A/D 转换器是将模拟量转换成数字量的装置，根据工作原理不同可分成直接 A/D 转换器和间接 A/D 转换器两大类。在直接 A/D 转换器中，输入的模拟电压信号被直接转换成二进制数字代码，不经过任何中间变量；在间接 A/D 转换器中，首先把输入的模拟电压转换成某一种中间变量（例如时间、频率和脉冲宽度等），然后再把这个中间变量转换为二进制数字量输出。

9.2.1 A/D 转换器的基本概念

由于 A/D 转换器输入的模拟信号在时间上是连续的，而输出的数字信号是离散的，所以转换只能在一系列选定的瞬间对输入的模拟信号进行采样，然后再把这些采样值转换成数字量输出。因此，一般的 A/D 转换过程是通过采样、保持、量化和编码这四个步骤完成的。这些步骤可以合并进行，例如，采样和保持就是利用同一个电路连续进行的，量化和编码也是在转换过程中同时实现的。

1. 采样定理

由图 9.2.1(a) 可见，为了能正确无误地用采样信号 u_S 表示模拟信号 u_I，采样信号必须有足够高的频率。为了保证能从采样信号中将原来的被采样信号恢复，必须满足

$$f_S \geqslant 2f_{Imax} \tag{9.2.1}$$

式中，f_S 为采样频率，f_{Imax} 为输入信号 u_I 的最高频率分量的频率。式(9.2.1)即为采样定理。

在满足式(9.2.1)的条件下，可以用一个低通滤波器将 u_S 还原为 u_I，这个低通滤

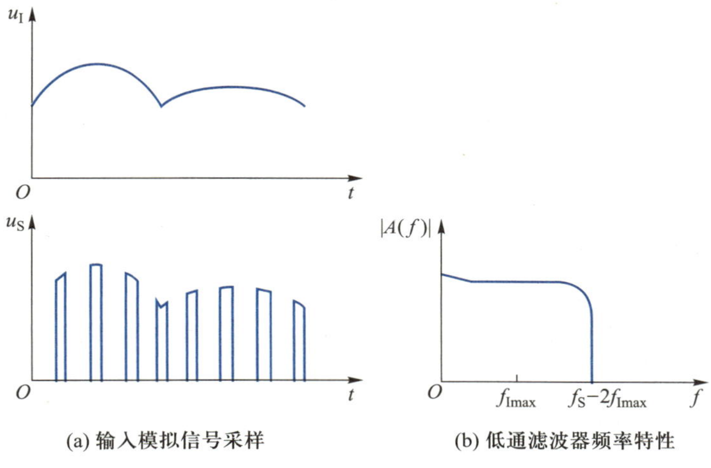

(a) 输入模拟信号采样　　(b) 低通滤波器频率特性

图 9.2.1 对输入模拟信号的采样

波器的电压传输系数在低于f_{Imax}的范围内应保持不变，而在$f_{\mathrm{S}}-2f_{\mathrm{Imax}}$以前应迅速下降为0，如图9.2.1(b)所示。因此，A/D转换器工作时转换频率必须高于或等于式(9.2.1)所规定的采样频率。采样频率提高以后留给每次进行转换的时间也相应地缩短了，这就要求转换电路必须具备更快的工作速度。因此，不能无限地提高采样频率，通常取$f_{\mathrm{S}}=(3\sim5)f_{\mathrm{Imax}}$以满足要求。

由于每次把采样得到的电压转换为数字量都需要一定的时间，所以采样以后必须再将采样电压保持一段时间。因此，进行A/D转换时所用的输入电压实际是每次采样结束时的u_{I}值。

2. 采样-保持电路

采样-保持电路在A/D转换器的接口设备中起着模拟存储器的作用，它在一个特定的采样时刻上取出一个正在变化着的模拟电压信号值，并把这个电压值保存下来，直到收到新的采样命令为止。

采样-保持电路的工作原理可用一个受控的理想开关和存储电容C来表示。如图9.2.2(a)所示，图中运算放大器接成跟随器，起缓冲隔离负载的作用。

采样开关S在采样脉冲的控制下动作。

当$CP_{\mathrm{S}}=\mathbf{1}$时，采样开关S接通，$u_{\mathrm{I}}$信号被采样并送到电容$C$暂存。

当$CP_{\mathrm{S}}=\mathbf{0}$时，采样开关S断开，前面采样得到的电压信号在电容$C$上保持，直到下一个$CP_{\mathrm{S}}=\mathbf{1}$信号到来，采入新的电压信号。

图9.2.2(b)所示为采样-保持电路中输入模拟电压采样保持前后的波形。一般判断某一采样-保持电路性能的好坏，主要根据以下两个参数。

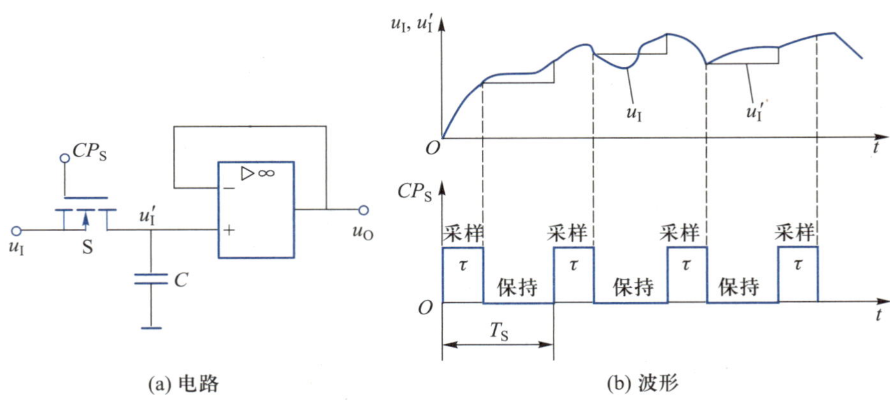

图9.2.2 采样-保持电路原理图

① 采集时间：发出采样命令后，采样-保持电路由原保持值变化到输入值所需的时间。显然这个时间越短越好。

② 保持电压下降速率：实际电路中，存储电容C总有放电回路，因此采样-保持电路的输出电压在保持阶段有所下降。常用保持电压下降速率$\frac{\mathrm{d}u_{\mathrm{O}}}{\mathrm{d}t}$(单位为V/s)来表示性能好坏，这个值越小越好。

3. 量化和编码

输入的模拟信号经采样-保持后，得到的是阶梯波信号，其幅度可能有无限多个值。把它们都转换为不同的数字信号是不可能的，也是不必要的。可以采取近似的方法去取值。将采样-保持后的值，用一个规定的最小基准单元（称量化单位）去度量，该值用这个最小基准单元的 n 倍（n 为整数）来确定。当然可能出现量度有余数（小于量化单元部分），这时，规定用某种公式或取整归并为 $n+1$ 倍或舍弃成 n 倍。这种将连续的幅值经取整归并后，变成量化单位整数倍的过程称为量化。

将量化后的有限个数值予以赋值，即用一个二进制代码去表示量化后的值，称为编码。

量化的方法，一般有两种形式：

（1）舍尾取整法

当输入模拟信号 u_I 在某两个相邻的量化值之间时，即

$$(K-1)\Delta \leqslant u_I < K\Delta \tag{9.2.2}$$

式中 Δ 为量化单位，K 为整数。取 u_I 的量化值为

$$U_i^* = (K-1)\ \Delta \tag{9.2.3}$$

U_i^* 称为 u_I 的量化值。例如已知 $\Delta=1$ V，$u_I=2.8$ V，则 $U_i^*=2$ V（因为尾数0.8 V<1 V），而 $u_I=5$ V 时，则 $U_i^*=5$ V。

（2）四舍五入法

当 u_I 的尾数不足占 $\Delta/2$ 时，则舍去尾数，取其原整数，当 u_I 的尾数等于或大于 $\Delta/2$ 时，则其量化值为原整数加一个 Δ。例如，已知 $\Delta=1$ V，当 $u_I=3.4$ V 时，$U_i^*=3$ V；$u_I=3.55$ V 时，$U_i^*=4$ V。

不论采取何种量化方法，量化过程中不可避免地会使量化值与输入模拟量之间存在着误差，这种误差称为量化误差。图 9.2.3 所示为两种量化方法示例。输入信号的取值范围为 0~1 V，量化编码为 3 位二进制代码。图 9.2.3(a) 为舍尾取整法，$\Delta=1/8$ V，凡满足 $0\leqslant x_i<1/8$ V 的输入电压值对应的二级制代码均为 **000**。图 9.2.3(b)

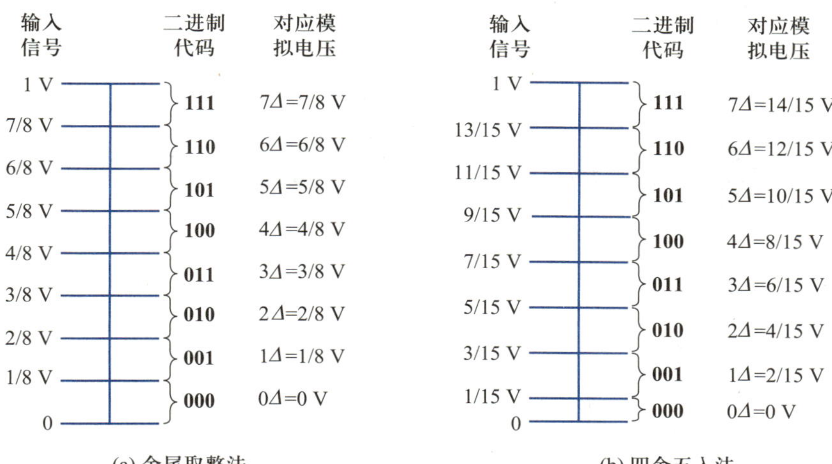

图 9.2.3 两种量化方法示例

为四舍五入法，$\Delta=2/15$ V，凡满足 $0\leqslant x_i<1/15$ V 的输入电压值对应的二级制代码均为 **000**；凡满足 $1/15$ V$\leqslant x_i<3/15$ V 范围内的输入电压值对应的二级制代码均为 **001**。从二进制代码对应的模拟电压不难发现，舍尾取整法的最大量化误差为 Δ，而四舍五入法的最大量化误差为 $\Delta/2$，由于后者量化误差小，为大多数 A/D 转换器所采用。

在整个信号动态范围内，量化级分得越多，量化误差也就越小，但量化级分得越多，代表模拟量的数字信号所需位数也越多，编码电路复杂度越高。究竟需要分多少个量化级，应根据具体情况而定。

9.2.2 A/D 转换器的工作原理

A/D 转换的实现方法有多种，常用的有积分式、逐次逼近式、并行比较式、量化反馈式等。其内部构成基本都包括电压比较器、D/A 转换器、模拟开关、采样-保持电路、数字逻辑电路等部分。其中采样-保持电路的作用是对输入模拟量进行采样和保持，数字逻辑电路的作用是对采样值的量化结果进行编码（以下分析中的输入模拟电压均为采样后的保持值）。

1. 逐次逼近式 A/D 转换器

在介绍逐次逼近式 A/D 转换器之前，可以先通过一个砝码称重的例子了解逐次逼近这种方法。有三个砝码分别为 4 g、2 g、1 g，在对物体称重时，可先选择最大克数的 4 g 砝码，根据和物体比重的结果决定该砝码的去留，之后依次加入 2 g、1 g 的砝码，同样根据比重结果决定这些砝码的去留，最后由留下的砝码就可确定物体的重量。

下面分别给出了物体重量分别为 3 g、5.5 g 时具体的逐次逼近过程，如表 9.2.1 和表 9.2.2 所示。可以看出，上述称重过程实际上就是一个量化的过程，而且采用了舍尾取整法，也可以看到，在称重 5.5 g 物体时，出现了量化误差。

表 9.2.1　3 g 物体的称重过程

顺序	添加砝码	比重结果	砝码去留
1	4 g	4 g>3 g	4 g 砝码去掉
2	2 g	2 g<3 g	2 g 砝码留下
3	2 g+1 g	3 g=3 g	1 g 砝码留下

表 9.2.2　5.5 g 物体的称重过程

顺序	添加砝码	比重结果	砝码去留
1	4 g	4 g<5.5 g	4 g 砝码留下
2	4 g+2 g	6 g>5.5 g	2 g 砝码去掉
3	4 g+1 g	5 g<5.5 g	1 g 砝码留下

逐次逼近式 A/D 转换器的工作原理与上面的称重例子类似，采用对需要转换的模拟电压进行逐次地比较、逼近，再比较、再逼近的工作方式，把模拟电压转换成二进制数字量。这种转换器是由电压比较器、D/A 转换器、参考电源、逐次逼近寄存器、转换控制信号和时钟脉冲等几部分组成，其工作原理框图如图 9.2.4 所示。其中 D/A

转换器的输出相当于称重例子中参与比重的砝码。由于逐次逼近式 A/D 转换器中包含了一个 D/A 转换器,因此其转换速度一般较慢。

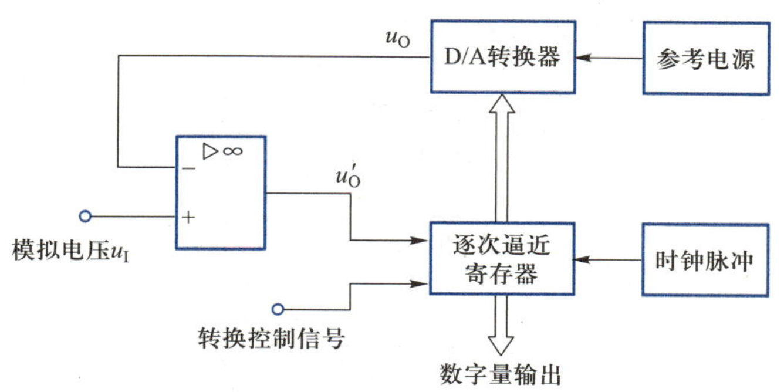

图 9.2.4 逐次逼近式 A/D 转换器的工作原理框图

在转换开始之前先将逐次逼近寄存器清零,所以加给 D/A 转换器的数字量也是全 **0**。转换控制信号变为高电平时开始转换,时钟脉冲先将寄存器的最高位置成 **1**,其余位全置为 **0**,使输出数字为 **1000…0**,相当于最重的砝码。这组数码被 D/A 转换器转换成相应的模拟电压 u_O,送到电压比较器与输入模拟电压 u_I相比较,相当于比重。若 $u_I<u_O$,说明数字过大,故将最高位 **1** 去掉;若 $u_I>u_O$,说明数字还不够大,应将最高位保留。然后,再按同样的方法将次高位置成 **1**,并且通过比较的方法来确定次高位的 **1** 是否应该保留。

电压比较器的输入与输出电压关系规定为

$$u'_O=\begin{cases}\mathbf{0}, & u_I<u_O\\ \mathbf{1}, & u_I\geqslant u_O\end{cases} \tag{9 2.4}$$

按上述步骤依次逐位比较下去,直到最低位比较完为止。这时寄存器里所存的数码就是所求的 A/D 转换的输出数字量。可见,逐次逼近式 A/D 转换器的转换速度取决于时钟脉冲的频率和逐次逼近寄存器的位数,显然在相同的时钟脉冲频率下,位数越多,转换时间越长。

2. 双积分式 A/D 转换器

双积分式 A/D 转换器是一种间接 A/D 转换器。转换器首先对输入的模拟电压信号 u_I进行固定时间的积分,由于时间固定,积分输出值与 u_I成正比;然后再利用固定的标准电压进行反向积分,直到积分输出值重新变为零,由于采用固定电压,反相积分时间与原积分输出值成正比,因此也与 u_I成正比;在反相积分开始的同时,对固定频率的时钟脉冲进行计数,则在反相积分所用时间内的计数结果就是正比于模拟电压信号 u_I的数字输出。

双积分式 A/D 转换器的工作原理框图如图 9.2.5 所示。电路主要包含积分器、电压比较器、计数器、时钟脉冲和控制逻辑等几部分。

下面讨论它的工作过程和这种 A/D 转换器的特点。

转换开始前(转换控制信号为 **0**)先将计数器清零,并接通开关 S_0,使积分电容 C 完全放电。转换控制信号为 **1** 时,开始转换。转换操作分两步进行。

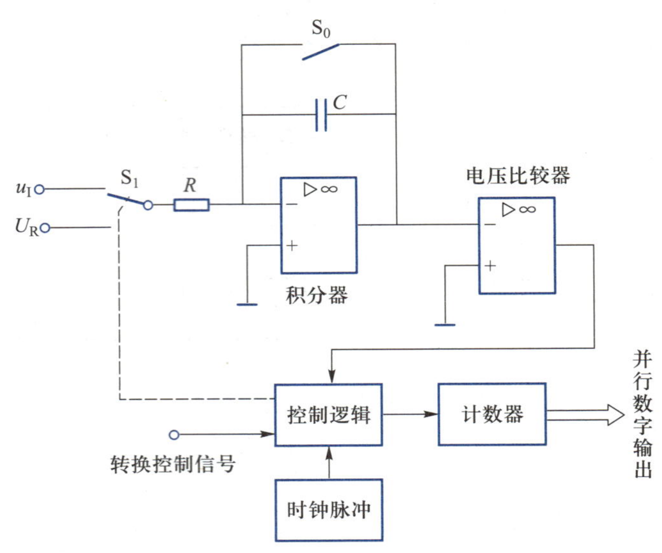

图 9.2.5　双积分式 A/D 转换器的工作原理框图

第一步，令开关 S_1 合到输入模拟电压信号 u_I 一侧，积分器对 u_I 进行固定时间（$0 \sim T_1$）的积分。当 $t=T_1$ 时，积分器的输出电压为

$$u_{O1}=-\frac{1}{RC}\int_0^{T_1}u_I\mathrm{d}t=-\frac{T_1}{RC}u_I \tag{9.2.5}$$

上式表明，在 T_1 固定的时间条件下积分器的输出电压 u_{O1} 与输入电压 u_I 成正比。需要注意的是，u_I 应是输入模拟电压在 T_1 时间间隔内的平均值。

第二步，将开关 S_1 转接至参考电压（或称为基准电压）U_R 一侧，积分器向相反方向积分。如果积分器的输出电压上升到零时所经历的时间为 T_2，这时积分器的输出为零，因此得到

$$u_{O2}=\frac{1}{C}\int_0^{T_2}\frac{U_R}{R}\mathrm{d}t-\frac{T_1}{RC}u_I=0 \tag{9.2.6}$$

进一步转化一下得到

$$\frac{T_2}{RC}U_R=\frac{T_1}{RC}u_I \tag{9.2.7}$$

所以有

$$T_2=\frac{T_1}{U_R}u_I \tag{9.2.8}$$

式（9.2.7）表明，反向积分时间 T_2 与输入信号 u_I 成正比。令计数器在 T_2 时间里对固定频率 $f_c(f_c=1/T_c)$ 的时钟信号进行计数，则计数结果也一定与 u_I 成正比。即

$$D=\frac{T_2}{T_c}=\frac{T_1}{T_cU_R}u_I \tag{9.2.9}$$

上式中的 D 为表示计数结果的数字量。

若取 T_1 为 T_c 的整数倍，即 $T_1=NT_c$，则上式可化为

$$D = \frac{N}{U_R} u_I \tag{9.2.10}$$

当 u_I 取两个不同的数值时，反向积分时间 T_2 和 T_2' 也不相同，而且时间的长短与 u_I 的大小成正比。因此，计数器中的数字是与 u_I 成正比的。积分式 A/D 转换器的工作波形如图 9.2.6 所示。其中 CP 为时钟脉冲信号，D 为反向积分期间的计数脉冲。

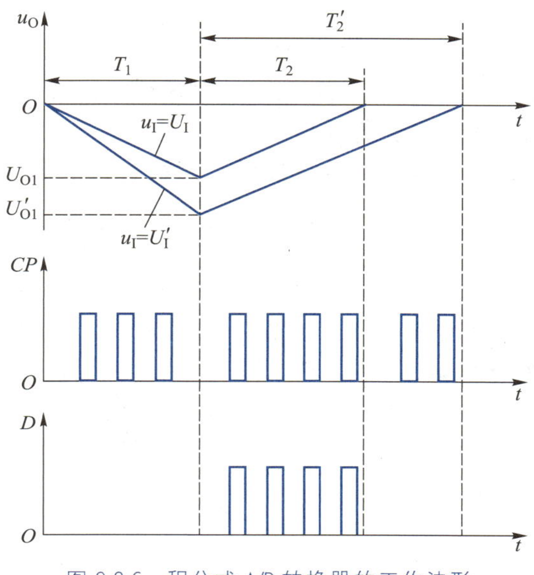

图 9.2.6　积分式 A/D 转换器的工作波形

双积分式 A/D 转换器的最大优点是工作性能稳定。由于转换过程中先后进行了两次的积分，而且由式(9.2.7)可知，只要在这两次积分期间 R、C 的参数相同，则转换结果与 R、C 的参数无关。因此，R、C 参数的缓慢变化不影响电路的转换精度，而且也不要求 R、C 的参数数值十分准确。此外，式(9.2.7)也表明，在取 $T_1 = NT_c$ 的情况下转换结果与时钟信号的周期无关。只要每次转换过程中 T_c 不变，那么时钟周期在长时间里发生缓慢的变化也不会带来转化误差。因此，可以考虑用精度比较低的元器件制成精度很高的双积分式 A/D 转换器。

双积分式 A/D 转换器的另一个优点就是其抗干扰能力强。因为，输入端使用了积分器，所以对平均值为零的各种噪声有很强的抑制能力。例如，在积分时间 T_1 等于交流电网电压周期的整数倍时，能有效地消除或减弱来自电网的工频干扰。

双积分式 A/D 转换器的主要缺点是转换速度比较低，其转换速度一般都在每秒几十次以内。尽管如此，由于其优点比较突出，所以在对转换速度要求不高的场合，如数字式电压表等，双积分式 A/D 转换器得到了非常广泛的应用。

此外，为了提高转换精度，在实际电路中还要考虑增加零点漂移的自动补偿电路。为了防止时钟信号频率在转换过程中发生波动，还可以使用石英晶体振荡器作为脉冲源。同时选用漏电非常小的电容器作为积分电容，并注意减小积分电容接线端通过底板的漏电流。

现在已有多种单片集成的双积分式 A/D 转换器定型产品。只需外接少量的电阻和电容元件，用这些芯片就能很方便地接成 A/D 转换器，并且可以直接驱动 LED 数码管，例如 MAX138/139，ICL7126/7127 等都属于这类器件。而且为了便于驱动二-十进制译码器，计数器都采用二-十进制接法。此外，在芯片的模拟信号输入端还都设置了输入缓冲器，以提高电路的输入阻抗。同时，集成电路内部还设有自动调零电路，以消除比较器和放大器的零点漂移和失调电压，确保输入为零时输出也为零。

需要注意的是，不论使用哪种类型的 A/D 转换器，对模拟量进行采样时的采样频率都必须符合采样定理的要求，只有这样，才能保证转换的准确性。

9.2.3 集成 A/D 转换器简介

目前使用的大多是单片集成 A/D 转换器，其种类很多，如双积分式的 ICL7106 $\left(3\frac{1}{2}\text{位}\right)$、ICL7109（12 位）、AD7555 $\left(5\frac{1}{2}\text{位}\right)$；逐次逼近式的 ADC0809（8 位）、ADC579（10 位）、AD1674（12 位）、MN5280 和 AD1380（16 位）等。ADC0809 是一种单片 8 位 8 路 CMOS 逐次逼近式 A/D 转换器，下面对其进行简要介绍，具体使用问题及其他芯片相关信息可参考有关文献。

ADC0809 的外引线排列见图 9.2.7(a)，结构框图如图 9.2.7(b)所示，由八位逐次逼近式 A/D 转换器、8 选 1 模拟量选择器和三态输出锁存缓冲器三大部分组成。

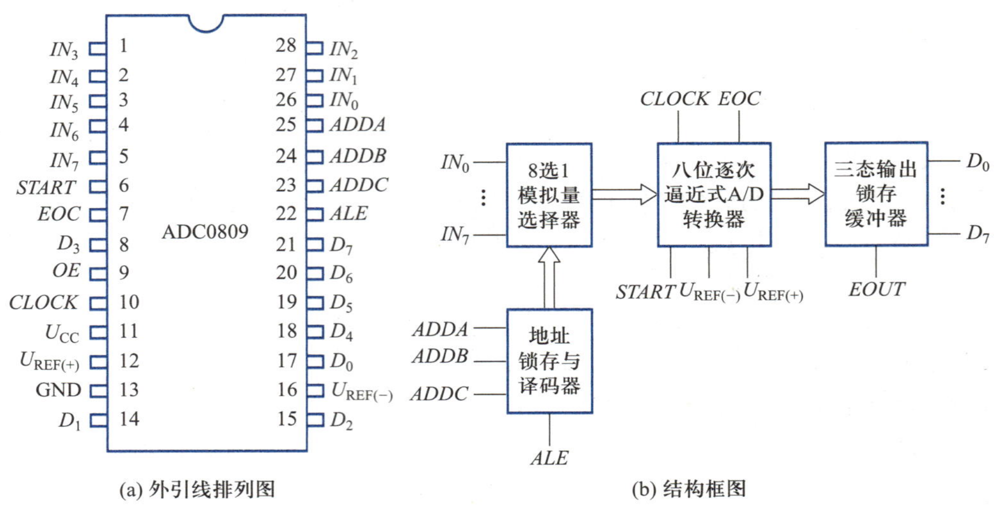

(a) 外引线排列图　　(b) 结构框图

图 9.2.7 ADC0809

由 8 路模拟开关、地址锁存与译码器组成的 8 选 1 模拟量选择器，用来接收 8 路外加采样模拟信号，而模拟开关则受地址锁存与译码器的控制。当地址锁存允许端（*ALE*）为高电平时，3 位地址 *ADDA*、*ADDB*、*ADDC* 送入译码器，译码器根据地址 *ADDA*、*ADDB*、*ADDC* 选中一路开关接通，相应模拟信号送入 A/D 转换器。地址译码与输入选通的关系见表 9.2.3。

A/D 转换开始时，经启动脉冲（*START*）启动后，逐次逼近式 A/D 转换器的寄存器清零，在外加脉冲（*CLOCK*）的作用下，对由译码器选中的模拟信号进行转换。当转

换结束时，控制与时序电路送出控制信号，将8位转换结果锁存在三态输出锁存缓冲器中，同时送出一个中断信号（EOC），这个信号通常作为对CPU的中断请求信号。CPU接收中断请求以后应发出输出允许信号（$EOUT$），打开三态输出锁存缓冲器，将已转换好的数据放在数据总线（$D_0 \sim D_7$）上输入给CPU。图9.2.7中的$U_{REF(+)}$和$U_{REF(-)}$为正、负参考电压的输入端，由该电压确定输入模拟量的电压范围。

表9.2.3　ADC0809地址译码与输入选通的关系

地址			被选模拟通路
ADDC	*ADDB*	*ADDA*	
0	0	0	IN_0
0	0	1	IN_1
0	1	0	IN_2
0	1	1	IN_3
1	0	0	IN_4
1	0	1	IN_5
1	1	0	IN_6
1	1	1	IN_7

9.2.4　A/D转换器的主要技术指标

1. 分辨率

以输出二进制数的位数表示分辨率，位数越多，误差越小，转换精度越高。

2. 转换精度

A/D转换器的转换精度反映了实际A/D转换器在量化值上与理想A/D转换器进行模数转换的差值，可表示成绝对误差或相对误差。

3. 转换速度

A/D转换器的转换速度主要取决于转换电路的不同类型，是指完成一次转换所需的时间。转换时间是指从接到转换控制信号开始，到输出端得到稳定的数字输出信号所经过的这段时间。间接A/D转换器的转换速度比直接A/D转换器低得多。使用时，要根据实际需要注意选择合适的类型。

4. 电源抑制比

电源抑制比反映A/D转换器对电源电压变化的抑制能力，用改变电源电压使数据发生±1LSB变化时所对应的电源电压变化范围来表示。

其他技术指标不再一一介绍，可参考有关文献。

练习与思考

9.2.1　什么是量化误差？说明减小量化误差的方法。

9.2.2　试比较逐次逼近式A/D转换器和积分式A/D转换器的优缺点。

本章知识点小结

本章是围绕如下知识点展开论述的。

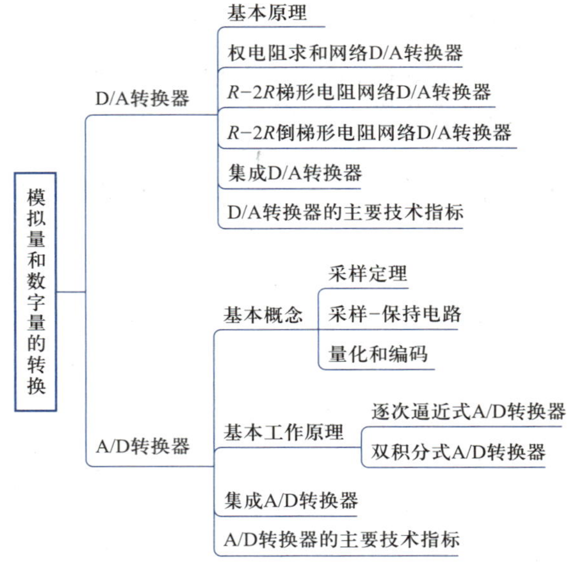

1. 模数转换(analog to digital converter,ADC):我们通常将模拟信号转化到数字信号的转换称为模数转换。

2. 数模转换(digital to analog converter,DAC):从数字信号转换到模拟信号的过程我们称为数模转换。

习　题

9.1.1　在图 9.1.1 所示的权电阻求和网络 D/A 转换器中,若取 $U_R=5$ V,试计算输入数字量为 $X_3X_2X_1X_0=\mathbf{0101}$ 时的输出电压值。

9.1.2　在图 9.1.2 所示的 $R-2R$ 梯形电阻网络 D/A 转换电路中,如 $U_R=5$ V,$R=2$ kΩ,$R_f=6$ kΩ,试求:

(1) 在输入四位二进制数 $X=\mathbf{0101}$ 时,输出电压 U_O 等于多少?

(2) 在输入四位二进制数 $X=\mathbf{1101}$ 时,输出电压 U_O 等于多少?

9.1.3　在图 9.1.4 所示的 $R-2R$ 倒梯形电阻网络 D/A 转换器中,如 $U_R=6$ V,$R=2$ kΩ,$R_f=6$ kΩ,输入四位二进制数为 **1010**,则此转换电路的输出电压 U_O 等于多少?

9.1.4　某 D/A 转换器要求十位二进制数能代表 0~50 V,试问此二进制数的最低位代表几伏?

9.2.1　在四位逐次逼近式 A/D 转换器中,设 $U_R=5$ V,$U_I=4.1$ V,说明逐次比较的过程和转换结果。

9.2.2　一个八位逐次逼近式 A/D 转换器,时钟脉冲为 500 kHz,试问确定 8 位数字所需时间是多少?

第10章　电力电子技术基础

本章学习目标

学习完本章内容后，你将能够：

- 理解晶闸管、电力晶体管、电力场效应晶体管和绝缘栅双极型晶体管的工作原理、伏安特性，掌握其使用方法；
- 理解单相和三相不可控整流电路的工作原理，掌握不可控整流电路的设计和使用方法；
- 理解单相可控整流电路的工作原理；
- 理解电容对整流电路的影响，掌握采用电容滤波的单相整流滤波电路的设计方法。了解电感滤波和复合滤波电路工作原理；
- 理解 BJT 串联型线性稳压电路的组成和工作原理；
- 掌握三端稳压器几种典型应用电路构成及工作原理；
- 理解开关稳压电路的稳压原理，理解 Buck、Boost 电路的工作原理。

讲义：
第 10 章引言

视频：
第 10 章引言

阅读材料：
“双碳”目标与电力电子技术

本章主要介绍电力电子技术的一些基础知识。以半导体材料为基础的微电子器件可以分为两类，一类是用于信息处理和转换的信息电子器件，我们前面学习的模拟和数字电子技术就是以信息电子器件为基础的。另一类是用于电能变换与处理的功率电子器件。同样是半导体器件，但功率电子器件经过特殊设计，可以承受更高的电压和更大的电流，使其更适于处理大功率的电能，基于这些器件发展起来的就是电力电子技术。

我们使用的电能主要来源于电网提供的交流电和电池提供的直流电。而消耗电能的用电负载所需要的电能形式则是五花八门、种类繁多，对电压、电流、频率等参数有着各种各样的要求，这就需要对电能进行处理和变换。功率电子器件，即电力电子器件是进行电能变换的基础，而电力电子技术就是利用这些器件进行电能变换的技术。

根据输入、输出电能的形式，电能变换分为 AC—DC、DC—DC、DC—AC、AC—AC 四个类别。其中 AC—DC 称为整流，DC—AC 称为逆变。电能变换技术应用极其广泛。例如，在高铁线路上，架空接触网提供的是高压单相交流电，就需要 AC—DC 将其转换为直流，再利用 DC—AC 变为频率、电压可调的三相交流电为三相电动机供电来牵引列车。在新能源发电中，光伏电池板输出直流，需要 DC—DC 将其转换为蓄电池能接受的电能，再利用 DC—AC 变为可以馈入电网或供给负载的交流电。我们在实验室中使用的直流稳压电源，是将电网中的 220 V 交流电经过电压形式的多次变换，逐步变为稳定的直流电压。其转换过程是首先利用变压器将较高的 220 V 交流电变为较低的电压，接着利用整流电路变为脉动的直流电，再经过滤波电路减小其脉动，最后利用稳压电路获得稳定的输出。这一系列的变换是本章将要学习的内容。本章首先学习电力电子器件，主要介绍晶闸管、电力场效应晶体管、绝缘栅双极型晶体管。接着介绍直流稳压电路,包括整流电路、滤波电路、线性稳压电路,以及变换效率更高的开关稳压电路。

10.1 电力电子器件

电力电子器件也称为电力半导体器件,可以用其实现电能的变换。因为需要处理较大的功率,多工作在开关状态,以减小损耗。电力电子器件可以分为三种类型:第一种是不可控型器件,这类器件不能主动控制开通和关断,如功率二极管,只能依靠正向偏置电压来导通。第二种是半控型器件,一般为三端器件,通过在控制端施加的控制信号可以控制其开通,但是不能控制关断,如晶闸管就是这种器件。第三种是全控型器件,也为三端器件,开通和关断都可以主动控制。全控型器件种类较多,电力场效应晶体管(power MOSFET,P-MOSFET)和绝缘栅双极型晶体管(insulated gate bipolar transistor,IGBT)是目前的主流全控型器件。

10.1.1 晶闸管

讲义:
晶闸管

视频:
晶闸管

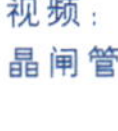

晶闸管是晶体闸流管的简称,也经常被称为可控硅(silicon controlled rectifier,SCR),封装形式较多,有直插式、螺栓式、平板式、模块式等,实物如图 10.1.1 所示,可以看出它是一种三端器件。晶闸管可以在高电压和大电流条件下可靠工作,在大容量的应用场合具有比较重要的地位,它多用于交流电路中,一般工作频率在 400 Hz 以内。晶闸管是最早出现的半控型器件,在其基础上产生了很多的派生器件,如快速晶闸管(fast switching thyristor,FST),逆变晶闸管(reverse conducting thyristor,RCT)、双向晶闸管(triode AC semiconductor switch,TRIAC)、光控晶闸管(light triggered thyristor,LTT)、可关断晶闸管(gate turn-off thyristor,GTO)等,使性能得以提高,功能得以扩展,像可关断晶闸管实际上已经是全控型器件了。

(a) 直插式 (b) 螺栓式 (c) 平板式 (d) 模块式

图 10.1.1 晶闸管实物图

1. 晶闸管的基本结构

普通晶闸管内部结构如图 10.1.2(a)所示。它有 4 个半导体区域,2 个 P 区,2 个 N 区,形成 3 个 PN 结,P_1区域引出的是阳极 A,N_2区域引出的是阴极 K,从 P_2区域引出的是门极 G,晶闸管的图形符号和二极管很像,只是多引出了一个控制端,即门极 G。图 10.1.2 (b)为晶闸管的图形符号。

对于 N_1和 P_2区域,假设可分为两份,和 P_1区域在一起,相当于一个 PNP 型的晶体管 T_1,和 N_2区域在一起,相当于一个 NPN 型的晶体管 T_2,可以看出 T_2的集电极和

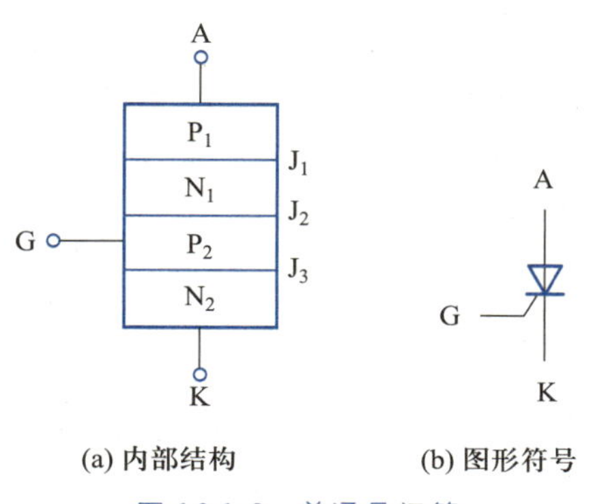

(a) 内部结构　　(b) 图形符号

图 10.1.2　普通晶闸管

T_1的基极连在了一起，T_2的基极和 T_1的集电极连在一起作为门极 G，等效电路模型如图 10.1.3 所示。

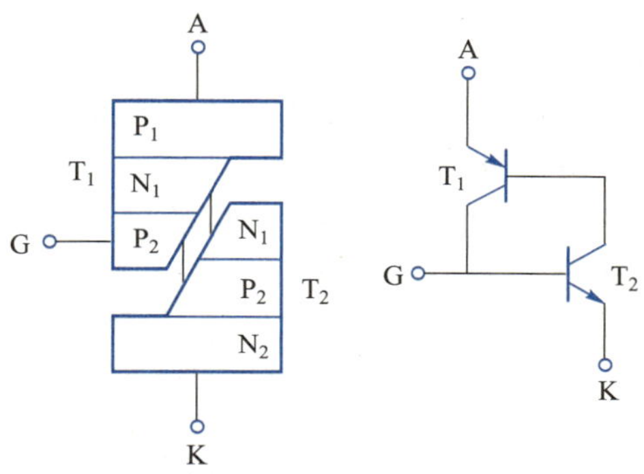

图 10.1.3　晶闸管等效为 PNP 型和 NPN 型两个晶体管

2. 晶闸管的工作原理

根据等效电路模型，分析晶闸管的工作原理。当门极 G 无信号时，无论 AK 间施加正向电压还是负向电压，总会存在反偏状态的 PN 结，从而使 AK 间处于截止状态。

如果想让 AK 间导通，就需要施加门极控制信号，在 GK 间施加正向电压（开关接通），同时在 AK 间也先施加正向电压，晶闸管工作原理示意图如图 10.1.4 所示。

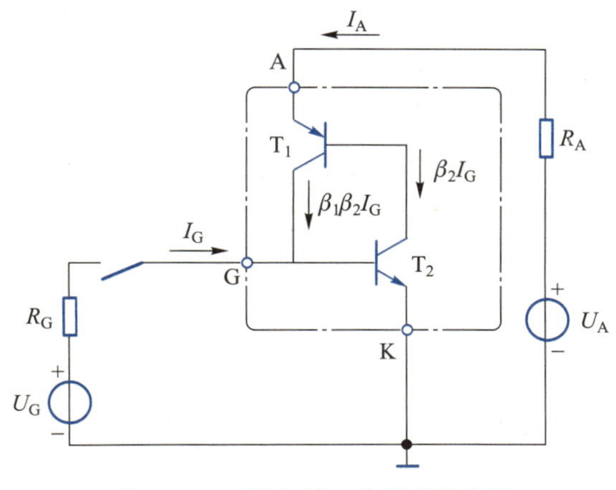

图 10.1.4　晶闸管工作原理示意图

GK 间是 T_2的发射结，在正向电压的作用下发射结导通，会形成门极电流 I_G，就相当于 T_2的基极电流 I_{B2}。设 T_2的电流放大倍数为 β_2，则 T_2的集电极电流 $I_{C2}=\beta_2 I_{B2}=\beta_2 I_G$，因为 T_1的基极电流就是 T_2的集电极电流，所以 $I_{B1}=\beta_2 I_G$。

由于 T_2导通，T_1的发射结也正偏，设 T_1的电流放大倍数为 β_1，则其集电极电流 $I_{C1}=\beta_1 I_{B1}=\beta_1\beta_2 I_G$，这个注入 T_2基极的电流比原来的 I_G大，相当于形成了电流正反馈，使 T_1和 T_2的基极电流不断增大，并迅速饱和，这样就形成了从阳极 A 到阴极 K 的电流，即 AK 间导通。

因为 T_1和 T_2的基极电流可以互相支撑，即使门极不再提供电流，AK 间也能维持导通。门极 G 可以控制晶闸管的开通，一旦开通后，就失去了控制作用，无法控制其关断。

晶闸管的导通条件可以总结为两条：一是 AK 间要施加正向电压；二是 GK 间施加正向电压来提供触发电流 I_G。晶闸管导通后门极触发信号就会失去作用，因此多采用脉冲形式，只给一小段时间的触发电压即可。

晶闸管导通后，门极失去控制作用，使 T_1和 T_2饱和的电流主要由阳极电流来提供，维持晶闸管导通的最小阳极电流为 I_H，也被称为维持电流，只要有大于 I_H的阳极电流，晶闸管就能一直维持导通状态。

如果将阳极与电源断开，I_A为 0，小于 I_H，晶闸管就可以关断，或者 AK 直接施加反向电压，T_1的发射结将反偏截止，I_A也为 0，也可以关断晶闸管。因为负向电压可以使晶闸管关断，因此常用在交流电路中，利用负向电压实现关断，从而晶闸管可以视为一个单向的导电开关。

3. 晶闸管的伏安特性

晶闸管的伏安特性即阳极和阴极之间电压 U_{AK}与阳极电流 I_A 的关系曲线，如图 10.1.5 所示。当 AK 间施加正向电压时，如果没有触发电流 I_G，晶闸管处于截止状态，但晶闸管内部反偏的 PN 结存在反向饱和电流，因此晶闸管有较小的漏电流。如果正向电压大于一定的值时，反偏的 PN 结会被击穿，晶闸管导通，AK 间电压迅速变小，工作点从 A 过渡到 BC 段，相当于一个二极管，导通压降约 1 V。这种由击穿造成的导通容易造成永久性的损坏。

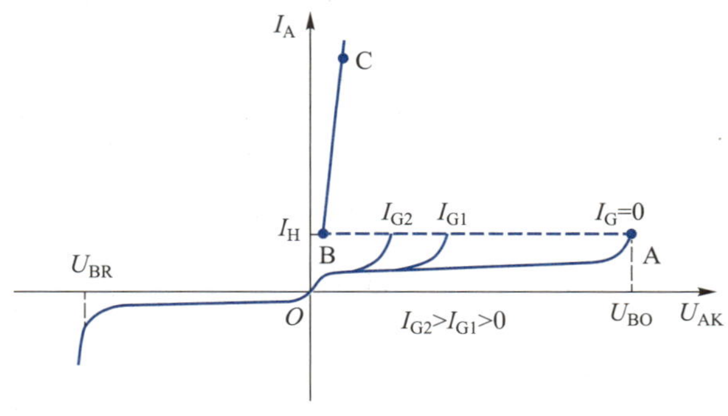

图 10.1.5 晶闸管的伏安特性

如果 GK 间施加了正向电压，有触发电流 I_G，晶闸管会正向导通，也会工作在 BC 段，导通压降约 1 V。如果 I_G比较小，就需要在 AK 间施加更高的电压才能达到使晶闸管导通的维持电流 I_H，因此一般需要提供足够大的触发电流，使导通前的曲线更靠近 B 点，获得更好的开通效果。

当 AK 间施加反向电压时，晶闸管反向截止，有比较小的漏电流，如果反向电压过高，会产生反向击穿。

4. 晶闸管的主要参数

(1) 额定正向平均电流 I_F

在规定条件下，能连续流过晶闸管的最大工频半波电流平均值，它代表了晶闸管处理电流的能力。

(2) 维持电流 I_H

门极断开后，维持晶闸管继续导通的最小电流。

(3) 正向重复峰值电压 U_{FRM}

晶闸管可以阻断的重复加在 AK 间的正向峰值电压，一般为晶闸管正向击穿电压 U_{BO} 的 80%。

(4) 反向重复峰值电压 U_{RRM}

在门极开路时，晶闸管可以阻断的重复加在 AK 间的反向峰值电压，一般为晶闸管反向击穿电压 U_{BR} 的 80%。

除上述静态指标外，晶闸管还有一些动态指标，如：断态电压临界上升率 du/dt、通态电流临界上升率 di/dt、开通时间 t_{on}、关断时间 t_{off} 等，使用时可查阅有关手册。

讲义：全控型电力电子器件

10.1.2 电力晶体管

前面介绍的晶体管（BJT）和绝缘栅型场效应晶体管（MOSFET）主要用于信息电子技术中，处理的功率小。在模拟电路中常工作在放大状态，在数字电路中常工作在开关状态。下面介绍的这三种电力电子器件能处理更大的功率，大多工作在功耗更小的导通和截止状态。

视频：全控型电力电子器件

电力晶体管（GTR）是一种耐压高、大电流的双极型晶体管，是一种全控型器件。GTR 和 BJT 工作原理相同，能处理较大功率的关键在于其内部结构，GTR 采用了三重扩散台面结构，内部结构如图 10.1.6(a) 所示。台面结构可以通过更大的电流，通过增加轻掺杂的 N-区域，提高耐压水平，这样就可以承受更高的电压和更大的电流，即增强了器件的功率处理能力。因为增加了 N-区域，一般 GTR 的电流放大倍数较小，小于 BJT。图 10.1.6(b) 为电力晶体管的图形符号。

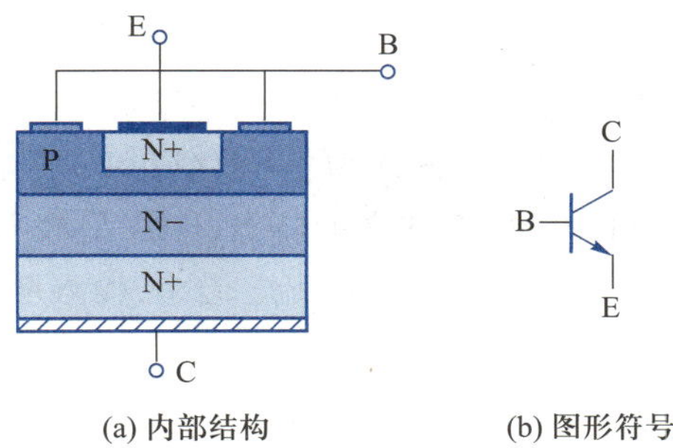

图 10.1.6 电力晶体管

GTR 和 BJT 一样，导通后的压降基本不变，不受集电极电流大小的影响，这样在流过大电流的情况下，导通损耗也比较小；GTR 是电流型驱动器件，需要一直注入基极电流，才能维持集电极电流，而且因为放大倍数较小，就需要更大的基极电流，这都导致了 GTR 有较大的驱动功率；另外，因为 GTR 导通时基区会存储少子，而关断时这些少子需要时间来释放，因此关断速度较慢。

10.1.3　电力场效应晶体管

电力场效应晶体管（P-MOSFET）的工作原理和普通场效应晶体管相同，只是处理功率更大，通常都采用绝缘栅 N 沟道增强型 MOSFET。

和普通 MOSFET 相比，P-MOSFET 采用了多胞元并联结构，就是把很多 MOSFET 并联在一起，内部结构如图 10.1.7（a）所示，P-MOSFET 的导电沟道是垂直方向的，可以允许通过更大的电流，在其结构中也增加了 N-区域，可以提高耐压水平，MOSFET 导通沟道呈电阻特性，由于多胞元并联，其导通电阻也相当于并联，因此总导通电阻较小。同时，其结构决定了在漏极和源极间有一个内生的体二极管，可以流过反向电流，因此 P-MOSFET 通常把体二极管画出来，表明其特性，图形符号如图 10.1.7（b）所示。

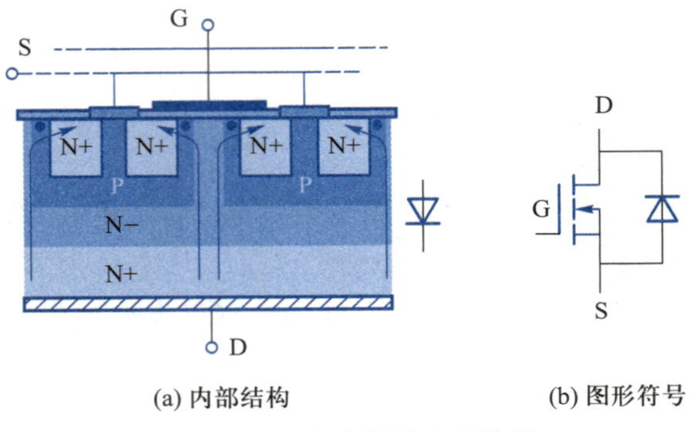

(a) 内部结构　　(b) 图形符号

图 10.1.7　电力场效应晶体管

MOSFET 是绝缘栅结构，是电压型驱动器件，所需驱动电流、驱动功率小，而且开关速度快，其缺点是导通后的导通电阻几乎不变，导通压降会随电流增大而增大，使得导通损耗也随之增大，这样就不适用于电流过大的场合。一般在 10 kW 以内的应用中，电流不是很大，P-MOSFET 开关速度快的优势有利于减小装置的体积和重量，因此应用非常广泛。

10.1.4　绝缘栅双极型晶体管

绝缘栅双极型晶体管（IGBT）也是常用的全控型器件，它是在 GTR 和 P-MOSFET 基础上发展而来的。GTR 和 P-MOSFET 各有特点，GTR 是输出电流大，输入驱动功率也大，其优点体现在输出侧；P-MOSFET 是输出电流小，输入驱动功率也小，其优点体现在输入侧。

IGBT 就是综合了 GTR 和 MOSFET 的优点复合而成的一种全控型器件，它是 N 沟道 MOSFET 和 PNP 型晶体管的组合，其内部结构、等效电路和图形符号如图 10.1.8 所示。输入侧具有 MOSFET 的特性，输出侧具有 GTR 的特性，IGBT 的符号和 BJT 符

号很像,但控制端为门极 G,而且是绝缘栅结构的。

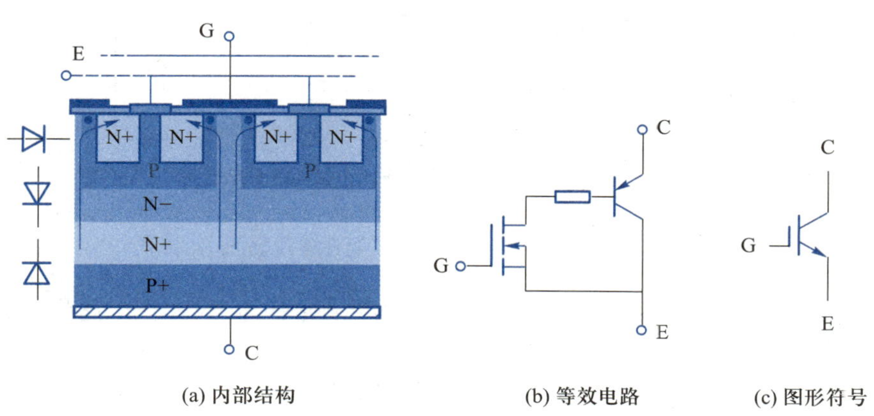

(a) 内部结构 (b) 等效电路 (c) 图形符号

图 10.1.8 绝缘栅双极型晶体管

IGBT 的内部结构和 P-MOSFET 相似,增加了一个 P 型区域,但 IGBT 的集、射极之间没有体二极管。由等效电路模型可见,当栅-射极 GE 间施加正向电压时,N 沟道 MOSFET 的沟道导通。如果集-射极 CE 间也施加正向电压,PNP 型晶体管的发射结正偏,提供足够大的基极电流使晶体管导通,CE 间导通。晶体管的基极驱动电流是由集电极电流来提供的,而门极 G 仅需要提供使 MOSFET 导通的电流,因此驱动功率较小,CE 导通后,CE 导通压降固定,不受集电极电流影响,有较大的通流能力。当 GE 间无电压时,沟道关断,发射结就失去了正偏的条件,CE 间截止。

作为 GTR 和 MOSFET 的结合,IGBT 继承了 MOSFET 驱动功率小、开通速度快的优点,继承了 GTR 通流能力强的优点,同时也继承了 GTR 的缺点,它同样存在基区中存储的少子需要时间释放的问题,导致关断速度较慢。但这并不影响 IGBT 作为大功率场合主流器件的地位,其大量应用在高铁列车、新能源发电等诸多领域。

练习与思考

10.1.1 不可控、半控、全控型电力电子器件的主要区别是什么?

10.1.2 使晶闸管导通和关断的条件是什么?

10.1.3 GTR、P-MOSFET、IGBT 各自的优点和缺点是什么?

10.2 直流稳压电源

直流稳压电源的应用极其广泛,如发电厂、变电站、船舶、航空、化工、电动车等领域。几乎所有的电子线路和设备都离不开直流稳压电源。对直流稳压电源的要求是无论电源波动还是负载变化都应该提供稳定的直流电压。稳定的直流电压可以由电池、直流发电机提供,也可以由交流电源通过电压转换实现。本节主要介绍小功率半导体直流稳压电源。

图 10.2.1 为半导体直流稳压电源的原理框图,它表示由交流电变换为直流电的过程。图中包含四个环节:变压、整流、滤波和稳压。

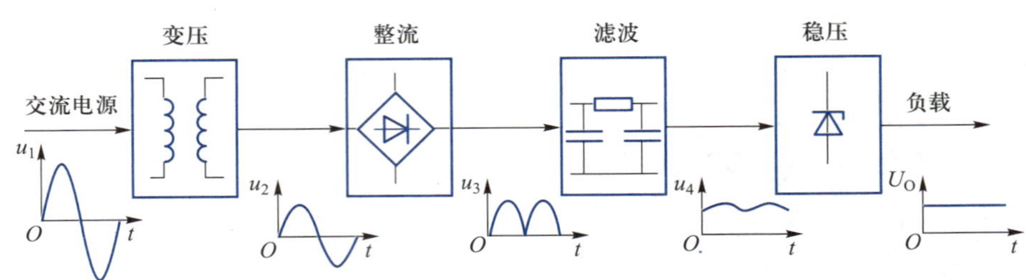

图 10.2.1 半导体直流稳压电源原理框图

首先,变压器将交流电源电压变换为符合整流要求的电压;整流电路将交流电压变换为单向脉动的直流电压(利用整流元件的单向导电性);滤波电路减小整流电压的脉动程度(利用电容或电感元件能量不能跃变的特性);稳压电路在交流电源电压波动或负载变动时,能使直流输出电压稳定。

10.2.1 整流电路

整流电路可以将交流电转化为单一方向的直流电。整流电路的分类:如果采用不可控的二极管作为整流元件,构成的就是不可控整流;如果采用可控的晶闸管等作为整流元件,构成的就是可控整流。根据输入电源相数,整流电路可分为单相整流和三相整流。根据输出波形,也可分为半波整流和全波整流。首先介绍由二极管构成的不可控整流电路。

讲义:
不可控整流电路

1. 单相不可控整流电路

用整流二极管可组成不可控整流电路,这类电路的特点是在一定负载的情况下其输出电压平均值与输入交流电压有效值的比值不变。

视频:
不可控整流电路

(1) 单相半波整流电路

单相半波整流电路如图 10.2.2 所示。由整流变压器 Tr、不可控整流元件二极管 D 和负载 R_L组成,半波整流是最简单的整流电路。

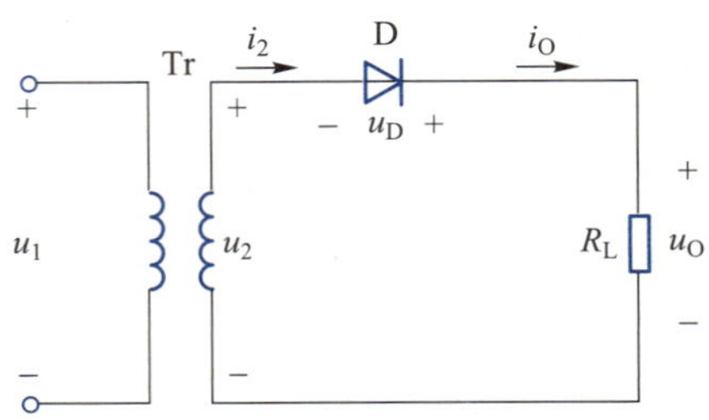

图 10.2.2 单相半波整流电路

设整流变压器二次电压为 $u_2=\sqrt{2}U\sin\omega t$,如图 10.2.3(a)所示,当 u_2处于正半周时,二极管 D 导通,u_2直接施加到负载上,而 u_2处于负半周时,二极管 D 截止,输出电压 u_O为 0,输出电压 u_O波形如图 10.2.3(b)所示。虽然 u_O有较大的脉动,但其方向不变,输出的是脉动的直流电。

常用一个周期内的平均值来表示输出脉动直流量的大小,单相半波整流输出电压的平均值为

$$U_O = \frac{1}{2\pi}\int_0^{\pi}\sqrt{2}U\sin\omega t\mathrm{d}(\omega t) = \frac{\sqrt{2}U}{\pi} = 0.45U$$

输出电流的波形和输出电压相似,其平均值为

$$I_O = \frac{1}{2\pi}\int_0^{\pi}\sqrt{2}I\sin\omega t\mathrm{d}(\omega t) = \frac{\sqrt{2}I}{\pi} = \frac{U_O}{R_L} = 0.45\frac{U}{R_L}$$

负载的电流来源于变压器二次绕组 i_2,两者波形完全相同,如图 10.2.3(a)所示。通过分析其电流有效值,用以指导变压器的设计。变压器二次电流有效值为

$$I_2 = \sqrt{\frac{1}{2\pi}\int_0^{\pi}(\sqrt{2}I\sin\omega t)^2\mathrm{d}(\omega t)} = \frac{I}{\sqrt{2}} = \frac{\pi}{2}I_O = 1.57I_O$$

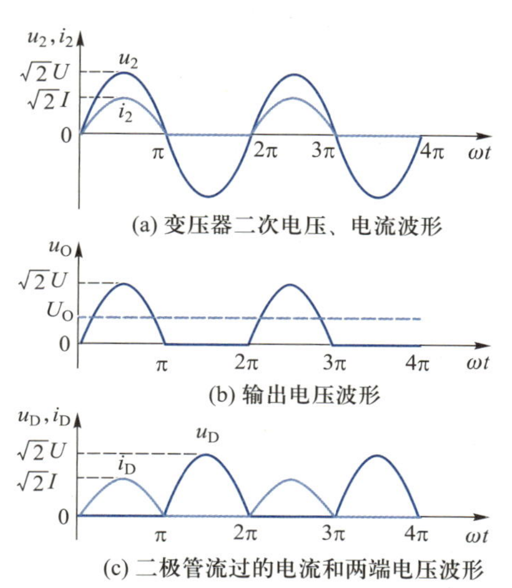

图 10.2.3　单相半波整流电路各电压和电流波形

对于整流二极管,其电流和负载电流相同,即平均值 $I_D = I_O$。二极管截止所承受的电压是变压器绕组的负半周电压,因此二极管反向电压最大值为 $U_{DRM} = \sqrt{2}U$。

选择整流二极管可根据 I_O 和 U_{DRM} 的大小来确定合适的元件。二极管流过的电流和两端电压波形如图 10.2.3(c)所示。

单相半波整流电路结构简单,使用的元件少。因为只利用了电源的半个周期,电源利用率低,输出波形脉动大,输出直流成分相对较低。半波整流只用在要求不高、输出电流较小的场合。

(2) 单相全波整流电路

单相全波整流电路可以克服半波整流电路的缺点。如图 10.2.4 所示是利用两个二极管构成的单相全波整流电路,需要有 2 个匝数相同的变压器二次绕组,即二次绕组引出了一个中间抽头。

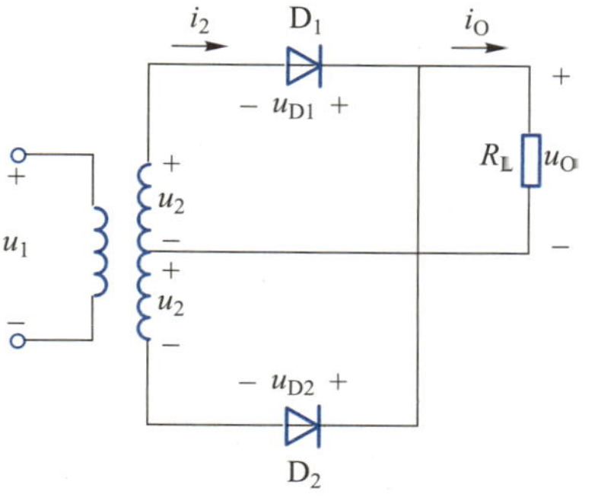

图 10.2.4　单相全波整流电路

其工作原理：在 u_2 的正半周，D_1 导通，上方绕组电压 u_2 直接施加在负载上，此时 D_2 阳极电位低于其阴极电位，处于截止状态。在 u_2 的负半周，情况正好相反，D_2 导通，D_1 截止，下方绕组同样是 u_2 的电压直接施加在负载上，但负载电压的极性并不改变。显然，无论绕组的正、负半周，都能为负载提供电压，因此电路被称为全波整流电路。输出电压 u_O 波形如图 10.2.5(a)所示。

在 D_1 导通期间，绕组电压处于正半周峰值时，两个绕组电压之和的最大值为 $2\sqrt{2}U$，如果设绕组抽头电位为 0，则 D_1 阳极和阴极电位都为 $\sqrt{2}U$，D_2 的阳极电位为 $-\sqrt{2}U$，这样 D_2 截止承受的反向电压就为 $2\sqrt{2}U$，这也是其反向电压的最大值。二极管两端电压 u_{D1} 和 u_{D2} 波形如图 10.2.5(b)所示。从两个二极管的电压波形中可以看出，两个二极管交替导通，承受的都是两个绕组的总电压。

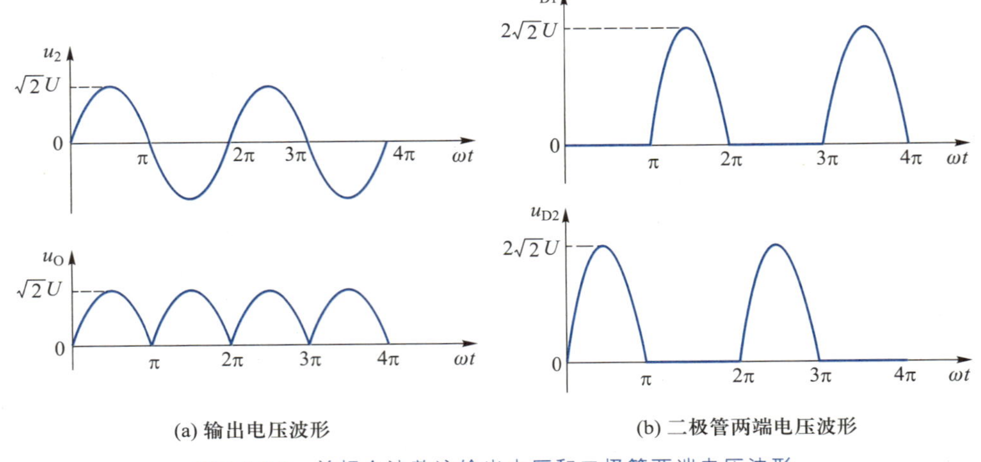

(a) 输出电压波形　　(b) 二极管两端电压波形

图 10.2.5　单相全波整流输出电压和二极管两端电压波形

全波整流输出电压和电流的脉动周期是 π，是半波整流时的一半，而积分范围不变，依然是 0~π，所以输出电压和电流的平均值正好是半波整流时的 2 倍。

输出电压平均值为

$$U_O = \frac{1}{\pi}\int_0^{\pi}\sqrt{2}U\sin\omega t\mathrm{d}(\omega t) = \frac{2\sqrt{2}U}{\pi} = 0.9U$$

输出电流平均值为

$$I_O = \frac{1}{\pi}\int_0^{\pi}\sqrt{2}I\sin\omega t\mathrm{d}(\omega t) = \frac{2\sqrt{2}I}{\pi} = \frac{U_O}{R_L} = 0.9\frac{U}{R_L}$$

变压器二次绕组电流有效值为

$$I_2 = \sqrt{\frac{1}{2\pi}\int_0^{\pi}(\sqrt{2}I\sin\omega t)^2\mathrm{d}(\omega t)} = \frac{I}{\sqrt{2}} = \frac{\pi}{4}I_O = 0.79I_O$$

全波整流两个二极管交替导通，二极管电流平均值为 $I_{D1}=I_{D2}=\dfrac{I_O}{2}$，二极管反向电压最大值为 $U_{DRM}=2\sqrt{2}U$。

（3）单相桥式整流电路

单相桥式整流电路是利用 4 个二极管接成电桥形式构成的，电路如图 10.2.6 所示，其变压器二次绕组只需要 1 个。

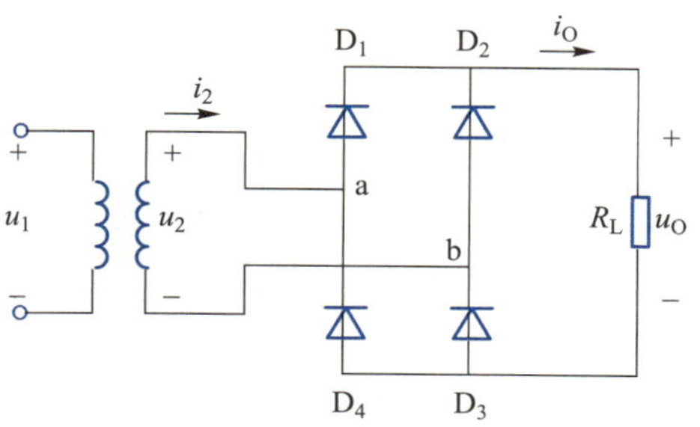

图 10.2.6　单相桥式整流电路

其工作原理：在 u_2 的正半周，a 点电位高于 b 点，D_1 和 D_3 导通，D_2 和 D_4 截止，二次绕组电压 u_2 直接施加在负载上。在 u_2 的负半周，b 点电位高于 a 点，D_2 和 D_4 导通，D_1 和 D_3 截止，绕组电压 u_2 同样直接施加在负载上。这样就得到了和全波整流完全相同的效果，输出电压波形如图 10.2.7（a）所示。

在 D_1 和 D_3 导通期间，a 点和 D_2 的阴极电位相同，b 点和 D_4 的阳极电位相同，D_2 和 D_4 并联接在变压器的二次绕组上，所以 D_2 和 D_4 承受的最大反向电压为 $\sqrt{2}U$。二极管两端电压 D_1 和 D_3 完全相同，D_2 和 D_4 完全相同，波形如图 10.2.7（b）所示。

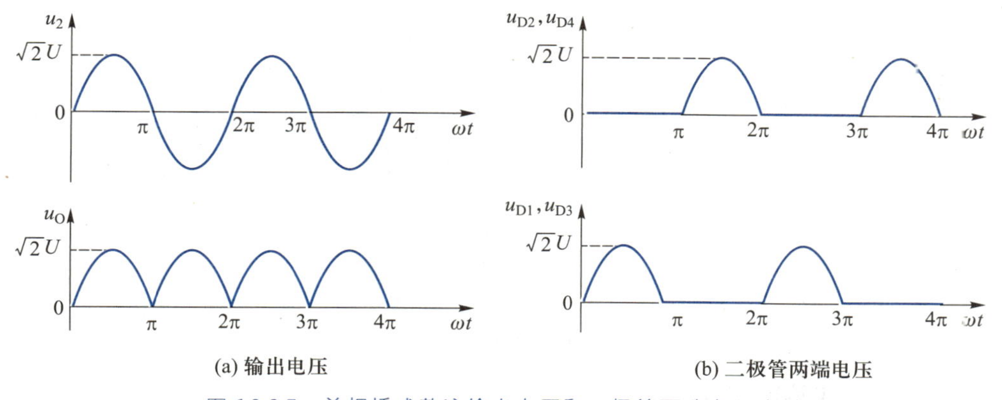

图 10.2.7　单相桥式整流输出电压和二极管两端电压波形

桥式整流电路的输出电压、电流和全波整流完全相同。所不同的是，桥式整流时变压器绕组在正、负半周都提供电流。其输出电压平均值为

$$U_O = \frac{1}{\pi}\int_0^{\pi}\sqrt{2}U\sin\omega t\mathrm{d}(\omega t) = \frac{2\sqrt{2}U}{\pi} = 0.9U$$

输出电流平均值为

$$I_O = \frac{1}{\pi}\int_0^{\pi}\sqrt{2}I\sin\omega t\mathrm{d}(\omega t) = \frac{2\sqrt{2}I}{\pi} = \frac{U_O}{R_L} = 0.9\frac{U}{R_L}$$

变压器绕组电流有效值为

$$I_2 = \sqrt{\frac{1}{\pi}\int_0^{\pi}(\sqrt{2}I\sin\omega t)^2 \mathrm{d}(\omega t)} = I = \frac{\pi}{2\sqrt{2}}I_O = 1.11I_O$$

整流二极管 D_1、D_3和 D_2、D_4交替导通，各承担半个周期的电流，其电流平均值均为 $I_D = \frac{I_O}{2}$，反向电压最大值为 $U_{DRM} = \sqrt{2}U$。

桥式整流和全波整流的效果完全相同，全波整流二极管数量少但反向电压高，同时需要带抽头的变压器绕组，一般用在输出电压不高、电流较大的场合。桥式整流变压器二次绕组数量少，二极管反向电压不高，但需要二极管的数量较多，一般用在输出电压较高的场合。

单相半波、全波和桥式整流电路的参数和特点如表 10.2.1 所示。

表 10.2.1 单相半波、全波和桥式整流电路的参数和特点

类型	半波整流	全波整流	桥式整流
输出电压平均值 U_O	$0.45U$	$0.9U$	$0.9U$
变压器绕组数量	1 个绕组	2 个绕组	1 个绕组
变压器二次绕组电流有效值 I_2	$1.57I_O$	$0.79I_O$	$1.11I_O$
二极管数量	1	2	4
二极管电流平均值 I_D	I_O	$I_O/2$	$I_O/2$
二极管反向电压最大值 U_{DRM}	$\sqrt{2}U$	$2\sqrt{2}U$	$\sqrt{2}U$
特点	结构简单，使用的元件少；电源利用率低，输出电压波形脉动大；只用在要求不高、输出电流较小的场合	二极管数量少，变压器绕组数量多；电源利用率高，输出波形脉动较小；二极管反向电压高；多用于输出电流较大的场合	变压器绕组数量少，二极管数量多；电源利用率高，输出波形脉动较小；二极管反向电压不高；多用于输出电压较高的场合

2. 三相不可控整流电路

单相整流电路常用于电子仪器、家用电器中，其整流功率较小，一般为几瓦到几百瓦。若电气设备要求的整流功率较大，达到几千瓦以上时，为了保证三相电网负载的平衡，通常采用三相整流电路。

（1）三相半波整流电路

三相半波整流电路如图 10.2.8 所示。变压器 3 个二次绕组的相电压各相差 120°，幅值均为$\sqrt{2}U$，各串接一个二极管。当哪一相的相电压最高时，其对应的二极管导通，而其他二极管截止，因此负载上得到的电压就是 3 个相电压波形的包络，电压波形如图 10.2.9 所示。由于三相电压对称，在每个周期内，每个二极管都各导通三分之一个周期。

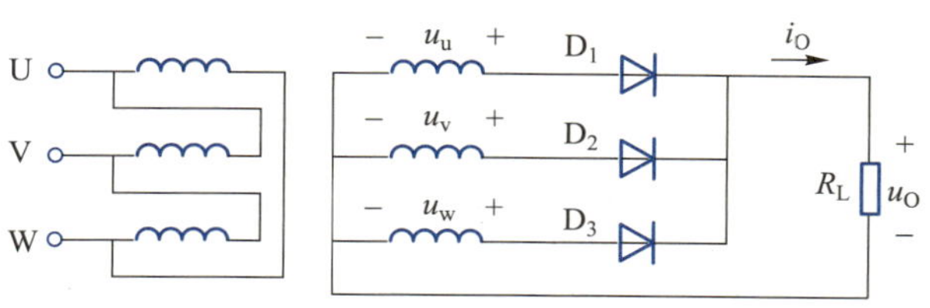

图 10.2.8 三相半波整流电路

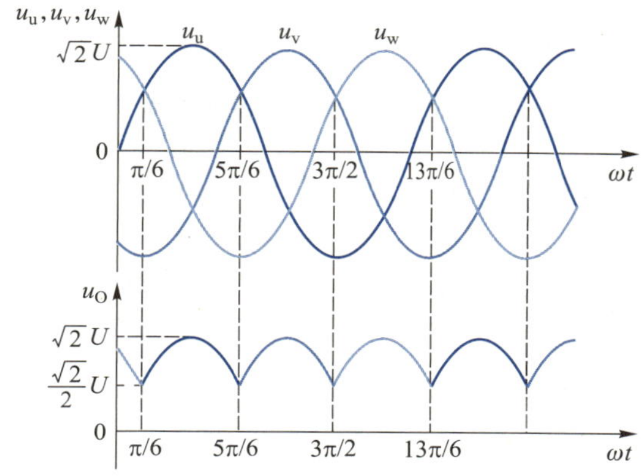

图 10.2.9 三相半波整流电压波形

输出电压平均值为

$$U_O = \frac{1}{2\pi/3}\int_{\pi/6}^{5\pi/6}\sqrt{2}U\sin\omega t\mathrm{d}(\omega t) = \frac{3\sqrt{3}\sqrt{2}U}{2\pi} = 1.17U$$

负载电流的平均值为

$$I_O = \frac{U_O}{R_L} = 1.17\frac{U}{R_L}$$

每个二极管各导通 120°，即承担了输出电流的 1/3，因此电流平均值为

$$I_{D1} = I_{D2} = I_{D3} = \frac{I_O}{3}$$

在某一个二极管导通时，其他二极管承受的是线电压，因此二极管反向电压最大值为

$$U_{DRM} = \sqrt{3}\times\sqrt{2}U = 2.45U$$

（2）三相桥式整流电路

采用 6 个二极管构成的三相桥式整流电路如图 10.2.10 所示。u，v，w 三点电位决定二极管的通断状态。

三相电源相电压 u_u、u_v、u_w 波形如图 10.2.11 所示，在 π/6 到 π/2 期间，u_u 电压最高，u_v 最低，因此 D_1 和 D_6 导通，负载上得到的电压就是线电压 u_{uv}。显然，线电压 u_{uv} 超前于相电压 u_u 30°，u_{uv} 最大值对应角度为 π/3。在下一个阶段，π/2 到 2π/3 期间，u_u 电压最高，u_w 最低，因此 D_1 和 D_2 导通，负载上得到的电压是线电压 u_{uw}，u_{uw} 最大值对应角度为 2π/3。按照相同的规律得到后续波形，可以看出当某相的正向电压高于其他

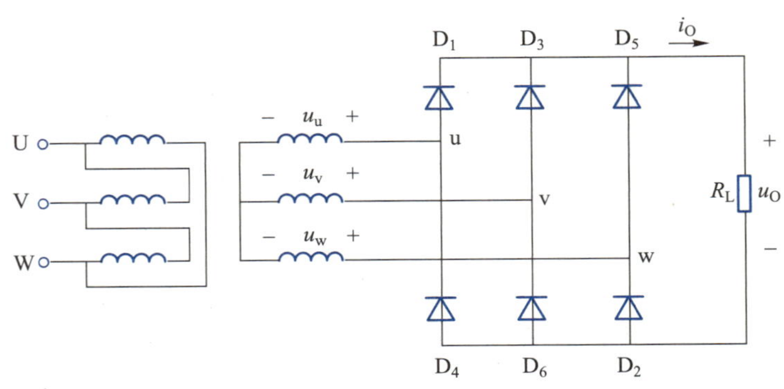

图 10.2.10　三相桥式整流电路

两相时,其对应的上方二极管导通,当某相的负向电压低于其他两相时,其对应的下方二极管导通,例如 u_u 在 $2\pi/3$ 的范围内高于其他两相,则 D_1 在此范围内都导通。不难发现,每个二极管的导通范围都是 $2\pi/3$,每个工频周期内有 6 个脉波,输出电压 u_O 脉动较小。

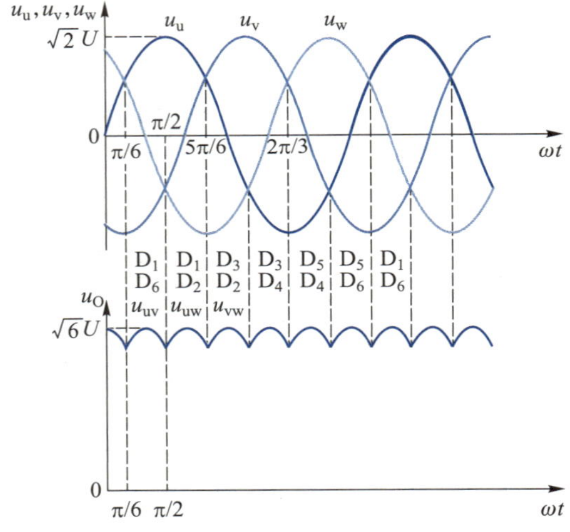

图 10.2.11　三相桥式整流电压波形

输出电压平均值为

$$U_O=\frac{1}{\pi/3}\int_{\pi/6}^{\pi/2}\sqrt{2}U_{uv}\sin\left(\omega t+\frac{\pi}{6}\right)\mathrm{d}(\omega t)$$

$$=\frac{1}{\pi/3}\int_{\pi/6}^{\pi/2}\sqrt{2}\times\sqrt{3}U\sin\left(\omega t+\frac{\pi}{6}\right)\mathrm{d}(\omega t)$$

$$=2.34U$$

式中,U 为变压器二次相电压的有效值。

负载电流的平均值为

$$I_O=\frac{U_O}{R_L}=2.34\frac{U}{R_L}$$

由于在每一个周期中，每个二极管只有三分之一的时间导通，因此流过每个二极管的平均电流为

$$I_D = \frac{1}{3} I_O = 0.78 \frac{U}{R_L}$$

每个二极管所承受的反向电压最大值为变压器二次线电压的幅值，即

$$U_{DRM} = \sqrt{3} \times \sqrt{2} U = 2.45U$$

3. 整流桥

单相桥式整流电路中，二极管的数量比较多，涉及各个二极管的连接线也比较复杂，如果能将多个二极管按整流电路的连接方式集成在一个器件中，外部只需要引出 4 个接线端，如图 10.2.12 所示，电路将变得简洁，使用起来也更加方便可靠，这种器件就是单相整流桥。它有多种封装形式，如图 10.2.13(a)所示，有 4 个引脚，分别是 2 个交流输入和 2 个直流输出(有正负之分)，通常使用如图 10.2.13(b)所示符号来表示单相整流桥，通常单相桥式整流电路可简化成图 10.2.14。

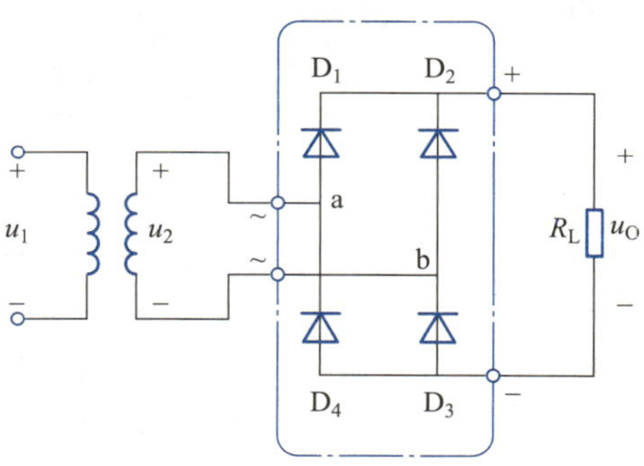

图 10.2.12 单相整流桥电路

图 10.2.13 单相整流桥的实物外形及符号

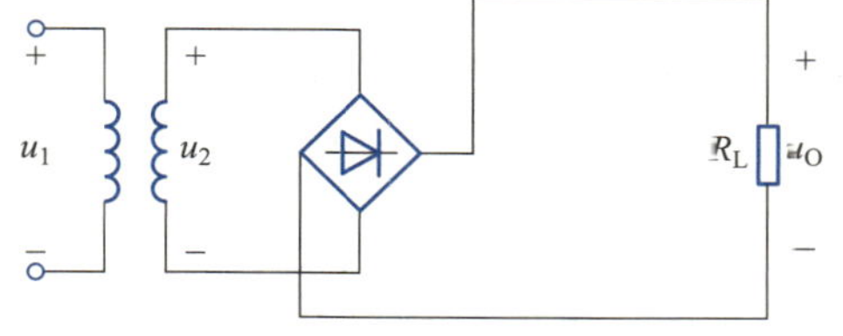

图 10.2.14 单相桥式整流电路简单画法

三相桥式整流，也可将二极管都集成在一个器件中，器件需要有 3 个交流输入端，两个直流输出端，如图 10.2.15 所示，这种器件就是三相整流桥。因为三相电路处理的功率更大，三相整流桥的封装体积要更大一些。图 10.2.16 为常见的三相整流桥实物图。

讲义：
可控整流电路

4. 可控整流电路

不可控整流电路的输出电压是固定值，如果需要可调的输出电压，就要使用可控整流电路。

(1) 单相半波可控整流电路

将单相半波整流电路中的二极管替换为晶闸管，通过改变晶闸管触发信号的相位，就可实现单相半波可控整流电路，如图 10.2.17 所示。

视频：
可控整流电路

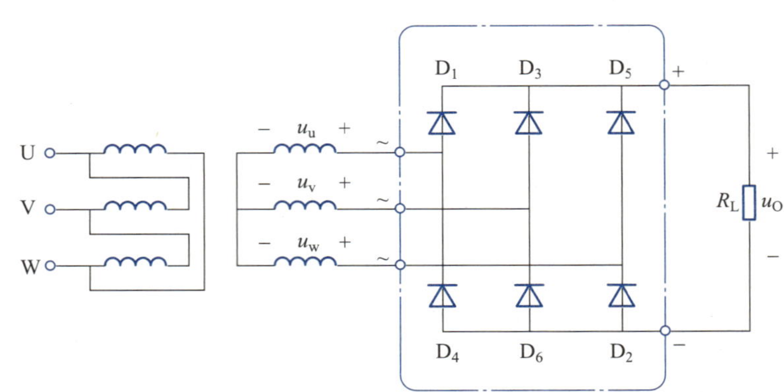

图 10.2.15　三相整流桥电路

图 10.2.16　三相整流桥实物图

在交流电压 u_2 为正半周时，晶闸管 T 承受正向电压，但在触发前并不导通。若在某一时刻 t_1 给门极加上触发脉冲 u_G，则晶闸管导通，负载上得到电压 u_O。当交流电压 u_2 下降到接近零值时，晶闸管正向电流小于维持电流而关断。在交流电压 u_2 为负半周时，晶闸管承受反向电压而不能导通，负载电压和电流为零。各电压和电流的波形如图 10.2.18 所示。

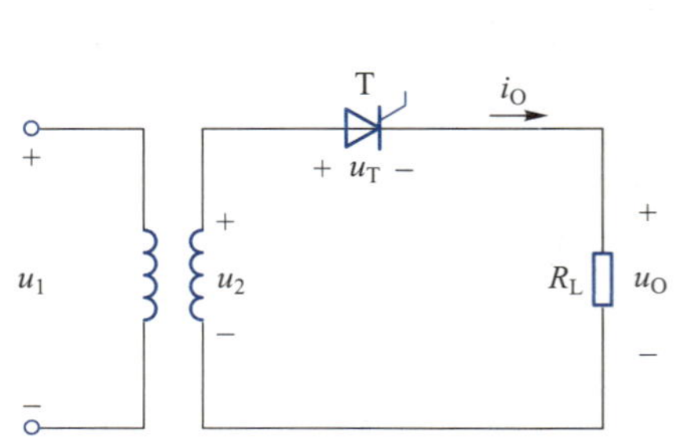

图 10.2.17　单相半波可控整流电路

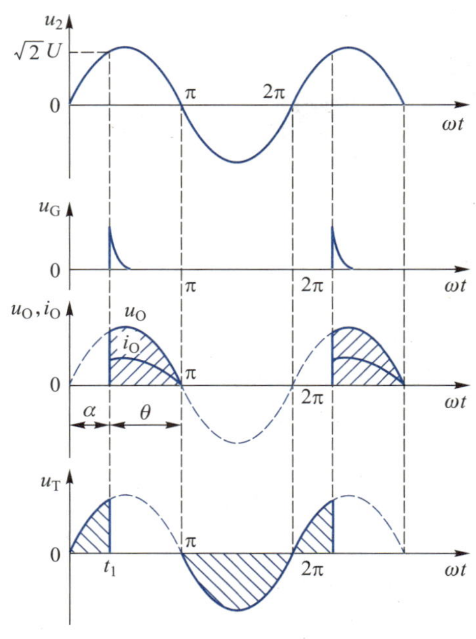

图 10.2.18　单相半波可控整流各电压和电流波形

在正向电压作用期间，晶闸管不导通范围对应的角度 α 称为触发延迟角(也称控制角)，晶闸管导通的角度 θ 称为导通角，显然控制角 α 越小，则导通角 θ 越大，输出电压的平均值 U_0 越高。

输出电压平均值为

$$U_0=\frac{1}{2\pi}\int_{\alpha}^{\pi}\sqrt{2}U\sin\omega t\mathrm{d}(\omega t)$$

$$=\frac{\sqrt{2}}{2\pi}U(1+\cos\alpha)=0.45U\frac{1+\cos\alpha}{2}$$

输出电流平均值为

$$I_0=\frac{U_0}{R_L}=0.45\cdot\frac{1+\cos\alpha}{2}\cdot\frac{U}{R_L}$$

晶闸管两端的电压 u_T 波形如图 10.2.18 所示，在 u_2 正半周，晶闸管没被触发前，其承受正向电压，在 u_2 负半周，晶闸管承受反向电压，最大值为 $\sqrt{2}U$。

在实际应用中，很多负载是电感性的，如电机的励磁绕组、各种电感线圈等，它们既含有电感，又含有电阻。可控整流电路接电感性负载和接电阻性负载的情况大不相同。如图 10.2.19 所示，电感性负载可用串联的电感 L 和电阻 R_L 表示。

在 u_2 正半周，当晶闸管导通后，虽然负载电压突变，但电感电流不能突变，电流从 0 开始逐渐上升，其电动势 e_L 为正值。当电流达到最大值后开始减小时，其电动势 e_L 变为负值，并一直维持为负。当 u_2 为负半周时，负向的 e_L 仍然为晶闸管提供正向电压，而且还保持了高于维持电流的输出电流，因此晶闸管仍然处于导通状态。电感中的能量都消耗在 R_L 上，当电流小于维持电流时，晶闸管关断，可见由于电感的作用，与电阻性负载相比，晶闸管的导通角变长了。电感性负载半波可控电路各电压和电流的波形如图 10.2.20 所示。

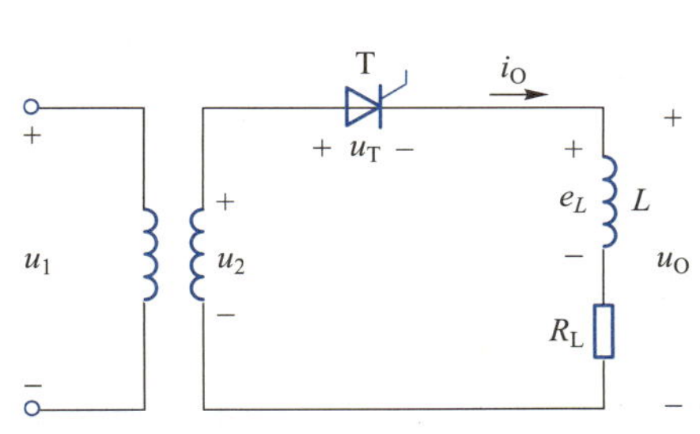

图 10.2.19 电感性负载的单相半波可控整流电路

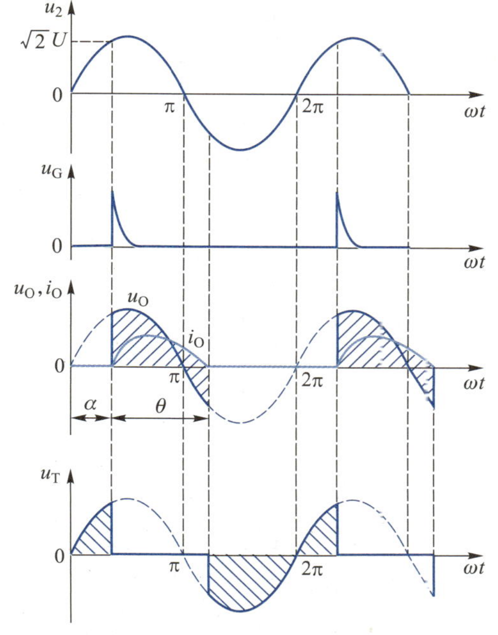

图 10.2.20 电感性负载电路各电压和电流的波形

(2) 单相半控桥式整流电路

将单相桥式整流电路中的两个二极管替换为晶闸管就变为全波可控整流电路，称为单相半控桥式整流电路，电路如图 10.2.21 所示。

在原来不可控整流电路波形基础上，加入在 u_2正半周期间给出的 T_1触发信号 u_{G1}和在 u_2负半周期间给出的 T_2触发信号 u_{G2}，就得到了单相半控桥式整流电路的波形。晶闸管 T_1的电压波形，与半波可控整流相比，在 u_2负半周，T_2未被触发而处于关断期间，T_1两端不承受电压，只有 T_2 导通后，T_1才承受反向电压。单相半控桥式整流各电压和电流的波形如图 10.2.22 所示。

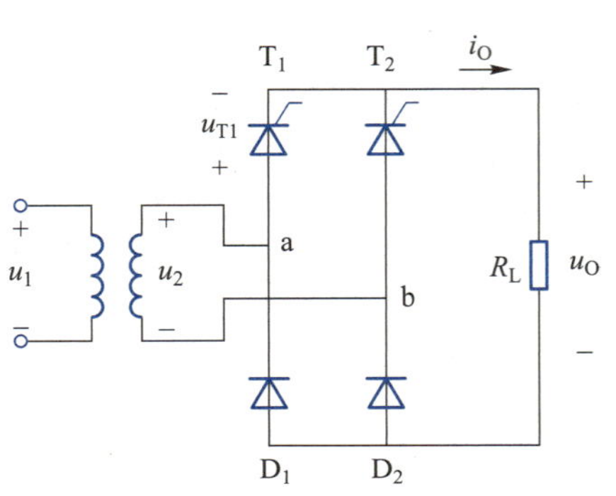

图 10.2.21　单相半控桥式整流电路

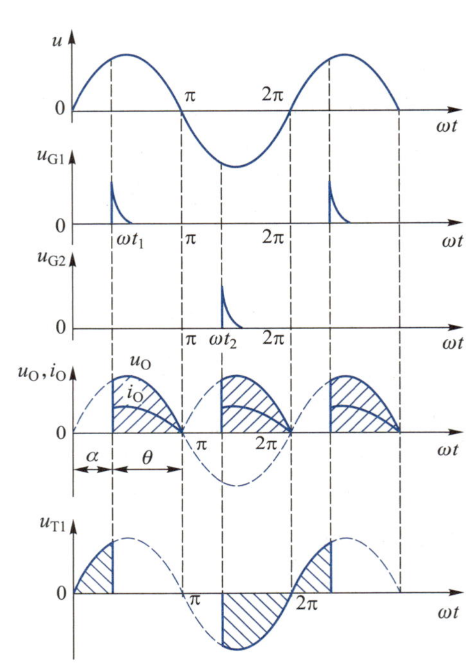

图 10.2.22　单相半控桥式整流各电压的波形

输出电压平均值为

$$U_0 = \frac{1}{\pi}\int_{\alpha}^{\pi}\sqrt{2}U\sin\omega t\mathrm{d}(\omega t) = 0.9U\frac{1+\cos\alpha}{2}$$

输出电流平均值为

$$I_0 = \frac{U_0}{R_L} = 0.9\frac{1+\cos\alpha}{2}\cdot\frac{U}{R_L}$$

晶闸管承受的反向电压最大值仍为 $U_{DRM}=\sqrt{2}U$。

讲义：
滤波电路

10.2.2　滤波电路

视频：
滤波电路

经过整流电路可以得到直流电，但这个直流是脉动直流，除了直流分量，还包含了较大的交流分量。这种脉动直流电难以满足电气电子设备对平稳直流电的需求，还需要进一步滤波。储能元件电容和电感的能量不能突变，即电容电压和电感电流不能突变，滤波电路就是利用这个特性来滤除交流分量，减小输出电压的脉动，实现

平滑输出电压波形。

1. 电容滤波电路

图 10.2.23 的整流电路为单相半波不可控整流电路，其输出电压脉动很大，为减小脉动可以利用电容进行滤波，电容并联在负载两端。对于直流分量，电容的容抗非常大，相当于断路，直流分量几乎都通过负载；而对于交流分量，电容的容抗不大，交流分量几乎都通过电容，即被电容旁路而不会通过负载，这样就减小了负载上的电压脉动。

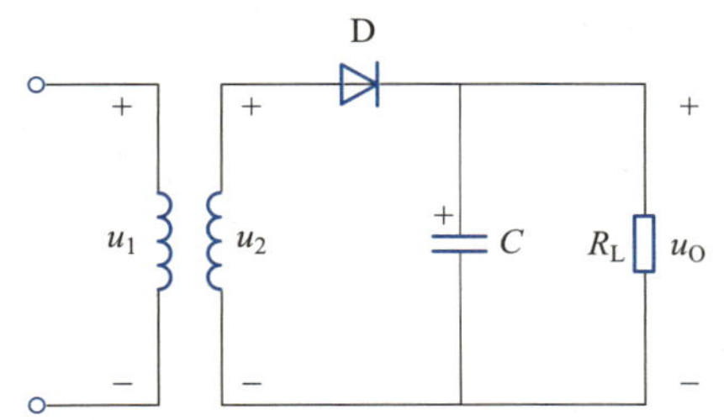

图 10.2.23　单相半波不可控整流电容滤波电路

通过电容滤波，输出电压脉动变小，滤波后的波形如图 10.2.24 所示。因为电容并联在输出侧，输出电压 u_O 就是电容电压，如果交流电压 u_2 的瞬时值大于电容电压，二极管 D 导通，这样输出电压就会跟随交流电压变化，电源为负载提供电流，同时也为电容充电。当 u_2 达到峰值开始下降，并小于电容电压时，二极管 D 截止，这时电源不再为负载提供电流，而是由电容来提供，就相当于电容放电的 RC 瞬态过程，只要电容值足够大，就可以保持一定的电压并支撑到下一个周期，再充电补充能量。

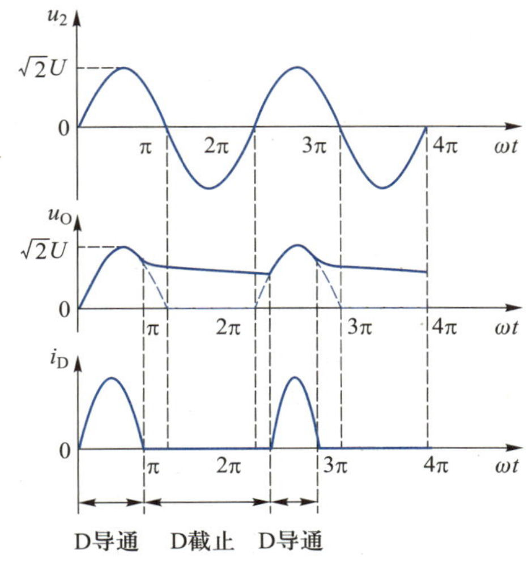

图 10.2.24　单相半波不可控整流电容滤波输出电压和二极管电流波形

因为脉动减小，特别是没有了输出为 0 的情况，输出电压平均值大幅度提高，如果没有负载，电容不放电，就会保持在交流电压的峰值 $\sqrt{2}U$。

为了获得较平稳的输出电压，一般要求，$R_LC \geqslant (3\sim5)T/2$（$T$ 为交流电源电压的周期)。电容越大滤波效果越好,一般会选择体积小、容量较大的电解电容。电解电容器的引线有正、负极之分,使用时正极必须接高电位端,如果接反会造成电解电容器的损坏。

因为电容维持了较高的电压,而 u_2 在很长时间都低于电容电压,所以二极管的导通时间变短,而为了提供和原来导通 180°时相同的电流,其电流峰值会变得很高,选择二极管时要留有一定的裕量。

在 u_2 负半周,u_2 电压方向和电容电压方向相同,都施加在二极管上,使二极管反向电压最大值增加。例如在空载情况下,电容电压为 $\sqrt{2}U$,在 u_2 负半周峰值时刻,变压器绕组上负下正,也为 $\sqrt{2}U$,这样二极管反向电压最大值为 $U_{DRM}=2\sqrt{2}U$。

电容滤波同样可以应用在桥式整流电路中,如图 10.2.25 所示。与半波整流时相比,输出电压的脉动更小、平均值更高,滤波后的波形如图 10.2.26 所示。二极管导通时间更短,其电流峰值更大,但二极管反向电压最大值和无滤波电容时的一样,为 $U_{DRM}=\sqrt{2}U$。

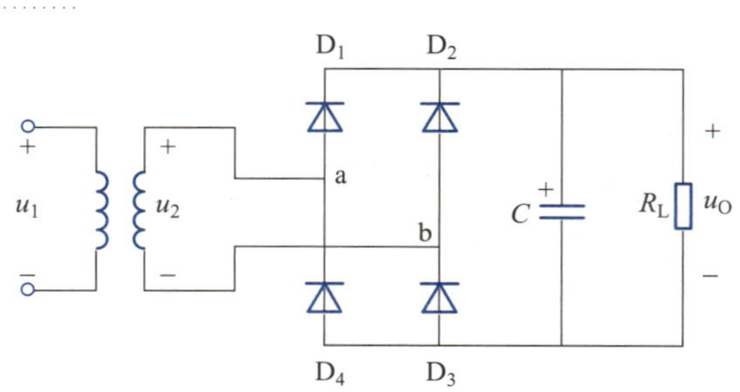

图 10.2.25 桥式整流加电容滤波电路

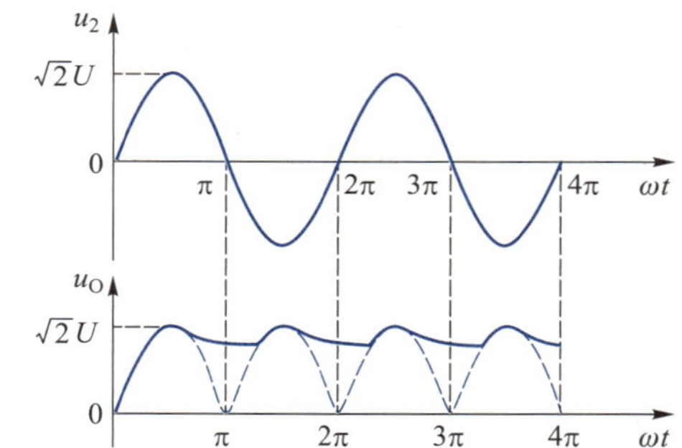

图 10.2.26 桥式整流加电容滤波输出电压波形

半波、全波整流情况下,有无电容滤波时输出电压平均值随输出电流变化情况,如图 10.2.27 所示。无电容滤波时,输出电压较低,但随输出电流增加,降低不多。有电容滤波时,在空载情况下,输出电压为交流峰值 $\sqrt{2}U$,当输出电流增加时,即负载电阻变小时,滤波电容放电较快,使得输出电压平均值降低较多,当输出电流特别大时,输出将趋近于无电容滤波时的效果。

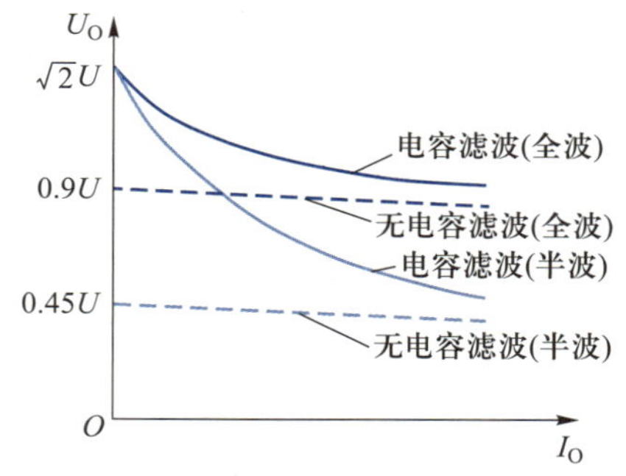

图 10.2.27 输出电压平均值随输出电流变化情况

对于电容滤波,其输出电压随输出电流增大下降较快,输出特性较软,一般用于输出电压较高、负载电流变动不大的场合。

整流滤波后输出电压的大小,一般在工程中可以利用经验公式来进行估算,半波整流情况下 $U_O=U$,全波整流情况下 $U_O=1.2U$。

【例 10.2.1】 设计一带有电容滤波的单相桥式整流电路。要求输出电压 $U_O=$

48 V,负载电阻 $R_L=120\ \Omega$,交流电源频率为 50 Hz,试选择整流二极管和滤波电容器。

【解】 流过整流二极管的平均电流为

$$I_D=\frac{1}{2}I_O=\frac{1}{2}\times\frac{U_O}{R_L}=\frac{1}{2}\times\frac{48\ \text{V}}{120\ \Omega}=0.2\ \text{A}$$

变压器二次电压有效值为

$$U=\frac{U_O}{1.2}=\frac{48\ \text{V}}{1.2}=40\ \text{V}$$

整流二极管承受的反向电压最大值为

$$U_{DRM}=\sqrt{2}U=40\sqrt{2}\ \text{V}=56.57\ \text{V}$$

留有一定的裕量,可以选择 $U_{DRM}=100\ \text{V}$, $I_D=1\ \text{A}$ 的二极管。

选取 $R_LC=5\times\frac{T}{2}=5\times\frac{0.02}{2}\ \text{s}=0.05\ \text{s}$,则 $C=\frac{0.05\ \text{s}}{R_L}=\frac{0.05}{120}\ \text{F}=416.7\ \mu\text{F}$,可选择 470 μF/100 V 的电解电容器。

2. 电感滤波电路

电感具有隔交通直的作用,采用电感滤波需要把电感 L 和负载 R_L 串联,电感滤波电路如图 10.2.28 所示。由于通过电感线圈的电流发生变化时,线圈中将产生感应电动势阻碍电流的变化,因而使电流脉动趋于平缓而起到滤波作用。

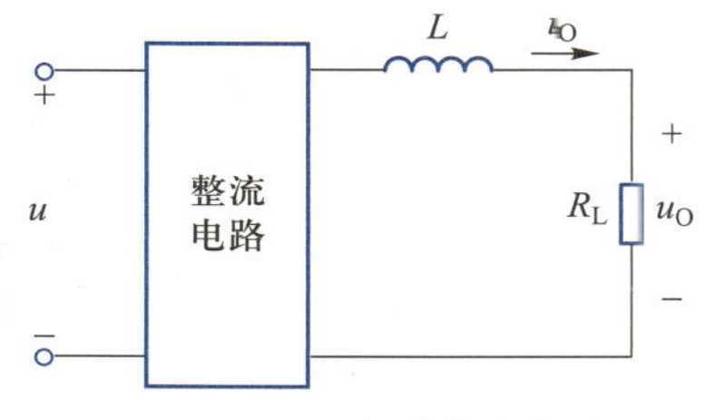

图 10.2.28 电感滤波电路

对于直流分量,电感相当于短路,直流分量都加在负载上;对于交流分量,电感感抗较大,更多的交流分量施加在电感上,负载上分得的就少,脉动也就更小。频率越高,电感越大,滤波效果越好。

电感滤波适用于电流较大,要求输出电压脉动较小的场合。电感的制作较为复杂,尤其是大电感体积大且笨重,另外也存在电磁干扰问题,因此一般不会使用过大的电感。

3. 复合滤波电路

如果单独使用电容或电感滤波的效果不能满足较高的滤波要求,则可以采用电容和电感组成的 LC、CLC(π 型)等复合滤波电路,其电路如图 10.2.29(a)和(b)所示。这两种滤波电路适用于负载电流较大,要求输出电压脉动较小的场合。在负载

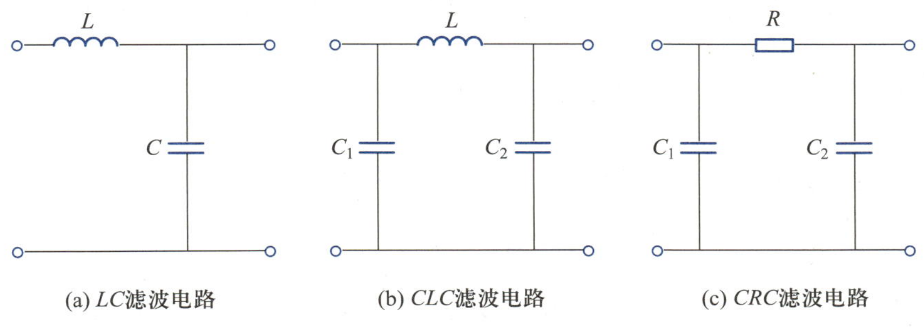

图 10.2.29 复合滤波电路

较轻时，也可以用电阻替代电感，如图 10.2.29(c)所示的 *CRC*(π 型)滤波电路，同样可以获得脉动很小的输出电压。但电阻对交、直流均有压降和功率损耗，故只适用于负载电流较小的场合。

10.2.3 直流稳压电路

经整流滤波后的直流仍然有脉动成分，不是很平稳，当交流电源出现波动或负载出现变化时，整流滤波电路的输出电压会随之变化，其稳定性比较差。这时就需要稳压电路将不稳定或不可控的直流电压变换成稳定、固定或可调的直流电压。

稳压电路主要有 3 种类型，最简单的方法是利用稳压管构成稳压电路，但由于能提供的负载电流较小，无法在较大功率场合应用，一般用作基准电压；线性稳压电路，稳压的调整器件工作在线性区，通过调整器件两端的电压使输出保持稳定，其稳定性较高；开关稳压电路，稳压的调整器件工作在饱和区和截止区，也就是工作在开关状态，其工作效率较高。

讲义：BJT 串联型线性稳压电路

视频：BJT 串联型线性稳压电路

1. BJT 串联型线性稳压电路

BJT 串联型线性稳压电路如图 10.2.30 所示，整个电路由 4 部分组成：调整环节、采样环节、基准电压和比较放大环节。

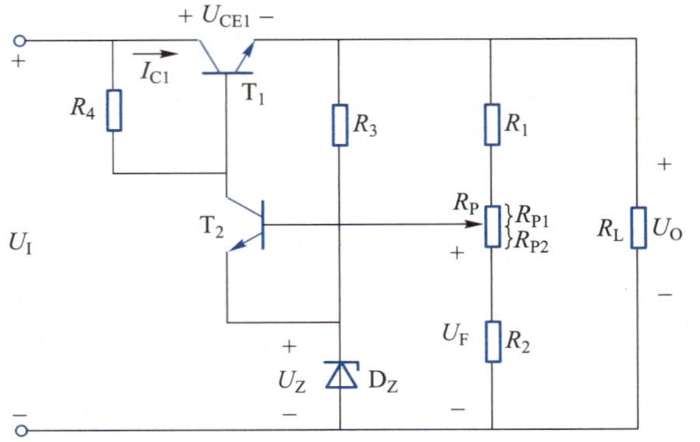

图 10.2.30 BJT 串联型线性稳压电路

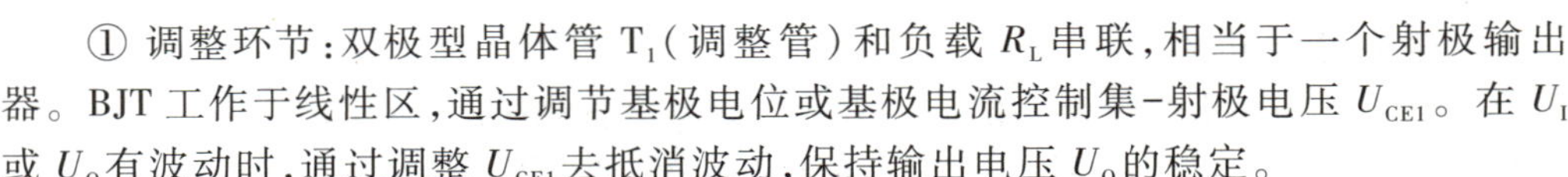

① 调整环节：双极型晶体管 T_1(调整管)和负载 R_L 串联，相当于一个射极输出器。BJT 工作于线性区，通过调节基极电位或基极电流控制集-射极电压 U_{CE1}。在 U_I 或 U_O 有波动时，通过调整 U_{CE1} 去抵消波动，保持输出电压 U_O 的稳定。

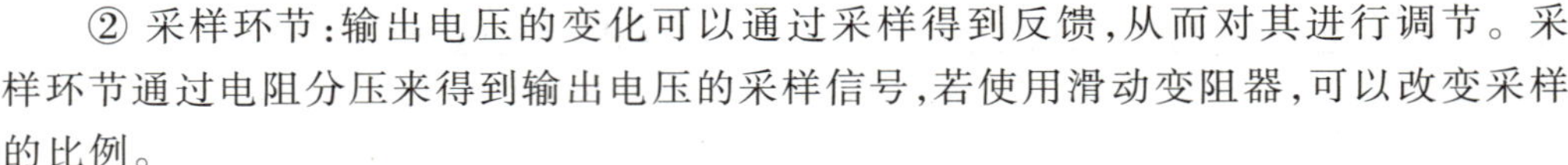

② 采样环节：输出电压的变化可以通过采样得到反馈，从而对其进行调节。采样环节通过电阻分压来得到输出电压的采样信号，若使用滑动变阻器，可以改变采样的比例。

③ 基准电压：用于和采样电压相比较的基准电压，由稳压管来获得。稳压管稳压电路不需要为负载提供功率。

④ 比较放大环节：将采样信号和基准电压信号进行比较，把它们的差放大，生成用来控制调整管 BJT 的信号。

电路的工作原理：对于比较放大环节的 T_2，U_{BE2} 就是采样信号 U_F 和基准电压信号 U_Z 之差，U_{BE2} 增大时，基极电流 I_{B2} 会随之增大，而集电极电流 I_{C2} 会增大更多，就相当于放大了采样信号 U_F 和基准电压信号 U_Z 的差。由于基极电流 I_{B1} 较小，I_{C2} 与 I_{R4} 几乎

相等，I_{C2}增加时，R_4上压降增大，T_2的集电极电压 U_{C2}会下降，这个生成的控制信号会使 T_1的基极电流 I_{B1}减小，这样就实现了采样信号 U_F和基准电压信号 U_Z之差对调整管的控制作用。

无论是输入电压波动还是负载变化，只要输出电压升高，采样信号 U_F就升高，U_{BE2}就随之增大，接着会引起 I_{B2}增大，以及被放大的 I_{C2}增大更多，进一步导致 I_{B1}减小，使得 U_{CE1}增加，迫使输出 U_O下降，重新稳定在原值上。这种调节过程会一直持续，输出电压就会变得十分平稳。稳压过程如下

$$U_O\uparrow\rightarrow U_F\uparrow\rightarrow U_{BE2}\uparrow\rightarrow I_{B2}\uparrow\rightarrow I_{C2}\uparrow\rightarrow U_{C2}\downarrow\rightarrow I_{B1}\downarrow\rightarrow U_{CE1}\uparrow\rightarrow U_O\downarrow$$

在调节过程中，只要采样信号 U_F偏离基准电压信号 U_Z，就会产生很强的调节作用，使得 U_F靠近 U_Z，如果忽略 U_{BE2}，U_F和 U_Z几乎相等。根据采样环节的分压比值可以得出 U_O的表达式为（忽略 U_{BE2}）

$$U_O=\left(\frac{R_1+R_P+R_2}{R_{P2}+R_2}\right)U_Z$$

很明显，R_P变化时，采样比例不同，U_O的值也就不同，输出电压范围为

$$\left(\frac{R_1+R_P+R_2}{R_P+R_2}\right)U_Z\leqslant U_O\leqslant\left(\frac{R_1+R_P+R_2}{R_2}\right)U_Z$$

在这个范围内，电压都可以保持稳定。

【例 10.2.2】 图 10.2.31 电路中 $U_Z=6\ \text{V}$，$R_1=R_2=R_P=10\ \text{k}\Omega$，负载电阻 $R_L=15\ \Omega$，输入电压 U_I变化范围为 20~30 V（忽略 U_{BE2}）。（1）求 U_O的输出范围；（2）如 $U_O=15\ \text{V}$，求 U_I为 20 V 和 30 V 时电路的变换效率。

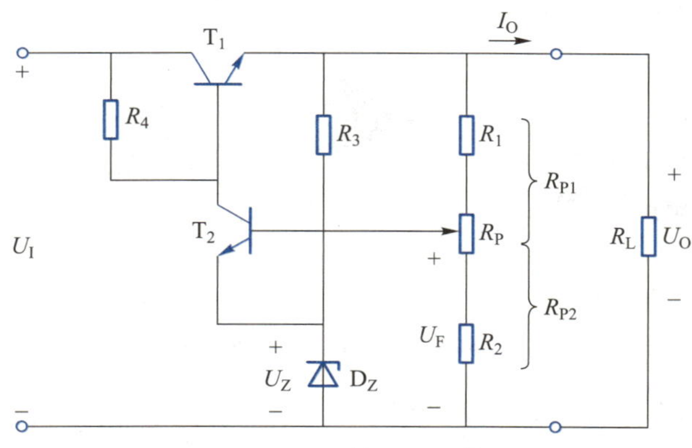

图 10.2.31 例 10.2.2 的图

【解】 （1）由输出电压 U_O的变化范围

$$\left(\frac{R_1+R_P+R_2}{R_P+R_2}\right)U_Z\leqslant U_O\leqslant\left(\frac{R_1+R_P+R_2}{R_2}\right)U_Z$$

可得 9 V$\leqslant U_O\leqslant$18 V。

（2）输出电流

$$I_O=\frac{U_O}{R_L}=\frac{15}{15}\ \text{A}=1\ \text{A}$$

输出功率

$$P_O = U_O I_O = 15\ \text{W}$$

$U_I = 20\ \text{V}$ 时,输入功率 $P_I = U_I I_O = 20\ \text{W}, \eta = \dfrac{P_O}{P_I} = 75\%$。

$U_I = 30\ \text{V}$ 时,输入功率 $P_I = U_I I_O = 30\ \text{W}, \eta = \dfrac{P_O}{P_I} = 50\%$。

当输入、输出电压差较大或负载电流较大时,工作在线性区的调整管损耗较大,电源效率较低,这是线性稳压电路的主要缺点。

讲义:
三端集成稳压器

视频:
三端集成稳压器

2. 三端集成稳压器

BJT 串联型线性稳压电路是由分立元件构成的,实际应用中经常使用的线性稳压电路已经有了集成化产品,例如三端集成稳压器,简称三端稳压器。三端稳压器除了包含调整环节、采样环节、基准电压、比较放大环节以外,还集成了过压、过流和过热保护电路。常用的串联型三端稳压器按输出电压是否可调,分为固定输出和可调输出两类。固定输出常用的有输出正电压的 78 系列和输出负电压的 79 系列,可调输出常用的有输出正电压的 317 和输出负电压的 337。

固定输出的 78××、79××三端稳压器,××代表输出电压,如 7805 为输出+5 V 的稳压器。另外还有 3.3 V、6 V、9 V、12 V、15 V、18 V、24 V 等输出电压规格。稳压器的最高输入为 35 V,为保证稳压器正常工作,输入至少应该比输出高 2~3 V,为内部的调整管留有一定的调节电压余量。稳压器输出电流也有很多规格,最大可达 10 A。大电流器件一般采用 TO-3 铁壳封装,以方便散热,另外还有 TO-220 塑料封装等多种形式,供不同输出电流选用,图 10.2.32 为几种三端集成稳压器的实物图。

(a) 铁壳封装

(b) 塑料封装

图 10.2.32　三端集成稳压器实物图

以 TO-220 封装为例,78××系列的 1 到 3 脚分别为输入端、公共端和输出端,79××系列的 1 到 3 脚分别为公共端、输入端和输出端。塑料封装的三端集成稳压器(78××、79××)的外形和引线排列如图 10.2.33 所示。

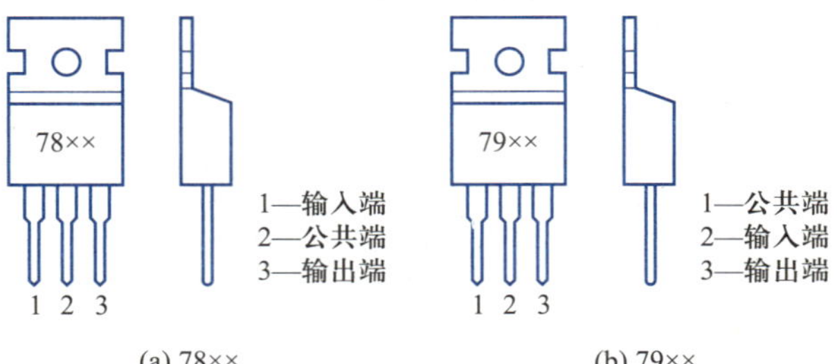

图 10.2.33　塑料封装的三端集成稳压器的外形和引线排列

三端集成稳压器具有体积小、使用方便、工作可靠等特点，现已成为一种标准器件，典型的应用电路有以下几种。

（1）基本应用电路

图 10.2.34 为 78××和 79××系列三端集成稳压器的基本接线图。图中 C_1、C_2 为防振电容，用来抑制稳压电路的自激振荡，一般在 0.1～1 μF 之间。

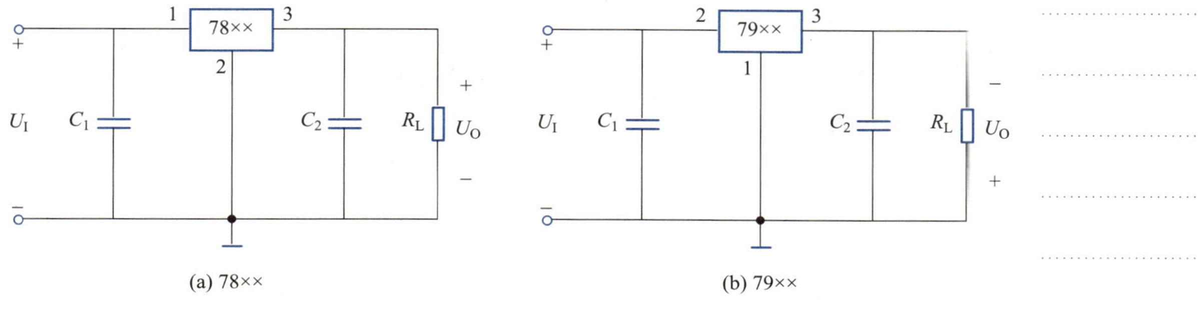

图 10.2.34 78××和 79××系列三端集成稳压器的基本接线图

（2）提高输出电压的稳压电路

图 10.2.35 所示电路的输出电压 U_O 高于 78××的固定输出电压 $U_{××}$，提高后的输出电压 $U_O = U_{××} + U_Z$。例如，如果 Dz 为 5.1 V 的稳压管，$U_{××} = 5$ V，则 $U_O = U_{××} + U_Z = 10.1$ V，用这个方法可以实现一些固定电压规格以外的输出电压。

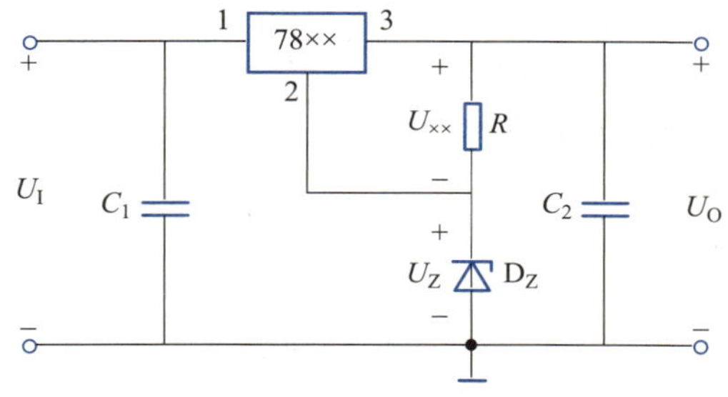

图 10.2.35 提高输出电压的稳压电路

（3）扩大输出电流的稳压电路

当负载所需电流超过了三端集成稳压器所能提供的电流时，可通过外接 BJT 功率管的方法来扩大稳压电路的输出电流，电路如图 10.2.36 所示。

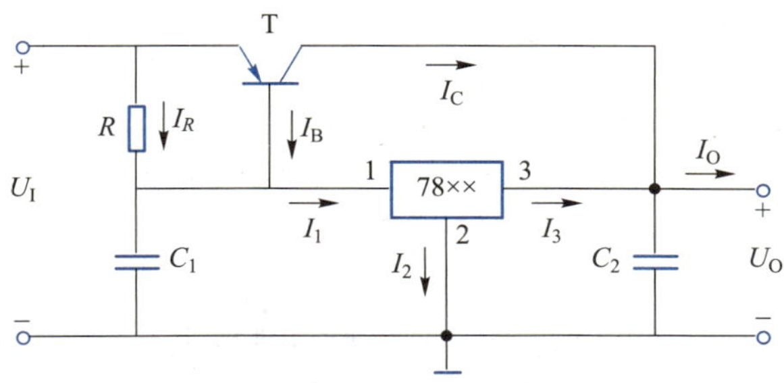

图 10.2.36 扩大输出电流的稳压电路

图中 I_2 为稳压器公共端电流，其值很小，可以忽略不计，所以 $I_1 \approx I_3$，则可得

$$I_O = I_C + I_3 = I_3 + \beta I_B = I_3 + \beta(I_1 - I_R)$$

$$= (1+\beta) I_3 + \beta \frac{U_{BE}}{R}$$

式中，β 为功率管的电流放大系数。电阻 R 的作用是使功率管在输出电流较大时才能导通。例如，在 $\beta=10$，$U_{BE}=-0.3$ V，$R=0.3\ \Omega$ 的条件下，如果 $I_3=1.5$ A，则 $I_C=5$ A，$I_O=6.5$ A，这时大部分输出电流都是晶体管 T 提供的。

整流滤波电路和三端集成稳压器结合起来构成的直流稳压电路，如图 10.2.37 所示。只要保证整流滤波后的电压比 15 V 输出电压高 2~3 V，就可以得到平稳的 15 V 直流电压。

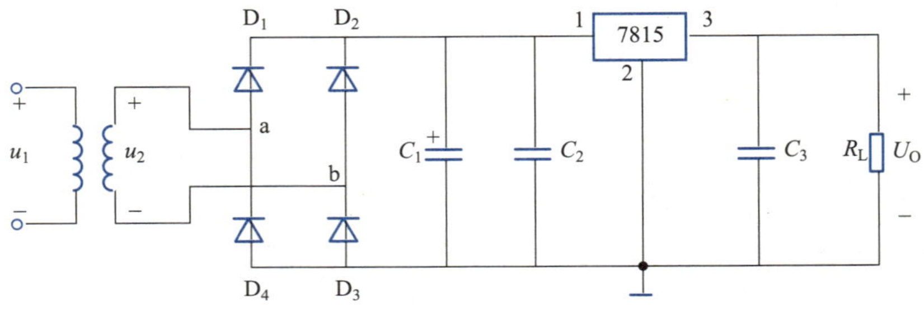

图 10.2.37 典型直流稳压电路应用

(4) 正、负电压输出电路

78 和 79 系列经常成对使用，提供正、负对称电压。整流电路一般在变压器二次绕组中间引出抽头作为输出的公共端，电路如图 10.2.38 所示。

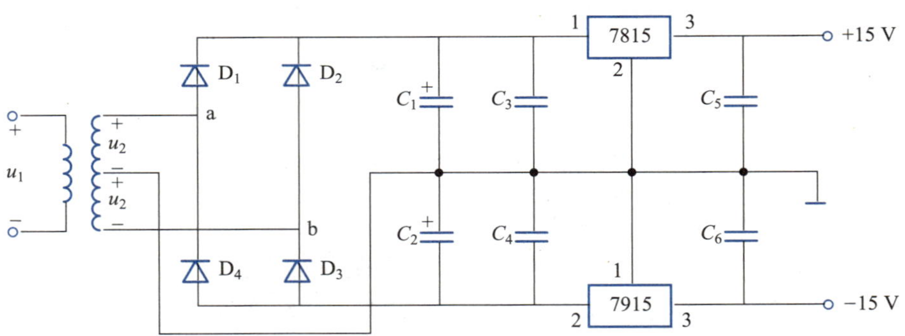

图 10.2.38 用 7815 和 7915 组成的输出±15 V 的稳压电路

(5) 三端可调输出集成稳压器

三端可调输出集成稳压器的常用型号是输出正电压的 317，和输出负电压的 337，另外还有工作温度范围更大的 117 和 137，它们的调压范围为 1.25~37 V，电流能达到 1.5 A。

以 TO-220 塑料封装为例，317 的 1 到 3 脚分别为调整端、输出端和输入端，337 的 1 到 3 脚分别为调整端、输入端和输出端，如图 10.2.39 所示。

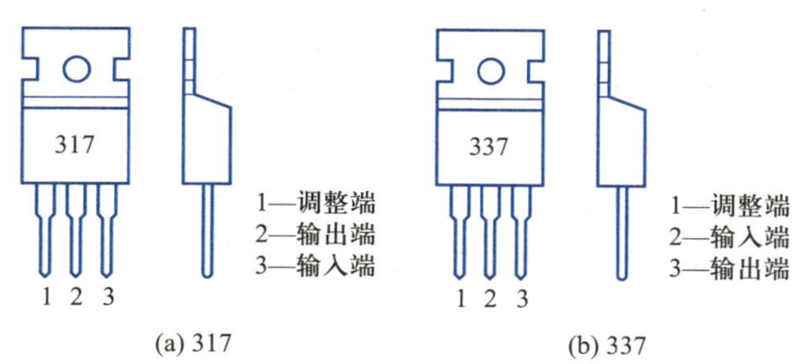

图 10.2.39　塑料封装的三端可调输出集成稳压器的外形和引线排列

317 的基本应用电路如图 10.2.40 所示，输出端和调整端间接电阻 R，调整端通过滑动变阻器 R_P 接地。

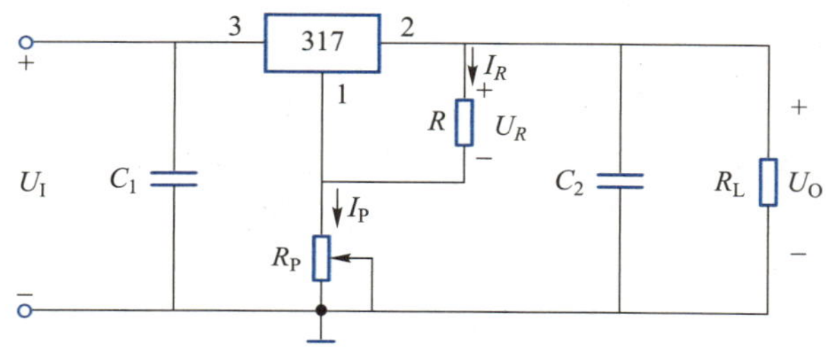

图 10.2.40　317 基本应用电路

稳压器可以控制输出端和调整端的电压 U_R 为 1.25 V，如果忽略较小的稳压器调整端电流，U_R 在 R 上形成的电流 I_R 等于电位器电流 I_P，所以输出电压为

$$U_O = 1.25\left(\frac{R+R_P}{R_P}\right)$$

通过调整 R_P 可以调整 U_O，可以实现 1.25～37 V 的调压范围。

3. 开关稳压电路

线性稳压电路的调整器件工作在线性区，器件两端电压为输入、输出电压差，电流为负载电流，器件损耗大，变换效率较低，而且需要使用工频变压器，体积、质量较大。

讲义：
开关稳压电路

开关稳压电路的调整器件工作在开关状态，将直流输入电压斩切成为高频脉冲电压，再经高频滤波得到纹波很小的直流输出电压，器件导通时工作在饱和区，导通压降小，器件截止时工作在截止区，漏电流小，因此开关管损耗小，电路变换效率高。开关稳压电路一般无须工频变压器，因此体积小。

视频：
开关稳压电路

开关稳压电路的原理框图如图 10.2.41 所示，经整流滤波后的直流电还存在一些波动，利用开关调整管对脉动直流电进行高频斩波，变为高频脉冲电压，再经过高频滤波，将高频成分滤除，就可以得到平稳的直流电压。

开关稳压电路中也有采样环节、基准电压、比较放大环节，作用和线性稳压电路中完全相同。不同之处在于，它们所形成的控制信号调节的是开关调整管在一个开关周期 T 中导通时间 t_{on} 所占的比例 D，即**占空比**（$D=t_{on}/T$），进而调节输出电压值并使其稳定。

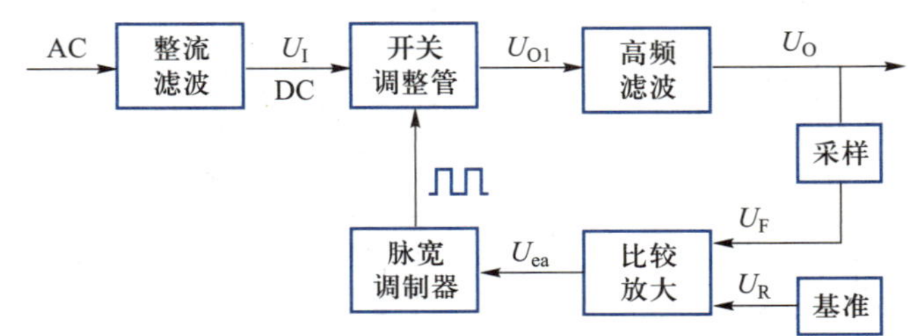

图 10.2.41 开关稳压电路的原理框图

脉宽调制器将比较放大环节输出的 U_{ea} 转换为控制开关调整管开通、关断所需的脉冲驱动信号。这里可以使用比较器，比较器的同相输入端送入 U_{ea}，反相输入端送入三角波信号，就可以形成脉冲信号，其频率由三角波频率决定，脉冲宽度和 U_{ea} 成正比，脉冲为高电平时，开关管导通，脉冲为低电平时，开关管截止。

开关稳压电路的稳压过程是：如果受输入或负载影响，U_O 出现了下降，则采样信号 U_F 也下降，比较放大环节输出的 U_{ea} 将上升，使脉冲宽度增加，开关调整管导通的时间延长，更多的能量被送给负载，使得 U_O 有所上升，从而使 U_O 保持稳定。开关稳压电路的种类很多，这里介绍两种最基本的开关稳压电路，降压的 Buck 电路和升压的 Boost 电路。

（1）Buck 电路

Buck 电路如图 10.2.42 所示，选用全控型器件 IGBT 作为开关调整管，电感和电容构成高频滤波器，二极管 D 用来为电感提供续流路径。

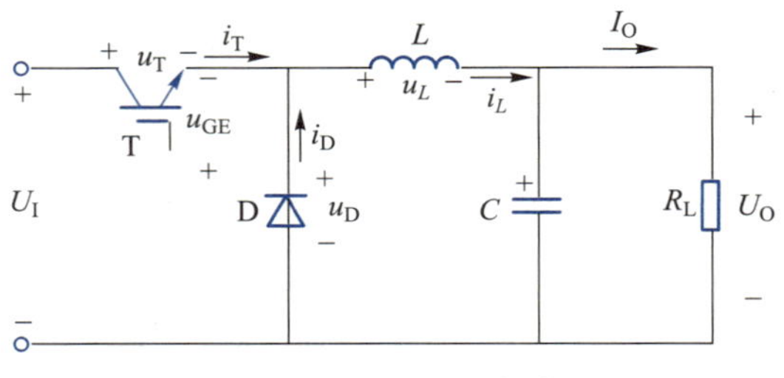

图 10.2.42 Buck 电路

当开关管 T 导通时，T 流过电感电流，二极管承受的反向电压为 U_I，处于截止状态，这时电感两端的电压为 U_I-U_O，电源为负载提供能量的同时也为电感和电容进行储能，等效电路如图 10.2.43(a)所示。

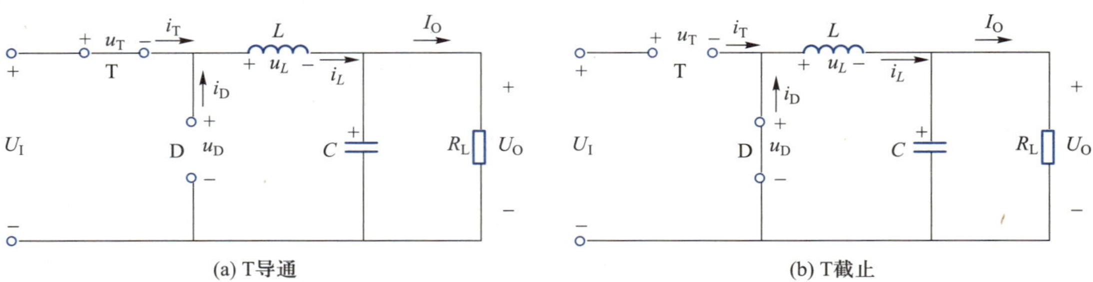

图 10.2.43 Buck 等效电路

当开关管 T 截止时，电感电流迫使二极管 D 导通，并流过电感电流，T 承受的电压为 U_I，这时电感两端的电压为 $-U_O$，电源不再提供电流，此时由电感和电容为负载提供能量，等效电路如图 10.2.43(b)所示。

开关管 T 和二极管 D 是串联的，再接入 U_I，因此 u_T 和 u_D 正好是互补关系，一个器件导通时，另一个器件就承受 U_I；因为 $i_T+i_D=i_L$，所以 i_T 和 i_D 也是互补关系，哪个器件导通，哪个器件就承担电感电流。因为电感电流的交流分量从电容流过，进入负载的是电感电流的直流分量，也就是其平均值，因此电感电流的平均值等于负载电流 I_O。Buck 电路各电压和电流波形如图 10.2.44 所示。

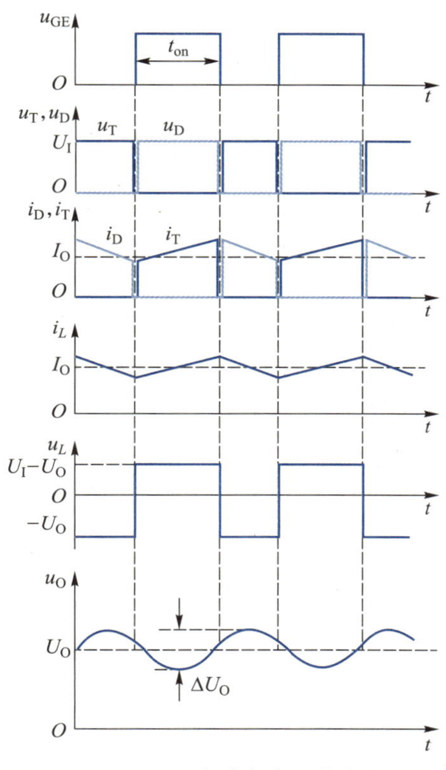

图 10.2.44 Buck 电路各电压和电流波形

设 U_I 和 U_O 为恒定值，$U_I>U_O$，占空比 $D=t_{on}/T$，T 导通期间，电感电流线性增大，$u_L=U_I-U_O=L\dfrac{di_L}{dt}$，电感电流增加量为

$$\Delta i_{L1}=\frac{(U_I-U_O)t_{on}}{L}=\frac{(U_I-U_O)DT}{L}$$

T 截止期间，电感电流线性减小，$u_L=0-U_O=L\dfrac{di_L}{dt}$，电感电流减小量为

$$\Delta i_{L2}=\frac{-U_O(T-t_{on})}{L}=\frac{-U_O(1-D)T}{L}$$

处于稳态时，电感电流增加量等于电感电流减小量，$\Delta i_{L1}=-\Delta i_{L2}$，则 $(U_I-U_O)D=$

$U_O(1-D)$，故 $U_O=DU_I$，输出电压与开关管占空比成正比。显然，Buck 电路为降压变换电路。

（2）Boost 电路

Boost 电路如图 10.2.45 所示，使用的器件和 Buck 电路完全相同，只是电感、开关管、二极管的位置有所不同。

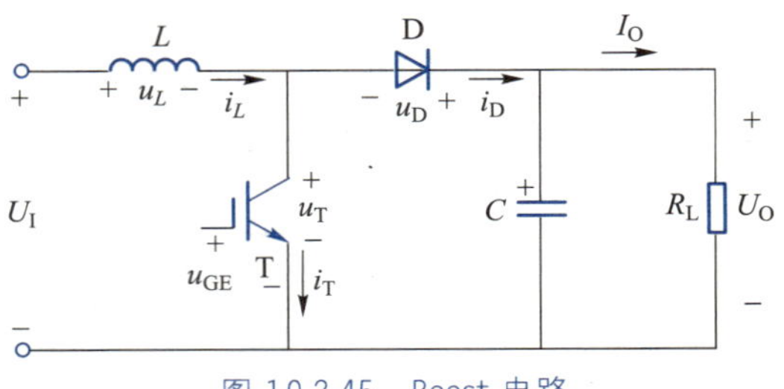

图 10.2.45　Boost 电路

当开关管 T 导通时，T 流过电感电流，二极管承受的反向电压为 U_O，处于截止状态，这时电感两端的电压为 U_I，电源为电感进行储能，而 C 为负载提供能量，等效电路如图 10.2.46(a) 所示。

当开关管 T 截止时，电感电流迫使二极管 D 导通，且流过电感电流，T 承受的电压为 U_O，这时电感两端的电压为 U_I-U_O，电源和电感为负载提供能量，同时也为电容进行储能，等效电路如图 10.2.46(b) 所示。

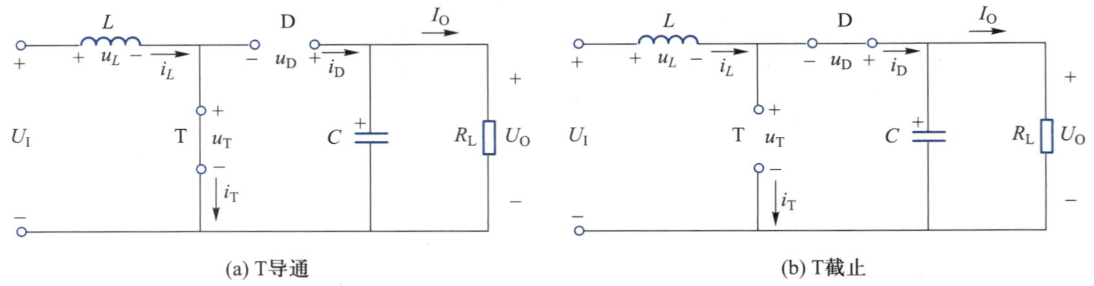

图 10.2.46　Boost 等效电路

开关管 T 和二极管 D 串联，再接入 U_O，因此 u_T 和 u_D 正好是互补关系，一个器件导通时，另一个器件就承受 U_O；因为 $i_T+i_D=i_L$，所以 i_T 和 i_D 也是互补关系，哪个器件导通，哪个器件就承担电感电流。因为二极管电流 i_D 的平均值为负载电流 I_O，因此 I_O 是小于电感电流的。稳态工作过程中，各电压和电流波形如图 10.2.47 所示。

设 U_I 和 U_O 为恒定值，$U_I<U_O$，占空比 $D=t_{on}/T$，T 导通期间，电感电流线性增大，$u_L=U_I=L\dfrac{di_L}{dt}$，电感电流增加量为

$$\Delta i_{L1}=\frac{U_I t_{on}}{L}=\frac{U_I DT}{L}$$

T 截止期间，电感电流线性减小，$u_L=U_I-U_O=L\dfrac{di_L}{dt}$，电感电流减小量为

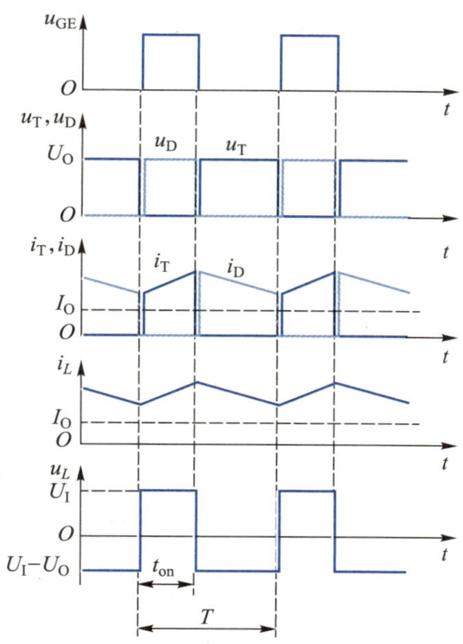

图 10.2.47　Boost 电路各电压和电流波形

$$\Delta i_{L2}=\frac{(U_I-U_O)(1-D)T}{L}$$

处于稳态时，电感电流增加量等于电感电流减小量，$\Delta i_{L1}=-\Delta i_{L2}$，则 $U_I D=(U_O-U_I)(1-D)$，故 $U_O=\frac{U_I}{1-D}$，显然，Boost 电路为升压变换电路。电路工作时，根据输入或负载变化情况，不断调整 D 就可以得到稳定电压。

练习与思考

10.2.1　在单相桥式整流电路中，如果某个整流二极管发生开路、短路或反接三种情况，则电路会出现什么问题？

10.2.2　单相半控桥式整流电路中，变压器二次电压 u_2 的有效值为 100 V，电阻 R_L 为 50 Ω，控制角 α 为 60°，试计算输出电压 u_O 的平均值和流过负载电阻 R_L 的电流平均值。

10.2.3　在带电容滤波器的桥式整流电路中，变压器二次电压 $U_2=20$ V，负载电阻 $R_L=40$ Ω，$C=1\ 000$ μF，试问：(1) 正常工作时 U_O 为多少？(2) 如果电路中有一个二极管开路，U_O 是否为正常值的一半？(3) 如果测得 U_O 为下列数值时，可能出现了什么故障？

① $U_O=20$ V；② $U_O=18$ V；③ $U_O=9$ V

10.2.4　某电阻性负载 R_L，需直流电压 24 V，直流电流 0.5 A，若用(1) 单相半波整流电路供电；(2) 单相桥式整流电路供电；(3) 单相半波整流带电容滤波电路供电，试分别求出各个电路的整流变压器二次电压有效值，并选择整流二极管和确定滤波电容器。

10.2.5 BJT 串联型线性直流稳压电路是怎样组成的？调整管是如何使输出电压稳定的？

10.2.6 开关直流稳压电路与串联型线性直流稳压电路相比主要优点是什么？

本章知识点小结

本章是围绕如下知识点展开论述的。

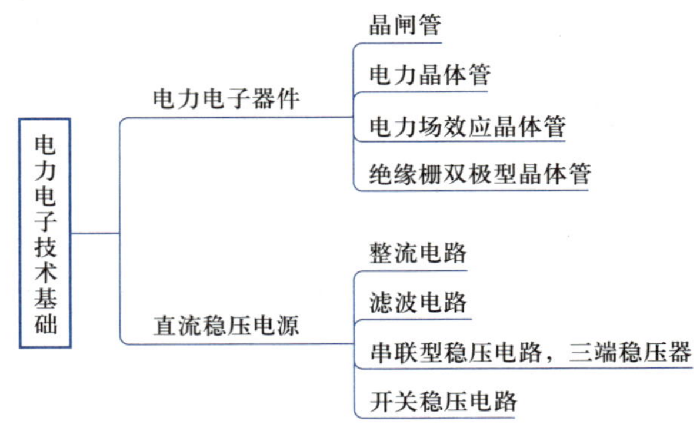

1. 晶闸管(SCR)：晶闸管是半控型器件，可以控制其开通。晶闸管导通条件是 AK 之间施加一定的正向电压 U_{AK}；GK 之间施加正向触发电压脉冲 U_{GK}。

2. 电力晶体管(GTR)：为电流型驱动，驱动功率大，通流能力大。

3. 电力场效应晶体管(P-MOSFET)：为电压型驱动，驱动功率小，开关速度快，通流能力小于 GTR。

4. 绝缘栅双极型晶体管(IGBT)：为电压型驱动，驱动功率小，开关速度较快，通流能力强。

5. 不可控整流：整流是利用二极管的单向导电性将交流电变为脉动直流电。单相不可控整流包括半波整流、全波整流和桥式整流三种，半波整流电路简单但脉动大，全波整流和桥式整流脉动小但电路复杂；三相不可控整流包括半波整流、桥式整流。

6. 可控整流：利用半控型器件晶闸管可以实现可控整流。触发延迟角越大，导通角越小，整流输出电压平均值越小。

7. BJT 串联型线性稳压电路：它包含基准电压、采样、比较放大和调整四个环节，BJT 串联型线性稳压电路通过控制调整管两端的电压使输出电压保持稳定。

8. 三端集成稳压器：它属于串联型线性稳压电路，有固定输出和可调输出两种类型，可以输出正电压或负电压。三端集成稳压器的输入和输出必须保持一定电压差，才能得到稳定的输出。

9. 开关稳压电路：其调整器件工作在开关状态，器件损耗小，电路的变换效率较高。开关稳压电路通过调节脉冲宽度来稳定输出电压。Buck 电路可实现降压功能，Boost 电路可实现升压功能。

习 题

10.2.1 设计一单相整流电路，输出电压 U_O 为 24 V，输出电流 I_O 为 1 A，整流形式可采用半波整流或桥式整流，试计算：(1) 两种整流形式的变压器二次绕组的电压和电流有效值及变压器容量；(2) 选定相应的整流二极管。

10.2.2 有一整流电路如图 10.01 所示。(1) 试求负载电阻 R_{L1} 和 R_{L2} 上整流电压的平均值 U_{O1} 和 U_{O2}，并标出极性；(2) 试求二极管 D_1、D_2、D_3 中的平均电流 I_{D1}、I_{D2}、I_{D3} 以及各管所承受的最高反向电压。

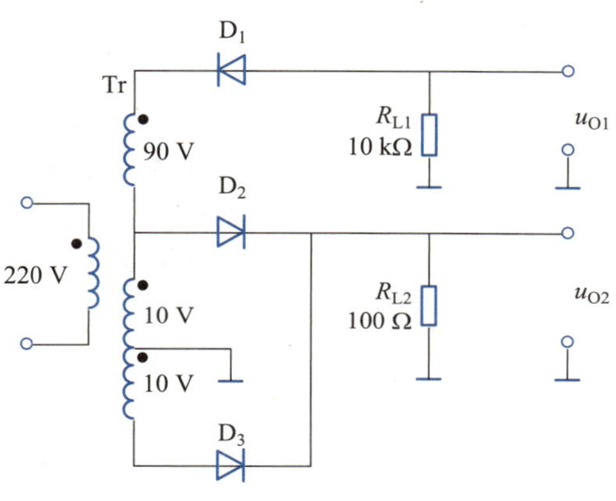

图 10.01 习题 10.2.2 的图

10.2.3 在图 10.02 所示电路中，(1) 标出 u_{O1}、u_{O2} 对地的极性；(2) u_{O1}、u_{O2} 是全波整流还是半波整流？(3) 当 $U_{21}=U_{22}=10$ V 时，U_{O1} 和 U_{O2} 各是多少？(4) 当 $U_{21}=12$ V，$U_{22}=8$ V 时，画出 u_{O1} 和 u_{O2} 的波形，并算出 U_{O1} 和 U_{O2} 的值。

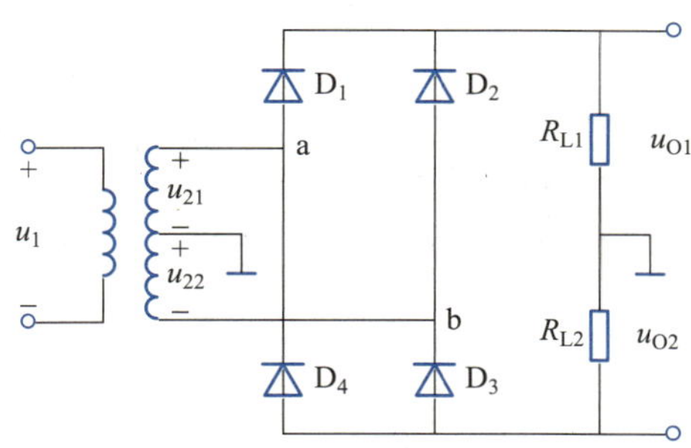

图 10.02 习题 10.2.3 的图

10.2.4 已知单相半控桥式整流电路如图 10.03 所示，若 $u=20\sin\omega t$ V，$E=10$ V，二极管 D 及晶闸管 T 的导通压降忽略不计，在门极触发信号 u_G 的作用下[见图 10.03(b)]，画出输出电压 u_O 和输出电流 i_O 的波形。

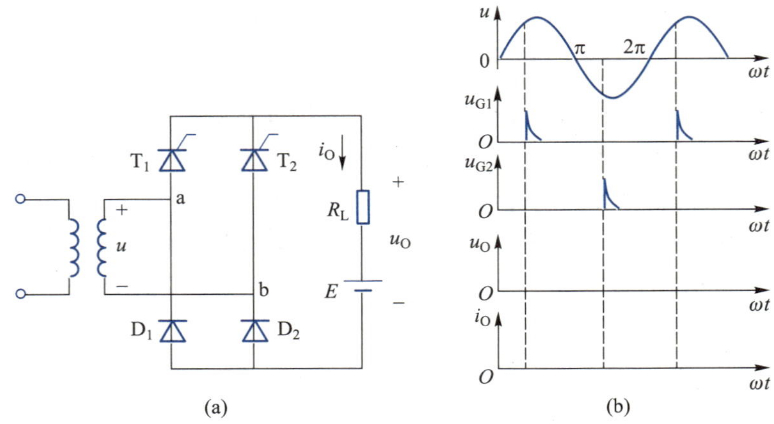

图 10.03 习题 10.2.4 的图

10.2.5 图 10.04 所示电路为单相全波整流电路。已知 $U_2=20\ \text{V}$,$R_L=200\ \Omega$,(1) 求负载电阻 R_L上的电压平均值 U_0和电流平均值 I_0,在图中标出 u_0、i_0的实际方向。(2) 如果 D_2虚焊,U_0和 I_0各为多少?(3) 如果 D_2反接,会出现什么情况?(4) 如果在输出端并接一滤波电解电容,试将它按正确极性画在电路图上,此时输出电压 U_0约为多少?

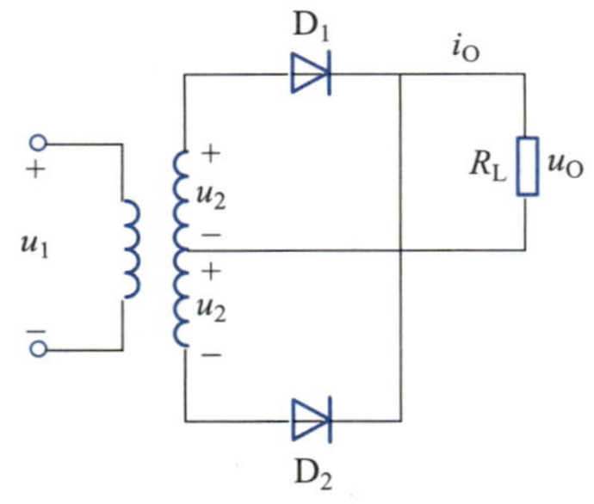

图 10.04 习题 10.2.5 的图

10.2.6 图 10.05 所示电路中,设 $U_2=10\ \text{V}$,(1) 输出电压平均值 U_0为多少?(2) 如 D_1虚焊,输出电压平均值 U_0为多少?(3) 如 D_1反接,会出现什么问题?(4) 如 D_1短路,会出现什么问题?

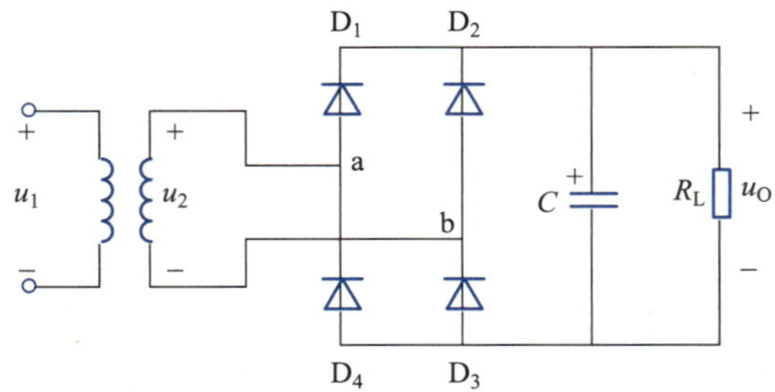

图 10.05 习题 10.2.6 的图

10.2.7　桥式整流带电容滤波电路如图 10.06 所示，变压器二次电压 $U_2=15$ V，现在用直流电压表测量 R_L 端电压 U_O，出现下列几种情况，试分析哪些是正常的，哪些发生了故障，并指明原因。(1) $U_O=21$ V；(2) $U_O=18$ V；(3) $U_O=13.5$ V；(4) $U_O=6.75$ V。

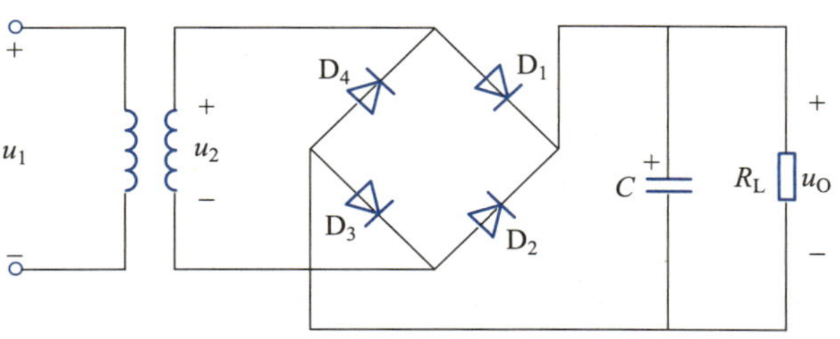

图 10.06　习题 10.2.7 的图

10.2.8　图 10.07 所示为二倍压整流电路，$U_O=2\sqrt{2}U$，试分析之，并标出 U_O 的极性。

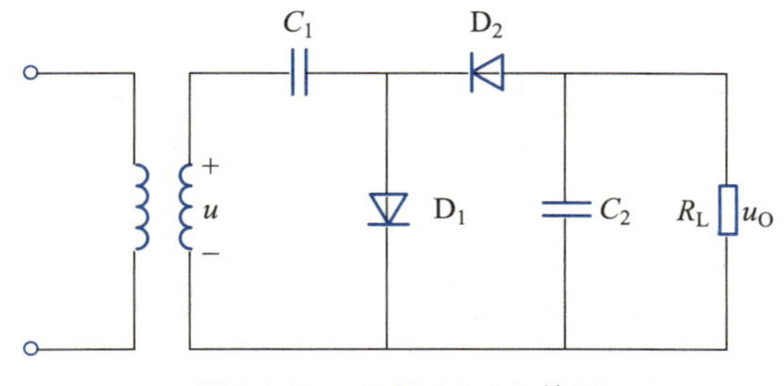

图 10.07　习题 10.2.8 的图

10.2.9　设计一个桥式整流滤波电路，要求输出电压 $U_O=20$ V，输出电流 $I_O=600$ mA，交流电源电压为 220 V，50 Hz，试选择整流二极管和滤波电容器。

10.2.10　电路如图 10.08 所示，已知 $U_Z=5$ V，$R_1=R_2=5$ kΩ，电位器 $R_P=10$ kΩ，试问：

(1) 输出电压 U_O 的最大值、最小值各为多少？

(2) 如果将 T_2 晶体管的集电极电阻 R_4 改接到输出端 U_O 处（T_1 晶体管的发射极上），电路能否正常工作，为什么？

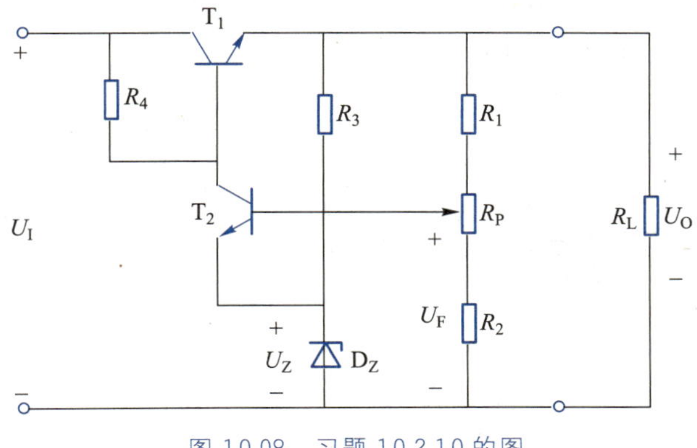

图 10.08　习题 10.2.10 的图

10.2.11　串联型线性稳压电路如图 10.09 所示，其比较放大环节由集成运算放大器组成。已知 $R_1=2\ \text{k}\Omega$，$R_2=1\ \text{k}\Omega$，$R_3=2\ \text{k}\Omega$，$U_Z=6\ \text{V}$，$\beta=50$，$U_I=30\ \text{V}$。试求：(1) 输出电压范围；(2) 当 $U_O=15\ \text{V}$，$R_L=150\ \Omega$ 时，调整管 T 的管耗及运算放大器的输出电流和稳压电路的效率。

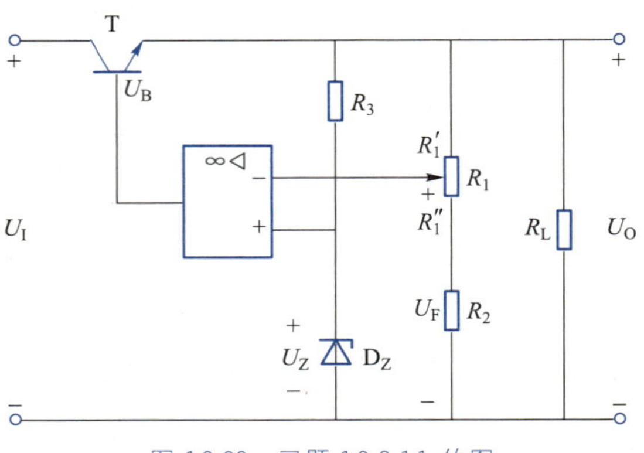

图 10.09　习题 10.2.11 的图

10.2.12　图 10.10 所示为三端集成稳压器组成的理想电流源电路。已知 7805 芯片 2、3 引脚间的电压为 5 V，$I_W=4.5\ \text{mA}$。求电阻 $R=100\ \Omega$，$R_L=200\ \Omega$ 时，负载 R_L 上的电流 I_O 和输出电压 U_O 值。

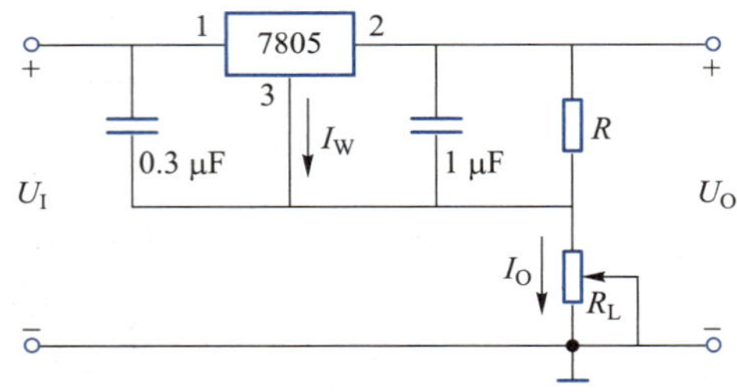

图 10.10　习题 10.2.12 的图

10.2.13　三端集成稳压器 7805 组成如图 10.11 所示的电路。已知稳压管的稳压值 $U_Z=5\ \text{V}$，允许电流为 5～40 mA，$U_2=15\ \text{V}$，电网电压波动±10%，最大负载电流 $I_{O\max}=1\ \text{A}$。(1) 求限流电阻 R 的取值范围；(2) 估算输出电压 U_O 的调整范围；(3) 估算三端稳压器的最大功耗。

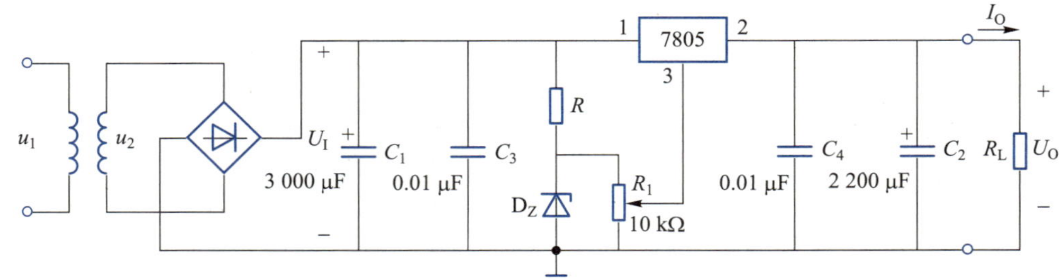

图 10.11　习题 10.2.13 的图

10.2.14　在图 10.12 中，试问输出电压 U_O 的可调范围是多少？

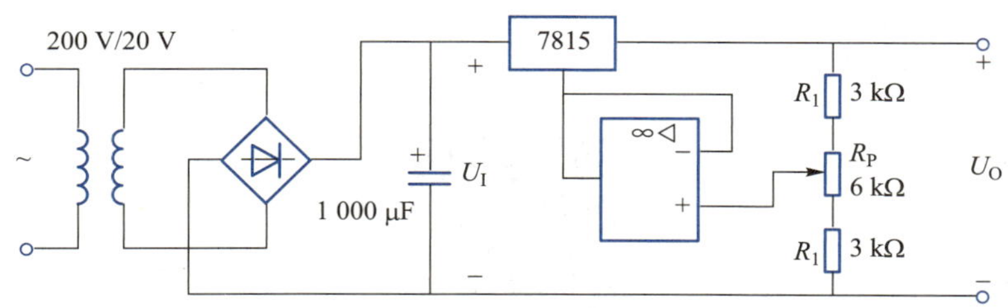

图 10.12　习题 10.2.14 的图

10.2.15　试设计一直流稳压电源，其输入为 220 V/50 Hz 的交流电源，输出电压 U_O 为 12 V，最大输出电流为 200 mA，采用单相桥式整流电路（带电容滤波）和三端集成稳压器（输入、输出电压差为 5 V）。(1) 画出电路图；(2) 选择整流二极管、滤波电容和三端集成稳压器。

部分习题答案

参考文献

1. 杨世彦. 电工学(中册)电子技术[M].2 版. 北京:机械工业出版社,2008.
2. 秦曾煌. 电工学(下册)电子技术[M].7 版. 北京:高等教育出版社,2009.
3. 童诗白,华成英. 模拟电子技术基础[M].5 版. 北京:高等教育出版社,2015.
4. 杨素行, 杜湘瑜.模拟电子技术基础简明教程[M].3 版. 北京:高等教育出版社,2006.
5. 王淑娟, 蔡惟铮,齐明. 模拟电子技术基础[M]. 北京:高等教育出版社,2009.
6. Donald A. Neamen. Microelectronics Circuit Analysis and Design[M]. 3th ed. New York: McGraw-Hill Companies, 2007.
7. Paul Horowitz, Winfield Hill. The Art of Electronics[M]. 3th ed. Cambridge: Cambridge University Press,2015.

读者意见反馈

为收集对教材的意见建议，进一步完善教材编写并做好服务工作，读者可将对本教材的意见建议通过如下渠道反馈至我社。

咨询电话　400-810-0598

反馈邮箱　gjdzfwb@pub.hep.cn

通信地址　北京市朝阳区惠新东街4号富盛大厦1座

　　　　　高等教育出版社总编辑办公室

邮政编码　100029

防伪查询说明

用户购书后刮开封底防伪涂层，使用手机微信等软件扫描二维码，会跳转至防伪查询网页，获得所购图书详细信息。

防伪客服电话　(010)58582300